结构力学

张东焕　韩昌瑞　王延遐　鲁丽君　主编

科学出版社

北　京

内 容 简 介

本书充分考虑目前工科院校各专业不同学时“结构力学”课程的开设情况，在编写过程中力求符合工科教育规律，内容精练，思路清晰，说理透彻，重点突出概念和应用，强化定性分析，不刻意追求理论研究的深度和难度，联系实际，增强工程意识，旨在培养实用型的技术人才。

全书共10章，内容包括：绪论、平面体系的几何组成分析、静定结构的内力计算、静定结构的位移计算、力法、位移法、渐近法、影响线、矩阵位移法以及结构动力学基础。第2～10章后面附有一定量的习题，书末附有习题答案。

本书可作为高等学校土木工程、道路桥梁工程、建筑工程、水利水电工程等专业“结构力学”课程的教材和教学参考书，也可供相关工程技术人员参考。

图书在版编目(CIP)数据

结构力学/张东焕等主编. —北京：科学出版社，2019.5

ISBN 978-7-03-061026-3

Ⅰ. ①结… Ⅱ. ①张… Ⅲ. ①结构力学-高等学校-教材 Ⅳ. ①O342

中国版本图书馆CIP数据核字(2019)第069017号

责任编辑：邓 静 张丽花 朱灵真 / 责任校对：郭瑞芝
责任印制：吴兆东 / 封面设计：迷底书装

科学出版社出版
北京东黄城根北街16号
邮政编码：100717
http://www.sciencep.com
北京厚诚则铭印刷科技有限公司印刷
科学出版社发行 各地新华书店经销
*
2019年5月第 一 版 开本：787×1092 1/16
2024年12月第三次印刷 印张：22 1/4
字数：569 000

定价：79.00元
(如有印装质量问题，我社负责调换)

前　言

“结构力学”是土木工程、道路桥梁工程、建筑工程、水利水电工程等专业的一门专业基础课程，也是国家注册结构工程师资格考试必考科目之一。一方面，它以高等数学、理论力学、材料力学等课程为基础；另一方面，它是钢结构、钢筋混凝土结构、土力学与地基基础、结构抗震等专业课的基础，为结构分析和计算提供理论依据与计算方法，在整个土木工程专业课程体系中处于承上启下的核心地位。本课程的教学具有很强的理论性，所涉及的结构计算简图、结构几何组成分析、静定结构内力分析、静定结构的位移计算方法和原理、超静定结构的位移计算方法和原理、简支梁的影响线的绘制及影响线的应用等内容，是土木工程专业学生从事工程设计、工程施工和管理工作所必需的专业技术基础知识。因此，在土建类专业高级工程技术人员的培养过程中占有十分重要的地位。

通过本课程的学习，可掌握各类结构分析计算的基本概念、基本原理和基本方法，了解常用结构的力学性能，为后续专业课程的学习及今后在工作中进行结构设计和科学研究打好力学基础。

本书是根据教育部高等学校力学类专业教学指导委员会最新颁布的《高等学校理工科非力学专业力学基础课程教学基本要求》，结合目前普通工科院校“结构力学”课程的教学与教材现状，并参考国内部分优秀教材编写的。

全书共 10 章，除第 1 章外，各章均有较为丰富的例题，为便于读者自学，在各章末配有一定数量的习题，在书末附有习题答案，供读者练习。

本书由山东理工大学张东焕、韩昌瑞、王延遐、鲁丽君主编，具体编写分工为：王延遐负责编写第 1、3 章；鲁丽君负责编写第 2、8 章；张东焕负责编写第 4、5 章；韩昌瑞负责编写第 6、7、9、10 章，并校阅了全部书稿。

由于编者水平有限，书中疏漏和不当之处在所难免，恳望广大读者不吝指正。

编　者

2018 年 11 月

主要符号表

A	面积、振幅
a	距离、振幅
c	支座广义位移、黏滞阻尼系数
C	弯矩传递系数
c_{cr}	临界阻尼系数
d	结间距离
E	弹性模量
F	集中荷载
f	拱高(矢高)、频率
F_{P}	集中荷载
$\boldsymbol{F}_{\mathrm{P}}$	荷载向量
F_{H}	水平推力
F_x	水平(x)方向的分力
F_y	垂直(y)方向的分力
F_{N}	轴力
$F_{\mathrm{N}x}$	轴力在水平(x)方向的分力
$F_{\mathrm{N}y}$	轴力在垂直(y)方向的分力
F_{S}	剪力
$F_{\mathrm{S}}^{\mathrm{L}}$	截面左侧的剪力
$F_{\mathrm{S}}^{\mathrm{R}}$	截面右侧的剪力
$F_{\mathrm{S}}^{\mathrm{F}}$	固端剪力
F_{I}	惯性力
F_{c}	阻尼力
F_{R}	广义反力、反力合力
$\bar{\boldsymbol{F}}^{e}$	局部坐标系下单元杆端力向量
$\boldsymbol{F}^{e}$	整体坐标系下单元杆端力向量
$\bar{\boldsymbol{F}}^{\mathrm{F}e}$	局部坐标系下单元固端力向量
$\boldsymbol{F}^{\mathrm{F}e}$	整体坐标系下单元固端力向量
G	切变模量
i	线刚度
I	惯性矩
$\boldsymbol{I}$	单位矩阵
k	刚度系数、切应力分布不均匀系数
$\bar{\boldsymbol{k}}^{e}$	局部坐标系下单元刚度矩阵
$\boldsymbol{k}^{e}$	整体坐标系下单元刚度矩阵
$\boldsymbol{K}$	结构刚度矩阵
m	质量、分布弯矩
$\boldsymbol{M}$	质量矩阵
M	力矩、力偶矩、弯矩
M^{F}	杆端固端弯矩
M_{P}	基本体系在固有荷载作用下的弯矩
$\overline{M}$	基本体系在单位荷载(位移)作用下的弯矩
$p(x)$	轴向均布荷载集度
P	广义荷载、广义力
$\boldsymbol{P}^{e}$	单元结点荷载向量
$\boldsymbol{P}$	结构结点荷载向量
q	横向均布荷载集度
R	半径
r	半径、反力影响系数
S	转动刚度
t	时间
T	周期、动能
$\boldsymbol{T}$	坐标转换矩阵
u	水平位移
v	竖向位移、速度
W	功、计算自由度、弯曲截面系数
X	广义未知力、广义多余未知力
$\boldsymbol{Y}$	位移幅值向量、主振型、主振型矩阵
y	位移
$\dot{y}=\dfrac{\mathrm{d}y}{\mathrm{d}t}$	速度
$\ddot{y}=\dfrac{\mathrm{d}^2y}{\mathrm{d}t^2}$	加速度
Z	影响线量值
α	线膨胀系数、初相角
β	动力系数
$\varDelta$	广义未知位移
$\boldsymbol{\varDelta}$	位移向量
$\boldsymbol{\varDelta}^{e}$	单元杆端位移向量
δ	柔度系数、位移影响系数
ε	线应变
μ	力矩分配系数
κ	曲率
φ	旋转角、角位移
ξ	阻尼比
ω	圆频率

目　录

第 1 章　绪　　论

主要内容

结构力学的研究对象和任务，结构的计算简图和分类，荷载及其分类，杆件结构的分类，结构力学的学习方法。

学习要求

应熟悉结构力学的研究对象和任务，掌握结构计算简图的概念和确定结构计算简图的原则，能够合理地对支座和结点进行简化，了解杆件结构的分类和荷载的分类。

1.1　结构力学的结构分类及其研究对象和任务

1. 结构和结构的分类

在各种工程建筑物中能承受或传递荷载起到骨架作用的部分称为工程结构，简称结构。如房屋建筑中的梁柱体系，土木工程中的桥梁、各种地下硐室、挡土墙，水利工程中的水坝、闸门等，都是工程结构的典型例子。

结构的类型很多，可以从不同的角度来分类。

按照构件的几何特征，结构可分为杆件结构、板壳结构和实体结构。杆件结构是由长度远大于其截面尺寸的杆件组成的结构。当杆件的轴线和荷载位于同一平面之内时，称为平面结构，如图 1-1 所示，否则称为空间结构。板壳结构是指其厚度要比长度和宽度小得多的结构，典型的板壳结构为建筑中采用的平板和壳体结构，如图 1-2 所示。实体结构的长度、宽度与厚度三个方向的尺寸相近，如水坝、地基和挡土墙等，如图 1-3 所示。

杆件结构是结构工程领域中应用最多的一种结构。本书讨论的重点是杆件结构。

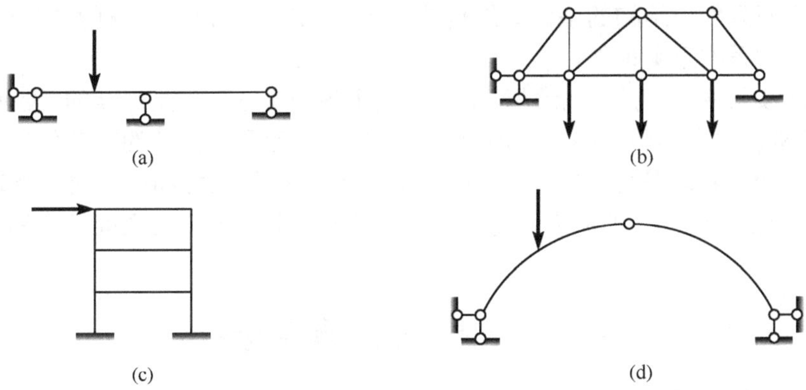

图 1-1

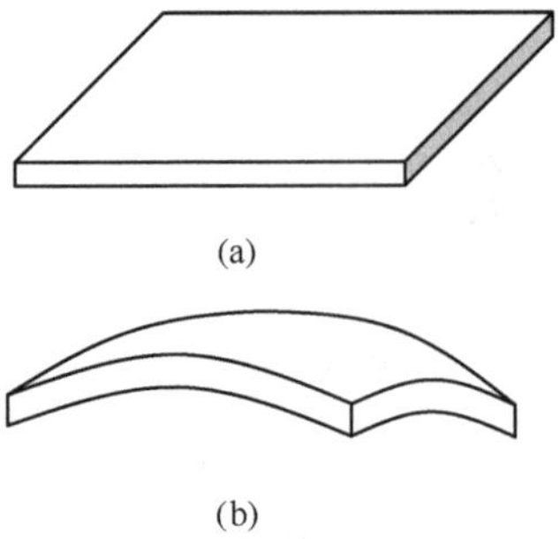

图 1-2

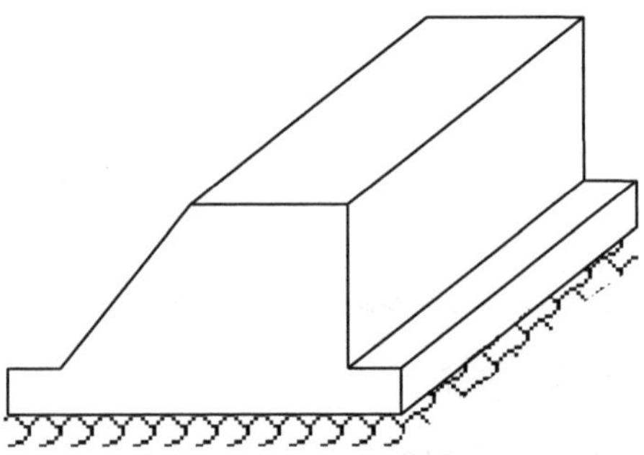
图 1-3

2．结构力学的研究对象和任务

结构力学主要研究当结构受到某种外界因素(如荷载或非荷载因素)作用时，结构所产生的以内力和变形(位移)为主要量值的计算原理与计算方法。结构力学是工程力学的重要组成部分之一。

为了使结构既能安全、正常地工作，又能符合经济的要求，需要对其进行强度、刚度和稳定性的计算。这一任务是由材料力学、结构力学和弹性力学等课程共同来完成的。材料力学主要研究单个构件的承载能力；结构力学则在此基础上着重研究由杆件组成的结构的力学行为；弹性力学主要研究板、壳和块体等非杆状结构的力学行为。当然，这种分工不是绝对的，各课程之间常存在相互渗透的情况。

如上所述，结构力学的研究对象主要是平面杆件结构，其任务是根据力学原理研究在荷载与其他外界因素作用下结构的内力和变形，结构的强度、刚度、稳定性和动力反应，以及结构的组成规律。具体任务如下。

(1)研究结构的组成规律和合理形式，以及结构计算简图的合理形式等问题。

(2)研究结构在荷载等因素作用下的内力和位移的计算。在计算出结构的内力和位移之后，即可利用材料力学的方法按强度条件和刚度条件来对杆件进行校核、选择或验算各杆件的截面尺寸和确定许可荷载，在结构力学中一般不再叙述。

(3)研究结构的稳定性计算方法，以及动力荷载作用下结构的反应问题(本书未涉及)。

结构力学中有各种计算方法，但都必须满足以下 3 个基本条件。

(1)力系的平衡条件。结构的整体或结构的一部分(如一部分杆件、杆件的一部分及杆件的结点等)都应满足力系的平衡条件。

(2)变形的连续条件。一方面是指结构的杆件发生各种变形后仍是连续的，没有重叠或缝隙，另一方面是指结构发生变形和位移后，仍应满足结构的支座和结点的约束条件。

(3)应力和应变的物理条件(或称为本构方程)。将结构的应力和应变通过物理方程联系起来，如轴向应力和轴向应变、剪应力和剪应变、弯曲应力和弯曲应变之间都应满足相应的物理条件。

1.2　结构的计算简图

1.2.1　结构的计算简图概述

在结构分析中，完全按照结构的实际情况进行力学分析，将是很烦琐的，也是不必要的。这是由实际结构的复杂性和工程设计要求所决定的。因此，在对实际结构进行分析之前，往往需要对实际结构加以简化，略去相对次要的因素与作用，反映结构力学行为的基本特点，用一个简化的图形代替实际结构，这种图形称为结构的计算简图。

选择结构计算简图是结构分析的首要工作，极为重要。要确定一个结构的计算简图，特别是对于比较复杂的结构，不是一件容易的事情。它需要有比较丰富的结构设计经验，对结构构造、施工等各方面具备较宽的知识面，并且对结构各部分的受力情况具有正确的定性判断能力，有时还需要借助模型试验或现场测试才能确定合理的计算简图。选取结构计算简图的原则如下。

(1)抓住主要因素，反映结构的主要受力和变形特征。因此，在选择计算简图以前，应搞清楚结构杆件之间或杆件与基础之间的实际连接构造，以保证结构分析的可靠性和精确性。

(2)略去次要因素，便于分析计算。结构的实际构造是很复杂的，必须分清主次，略去次要因素，在保证结构分析计算精度的同时，尽可能减少计算工作量。

同一结构在不同的计算阶段需要采用不同的计算简图。在初步设计中为了估算构件的截面尺寸，采用一个比较粗略而计算简单的计算简图，而在最终设计阶段则采用较为精确的计算简图。特别是在具备计算机的条件下，就可以采用较精确的计算简图进行结构分析。

1.2.2 结构的简化

平面杆件结构的简化主要包括杆件的简化、结点的简化、支座的简化和荷载的简化。

1．杆件的简化

杆件的简化用杆的轴线代替杆件本身，如图1-1所示。

2．结点的简化

结构中杆件和杆件之间的连接处称为结点。在结构的计算简图中常将实际的结点简化为理想的铰结点、刚结点和二者的组合(组合结点)三种。

1)铰结点

理想铰结点的特征是被连接的各杆可以绕结点中心自由相对转动但不能相对移动，可以传递力但不能传递力矩。实际上，工程结构中难以做到无摩擦的理想铰，多少具有一定的刚性。钢桥中的枢接结点、木屋架的结点比较接近于铰结点。图1-4(a)表示图1-4(b)所示木屋架的端结点构造。此时，各杆端虽不能任意转动，但由于连接不可能很严密牢固，因而杆件之间有微小相对转动的可能。实际上结构在荷载作用下杆件间所产生的转动也相当小，所以该结点应视为铰结点。理想铰结点在计算简图上用一个小圆圈表示，如图1-4(b)所示。

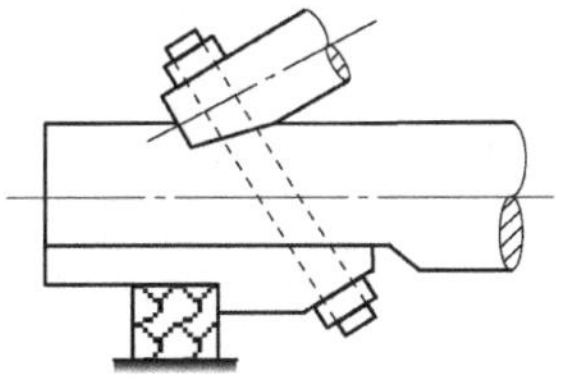

(a)

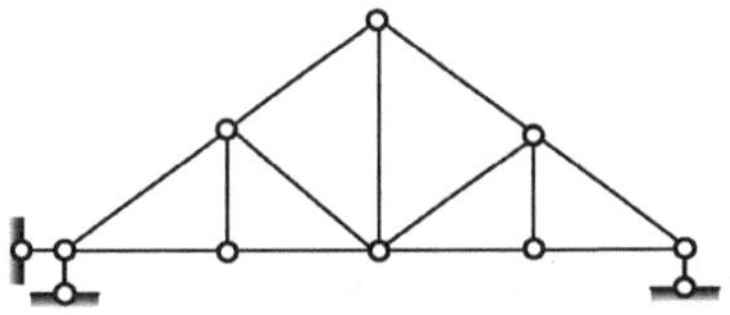

(b)

图1-4

2)刚结点

刚结点的特征是各杆端既不能相对移动又不能相对转动，既可以传递力也能传递力矩。图1-5(a)表示钢筋混凝土框架边柱与横梁的交汇结点的构造示意图。上柱、下柱和横梁用混凝土浇筑成整体，钢筋的布置使各杆端能抵抗弯矩，这种结点应视为刚结点。当结构发生变形时，交汇于该结点的各杆端之间的夹角将保持不变，如图1-5(b)所示。该结点的计算简图如图1-5(c)所示。

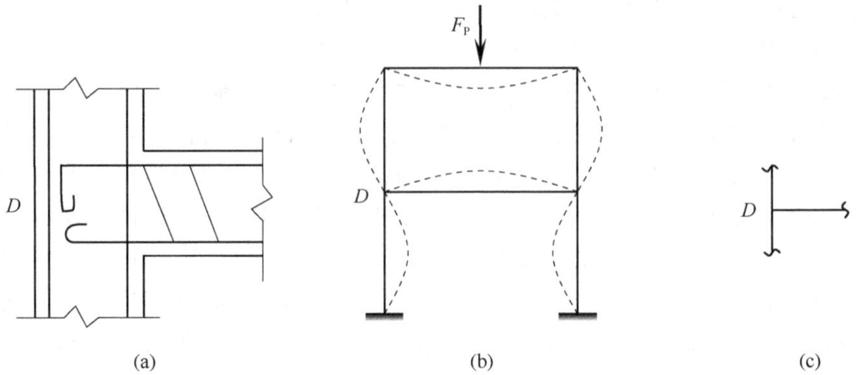

图 1-5

3) 组合结点

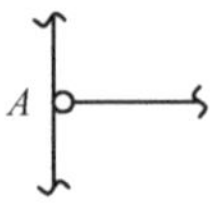

图 1-6

若在同一结点处，出现上述两种结点组合的情况，则该结点称为组合结点。图 1-6 为某组合结点 A 的计算简图。其中上、下两杆之间为刚接，而竖杆与横杆之间为铰接。

3. 支座的简化

把结构与基础或其他支承物(如墩台)连接起来用以固定结构的位置，并将结构上的荷载传至地基或支承物的装置称为支座。支座对结构的反作用力称为支座反力。支座的构造形式很多，在平面结构的计算简图中，常用的支座有以下四种。

1) 固定铰支座

这种支座的构造示意图如图 1-7(a)所示，上部结构与支座的上摆 B 可以一起绕柱形铰 A 转动，其下摆 C 与支承面 $m-n$ 固定在一起，故这种支座 A 点的水平位移和竖向位移都被阻止。支座反力 F_A 将通过铰 A 中心但大小和方向都是未知的，在略去摩擦力的情况下，通常可用沿两个确定方向的分反力，如水平反力 F_{Ax} 和竖向反力 F_{Ay} 来表示。图 1-7(b)、(c)代表用两根支承链杆表示的铰支座的计算简图。图 1-7(d)为其相应的受力图。

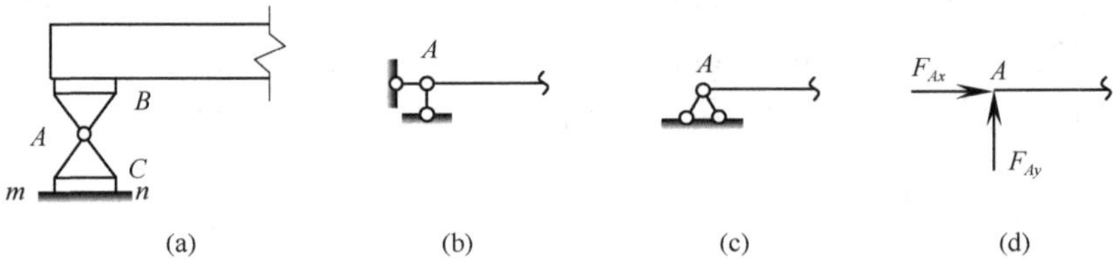

图 1-7

2) 活动铰支座(滚轴支座)

这种支座的构造示意图如图 1-8(a)所示，它的上摆 B 能绕 A 点转动，其下摆 C 与支承面 $m-n$ 之间装有滚轴，因而可以沿支承面水平移动，但不允许 A 点发生垂直于支承面方向的移动。在略去摩擦力的情况下，这种支座的反力一定通过铰 A 中心，并与支承面 $m-n$ 垂直，因此支座反力 F_{Ay} 的方向和作用点是确定的。根据这种支座的位移和受力特点，在计算简图中，可以用一根垂直于支承面的链杆来表示。图 1-8(b)代表用一根支座链杆表示的滚轴支座的计算简图。图 1-8(c)为其相应的受力图。

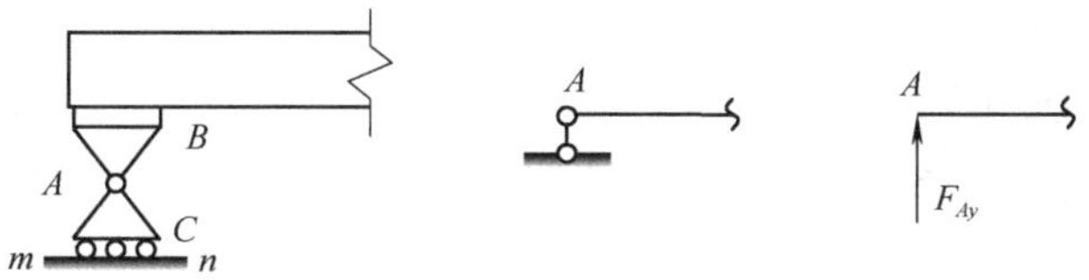

(a)　(b)　(c)

图 1-8

3) 固定支座

结构的一端被插入基础或地基，并通过构造保证两者结合成一个整体，若地基的变形极小，则结构可视作被完全固定于基础上，此处不发生任何移动和转动，这种支座称为固定支座。如图 1-9(a)所示。这种支座的计算简图如图 1-9(b)所示。它的反力大小、方向和作用点都是未知的，通常用水平反力 F_{Ax}、竖向反力 F_{Ay} 和反力偶 M_A 来表示。图 1-9(c)为其相应的受力图。

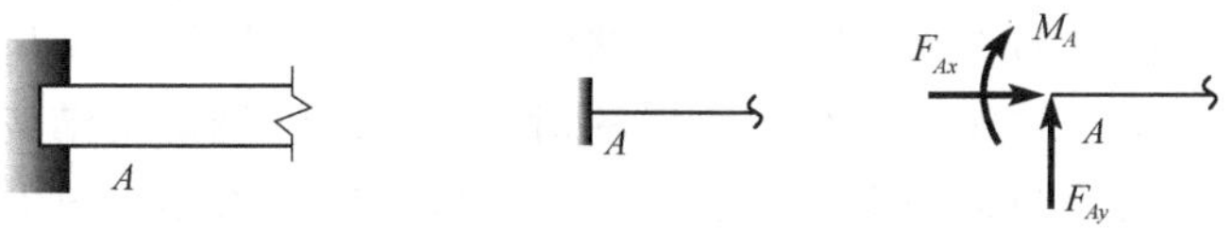

(a)　(b)　(c)

图 1-9

4) 定向支座

这种支座又称为滑动支座，图 1-10(a)表示定向支座的构造示意图。结构在支承处不能转动，不能沿垂直于支承面的方向移动，但可沿支承面方向滑动。图 1-10(b)代表用两根平行链杆表示的定向支座的计算简图。图 1-10(c)为其相应的受力图。

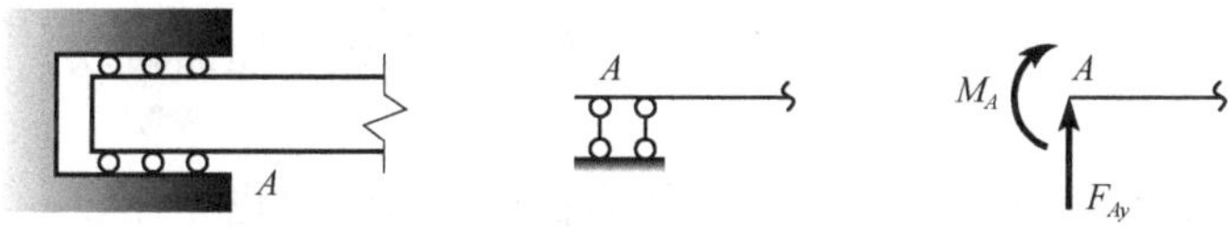

(a)　(b)　(c)

图 1-10

上述各种支座都假定其本身无变形，故都属于刚性支座范畴。如果在某些情况下需要考虑支座本身的变形，则应视为弹性支座。本书涉及弹性支座时，将特别说明。

对于空间结构，常用的支座有可动球铰支座、可动圆柱铰支座、固定球铰支座和空间固定支座。它们各自的计算简图及相应的受力图，本章从略。

4. 荷载的简化

作用在结构上的荷载，常简化为集中荷载、分布荷载和集中力偶。

如图 1-11(a)所示的两端支承与墙体上的梁，荷载通过上层立柱传递给梁。对于这样一个简单的结构，如果要完全按照实际情况进行分析，则首先遇到的问题是梁两端反力的作用位置和由立柱传来的荷载作用在梁上的位置难以确定，原因是梁与墙、梁与柱之间作用力的分布规律是难以准确知道的。简化时，梁本身用其轴线来代表。梁的自重则视为均布荷载。假设梁与墙、柱与梁之间的作用力为均匀分布的，其合力分别作用于墙和立柱的中心线位置。考虑到支承面有摩擦，梁不能左右移动，但受热膨胀时仍可伸长，故可将其一端视为固定铰支座而另一端视为活动铰支座。于是得到图 1-11(b)所示的计算简图。当然，这种简化的前提是梁与墙、柱与梁之间的接触宽度应比梁的长度小得多，且梁的截面尺寸也比梁的长度小得多。

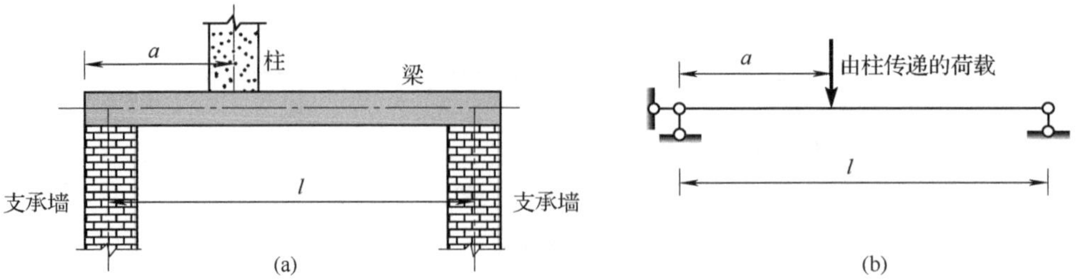

图 1-11

1.3　荷载及其分类

荷载是作用在结构上的外力，如结构的自重、结构上设备的重力、施加于结构的水压力和土压力，以及其他物体的重力等。除外力以外，还有一些因素可以使结构产生内力或变形，如温度变化、基础沉陷、材料的收缩与徐变等。这些因素也可以称为广义荷载。

对结构进行计算以前，须先确定结构所受的荷载。荷载的确定是结构设计中极为重要的工作。荷载若估计过大，设计的结构就会过于笨重，造成浪费；若估计过低，则设计的结构将不够安全。结构设计者一定要周密考虑和谨慎地估计结构可能遇到的各种荷载。荷载规范总结了设计经验和科学研究的成果，供设计时应用。但在有些情况下，设计者需深入现场、结合实际情况调查研究，才能合理地确定荷载。

荷载可以根据不同的特征进行分类，如下所述。

(1) 根据荷载作用时间的暂久，可分为恒载和活载两类。恒载是指长期作用在结构上的不变荷载，如结构的自重和固定结构上设备的重力等。房屋建筑中的梁、柱和墙体的重量，铁路桥梁上的轨、枕重等都属于此类荷载。恒载的大小、方向和作用位置都是固定不变的。活载是指作用在结构上那些非永久性的、暂时性的荷载，如楼面荷载、屋面荷载、工业厂房中的吊车荷载、雪载、风载等。

在结构设计时，设计者应该对恒载和活载的各种组合结果进行比较，以确定对结构说来最为不利的荷载情况。荷载的组合方法及规定在国家颁布的荷载规范中有明确的规定。

(2) 根据荷载的作用位置是否变化，可分为固定荷载和移动荷载。固定荷载是指在结构上的作用位置不变的荷载(恒载都属于固定荷载)。而有些活载如公路桥梁上的车辆荷载、吊车梁上的吊车荷载等，在结构上的作用位置是移动的，这种荷载称为移动荷载。

(3) 根据荷载对结构所产生的动力效应大小，可分为静力荷载和动力荷载两类。静力荷载是指其大小、方向和作用位置几乎不随时间变化或变化极为缓慢的荷载，它不使结构产生显著的加速度，因而可以略去惯性力的影响。结构的自重及其他恒载即属于静力荷载。动力荷载是指随时间迅速变化的荷载，它将引起结构产生显著的振动，使结构产生不容忽视的加速度，因而必须考虑惯性力的影响。打桩机产生的冲击荷载、动力机械产生的振动荷载及地震产生的随机荷载等，都属于动力荷载。车辆荷载、风荷载和地震力通常在结构设计中视为静力荷载，但在特殊情况下要按动力荷载考虑。

1.4　杆件结构的分类

常用杆件结构通常可分为以下几种。

(1) 梁。梁是一种受弯构件，其轴线通常为直线，当荷载垂直于梁轴线时，横截面上的内力只有弯矩和剪力，没有轴力。梁有单跨和多跨之分，分别如图 1-12(a)、(b)所示。

图 1-12

(2)拱。拱轴线为曲线且在竖向荷载作用下会产生水平反力(推力)，横截面上的内力有弯矩、剪力和轴力，拱结构的受力特点使得拱比跨度、荷载相同的梁的弯矩和剪力都小，而有较大的轴向压力，如图 1-13 所示。

(3)桁架。桁架由直杆组成，所有结点均为铰结点。当只受到作用于结点的集中荷载时，各杆只产生轴力，如图 1-14 所示。

(4)刚架。刚架由直杆组成并具有刚结点，各杆均为受弯杆件，内力有弯矩、剪力和轴力，以弯矩为主(图 1-15)。

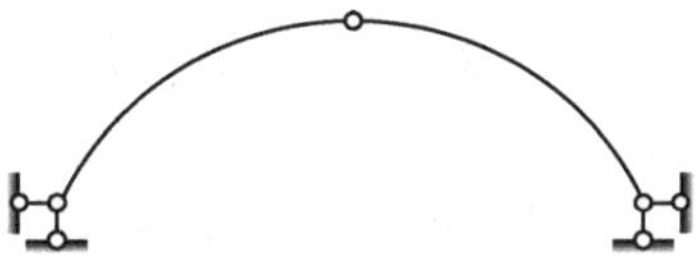

图 1-13

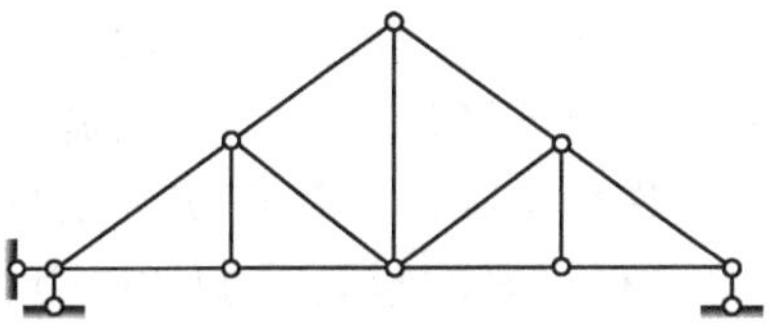

图 1-14

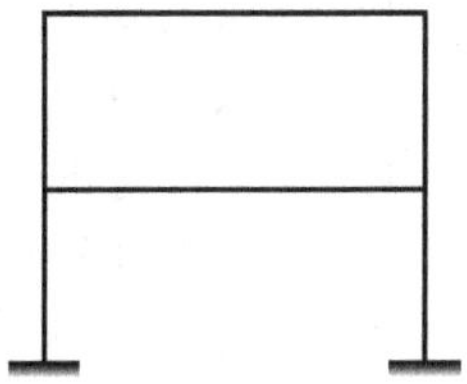

图 1-15

(5)组合结构。组合结构是由桁架和梁或桁架和刚架组合在一起的结构，其受力特点是：梁式杆件受弯矩、剪力和轴力，链杆只受轴力，如图 1-16 所示。

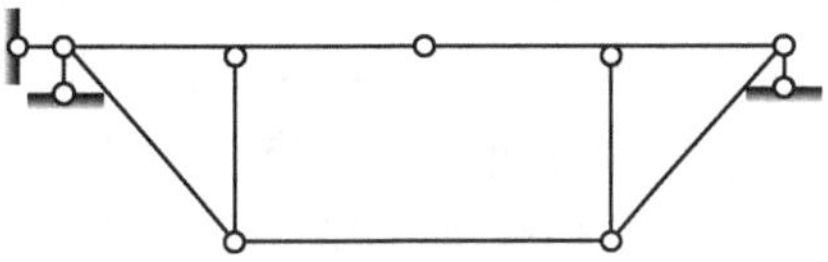

图 1-16

(6)悬索结构。悬索结构主要承重构件为悬挂于塔、柱上的缆索，缆索只受轴向拉力，可最充分地发挥钢材的强度作用，且自重轻，跨度很大，如悬索屋盖、悬索桥、斜拉桥等，如图 1-17 所示。

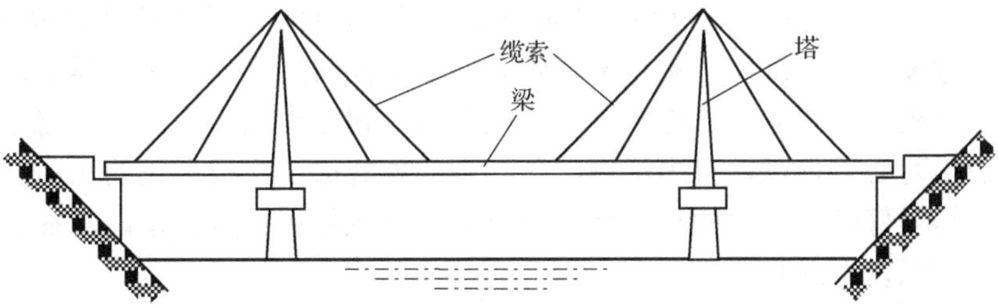

图 1-17

杆件结构按照杆轴线和外力的空间位置，可分为平面结构和空间结构。如果结构的各杆轴线及外力(包括荷载和反力)均在同一平面内，则称为平面结构，否则便是空间结构。实际上工程中的结构都是空间结构，不过在很多情况下可以简化为平面结构或近似分解为几个平面结构来计算。

按照内力是否静定，结构可分为静定结构和超静定结构。这一分类在理论上具有重要的意义。若在任意荷载作用下，结构的全部反力和内力都可以由静力平衡方程确定，这样的结构便称为静定结构；若只靠静力平衡条件还不能确定全部反力和内力，还必须考虑变形条件才能确定，这样的结构便称为超静定结构。

1.5 结构力学的学习方法

结构力学是土木工程、水利工程等专业的一门重要技术基础课程，具有较强的理论性。作为技术基础课程，它具有基础性、应用性和先进性。基础性是指基本理论、基本知识和基本技能。

本课程学习的目的是掌握杆系结构的计算原理与方法，了解各类结构受力性能，为学习有关专业课程以及进行结构设计和科学研究打好力学基础，培养结构分析与计算等方面的能力。结构力学不仅为后续专业课如“钢结构”等的学习打下基础，同时为学生毕业后从事有关土木工程工作、解决工程技术问题奠定必要的理论基础和计算技能。本课程的基本要求是掌握结构几何组成分析、静定结构内力分析、静定结构的位移计算方法和原理、超静定结构的计算方法和原理，掌握简支梁的影响线的绘制方法及影响线的应用。为学好结构力学这门课程，在学习时应注意以下几点。

(1) 要抓主要矛盾，有条件地略去一些次要因素，找出问题的本质。

(2) 要抓住重点，即应牢固掌握基本概念、基本定理和主要公式。

(3) 要有良好的学习方法，要学好结构力学，应遵循“多思—多练—多总结”的学习方法。

(4) 学习本课程要注重理论联系实际，重视在实际工程中的应用。

为了学好本课程，首先要具有正确的学习目的和态度。在学习中要刻苦钻研、踏踏实实、虚心求教、持之以恒。学习结构力学，决不能满足于知道了一些解题知识。只是记住了一些解题的方法、步骤，能照猫画虎地按例题做出习题，是远远不够的。因为本书的理论是前人或编者的研究经验总结，它只是较概括地作一般性的论述，列举少量较典型的例题，不可能把各种细节都阐述得很详尽。因此，在学习时要把精力集中在培养分析问题和解决问题的能力上，要注意学会分析问题的方法。本书讲述了各种具体计算方法，要掌握它们各自的解题思路；学习时要注意将有关各方面的问题加以对比，搞清这些方法的共性及解题思路上的特点，并注意它们各自的适用条件。只有见木见林、融会贯通，才能灵活运用理论和方法来分析问题。

在学习中必须贯彻理论与实际相结合的原则。要注意结构力学的理论是怎样服务于工程实际的。要留心观察实际结构，了解它们的构造，分析它们的受力特点，并考虑怎样用所学的理论、方法解决其力学分析问题。只有联系实际学习理论，才能做到用所学知识去解决实际问题。

学习时要注意多练，多练属于实践性的学习环节；同时要多思，多思属于理论性的学习环节。两者可相互促进，练中多思，思中多练，则学习心得必然增多。此时应善于总结，即将自己的一点一滴的学习心得理顺，巩固认识，使学到的内容成为自己真正的东西。

做题练习，是学好结构力学的重要环节。要做足够数量的习题，才能掌握其中的概念、原理和方法。但要注意以下两点。

(1) 做题前一定要看书复习，搞清概念及解题思路，抓住解题方法的本质、要点，若按例题照搬照套，急于完成作业而不经过自己的思考，效果不会很明显。

(2) 作业要条理清晰、整洁、严谨，要培养对所得计算结果进行合理校核的能力；发现错误，要及时总结，找出原因，这样才能吸取教训，逐步提高。

第 2 章　平面体系的几何组成分析

主要内容

讨论平面体系的几何组成分析，以解决怎样组成的杆系才能承受荷载这个基本问题。同时，结构的组成方式不同将影响其力学性能和分析方法，因此，在分析结构受力、变形之前，必须首先了解结构的组成。

学习要求

体系的几何组成分析是判定体系能否作为建筑结构使用的依据，又是细算所必需的知识，如可以确定静定结构的计算途径、超静定结构的多余约束的数目等。通过本章学习要求了解几何组成分析的目的，重点掌握以下基本概念：几何不变体系、几何可变体系、几何瞬变体系、自由度、约束、必要约束、多余约束、瞬铰、静定结构和超静定结构。掌握平面几何不变体系的基本组成规则，并能够熟练地运用组成规则分析各种平面杆件体系。了解结构的几何特性与静力特性的关系。

2.1　概　　述

在土木或水利工程中，结构是用来支承和传递荷载的，因此它的几何形状和位置必须是稳固的。具有稳固的几何形状和位置的体系称为几何不变体系。反之，若体系的几何形状或位置可以或可能发生改变，则称为几何可变体系。只有几何不变体系才能用于工程结构。

学习本章内容首先要明确的基本概念是体系几何形状的改变与结构变形是两个性质不同的概念。前者是指体系的材料在不发生应变的情况下，其几何构形发生改变；后者则是指当结构受外因(荷载)作用时，杆件截面上产生内力，同时材料发生应变，从而引起结构变形。结构的变形通常是微小的。在体系的几何组成分析中，不涉及材料应变和结构变形问题。

杆件结构通常是由若干杆件相互连接而组成的体系，但并不是无论怎样组成都能作为工程结构使用的。图 2-1(a)所示由两根杆件与地基组成的铰接三角形，受到任意荷载作用时，若不考虑材料的变形，则其几何形状和位置均能保持不变，这样的体系称为几何不变体系。图 2-1(b)所示铰接四边形，即使不考虑材料的变形，在很小的荷载作用下，也会发生机械运动而不能保持原有的几何形状和位置，这样的体系称为几何可变体系。一般工程结构都必须是几何不变体系，而不能采用几何可变体系，否则体系将不能承受任意荷载而维持平衡。因此，在设计结构和选取其计算简图时，首先必须判别它是否为几何不变体系，从而决定能否在工程中采用。这一工作称为体系的机动分析或几何组成分析。体系几何组成分析的主要目的就是保证体系几何构造的不变性，也有助于确定结构内力分析的顺序和选择计算方法。

本章只讨论平面体系的几何组成分析。

在体系的几何组成分析中，由于不考虑杆件本身的变形，分析时可以把一根杆件或已知的无多余约束的几何不变部分看作一个刚体，在平面体系中又将刚体称为刚片。

图 2-1

2.2　几何组成分析中的基本概念

1．自由度

所谓体系的自由度，是指体系运动时所具有的独立运动方式数目，也就是体系运动时可以独立变化的参数数目，或者是确定体系位置所需的独立坐标数目。例如，一个点 A 在平面内自由运动时，用以完全确定其位置的独立参数，是该点的两个独立坐标变量 x 和 y，如图 2-2(a)所示。因此，一个点在平面内的自由度等于 2。又如，一个刚体在平面内自由移动时，其位置可由其上任一点 A 的坐标 x 和 y，以及刚体上任一直线 AB 的倾角 φ 来确定，如图 2-2(b)所示，故一个刚体在平面内的自由度等于 3。

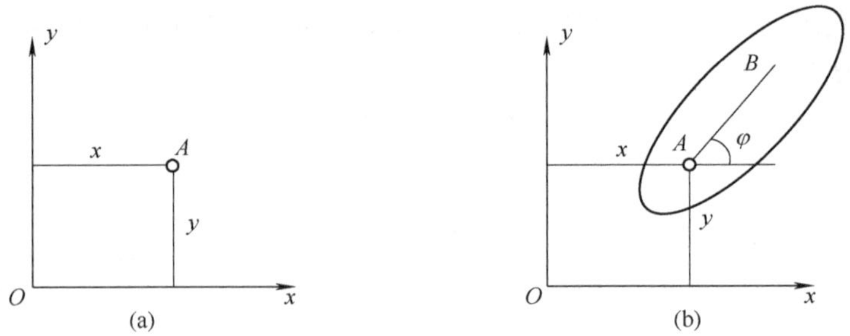

图 2-2

一般来说，如果一个体系有 n 个独立的运动方式，则该体系有 n 个自由度。换句话说，一个体系自由度的个数，等于该体系运动时可以独立改变的坐标数目。

一般工程结构都是几何不变体系，不能发生任何运动，其自由度必等于零。凡自由度大于零的体系都是几何可变体系。

2．约束

限制体系运动的装置称为约束，体系的自由度可因加入约束而减少，凡能减少一个自由度的装置称为一个约束。体系中常用的约束有链杆、铰以及刚结点。如图 2-3(a)所示，用一根链杆 AC 将一个刚片与地基相连，因 A 点不能沿链杆方向移动，故刚片在平面内只有两种运动方式，即 A 点绕 C 点转动和刚片绕 A 点转动。此时，刚片的位置只需两个参数(如链杆的倾角 φ_1 和刚片上任一直线的倾角 φ_2)即可确定，其自由度由 3 减为 2。由此可知，一根链杆装置相当于一个约束。

如图 2-3(b)所示，用一个铰 A 将两个刚片连接起来，这种连接两个刚片的铰称为单铰。如前所述，刚片 I 的位置由点 A 的坐标 x、y 和倾角 φ_1 三个参数确定，刚片 II 相对于刚片 I 只能绕 A 点转动，其位置只需一个参数 φ_2 即可确定。这样，两个刚片之间无铰连接时在平面内的自由度为 6，用一个单铰连接后自由度即减为 4。可见，一个单铰相当于两个约束，也就是相当于两个链杆。

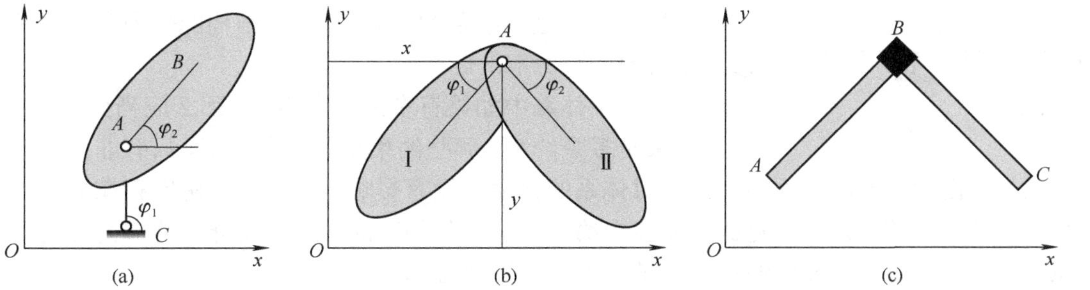

图 2-3

如图 2-3(c)所示，两根杆件 AB 和 BC 在 B 点采用刚性连接，形成一个整体，结点 B 称为刚结点。原来的两根杆件在平面内共有 6 个自由度，刚性连接成整体后，只有 3 个自由度，所以连接两个物体的刚结点相当于 3 个约束。

约束可分为单约束和复约束，两个刚片Ⅰ、Ⅱ之间的结合称为单结合，如图 2-3(b)和(c)所示。三个刚片间的复结合相当于两个单结合，如图 2-4 所示。以图 2-4(a)为例，三个刚片共用一个铰 A 相连，若刚片Ⅰ的位置已确定，则刚片Ⅱ、Ⅲ都只能绕 A 转动，从而减少了两个自由度，即这样的铰相当于两个单铰的约束作用。由此推广至一般，n 个刚片间的复结合相当于 $n-1$ 个单结合。

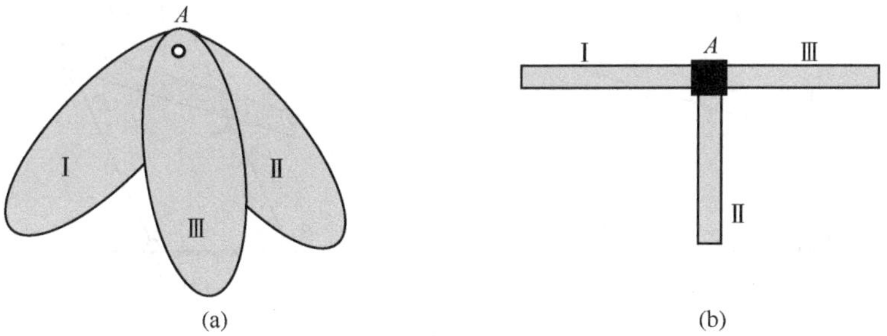

图 2-4

连接两个点的链杆称为单链杆，如图 2-5(a)所示，相当于一个约束。连接两个点以上的链杆称为复链杆。以图 2-5(b)所示的连接三个点的复链杆为例，将原来结点的 6 个自由度减少为刚片的 3 个自由度，相当于提供 3 个约束，即相当于 3 根单链杆。一般来说，连接 n 个点的复链杆相当于 $2n-3$ 个单链杆。

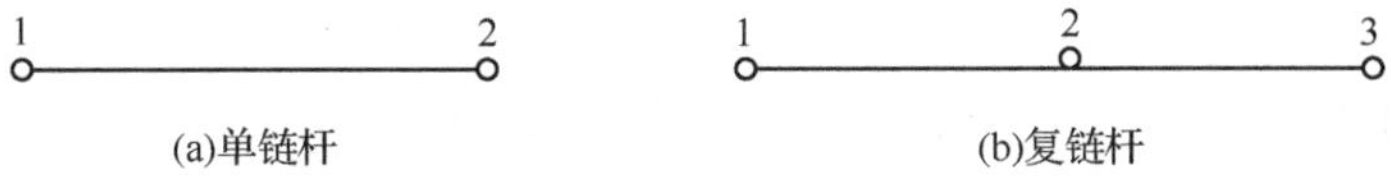

图 2-5

3. 多余约束

在体系中加入一个约束，而并不能减少体系的自由度，这样的约束称为多余约束。例如，图 2-6 所示梁为刚片，只需加上一根水平支座链杆和两根竖向支座链杆就可以减少梁的 3 个自由度，使其成为几何不变体系，自由度等于零。现在又多加了一根竖向支座链杆，体系仍然是几何不变体系，自由度也仍然为零而不会减少。因此，三根竖向支座链杆中有一根是多余约束。去掉任何一根竖向支座链杆，该体系仍然是几何不变体系。可见，多余约束对保持体系的几何

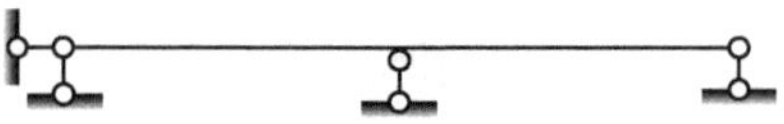

图 2-6

不变性来说是不必要的(但对于改善结构的受力和变形等方面是必要的)。

一个体系中如果有多余约束存在，那么应当分清楚：哪些约束是多余约束，哪些约束是非多余约束。只有非多余约束才对体系的自由度有影响，而多余约束对体系的自由度没有影响。对于一个确定存在多余约束的体系，多余约束的个数是绝对的，而多余约束的位置是相对的。体系怎样才能成为几何不变体系呢？一是要有足够数量的约束，二是约束的布置要合理。

4．瞬铰

如图 2-7(a)所示的刚片Ⅰ，在平面内有 3 个自由度，如果用两根不平行的链杆 AB 和 CD 把它与基础相连接，则此体系仍有 1 个自由度。现在对它的运动特点加以分析。由于链杆的约束作用，A 点的微小位移应与链杆 AB 相互垂直，同理 C 点的微小位移应与链杆 CD 相互垂直。O 点表示两根链杆轴线的交点，显然刚片Ⅰ可以发生以 O 点为中心的微小转动，O 点称为瞬时转动中心。此时，刚片Ⅰ的瞬时运动情况与刚片Ⅰ在 O 点用铰与基础相连接时的运动情况完全相同。因此，从瞬时微小运动来看，两根链杆所起的约束作用相当于在链杆交点处的一个铰所起的约束作用。显然，在体系的运动过程中，与两根链杆相对应的瞬铰位置也随时在改变。

用瞬铰替换对应的两个链杆约束，这种约束的等效变换只适用于瞬时微小运动。

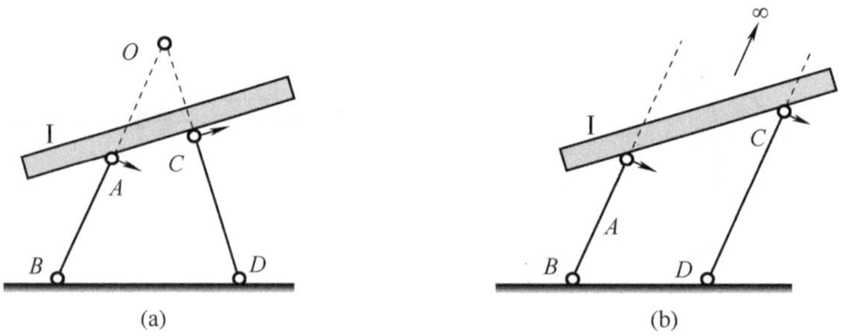

图 2-7

5．无穷远处的瞬铰

如果用两根相互平行的链杆 AB 和 CD 把刚片Ⅰ与基础相连接，如图 2-7(b)所示，则两根链杆的交点在无穷远处。因此两根链杆所起的约束作用相当于在无穷远处的瞬铰所起的作用。瞬铰在无穷远处，因此绕瞬铰的微小转动退化为平动，即沿垂直于两链杆方向产生瞬时平动。

在几何组成分析中应用无穷远处瞬铰的概念时，可以应用映射几何中关于 ∞ 点和 ∞ 线的四点结论：

(1) 每个方向有一个 ∞ 点，即该方向各平行线的交点；

(2) 不同方向有不同的 ∞ 点；

(3) 各 ∞ 点都在同一条直线上，此直线称为 ∞ 线；

(4) 各有限点都不在 ∞ 线上。

2.3　平面体系的计算自由度

为了分析体系是否几何不变，可首先计算其计算自由度 W 。在给出 W 的定义之前，先把体系自由度 S 的算法介绍如下：体系是由部件加上约束组成的，首先设想体系的各个约束都不存在，在此情况下计算体系各部件的自由度数的总和 a ；其次在全部约束中确定非多余约束的个

数 c；最后将两数相减，可得体系的自由度数 S 为

$$S = a - c \tag{2-1}$$

式(2-1)的概念非常简单，但应用时却非常困难，即事先需要分清楚：在全部约束中，究竟哪些约束是多余约束，哪些约束是非多余约束。体系的构造越复杂，这个问题越难以解决。为了回避这个困难，现定义一个新参数 W 如下：

$$W = a - d \tag{2-2}$$

式中，d 是全部约束的总数。上面两个式子形式相似，但后者要简单得多，因为在式(2-2)中只需要计算出全部约束的总数 d，而在式(2-1)中却需要计算出非多余约束数 c，从而需要研究哪些约束是多余约束这个难题。

由于全部约束数 d 与非多余约束数 c 之间的差值为多余约束数 n，由式(2-1)及式(2-2)可得

$$S - W = n \tag{2-3}$$

式(2-3)为计算自由度 W、自由度数 S 以及多余约束数 n 三者之间的关系式。如果三个参数中有两个为已知的，则可通过该式确定第三个参数。

由于自由度数 S 以及多余约束数 n 都不是负值，即 $S \geqslant 0$，$n \geqslant 0$，因此，由式(2-3)可得下面两个不等式：

$$S \geqslant W \tag{2-4}$$

$$n \geqslant -W \tag{2-5}$$

也就是说，W 是自由度数 S 的下限，而 $-W$ 则是多余约束数 n 的下限。

在使用式(2-2)计算 W 时，应对部件的概念理解透彻，部件可以是点，也可以是刚片。若是刚片，要注意刚片内部是否有多余约束。图 2-8(a)是内部没有多余约束的刚片，而图 2-8(b)、(c)、(d)则是内部分别有 1 个、2 个、3 个多余约束的刚片，它们可看作在图 2-8(a)所示的刚片内部分别附加了一根链杆、一个铰点、一个刚结点。在式(2-2)中，作为刚片的部件是指内部没有多余约束的刚片，如果遇到内部有多余约束的刚片，则应把它变换成内部无多余约束的刚片及其附加约束，而它的附加约束则在计算体系的约束总数时应当考虑进去。

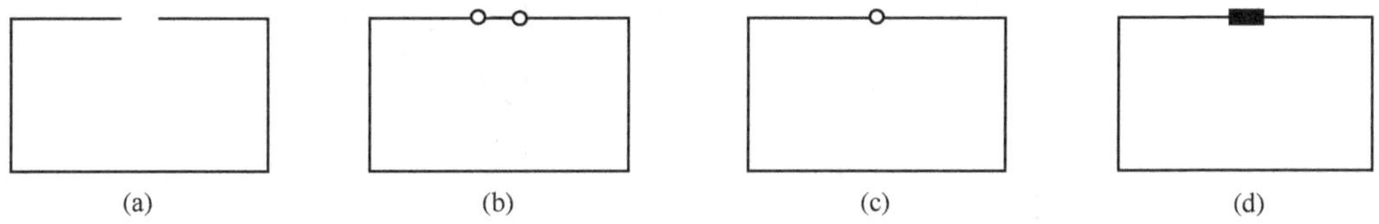

图 2-8

2.3.1　平面刚片系的计算自由度

对于一个平面体系，通常是由若干个刚片彼此用铰相连并用支座链杆与基础相连而组成的，这样的体系称为平面刚片系。设其刚片数为 m，单铰数为 h，支座链杆数为 r，则当各刚片都自由时，体系所具有的自由度总数为 $3m$，而所加入的约束总数为 $2h+r$，则体系的计算自由度为

$$W = 3m - (2h + r) \tag{2-6}$$

使用式(2-6)时应注意单铰数 h 的确定，h 只是刚片与刚片之间的单铰总和，不包括刚片与支座链杆相连处的单铰。

下面举例说明 W 的计算。如图 2-1(b)所示体系，其刚片数为 $m=3$，单铰数为 $h=2$，支座链杆数为 $r=4$（与地基相连的两个铰，各相当于两根支座链杆的作用），由式(2-6)可计算出该

体系的计算自由度为

$$W = 3m - (2h + r) = 3\times 3 - (2\times 2 + 4) = 1$$

上式表明，该体系缺少 1 个约束。因此，该体系为几何可变体系。

如图 2-9 所示的体系，其刚片数为 $m = 5$，单铰数为 $h = 4$，支座链杆数为 $r = 7$。于是，由式(2-6)可计算出该体系的计算自由度为

$$W = 3m - (2h + r) = 3\times 5 - (2\times 4 + 7) = 0$$

上式表明，该体系具有成为几何不变体系所必需的约束数目，但尚不能肯定体系为几何不变体系，需作进一步分析。

又如，图 2-10 所示的体系，其刚片数为 $m = 3$，单铰数为 $h = 2$，支座链杆数为 $r = 6$。于是，由式(2-6)可计算出该体系的计算自由度为

$$W = 3m - (2h + r) = 3\times 3 - (2\times 2 + 6) = -1$$

上式表明，该体系具有的约束数目比组成几何不变体系所必需的最少约束数目多一个，但尚不能肯定体系为几何不变体系，也需作进一步分析。

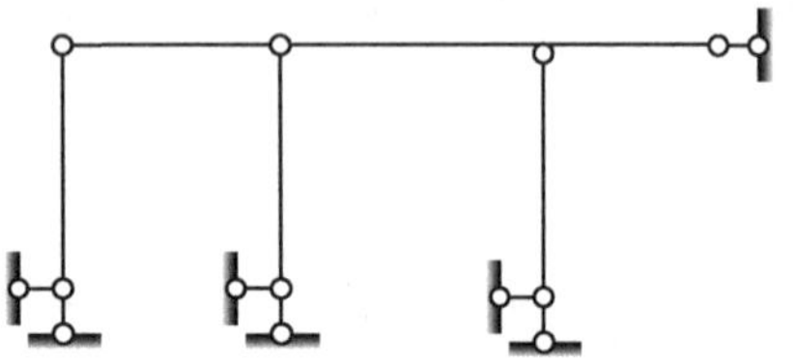

图 2-9

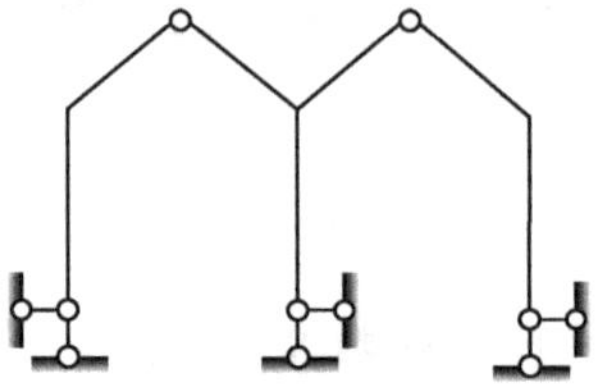

图 2-10

对于图 2-11(a)所示的铰接链杆体系，用式(2-6)求其计算自由度，则刚片数为 $m = 9$，单铰数为 $h = 12$，支座链杆数为 $r = 3$，有

$$W = 3m - (2h + r) = 3\times 9 - (2\times 12 + 3) = 0$$

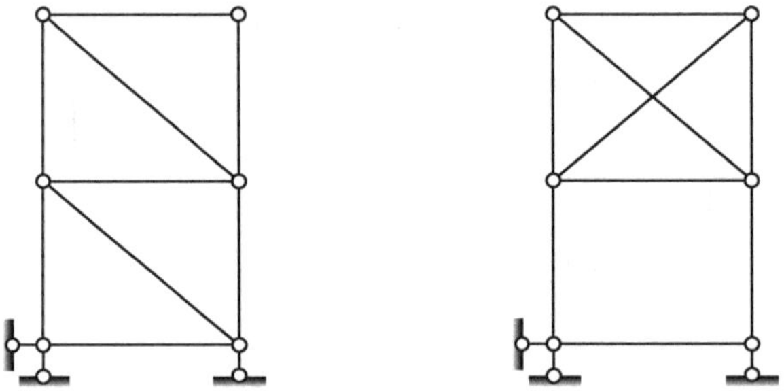

(a)　　(b)

图 2-11

2.3.2　平面铰接体系的计算自由度

对于这类体系的计算自由度，除可用式(2-6)计算外，还可用下面更为简便的公式计算。设 j 代表结点数，b 表示杆件数，r 为支座链杆数。对于平面铰接体系，每个自由铰结点有两个自由度，则体系共有 $2j$ 个自由度，由于连接各结点的每一根杆件都能起到一个约束的作用，故平面铰接体系的计算自由度为

$$W = 2j - (b + r) \tag{2-7}$$

使用式(2-7)时应注意：对于结点数目 j，凡是链杆端的铰都计算在内，支座链杆与地基相连的

铰则不计；b 应为单链杆的数目，体系中的复链杆应拆成单链杆。

对于图 2-11(a)所示铰接链杆体系，按式(2-7)求其计算自由度，有

$$W = 2j-(b+r)=2\times6-(9+3)=0$$

与按式(2-6)计算的结果相同。必须注意，式(2-7)只能用于计算平面铰接体系的计算自由度。由于避开了各结点处的换算单铰数，故使用该式时比较简便。式(2-7)不难推广至空间铰接体系，有

$$W = 3j-(b+r) \tag{2-8}$$

式中，j 为空间铰结点总数；$b+r$ 为空间铰接体系中链杆和支座链杆的总数。

任何平面体系的计算自由度，按式(2-6)或式(2-7)计算的结果，将有以下三种情况。

(1) $W>0$，表明体系缺少足够约束，因此肯定是几何可变的。

(2) $W=0$，表明体系具有成为几何不变体系所必需的最少约束数目。如果体系中的约束布置得当，没有多余约束，体系将是几何不变的，如图 2-11(a)所示；如果布置不当，则体系是几何可变的。如图 2-11(b)所示体系，虽然 $W=0$，总的约束数目足够，但布置不当，其上部有多余约束而下部又缺少约束，因而是几何可变的。

(3) $W<0$，表明体系具有多余约束。但体系是否几何不变同样要看体系中约束布置是否得当。

由上述内容可见，一个几何不变体系必须满足 $W\leqslant 0$ 的条件。

有时可不考虑支座链杆，而只检查体系本身(或称体系内部)的几何不变性。这时，本身为几何不变的体系作为一个刚片在平面内有 3 个自由度，因此，体系本身为几何不变时，必须满足 $W\leqslant 3$ 的条件。

必须强调，一个平面体系的计算自由度 $W\leqslant 0$ (或无支座链杆体系本身 $W\leqslant 3$)，只是体系为几何不变的必要条件，还不是充分条件。因为虽然体系总的约束数目足够甚至还有多余约束，但若约束布置不当，则体系仍有可能成为几何可变体系。为了判别体系是否几何不变，还必须进一步研究体系几何不变的充分条件，即几何不变体系的组成规则。

2.4　平面几何不变体系的基本组成规则

本节只讨论平面几何不变体系的基本组成规则，它是几何组成分析的基础。

1．三刚片规则

三个刚片用不在同一直线上的三个单铰两两铰连，组成的体系为几何不变体系且无多余约束。

图 2-12 所示的铰接体系，每两个刚片之间都用一个单铰相连，故称为两两铰连。此体系本身的计算自由度 $W=3$，即具有几何不变所必需的最少数目的约束，如果几何不变，则没有多余约束。现在来分析它是否几何不变。假定刚片 I 不动(如把刚片 I 视为地基)，又若暂时将铰 C 拆开，则刚片 II 只能绕铰 A 转动，其上的 C 点只能在以 A 为圆心、以 AC 为半径的圆弧上运动；刚片 III 只能绕铰 B 转动，其上的 C 点只能在以 B 为圆心、以 BC 为半径的圆弧上运动。但是，刚片 II 、III 又用铰 C 相连，铰 C 不可能同时沿两个方向不同的圆弧运动，因而只能在两个圆弧的交点处固定不动。于是，各刚片之间不可能发生任何相对运动。因此，这样组成的体系是几何不变体系，且没有多余约束。

2．两刚片规则

两个刚片用一个铰和一根不通过该铰的链杆相连，组成几何不变体系，且无多余约束；或者两个刚片用三根既不完全平行也不交于同一点的链杆相连，组成几何不变体系，且无多余约束。

图 2-13 所示的体系，显然也是按三刚片规则组成的。但如果把三个刚片中的两个作为刚片，

另一个看作链杆，则该体系为两个刚片用一个铰和不通过该铰的链杆相连而组成的。这当然是几何不变体系，且无多余约束，因为这与三刚片规则实际上也相同。

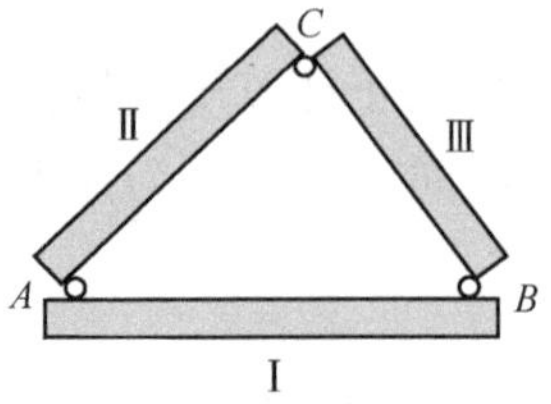

图 2-12

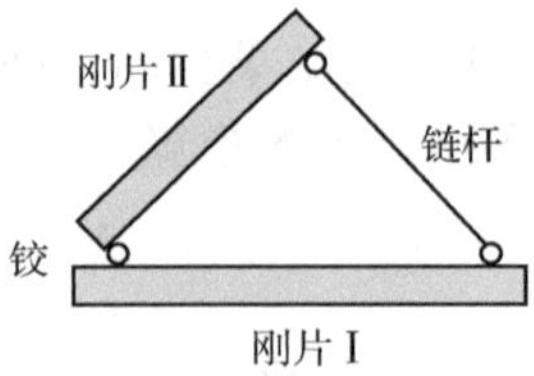

图 2-13

以上是两个刚片用一个铰及一根链杆相连的情形。此外，两个刚片还有用三根链杆相连的情形。为了分析这种情形，先来讨论两个刚片之间用两根链杆相连时的运动情况。如图 2-14 所示，假定刚片Ⅰ不动，则刚片Ⅱ运动时，链杆 AB 将绕 A 点转动，因而 B 点将沿与 AB 杆垂直的方向运动；同理，D 点将沿与 CD 杆垂直的方向运动。因而可知，整个刚片Ⅱ将绕 AB 与 CD 两杆延长线的交点 O 转动。O 点称为刚片Ⅰ、Ⅱ的相对转动瞬心。此情形就相当于将刚片Ⅰ和Ⅱ在 O 点用一个铰相连。因此，连接两个刚片的两根链杆相当于在其交点处的一个单铰，不过这个铰的位置是随着链杆的转动而改变的，这种铰称为虚铰。

图 2-15 为两个刚片用三根既不完全平行也不相交于同一点的链杆相连的情况。此时，可把链杆 AB、CD 看作在其交点 O 处的一个铰。因此，此两刚片又相当于用铰 O 和一根不通过该铰的链杆 EF 相连，故组成的体系为几何不变体系，且无多余约束。

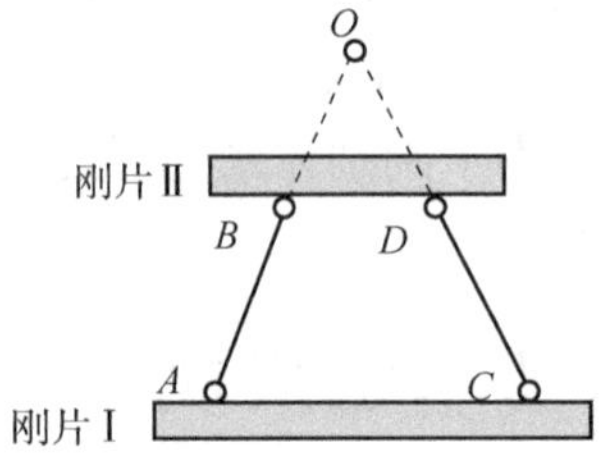

图 2-14

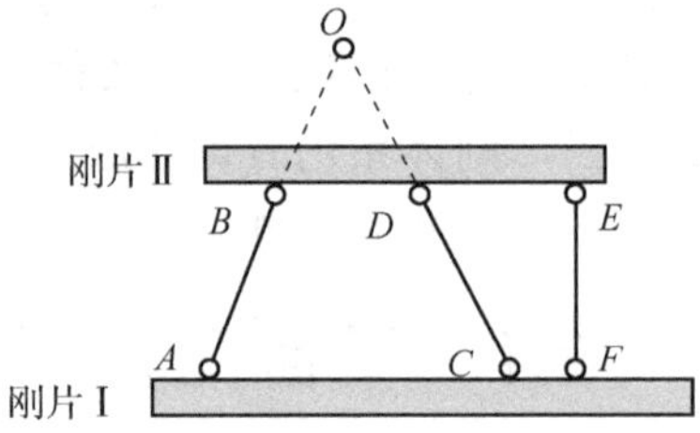

图 2-15

例如，对图 2-16 所示体系进行几何组成分析时，可把地基作为一个刚片，当中的 T 形部分 BCE 作为一个刚片。左边的 AB 部分虽为折线，但本身是一个刚片而且只用两个铰与其他部分相连，因此它实际上与 A、B 两铰连线上的一根链杆(如图 2-16 中的虚线所示)的作用相同。同理，右边的 CD 部分也相当于一根链杆。这样，此体系就是两个刚片用 AB、CD 和 EF 三根既不平行又不相交于一点的链杆相连，故该体系为几何不变体系，且无多余约束。

3. 二元体规则

在一个刚片(或一个已知几何不变部分)上增加一个二元体形成的体系为几何不变体系，且无多余约束。

图 2-17 所示的体系，是按三刚片规则组成的。但如果把三个刚片中的一个作为刚片，而把另外两个看作链杆，则此体系又可以认为是这样组成的：在一个刚片上增加两根链杆，此两杆不在一条直线上，两杆的另一端又用铰相连。这种两根不在一条直线上的链杆连接一个新结点的构造称为二元体。显然，在一个刚片上增加一个二元体组成的体系仍为几何不变体系，且无多余约束，因为这与三刚片规则实际上相同。在分析某些体系特别是桁架时，用二元体规则更为方便，所以把它单独列为一个规则。

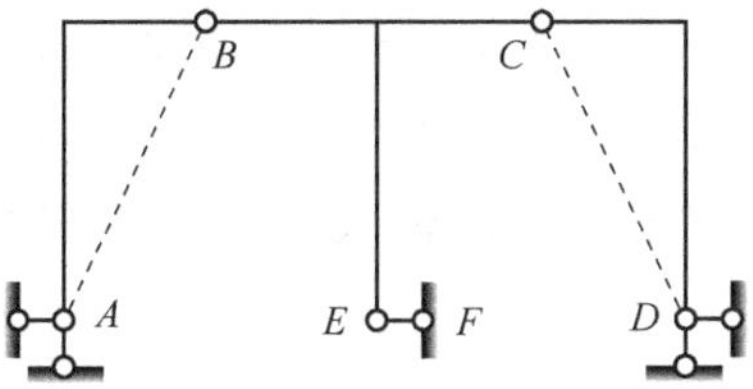

图 2-16

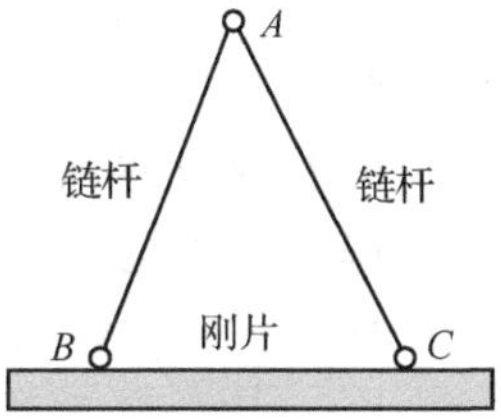

图 2-17

例如，分析图 2-18 所示的桁架时，可任选一铰接三角形(如 123)为基础，增加一个二元体得结点 4，从而得到几何不变体系 1234；再以其为基础，增加一个二元体得结点 5，6，…，如此依次增加二元体而最后组成该桁架，故知该体系为几何不变体系，且无多余约束。

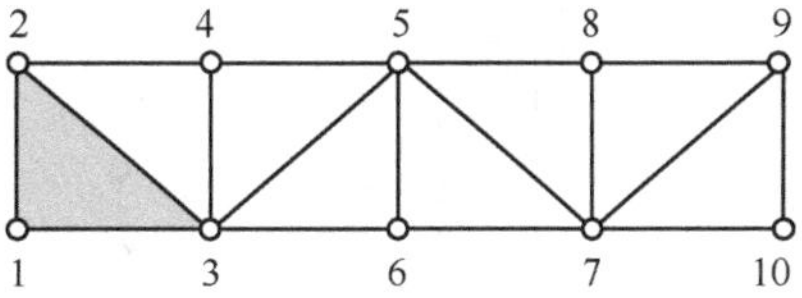

图 2-18

此外，也可以反过来，用拆除二元体的方法来分析。因为从一个体系中拆除一个二元体后，若所剩余的部分是几何不变体系，则原来的体系必定也是几何不变体系。对于图 2-18 所示的桁架，现从结点 10 开始拆除一个二元体，然后依次拆除结点 9，8，7，…，最后剩下铰接三角形 123，它是几何不变体系，且无多余约束，故知原体系也是几何不变体系，且无多余约束。

若去掉二元体后所剩下的部分是几何可变体系，则原来的体系必定也是几何可变体系。

综上所述，可以得出如下结论：在一个体系上增加或拆除二元体，不会改变原有体系的几何构造性质。

以上介绍了几何不变的平面体系的三个基本组成规则，它们在本质上只是一个规则，即三刚片规则。凡是按照这些规则组成的几何不变体系，都是没有多余约束的，其计算自由度均为 $W=0$ (或只就体系本身 $W=3$)，因此，不必再进行 W 的计算。如果体系除符合上述组成规则之外，还有另外的约束，便是具有多余约束的几何不变体系，此时，多余约束的数目就等于这些另外的约束数目。

2.5　瞬 变 体 系

为什么在前述三刚片规则中，要规定三个铰不在同一直线上？这可用图 2-19 所示的三铰共线的情况来说明。假设刚片 III 不动，刚片 I 、II 分别绕铰 A 、B 转动时，在 C 点处两圆弧有一条公切线，故此瞬时铰 C 可沿此公切线方向移动，因而是几何可变的。从约束的布置情况来看，这也是布置不当的：AC 、BC 两链杆都是水平的，因而对限制 C 点的水平位移来说具有多余约束，而在限制 C 点的竖向位移上则缺少约束，故 C 点仍可沿竖直方向移动。不过，一旦发生微小位移后，三铰就不再共线，运动也就不再继续发生。这种原为几何可变，经微小位移后，即转化为几何不变的体系，称为几何瞬变体系。几何瞬变体系也是一种几何可变体系。为了区别起见，又可将经微小位移后仍能继续发生刚体运动的几何可变体系称为常变体系，如图 2-1(b)及图 2-11(b)所示。这样，几何可变体系包括几何常变体系和几何瞬变体系。

几何瞬变体系只是瞬时可变的，随后即转化为几何不变体系，那么在工程结构中能否采用这种体系呢？为此来分析图 2-20 所示体系的内力。由平衡条件可知，AC 和 BC 杆的轴力为

$$F_{\mathrm{N}}=\frac{F}{2\sin\theta}$$

当 $\theta=0$ 时，体系为几何瞬变体系，如图 2-20 中虚线所示，此时若 $F=0$（称为零荷载），则 F_N 为不定值；若 $F\neq 0$，则 $F_N=\infty$。这表明，几何瞬变体系即使在很小的荷载作用下也会产生非常大的内力，甚至可能导致体系的破坏。另外，几何瞬变体系的位移只在理论上为无穷小，实际上在很小的荷载作用下也会产生很大的位移。图 2-20 所示体系，当 C 点产生微小竖向位移 δ 时，AC 杆（或 BC 杆）的伸长量 λ 为

$$\lambda=\sqrt{l^2+\delta^2}-l=l\left[1+\frac{1}{2}\left(\frac{\delta}{l}\right)^2-\frac{1}{8}\left(\frac{\delta}{l}\right)^4+\cdots\right]-l\approx\frac{\delta^2}{2l}$$

可见，当 δ 为微量时，λ 为二阶微量，因而当杆件稍有变形时，C 的位移就会极为显著。因此，从上述两个角度来看，工程中不能采用几何瞬变体系，接近于瞬变的体系也要避免采用。

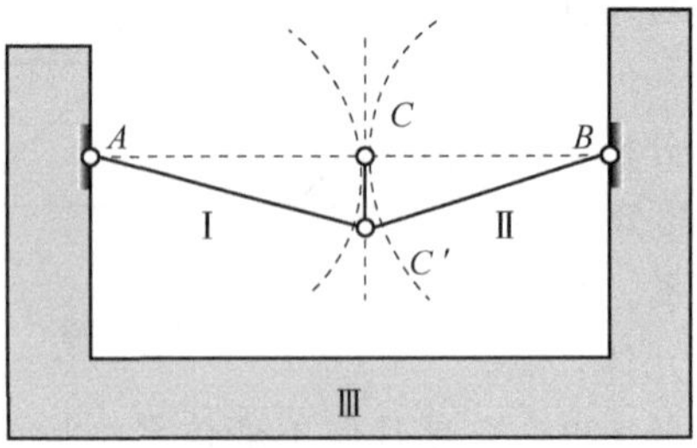

图 2-19

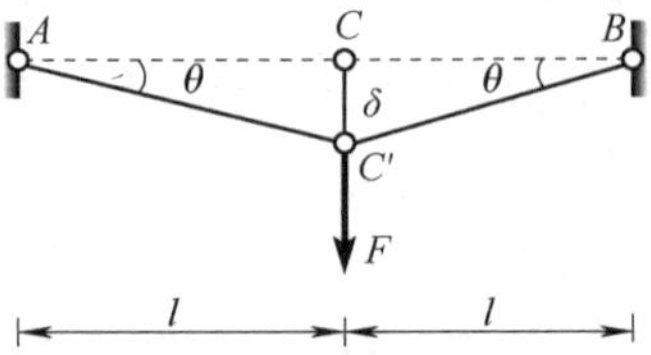

图 2-20

在一个刚片上增加二元体时，若二元体的两杆共线，则为几何瞬变体系。

两个刚片用三根链杆相连时，若三根链杆相交于同一点，如图 2-21(a)所示，则两个刚片可绕交点 O 做相对转动，但发生微小转动后，三杆一般不再交于同一点，故此体系为几何瞬变体系。当三根链杆全平行时，可以认为它们均交于无穷远点，故也属于交于同一点的情况，两刚片可沿与链杆垂直的方向做相对平动。当三根链杆平行但不等长时，如图 2-21(b)所示，两刚片发生微小相对位移后，三根链杆便不再全平行，因此属于几何瞬变体系；当三根链杆平行且等长时，如图 2-21(c)所示，则运动可一直继续下去，故为常变体系（注：这是指平行且等长的三根链杆均从每一个刚片的同侧相连的情况，而不是如图 2-21(d)所示有从异侧相连的情况，后者仍为几何瞬变体系）。但无论怎样，上面几种情况都不是几何不变体系。因此，两个刚片用三根链杆相连组成几何不变体系时，三根链杆必须既不完全平行又不相交于一点。

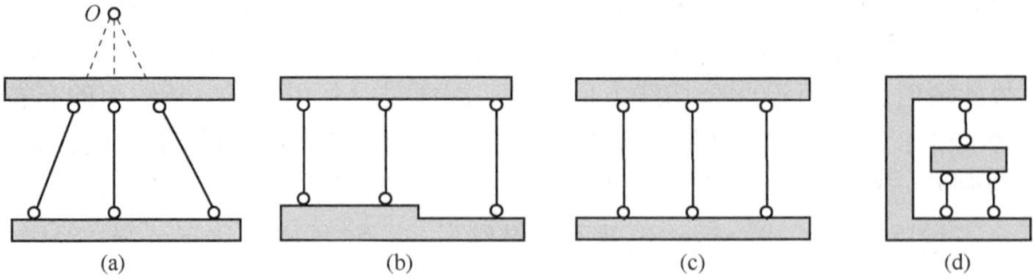

图 2-21

2.6　平面体系几何组成分析示例

在对一个体系进行几何组成分析时，可首先计算其自由度 W，若 $W>0$（或只就体系本身 $W>3$），则体系肯定是几何可变体系；若 $W\leqslant 0$（或只就体系本身 $W\leqslant 3$），则需要对体系进行几何组成分析，判定它是否为几何不变体系。但通常也可以略去 W 的计算，而直接对体系进行几

何组成分析。

几何组成分析的依据就是前述几个基本组成规则，问题在于如何正确和灵活地应用它们去分析各种各样的体系。对于复杂的体系，宜首先把能直接观察出的几何不变部分当作刚片，或者以地基或一个刚片为基础按二元体规则或两刚片规则逐步扩大刚片的范围，或者拆除二元体使体系的组成简化，以便进一步用基本组成规则去分析它们。

【例 2-1】　试对图 2-22 所示的体系作几何组成分析。

解：地基为一个刚片，图示体系可以视为从地基 AB 出发，按二元体规则先形成结点 1，然后重复此规则，逐次扩大，形成结点 2、3 和 4。因此，图示体系为几何不变体系，且无多余约束。

【例 2-2】　试对图 2-23(a)所示的体系作几何组成分析。

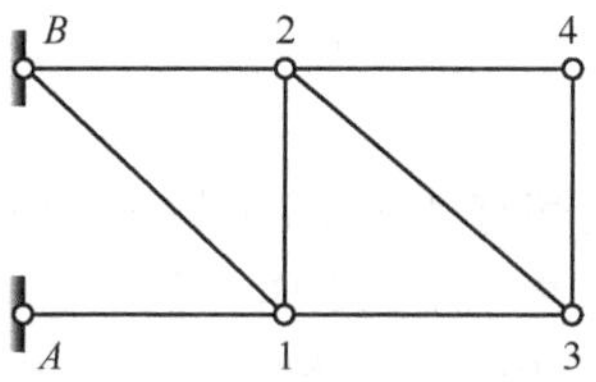

图 2-22

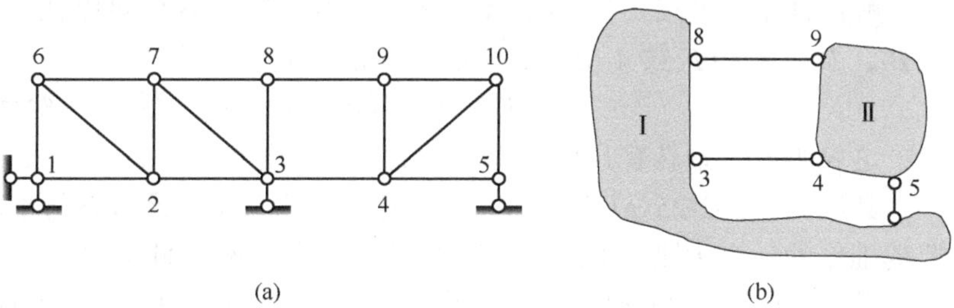

图 2-23

解：先观察图中 1-2-3-8-7-6-1 的部分铰接体系，它的组成方式与图 2-22 类似，属于无多余约束的几何不变部分。按照两刚片规则，它又与基础构成稳固的三根链杆连接，因此，1-2-3-8-7-6-1 部分与基础可合成为一个大刚片Ⅰ。再看右边 4-5-10-9-4 部分，也是一个无多余约束的几何不变部分，可作为刚片Ⅱ。于是，图 2-23(a)所示的原体系可改造成几何构造上等价的体系，如图 2-23(b)所示。刚片Ⅰ和刚片Ⅱ又按两刚片规则用三根既不平行又不相交于一点的链杆(链杆 8-9、链杆 3-4 和支座链杆 5)相连，因此，体系为几何不变体系，且无多余约束。必须注意，在分析过程中，图 2-23(b)中的三根链杆(链杆 8-9、链杆 3-4 和支座链杆 5)的相对位置必须保持与图 2-23(a)中完全相同。

【例 2-3】　试对图 2-24(a)所示的体系作几何组成分析。

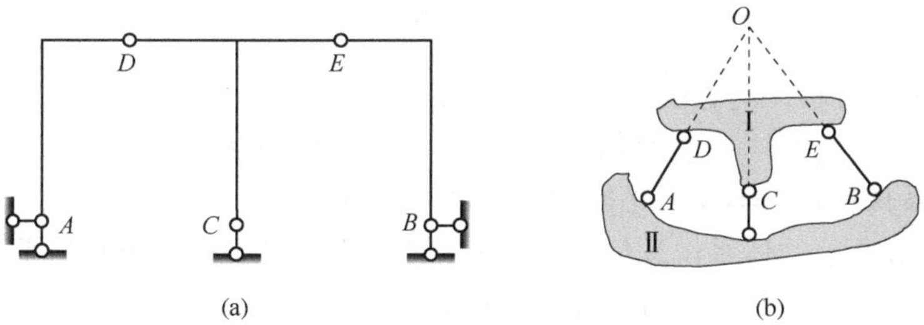

图 2-24

解：图 2-24(a)中折杆 AD 和 BE 从几何构造上讲可视为链杆，它们分别使 A、D 和 B、E 两点之间的距离保持不变。将 A、B 支座处各有的两根支座链杆用铰代替，如图 2-24(b)所示。将图 2-24(a)中 T 形杆件部分视为刚片Ⅰ，基础视为刚片Ⅱ，两个刚片之间的几何构造示意图如图 2-24(b)所示。由于三根链杆(链杆 AD、BE 和支座链杆 C)的延长线交于 O 点，故原体系为几何瞬变体系。

【例 2-4】 试对图 2-25(a)所示的体系作几何组成分析。

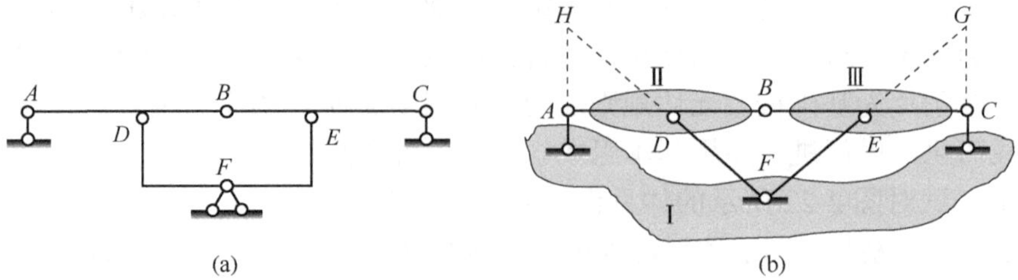

图 2-25

解：首先，可按式(2-6)求其计算自由度。该体系有刚片 AB、BC、DF、FE 共 4 个，单铰 B、D、E 和 F 共 4 个，支座链杆 4 根，故

$$W = 3m-(2h+r) = 3\times4-(2\times4+4) = 0$$

这表明该体系具有几何不变所必需的最少约束数目。

其次，对图 2-25(a)所示的体系作几何组成分析。此体系与基础之间有 4 根支座链杆，故应把基础作为一个大刚片Ⅰ处理。铰 F 处的两根支座链杆可以归入基础这个刚片Ⅰ内，但必须用铰 F 代替，如图 2-25(b)所示。然后，把 AB 视为刚片Ⅱ、BC 视为刚片Ⅲ，而把刚片 DF、FE 各用等价的链杆代替，这样就得到了图 2-25(b)所示的三个刚片用一个实铰(B)和两个虚铰(H 和 G)两两相连的分析示意图。由于三个铰 B、H 和 G 不在同一直线上，符合三刚片规则，故原体系为几何不变体系，且无多余约束。

【例 2-5】 试对图 2-26(a)所示的体系作几何组成分析。

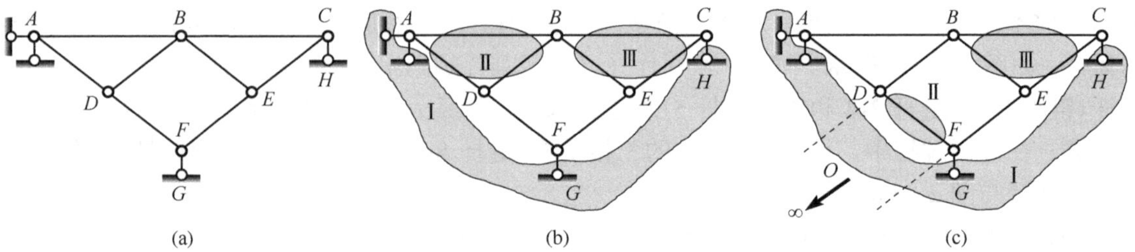

图 2-26

解：该体系较难分析，可按式(2-7)求其计算自由度：

$$W = 2j-(b+r) = 2\times6-(8+4) = 0$$

这表明该体系具有几何不变所必需的最少约束数目。

现对图 2-26(a)所示的体系作几何组成分析。该体系本身不是一个几何不变的刚片，又由四根支座链杆与基础相连，因而不能按两刚片规则分析；此外，也无二元体可拆除。因此，可试用三刚片规则来分析。由于应连同基础一起分析，故首先将基础作为一个刚片，用Ⅰ表示。然后，可把三角形 ABD 和 BCE 作为刚片Ⅱ、Ⅲ，如图 2-26(b)所示。但是，接下来分析就有困难：刚片Ⅰ与Ⅱ用铰 A 相连，刚片Ⅱ与Ⅲ用铰 B 相连，而刚片Ⅰ与Ⅲ之间呢？只有链杆 CH 直接相连，链杆 FG 并不连在刚片Ⅲ上，此外，还有杆件 DF、EF 没有用上。显然，不符合三刚片规则，分析无法进行下去。因此，应该按照三刚片规则另选刚片。基础仍为刚片Ⅰ。铰 A 处的两根支座链杆可看作基础上增加的二元体，因而同属于基础的刚片Ⅰ。于是，从刚片Ⅰ上一共有 AB、AD、FG 和 CH 四根支座链杆连出，它们应该两两分别连到另外两个刚片上。这样，

就可找出应以杆件 DF 和三角形 BCE 作为另外两个刚片Ⅱ与Ⅲ，如图 2-26(c)所示。此时，刚片Ⅱ和Ⅲ之间也恰由两根链杆相连。这样，所有的杆件都已用上，而且符合两两相连。现分析各铰的位置：刚片Ⅰ和Ⅱ之间用链杆 AD 和 FG 相连，虚铰在 F 点；刚片Ⅰ和Ⅲ之间用链杆 AB 和 CH 相连，虚铰在 C 点；刚片Ⅱ和Ⅲ之间用链杆 BD 和 EF 相连，因为此两杆平行，故虚铰 O 点在此两杆延长线的无穷远处。

由于虚铰 O 在 EF 的延长线上，故三个虚铰 C、F 和 O 在一条直线上。因此，该体系为几何瞬变体系。

最后需要指出，在平面体系的几何组成分析中，所遇到的多数工程结构的几何构造性质按前述的基本组成规则即可进行分析。但是，对于某些特殊体系，用基本组成规则尚无法进行分析，此时便需要用其他方法进行分析。

2.7　体系的几何组成与静定性的关系

体系的几何组成分析除可以判定体系是否几何不变外，还可以说明体系是否静定。

为了说明这一问题，现在来讨论体系的几何组成性质与平衡方程的解答之间的关系。按几何组成性质的不同，体系可分为几何不变体系和几何可变体系，其中，几何可变体系又包括几何常变体系和几何瞬变体系两种，几何不变体系包括无多余约束的几何不变体系和有多余约束的几何不变体系。

如果体系是几何常变体系，则在任意荷载作用下，一般不能维持平衡，即平衡条件不能成立，因而平衡方程是无解的。

如果体系是几何不变体系，则在任意荷载作用下，均能维持平衡，因而平衡方程必定有解。但是解答是否只有一种？这需要分无多余约束和有多余约束两种情况来讨论。

图 2-27(a)为一个无多余约束的几何不变体系，有三个支座反力，取刚片 AB 为隔离体，可建立平面力系的三个平衡方程来确定这三个支座反力，当支座反力确定后，进一步可由截面法确定任一截面的内力，所以该体系是静定的。图 2-27(b)为一个有多余约束的几何不变体系，若去掉任意一根竖向支座链杆，体系仍保持几何不变。它共有四个支座反力，取刚片 AB 为隔离体，所能建立的独立平衡方程只有三个。除了水平反力 $F_{Ax}=0$ 由 $\sum F_x=0$ 确定外，其余三个竖向反力无法只靠剩下的两个平衡方程来确定，当然也就无法进一步确定其内力，所以此体系是超静定的。

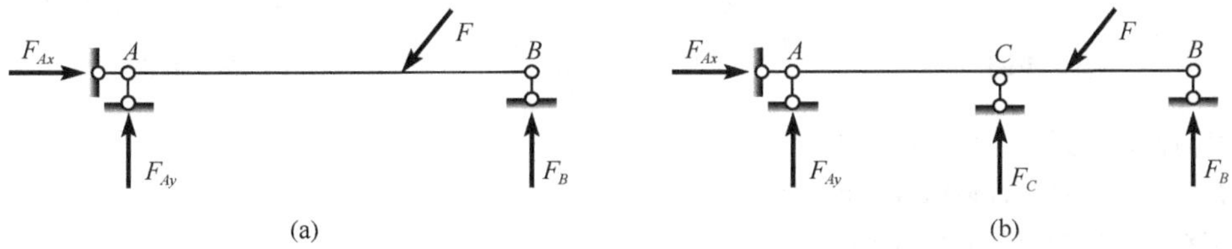

图 2-27

一般情况下，设几何不变体系由 m 个刚片用 h 个单铰及 r 根支座链杆相连而组成，则取每一个刚片为隔离体，可建立 3 个平衡方程，因而可建立的平衡方程总数为 $3m$ 个，每一个单铰处有两个约束力，故铰处与支座处的未知力总数为 $2h+r$ 个。当体系为几何不变且无多余约束时，其计算自由度 $W=3m-(2h+r)=0$，即 $3m=2h+r$，表明平衡方程数目与未知力数目相等，此时用平衡方程求解只有一组确定的解答，故体系为静定结构；当体系为几何不变且有多余约束时，其计算自由度$W=3m-(2h+r)<0$，即$3m<2h+r$，表明平衡方程数目小于未知力数目，此时可有无穷多组解答，仅靠静力平衡方程已不能求得唯一确定的解答，故体系为超静定结构。

至于几何瞬变体系，前已述及，在一般荷载作用下，其内力为无穷大，也就是平衡方程无解；在某些特殊荷载作用下，其内力为不定值，即平衡方程有无穷多组解，此时属于超静定结构。

综上所述，只有无多余约束的几何不变体系才是静定的。或者说，静定结构的几何组成特征是几何不变体系且无多余约束。凡按前面所讲的基本组成规则组成的体系，都是几何不变体系且无多余约束，因而都是静定结构；而在此基础上还有多余约束的体系，则属于超静定结构。这样，就可以从结构的几何组成上来判定它是静定结构还是超静定结构。

习　　题

2-1　试求出图示体系的计算自由度。

2-2　试求出图示体系的计算自由度。

2-3　试求出图示体系的计算自由度。

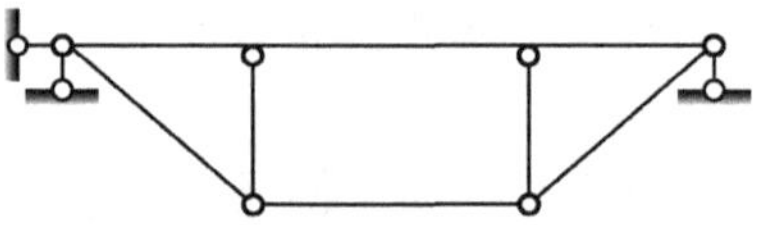

题 2-1 图

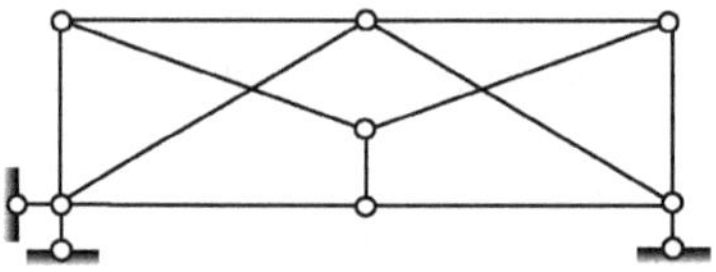

题 2-2 图

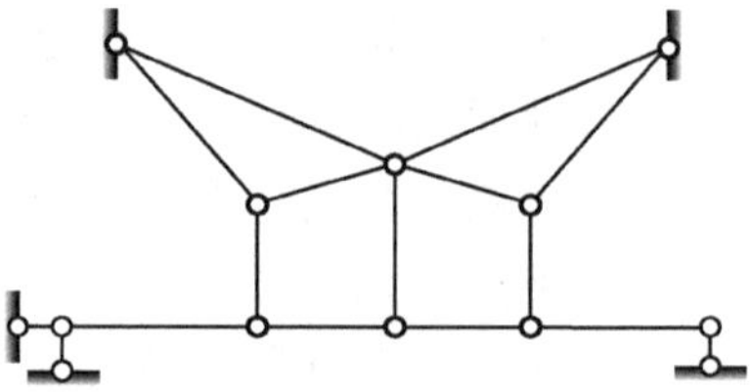

题 2-3 图

2-4　试求出图示体系的计算自由度。

2-5　试对图示体系作几何组成分析。

2-6　试对图示体系作几何组成分析。

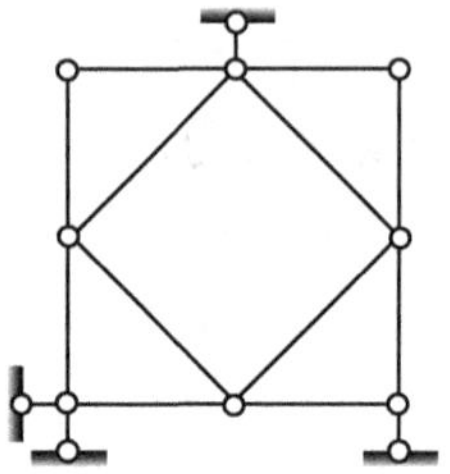

题 2-4 图

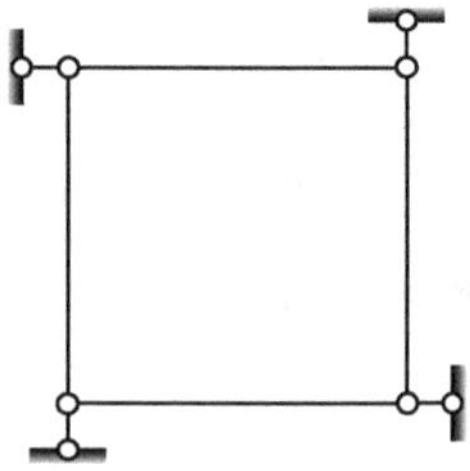

题 2-5 图

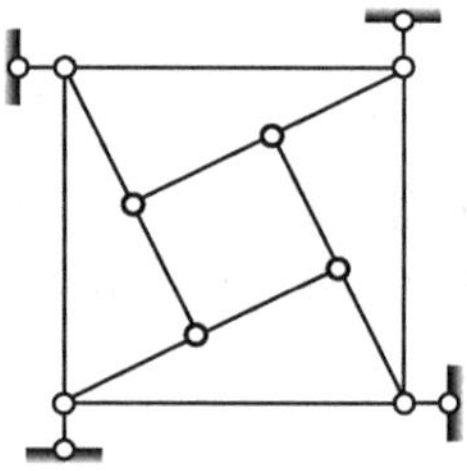

题 2-6 图

2-7　试对图示体系作几何组成分析。

2-8　试对图示体系作几何组成分析。

2-9　试对图示体系作几何组成分析。

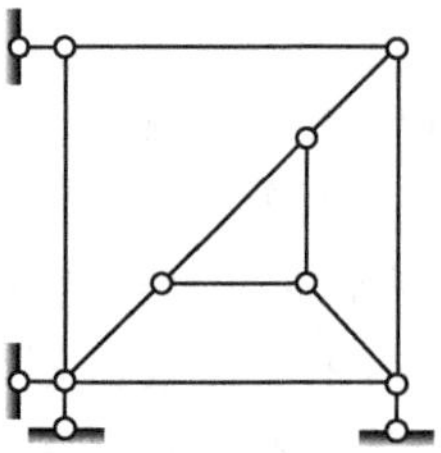

题 2-7 图

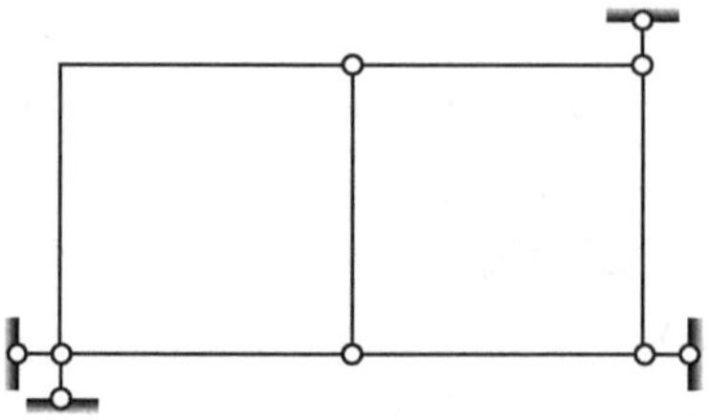

题 2-8 图

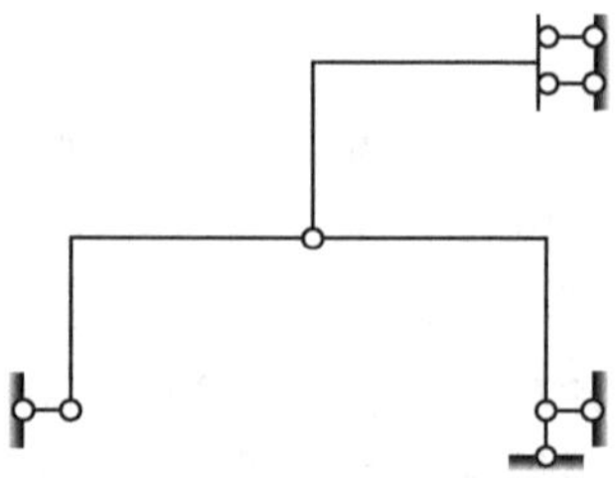

题 2-9 图

2-10　试对图示体系作几何组成分析。

2-11　试对图示体系作几何组成分析。

2-12　试对图示体系作几何组成分析。

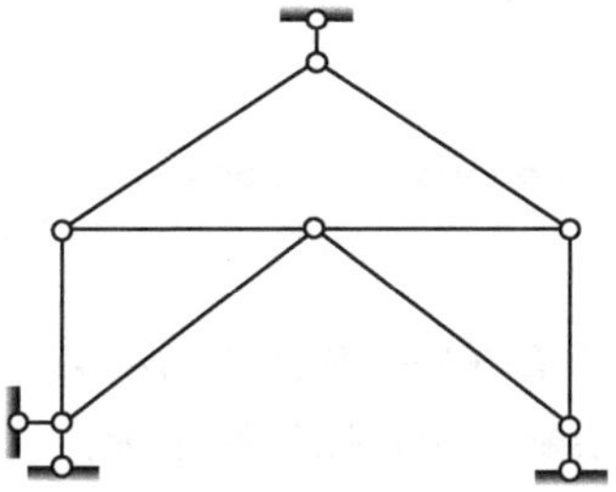

题 2-10 图

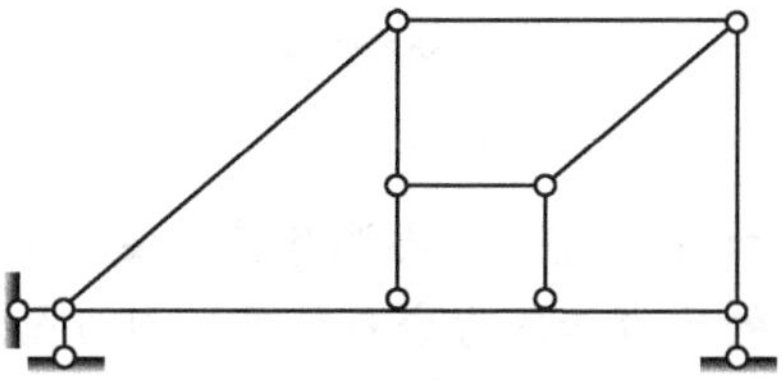

题 2-11 图

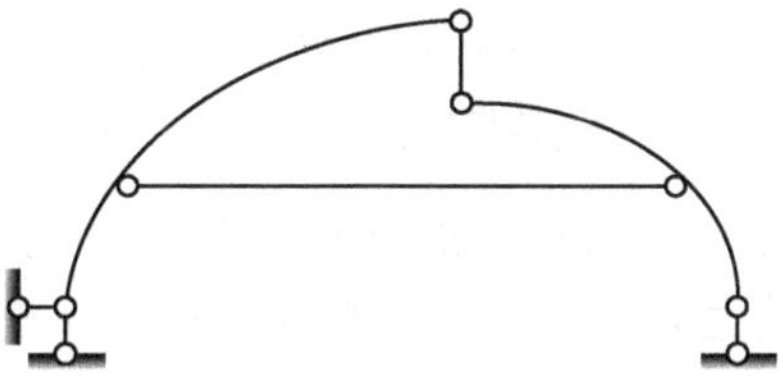

题 2-12 图

2-13　试对图示体系作几何组成分析。

2-14　试对图示体系作几何组成分析。

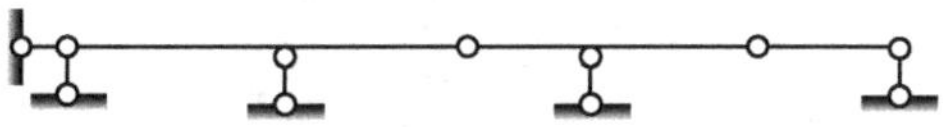

题 2-13 图

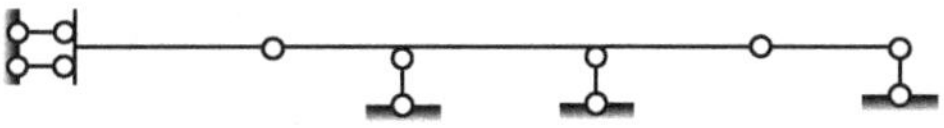

题 2-14 图

2-15　试对图示体系作几何组成分析。

2-16　试对图示体系作几何组成分析。

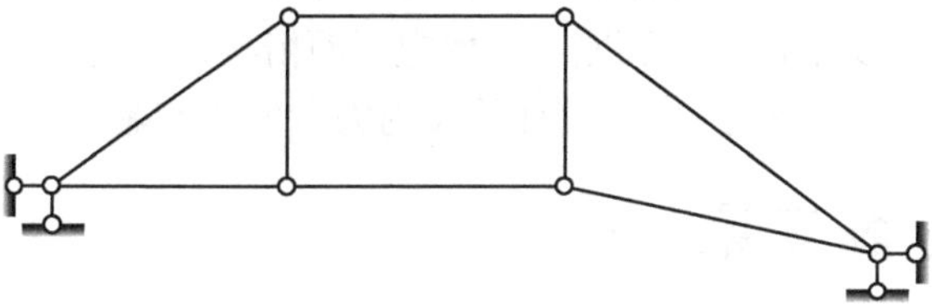

题 2-15 图

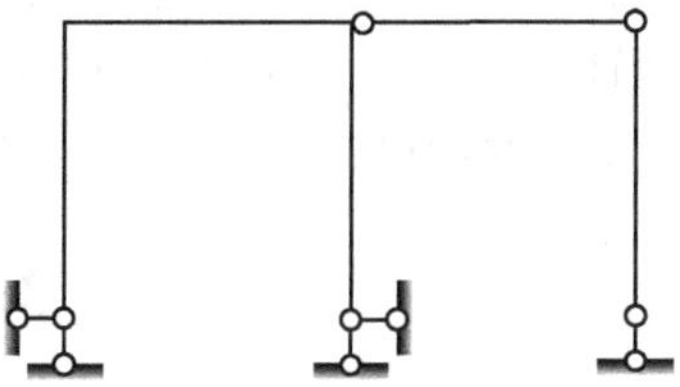

题 2-16 图

第 3 章　静定结构的内力计算

主要内容

本章讨论静定结构的受力分析计算问题，主要涉及静定梁、静定平面刚架、静定平面桁架、三铰拱及组合结构等在荷载作用下的反力和内力分析计算、内力图的绘制、受力性能的分析。

学习要求

掌握静定结构的轴力、弯矩和剪力等内力的概念及其符号的规定；熟练掌握静定结构反力和内力计算的各种方法，能够熟练画出静定结构的内力图；理解静定结构的受力特性。

3.1　概　　述

静定结构是工程中常用的结构，其受力分析是结构分析的基础。从几何组成上看，静定结构是无多余约束的几何不变体系。从受力分析上看，在荷载作用下，静定结构的反力和内力可以由静力平衡条件求出，而无须考虑结构的变形条件，即满足静力平衡方程的内力和反力的解答是唯一确定的解。本章通过工程中几种常见的静定结构——静定梁、静定平面刚架、静定平面桁架、三铰拱和组合结构等，系统地讨论静定结构的受力分析方法，包括反力、内力的计算及内力图的绘制等内容。

3.2　单跨静定梁

静定梁是工程结构中广泛应用的一种结构形式。由于它设计简单、施工方便，目前，在一般土建工程中，多用于短跨结构，如吊车梁、过梁、短跨桥等。它是组成各种结构的基本构架之一，其受力分析是各种结构受力分析的基础。因此，尽管在材料力学(或工程力学)中对梁的反力和内力分析已作过讨论，在这里仍有必要加以简略回顾和补充，以使读者进一步熟练掌握。

3.2.1　单跨静定梁受力分析

静定梁包括单跨静定梁和多跨静定梁，本节先讨论单跨静定梁的受力分析方法。

1．反力

常见的单跨静定梁有简支梁、外伸梁和悬臂梁三种，如图 3-1 所示，它们都是由梁和地基按两刚片规则组成的静定结构，因而其支座反力都只有三个，可取全梁为隔离体，根据平面一般力系的三个平衡方程

$$\left.\begin{aligned}\sum F_x=0\\ \sum F_y=0\\ \sum M=0\end{aligned}\right\}\tag{3-1}$$

即可求出全部支座反力。

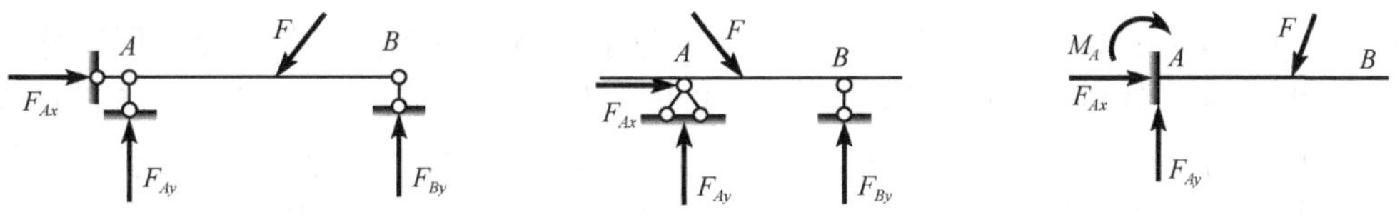

(a)简支梁　(b)外伸梁　(c)悬臂梁

图 3-1

2．内力

平面结构在任意荷载作用下，其杆件截面（K 截面）上一般有三个内力分量，即轴力 F_N、剪力 F_S 和弯矩 M，如图 3-2(b)所示。计算内力的基本方法是截面法：将结构沿拟求内力的截面截开，取截面任一侧的部分为隔离体，利用平衡条件式(3-1)，计算所求内力。

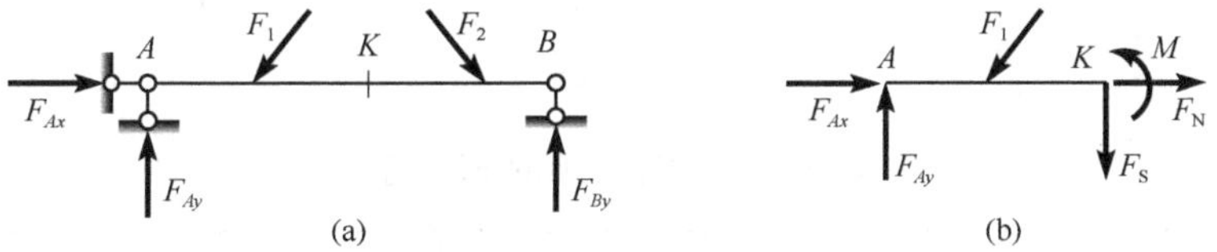

(a)　(b)

图 3-2

为了建立平衡方程，通常要事先对内力的符号规定如下：轴力 F_N 以拉力为正(压力为负)；剪力 F_S 以绕隔离体顺时针方向转动者为正(逆时针方向转动者为负)；弯矩 M 以使梁的下侧纤维受拉者为正(上侧纤维受拉者为负)。由截面法的运算可以得知：

轴力 F_N 的数值等于截面一侧所有外力(包括荷载和反力)沿截面法线方向的投影的代数和；

剪力 F_S 的数值等于截面一侧所有外力(包括荷载和反力)沿截面切线方向的投影的代数和；

弯矩 M 的数值等于截面一侧所有外力(包括荷载和反力)对截面形心的力矩的代数和。

对于直梁，当所有外荷载均垂直于梁轴线时，其横截面上的内力只有剪力和弯矩，没有轴力。

表示结构上各截面内力数值的图形称为内力图。内力图通常用平行于杆轴线的坐标表示截面的位置(此坐标轴通常又称为基线)，而用垂直于杆轴线的坐标(又称竖标)表示内力数值而绘制出。

绘制内力图的基本方法是：首先用截面法写出所求内力与截面位置坐标 x 之间的函数关系式，称为内力方程式，然后根据方程绘制出内力图。对于结构或外荷载较为复杂的情况，需要利用多个内力方程式才能表达整个结构的内力分析状况。绘制内力图也可不写内力方程式，而用更简便的方法，即利用内力和外力之间的微分关系判断内力图的形状，采用分段、定点、连线以及区段叠加法来绘制内力图。

绘制内力图时，应标明图名、单位、数值。在土木工程中，弯矩图习惯绘制在杆件受拉一侧，在弯矩图上不需注明正、负号；剪力图和轴力图则需要注明正、负号。

3．内力与荷载之间的微分关系及内力图形状的判断

在直梁中，如图 3-3(a)所示，现取出一微段 dx 作为隔离体，如图 3-3(b)所示，由平衡条件并略去高阶微量，可得出内力与荷载之间的微分关系，如式(3-2)所示：

$$\left.\begin{aligned}&\text{由}\sum F_x=0\text{，有}\quad \frac{\mathrm{d}F_N}{\mathrm{d}x}=-p(x)\\&\text{由}\sum F_y=0\text{，有}\quad \frac{\mathrm{d}F_S}{\mathrm{d}x}=-q(x)\\&\text{由}\sum M=0\text{，有}\quad \frac{\mathrm{d}M}{\mathrm{d}x}=F_S\end{aligned}\right\}\tag{3-2}$$

式(3-2)的几何意义是：轴力图上某点处切线斜率等于该点处的轴向荷载集度，但符号相反；剪力图上某点处切线斜率等于该点处的横向荷载集度，但符号相反；弯矩图上某点处的切线斜率等于该点处的剪力。据此，可以推知荷载情况与内力图形状之间的一些对应关系，如表 3-1 所示。掌握内力图形状的这些特征，对于正确和快速地绘制内力图很有帮助。

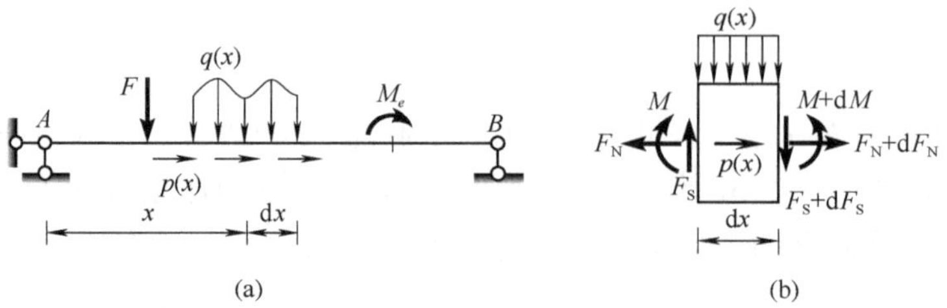

图 3-3

表 3-1　直梁内力图的形状特征

梁上区段荷载情况		剪力图	弯矩图
无横向荷载区段		与基线平行直线	斜直线
横向均布荷载 $q(x)$ 作用区段		斜直线	二次抛物线，凸向与 $q(x)$ 指向一致
		剪力为零处	弯矩图的极值点
横向集中力 F 作用处		有突变，突变值= F	有尖角，尖角指向与 F 指向相同
集中力偶 M_e 作用处		无变化	有突变，突变值= M_e
铰处	无力偶	连续	弯矩为零
	有力偶	连续	弯矩值= M_e

4．绘制内力图的一般步骤

(1)求反力(悬臂梁可以不先求反力)。

(2)分段。一般将外力不连续处作为分段点，如集中力及力偶作用处、均布荷载的两端点等。这样，根据外力情况就可以判断各段梁上的内力图形状。

(3)定点。根据各段内力图的形状，选定所需的控制截面，如集中力及集中力偶作用点处两侧的截面、均布荷载的起点和终点等，用截面法求出这些截面的内力值，按照同一比例把这些内力值在内力图的基线上用竖标绘出。这样就定出了内力图上的各控制点。

(4)连线。根据各段梁的内力图形状，用直线或曲线将各控制点的竖标依次相连，即得全梁的内力图。其弯矩图可用区段叠加法绘制。

3.2.2　区段叠加法绘制弯矩图

在线弹范围内，用叠加法绘制梁的弯矩图是很方便的。图 3-4(a)所示的简支梁 AB 同时承受全跨的均布荷载 q 和两段集中力偶 M_A、M_B 的作用，可利用区段叠加法绘制此梁的弯矩图。首先将该梁的受载情形分解成图 3-4(b)和图 3-4(c)两种情形，这两种情形对应的简支梁的弯矩图如图 3-4(e)、(f)所示。然后把这两个弯矩图的对应截面上的竖标分别叠加，便得到两种荷载共同作用时的弯矩图，如图 3-4(d)所示。实际绘制弯矩图时，不必绘制出图 3-4(e)、(f)，而可直接绘制出图 3-4(d)。此方法是：先将两端弯矩 M_A、M_B 绘出并用虚直线相连，然后以此虚直线为基线，叠加简支梁在均布荷载作用下的弯矩图。必须注意，这里所说弯矩图的叠加，是指其竖标的叠加，因此，图 3-4(d)中的竖标 $ql^2/8$ 仍沿竖向量取，而不是垂直于 M_A、M_B 连线方向。这样，最后的图线与最初的水平基线之间所包含的图形即叠加后所得的弯矩图。

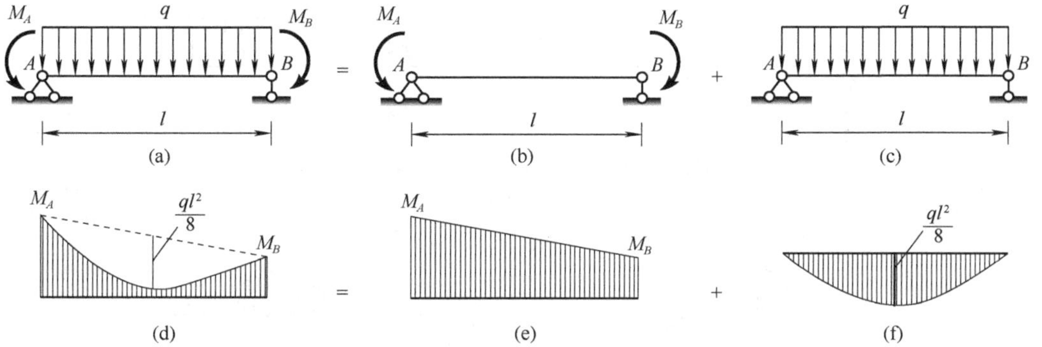

图 3-4

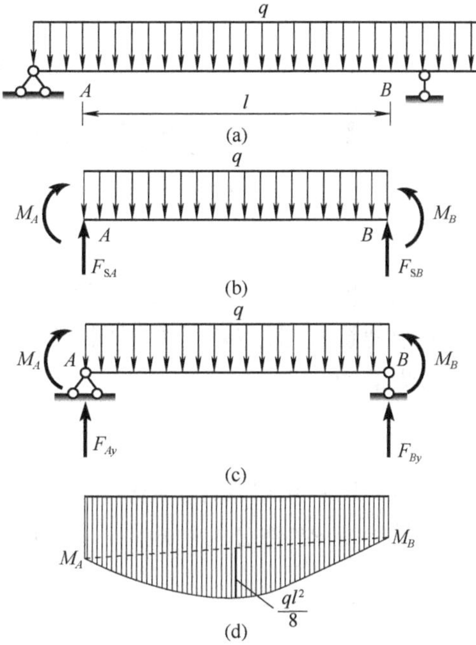

图 3-5

上述叠加法绘制 M 图，对杆件的任何区段都是适用的。如图 3-5(a)所示的梁中某一区段 AB，取该段为隔离体，如图 3-5(b)所示，除荷载 q 外，两端还有弯矩 M_A、M_B 和剪力 F_{SA}、F_{SB} 作用，如果把它与一个跨度相等、承受同样荷载 q 并在两端有力偶 M_A、M_B 作用的简支梁相比，在两者中分别用平衡条件求剪力 F_{SA}、F_{SB} 及支座反力 F_{Ay}、F_{By}，则可知 $F_{SA}=F_{Ay}$，$F_{SB}=-F_{By}$，如图 3-5(c)所示。可见，它们所受的外力完全相同，因而两者具有相同的内力图。于是，这段梁的弯矩图就可以这样来绘制：先将 AB 段的两端弯矩 M_A、M_B 求出并用虚直线连接起来，然后以此虚直线为基线，叠加相应简支梁在荷载 q 作用下的弯矩图，如图 3-5(d)所示。这种绘制弯矩图的方法称为区段叠加法或简支梁叠加法，简称叠加法。叠加法在绘制杆件的弯矩图方面十分方便，它在结构力学中得到广泛应用。

【例 3-1】　试绘制图 3-6(a)所示梁的剪力图和弯矩图。

解：计算支座反力。取全梁为隔离体，由 $\sum M_A=0$，有

$$F_{By}\times 6-8\times 2-8\times 4-4\times 3\times 7.5=0$$

得

$$F_{By}=23\text{kN}(\uparrow)$$

由 $\sum F_y=0$，有 $F_{Ay}+F_{By}-8-8-4\times 3=0$，解得 $F_{Ay}=5\text{kN}(\uparrow)$。

绘制剪力图时，用截面法计算出下列各控制截面的剪力值：

$$F_{SA}^{R}=5\,(\text{kN}),\quad F_{SD}^{R}=5-8=-3(\text{kN}),\quad F_{SE}^{R}=5-8-8=-11(\text{kN})$$

$$F_{SB}^{R}=5-8-8+23=12(\text{kN}),\quad F_{SC}=0$$

然后，即可绘出剪力图，如图 3-6(b)所示。

绘制弯矩图时，用截面法计算出下列各控制截面的弯矩值：

$$M_A=0,\quad M_D=5\times 2=10(\text{kN}\cdot\text{m}),\quad M_E=5\times 4-8\times 2=4(\text{kN}\cdot\text{m})$$

$$M_B=5\times 6-8\times 4-8\times 2=-18(\text{kN}\cdot\text{m}),\quad M_C=0$$

将以上各控制截面的弯矩值连接起来，便可绘制出弯矩图，如图 3-6(c)所示。

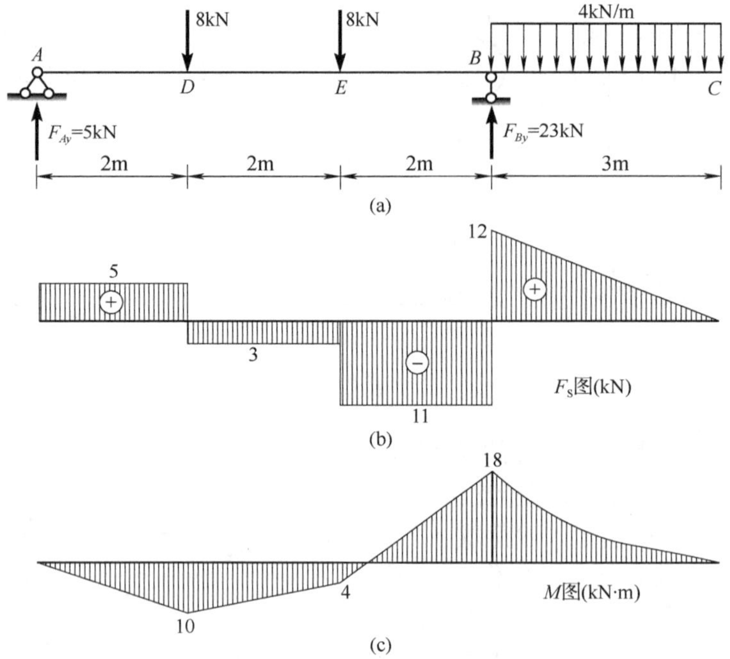

图 3-6

本例题也可以不用计算支座反力，利用叠加法快速绘制其弯矩图和剪力图，具体做法如下。

先绘制悬臂部分 BC 的弯矩图，该部分受均布荷载作用，弯矩图为下凸的二次抛物线，B 截面的弯矩值为

$$M_B = -\frac{1}{2}ql^2 = -\frac{1}{2}\times 4\times 3^2 = -18(\text{kN}\cdot\text{m})$$

C 截面的弯矩值为 $M_C = 0$ 。

于是绘得 BC 部分的弯矩图，如图 3-7(a)所示。

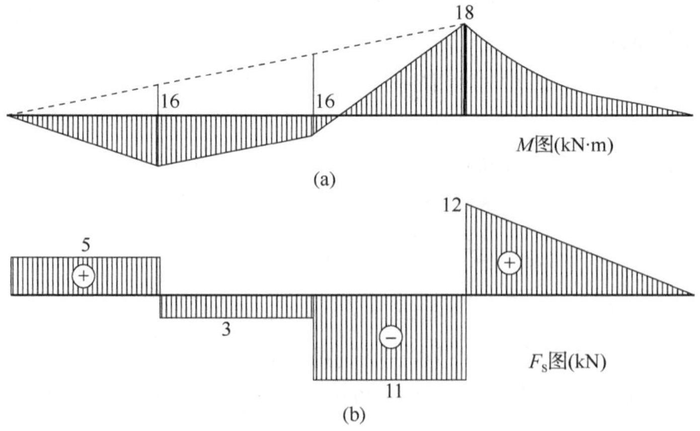

图 3-7

再绘制 AB 部分的弯矩图， A 端铰处截面无外力偶作用，故 $M_A = 0$ 。

在图 3-7 上，将 M_A 和 M_B 连以虚直线，并叠加一个相应简支梁在集中荷载作用下的弯矩图，该图在1/3 跨度处的弯矩值均为$16\text{kN}\cdot\text{m}$ 。全梁弯矩图如图 3-7(a)所示。

剪力图可由左端 A 开始逐段绘制出。如利用关系式 $F_S = \mathrm{d}M/\mathrm{d}x$ ， 可以无须计算支座反力，

比较迅速地绘制其剪力图。

AD 段：
$$F_S=\frac{dM}{dx}=\frac{10}{2}=5(kN)$$

DE 段：
$$F_S=\frac{dM}{dx}=-\frac{10-4}{2}=-3(kN)$$

EB 段：
$$F_S=\frac{dM}{dx}=-\frac{18+4}{2}=-11(kN)$$

BC 段为悬臂部分，我们熟悉其剪力图，即在自由端处 $F_S=0$，在悬臂梁根部 B 处，$F_S=ql=4\times3=12(kN)$。

全梁的剪力图如图 3-7(b)所示。

【例 3-2】 试绘制图 3-8(a)所示梁的剪力图和弯矩图，并求出梁内最大弯矩 M_{max} 及其所在截面位置。

解： 计算支座反力。取全梁为隔离体，由 $\sum M_A=0$，有

$$F_{By}\times8-16+10-5\times4\times4-30\times1+20\times1=0$$

得
$$F_{By}=12kN(\uparrow)$$

由 $\sum F_y=0$，有 $F_{Ay}+F_{By}-20-30-5\times4=0$，解得 $F_{Ay}=58kN(\uparrow)$。

绘制剪力图时，用截面法计算出下列各控制截面的剪力值：

$$F_{SC}^{R}=-20kN$$
$$F_{SA}^{R}=-20+58=38(kN)$$
$$F_{SD}^{R}=-20+58-30=8(kN)$$
$$F_{SE}=F_{SD}^{R}=8kN$$
$$F_{SF}=-20+58-30-5\times4=-12(kN)$$
$$F_{SB}^{L}=-F_{By}=-12kN$$

然后，即可绘出剪力图，如图 3-8(b)所示。

绘制弯矩图时，用截面法计算出下列各控制截面的弯矩值：

$$M_C=0$$
$$M_A=-20\times1=-20(kN\cdot m)$$
$$M_D=-20\times2+58\times1=18(kN\cdot m)$$
$$M_E=-20\times3+58\times2-30\times1=26(kN\cdot m)$$
$$M_F=12\times2-16+10=18(kN\cdot m)$$
$$M_G^{L}=12\times1-16+10=6(kN\cdot m)$$
$$M_G^{R}=12\times1-16=-4(kN\cdot m)$$
$$M_B^{L}=-16kN\cdot m$$

将以上各控制截面的弯矩值连接起来，便可绘制出弯矩图，如图 3-8(c)所示。其中，EF 段的弯矩图可用区段叠加法绘制出，将 M_E 和 M_F 连以虚直线，并叠加一个相应简支梁受均布荷载作用的弯矩图。

计算最大弯矩值 M_{max}，为了计算出 M_{max}，由荷载和内力之间的微分关系可知，M_{max} 必定发生在剪力 $F_S=0$ 处的截面上。为此，应确定剪力为零的截面 K 的位置，取 EF 段梁为隔离体，如图 3-8(d)所示，由 $F_{SK}=F_{SE}-qx=8-5\cdot x=0$，得 $x=1.6m$。

所以

$$M_{max} = M_E + F_{SE} \cdot x - \frac{qx^2}{2} = 26 + 8 \times 1.6 - \frac{5 \times 1.6^2}{2} = 32.4(\text{kN} \cdot \text{m})$$

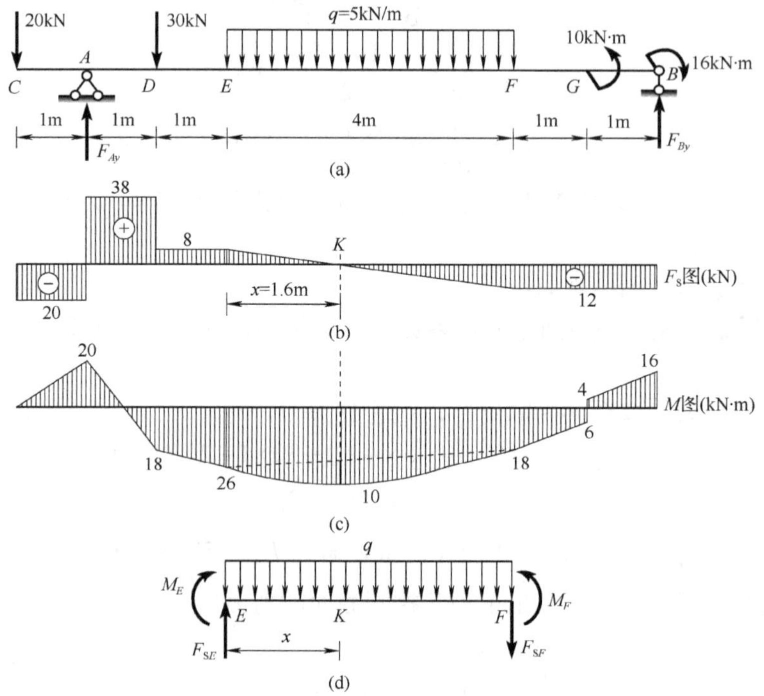

图 3-8

3.2.3 单跨斜梁的内力图

当简支梁的两个支承顶面的标高不相等时，即形成斜梁，如图 3-9(a)所示。

斜梁计算与水平简支梁的计算基本相同，仍然采用截面法计算其内力。斜梁的特点主要是梁轴线和横截面都是倾斜的。由于梁的轴线成为斜轴，因而横截面上的轴力应沿斜轴的方向，剪力应与斜轴垂直(图 3-9(b))。但是，斜梁横截面上的弯矩并不因为梁轴倾斜而受到影响。

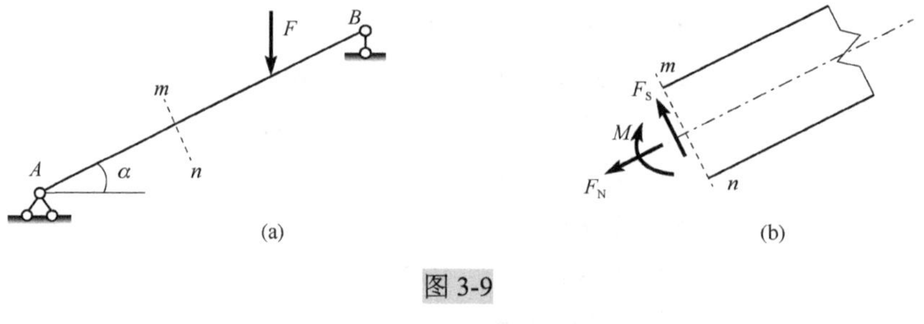

图 3-9

为了说明简支斜杆在竖向荷载作用下的受力特点，比较图 3-10(a)、(b)所示的简支水平梁和简支斜梁。两者水平跨度相同，承受的竖向荷载也相同。

由两根梁的整体平衡条件可分别计算其支座反力。由计算结果可知，两根梁的支座反力完全相同。即

$$\left.\begin{aligned} F_{Ax} &= F_{Ax}^0 = 0 \\ F_{Ay} &= F_{Ay}^0 \\ F_{By} &= F_{By}^0 \end{aligned}\right\} \tag{3-3}$$

计算两根梁在截面 C 处的弯矩和剪力时，简支水平梁和简支斜梁的隔离体分别如图 3-11(a)、(b) 所示。由计算结构可知，简支斜梁内力和简支水平梁内力之间有以下关系：

$$\left.\begin{aligned} M_C &= M_C^0 \\ F_{SC} &= F_{SC}^0 \cos\alpha \\ F_{NC} &= -F_{SC}^0 \sin\alpha \end{aligned}\right\} \tag{3-4}$$

式中，M_C、F_{SC} 和 F_{NC} 分别为简支斜梁 C 截面上的弯矩、剪力和轴力；M_C^0、F_{SC}^0 和 F_{NC}^0 分别为与简支斜梁同水平跨度的简支水平梁 C 截面上的弯矩、剪力和轴力。

由式 (3-4) 可知，两根梁的弯矩相等，简支斜梁的剪力和轴力分别等于同水平跨度的简支水平梁的剪力沿斜梁截面的切向和法向的投影。

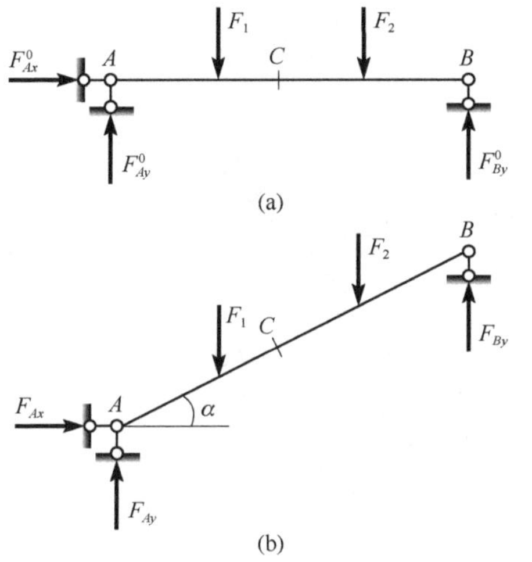

图 3-10

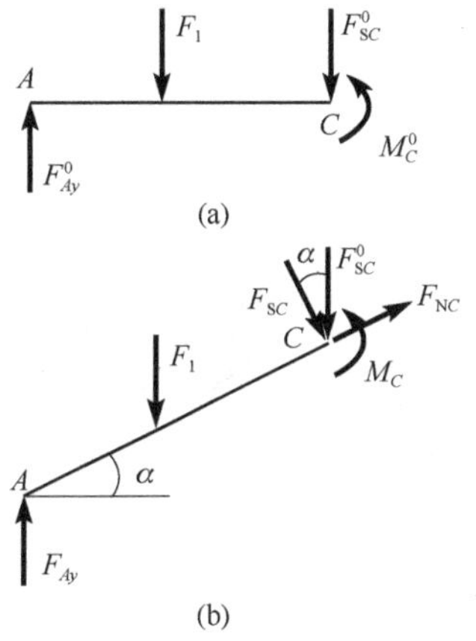

图 3-11

【例 3-3】 图 3-12(a) 所示简支斜梁，沿水平线作用均布竖向荷载 q，试绘制其内力图。

解： 支座反力和弯矩图与同跨度简支水平梁相同，即

$$F_{Ax} = F_{Ax}^0 = 0\text{，}\quad F_{Ay} = F_{Ay}^0 = \frac{ql}{2}\text{，}\quad F_{By} = F_{By}^0 = \frac{ql}{2}\text{，}\quad M = M^0 = \frac{1}{2}qlx - \frac{1}{2}qx^2$$

简支水平梁任一截面 C 处的剪力 $F_{SC}^0 = \frac{1}{2}ql - qx$。

因此，简支斜梁在截面 C 处的剪力和轴力为

$$F_{SC} = F_{SC}^0 \cos\alpha = \left(\frac{1}{2}ql - qx\right)\cos\alpha$$

$$F_{NC} = -F_{SC}^0 \sin\alpha = -\left(\frac{1}{2}ql - qx\right)\sin\alpha$$

简支斜梁的弯矩图、剪力图和轴力图分别如图 3-12(b)～(d) 所示。

通过例 3-3 看到，由于简支斜梁的轴线和横截面为倾斜的，因此在竖向荷载作用下，横截面上不仅有弯矩和剪力，还有轴力，这是简支斜梁与简支水平梁受力情况的不同之处。此外，在绘制简支斜梁的弯矩图时，同样可以应用叠加法。简支斜梁的弯矩图可通过先绘制由杆端弯矩所产生的直线形弯矩图，然后在其上面叠加一个由跨中荷载所产生的简支斜梁的弯矩图而形成。只需注意在绘制简支斜梁的弯矩图时，应把各竖标绘制在垂直于斜轴方向上，如图 3-12(b) 所示。

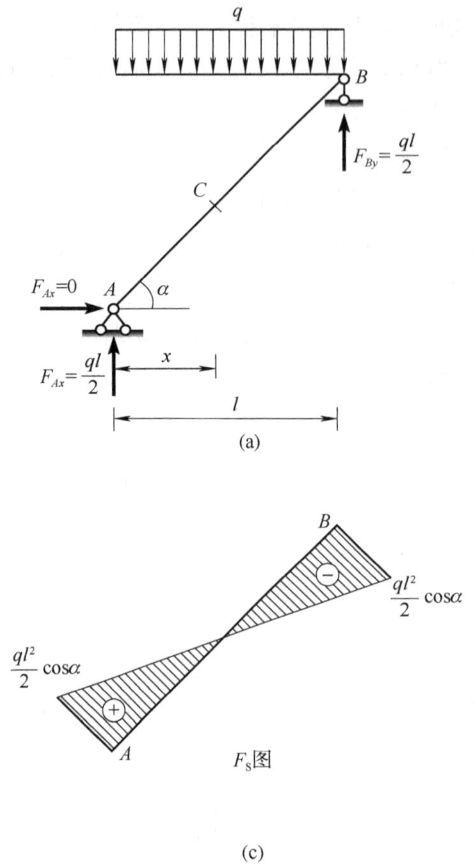

图 3-12

3.3　多跨静定梁

多跨静定梁是由若干个单跨静定梁用铰相连，并用若干支座与基础相连而组成的静定结构。由于它能跨越几个相连的跨度，且其受力特性又优于多跨简支梁，所以在公路桥梁中常被采用。

图 3-13(a)为公路桥使用的多跨静定梁，其计算简图如图 3-13(b)、(c)所示。

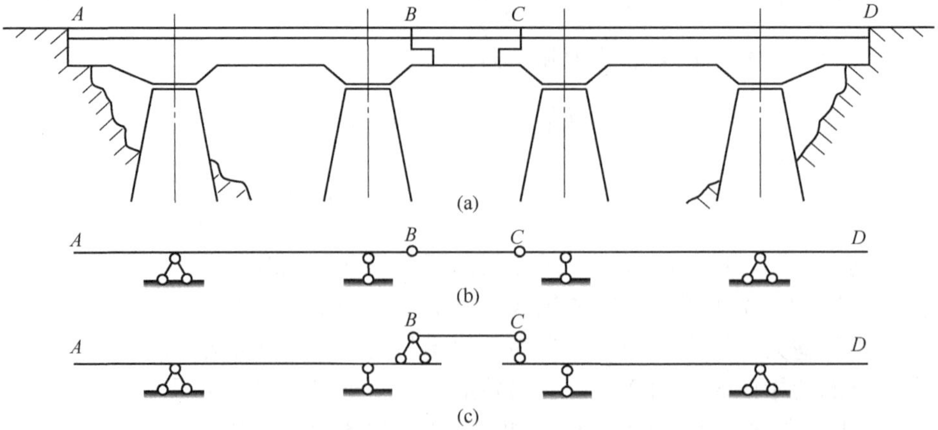

图 3-13

从受力分析看，由于基本部分直接与地基组成几何不变体系，因此，它能独立承受荷载而维持平衡。当荷载作用于基本部分上时，由平衡条件可知，只有基本部分受力，附属部分不受力。当荷载作用于附属部分上时，不仅附属部分受力，而且由于它支承在基本部分上，其反力将通过铰接处传给基本部分，因而基本部分也受力。由上述基本部分和附属部分之间的传力关系可知，计算多跨静定梁的顺序是先附属部分，后基本部分。也就是说，与几何组成的顺序相反，这样才能较为顺利地计算出各铰接处的约束力和支座反力，从而避免求解联立方程组。当每取一部分为隔离体进行分析时，都与单跨静定梁的情况相同。

多跨静定梁通常有两种基本组成形式。一种为外伸梁与支承于外伸梁的挂梁交互排列，如图 3-14(a)所示。除最左边的外伸梁为基本部分外，其余各外伸梁虽只有两根竖向支座链杆直接与地基相连，但在竖向荷载作用下能独立维持平衡，因此在竖向荷载作用下这些外伸梁也是基本部分，各挂梁则为附属部分，其层叠图如图 3-14(b)所示。在对其进行受力分析时，应先计算各挂梁，再计算各外伸梁。另一种为左边外伸梁为基本部分，其余各段梁依次分别为左边部分的附属部分，如图 3-15(a)所示。其层叠图如图 3-15(b)所示。受力分析时应从最上层的附属部分开始，依次计算下来，最后计算基本部分。

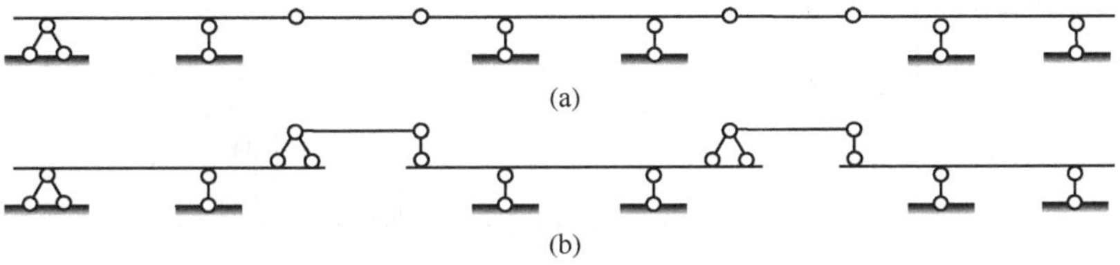

图 3-14

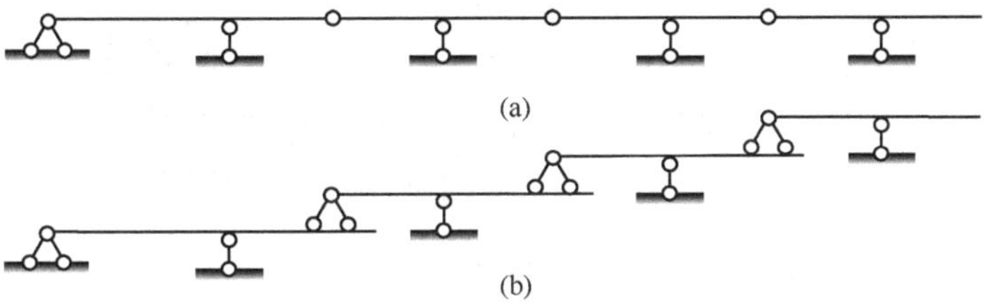

图 3-15

【例 3-4】　试绘制图 3-16(a)所示多跨静定梁的内力图。

解： 首先作出该多跨静定梁的层叠图，如图 3-16(b)所示。由层叠图可知，梁 AB 为基本部分，梁 BD 和 DF 是附属部分。此梁的组成次序是先固定梁 AB，再固定梁 BD，最后固定梁 DF。

计算时按照与上述组成次序相反的顺序选取计算单元，即先计算 FD 部分，再计算 DB 部分，最后计算 BA 部分，各段梁的隔离体如图 3-16(c)所示。

由于该梁上只受竖向荷载作用，由整体平衡条件 $\sum F_x = 0$ 知，A 端水平反力 $F_{Ax} = 0$，从而可推知各铰处的水平约束反力都为零，故全梁无轴力。

计算出支座反力和各铰处的约束力后，即可逐段绘制出该梁的 M 图和 F_S 图，如图 3-16(d)、(e)所示。

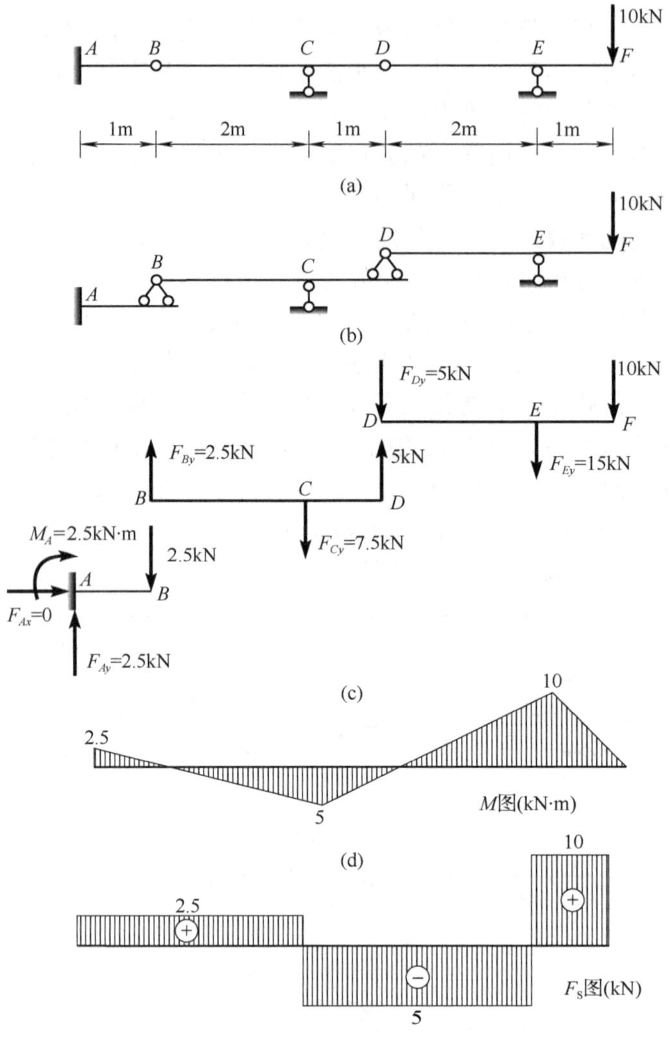

图 3-16

【例 3-5】　试绘制图 3-17(a)所示多跨静定梁的内力图。

解：梁 AB 为基本部分，梁 AB 由两根竖向支座链杆与地基相连，在竖向荷载作用下为基本部分，该多跨静定梁的层叠图如图 3-17(b)所示。计算分析时从附属部分梁 BC 开始，然后分析基本部分梁 AB 和梁 CF，各段梁的隔离体如图 3-17(c)所示。

计算出支座反力和各铰处的约束力后，即可逐段绘制出该梁的 M 图和 F_S 图，如图 3-17(d)、(e)所示。

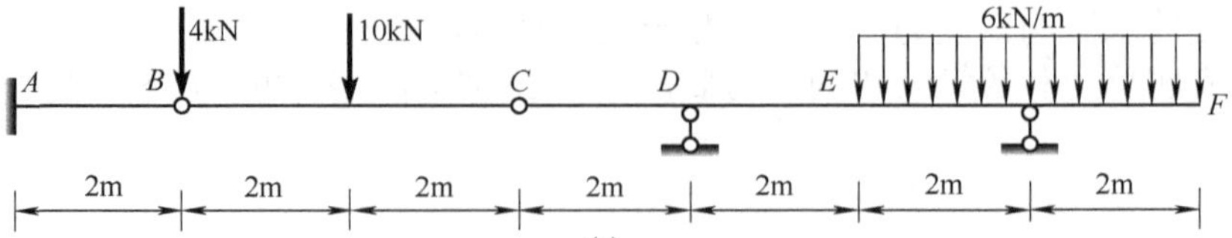

(a)

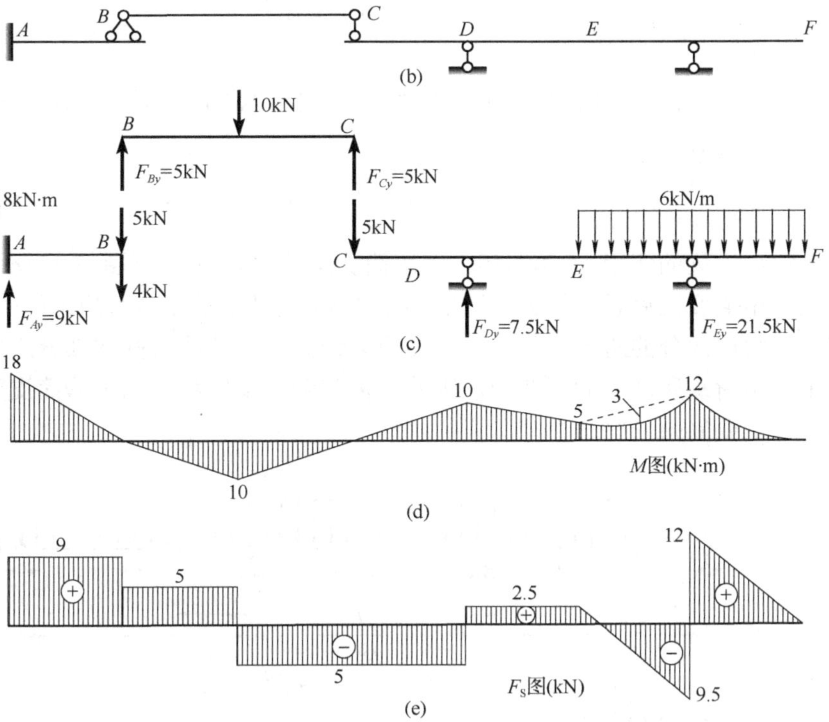

图 3-17

【例 3-6】　多跨静定梁如图 3-18(a)所示，欲使该梁上最大正、负弯矩的绝对值相等，试确定铰 B、E 的位置。

解：根据先分析附属部分、后分析基本部分的原则，如图 3-18(b)所示，可知截面 C 的弯矩的绝对值为

$$M_C=\frac{q(l-x)}{2}x+\frac{qx^2}{2}=\frac{qlx}{2}$$

由区段叠加法及对称性可绘制出该梁的弯矩图，如图 3-18(c)所示。显然，全梁的最大负弯矩即发生在截面 C、D 处。现在分析全梁的最大正弯矩发生在何处。CD 段梁的最大正弯矩发生在其跨中截面 G 处，其值为

$$M_G=\frac{ql^2}{8}-M_C$$

而 AC 段梁中点的弯矩值 M_H 为

$$M_H=\frac{ql^2}{8}-\frac{M_C}{2}$$

可见，$M_H>M_G$，而在 AC 段梁中，最大正弯矩不是 M_H，而是 AB 段梁中点处的弯矩值 M_I，其值为

$$M_I=\frac{q(l-x)^2}{8}$$

这也是全梁的最大正弯矩。按照题意要求，应使 $M_I=M_C$，从而得

$$\frac{q(l-x)^2}{8}=\frac{qlx}{2}$$

整理后，有

$$x^2 - 6lx + l^2 = 0$$

解得

$$x = (3 - 2\sqrt{2})l = 0.1716l \text{（另一个根为} x = (3 + 2\sqrt{2})l \text{，不合题意，舍去）}$$

全梁弯矩的极值为

$$M_I = M_C = \frac{qlx}{2} = 0.086ql^2$$

若将此多跨静定梁的弯矩 M 图与相应多跨简支梁的弯矩 M^0 图(图 3-18(d))进行比较，可知前者的最大弯矩值要比后者的最大弯矩值小 31.2%。这是由于在多跨静定梁中布置了外伸梁，它一方面减少了附属部分的跨度，另一方面使得外伸梁上的荷载对基本部分产生负弯矩，从而部分地抵消了跨中荷载所产生的正弯矩。因此，多跨静定梁比相应的多跨简支梁在材料用量上较省，但其构造上要复杂一些。

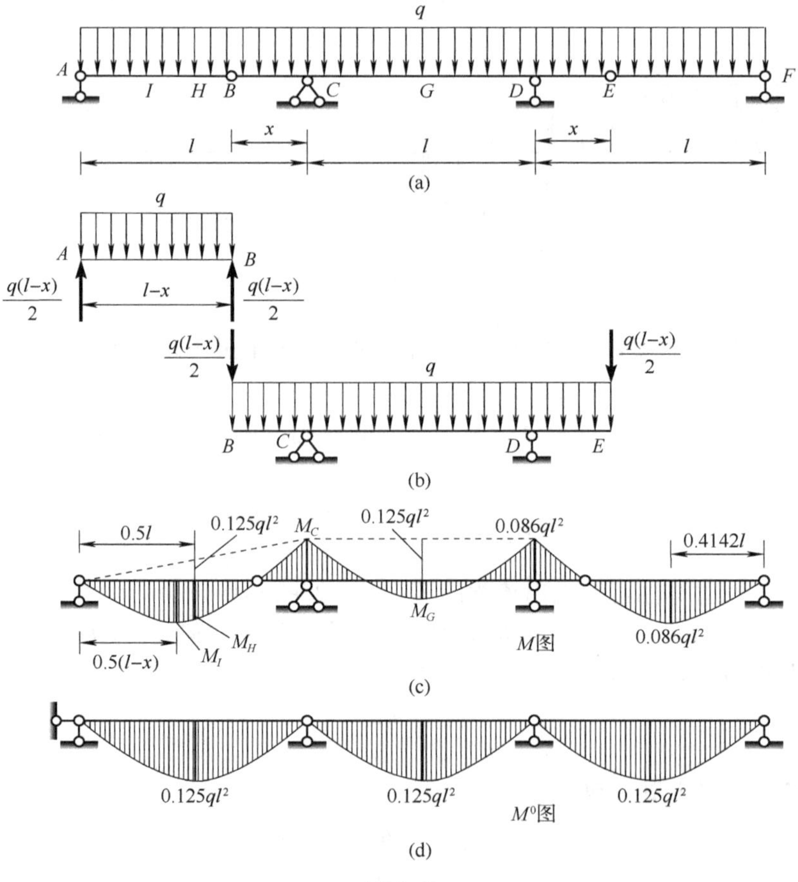

图 3-18

绘制多跨静定梁的内力图的一般步骤是：先求出其支座反力及各铰处的约束力，然后绘制内力图。如果能熟练地应用弯矩图的形状特征以及叠加法，则在某些情况下也可以不用计算支座反力和各铰处的约束力，就能绘制出其弯矩图，然后根据绘制出的弯矩图，结合梁上的荷载就可以绘制出其剪力图。

【例 3-7】 试绘制图 3-19(a)所示多跨静定梁的内力图。

解： 绘制弯矩图。首先从附属部分开始，*GH* 段梁的弯矩图与悬臂梁的相同，可立即绘制出。*GE* 段梁上无荷载，故其弯矩图为一段直线，只需定出两个点的弯矩值就可绘制出此直线。现已知 $M_G=-4\text{kN}\cdot\text{m}$，而 F 处为铰，其弯矩等于零，即 $M_F=0$。因此，连接以上两点并将其延长至 E，即得 *GE* 段梁的弯矩图，并可定出 $M_E=4\text{kN}\cdot\text{m}$。用同样的方法可绘制出 *EC* 段梁的弯矩图。*AB* 段梁的弯矩图与悬臂梁的相同，容易绘制出其弯矩图，最后，*BC* 段梁的弯矩图可用叠加法绘制出。这样，就不用计算支座反力而绘制出了全梁的弯矩图，如图 3-19(b)所示。

有了弯矩图，可根据梁的内力与荷载的微分关系或平衡条件，计算出某段梁两端的剪力，从而绘制出其剪力图。对于弯矩图为直线的区段，利用弯矩图的斜率来计算剪力是非常方便的。例如，*CE* 段梁的剪力值为

$$F_{SCE}=F_{SEC}=\frac{4+4}{4}=2(\text{kN})$$

剪力的符号可按如下方法迅速判定：若弯矩图是从基线顺时针方向转的(小于 90° 的转角)，则剪力为正，反之为负。据此可知 F_{SCE} 为正。同理，可计算出 *EG* 段梁的剪力。对于弯矩图为曲线的区段，可利用该区段的平衡条件来计算出其两端的剪力。如 *BC* 段梁，可取出该段梁为隔离体，如图 3-19(c)所示，由 $\sum M_B=0$ 和 $\sum M_C=0$ 可分别求得其两端的剪力为

$$F_{SC}=\frac{-4-4\times4\times2+2}{4}=-8.5(\text{kN})$$

$$F_{SB}=\frac{2+4\times4\times2-4}{4}=7.5(\text{kN})$$

在均布荷载作用区段的剪力图为斜直线，故将以上两点用直线相连，即得 *BC* 段梁的剪力图。整个多跨静定梁的剪力图如图 3-19(d)所示。

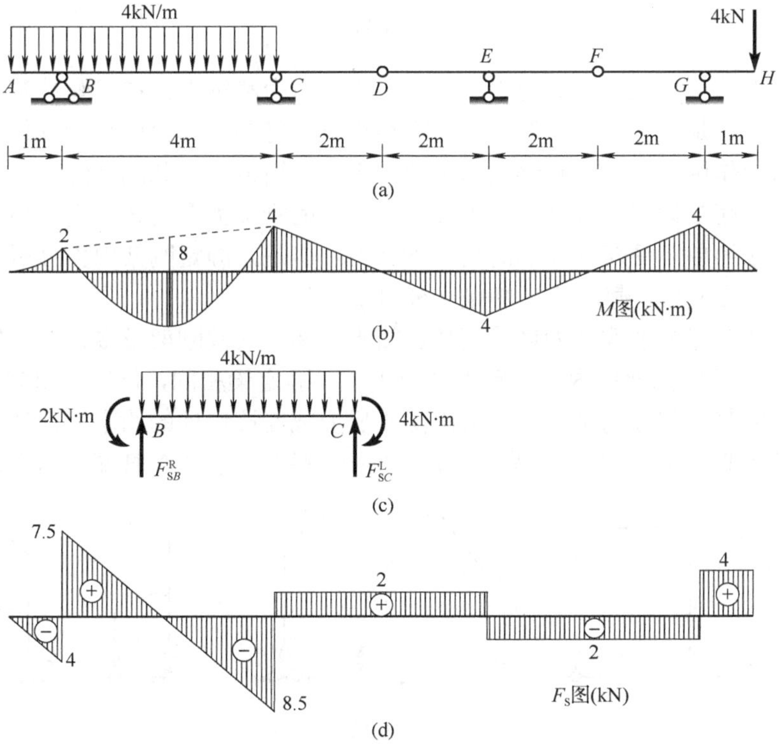

图 3-19

3.4　静定平面刚架

刚架是由直杆组成的具有刚结点的结构。图 3-20 表示了几种工程中采用的刚架结构的计算简图，其中，图 3-20(a)为悬臂刚架，图 3-20(b)为简支刚架，图 3-20(c)为三铰刚架。

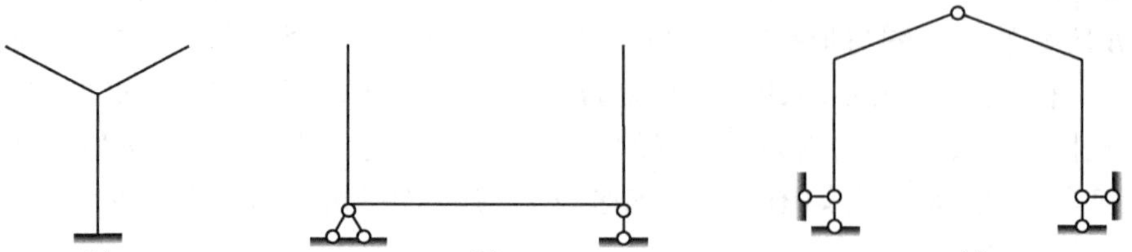

图 3-20

刚架结构的主要特征是具有刚结点。在刚结点处，各杆端汇交连成一个整体，彼此既不能发生相对转动也不能发生相对移动，即荷载作用在刚架结构上，刚结点处各汇交杆件之间的夹角仍保持不变。图 3-21 表示出刚架结构上刚结点的上述变形特征。

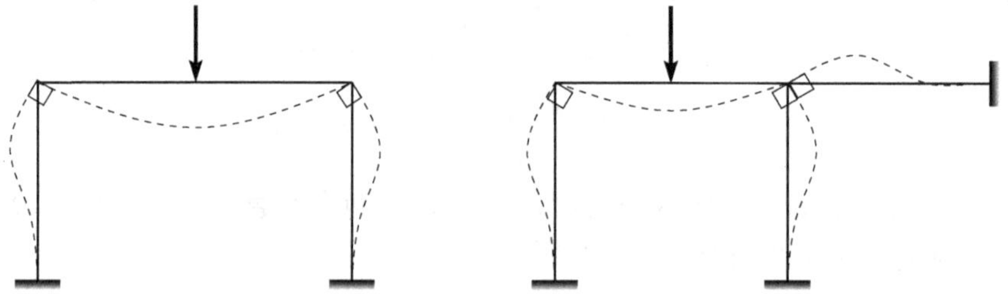

图 3-21

静定平面刚架的杆件截面上的内力一般有弯矩、剪力和轴力。在线弹性范围内，刚架的三种内力中，弯矩影响是起主要作用的。由于刚结点不仅能够传递力而且能够传递力矩，故刚结点能够承受负弯矩作用，从而削减梁结构中的最大正弯矩值，因此刚架结构中的内力分布更为均匀，受力情况较简支梁更为合理。工程实际中使用的刚架大多为超静定平面刚架，静定平面刚架只在受力比较简单及受荷载较小的情况下采用。但是，静定刚架内力分析对后面的刚架位移计算和超静定平面刚架计算来说，却是十分重要的基础。

静定平面刚架的形式大致分为悬臂刚架、简支刚架、三铰刚架及多跨或多层静定刚架，如图 3-22 所示。静定平面刚架的内力计算方法原则上与静定梁相同，仍然采用截面法。在计算时通常应先由整体或某些部分的平衡条件求出支座反力或连接铰处的约束力，然后根据作用在刚架上的荷载情况将刚架分解为若干杆段，由静力平衡条件先计算出各杆端的内力，再绘制内力图。

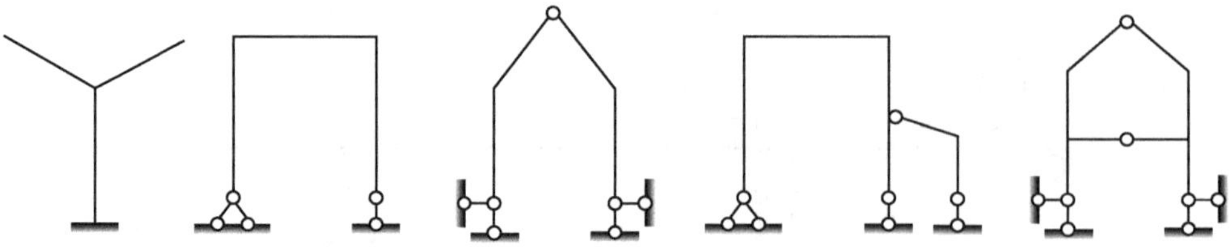

图 3-22

在对刚架分析计算的过程中，其内力正、负号规定如下：弯矩通常规定使刚架的内侧受拉为正(若不便区分内外侧时，可假设任一侧受拉为正)，反之为负，弯矩图一律绘制在杆件受拉一侧，弯矩图中无须注明正、负号；剪力和轴力正、负号的规定与静定梁的相同，剪力图和轴力图可以绘制在杆件的任一侧，但必须注明正、负号。

为了明确地表示刚架不同截面上的内力，尤其为区分汇交于同一刚结点的各杆端截面的内力，使之不致混淆，规定在内力字母符号后面引用两个下角标：第一个下角标表示该内力所属杆端截面，第二个下角标表示该截面所属杆件的另一端。例如，M_{AB} 表示 AB 杆 A 端截面的弯矩，F_{SCD} 表示 CD 杆 C 端截面的剪力等。

【例 3-8】　试绘制图 3-23(a)所示悬臂刚架的内力图。

解：悬臂刚架的内力计算和悬臂梁基本相同，一般可以从自由端开始，截取隔离体计算各杆段的杆端内力，在计算内力前一般可不必求出支座反力。

(1)绘制弯矩图。首先用截面法计算各杆端弯矩，从自由端 C 开始，取 CB 为隔离体，由力矩平衡方程求得

$$M_{CB}=0$$
$$M_{BC}=120\text{kN}\cdot\text{m}\ (\text{上侧受拉})$$

同理，取 DB 为隔离体，由力矩平衡方程求得

$$M_{DB}=0$$
$$M_{BD}=80\text{kN}\cdot\text{m}\ (\text{上侧受拉})$$

取横梁 CBD 为隔离体，由力矩平衡方程求得

$$M_{BA}=40\text{kN}\cdot\text{m}\ (\text{右侧受拉})$$

取立柱 AB 为隔离体，由力矩平衡方程求得

$$M_{AB}=40\text{kN}\cdot\text{m}\ (\text{右侧受拉})$$

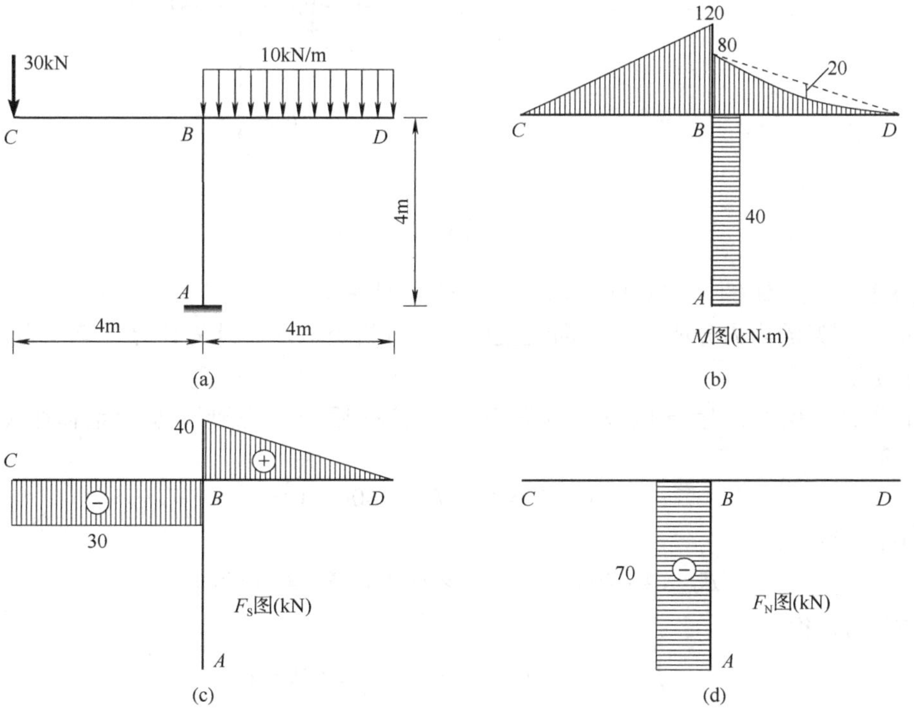

图 3-23

杆端弯矩值计算出之后，即可仿照静定梁绘制弯矩 M 图的基本方法，先将刚架的各杆端弯矩值画在杆件受拉一侧，对于两杆端无荷载的杆件(如杆 CB 和杆 BA)，将两杆端的弯矩值用直线相连，即该杆段的弯矩图，对于两杆端有荷载的杆件(如杆 BD)，一般可以先将两杆端的弯矩值用虚直线相连，然后以此虚直线为基线，叠加一个相应的简支梁(同跨度同荷载)的弯矩图，即该杆段的弯矩图。最后绘制该刚架的弯矩 M 图，如图 3-23(b)所示。

(2)绘制剪力图。从刚架的自由端 C 、 D 算起，用截面法先求得各杆端的剪力值为

$$F_{SCB}=F_{SBC}=-30\text{kN}，\quad F_{SDB}=0，\quad F_{SBD}=40\text{kN}，\quad F_{SBA}=F_{SAB}=0$$

根据各杆端的剪力值，即可绘制出刚架的剪力 F_S 图，如图 3-23(c)所示。

(3)绘制轴力图。用截面法先求得各杆端的轴力值为

$$F_{NCB}=F_{NBC}=0，\quad F_{NDB}=F_{NBD}=0，\quad F_{NBA}=F_{NAB}=-70\text{kN}\ (压)$$

根据各杆端的轴力值，即可绘制出刚架的轴力 F_N 图，如图 3-23(d)所示。

(4)校核。全部内力图绘制出以后应对其进行校核，以确保绘制内力图的正确性。校核时可截取刚架的任何一部分为隔离体，检查其是否满足静力平衡条件。对于弯矩图，通常检查刚结点处是否满足力矩平衡条件。例如，取结点 B 为隔离体，如图 3-24(a)所示，有

$$\sum M_B=120-80-40=0$$

可见，这一平衡条件是满足的。

为了校核剪力图和轴力图的正确性，可取刚架的任何部分为隔离体，是否满足 $\sum F_x=0$ 和 $\sum F_y=0$ 的平衡条件。例如，取结点 B 为隔离体，如图 3-24(b)所示，有

$$\sum F_x=0-0-0=0$$

$$\sum F_y=70-30-40=0$$

满足此结点投影平衡条件。此外，也可取刚架的其他部分来进行类似的校核。

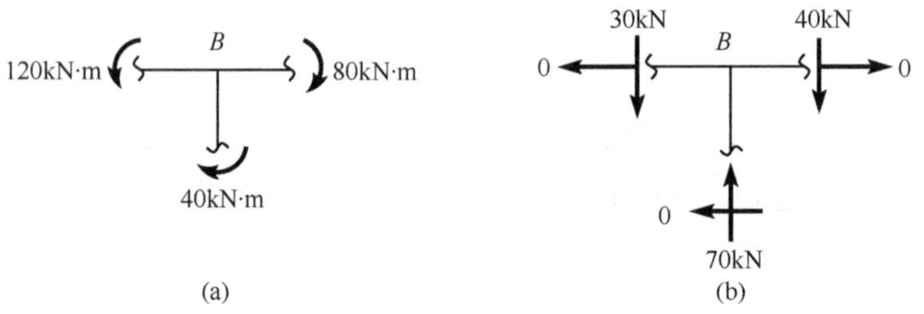

图 3-24

【例 3-9】　试绘制图 3-25(a)所示简支刚架的内力图。

解：简支刚架的内力分析方法与简支梁的内力分析类似，必须先计算支座反力，然后才能进行内力计算。

(1)计算支座反力。用支座反力代替各支座链杆后，考虑到刚架的整体平衡条件，由 $\sum F_x=0$，得

$$40-F_{Bx}=0，\quad F_{Bx}=40\text{kN}\ (\leftarrow)$$

由 $\sum M_B=0$，得

$$F_{Ay}\times4+40\times2-20\times4\times2=0，\quad F_{Ay}=20\text{kN}\ (\uparrow)$$

由 $\sum F_y=0$，得

$$F_{Ay}+F_{By}-20\times4=0，\quad F_{By}=60\text{kN}\ (\uparrow)$$

计算结果示于图 3-25(a)中。

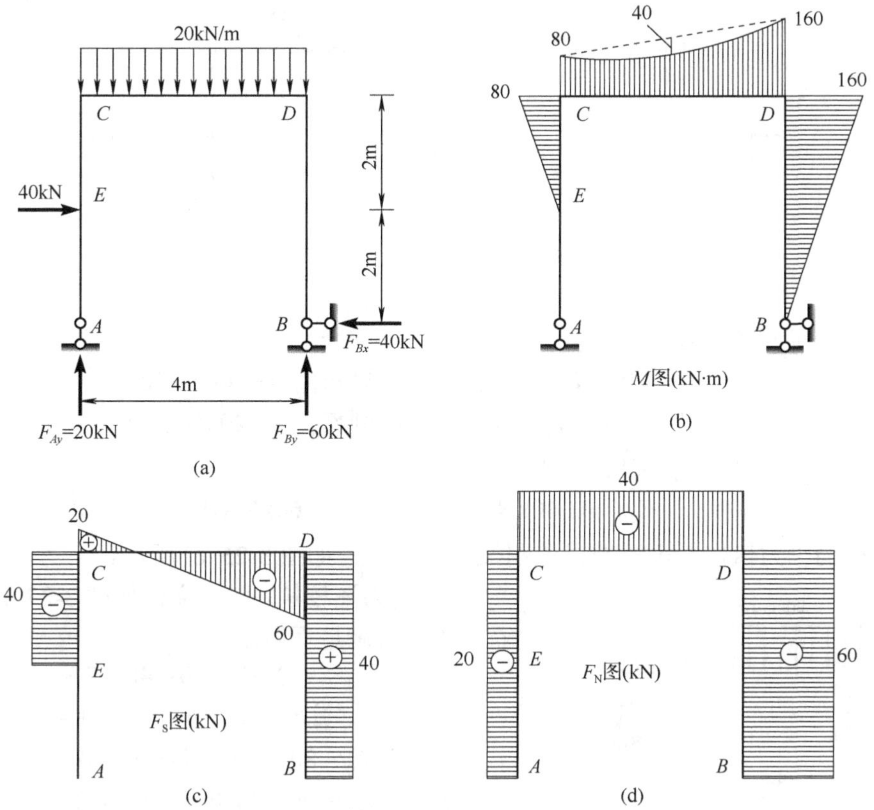

图 3-25

(2)绘制弯矩图。各支座反力计算出来后，即可计算各杆端弯矩值。由支座 A 算起，求得

$$M_{AE}=M_{EA}=M_{EC}=0$$

$$M_{CE}=40\times2=80\text{kN}\cdot\text{m}\ (\text{外侧受拉})$$

因结点 C 是由两根杆件连接在一起的刚结点，且其上又无外力矩作用，故有

$$M_{CD}=M_{CE}=80\text{kN}\cdot\text{m}\ (\text{上侧受拉})$$

其他各杆端的弯矩值从支座 B 算起比较简单，得

$$M_{BD}=0$$

$$M_{DB}=F_{Bx}\times4=40\times4=160(\text{kN}\cdot\text{m})\ (\text{外侧受拉})$$

$$M_{DC}=M_{DB}=160\text{kN}\cdot\text{m}\ (\text{上侧受拉})$$

根据计算得到的各杆端弯矩值，即可绘制出该刚架的弯矩图，如图 3-25(b)所示。其中 CD 杆段的弯矩图是用叠加法绘制的。

(3)绘制剪力图。取各杆件为隔离体，用截面法可求得各杆端的剪力值为

$$F_{SAE}=0,\quad F_{SEC}=F_{SCE}=-40\text{kN}$$

$$F_{SCD}=20\text{kN},\quad F_{SDC}=-60\text{kN}$$

$$F_{SDB}=F_{SBD}=40\text{kN}$$

根据各杆端的剪力值，即可绘制出该刚架的剪力图，如图 3-25(c)所示。

(4)绘制轴力图。现利用已求得的各杆端剪力值，如图 3-25(c)所示，分别取结点 C、D 为隔离体，如图 3-26 所示，可求得各杆端的轴力值。

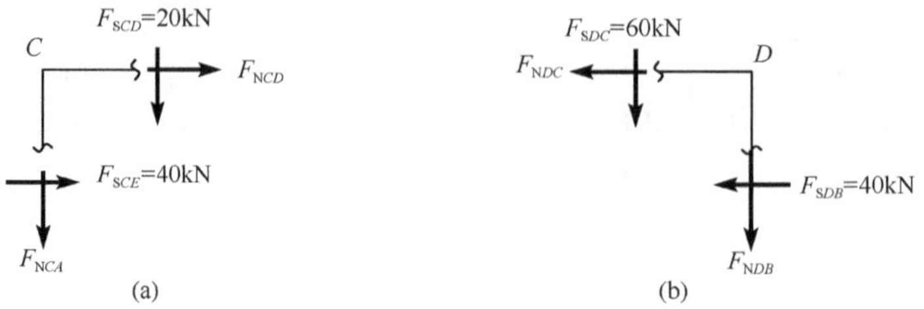

图 3-26

由结点C的平衡条件有

$$\sum F_x=0,\quad F_{NCD}+F_{SCE}=0,\ 则\ F_{NCD}=-40\text{kN}\ (压)$$

$$\sum F_y=0,\quad F_{NCA}+F_{SCD}=0,\ 则\ F_{NCA}=-20\text{kN}\ (压)$$

同理，由结点D的平衡条件，可求得

$$F_{NDC}=-40\text{kN}\ (压),\quad F_{NDB}=-60\text{kN}\ (压)$$

根据各杆的轴力值，即可绘制出该刚架的轴力图，如图 3-25(d)所示。

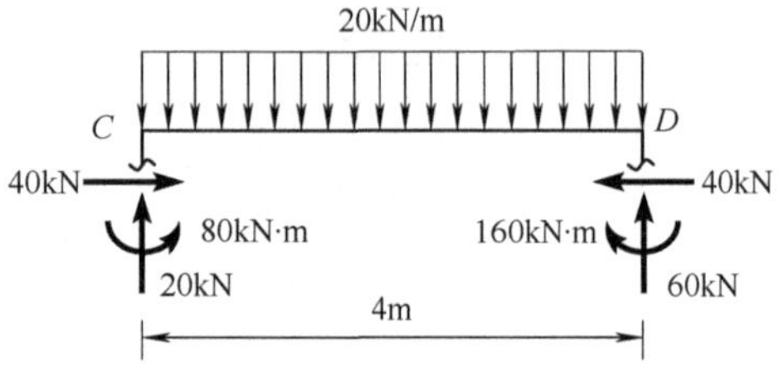

图 3-27

(5)内力图校核。取隔离体如图 3-27 所示，检查该隔离体是否满足平衡条件。

$$\sum F_x=40-40=0$$

$$\sum F_y=20+60-20\times4=0$$

$$\sum M_C=80-160+60\times4-20\times4\times2=0$$

满足平衡条件，故内力计算正确。

【例 3-10】 试绘制图 3-28(a)所示刚架的内力图。

解：(1)计算支座反力。取整体为研究对象，由$\sum F_x=0$，得

$$F_{Ax}=6\times8=48\text{kN}\ (\leftarrow)$$

由$\sum M_A=0$，得

$$F_{By}\times6-20\times3-6\times8\times4=0,\quad F_{By}=42\text{kN}\ (\uparrow)$$

由$\sum F_y=0$，得

$$F_{By}-F_{Ay}-20=0,\quad F_{Ay}=22\text{kN}\ (\downarrow)$$

计算结果示于图 3-28(a)中。

(2)绘制弯矩图。绘制弯矩图时应逐杆考虑。首先，取DC杆为隔离体，该杆为悬臂梁，其杆端弯矩值为

$$M_{DC}=0$$

$$M_{CD}=\frac{6\times4^2}{2}=48(\text{kN}\cdot\text{m})\ (左侧受拉)$$

其次，取BC杆为隔离体，该杆上作用集中荷载，可分为BE和EC两个无荷载区段，用截面法计算出下列控制截面的弯矩值为

$$M_{BE}=0$$

$$M_{EB}=M_{EC}=42\times3=126(\text{kN}\cdot\text{m})\ (下侧受拉)$$

$$M_{CB}=42\times6-20\times3=192(\text{kN}\cdot\text{m})\ (下侧受拉)$$

最后，取AC杆为隔离体，该杆受均布荷载作用，可用叠加法来绘制该段的弯矩图。用截面法计算出下列控制截面的弯矩值为

$$M_{AC}=0$$

$$M_{CA}=48\times4-6\times4\times2=144(\text{kN}\cdot\text{m})\ (右侧受拉)$$

根据以上计算出的各控制截面的弯矩值，即可绘制出该刚架的弯矩图，如图 3-28(b)所示。

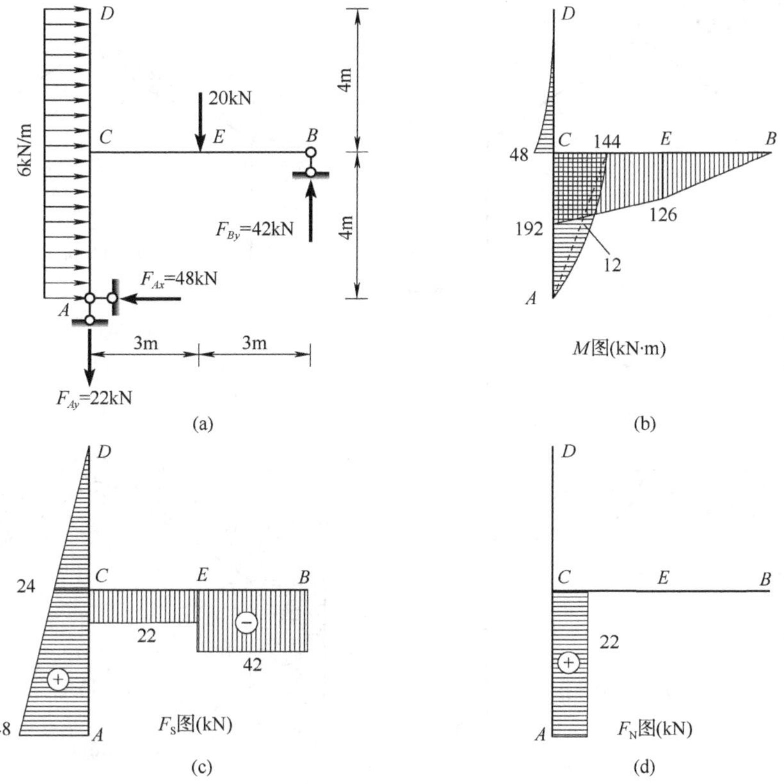

图 3-28

(3) 绘制剪力图。取各杆件为隔离体，用截面法可求得各杆端的剪力值为

DC 杆：　　$F_{SDC}=0$，$F_{SCD}=6\times4=24(\text{kN})$

BC 杆：　　$F_{SBE}=-42\text{kN}$，$F_{SCE}=-42+20=-22(\text{kN})$

AC 杆：　　$F_{SAC}=48\text{kN}$，$F_{SCA}=48-6\times4=24(\text{kN})$

根据各杆端的剪力值，即可绘制出该刚架的剪力图，如图 3-28(c)所示。

(4) 绘制轴力图。取各杆件为隔离体，用截面法可求得各杆端的轴力值为

DC 杆：　　$F_{NDC}=0$

BC 杆：　　$F_{NBC}=0$

AC 杆：　　$F_{NAC}=22\text{kN}$

根据各杆的轴力值，即可绘制出该刚架的轴力图，如图 3-28(d)所示。

(5) 内力图校核。取结点 C 为隔离体，如图 3-29 所示，检查该隔离体是否满足平衡条件。

$$\sum F_x=24-24=0$$

$$\sum F_y=22-22=0$$

$$\sum M_C=192-144-48=0$$

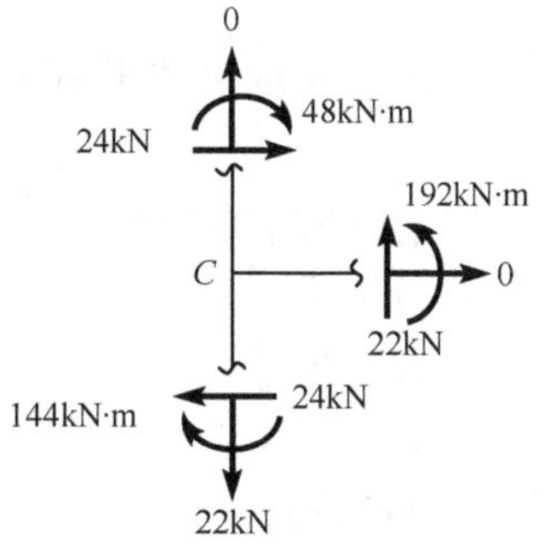

图 3-29

满足平衡条件，故内力计算正确。

【例 3-11】 试绘制图 3-30(a)所示三铰刚架的内力图。

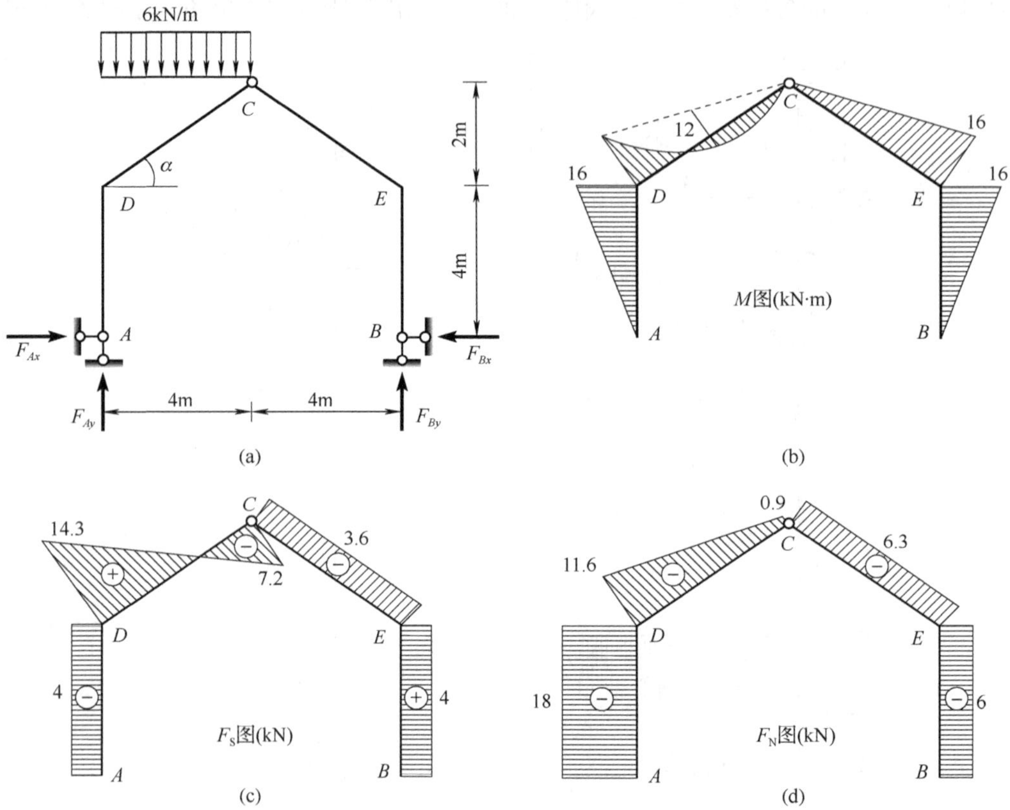

图 3-30

解：(1)计算支座反力。首先取整体为隔离体，由$\sum M_A=0$可得

$$F_{By}=\frac{6\times4\times2}{8}=6(\text{kN})\ (\uparrow)$$

由$\sum M_B=0$可得

$$F_{Ay}=\frac{6\times4\times6}{8}=18(\text{kN})\ (\uparrow)$$

取刚架CB为隔离体，由$\sum M_C=0$可得

$$F_{By}\times4-F_{Bx}\times6=0\,,\quad F_{Bx}=4\text{kN}\ (\leftarrow)$$

最后再取整体平衡，由$\sum F_x=0$可得

$$F_{Ax}-F_{Bx}=0\,,\quad F_{Ax}=4\text{kN}\ (\rightarrow)$$

(2)绘制弯矩图。先用截面法计算各杆杆端的弯矩值为

AD杆：　$M_{AD}=0$，$M_{DA}=4\times4=16(\text{kN}\cdot\text{m})$ (外侧受拉)

DC杆：　$M_{DC}=4\times4=16(\text{kN}\cdot\text{m})$ (外侧受拉)，$M_{CD}=0$

BE杆：　$M_{BE}=0$，$M_{EB}=4\times4=16(\text{kN}\cdot\text{m})$ (外侧受拉)

EC杆：　$M_{EC}=4\times4=16(\text{kN}\cdot\text{m})$ (外侧受拉)，$M_{CE}=0$

根据以上计算出各控制截面的弯矩值，即可绘制出该刚架的弯矩图，其中CD杆段的弯矩图是用叠加法绘制出的，如图 3-30(b)所示。

(3) 绘制剪力图。取各杆件为隔离体，根据弯矩图，用截面法可求得各杆端的剪力值为

AD 杆：
$$F_{SAD}=F_{SDA}=-\frac{16}{4}=-4(\mathrm{kN})$$

DC 杆：
$$F_{SDC}=\frac{16+6\times4\times2}{2\sqrt{5}}=14.3(\mathrm{kN})，\quad F_{SCD}=\frac{16-6\times4\times2}{2\sqrt{5}}=-7.2(\mathrm{kN})$$

BE 杆：
$$F_{SBE}=F_{SEB}=\frac{16}{4}=4(\mathrm{kN})$$

EC 杆：
$$F_{SEC}=F_{SCE}=-\frac{16}{2\sqrt{5}}=-3.6(\mathrm{kN})$$

根据各杆端的剪力值，即可绘制出该刚架的剪力图，如图 3-30(c)所示。

(4) 绘制轴力图。取各杆件为隔离体，用截面法可求得各杆端的轴力值为

AD 杆：
$$F_{NAD}=-F_{Ay}=-18(\mathrm{kN})\ (压)$$

BE 杆：
$$F_{NBE}=-F_{By}=-6(\mathrm{kN})\ (压)$$

CD 杆：计算 *D* 截面的轴力时，可取该截面以左部分 *AD* 为隔离体，如图 3-31(a)所示，由截面法可得

$$F_{NDC}=-F_{Ay}\sin\alpha-F_{Ax}\cos\alpha=-18\times\frac{1}{\sqrt{5}}-4\times\frac{2}{\sqrt{5}}=-11.6(\mathrm{kN})\ (压)$$

计算 *C* 截面的轴力时，可取该截面以右部分 *BEC* 为隔离体，如图 3-31(b)所示，由截面法可得

$$F_{NCD}=F_{By}\sin\alpha-F_{Bx}\cos\alpha=6\times\frac{1}{\sqrt{5}}-4\times\frac{2}{\sqrt{5}}=-0.9(\mathrm{kN})\ (压)$$

同理可计算 *EC* 杆的轴力为

$$F_{NEC}=-6.3(\mathrm{kN})\ (压)$$

根据各杆的轴力值，即可绘制出该刚架的轴力图，如图 3-30(d)所示。

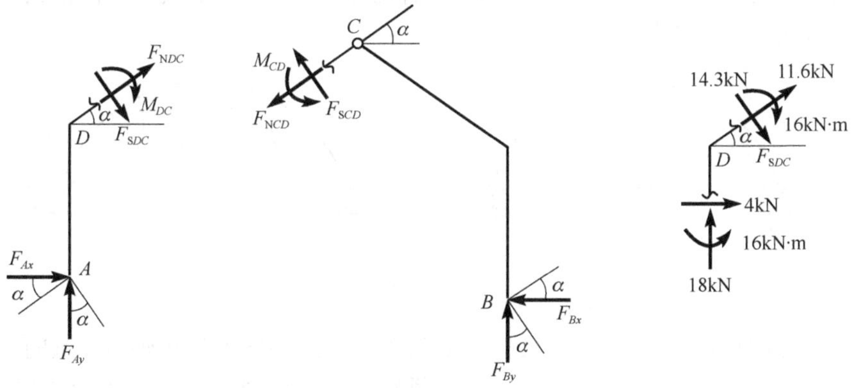

图 3-31

(5) 内力图校核。取结点 *D* 为隔离体，如图 3-31(c)所示，检查该隔离体是否满足平衡条件。

$$\sum F_x=4+14.3\sin\alpha-11.6\cos\alpha=4+14.3\times\frac{1}{\sqrt{5}}-11.6\times\frac{2}{\sqrt{5}}=0$$

$$\sum F_y=18-14.3\cos\alpha-11.6\sin\alpha=18-14.3\times\frac{2}{\sqrt{5}}-11.6\times\frac{1}{\sqrt{5}}=0$$

$$\sum M_D=16-16=0$$

满足平衡条件，故内力计算正确。

3.5　三　铰　拱

拱是杆轴线为曲线并且在竖向荷载作用下会产生水平反力的结构。拱常用的形式有三铰拱、两铰拱和无铰拱，分别如图 3-32(a)、(b)和(c)所示，其中三铰拱是静定结构，而两铰拱和无铰拱是超静定结构。本节只讨论三铰拱的反力和内力的计算方法及有关问题。

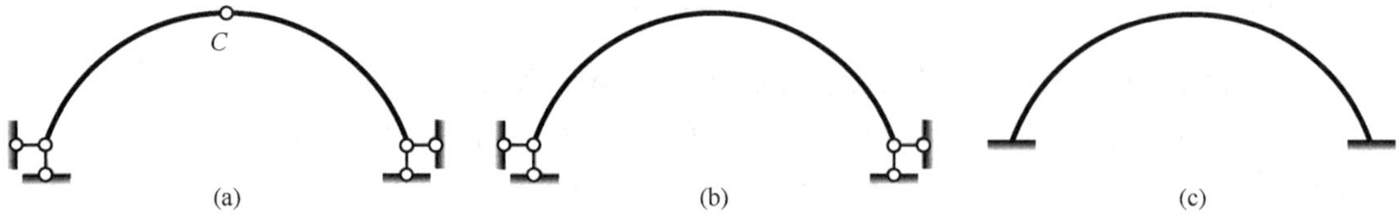

图 3-32

拱与梁的区别不仅在于杆轴线的曲直，更重要的是拱在竖向荷载作用下会产生水平反力，这种水平反力指向内方，故又称为推力。拱式结构也称为推力结构。拱的内力一般有弯矩、剪力和轴力。推力的存在，一方面使拱截面上的弯矩比跨度、荷载相同的梁的弯矩小得多，另一方面使拱截面上的轴力增大，并主要承受压力。这就使得拱截面上的应力分布较为均匀，因而能够发挥材料的作用。拱截面上主要承受压力，因此人们可以采用受压性能好而受拉性能较差的材料(如砖、石或混凝土等)来筑拱，这是拱的优点。拱的主要缺点也正是在于支座承受水平推力，因而要求比梁具有更坚固的地基或支承结构(墙、柱、墩台等)。可见，支座推力的存在与否是区别拱与梁的主要标志。另外，拱轴线为曲线，其施工要比直梁困难。

为了减小拱支座的水平推力对基础的作用，有时，在拱的两支座间设置拉杆来代替支座承受的水平推力，使其成为带拉杆的拱，如图 3-33(a)所示。这样，拱结构的支座在竖向荷载作用下就只产生竖向反力，从而消除了推力对支承结构的影响。为了使拱下获得较大的空间，有时也将拉杆做成折线形的，如图 3-33(b)所示。

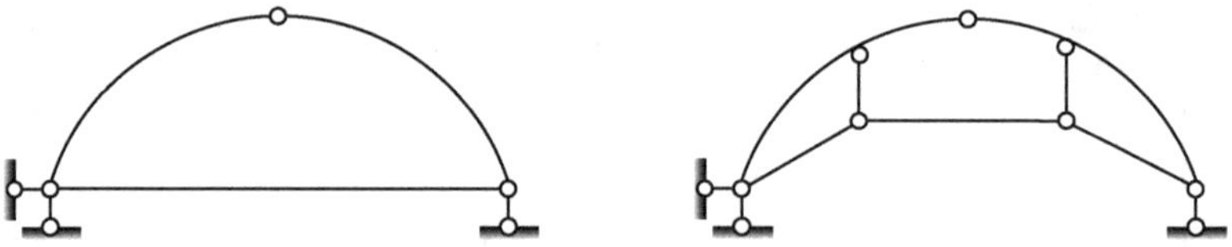

图 3-33

拱的各部分名称如图 3-34 所示。拱身各横截面形心的连线称为拱轴线。拱的两端支座处称为拱趾(脚)。两拱趾间的水平距离称为拱跨度 l 。两拱趾的连线称为起拱线。拱轴上距起拱线最远的一点称为拱顶。拱顶至起拱线之间的竖向距离称为拱高 f (或拱矢)。拱高与拱跨度之比 f/l 称为高跨比(矢跨比)。高跨比是拱的基本参数，实际工程中使用的高跨比为 1/10～1，变化的范围很大。两拱趾在同一水平线上的拱称为平拱，不在同一水平线上的拱称为斜拱。

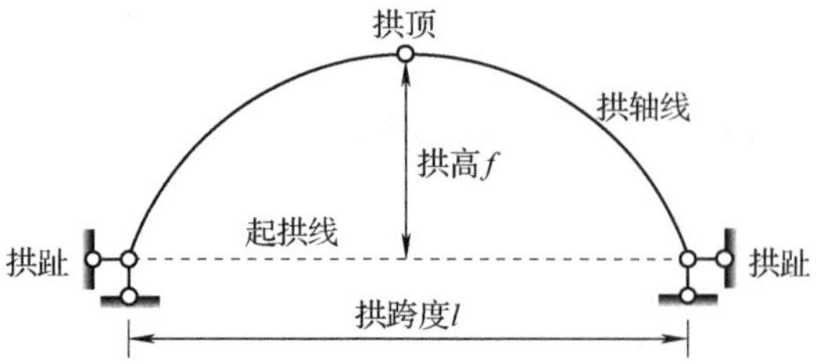

图 3-34

3.5.1 三铰拱的计算

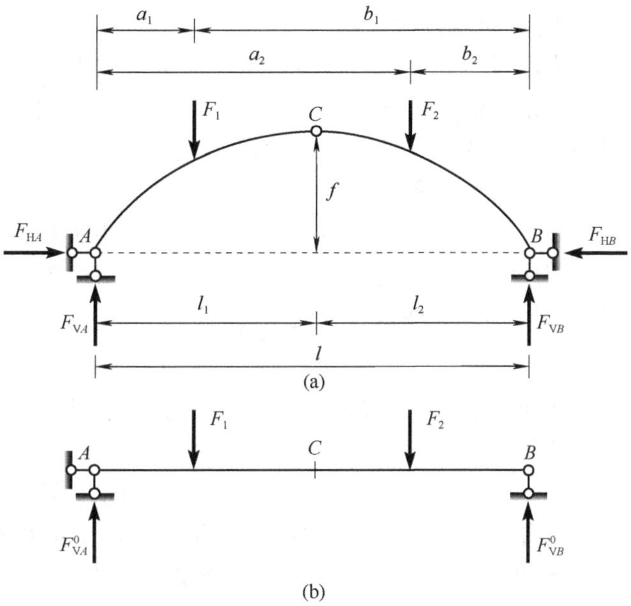

图 3-35

以竖向荷载作用下的三铰平拱为例，如图 3-35(a)所示，来说明三铰拱的反力和内力的计算方法，推导其反力和内力的计算公式。

1. 支座反力的计算

图 3-35(a)所示的三铰拱共有四个支座反力，即 F_{VA}、F_{HA}、F_{VB} 和 F_{HB}。欲解出这四个未知力，除取全拱为隔离体可建立三个平衡方程外，还需取左(或右)半拱为隔离体，以中间铰 C 为矩心，根据平衡条件 $\sum M_C = 0$ 建立一个方程，从而求出所有的支座反力。

首先，考虑整体平衡，由 $\sum M_B = 0$ 和 $\sum M_A = 0$ 可求得 A、B 支座的竖向反力为

$$F_{VA} = \frac{F_1 b_1 + F_2 b_2}{l} = \frac{\sum F_i b_i}{l} \tag{3-5a}$$

$$F_{VB} = \frac{F_1 a_1 + F_2 a_2}{l} = \frac{\sum F_i a_i}{l} \tag{3-5b}$$

由 $\sum F_x = 0$，得

$$F_{HA} = F_{HB} = F_H \tag{3-5c}$$

然后，取左半拱为隔离体，由 $\sum M_C = 0$，有

$$F_{VA} l_1 - F_1(l_1 - a_1) - F_H f = 0$$

可得

$$F_H = \frac{F_{VA} l_1 - F_1(l_1 - a_1)}{f} \tag{3-5d}$$

考察式(3-5a)和式(3-5b)的右边，可知其恰好等于相应简支梁的支座竖向反力 F_{VA}^0 和 F_{VB}^0，如图 3-35(b)所示，而式(3-5d)右边的分子则等于相应简支梁上与拱的中间铰处对应的截面 C 的弯矩 M_C^0，因此，可将以上各式写为

$$\left.\begin{aligned} F_{VA} &= F_{VA}^0 \\ F_{VB} &= F_{VB}^0 \\ F_H &= M_C^0 / f \end{aligned}\right\} \tag{3-6}$$

于是，由式(3-6)可得出如下结论：两拱趾位于同一水平线上的三铰拱在竖向荷载作用下，两个支座的竖向支座反力分别等于相应简支梁的竖向反力，两个支座的水平反力等值而反向(荷载方向向下时，它们均指向拱内侧)，而且等于相应简支梁截面 C 的弯矩 M_C^0 除以拱高 f。这表明三铰拱的支座反力只与荷载及三个铰的位置有关，而与各铰间的拱轴线形状无关。当荷载与拱跨度 l 不变时，推力 F_H 将与拱高 f 成反比，拱高 f 越大即拱越陡时，推力 F_H 越小，反之，拱高 f 越小即拱越平坦时，推力 F_H 越大。若拱高 $f = 0$，则推力 $F_H = \infty$，此时三个铰已在一条直线上，原结构属于几何瞬变体系。

2. 截面内力的计算

支座反力计算出后，用截面法即可求出拱上任一横截面的内力。拱内任一横截面 K 的位置可由其形心的坐标 x_K 和 y_K 以及该处拱轴线切线的倾角 φ_K 确定(图 3-36(a))。截面 K 的内力为弯矩 M_K、沿截面切线方向的剪力 F_{SK} 和沿截面法线方向的轴力 F_{NK}。

1) 弯矩的计算

任一截面 K 的弯矩 M_K 等于该截面一侧所有的外力对截面形心矩的代数和。在拱截面的内力计算中，通常规定使拱内侧纤维受拉的弯矩为正，反之为负。取截面 K 以左部分 AK 为隔离体，如图 3-36(c)所示。由 $\sum M_K=0$，得

$$M_K=\left[F_{VA}x_K-F_1\left(x_K-a_1\right)\right]-F_H y_K$$

由于 $F_{VA}=F_{VA}^0$，故上式中方括号内之值等于相应简支梁(图 3-36(b))截面 K 的弯矩 M_K^0，故上式可写为

$$M_K=M_K^0-F_H y_K$$

即拱内任一截面上的弯矩 M_K，等于相应简支梁对应截面的弯矩 M_K^0 减去拱的推力 F_H 对该截面所引起的弯矩 $F_H y_K$。可见，由于推力的存在，拱截面的弯矩比对应截面的梁的弯矩要小。

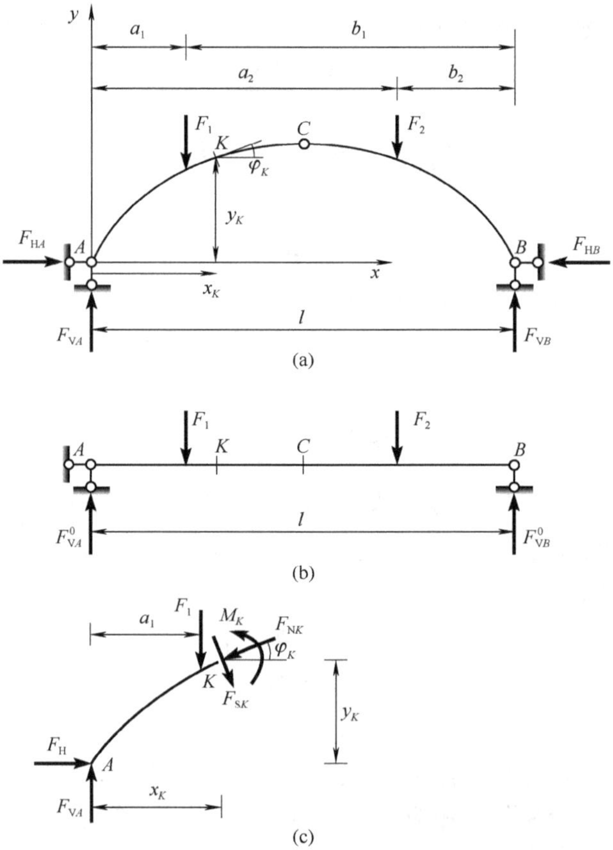

图 3-36

2) 剪力的计算

任一截面 K 的剪力 F_{SK} 等于该截面一侧所有的外力在该截面切线方向上投影的代数和。剪力符号的规定与梁中剪力符号的规定相同，即剪力以绕隔离体有顺时针转动趋势时为正，反之为负。由图 3-36(c) 可得

$$\begin{aligned}F_{SK}&=F_{VA}\cos\varphi_K-F_1\cos\varphi_K-F_H\sin\varphi_K\\&=(F_{VA}-F_1)\cos\varphi_K-F_H\sin\varphi_K\\&=F_{SK}^0\cos\varphi_K-F_H\sin\varphi_K\end{aligned}$$

式中，$F_{SK}^0=F_{VA}-F_1$，为相应简支梁截面 K 上的剪力；φ_K 为截面 K 处拱轴线的切线与水平线之间的倾角，φ_K 的符号在图 3-36(a) 所示坐标系中左半拱取正号，右半拱取负号。

3) 轴力的计算

任一截面 K 的轴力 F_{NK} 等于该截面一侧所有的外力在该截面法线方向上投影的代数和。因拱常受压，故规定拱轴力以受压为正，受拉为负。由图 3-36(c) 可得

$$\begin{aligned}F_{NK}&=F_{VA}\sin\varphi_K-F_1\sin\varphi_K+F_H\cos\varphi_K\\&=(F_{VA}-F_1)\sin\varphi_K+F_H\cos\varphi_K\\&=F_{SK}^0\sin\varphi_K+F_H\cos\varphi_K\end{aligned}$$

综上所述，三铰平拱在竖向荷载作用下任一截面 K 的内力计算公式可写为

$$\left.\begin{aligned}M_K&=M_K^0-F_Hy_K\\F_{SK}&=F_{SK}^0\cos\varphi_K-F_H\sin\varphi_K\\F_{NK}&=F_{SK}^0\sin\varphi_K+F_H\cos\varphi_K\end{aligned}\right\}\tag{3-7}$$

由式(3-7)可知，三铰拱的内力值不但与拱上荷载及三个铰的位置有关，还与各铰间拱轴线的形状有关。

【例 3-12】　三铰拱及其所受荷载如图 3-37(a)所示。试求其支座反力，并绘制内力图。拱的轴线为抛物线，其方程为

$$y=\frac{4f}{l^2}x(l-x)$$

解： (1) 求支座反力。由式(3-6)可得

$$F_{VA}=F_{VA}^0=\frac{1\times8\times12+4\times4}{16}=7(\text{kN})\ (\uparrow)$$

$$F_{VB}=F_{VB}^0=\frac{1\times8\times4+4\times12}{16}=5(\text{kN})\ (\uparrow)$$

$$F_H=\frac{M_C^0}{f}=\frac{7\times8-1\times8\times4}{4}=6(\text{kN})\ (\rightarrow\ \leftarrow)$$

(2) 内力计算。支座反力求出后，即可按式(3-7)计算各截面的内力。为了绘制该拱的内力图，可将拱轴沿水平方向分成 8 等份，计算出各分段点截面的弯矩 M、剪力 F_S 和轴力 F_N 值。现以距左支座 A 的截面 1 为例来说明计算步骤。

首先，将 $l=16\text{m}$ 及 $f=4\text{m}$ 代入拱轴线方程有

$$y=\frac{4\times4}{16^2}x(16-x)=\frac{x}{16}(16-x)$$

由此可得

$$\tan\varphi=\frac{\text{d}y}{\text{d}x}=\frac{1}{8}(8-x)$$

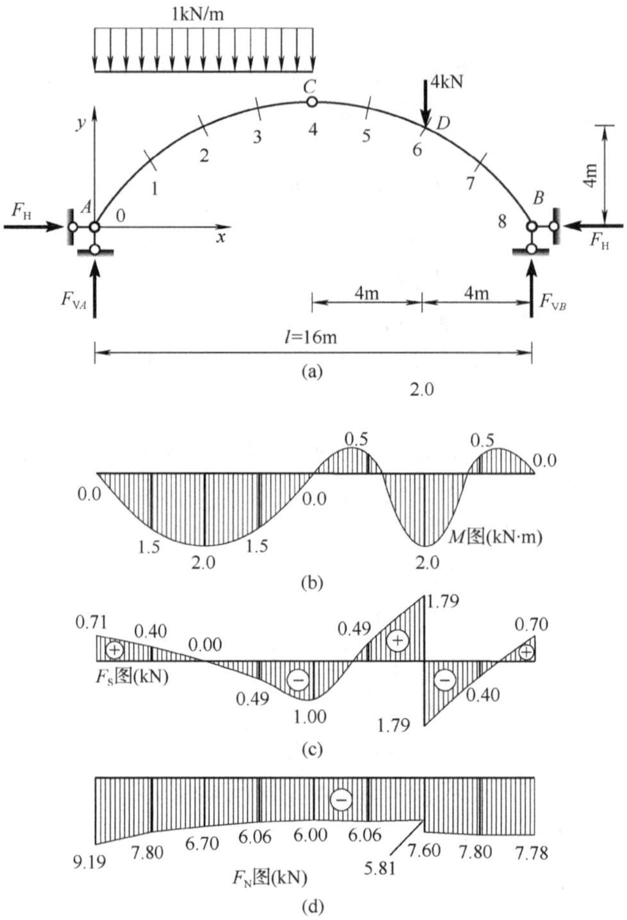

图 3-37

截面 1 的横坐标 $x_1 = 2\text{m}$，代入以上两式可求得其纵坐标 y_1 和 $\tan\varphi_1$ 为

$$y_1 = \frac{2}{16}(16-2) = 1.75\text{m}, \quad \tan\varphi_1 = \frac{1}{8}(8-2) = 0.75$$

由此可得

$$\varphi_1 = 36°52', \quad \sin\varphi_1 = 0.600, \quad \cos\varphi_1 = 0.800$$

由式(3-7)可得

$$M_1 = M_1^0 - F_H y_1 = (7\times2 - 1\times2\times1) - 6\times1.75 = 1.5(\text{kN}\cdot\text{m})$$

$$F_{S1} = F_{S1}^0 \cos\varphi_1 - F_H \sin\varphi_1 = (7-1\times2)\times0.800 - 6\times0.600 = 0.40(\text{kN})$$

$$F_{N1} = F_{S1}^0 \sin\varphi_1 + F_H \cos\varphi_1 = (7-1\times2)\times0.600 + 6\times0.800 = 7.80(\text{kN})\ (\text{压})$$

其他各截面的计算与上相同。为了清楚起见，计算应列表进行，详见表 3-2、表 3-3。然后，根据表 3-3 中算得的结果绘制出弯矩 M 图、剪力 F_S 图和轴力 F_N 图，如图 3-37(b)、(c)和(d)所示。

表 3-2　三铰拱的几何参数及 F_S^0 计算

	x	y	$\tan\varphi$	φ	$\sin\varphi$	$\cos\varphi$	F_S^0
0	0	0	1	45°	0.707	0.707	7.0
1	2	1.75	0.75	36°52′	0.600	0.800	5.0

续表

	x	y	$\tan\varphi$	φ	$\sin\varphi$	$\cos\varphi$	F_S^0
2	4	3.00	0.50	26°34′	0.447	0.894	3.0
3	6	3.75	0.25	14°2′	0.243	0.970	1.0
4	8	4.00	0	0	0	1	-1.0
5	10	3.75	-0.25	-14°2′	-0.243	0.970	-1.0
6	12	3.00	-0.50	-26°34′	-0.447	0.894	-1.0 -5.0
7	14	1.75	-0.75	-36°52′	-0.600	0.800	-5.0
8	16	0	-1	-45°	-0.707	0.707	-5.0

表 3-3　三铰拱的内力计算

	弯矩计算			剪力计算			轴力计算		
	M^0	$-F_H y$	M	$F_S^0\cos\varphi$	$-F_H\sin\varphi$	F_S	$F_S^0\sin\varphi$	$F_H\cos\varphi$	F_N
0	0.0	0.0	0.0	4.95	-4.24	0.71	-4.95	-4.24	-9.19
1	12.0	-10.5	1.5	4.00	-3.60	0.40	-3.00	-4.80	-7.80
2	20.0	-18.0	2.0	2.68	-2.68	0	-1.34	-5.36	-6.70
3	24.0	-22.5	1.5	0.97	-1.46	-0.49	-0.24	-5.82	-6.06
4	24.0	-24.0	0.0	-1.00	0	-1.00	0	-6.00	-6.00
5	22.0	-22.5	-0.5	-0.97	1.46	0.49	-0.24	-5.82	-6.06
6	20.0	-18.0	2.0	-0.89 -4.47	2.68	1.79 -1.79	-0.45 -2.24	-5.36	-5.81 -7.60
7	10.0	-10.5	-0.5	-4.00	3.60	-0.40	-3.00	-4.80	-7.80
8	0.0	0.0	0.0	-3.54	4.24	0.70	-3.54	-4.24	-7.78

以上是以三铰平拱为研究对象进行讨论的，下面对斜拱(两拱趾不等高)的计算方法作些说明。如图 3-38 所示，求支座反力时，可由整体平衡 $\sum M_B=0$ 及左半拱平衡 $\sum M_C=0$ 两个方程联立求解出支座反力 F_{VA} 和 F_H，然后利用 $\sum F_y=0$ 可求得 F_{VB}。有时，为了避免求解联立方程，也可先将两个支座的反力分别沿竖向和起拱线方向分解为相互斜交的分力 F'_{VA}、F'_R 和 F'_{VB}、F'_R，如图 3-39 所示，根据前述平衡条件可求得它们为

$$F'_{VA}=F^0_{VA}，\quad F'_{VB}=F^0_{VB}，\quad F'_R=\frac{M_C^0}{h}$$

式中，h 为铰 C 到起拱线的垂直距离。然后，将 F'_R 沿水平方向和竖直方向分解，从而求得支座水平反力和竖向反力为

$$\left.\begin{aligned}F_H&=F'_R\cos\alpha=M_C^0/f\\F_{VA}&=F_{VA}^0+F_H\tan\alpha\\F_{VB}&=F_{VB}^0-F_H\tan\alpha\end{aligned}\right\}\tag{3-8}$$

式中，f 为铰 C 到起拱线的竖向距离；α 为起拱线倾角。支座反力求出后，即可用截面法计算任一截面 K 的内力，计算方法同平拱内力的计算。最后得到斜拱内力的计算公式为

$$\left.\begin{aligned}M_K&=M_K^0-F_H y_K\\F_{SK}&=F_{SK}^0\cos\varphi_K-F_H\left(\sin\varphi_K-\tan\alpha\cos\varphi_K\right)\\F_{NK}&=F_{SK}^0\sin\varphi_K+F_H\left(\cos\varphi_K+\tan\alpha\sin\varphi_K\right)\end{aligned}\right\}\tag{3-9}$$

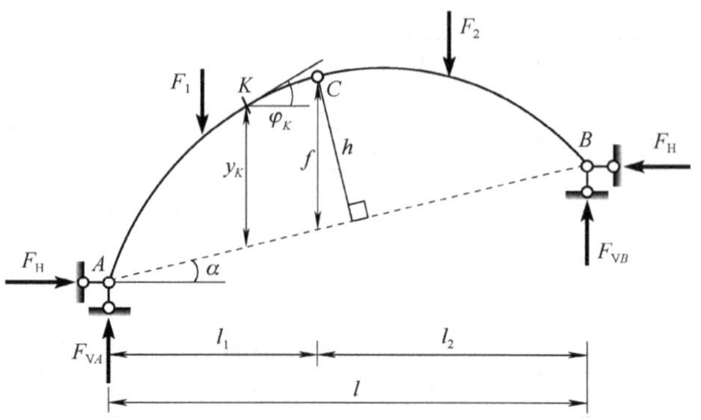

图 3-38

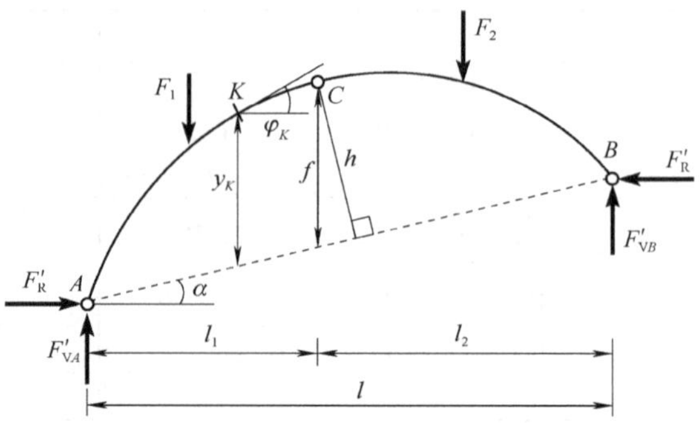

图 3-39

3.5.2　三铰拱的合理拱轴线

由前面分析可知，当荷载及三个铰的位置给定时，三铰拱的支座反力就可确定，而与各铰间拱轴线形状无关；三铰拱的内力则与拱轴线形状有关。当拱上所有截面的弯矩都等于零(可以证明，剪力也为零)时，拱截面只受轴力的作用，此时拱内各截面处于均匀受压状态，因而能使筑拱材料得到充分利用，相应的截面尺寸是最小的。从理论上说，设计成这样的拱是最经济合理的，因此称这样的拱轴线为合理拱轴线。

确定三铰拱的合理拱轴线的方法通常是，绘制出三铰拱压力曲线，把绘得的压力曲线作为拱轴线，即三铰拱的合理拱轴线；对于在竖向荷载作用下的三铰拱，也可用数解法来确定其合理拱轴线。其方法是：在竖向荷载作用下，三铰平拱任一截面的弯矩可由式(3-7)第一式计算为

$$M_K = M_K^0 - F_H y_K$$

根据合理拱轴线的定义，当拱轴为合理拱轴线时，拱各截面上的弯矩为零，即

$$M = M^0 - F_H y = 0$$

解得

$$y = \frac{M^0}{F_H} \tag{3-10}$$

式(3-10)表明，在竖向荷载作用下，三铰拱合理拱轴线的纵坐标 y 与相应简支梁弯矩图的竖标 M^0 成正比。当作用在拱上的荷载已知时，只需求出相应简支梁的弯矩方程，然后除以三铰拱的水平推力 F_H，即可得到合理拱轴线方程。

【例 3-13】　试求图 3-40(a)所示对称三铰拱在满跨竖向均布荷载 q 作用下的合理拱轴线。

解：作出相应简支梁，如图 3-40(b)所示，其任一截面处的弯矩方程为

$$M^0 = \frac{ql}{2}x - \frac{qx^2}{2} = \frac{1}{2}qx(l-x)$$

由式(3-6)求得推力为

$$F_H = \frac{M_C^0}{f} = \frac{ql^2}{8} \times \frac{1}{f} = \frac{ql^2}{8f}$$

将 M^0 和 F_H 代入式(3-10)，得合理拱轴线方程：

$$y = \frac{M^0}{F_H} = \frac{4f}{l^2}x(l-x)$$

由此可见，在满跨竖向均布荷载作用下，三铰拱的合理拱轴线是一条抛物线。

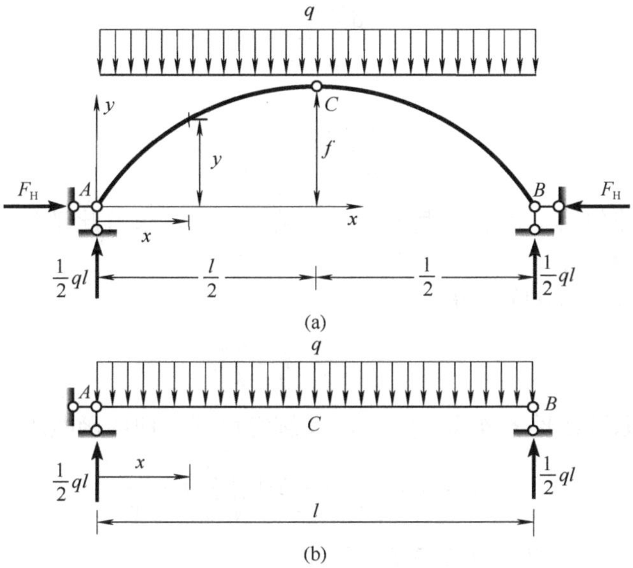

图 3-40

【例 3-14】　试求图 3-41 所示对称三铰拱在拱上填料重量作用下的合理拱轴线。拱上荷载集度按 $q = q_C + \gamma y$ 变化。q_C 为拱顶处的荷载集度，q_K 为拱趾处的荷载集度，γ 为填料容重。

解：将坐标原点设在拱顶 C 处，并取 y 轴向下为正，建立图 3-41 所示坐标系。由式(3-7)第一式得

$$M = M^0 - F_H(f - y)$$

根据合理拱轴线的定义，由 $M = 0$ 有

$$f - y = \frac{M^0}{F_H}$$

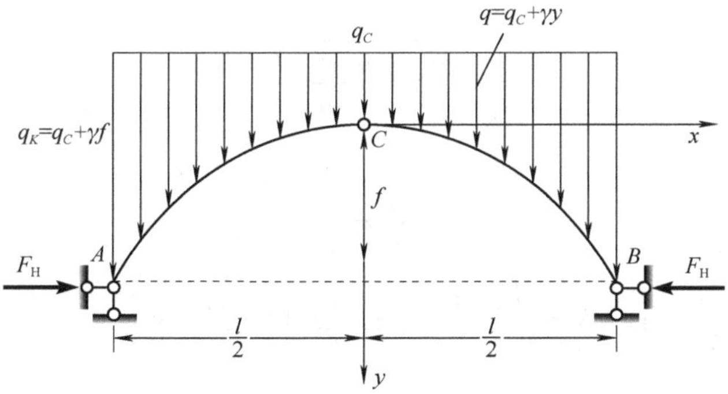

图 3-41

由于作用在拱上的荷载集度 q 随拱轴线纵坐标 y 而变化，而 y 尚属未知，故相应简支梁的弯矩方程 M^0 也无法事先写出，因而不能由上式直接求出合理拱轴线方程。为此将上式两边分别对 x 求导两次得

$$-\frac{d^2y}{dx^2} = \frac{1}{F_H}\frac{d^2M^0}{dx^2}$$

当 q 以向下为正时，有

$$\frac{d^2M^0}{dx^2}=-q$$

于是得到

$$\frac{d^2y}{dx^2}=y''=\frac{q}{F_H} \tag{3-11}$$

这就是在竖向荷载作用下拱的合理拱轴线的微分方程。求解此微分方程并结合边界条件，即可确定其合理拱轴线方程。

将 $q=q_C+\gamma y$ 代入式(3-11)，得

$$y''-\frac{\gamma}{F_H}y=\frac{q_C}{F_H}$$

这是一个二阶常系数线性齐次微分方程，其解答可用双曲线函数表示：

$$y=A\text{ch}\sqrt{\frac{\gamma}{F_H}}x+B\text{sh}\sqrt{\frac{\gamma}{F_H}}x-\frac{q_C}{\gamma}$$

式中，A、B 为两个待定常数，由边界条件确定：

当 $x=0$ 时，$y=0$，求得 $A=\dfrac{q_C}{\gamma}$；

当 $x=0$ 时，$y'=0$，求得 $B=0$。

于是，得到拱的合理拱轴线方程为

$$y=\frac{q_C}{\gamma}\left(\text{ch}\sqrt{\frac{\gamma}{F_H}}x-1\right) \tag{3-12}$$

式(3-12)表明，在填料重量作用下，三铰拱的合理拱轴线为列格氏悬链线。

为了实际应用方便，避免直接计算水平推力 F_H，引入比值：

$$m=\frac{q_K}{q_C} \tag{3-13}$$

由于 $q_K=q_C+\gamma f$，故有

$$m=\frac{q_C+\gamma f}{q_C}$$

可得

$$\frac{q_C}{\gamma}=\frac{f}{m-1}$$

再引入新的变量 $\xi=\dfrac{x}{l/2}$，并令 $K=\sqrt{\dfrac{\gamma}{F_H}}\dfrac{l}{2}$，则式(3-12)可写为

$$y=\frac{f}{m-1}(\text{ch}K\xi-1) \tag{3-14}$$

式(3-14)为设计手册中引用的列格氏悬链线公式。式中 K 值和 m 值可由边界条件确定。

当 $\xi=1$ 时，$y=f$，代入式(3-14)得

$$\text{ch}K=m$$

或

$$K=\ln(m+\sqrt{m^2+1}) \tag{3-15}$$

式(3-15)中只含一个参数 m，只要拱趾和拱顶处的荷载集度之比 $m=q_K/q_C$ 给定，拱的合理拱轴线方程即可确定。但当 $m=1$ 时，式(3-14)不再适用，此时 $q_K=q_C$，拱上荷载为均布荷载，合理

拱轴线为抛物线 $y = f\xi^2$ 。

【例 3-15】　试求图 3-42(a)所示三铰拱在径向均布荷载(如水压力)作用下的合理拱轴线。

解：本例题中的荷载为非竖向荷载。从拱中截取微段 ds 为隔离体，如图 3-42(b)所示，如果该拱轴为合理拱轴，则 ds 隔离体的两个截面上的弯矩和剪力均为零，而只有轴力 F_N 和 $F_N + dF_N$ ，根据平衡条件 $\sum F_s = 0$ ，得

$$F_N \sin\frac{d\varphi}{2} + \left(F_N + dF_N\right)\sin\frac{d\varphi}{2} - q ds = 0$$

因 dφ 角微小，故可取 $\sin\frac{d\varphi}{2} \approx \frac{d\varphi}{2}$ ，略去微量的乘积后，上式可改写为

$$F_N d\varphi = q ds$$

即

$$\frac{d\varphi}{ds} = \frac{q}{F_N}$$

因 $\rho d\varphi = ds$ ，故有 $\rho = \frac{F_N}{q}$ 。

在图 3-42(b)所示隔离体上，由 $\sum M_O = 0$ ，得

$$F_N\rho - (F_N + dF_N)\rho = 0$$

由上式可得 $dF_N = 0$ 。

由此可知，F_N 为常数。由于荷载 q 也为常数，故曲率半径 ρ 为常数，即

$$\rho = \frac{F_N}{q} = 常数$$

这表明，在径向均布荷载作用下，三铰拱的合理拱轴线为圆弧线。

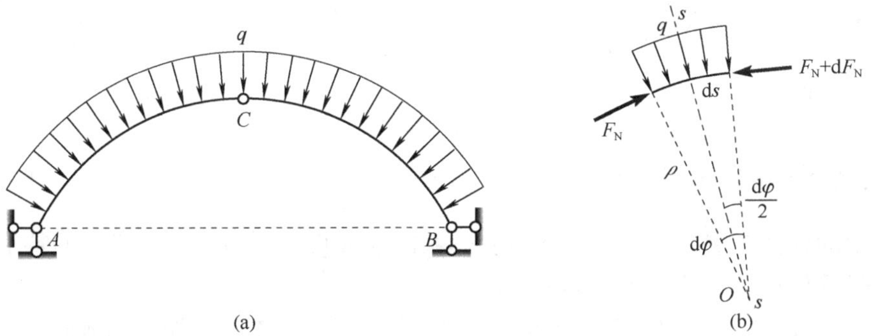

图 3-42

3.6　静定平面桁架

3.6.1　平面桁架的特点及其计算假定

梁和刚架承受荷载后，主要产生弯曲内力，横截面上的弯曲正应力分布是不均匀的，因而材料不能充分利用。三铰拱有推力的存在，使拱截面上的弯矩小而轴力(压力)大，故截面上的应力分布比较均匀。平面桁架结构是由若干根杆件拼装而成的体系，当荷载只作用于结点上时，各杆只受轴力作用，杆件截面上的应力均匀分布，可以充分发挥材料的作用。因此，与梁相比，桁架的用料较省，并且跨度更大。从桁架结构的特点构造上看，每一根杆件都是由结点板栓接

或者铆接在一起的。因此，实际桁架结构中的各结点具有一定程度的刚性，致使实际桁架的受力情况比较复杂。在计算中必须对实际桁架作出简化，在桁架的计算简图中，如图 3-43 所示，通常采用下列假定：

(1)桁架的结点都是理想的铰结点；

(2)各杆的轴线都是直线，并在同一平面内且通过铰的中心；

(3)荷载和支座反力都作用在结点上，并在桁架的平面内。

实际的桁架并不完全符合上述理想假定。除木桁架的榫结点比较接近铰结点外，钢桁架和钢筋混凝土桁架的结点都有很大的刚性；各杆的轴线不可能绝对平直；结点上的各杆的轴线也不可能准确交于一点；承受非结点荷载(如杆件自重、风荷载等)等。

通常把理想平面桁架计算得到的内力称为主内力，由于实际情况与上述假定不同而产生的附加内力称为次内力。理论计算和工程实践证明，在一般情况下次内力的影响是不大的，可以忽略不计。本节只研究主内力的计算。

桁架结构中的杆件，依据其所在位置不同，可分为弦杆和腹杆两类。弦杆又分为上弦杆和下弦杆。腹杆又分为竖杆和斜杆。弦杆上相邻两结点间区间称为节间，其距离 d 称为节间长度。两支座间的水平距离 l 称为跨度。支座连线至桁架最高点的距离 h 称为桁高。桁高 h 与其跨度 l 之比称为高跨比，高跨比是设计桁架的重要参数之一，如图 3-44 所示。

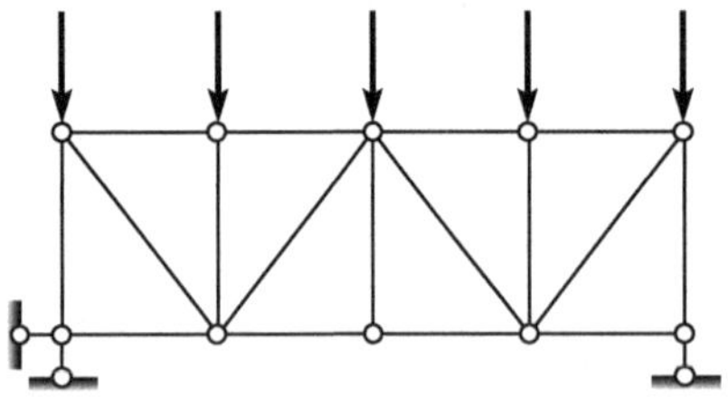

图 3-43

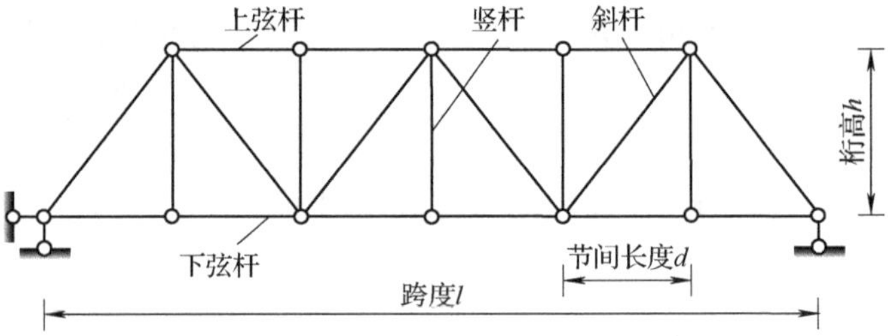

图 3-44

3.6.2　静定平面桁架的组成

组成桁架的杆件布置必须满足几何不变体系的组成规律。桁架可按不同的特征进行分类。

按照桁架几何构造的特点可分为三类。

(1)简单桁架。由一个基础或一个基本铰接三角形开始，依次增加二元体而组成的桁架称为简单桁架，如图 3-45(a)～(c)所示。

(2)联合桁架。由几个简单桁架按照几何不变体系的基本组成规则而联合组成的桁架称为联合桁架，如图 3-45(d)、(e)所示。

(3)复杂桁架。凡不按上述两种方式组成的其他静定桁架称为复杂桁架，如图 3-45(f)所示。

根据桁架的外形可分为平行弦桁架、折弦桁架和三角形桁架，分别如图 3-45(a)、(b)、(c)所示。

按照桁架在竖向荷载作用下是否引起水平支座反力(即推力)可分为无推力桁架或梁式桁架，如图 3-45(a)、(b)和(c)所示，以及有推力桁架或拱式桁架，如图 3-45(d)所示。

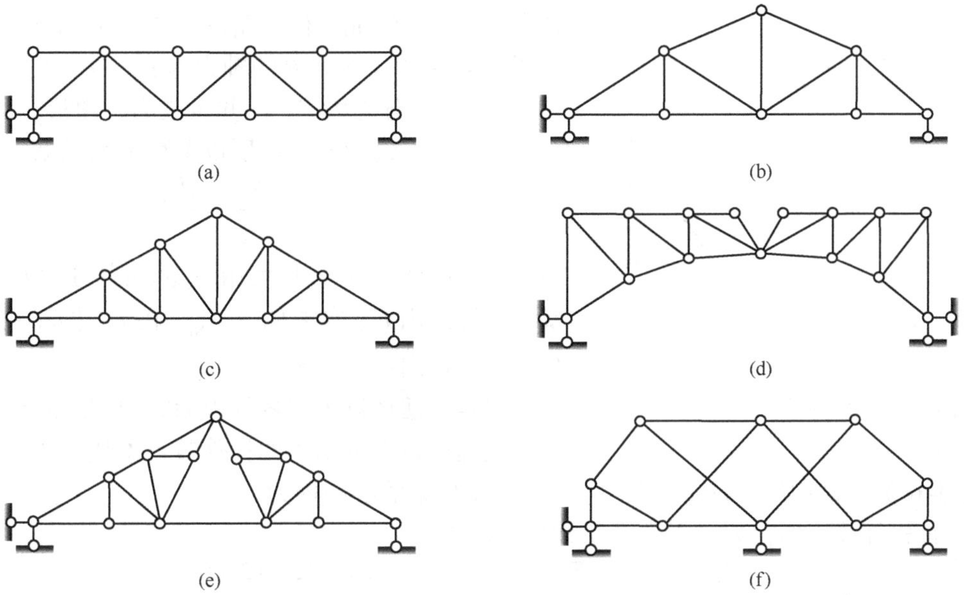

图 3-45

3.6.3 静定平面桁架的内力计算

凡静定稳定的三铰桁架，在荷载及支座反力作用下，都处于平衡状态，桁架中的每个结点，每一个杆件或者桁架的某一部分，必然也处于平衡。因此在计算桁架各杆的内力时，可以根据具体的情况，截取桁架中的某一结点或者某一部分为隔离体，根据所取隔离体平衡条件，建立静力平衡方程式，从而解出欲求杆件的内力，这种方法称为数解法。从桁架中截取隔离体的方法有两种：一是截取一个结点为隔离体，得到一个平面汇交力系，这种计算桁架杆件内力的方法称为结点法；二是作一适当的截面，沿欲求内力的杆件截开，将整个桁架截为两个部分，然后选取其中一个部分为隔离体，得到一个平面一般力系，这种计算桁架杆件内力的方法称为截面法。计算时通常先假设杆件的未知轴力为拉力(力的指向沿杆件截面外法线方向)，若计算结果为正值，则表示轴力为拉力，若计算结果为负值，则表示轴力为压力。下面讨论两种具体解法。

1. 结点法

一般说来，任何静定桁架结构的杆件内力和支座反力都可以用结点法求出。因为作用于任一结点的各力(包括荷载、支座反力和杆件内力)组成一个平面汇交力系，每一个结点处就可以列出两个独立的平衡方程式：$\sum F_x=0$，$\sum F_y=0$。设桁架的结点数为j，杆件数为b，支座链杆数为r，则整个桁架结构一共可列出$2j$个独立的平衡方程式，而所需求解的杆件内力和支座反力共有$b+r$个。由于静定桁架结构的计算自由度$W=2j-b-r=0$，故有$b+r=2j$，即整个桁架结构的未知力数目与独立方程式数目相等，故所有内力及支座反力均可用结点法解出。

但是，在实际计算中，只有当所取结点上的未知力不超过两个且可以独立解算时，应用结点法才是简便的，才能避免在结点间解算联立方程。由于简单桁架是从一个基本铰接三角形开始，依次增加二元体所组成的，其最后一个结点只包含两根杆件，所以分析这类桁架时，可以先由整体平衡条件求出支座反力后，按与几何组成相反的顺序，从最后的结点开始，依次倒算回去，直至第一个结点，即可顺利地用各结点上的平衡方程求得各杆的内力。

在计算中，经常需要把斜杆的内力F_N分解为水平分力F_{Nx}和竖向分力F_{Ny}，这能给计算斜杆内力带来方便。图 3-46(a)所示桁架中的某杆AB，杆长为l，相应的水平投影为l_x，竖向投

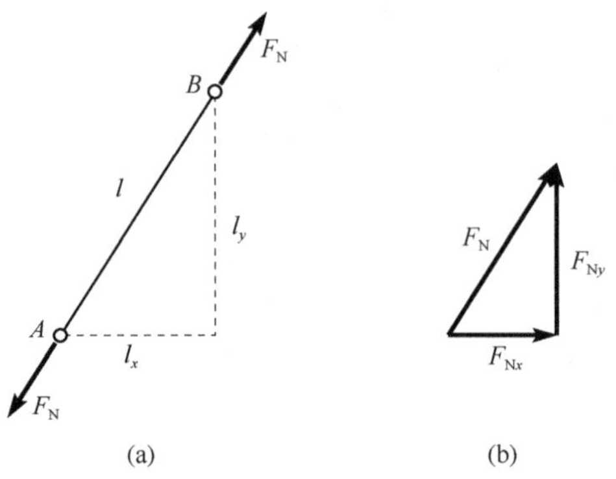

图 3-46

影为l_y，三者组成几何三角形如图 3-46(a)虚线所示。在图 3-46(b)中，杆 AB 的轴力为F_N，相应的水平分力为F_{Nx}，竖向分力为F_{Ny}，并组成力三角形。因为几何三角形与力三角形相似，所以下列关系成立：

$$\frac{F_N}{l}=\frac{F_{Nx}}{l_x}=\frac{F_{Ny}}{l_y} \tag{3-16}$$

利用式(3-16)，可以方便地由F_N算出其分力F_{Nx}和F_{Ny}，或者反过来由F_{Nx}推算F_N和F_{Ny}，由F_{Ny}推算F_N和F_{Nx}，从而避免使用三角函数。

用结点法计算桁架各杆内力时，应尽量使汇交于所选结点隔离体上未知力的杆件数目不超过两个。

【例 3-16】 试用结点法计算图 3-47(a)所示桁架的各杆内力。

解： 首先计算支座反力。以整个桁架为隔离体，由

$$\sum M_A=0,\quad F_{Bx}\times 3-15\times 4-15\times 8-15\times 12=0$$

$$\sum F_y=0,\quad F_{Ay}-15-15-15=0$$

$$\sum F_x=0,\quad F_{Ax}-F_{Bx}=0$$

解得

$$F_{Bx}=120\text{kN}\,(\leftarrow),\quad F_{Ay}=45\text{kN}\,(\uparrow),\quad F_{Ax}=120\text{kN}\,(\rightarrow)$$

反力求出后，开始截取结点为隔离体计算各杆内力。从结点 G 开始，然后依次分析其他各结点。

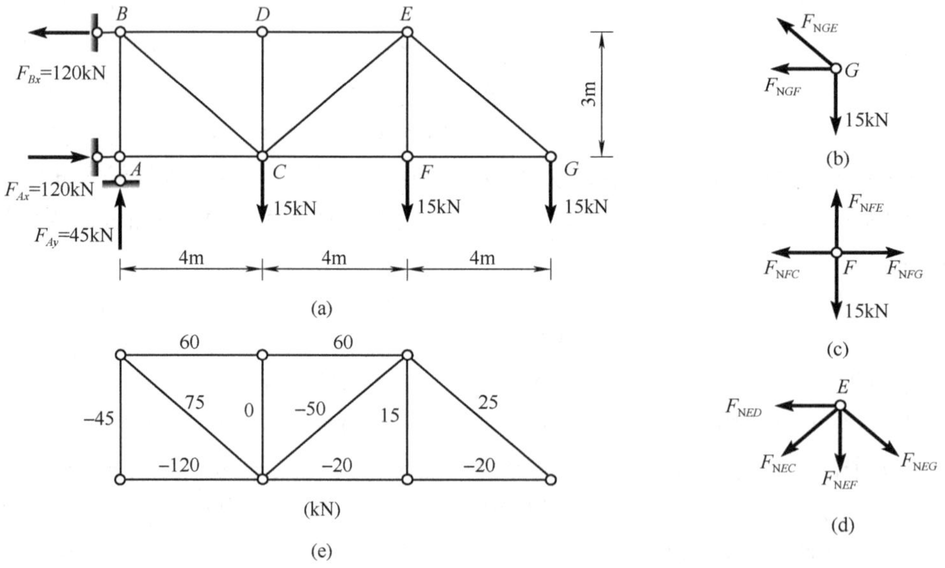

图 3-47

结点 G 如图 3-47(b)所示，未知力 F_{NGE}、F_{NGF} 设为拉力，为了计算方便，将斜杆 EG 内力 F_{NGE} 用其水平分力 F_{NGEx} 和竖向分力 F_{NGEy} 作为未知数。

由$\sum F_y=0$，得

$$F_{NGEy}-15=0,\quad F_{NGEy}=15\text{kN}$$

根据式(3-16)，得

$$F_{NGEx}=F_{NGEy}\times\frac{4}{3}=15\times\frac{4}{3}=20(\text{kN})$$

$$F_{NGE}=F_{NGEy}\times\frac{5}{3}=15\times\frac{5}{3}=25(\text{kN})$$

由$\sum F_x=0$，得

$$F_{NGF}+F_{NGEx}=0,\quad F_{NGF}=-F_{NGEx}=-20\text{kN}\ (压)$$

结点 F 如图 3-47(c)所示，由$\sum F_x=0$，得

$$F_{NFC}-F_{NFG}=0,\quad F_{NFC}=F_{NFG}=-20\text{kN}\ (压)$$

由$\sum F_y=0$，得

$$F_{NFE}-15=0,\quad F_{NFE}=15\text{kN}$$

结点 E 如图 3-47(d)所示，由$\sum F_y=0$，得

$$F_{NECy}+F_{NEF}+F_{NEGy}=0,\quad F_{NECy}=-F_{NEF}-F_{NEGy}=-15-15=-30(\text{kN})$$

根据式(3-16)，得

$$F_{NECx}=F_{NECy}\times\frac{4}{3}=-30\times\frac{4}{3}=-40(\text{kN})\ (压)$$

$$F_{NEC}=F_{NECy}\times\frac{5}{3}=-30\times\frac{5}{3}=-50(\text{kN})\ (压)$$

由$\sum F_x=0$，得

$$F_{NED}+F_{NECx}-F_{NEGx}=0,\quad F_{NED}=-F_{NECx}+F_{NEGx}=40+20=60(\text{kN})$$

同理，依次取结点 D、C 计算，每个结点上都只有两个未知力，故不难求解。到结点 B 时，只有一个未知力 F_{NBA}，其计算的结果为 $F_{NDB}=60\text{kN}$，$F_{NDC}=0$，$F_{NCB}=75\text{kN}$，$F_{NCA}=-120\text{kN}$ (压)，$F_{NBA}=-45\text{kN}$ (压)。而最后到结点 A 时，各杆内力都已求出，故结点 A 的平衡条件是否满足可作为校核。

结点 A 校核如下：

$$\sum F_x=F_{Ax}+F_{NAC}=120-120=0$$

$$\sum F_y=F_{Ay}+F_{NAB}=45-45=0$$

满足平衡条件，说明桁架各杆的内力计算正确。

当计算比较熟练后，可不必绘出各结点的隔离体图，而直接在桁架图上进行计算，并将计算结果标注于相应杆件的旁边，如图 3-47(e)所示。

【例 3-17】 试用结点法计算图 3-48 所示桁架的各杆内力。

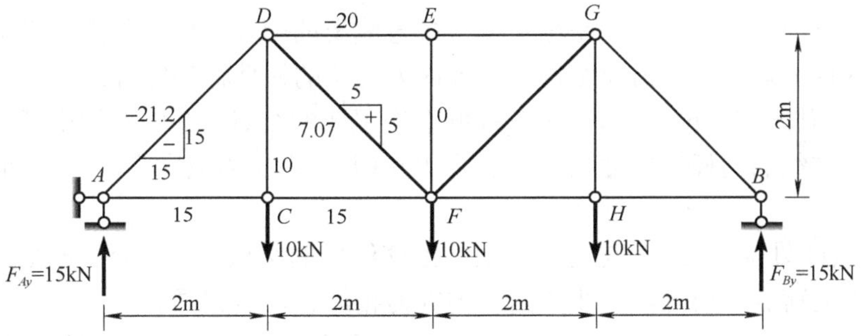

图 3-48

解：先求支座反力：

$$F_{Ay} = F_{By} = 15\ \text{kN}\ (\uparrow)$$

由于桁架与荷载对称于中心线，因此只计算左半桁架的各杆轴力。计算次序按 A 、C 、D 、E 、F（校核）进行。计算工作中省略结点隔离体图，直接在图 3-48 上记下各结点处的计算结果。利用对称性，可得到右半桁架的各杆轴力。

在桁架杆件内力计算过程中，有时会遇到一个结点上内力未知的两杆都是斜杆的情形，如图 3-49(a)中的结点 A 。此时仍可用水平和竖向两投影平衡方程来计算 F_{N1} 和 F_{N2}，但需解算联立方程，比较烦琐。若欲避免解联立方程，则可改选投影轴的方向或者改用力矩平衡方程求解。如图 3-49(b)所示，若取与 F_{N2} 垂直的方向为 x 轴，则由 $\sum F_x = 0$ 可求出 F_{N1}，但这种方法有时投影计算不是很方便。另一种方法是在 F_{N2} 的作用线上选择一点（A 点除外）作为矩心，而用力矩平衡方程来求 F_{N1}。例如，选择 C 点为矩心，但此时 F_{N1} 至 C 点的力臂 r 不容易求得，为此，可将 F_{N1} 在其作用线上的适当位置分解，如在 B 点分解，用其水平分力 F_{N1x} 和竖向分力 F_{N1y} 来代替 F_{N1}。这样，竖向分力 F_{N1y} 的作用线恰通过矩心 C，而水平分力 F_{N1x} 的力臂即竖向距离 h。于是，由 $\sum M_C = 0$ 求得

$$F_{N1x} = \frac{Fd}{h}$$

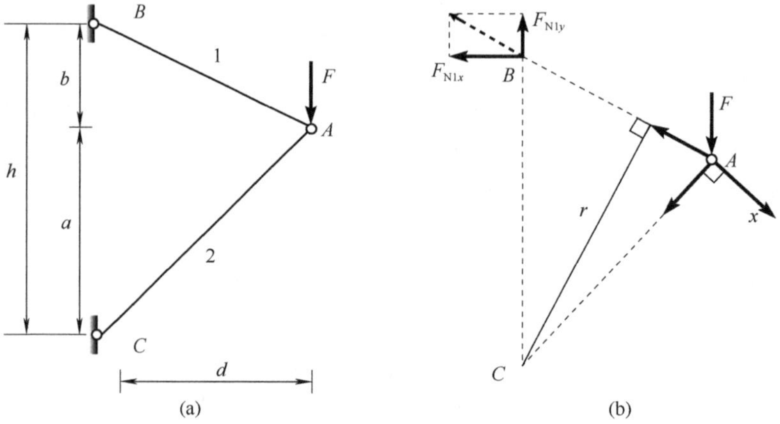

图 3-49

在桁架结构中常有一些特殊形状的结点，应用结点法计算桁架各杆的内力时，掌握了这些特殊结点的平衡规律，可以给计算带来很大的方便。下面对常用的特殊结点的受力特点进行分析，如图 3-50 所示。

(1) L 形结点(图 3-50(a))。这是由不在一条直线上的两杆组成的结点。当结点上无荷载作用时，该两杆的内力均为零。桁架结构中，凡内力为零的杆件称为零杆。

(2) T 形结点(图 3-50(b))。这是由三根杆汇交组成的结点，其中有两根杆共线。当结点上无荷载作用时，共线的两杆的内力相等且性质相同(即同为拉力或同为压力)，而第三杆的内力为零。

(3) X 形结点(图 3-50(c))。这是由四根杆汇交组成的结点，且汇交于该结点的四根杆两两共线。当结点上无荷载作用时，共线的两杆的内力相等且性质相同。

(4) K 形结点(图 3-50(d))。这是由四根杆汇交组成的结点，其中两根杆共线，另外两根斜杆位于共线杆件的同一侧并与其形成相等的夹角。当结点上无荷载作用时，两斜杆的内力大小

相等，方向相反(一斜杆为拉力，另一斜杆为压力)。

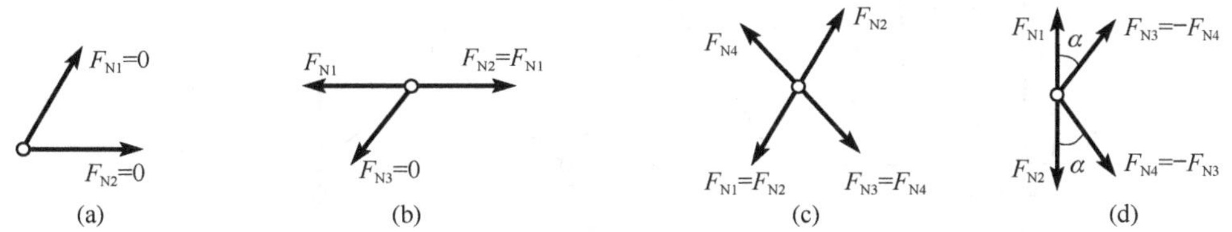

图 3-50

上述四条结论都可以根据适当的投影平衡方程证得。读者可自行证明。

应用上述结论，不难判断图 3-51(a)、(b)所示桁架中虚线所示的杆件都为零杆。于是，剩下的计算工作便大为简化。

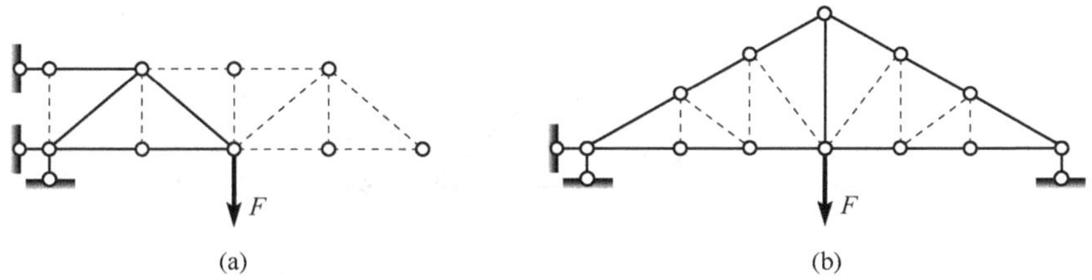

图 3-51

2. 截面法

截面法是作一适当的截面，将桁架分割成两部分，然后任取一部分为隔离体(隔离体包含的结点多于一个)，显然，该隔离体在荷载和被切断杆件内力的共同作用下构成一个平面一般力系，且该力系一定维持平衡，故可建立三个平衡方程。因此，只要隔离体上未知力数目不超过三个，即可根据所建立的静力平衡方程将此截面上的各未知力求得。

为了避免解联立方程，应注意选用合适的平衡方程。按照所选平衡方程的不同形式，截面法又可分为力矩法和投影法，现分述如下。

(1)力矩法。如图 3-52(a)所示简支桁架，设支座反力已求出，现要求 DE、CE 和 CF 三杆的内力。为此，作截面 I-I 截断此三杆，并取截面以左部分为隔离体来计算，如图 3-52(c)所示。

为方便计算，在建立平衡方程时力求使每一个方程中只包含一个未知力，这样就可避免求解联立方程。例如，求下弦杆 CF 的内力 F_{NCF} 时，可取杆 DE 和杆 CE 的交点 E 为矩心，由力矩平衡方程 $\sum M_E=0$，得

$$F_{Ay}\times\frac{3}{2}d-F_1\times\frac{3}{2}d-F_2\times d-F_{NCF}\times H=0$$

得

$$F_{NCF}=\frac{\left(F_{Ay}-F_1\right)\times\frac{3}{2}d-F_2\times d}{H}$$

式中，H 表示 F_{NCF} 对矩心 E 的力臂；分子为隔离体上除 F_{NCF} 以外的所有外力(包括荷载和支座反力)对矩心 E 的力矩的代数和，它恰好等于与桁架相同跨度的简支梁在相同荷载作用下点 E 的弯矩值 M_E^0，如图 3-52(b)所示。因此，上式又可写为

$$F_{NCF}=\frac{M_E^0}{H}$$

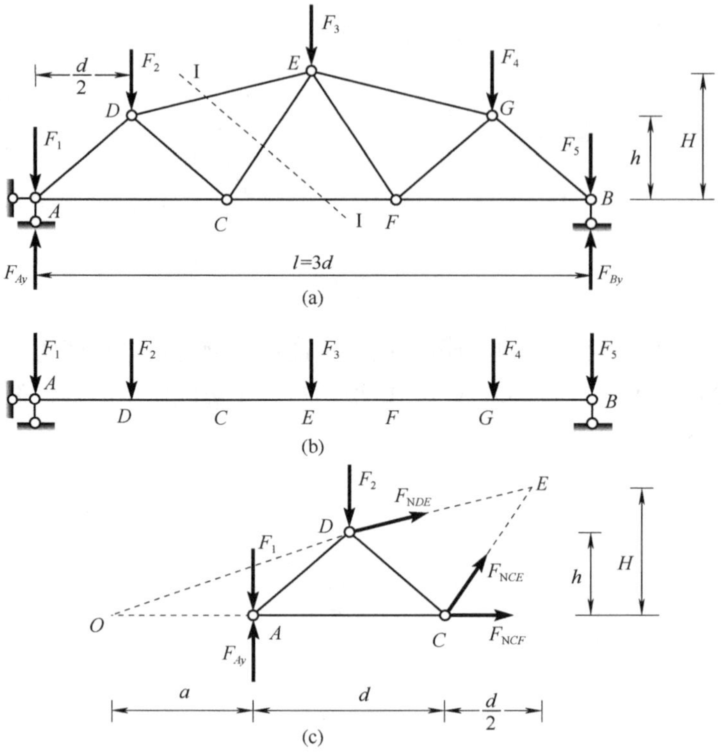

图 3-52

当荷载向下时，简支梁跨内截面的弯矩 M_E^0 为正值，故 F_{NCF} 为拉力，即简支桁架的下弦杆受拉。

按照类似的方法，在求上弦杆 DE 的内力时，应取 CE 杆和 CF 杆的交点 C 为矩心。此时，要计算 F_{NDE} 对矩心 C 的力臂是不太方便的。为此，可将 F_{NDE} 沿其作用线移至适当的位置，且以其分力作为未知力。现将 F_{NDE} 移至与水平杆件 AC 相交于 O 点的位置，并在 O 点将其分解为水平和竖向两个分力，这样就使水平分力 F_{NDEx} 通过矩心 C，而竖向分力 F_{NDEy} 的力臂为 OC 的长度 $a+d$，a 是容易从桁架的几何图形上求出的。由 $\sum M_C=0$，得

$$F_{NDEy}\times(a+d)+F_{Ay}\times d-F_1\times d-F_2\times\frac{d}{2}=0$$

得

$$F_{NDEy}=-\frac{F_{Ay}\times d-F_1\times d-F_2\times\dfrac{d}{2}}{a+d}=-\frac{M_C^0}{a+d}$$

求得 F_{NDE} 的竖向分力 F_{NDEy} 后，即可按式(3-16)的比例关系求出 F_{NDE}。式中，M_C^0 表示相应简支梁上 C 点的弯矩。同样，当荷载向下时，简支梁跨内截面的弯矩 M_C^0 为正值，故 F_{NDE} 为压力，即简支桁架的上弦杆受压。

根据上述方法可以证明：在竖向荷载作用下，简支桁架的上弦杆都受压力，下弦杆都受拉力。

最后，为了求斜杆 CE 的内力 F_{NCE}，应取 DE 和 CF 两杆延长线的交点 O 为矩心，并将 F_{NCE} 在结点 C 分解为水平分力 F_{NCEx} 和竖向分力 F_{NCEy}，由 $\sum M_O=0$，得

$$-F_{NCEy}\times(a+d)+F_2\times\left(a+\frac{d}{2}\right)+F_1\times a-F_{Ay}\times a=0$$

得

$$F_{NCEy}=\frac{F_2\times\left(a+\dfrac{d}{2}\right)+F_1\times a-F_{Ay}\times a}{a+d}$$

据此不难求得 F_{NCE}。至于斜杆 CE 受拉还是受压，需看上式右端分子为正还是为负才能确定。

用截面法计算桁架某些杆件的内力时，一般情况下，只要所取隔离体上出现的未知力的杆件数不多于三个，就可以由隔离体的三个平衡方程直接计算出这些未知力。在某些特殊情况下，也可以作截面切断四根或四根以上的杆件，在此情形下，只要被切断的各杆中，除一根外，其余各杆均汇交于一点，则取该点为矩心，即可按力矩法求出不交于矩心的那根杆件的内力。另外，根据计算需要，所作截面可为任何形状，直的或弯曲的，闭合的或不闭合的。例如，求图 3-53 所示各桁架中轴力 F_{N1} 时，作截面 I-I 切断的杆件数多余三根，但由力矩方程 $\sum M_O=0$ 可直接求得图 3-53(a)、(b)所示桁架的轴力 F_{N1}。

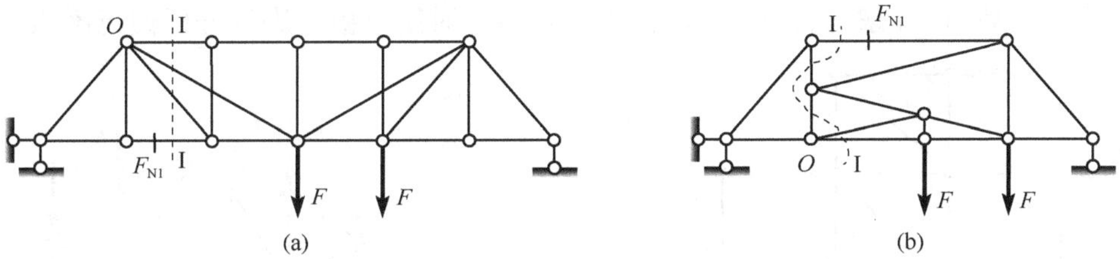

图 3-53

(2)投影法。如果在截面法中，利用力的投影方程来计算某杆的内力，则称为投影法。如图 3-54(a)所示，欲求竖杆 a 的内力 F_{Na}，作截面 I-I 并取其左部分为隔离体，如图 3-54(b)所示，由力的投影方程 $\sum F_y=0$，得

$$F_{Ay}-F+F_{Na}=0$$

则

$$F_{Na}=-(F_{Ay}-F)$$

若求斜杆 b 的内力 F_{Nb}，可作截面 II-II 并取其左部分为隔离体，如图 3-54(c)所示，由力的投影方程 $\sum F_y=0$，得

$$F_{Ay}-2F-F_{Nby}=0$$

则

$$F_{Nby}=F_{Ay}-2F\text{，}\quad F_{Nb}=\frac{\sqrt{d^2+h^2}}{h}(F_{Ay}-2F)$$

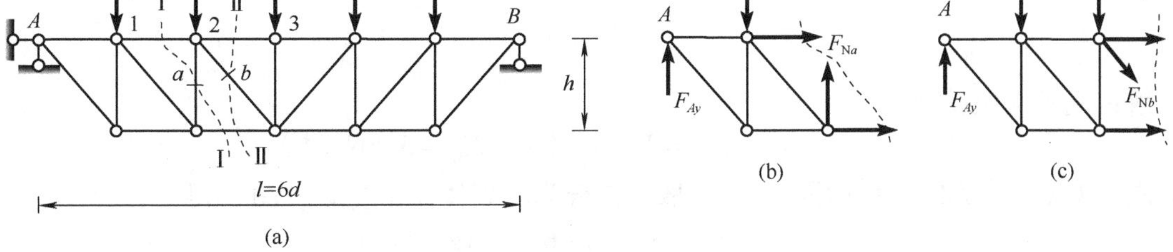

图 3-54

投影法常用来计算平行弦桁架中腹杆的内力。由于在简支桁架中，隔离体上所有外力的投影之和恰等于相应简支梁上该截面的剪力，因此，有时把桁架中竖杆或斜杆的竖向分力表达成相应简支梁内被截面所切断的弦节间的剪力。如

$$F_{Na}=-F_{S12}^{0}\text{，}\quad F_{Nby}=+F_{S23}^{0}$$

式中，F_{S12}^{0} 表示相应简支梁 1-2 节间的剪力；F_{S23}^{0} 表示相应简支梁 2-3 节间的剪力。

与力矩法类似，在投影法中，所作截面也可以各种各样，既可挺直也可弯曲，又可竖直、倾斜或水平；并且一个截面如果切断了四根或更多根杆件，只要除一根杆件以外其他各杆互相平行，那么这根杆件的内力就可以用投影法求出。例如，在图 3-55 所示桁架中作截面 I-I，取截面 I-I 以上部分作为隔离体，由 $\sum F_x=0$ 可求得内力 F_{Na} 。

上面分别介绍了结点法和截面法。对于简单桁架，当要求其全部杆件内力时，用结点法是适宜的；若只求桁架中某些杆件的内力，则往往选用截面法较为方便。对于联合桁架，若只用结点法将会遇到未知力超过两个的结点，故宜先用截面法将连接杆件的内力求出。如图 3-56 所示桁架，应先由截面 I-I 求出杆件 DE 的内力，然后再对简单桁架进行分析便无困难。

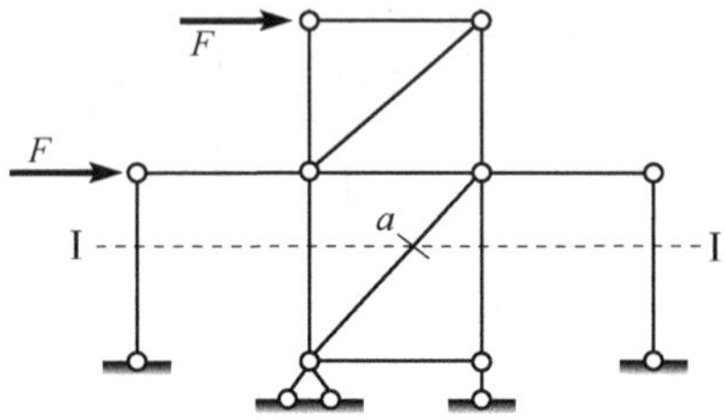

图 3-55

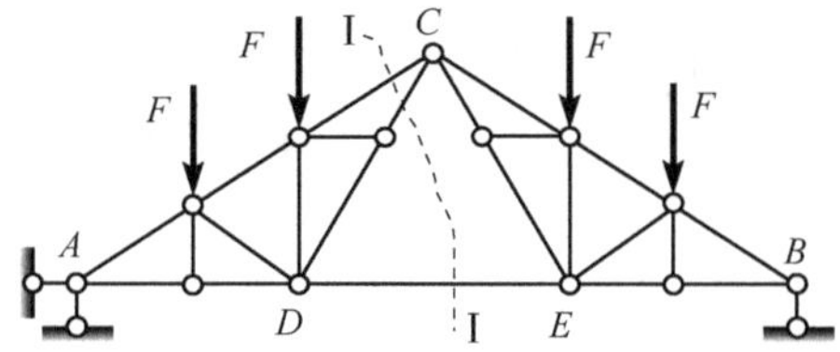

图 3-56

(3) 结点法与截面法的联合应用。在桁架杆件内力计算中，结点法和截面法是两种基本方法，两者各有所长。在实际计算中，应根据具体情况灵活选用。在有些情况下，则将这两种方法联合使用更为便利，下面举例说明。

【例 3-18】　试求图 3-57(a)所示 K 式桁架中 a 杆、b 杆和 c 杆的内力。

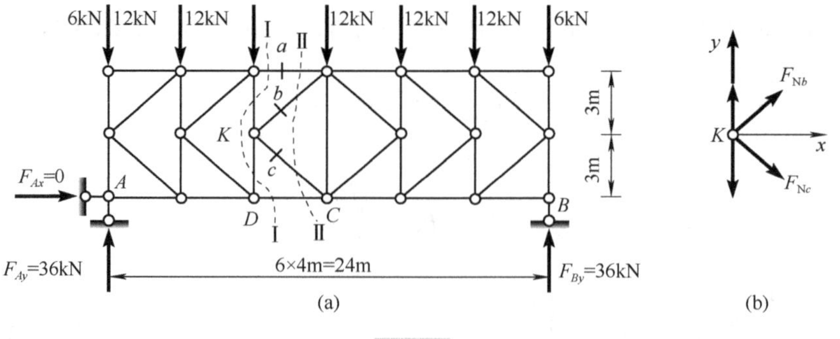

图 3-57

解：先求支座反力：

$$F_{Ax}=0\text{，}\quad F_{Ay}=36\text{kN}\ (\uparrow)\text{，}\quad F_{By}=36\text{kN}\ (\uparrow)$$

求桁架 a 杆内力时，作截面 I-I，并取左部分为隔离体，由 $\sum M_D=0$，得

$$F_{Na}\times 6+F_{Ay}\times 8-6\times 8-12\times 4=0$$

得 $F_{Na}=-32\text{kN}$ (压)。

求桁架 b 杆、c 杆内力时，作截面 II-II，并取左部分为隔离体，由 $\sum F_y=0$，得

$$F_{Nby} - F_{Ncy} + F_{Ay} - 6 - 12 - 12 = 0 \quad (3\text{-}17a)$$

取结点K为隔离体，如图 3-57(b)所示，由$\sum F_x = 0$，得$F_{Nbx} + F_{Ncx} = 0$，即$F_{Nbx} = -F_{Ncx}$。从而有

$$F_{Nb} = -F_{Nc} \quad (3\text{-}17b)$$

$$F_{Nby} = -F_{Ncy} \quad (3\text{-}17c)$$

将式(3-17c)代入式(3-17a)，得$F_{Nby} = -3\text{kN}$，则

$$F_{Nb} = \frac{F_{Nby}}{3} \times 5 = -5\text{kN}\ (压)，\quad F_{Nc} = -F_{Nb} = 5\text{kN}\ (拉)$$

【例 3-19】　试求图 3-58(a)所示桁架中a杆、b杆和c杆的内力。

解： 计算支座反力。由对称性，得

$$F_{Ay} = F_{By} = 2F，\quad F_{Ax} = 0$$

取结点C为隔离体，如图 3-58(b)所示。由于结点C为K形结点，作用于该桁架上的荷载为对称荷载，则汇交于K形结点的两根斜杆轴力相同，由$\sum F_y = 0$，得

$$2F_{Nay} - 2F = 0$$

故有$F_{Nay} = F$。

由式(3-16)可得$F_{Na} = \sqrt{2}F$ (拉)，$F_{Nax} = F$。

求桁架c杆内力时，作截面 I–I，并取右部分为隔离体，如图 3-58(c)所示，由$\sum M_C = 0$，得

$$F_{NED} \times d + F \times d - F_{By} \times 4d = 0$$

解方程得$F_{NED} = 7F$ (拉)。

由$\sum F_x = 0$，得

$$F_{Nc} + F_{Nax} + F_{NED} = 0$$

解方程得$F_{Nc} = -8F$ (压)。

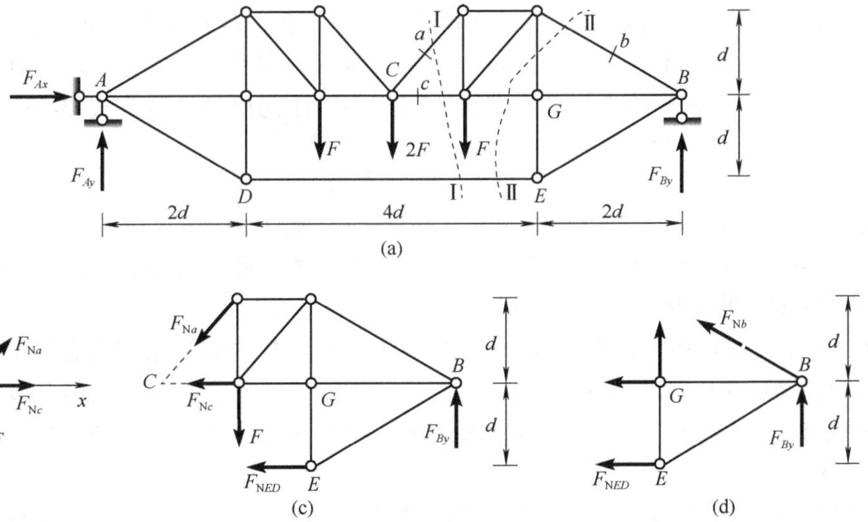

图 3-58

求桁架b杆内力时，作截面 II–II，并取右部分为隔离体，如图 3-58(d)所示，由$\sum M_G = 0$，得

$$F_{NED} \times d - F_{Nby} \times 2d - F_{By} \times 2d = 0$$

解方程得$F_{Nby} = \frac{3}{2}F$。

由式(3-16)可得 $F_{Nb}=\dfrac{3\sqrt{5}}{2}F$（拉）。

经校核无误(略)。

将以上桁架内力计算方法的要点归纳如下。

(1) 结点法和截面法是桁架内力计算的基本方法。结点法以单个结点为隔离体，截面法所用的隔离体一般情况下包含的结点数多于一个。

(2) 隔离体上的已知力按实际方向画出，只标注数值。杆的拉力沿杆横截面的外公法线，背离杆件，压力沿杆横截面的外公法线，指向杆件。未知力先设为拉力，计算结果得正值时，表示拉力，得负值时表示压力。

(3) 在桁架设计时，常先给定各杆的长度 l 及其投影 l_x 、l_y 。计算斜杆内力时，利用式(3-16)比较方便。

(4) 平面汇交力系(结点法)只有两个独立的投影平衡方程，而平面一般力系(截面法)则有三个独立平衡方程，计算时可选用投影方程或力矩方程。要合理选择投影轴或力矩矩心，选择的原则是：每列出一个方程能求出一个未知力，避免解联立方程。

(5) 简单桁架可用结点法求出全部杆件的内力。选取结点隔离体的次序应与桁架组成时的次序相反。联合桁架用截面法求出连接杆的内力后，也可以用结点法求出其全部杆件的内力。若只计算桁架某几根杆件的内力，可以灵活选择结点法和截面法，即可将这两种方法联合使用。

3.6.4　各式桁架的比较

不同形式的桁架，其内力分布情况及适用的场合也各不相同，设计桁架时，应根据具体的要求，灵活选择桁架的形式。下面就三种常用的简支梁式桁架：平行弦形桁架、抛物线形桁架和三角形桁架进行比较。图 3-59(a)、(b)、(c)分别表示这三种桁架在下弦承受均布荷载时各杆的内力(图中桁架承受的均布荷载已用等效结点荷载代替，为了计算方便，设作用在各结点上的荷载 $F=1$)。其特点是上、下弦杆以轴力的形式承担相应简支梁的弯矩，腹杆承担相应简支梁的剪力。其中，对于弦杆的内力分布情况，可由力矩法的内力计算公式(3-18)进行分析：

$$F_N=\pm\frac{M^0}{r} \tag{3-18}$$

式中，M^0 是相应简支梁上与矩心对应的点的弯矩；r 是内力对矩心的力臂。简支梁在均布荷载作用下的弯矩分布图形是抛物线形的，两端小，中间大，而剪力分布图形是两端大，中间小。因此，可由力臂 r 的变化情况来讨论弦杆内力的变化情况。

(1) 对于平行弦形桁架，弦杆的力臂为一常数，故弦杆内力与相应简支梁上弯矩的变化规律相同，即两端小，中间大。腹杆内力由投影法可知，竖杆内力与斜杆的竖向分力各等于相应简支梁上对应节间的剪力。腹杆或斜杆的竖向分力与相应简支梁上剪力的变化规律相同，即两端大，中间小。

(2) 对于抛物线形桁架(上弦各结点在抛物线上)，各下弦杆内力及各上弦杆的水平分力对其矩心的力臂，即各竖杆的长度。而竖杆的长度与相应简支梁上的弯矩一样都是按照抛物线规律变化的，故可知各下弦杆内力与各上弦杆的水平分力的大小都相等，从而各上弦杆的内力也近似相等。由截面法 $\sum F_x=0$ 可知各斜杆内力均为零，并推知各竖杆内力也都等于相应下弦杆结点上的荷载。

(3) 对于三角形桁架，弦杆所对应的力臂是由两端向中间按直线变化递增的，其增加速度要比相应简支梁上的弯矩的增加速度快，因而，弦杆的内力变化规律是由两端向中间递减的，即两端大，中间小。至于腹杆内力的变化规律，由结点法的计算不难看出，各竖杆及斜杆的内力都是由两端向中间递增的，即两端小，中间大。

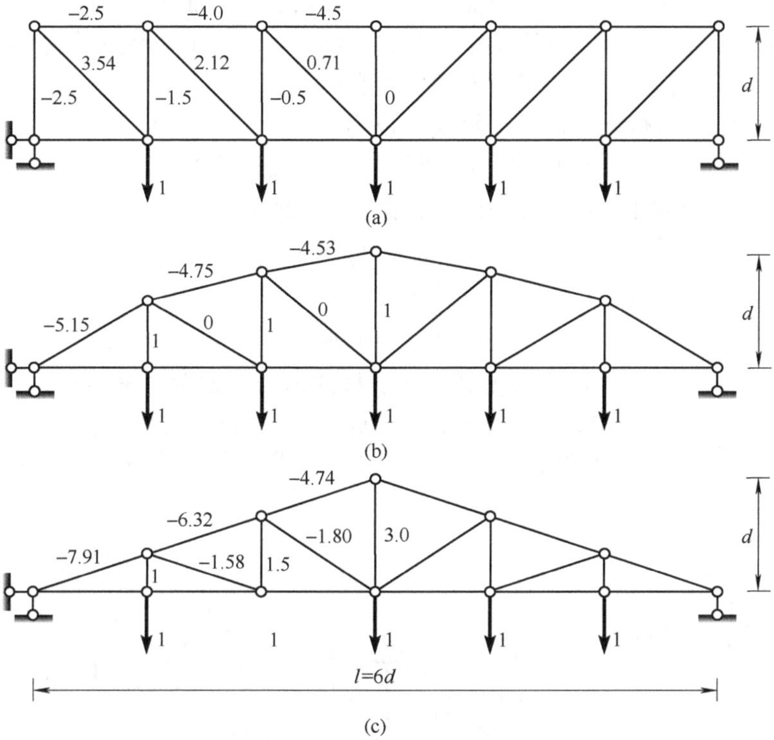

图 3-59

由上述内容可得如下结论。

(1) 平行弦形桁架的内力分布不均匀，弦杆内力由两端向中间递增，若每一节间改变杆件的截面，则增加施工困难；若采用相同的截面，又浪费材料。但是，平行弦形桁架在构造上有许多优点，如所有弦杆、斜杆、竖杆长度都分别相同，所有结点处相应各杆交角均相等，因而有利于标准化生产。平行弦形桁架用于轻型桁架时，可采用截面一致的弦杆而不至于有很大浪费。在厂房中多用于 12 m 以上的吊车梁，在铁路桥梁中，由于平行弦形桁架给构件制作及施工拼装都带来很多方便，故较多采用。

(2) 抛物线形桁架的内力分布均匀，因而在材料使用上最为经济。但是在构造上有缺点，上弦杆在每一结点处均转折而须设置接头，故构造较为复杂。在大跨度桥梁(如跨度为 100～150 m)及大跨度屋架(如跨度为 18～30 m)中，节约材料意义较大，故常采用。

(3) 三角形桁架的内力分布不均匀，弦杆内力在两端最大，且在端结点处夹角很小，构造布置较为困难。但是，其两斜面符合房屋屋顶构造需要，故多在屋架中采用。

3.7　组合结构的计算

组合结构是指由链杆和梁式杆混合组成的结构，其中链杆只受轴力作用，梁式杆除受轴力外，还受弯矩和剪力作用。由于组合结构充分发挥了桁架和梁各自的优点，故常能承受较大的荷载。

应用截面法计算组合结构时，应当注意被截的杆件是链杆还是梁式杆。链杆截面上只有轴力，而梁式杆截面上有弯矩、剪力和轴力三个内力分量。为了使隔离体上的未知力数目不致过多，应尽量避免截断梁式杆件。

计算组合结构的步骤一般是先求出支座反力，然后计算各链杆的轴力，最后分析计算梁式杆的内力。当然，如果梁式杆的弯矩图很容易先行绘出，则不必拘泥于上述步骤。

【例 3-20】 试分析图 3-60(a)所示组合结构的内力。

解：首先考虑结构的整体平衡，计算支座反力：

$$F_{Ax}=0，\ F_{Ay}=90\text{kN}（\uparrow），\ F_{By}=30\text{kN}（\uparrow）$$

作截面 I–I，截开铰 C 和链杆 DE，如图 3-60(a)所示，取右半部分为隔离体，由 $\sum M_C=0$，有

$$F_{NDE}\times 3-F_{By}\times 6=0$$

得

$$F_{NDE}=60\text{kN}$$

再分别取结点 D 和 C 为隔离体，可求得其余各链杆的内力，如图 3-60(a)所示。

作梁式杆的内力图。分别取杆 AC 和 BC 为隔离体，其受力图如图 3-60(b)所示。根据隔离体的平衡条件，计算出铰 C 处杆端的内力后，可绘制梁式杆的 M 图和 F_S 图，分别如图 3-60(c)、(d)所示，F_N 图略。

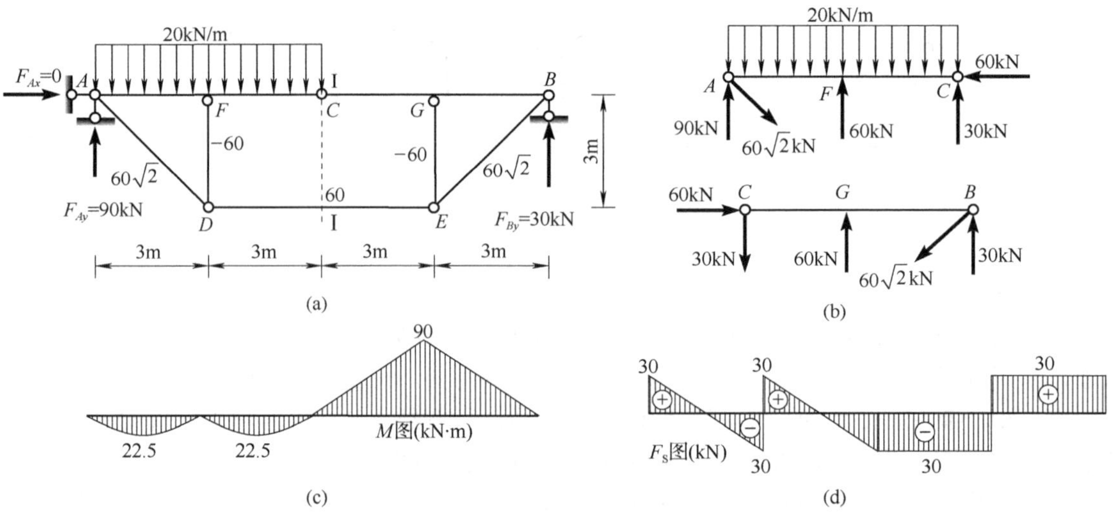

图 3-60

3.8 静定结构的特性

从几何组成上讲，静定结构是没有多余约束的几何不变体系；从受力分析上讲，静定结构仅用静力平衡条件，就可以求出全部内力和支座反力，并且得到的是唯一的、确定的解，而无需考虑结构的变形条件。根据静定结构的定义，它在静力学方面有若干特性，掌握这些特性，对于了解静定结构的性能和正确迅速地进行内力分析，都是有益的。系统地掌握静力平衡方程求解各种静定结构，达到熟练运用的程度，是学习结构力学的基本要求。

1. 静力解答的唯一性

在任何给定荷载情况下，静定结构的内力和反力，只用静力平衡条件就可以全部唯一确定，而且是有限值。这就是静定结构的静力解答的唯一性。据此可知，只有在静定结构中，能够满

足平衡条件的内力解答就是真正的解答，并且可确信除此之外再无其他任何解答存在。这一特性，对于静定结构的所有理论，具有基本的意义。而超静定结构的内力，仅满足静力平衡条件，可以有无限多组解答。几何瞬变体系在一般荷载作用下内力是无限大的；在某些特殊荷载如零荷载下，内力是不定的，也就是有无限多组解答。

2．静定结构除荷载外的因素不影响结构内力

在静定结构中，除荷载因素外，其他因素如温度变化、支座移动、材料收缩和制造误差等，均不影响静定结构的内力。

例如，在图 3-61(a)中，悬臂梁 AB 的上、下侧温度分别升高了 t_1 和 t_2（设 $t_1 < t_2$），则梁将变形即产生伸长和弯曲(如图 3-61(a)中虚线所示)。但因没有荷载作用，由平衡条件可知，梁的支座反力和内力均为零。又如，在图 3-61(b)中，简支梁 AB 的支座 B 发生了下沉，只会引起梁产生刚性位移(如图 3-61(b)中虚线所示)。同样，由于作用在梁上的荷载为零，其支座反力和内力也均为零。实际上，当作用在静定结构上的荷载为零时，零内力状态能够满足结构的各部分的平衡条件，这就是静定结构唯一的解答。因此，可断定除荷载因素外其他任何因素均不引起静定结构的内力。

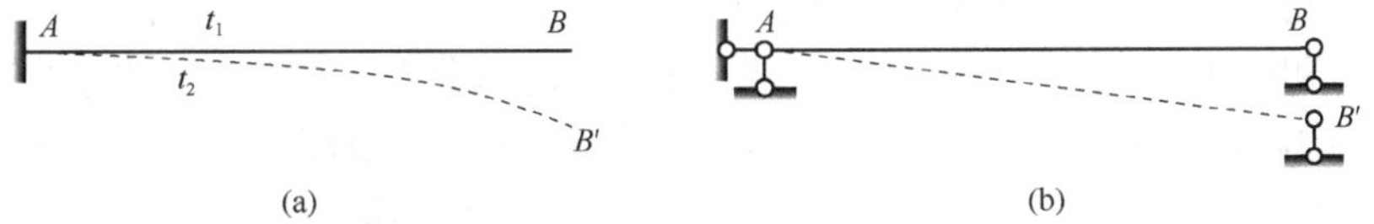

图 3-61

3．静定结构局部平衡力的特性

静定结构的某一几何不变部分上受到平衡力系作用时，只有此部分受力，其他部分的反力和内力均为零。

例如，图 3-62(a)所示结构，平衡力系作用于几何不变部分 $DEGH$ 上，则只有该局部有内力。结构的弯矩图如图中阴影线所示。又如图 3-62(b)所示，有平衡力作用在本身几何不变部分 CD 上，则除 CD 部分外其余部分均不受力。这种情形实际上具有普遍性。因为当平衡力系作用于静定结构的任何本身几何不变部分上时，若设想其余部分均不受力而将它们撤去，则所剩余部分由于本身是几何不变的，在平衡力系作用下，仍能独立地保持平衡。而所撤去部分的零内力状态也与其零荷载相平衡。这样，结构上各部分的平衡条件都能得到满足。根据静定结构静力解答的唯一性可知，这样的内力状态就是唯一的解答。

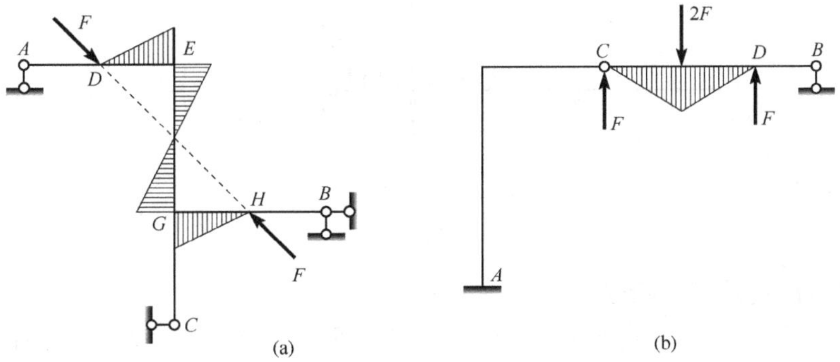

图 3-62

当平衡力系作用于静定结构的部分本身不是几何不变部分上时，上述结论一般不能适用。

例如，图 3-63(a)所示结构，平衡力系作用于 HCJ 部分，若设想其余部分不受力而将它们撤去，则所剩部分是几何可变的，不能承受图示荷载的作用而维持平衡。因此，设想其余部分不受力是错误的。但当几何可变部分在某些特殊的荷载作用下可以独立维持平衡时，上述结论仍可适用。例如，图 3-63(b)所示结构，DCB 部分本身虽是几何可变的，但其轴力可与荷载维持平衡，因而其余部分的反力和内力都为零。

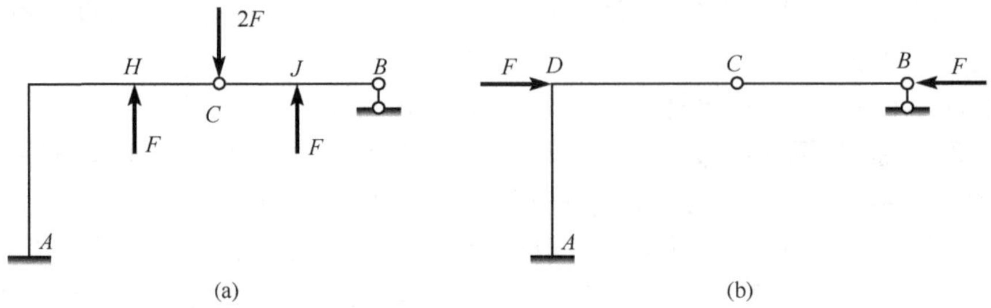

图 3-63

4. 静定结构的荷载等效特性

当静定结构上一个内部几何不变部分上的荷载作等效变换时，只有该部分的内力发生变化，其余部分的反力和内力均保持不变。这里，等效荷载是指分布不同但合力彼此相等的荷载。

例如，将图 3-64(a)所示梁上的荷载在本身几何不变部分 CD 段的范围内作荷载等效变换，变为图 3-64(b)所示的情况时，只有 CD 段的内力发生变化，其余部分的反力和内力均不改变。实际上，图 3-64(a)所示结构的荷载可以分解为图 3-64(b)和图 3-64(c)的荷载，而图 3-64(c)为结构某一几何不变部分受到平衡力系作用，根据静定结构局部平衡力的特性可知，除 CD 部分外，其余部分的反力和内力均为零。所以图 3-64(a)结构上的荷载作等效变换为图 3-64(b)时，仅 CD 部分内力不同，其余部分的反力和内力均不改变。

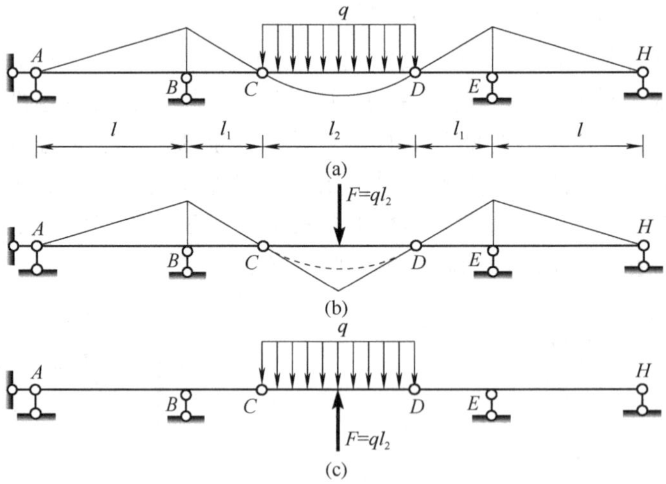

图 3-64

5. 静定结构的构造变换特性

当静定结构的某一内部几何不变部分作构造变换时，其余部分受力不变。如图 3-65(a)所示桁架结构，若将上弦杆 CD 改为一个小桁架，如图 3-65(b)所示，则只有 CD 部分的内力发生改变，其余部分的内力并不改变。为了说明这一点，可将杆 CD 与其余部分拆开，其两个隔离体的受力图如图 3-65(c)所示。现将杆 CD 变换成小桁架 CD，如图 3-65(d)所示，假设其余部分的内力及两者间的约束力保持不变，比较图 3-65(c)与图 3-65(d)不难看出，小桁架在原来的荷载和约束力所组成的平衡力系作用下受力，其余部分原来满足的平衡条件仍然成立。因此，这种内力状态就是构造变换后结构的真实内力状态。

在桁架结构中，为了避免桁架杆件在非荷载作用下承受弯曲，可用一个或几个几何不变的小桁架来代替简单桁架中的一根或几根杆件，从而使承重弦节间的数目增多，节间长度缩短，这样形成的桁架常称为再分桁架。

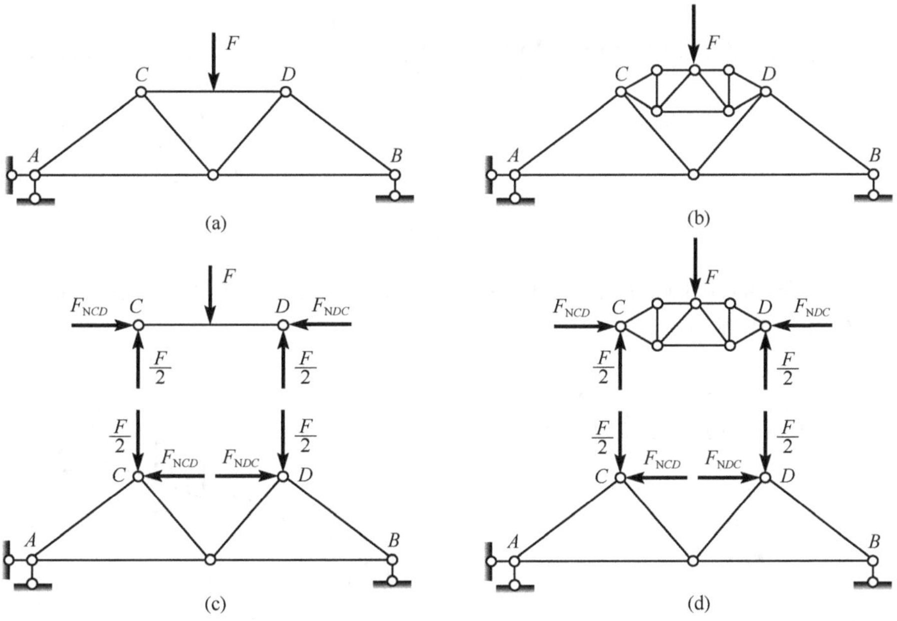

图 3-65

习　　题

3-1　试作图示单跨梁的 M 图。

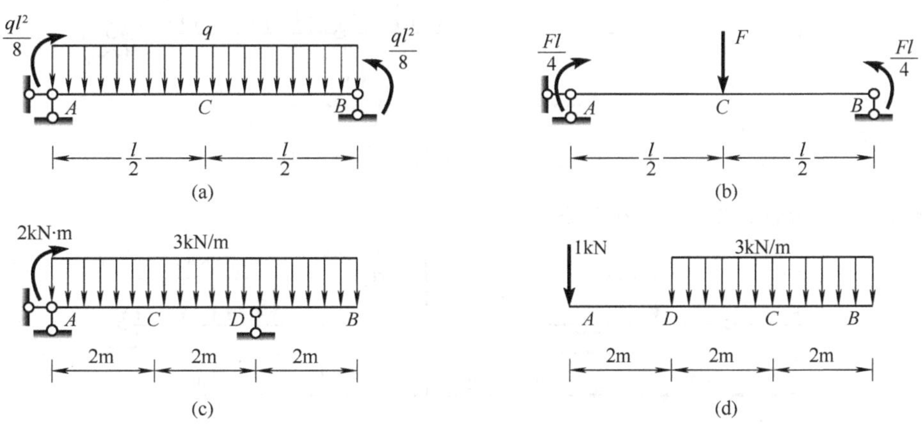

题 3-1 图

3-2 试作图示单跨梁的 M 图和 F_S 图。

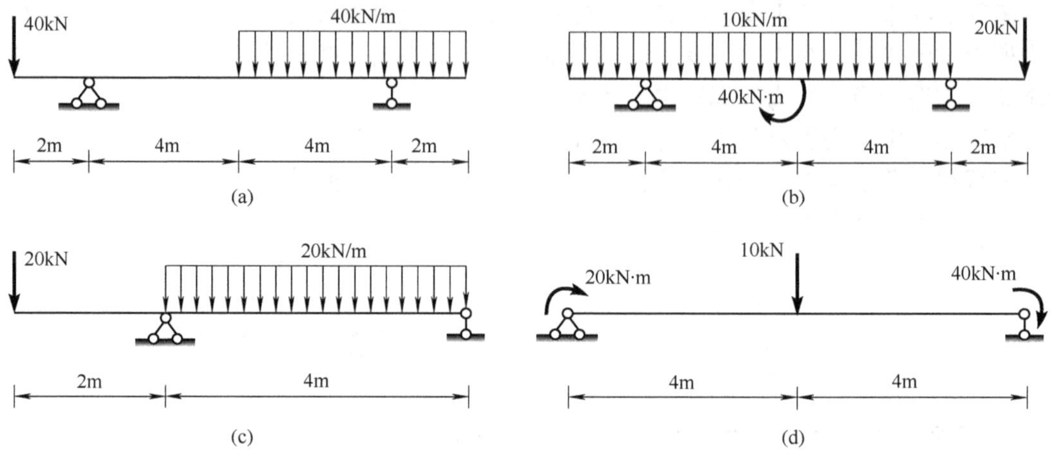

题 3-2 图

3-3 试作图示各斜梁的 M 图和 F_S 图。图(a)沿水平方向每单位长度上作用有竖向荷载 q，图(b)沿杆轴方向每单位长度上作用有竖向荷载 q_1。

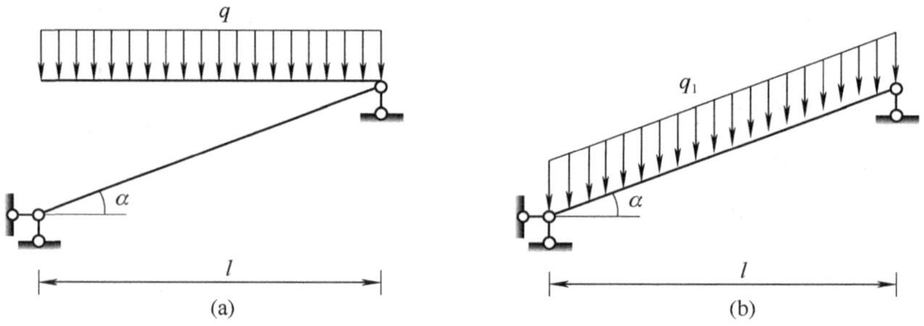

题 3-3 图

3-4 试作图示多跨静定梁的 M 图和 F_S 图。

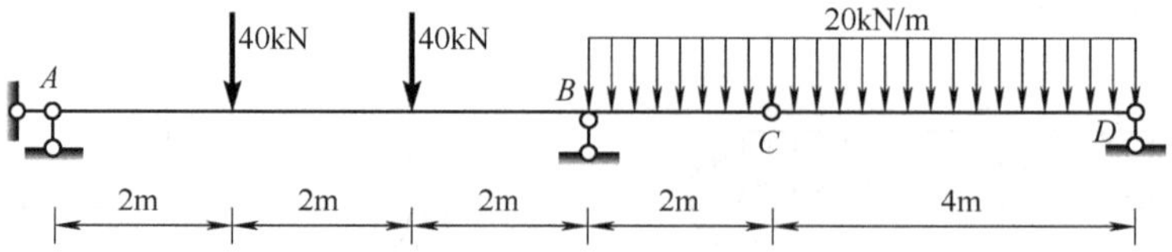

题 3-4 图

3-5 试作图示多跨静定梁的 M 图和 F_S 图。

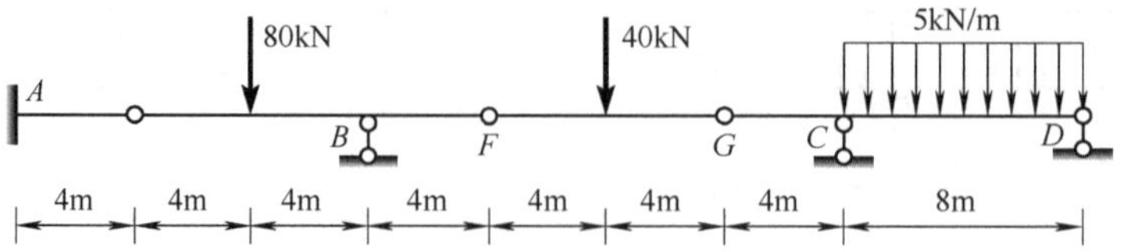

题 3-5 图

3-6　试作图示多跨静定梁的 M 图和 F_S 图。

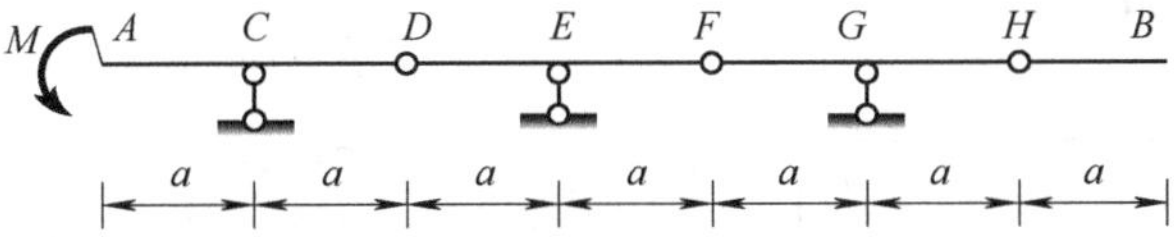

题 3-6 图

3-7　试作图示刚架的 M 图、F_S 图和 F_N 图。

3-8　试作图示刚架的 M 图、F_S 图和 F_N 图。

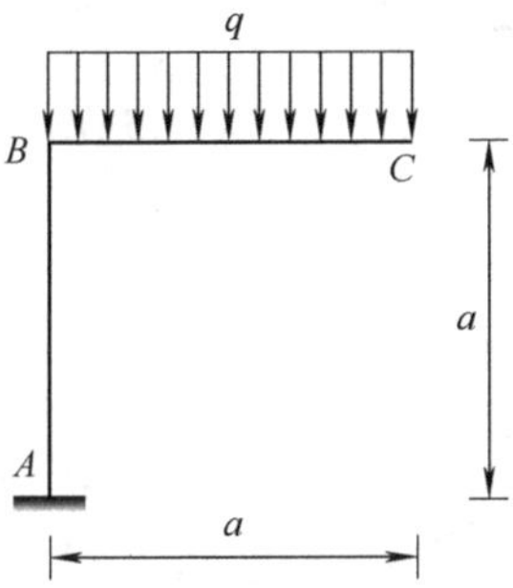

题 3-7 图

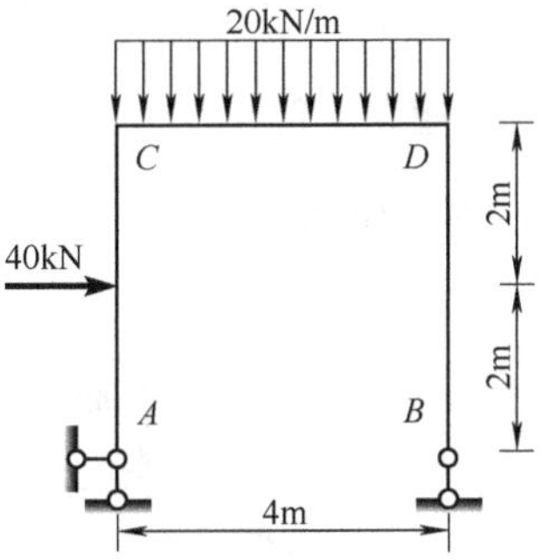

题 3-8 图

3-9　试作图示刚架的 M 图、F_S 图和 F_N 图。

3-10　试作图示刚架的 M 图、F_S 图和 F_N 图。

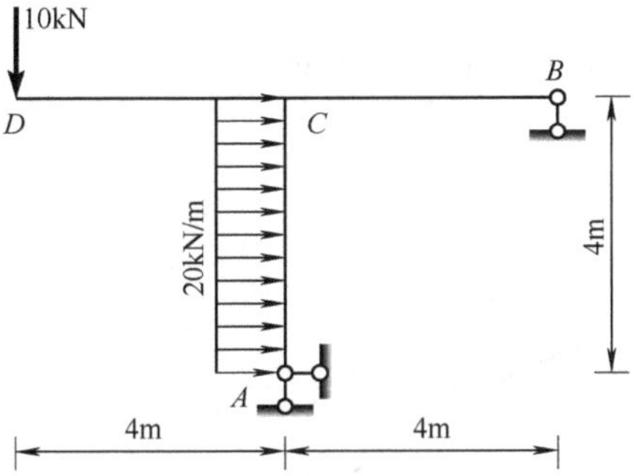

题 3-9 图

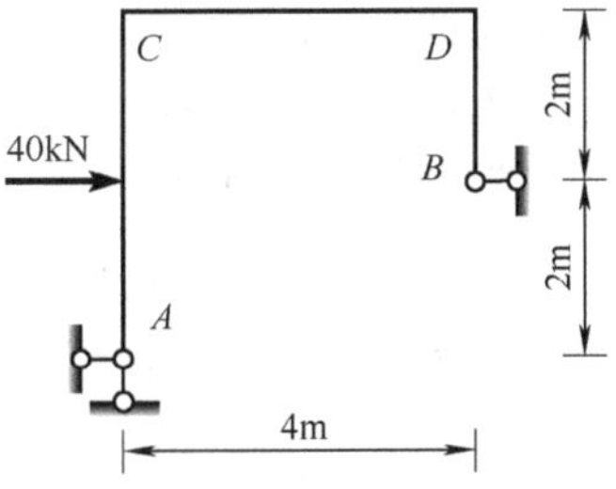

题 3-10 图

3-11　试作图示刚架的 M 图。

3-12　试作图示刚架的 M 图。

3-13　试作图示刚架的 M 图。

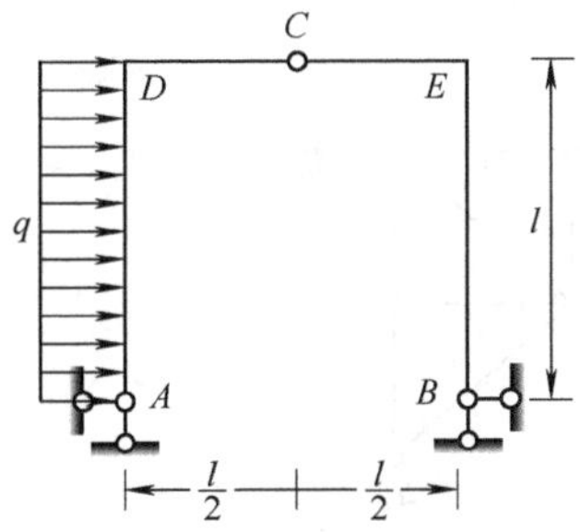

题 3-11 图

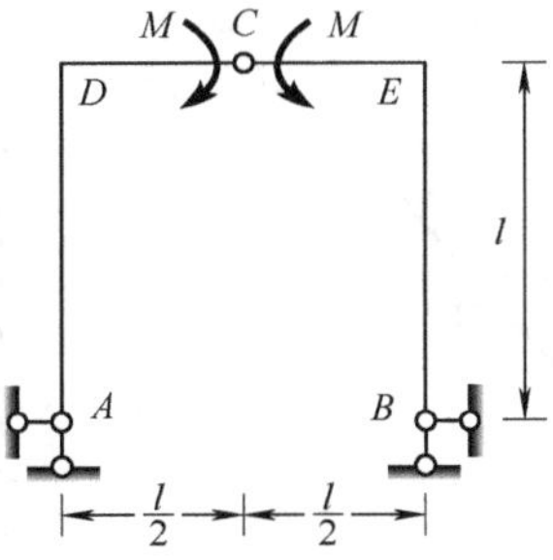

题 3-12 图

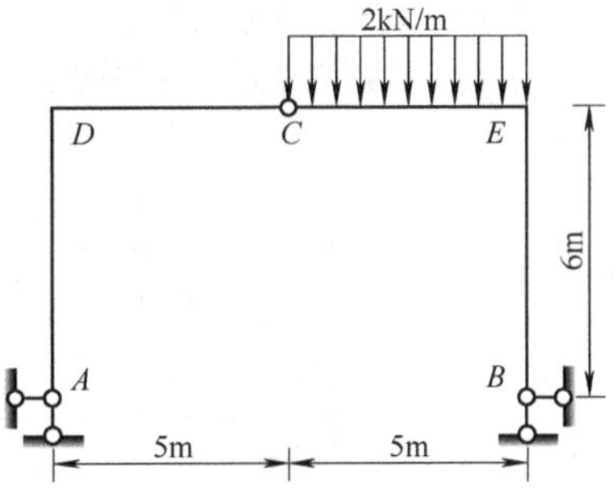

题 3-13 图

3-14　试作图示刚架的 M 图。

3-15　试作图示刚架的 M 图。

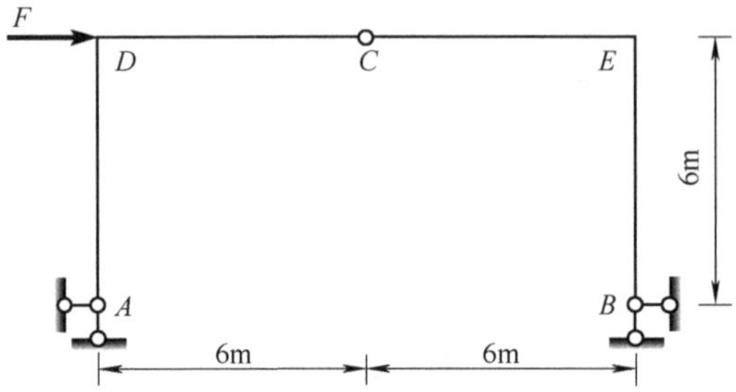

题 3-14 图

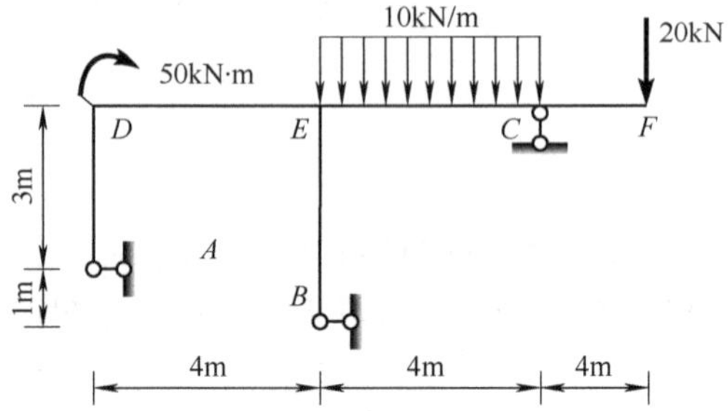

题 3-15 图

3-16　试求图示带拉杆的静定拱的支座反力及拉杆 DE 的内力。

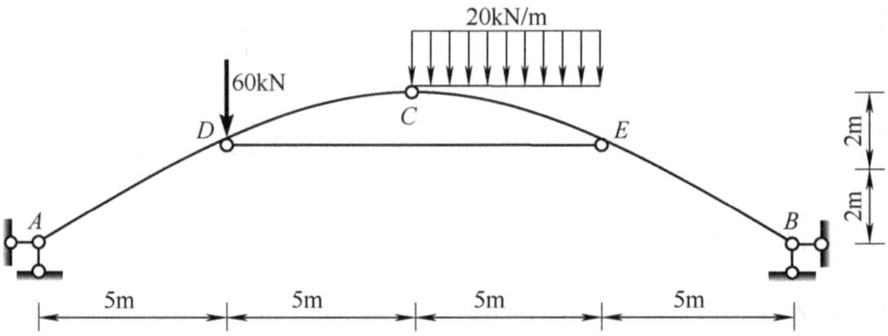

题 3-16 图

3-17　图示抛物线三铰拱轴线的方程为 $y = 4fx(l-x)/l^2$， $l = 16\text{m}$， $f = 4\text{m}$ 。试求：(1)三铰拱的支座反力。

(2)截面 E 的 M 、 F_S 和 F_N 的值。

(3) D 点左右两侧截面的 F_S 和 F_N 的值。

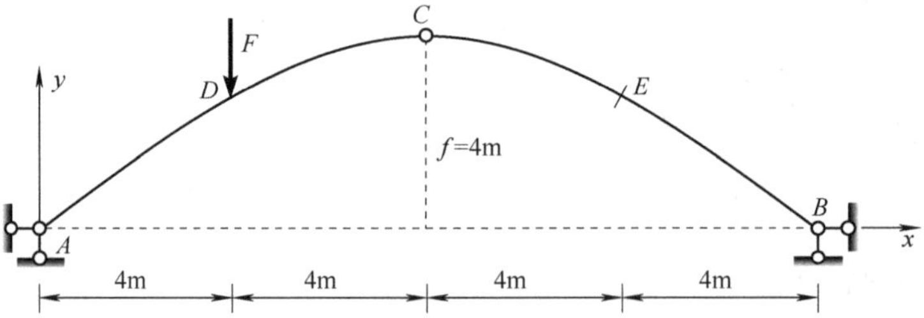

题 3-17 图

3-18　试判断图示桁架中的零杆。

3-19　试判断图示桁架中的零杆。

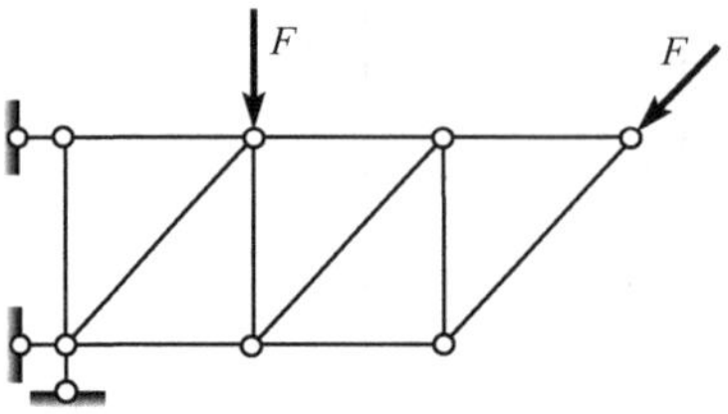

题 3-18 图

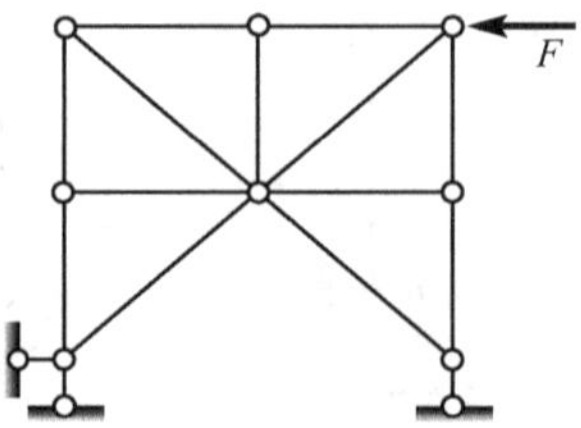

题 3-19 图

3-20　试用结点法计算图示桁架结构中各杆的内力。

3-21　试用截面法计算图示桁架结构中指定杆件的内力。

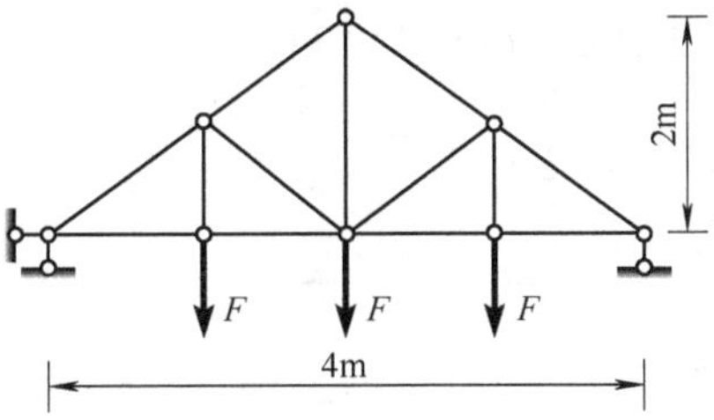

题 3-20 图

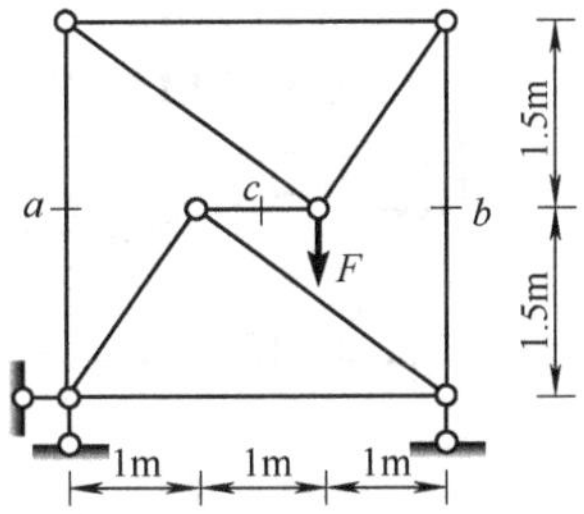

题 3-21 图

3-22～3-26　试用较简便的方法求图示桁架结构中指定杆件的内力。

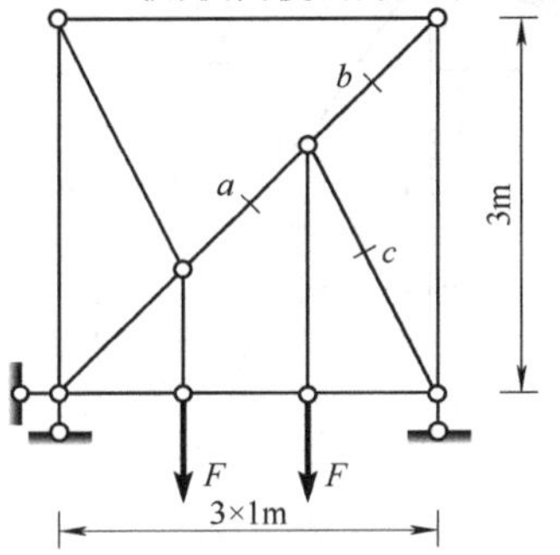

题 3-22 图

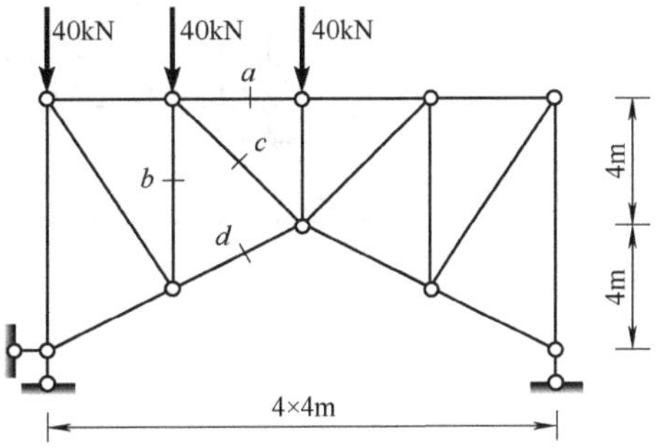

题 3-23 图

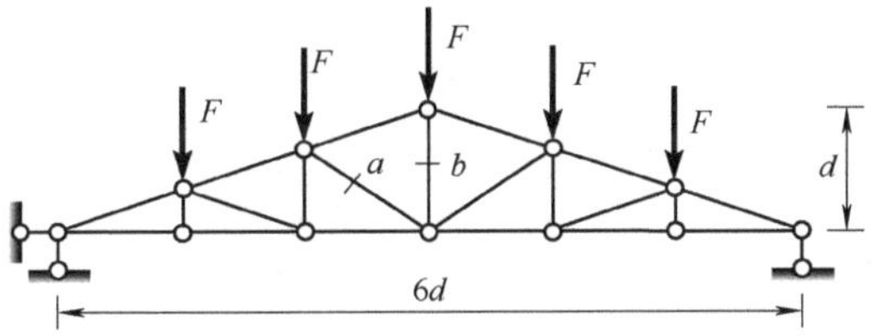

题 3-24 图

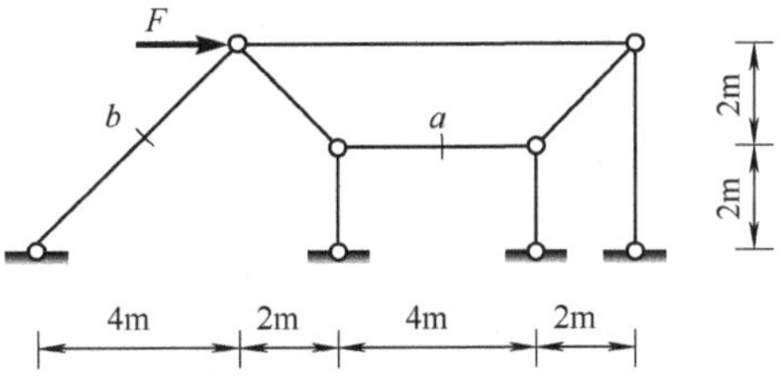

题 3-25 图

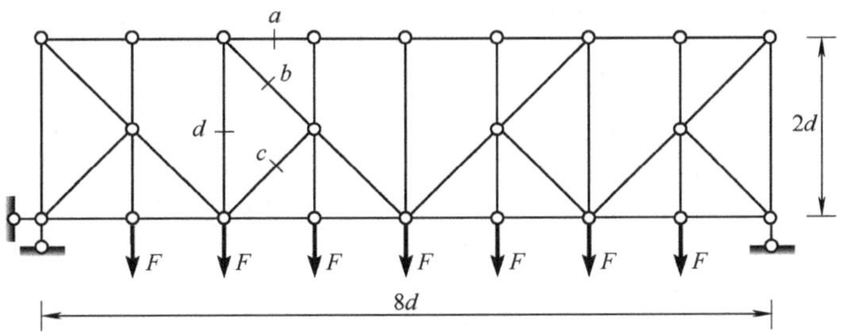

题 3-26 图

3-27　试求图示组合结构中各链杆的轴力并绘制出受弯构件的内力图。

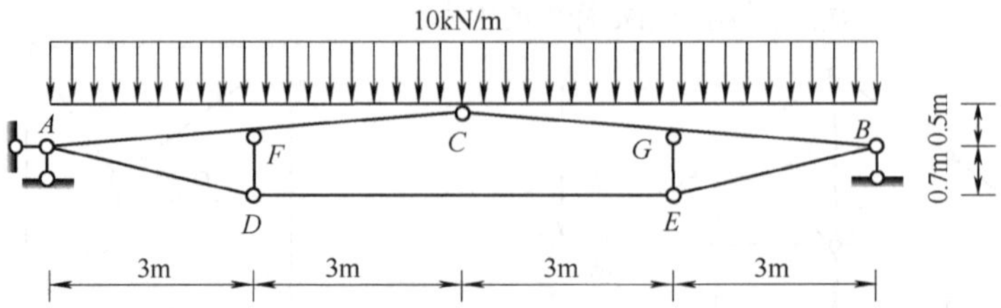

题 3-27 图

3-28　试求图示组合结构中各链杆的轴力并绘制出受弯构件的内力图。

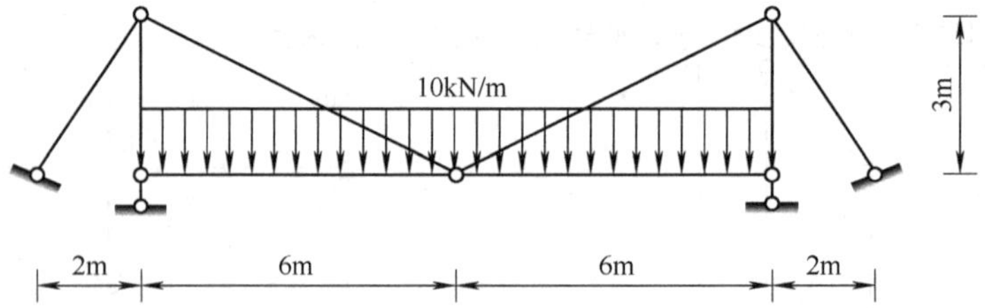

题 3-28 图

第 4 章　静定结构的位移计算

主要内容

本章在变形体虚功原理的基础上，讨论静定结构的位移计算问题，主要涉及位移计算的基本概念、虚功原理、荷载作用下静定结构的位移计算、图乘法、温度变化和支座移动情况下静定结构的位移计算、线弹性结构的互等定理。

学习要求

掌握静定结构位移计算的基本概念，理解变形体的虚功原理，掌握静定结构在荷载因素作用下的位移计算，熟练地应用图乘法正确计算荷载作用下静定结构的位移，了解温度变化和支座移动产生的位移计算方法，理解功的互等定理，掌握位移互等定理和反力互等定理。

4.1　概　　述

工程结构设计除必须满足强度要求外，还必须保证具有足够的刚度，即不能产生过大的变形。因此，掌握静定结构的位移计算，对学习本课程具有十分重要的意义。

任何结构都是由变形固体材料组成的，在外部因素(如荷载、温度变化及支座移动等)作用下，结构的各个截面将会产生变形和位移。变形是指结构(或其一部分)形状的改变，位移则是指结构各处位置的移动。应该指出，结构的位移是一种广义的提法。例如，图 4-1(a)所示刚架在荷载作用下发生如虚线所示的变形，使截面 A 的形心 A 点移到了 A' 点，线段 AA' 称为 A 点的线位移，记为 Δ_A，它可以用水平线位移 Δ_{Ax} 和竖向线位移 Δ_{Ay} 两个分量来表示，如图 4-1(b)所示。同时，截面 A 还转动了一个角度，称为截面 A 的角位移，用 θ_A 表示。又如，图 4-2 所示刚架，在荷载作用下发生变形(图中虚线)，截面 A 的角位移为 θ_A(顺时针方向)，截面 B 的角位移为 θ_B(逆时针方向)，这两个截面的方向相反的角位移之和，就构成截面 A、B 的相对角位移，即 $\theta_{AB}=\theta_A+\theta_B$。同样，$C$、$D$ 两点的水平线位移分别为 Δ_C(向右)和 Δ_D(向左)，这两个指向相反的水平位移之和就称为 C、D 两点的水平相对线位移，即 $\Delta_{CD}=\Delta_C+\Delta_D$。

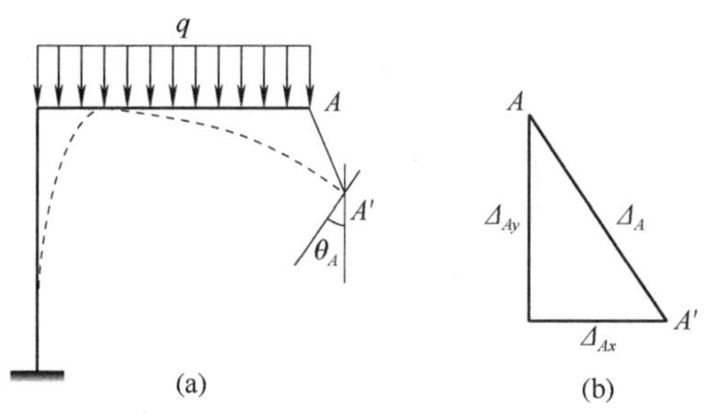

图 4-1

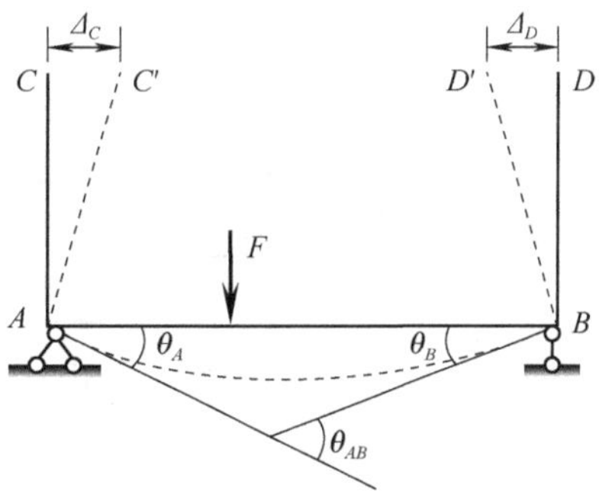

图 4-2

除荷载因素外，还有其他一些因素如温度变化、支座移动、制造误差等也会使结构产生位移。

计算静定结构位移的目的如下。

(1) 为了校核结构的刚度。结构设计必须经过刚度校核，而这种校核必须进行位移计算。结构在荷载因素作用下如果产生过大的变形，即结构没有足够的刚度，即使不发生破坏也是不能正常工作的。例如，若铁路桥梁的挠度(即竖向线位移)太大，则线路将不平顺，列车通过桥梁时，将引起过大的冲击、振动，从而影响列车运行。因此，《铁路桥涵设计规范》规定，在竖向荷载作用下桥梁的最大挠度，简支钢板梁不得超过跨度的 1/800，简支钢桁架梁不得超过跨度的 1/900。又如，钢筋混凝土高层建筑的水平位移如果过大，将可能导致混凝土开裂或次要结构及装饰的破坏。

(2) 在结构的施工、养护过程中，常常需要预先估算出结构的可能变形位置，以便制定相应的施工措施。

(3) 为分析超静定结构打下基础。超静定结构的内力单凭静力学平衡方程不能全部确定，还必须考虑结构的变形条件，而建立变形条件时就必须计算结构的位移。

(4) 在结构的动力学计算和稳定性计算中，也需要计算结构的位移。

可见，结构的位移计算在工程上具有重要的意义。

结构力学中计算位移的一般方法是以变形体的虚功原理为基础的。本章将先介绍变形体的虚功原理，然后讨论静定结构的位移计算。由于本书的讨论仅限于线性弹性结构，故本章经过推导获得的位移计算公式，只适用于材料服从胡克定律，且结构发生的位移与其几何尺寸相比极其微小的结构。线弹性结构的位移计算同样可以应用虚功原理。

4.2　变形体系的虚功原理

本节首先回顾理论力学中已讨论过的质点系(刚体)的虚位移原理，目的是建立虚功和虚功原理的概念，以便在此基础上进一步讨论弹性体虚功原理。

4.2.1　实功与虚功

一个物体，其上作用不变力 F，如该物体发生位移 d，如图 4-3 (a) 所示，则该物体上的力 F 所做的功，定义为 F 和沿该力作用线上的位移分量的乘积。设所做功为 W，则有

$$W = F \cdot d\cos\theta \text{ 或 } W = F\cos\theta \cdot d$$

式中，θ 为力的作用线与位移 d 方向间的夹角。当 F 的作用线与 d 一致时，即 $\theta = 0$，则 $W = F \cdot d$；当 F 的作用线与 d 成直角时，即 $\theta = \pi/2$，则 $W = 0$；当 F 的作用线与 d 相反时，即 $\theta = \pi$，则 $W = -F \cdot d$。

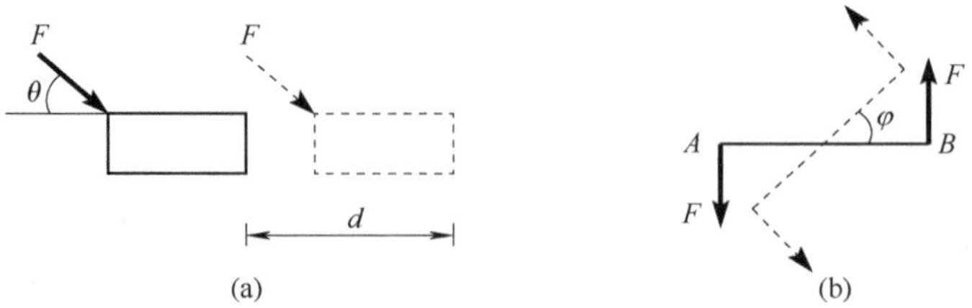

图 4-3

按类似方法可知，一个不变力偶矩 M 所做的功，等于该力偶矩 M 和发生在力偶矩作用平面内的旋转角 φ 的乘积，如图 4-3 (b) 所示。由于力偶矩是由两个不在同一直线上的等值且反向

的平行集中力所构成的，因此，力偶矩在线位移上是不做功的。

功是一个标量，一个力系所做的功可以由其中每个力所做功的代数和求得。

设一线弹性结构，静力荷载由零逐渐增加到 F_K 时，作用点 K 在荷载方向上的位移 $\varDelta$ 也由零逐渐增加至 $\varDelta_K$，如图 4-4(a)所示。$F-\varDelta$ 之间为直线关系，如图 4-4(b)所示。

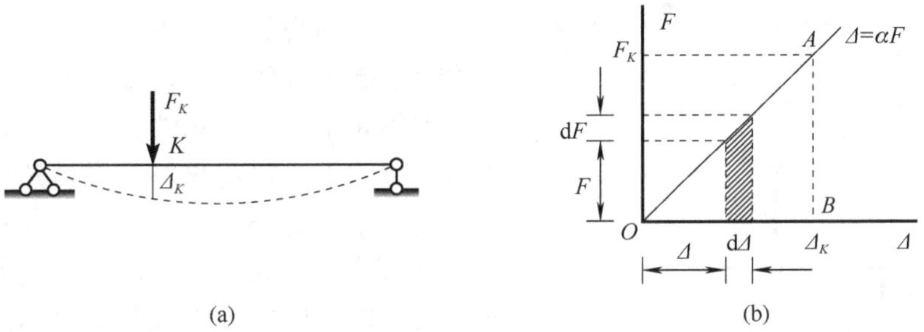

图 4-4

设 $F-\varDelta$ 之间的线性弹性关系如下：

$$\varDelta=\alpha F$$

式中，α 为比例常数。

由图 4-4(b)可知，在加载过程中，当荷载抵达某中间值 F 后再给予一微小增量 $\mathrm{d}F$，相应的位移也产生增量 $\mathrm{d}\varDelta$。在这一过程中，荷载 F 所做的功为图中的阴影微面积，即

$$\mathrm{d}W=F\cdot\mathrm{d}\varDelta$$

因此，当荷载由零增加到 F_K 的全过程中，荷载所做总功可由积分求得

$$W=\int_0^{\varDelta_K}\mathrm{d}W=\frac{1}{2}F_K\varDelta_K \tag{4-1}$$

即图 4-4(b)中三角形 OAB 的面积。

式(4-1)中的 F_K 应看作一种广义力，它可以是集中力、力矩或力系，相应的位移 $\varDelta_K$ 为广义位移，它可以是线位移、角位移或一组位移。

注意式(4-1)中的位移 $\varDelta_K$ 是由荷载 F_K 本身引起的，因而荷载所做总功 W 也是 F_K 在本身所引起的位移 $\varDelta_K$ 上所做的功。当做功的力与相应位移彼此相关时，即位移是由做功的力本身所引起的，力所做的功称为实功。

要理解虚功的概念，首先应明白虚位移的概念。虚位移是指在某给定瞬时，质点或质点系被约束所允许可能发生的无限小的位移。定义力对虚位移所做的功为虚功。虚功可以理解为当做功的力与相应位移彼此独立无关时，力所做的功。

如图 4-5 所示，线弹性简支梁在 C 点受力 F 作用而达到实曲线平衡位置后，如果某种原因(如其他荷载或温度变化等)使梁继续发生微小变形到虚曲线位置，力对相应位移所做的功就是虚功，即实功为

$$W=\frac{1}{2}F\varDelta_1$$

虚功为

$$W=F\varDelta_2$$

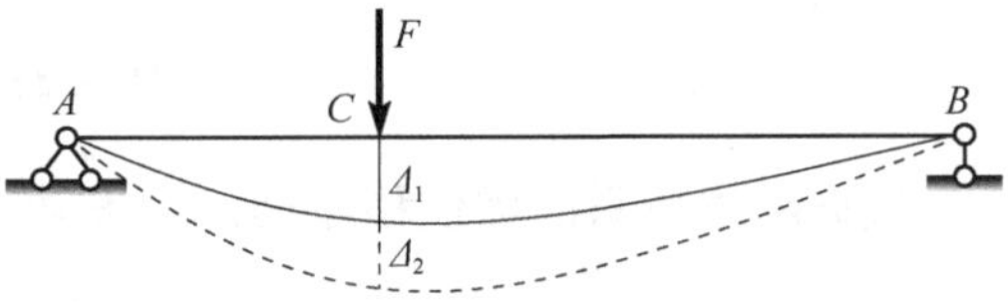

图 4-5

式中，C 点的位移 $\varDelta_2$ 不是由力 F 所引起的。

4.2.2 刚体体系的虚位移原理

在理论力学中已讨论过质点系的虚位移原理，它表述为：具有理想约束的质点系在某一位置处于平衡的必要和充分条件是，对于任何虚位移，作用于质点系的主动力所做的虚功总和为零。

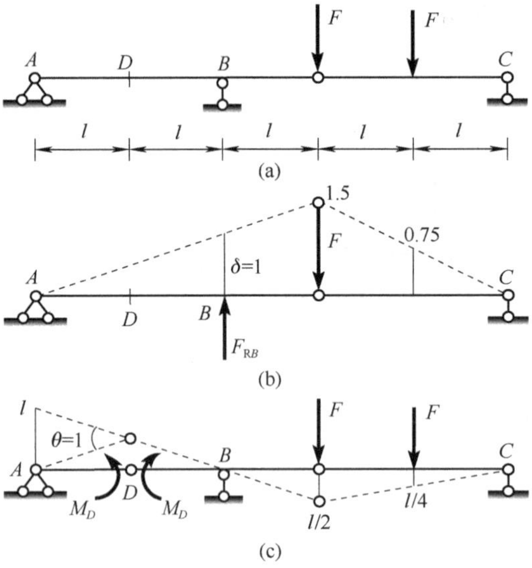

图 4-6

这里，理想约束是指其约束反力在虚位移上所做的功恒等于零的约束，如光滑铰结点、刚性链杆等。刚体属于具有理想约束的质点系，由若干个刚体用理想约束连接起来的体系自然也是具有理想约束的质点系。此外，作用于体系的外力通常包括荷载(主动力)和约束反力，而对于任何约束，当去掉该约束而以相应的反力代替其对体系的作用时，其反力便可当作荷载(主动力)看待。因此，刚体体系的虚位移原理又可表述为：刚体体系处于平衡的必要和充分条件是，对于任何虚位移，作用于刚体上的所有外力所做的虚功总和为零。

刚体体系的虚位移原理从本质上讲，就是以功的形式表达的静力平衡条件。下面以图 4-6(a)所示的多跨静定梁为例，按刚体体系的虚功原理来计算支座 B 的反力 F_{RB} 和截面 D 的弯矩 M_D。

求支座 B 的反力 F_{RB}，现将支座 B 的约束撤除，以相应的约束反力 F_{RB} 代替以保持平衡，这样，原来的多跨静定梁变成具有一个自由度的机构，如图 4-6(b)所示。然后使该机构在约束反力 F_{RB} 方向发生一虚位移 δ (为简单起见，令 $\delta=1$，即发生单位位移)，这样整个机构发生其约束条件允许的虚位移，如图 4-6(b)所示。则该机构上所有外力所做虚功之和 W 为

$$W = F_{RB} \times 1 - F \times 1.5 - F \times 0.75$$

根据刚体体系的虚位移原理，总虚功 W 应等于零，即

$$F_{RB} - 1.5F - 0.75F = 0$$

于是，得

$$F_{RB} = 2.25F$$

计算结果 F_{RB} 为正值，表示其实际方向与图 4-6(b)所示假设方向一致。

求截面 D 的弯矩 M_D，则撤除与内力 M_D 相应的约束(即在 D 处插入一个铰)，代之以内力 M_D 以维持平衡，然后使机构在 M_D 的正方向发生一虚位移(与 M_D 相应的虚位移是铰 D 左右截面的相对微小转角 θ)，为简单起见，令 $\theta=1$，如图 4-6(c)所示。在此过程中，外力所做总虚功为

$$W = M_D \times 1 + F \times \frac{l}{2} + F \times \frac{l}{4}$$

根据刚体体系的虚位移原理，总虚功 W 应等于零，即

$$M_D + F \times \frac{l}{2} + F \times \frac{l}{4} = 0$$

于是，得

$$M_D = -\frac{3}{4}Fl$$

负号表示 M_D 的实际方向与图 4-6(c)中的假设方向相反。

以上讨论了刚体虚位移原理及其在静定结构内力计算中的应用。在具体应用中，应特别注意做虚功的位移与力系是彼此独立无关的。

既然位移与力系无关，因此，不仅可以把位移看作虚设的，而且可以把力系看作虚设的。在这样的理解下，刚体体系的虚位移原理可以表示为更加具有普遍性的原理，称为刚体体系的虚功原理。

根据虚设对象的不同选择，虚功原理主要有两种应用形式，分别解决两类问题。

第一类问题是虚设位移，求刚体体系的反力或内力。图 4-6 所示例子就是这类问题。这类问题是在虚设位移与给定力系之间应用虚功原理，如图 4-6(b)或图 4-6(c)与图 4-6(a)所示，这种形式的虚功原理称为虚位移原理。其关键步骤是在拟求未知力方向上先撤除相应的约束，并虚设单位位移(如 $\delta=1$ 或 $\theta=1$)，利用几何关系求出沿实际荷载方向的相应位移，这种方法的特点是用几何方法求解静力平衡问题。由于该方法是虚设单位位移，因此称为虚单位位移法。

第二类问题是虚设力系，求刚体体系的位移。

如图 4-7(a)所示静定梁，已知支座 B 沿铅直方向向上移动的距离为 v，要求 C 点的竖向位移 $\varDelta$。

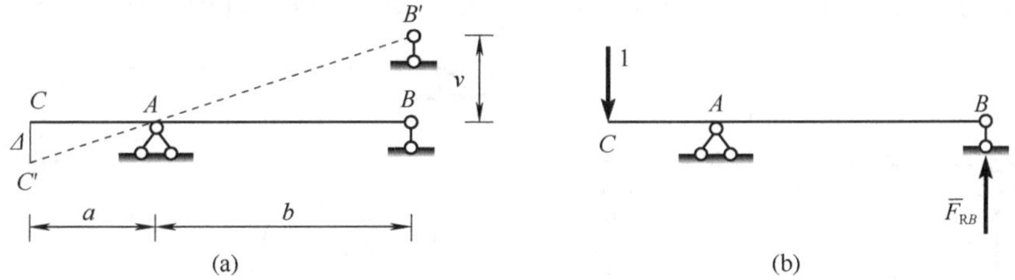

图 4-7

为此，对图 4-7(a)所示的位移状态(已知的)应用虚功原理。为了便于求出 $\varDelta$，可建立虚设力系状态，如图 4-7(b)所示，即沿拟求位移方向上虚设相应的力(为简单起见，虚设单位力)，结构在虚设力作用下满足力系平衡的条件。根据力系的平衡条件可求出图 4-7(b)中支座 B 的反力为

$$\bar{F}_{RB}=-\frac{a}{b}$$

然后令图 4-7(b)中虚设的平衡力系在图 4-7(a)中的实际位移上做虚功，根据刚体体系的虚功原理，得

$$\varDelta\times 1+v\times\bar{F}_{RB}=0$$

将 $\bar{F}_{RB}$ 的值代入上式，得

$$\varDelta=-v\times\bar{F}_{RB}=\frac{a}{b}v$$

计算结构 $\varDelta$ 为正值，表示 $\varDelta$ 的实际方向与图 4-7(b)中虚设单位荷载的指向一致。

在虚设力系与给定位移之间应用虚功原理，如图 4-7(b)与图 4-7(a)所示，这种形式的虚功原理称为虚力原理。其关键步骤是在拟求位移方向上虚设单位荷载，利用平衡条件求出与位移相应的力系，从而求得相应的虚设平衡力系，这种方法的特点是用静力平衡条件求解几何问题。由于该方法是虚设单位荷载，因此称为虚单位力法。

通过上述对刚体体系虚功原理两类问题(即虚位移原理和虚力原理)的讨论，明确了虚功与

实功是两个完全不同的概念，前者强调做功的力与位移是彼此独立无关的。做虚功时，力不随位移变化而变化，且始终保持常量，故虚功计算式前没有系数，虚功可以是正值，也可以是负值，其正负要根据两个彼此独立无关的量(力与位移)的方向是否一致而定。

4.2.3　变形体系的虚功原理

虚功原理应用于变形体系时，外力虚功总和则不等于零。对于杆系结构，变形体系的虚功原理可表述如下。在变形体系上，如果力状态满足平衡条件，位移状态满足变形协调关系，则变形体系处于平衡的充分必要条件是：对于任何虚位移，变形体系上所受外力的虚功之总和恒等于变形体系各微段上内力在其变形上所做虚功总和。或者简单理解为，外力虚功总和等于变形虚功总和。

下面来说明上述原理的正确性，为了简明，这里只着重从物理概念上来论证其必要条件。关于更详细的数学推导及充分性的证明，读者可参阅其他书籍。

图 4-8(a)表示一平面杆件结构在力系作用下处于平衡状态，图 4-8(b)表示该结构由于其他原因而产生的虚位移状态，我们分别称这两个状态为结构的力状态和位移状态。这里，虚位移可以是与力状态无关的其他任何原因(如另一组力系、温度变化、支座移动等)引起的，甚至是假想的。但虚位移必须是微小的，并为支承约束条件和变形连续条件所允许，即应是协调的位移。

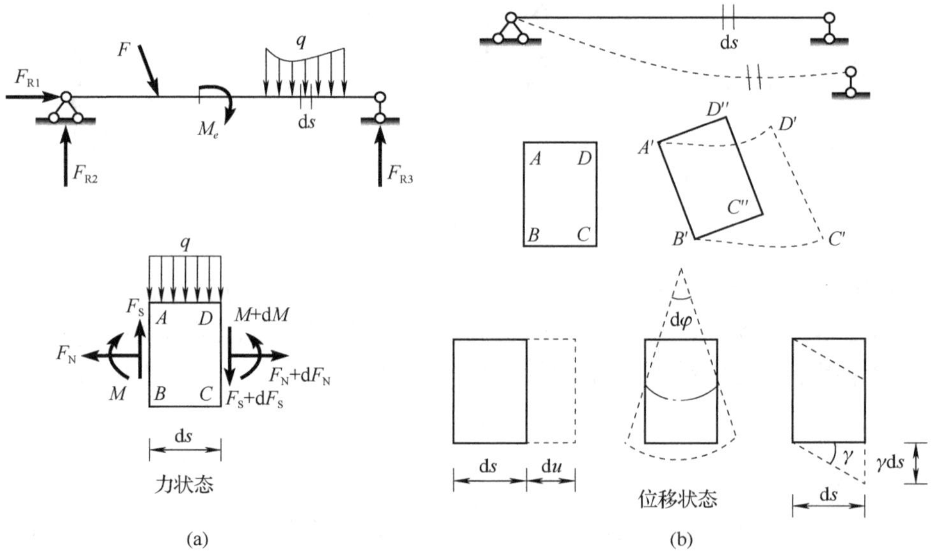

图 4-8

现从图 4-8(a)的力状态中取出一个微段来研究，作用在微段上的力除外力 q 外，还有两侧截面上的内力即轴力、剪力和弯矩(注意，这些力对整个结构而言是内力，对于所取微段而言则是外力，由于习惯，同时为了与整个结构的外力即荷载和支座反力相区别，这里仍称这些力为内力)。在图 4-8(b)的位移状态中，此微段由 $ABCD$ 移动到了 $A'B'C'D'$，于是上述作用在微段上的各力将在相应的位移上做虚功。把所有微段上的虚功加起来，就得到整个结构的虚功。下面按两种不同的途径来计算虚功。

(1)按外力虚功和内力虚功计算。设作用在微段上所有各力所做虚功总和为 $\mathrm{d}W$，它可以分为两部分：一部分是外力所做的虚功 $\mathrm{d}W_\mathrm{e}$；另一部分是截面上内力所做的虚功 $\mathrm{d}W_\mathrm{i}$，即

$$\mathrm{d}W = \mathrm{d}W_\mathrm{e} + \mathrm{d}W_\mathrm{i}$$

将其沿杆段积分并将各杆段积分加和，得到整个结构的虚功为

$$\sum\int \mathrm{d}W=\sum\int \mathrm{d}W_{\mathrm{e}}+\sum\int \mathrm{d}W_{\mathrm{i}}$$

或简写为

$$W=W_{\mathrm{e}}+W_{\mathrm{i}}$$

式中，W_{e} 就是整个结构的所有外力(包括荷载和支座反力)在其相应的虚位移上所做虚功的总和，即上面简称的外力虚功总和；W_{i} 则是所有微段截面上的内力在其相应的虚位移上所做虚功的总和，即上面简称的内力虚功总和。由于两相邻微段的相邻截面上的内力互为作用力与反作用力，它们大小相等方向相反；又由于虚位移是协调的，满足变形连续条件，两微段相邻的截面总是贴在一起而具有相同的位移，因此每一对相邻截面上的内力所做的虚功总是大小相等正负号相反而互相抵消。由此可见，所有微段截面上内力所做虚功的总和必然为零，即

$$W_{\mathrm{i}}=0$$

于是整个结构的总虚功就等于外力虚功：

$$W=W_{\mathrm{e}} \tag{4-2a}$$

(2) 按刚体虚功和变形体虚功计算。微段 $ABCD$ 的虚位移可以分解为两步：首先只发生刚体虚位移(由 $ABCD$ 移到 $A'B'C''D''$)，然后发生变形虚位移(截面 $A'B'$ 不动，$C''D''$ 再移到 $C'D'$)，如图 4-8(b) 所示。作用在微段上的所有各力在刚体虚位移上所做虚功为 $\mathrm{d}W_{\mathrm{s}}$，在变形虚位移上所做虚功为 $\mathrm{d}W_{\mathrm{v}}$，于是微段上所有各力所做虚功总和 $\mathrm{d}W$ 为

$$\mathrm{d}W=\mathrm{d}W_{\mathrm{s}}+\mathrm{d}W_{\mathrm{v}}$$

由于微段处于平衡状态，故由刚体体系的虚功原理可知：

$$\mathrm{d}W_{\mathrm{s}}=0$$

则

$$\mathrm{d}W=\mathrm{d}W_{\mathrm{v}}$$

对于整个结构，有

$$\sum\int \mathrm{d}W=\sum\int \mathrm{d}W_{\mathrm{v}}$$

或简写为

$$W=W_{\mathrm{v}} \tag{4-2b}$$

式中，W_{v} 就是整个结构的所有微段两侧截面上的内力(对微段而言是外力)在其相应的虚位移上所做虚功的总和，称为变形虚功。

比较式(4-2a)和式(4-2b)，可得

$$W_{\mathrm{e}}=W_{\mathrm{v}} \tag{4-2c}$$

这就是我们要证明的结论。

为了书写简明，将外力虚功 W_{e} 改用 W 表示，于是式(4-2c)可写为

$$W=W_{\mathrm{v}} \tag{4-3}$$

式(4-3)又称为变形体系的虚功方程。

现在来讨论 W_{v} 的计算。对于平面杆系结构，微段的变形可以分为轴向变形 $\mathrm{d}u$、弯曲变形 $\mathrm{d}\varphi$ 和剪切变形 $\gamma\mathrm{d}s$。不难看出，微段上轴力、弯矩和剪力的增量 $\mathrm{d}F_{\mathrm{N}}$、$\mathrm{d}M$ 和 $\mathrm{d}F_{\mathrm{S}}$ 以及分布荷载 q 在这些变形上所做虚功为高阶微量而可以略去不计，因此微段上各力在其变形上所做的虚功可写为

$$\mathrm{d}W_{\mathrm{v}}=F_{\mathrm{N}}\mathrm{d}u+M\mathrm{d}\varphi+F_{\mathrm{S}}\gamma\mathrm{d}s$$

此外，假若此微段上还有集中荷载或力偶荷载作用，可以认为它们作用在截面 AB 上，因而当

微段变形时它们并不做功。总之，仅考虑微段的变形而不考虑其刚体位移时，外力不做功，只有截面上的内力做功。对于整个平面杆系结构有

$$W_{\mathrm{v}}=\sum\int \mathrm{d}W_{\mathrm{v}}=\sum\int F_{\mathrm{N}}\mathrm{d}u+\sum\int M\mathrm{d}\varphi+\sum\int F_{\mathrm{S}}\gamma\mathrm{d}s \tag{4-4}$$

将式(4-4)代入式(4-3)，得到变形体系的虚功方程为

$$W=\sum\int \mathrm{d}W_{\mathrm{v}}=\sum\int F_{\mathrm{N}}\mathrm{d}u+\sum\int M\mathrm{d}\varphi+\sum\int F_{\mathrm{S}}\gamma\mathrm{d}s \tag{4-5}$$

注意上面的讨论过程中，并没有涉及材料的物理性质，因此对于弹性、非弹性、线性、非线性的变形体系，虚功原理都适用。

上述变形体系的虚功原理对于刚体体系自然也适用，由于刚体体系发生虚位移时，各微段不产生任何变形，故变形虚功$W_{\mathrm{v}}=0$，此时式(4-3)成为

$$W=0 \tag{4-6}$$

即外力虚功为零。可见刚体体系的虚功原理可看作变形体系虚功原理的一个特例。

变形体系的虚功原理在具体应用时有两种方式：一种是对于给定力状态，另虚设一个位移状态，虚设的位移状态应满足体系的变形协调关系，利用虚功方程来求解力状态中的未知力，这时的虚功原理可称为虚位移原理；另一种是对于给定位移状态，另虚设一个力状态，虚设的力状态应满足力系的平衡条件，利用虚功方程来求解位移状态中的位移，这时的虚功原理又可称为虚力原理。本章就是讨论用这种方法来计算静定结构的位移。

4.3　位移计算的一般公式——单位荷载法

虚功原理是计算变形体系位移的理论基础。根据这一原理可以导出重要的且具有实用意义的单位荷载法。该法可以用来计算各种类型的杆件结构在各种外因(如荷载、温度变化、支座移动等)作用下的各种形式的位移(如线位移、角位移、相对线位移、相对角位移等)。

设图 4-9(a)所示平面杆系结构由荷载、温度变化、支座移动等因素引起了如虚线所示的变形，现在要求任一指定点K沿任一指定方向$k-k$上的位移Δ_K。

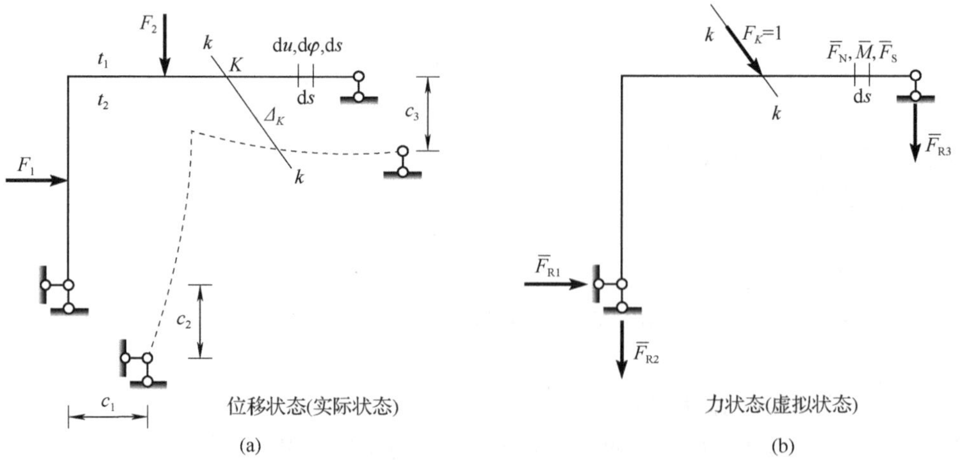

图 4-9

如 4.2 节所述，要应用虚功原理必定涉及两个独立无关的状态：力状态和位移状态。现在，要求的位移是由给定的荷载、温度变化及支座移动等因素引起的，故应以此状态作为结构的位移状态，并称为实际状态。另外还必须建立一个力状态。由于力状态与位移状态是彼此独立无

关的，因此力状态完全可以根据计算的需要来假设。为了使力状态中的外力能在位移状态中的所求位移 Δ_K 上做虚功，就在 K 点沿 $k-k$ 方向加一个集中荷载 F_K，其方向可以任意假设，为计算简便起见，令 $F_K=1$，称为单位荷载或单位力，如图 4-9(b)所示，以此状态作为力状态。由于此状态纯属为了应用虚功原理和计算需要而虚设的，并不是实际原有的，故称为虚拟状态。

现在来计算虚拟状态的外力和内力在实际状态相应的位移与变形上所做的虚功。外力的虚功包括荷载和支座反力所做的虚功。设在虚拟状态中由单位荷载 $F_K=1$ 引起的支座反力为 $\bar{F}_{R1}$、$\bar{F}_{R2}$、$\bar{F}_{R3}$，而在实际位移状态中相应的支座位移为 c_1、c_2、c_3，则外力虚功为

$$W=F_K\Delta_K+\bar{F}_{R1}c_1+\bar{F}_{R2}c_2+\bar{F}_{R3}c_3=1\cdot\Delta_K+\sum\bar{F}_Rc$$

这样，单位荷载 $F_K=1$ 所做的虚功恰好等于所要求的位移 Δ_K。

计算变形体系的虚功时，设虚拟状态中由单位荷载 $F_K=1$ 作用而引起的某微段上的内力为 $\bar{F}_N$、$\overline{M}$、$\bar{F}_S$，而实际状态中微段上相应的变形为 $\mathrm{d}u$、$\mathrm{d}\varphi$ 和 $\gamma\mathrm{d}s$，则变形虚功为

$$W_v=\sum\int\bar{F}_N\mathrm{d}u+\sum\int\overline{M}\mathrm{d}\varphi+\sum\int\bar{F}_S\gamma\mathrm{d}s$$

由变形体系的虚功原理 $W=W_v$，有

$$1\cdot\Delta_K+\sum\bar{F}_Rc=\sum\int\bar{F}_N\mathrm{d}u+\sum\int\overline{M}\mathrm{d}\varphi+\sum\int\bar{F}_S\gamma\mathrm{d}s$$

可得

$$\Delta_K=\sum\int\bar{F}_N\mathrm{d}u+\sum\int\overline{M}\mathrm{d}\varphi+\sum\int\bar{F}_S\gamma\mathrm{d}s-\sum\bar{F}_Rc \tag{4-7}$$

这就是平面杆件结构位移计算的一般公式。如果确定了虚拟状态的支座反力 $\bar{F}_R$ 和内力 $\bar{F}_N$、$\overline{M}$、$\bar{F}_S$，同时已知了实际状态的支座位移 c 并求得了微段的变形 $\mathrm{d}u$、$\mathrm{d}\varphi$ 和 $\gamma\mathrm{d}s$，则由式(4-7)可计算出位移 Δ_K。若计算结果为正值，表示所求位移 Δ_K 的实际指向与所假设的单位荷载 $F_K=1$ 的指向相同；若计算结果为负值，则表示相反。

由以上分析可以看出，利用变形体系的虚功原理来计算结构的位移，关键就在于虚设恰当的力状态，而方法的巧妙之处在于虚拟状态中只在所求位移地点沿所求位移的方向施加一个单位荷载，以使荷载虚功恰好等于所求位移。这种计算位移的方法称为单位荷载法或单位力法。

应该指出，位移 Δ_K 应理解为广义位移，它可以是线位移，也可以是角位移、相对线位移、相对角位移等。因此，相应地施加在结构上的单位荷载也应理解为广义单位荷载，它的性质必须与所求位移的性质相适应。

下面讨论如何按照所求位移类型的不同，设置相应的虚拟力状态。

当要求某点沿某方向的线位移时，应该在该点沿所求位移方向加一个单位集中力。如图 4-10(a)所示，为求 A 点水平位移时的虚拟状态。

当要求梁或刚架某截面的角位移时，应在该截面处加一个单位力偶，如图 4-10(b)所示。这样，荷载所做的虚功为 $1\cdot\varphi_A=\varphi_A$，即恰好就等于所要求的角位移。但在求桁架中某杆件的角位移时，由于桁架各杆只承受轴力，故应将单位力偶换为等效结点集中荷载，即在该杆两端加一对方向与杆件垂直、大小等于杆长倒数而指向相反的集中力，如图 4-10(e)所示。

当要求结构中某两点之间的相对线位移(即两点间的距离变化)时，应在该两点处沿其连线方向上加一对指向相反的单位力，如图 4-10(c)所示。对此说明如下：设在实际位移中 A 点沿 AB 方向的位移为 Δ_A，B 点沿 AB 方向的位移为 Δ_B，则两点在其连线方向上的相对位移为 $\Delta_{AB}=\Delta_A+\Delta_B$，对于图 4-10(c)所示的虚拟状态，荷载所做虚功为

$$1\cdot\Delta_A+1\cdot\Delta_B=1\cdot(\Delta_A+\Delta_B)=\Delta_{AB}$$

可见荷载虚功恰好等于所求相对位移。

同理，若需要计算梁或刚架某两截面间的相对角位移，则在该两截面处加一对方向相反的

单位力偶，如图 4-10(d) 所示。但在求桁架中某两杆件的相对角位移时，应分别在这两个杆件上加一对方向相反的单位力偶。图 4-10(f) 为求桁架 AB 杆与 AC 杆的相对角位移(即 $\angle CAB$ 的大小变化)的虚拟力状态。

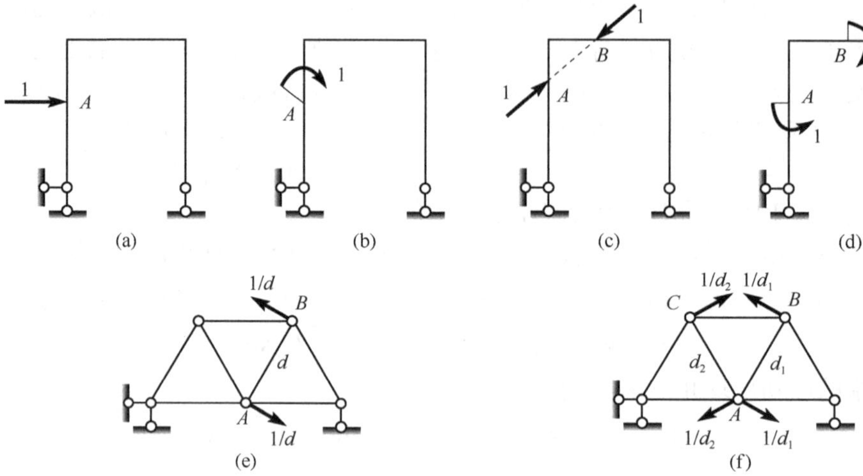

图 4-10

读者应注意，对于单位荷载的要求，只限制它必须与所求位移的性质相适应，而并没有规定它所施加的指向。换言之，虚拟的广义单位荷载的指向是可以任意假定的。根据式(4-7)计算的结果为正号，表示所求位移的实际指向与虚拟的单位荷载设定的指向一致；若计算结果为负值，则表示两者指向相反。

4.4　静定结构在荷载作用下的位移计算

本节将讨论结构只在荷载因素作用下的位移计算。仅限于研究线弹性结构，即结构的位移与荷载成正比，因而计算位移时荷载的影响可以叠加，而且当荷载全部撤除后位移也完全消失。这样的结构发生的位移是微小的，应力与应变的关系符合胡克定律。

设图 4-11(a) 所示结构只受到广义荷载 F_P（包括集中力 F、集中力偶 M 和分布荷载 q）作用，现要求 K 点沿任意指定方向的位移，如 K 点的竖向位移 Δ_{KP}。这里，位移 Δ_{KP} 用了两个下标：第一个下标 K 表示该位移的地点和方向，即 K 点沿指定的方向；第二个下标 P 表示引起该位移的原因，即由广义荷载引起的。由于结构没有支座移动，故式(4-7)中的 $\sum \overline{F}_R c$ 一项为零，因而位移计算公式为

$$\Delta_{KP} = \sum\int \overline{F}_N \mathrm{d}u + \sum\int \overline{M}\mathrm{d}\varphi + \sum\int \overline{F}_S \gamma \mathrm{d}s \tag{4-8a}$$

式中，$\overline{F}_N$、$\overline{M}$、$\overline{F}_S$ 为虚拟状态中微段上的内力(图 4-11(b))；$\mathrm{d}u$、$\mathrm{d}\varphi$、$\gamma\mathrm{d}s$ 是实际状态中微段的变形。若实际状态中微段上的内力为 F_{NP}、M_P、F_{SP}，则由材料力学可知，由 F_{NP}、M_P 和 F_{SP} 引起的微段的轴向变形、弯曲变形和剪切变形分别表示为

$$\mathrm{d}u_P = \frac{F_{NP}\mathrm{d}s}{EA} \tag{4-8b}$$

$$\mathrm{d}\varphi_P = \frac{M_P\mathrm{d}s}{EI} \tag{4-8c}$$

$$\gamma_P\mathrm{d}s = \frac{kF_{SP}\mathrm{d}s}{GA} \tag{4-8d}$$

式中，k 为应力沿截面分布不均匀修正系数，其值与截面的形状有关，对于矩形截面 $k=6/5$，圆形截面 $k=10/9$，薄壁圆环截面 $k=2$，工字形截面 $k \approx A'/A$、A' 为腹板截面面积。

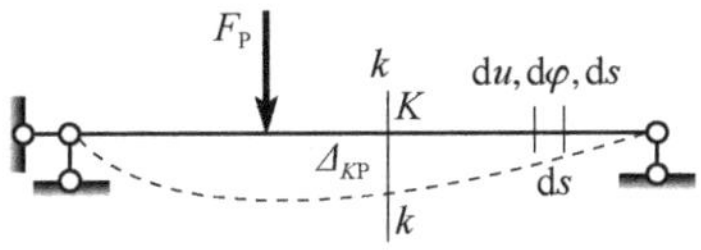

位移状态(实际状态)
(a)

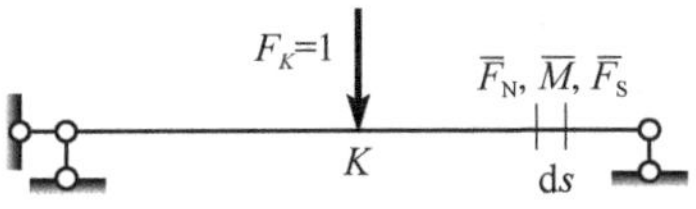

力状态(虚拟状态)
(b)

图 4-11

注意，上述微段变形的计算只有对直杆才是正确的，对于曲杆还需考虑曲率对变形的影响，不过在常用的曲杆结构中，其截面高度与曲率半径相比很小，曲率的影响不大，可以略去不计。

将式(4-8b)～式(4-8d)代入式(4-8a)，得

$$\Delta_{KP}=\sum\int\frac{\overline{F}_N F_{NP}}{EA}ds+\sum\int\frac{\overline{M}M_P}{EI}ds+\sum\int\frac{k\overline{F}_S F_{SP}}{GA}ds \tag{4-9}$$

式(4-9)就是平面杆系结构在荷载作用下的位移计算公式。式(4-9)右边三项分别代表结构的轴向变形、弯曲变形和剪切变形对所求位移的影响。在实际计算中。根据结构的具体情况，常常可以只考虑其中的一项(或两项)，以简化计算。

在梁和刚架结构的位移计算中，位移主要是由弯曲变形所引起的，轴向变形和剪切变形的影响很小，一般可以略去不计，故式(4-9)可简化为

$$\Delta_{KP}=\sum\int\frac{\overline{M}M_P}{EI}ds \tag{4-10a}$$

在桁架结构的位移计算中，因组成桁架的各杆件只受轴力的作用，且各杆的截面均匀，同一杆件的轴力 $\overline{F}_N$、F_{NP} 及 EA 均为常数，设杆长为 l，则式(4-9)简化为

$$\Delta_{KP}=\sum\int\frac{\overline{F}_N F_{NP}}{EA}ds=\sum\frac{\overline{F}_N F_{NP}l}{EA} \tag{4-10b}$$

对于组合结构，则对其中的受弯杆件可只计算弯曲变形一项的影响，对链杆则只有轴向变形的影响，故组合结构的位移计算公式为

$$\Delta_{KP}=\sum\int\frac{\overline{M}M_P}{EI}ds+\sum\frac{\overline{F}_N F_{NP}l}{EA} \tag{4-10c}$$

对于拱结构，一般考虑弯矩和轴力这两项的影响，故其位移计算公式为

$$\Delta_{KP}=\sum\int\frac{\overline{F}_N F_{NP}}{EA}ds+\sum\int\frac{\overline{M}M_P}{EI}ds \tag{4-10d}$$

根据式(4-9)，静定结构在荷载作用下的位移计算按如下步骤进行。

(1)建立实际状态下的内力方程。即结构在荷载作用下，按适当的坐标系分别写出内力 F_{NP}、M_P、F_{SP} 的方程。

(2)建立虚拟状态下的内力方程。即根据所求位移的性质，在所求位移点并在所求位移方向上(指向可以任意假设)加一个单位荷载，按已规定的坐标系分别写出内力 $\overline{F}_N$、$\overline{M}$、$\overline{F}_S$ 的方程。

(3)将由(1)、(2)两步骤获得的内力方程式代入式(4-9)，经积分并求和算得所求位移 Δ_{KP}。

【例 4-1】 试求图 4-12(a)所示等截面简支梁跨中点 C 的竖向位移和 A 端的角位移。EI 为常数。

解：(1)计算跨中点 C 的竖向位移。

① 实际状态中，如图 4-12(a)所示，相应的弯矩方程为

$$M_{\mathrm{P}}=\frac{1}{2}qlx-\frac{1}{2}qx^2$$

② 在该梁的跨中 C 处加一竖向单位荷载作为虚拟状态，如图 4-12(b)所示。相应的弯矩方程为

$$\overline{M}=\frac{1}{2}x$$

③ 将以上 M_{P} 和 $\overline{M}$ 代入式(4-10(a))，得

$$\Delta_{VC}=\Sigma\int\frac{\overline{M}M_{\mathrm{P}}}{EI}\mathrm{d}s=\int_0^l\frac{1}{2}x\cdot\left(\frac{1}{2}qlx-\frac{1}{2}qx^2\right)\frac{\mathrm{d}x}{EI}=\frac{5ql^4}{384EI}\ (\downarrow)$$

计算结果为正值，表示 C 点的竖向位移与假设的单位荷载方向相同，即括号中的指向(↓)。

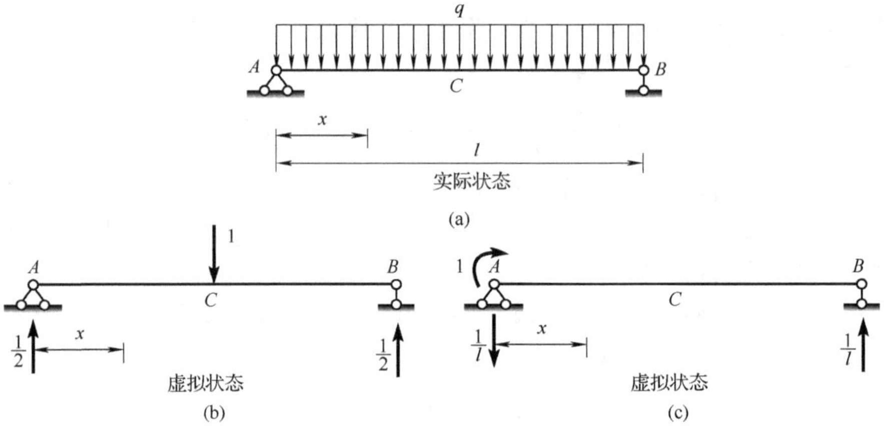

图 4-12

(2)计算 A 端的角位移。

相应的虚拟状态如图 4-12(c)所示，其弯矩方程为

$$\overline{M}=\frac{x}{l}$$

根据式(4-10(a))，得 A 端的角位移为

$$\varphi_A=\int_0^l\frac{x}{l}\left(\frac{1}{2}qlx-\frac{1}{2}qx^2\right)\frac{\mathrm{d}x}{EI}=\frac{ql^3}{24EI}\ (\text{顺时针})$$

【例 4-2】 试求图 4-13(a)所示刚架 A 端的的竖向位移 Δ_{Ay}，并讨论轴力和剪力对位移的影响。各杆材料相同，截面的 A、I 为均为常数。

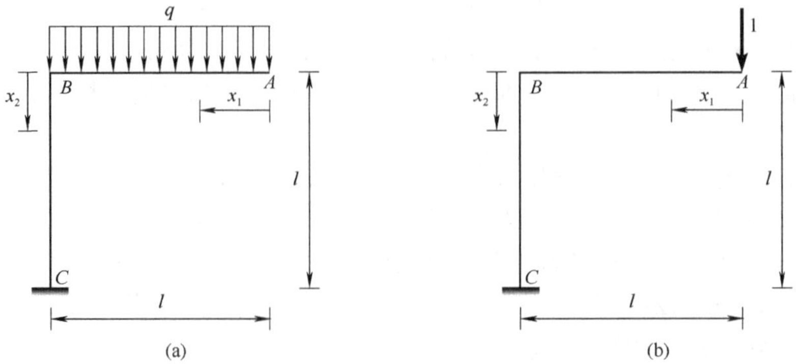

图 4-13

解：(1) 实际状态中，如图 4-13 (a) 所示，相应的弯矩方程为

AB 段：　　$M_P=-\dfrac{qx_1^2}{2}$，$F_{NP}=0$，$F_{SP}=qx_1$

BC 段：　　$M_P=-\dfrac{ql^2}{2}$，$F_{NP}=-ql$，$F_{SP}=0$

(2) 在 A 处加一竖向单位荷载作为虚拟状态，如图 4-13 (b) 所示。相应的弯矩方程为

AB 段：　　$\overline{M}=-x_1$，$\overline{F}_N=0$，$\overline{F}_S=1$

BC 段：　　$\overline{M}=-l$，$\overline{F}_N=-1$，$\overline{F}_S=0$

(3) 将以上 M_P 和 $\overline{M}$ 等代入式 (4-9)，得

$$\begin{aligned}\Delta_{VA}&=\sum\int\frac{\overline{F}_N F_{NP}}{EA}ds+\sum\int\frac{\overline{M}M_P}{EI}ds+\sum\int\frac{k\overline{F}_S F_{SP}}{GA}ds\\&=\int_0^l\frac{ql}{EA}dx_2+\int_0^l\frac{qx_1^3}{2}\frac{dx_1}{EI}+\int_0^l\frac{ql^3}{2}\frac{dx_2}{EI}+\int_0^l\frac{kqx_1}{GA}dx_1\\&=\frac{ql^2}{EA}+\frac{5ql^4}{8EI}+\frac{kql^2}{2GA}=\frac{5ql^4}{8EI}\left(\frac{8I}{5Al^2}+1+\frac{4kEI}{5GAl^2}\right)\end{aligned}$$

(4) 讨论：上式中，第一项为轴力的影响，第二项为弯矩的影响，第三项为剪力的影响。若设杆件的截面为矩形，其宽度为 b，高度为 h，则有杆件横截面的面积 $A=bh$，惯性矩 $I=bh^3/12$，$k=6/5$，代入上式得

$$\Delta_{VA}=\frac{5ql^4}{8EI}\left[\frac{2}{15}\left(\frac{h}{l}\right)^2+1+\frac{2E}{25G}\left(\frac{h}{l}\right)^2\right]$$

由上式可以看出，杆件截面高度和杆长之比 h/l 越大，则轴力和剪力的影响所占的比重越大。例如，若 $h/l=0.1$，设 $E/G=2.5$，则

$$\Delta_{VA}=\frac{5ql^4}{8EI}\left(\frac{1}{750}+1+\frac{1}{500}\right)$$

由此可见，此时轴力和剪力的影响并不大。因此梁和刚架在荷载作用下位移计算只计弯矩一项的影响是足够精确的，略去轴力、剪力的影响是允许的。当然，对于 h/l 值较大的梁和刚架，如短梁、深梁等杆件，这个结论是不适用的。

【例 4-3】　试求图 4-14 (a) 所示桁架 C 点的水平位移 Δ_{HC}。设材料的弹性模量 $E=2\times10^8\,kN/m^2$，各杆横截面面积见表 4-1。

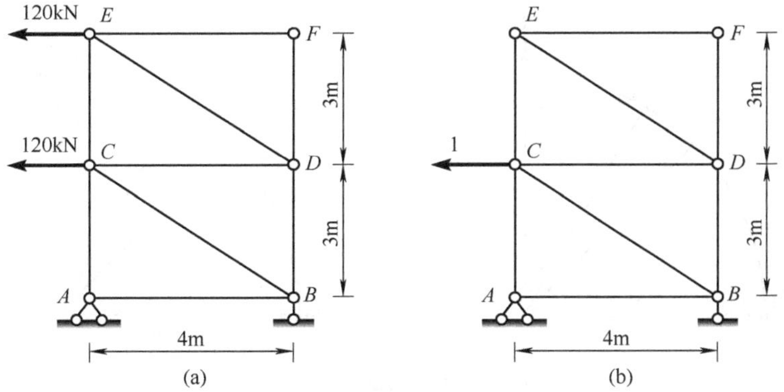

图 4-14

表 4-1 求位移 Δ_{HC} 的计算过程

杆件	横截面积 A/m^2	杆长 l/m	$\overline{F}_{N}$	F_{NP}/kN	$\dfrac{\overline{F}_{N}F_{NP}l}{A}$
EF	3×10^{-3}	4	0	0	0
EC	3×10^{-3}	3	0	−90	0
ED	4×10^{-3}	5	0	150	0
FD	3×10^{-3}	3	0	0	0
CD	3×10^{-3}	4	0	−120	0
CA	3×10^{-3}	3	−0.75	−270	202.5×10^{3}
CB	4×10^{-3}	5	1.25	300	468.75×10^{3}
DB	3×10^{-3}	3	0	90	0
AB	4×10^{-3}	4	−1	−240	240×10^{3}
					$\Sigma=911.25\times10^{3}$

解：虚拟状态如图 4-14(b)所示。计算过程可列表进行，如表 4-1 所示。

根据式(4-10(b))可计算桁架 C 点的水平位移：

$$\Delta_{HC}=\sum\frac{\overline{F}_{N}F_{NP}l}{EA}=\frac{911.25\times10^{3}}{2\times10^{8}}=4.556\times10^{-3}(\mathrm{m})=4.556(\mathrm{mm})\ (\leftarrow)$$

【例 4-4】 试求图 4-15(a)所示等截面圆弧(1/4 圆)曲梁 B 点的水平位移 Δ_{HB}。设梁的截面厚度与半径 R 相比要小得多，EI 为常数。

解：此曲梁为小曲率杆，故可近似采用直杆的位移计算公式，并可略去轴力和剪力对位移的影响而只考虑弯矩一项。在实际状态中，如图 4-15(a)所示，任一截面的弯矩为

$$M_{P}=-FR\sin\varphi$$

在虚拟状态中，如图 4-15(b)所示，任一截面的弯矩为

$$\overline{M}=1\cdot(R-R\cos\varphi)=R(1-\cos\varphi)$$

根据式(4-10(a))并注意到 $\mathrm{d}s=R\mathrm{d}\varphi$，得

$$\Delta_{HB}=\sum\int\frac{\overline{M}M_{P}}{EI}\mathrm{d}s=\frac{1}{EI}\int_{0}^{\frac{\pi}{2}}R(1-\cos\varphi)(-FR\sin\varphi)R\mathrm{d}\varphi$$

$$=-\frac{FR^{3}}{EI}\left(\int_{0}^{\frac{\pi}{2}}\sin\varphi\mathrm{d}\varphi-\int_{0}^{\frac{\pi}{2}}\sin\varphi\cos\varphi\mathrm{d}\varphi\right)=-\frac{FR^{3}}{2EI}(\rightarrow)$$

负号表示 Δ_{HB} 的方向与假设单位力的指向相反，即 B 点的实际水平位移向右。

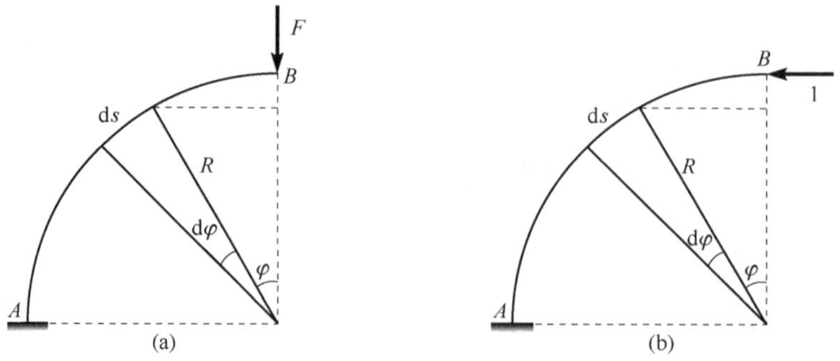

图 4-15

4.5　图　乘　法

梁和刚架在荷载作用下通常按下列积分公式计算位移：

$$\Delta_{KP}=\sum\int\frac{\overline{M}M_{P}}{EI}ds$$

在具体计算时，需要先写出 $\overline{M}$ 和 M_P 的方程式，然后代入上式进行积分运算，这个计算过程是比较麻烦的。但是，如果在分段积分中，每段杆件内满足下列条件，则可用图乘法来代替上述积分运算，从而简化计算工作。

(1) EI 为常数；

(2) 杆轴为直线；

(3) $\overline{M}$ 和 M_P 两个弯矩图中，至少有一个为直线图形。

设等截面直杆 AB 段上的两个弯矩图中，$\overline{M}$ 图为直线，M_P 图为任意形状。若以杆轴为 x 轴，以 $\overline{M}$ 图的延长线与 x 轴的交点 O 为坐标原点并设置 y 轴，如图 4-16 所示，则积分式为

$$\Delta_{KP}=\int_{A}^{B}\frac{\overline{M}M_{P}}{EI}ds$$

式中，ds 可用 dx 代替，EI 为常数，可提到积分号之外，因为 $\overline{M}$ 为直线变化，故有 $\overline{M}=x\tan\alpha$，且 $\tan\alpha$ 为常数，于是，上面的积分式可写为

$$\Delta_{KP}=\int_{A}^{B}\frac{\overline{M}M_{P}}{EI}ds=\frac{\tan\alpha}{EI}\int_{A}^{B}xM_{P}dx=\frac{\tan\alpha}{EI}\int_{A}^{B}xd\omega$$

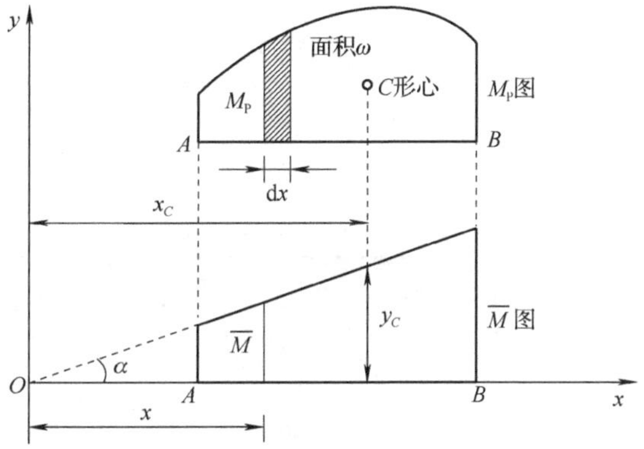

图 4-16

式中，$d\omega=M_{P}dx$ 是 M_P 图中有阴影线的微分面积，$xd\omega$ 为微分面积对 y 轴的静矩。积分 $\int_{A}^{B}xd\omega$ 表示整个 M_P 图的面积对 y 轴的静矩，它等于 M_P 图的面积 ω 乘以其形心 C 到 y 轴的距离 x_C，即

$$\int_{A}^{B}xd\omega=\omega x_{C}$$

代入上式有

$$\Delta_{KP}=\int_{A}^{B}\frac{\overline{M}M_{P}}{EI}ds=\frac{\tan\alpha}{EI}\cdot\omega x_{C}=\frac{\omega y_{C}}{EI}\tag{4-11}$$

式中，y_C 是 M_P 图的形心 C 处所对应 $\overline{M}$ 图的竖标。可见，上述计算位移的积分等于一个弯矩图的面积 ω 乘以其形心处所对应的另一个直线弯矩图上的竖标 y_C 再除以抗弯刚度 EI，这种计算结构位移的方法就称为图乘法。

在计算结构位移时，如果结构中所有杆件都符合上述图乘条件，则式(4-11)可改写为

$$\Delta_{KP}=\sum\int\frac{\overline{M}M_{P}}{EI}ds=\frac{\omega y_{C}}{EI}\tag{4-12}$$

在应用图乘法计算结构位移时，应注意下列几点。

(1) 必须符合上述前提条件。

(2) 竖标 y_C 必须取自直线弯矩图形。

(3) 弯矩图形的面积 ω 与竖标 y_C 若在基线的同侧，则乘积取正号；若在异侧，则乘积取负号。

现将常用的几种简单图形的面积及形心列入图 4-17 中。在所示的各抛物线图形中是指标准

抛物线图形。其他图形的面积和形心，读者可参阅《建筑结构静力计算手册》(中国建筑工业出版社)。

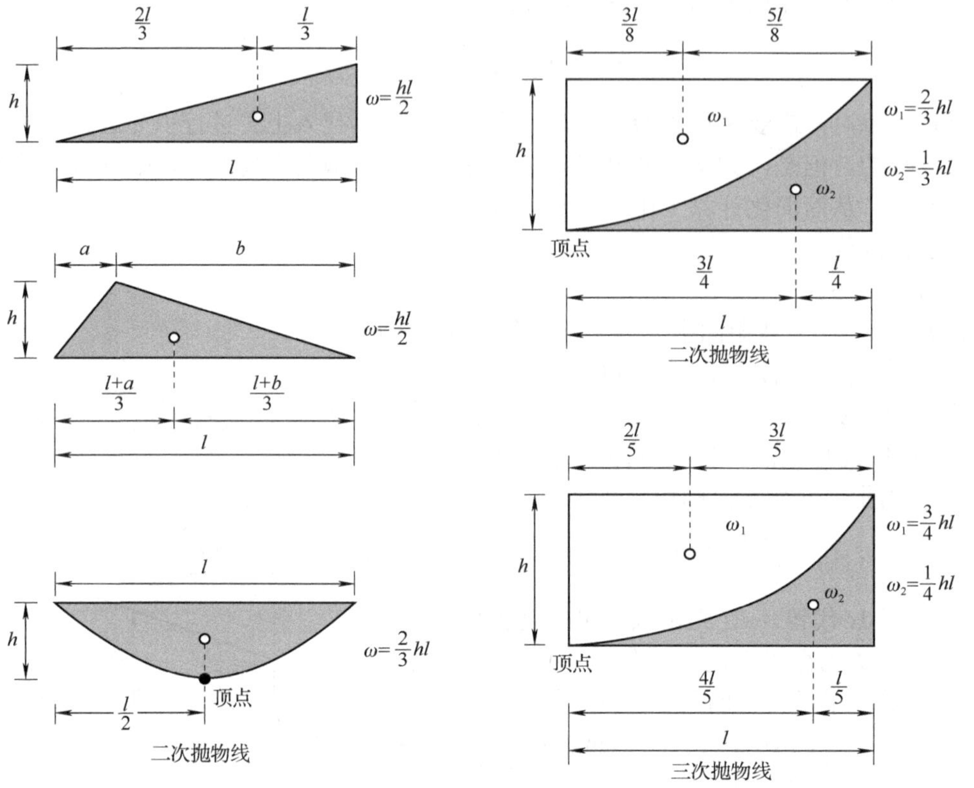

图 4-17

下面进一步讨论图乘法中的一些计算技巧。当图形的面积或形心位置不便确定时，可以将它分解为几个简单的图形，将它们分别与另一个图形相乘，然后把所得结果叠加。

(1) 两个梯形相乘时，可不必定出梯形(如 M_P 图)形心位置，可把其中一个梯形分解为两个三角形(也可以分解为一个矩形和一个三角形)，如图 4-18(a)所示，再分别与另一个梯形相乘，并取其代数和。即

$$\sum\frac{\omega y_C}{EI}=\frac{1}{EI}\left(\frac{al}{2}y_a+\frac{bl}{2}y_b\right)$$

式中，y_a、y_b 可按下式计算：

$$y_a=\frac{2}{3}c+\frac{1}{3}d\text{，}\quad y_b=\frac{1}{3}c+\frac{2}{3}d$$

(2) 当两个图形均为直线图形，M_P 或 $\overline{M}$ 图的竖标 a、b 或 c、d 不在基线的同一侧时，如图 4-18(b)所示，处理原则仍和上面一样，可分解为位于基线两侧的两个三角形，按上述方法图乘后叠加。但应注意图乘时的正、负号，即当面积与竖标在基线同侧时，相乘为正，反之为负。图 4-18(b)所示情形，有

$$\sum\frac{\omega y_C}{EI}=\frac{1}{EI}\left(-\frac{al}{2}y_a-\frac{bl}{2}y_b\right)$$

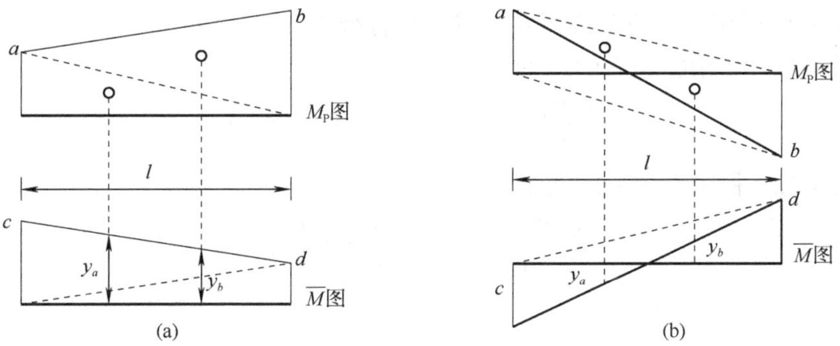

图 4-18

对于在均布荷载 q 作用下的任何一段直杆，如图 4-19(a)所示，其弯矩图均可看成一个梯形与一个标准抛物线图形的叠加。因为这段直杆的弯矩图与图 4-19(b)所示相应简支梁在两端弯矩 M_A、M_B 和均布荷载 q 作用下的弯矩图是相同的。需要注意，弯矩图的叠加是指其竖标的叠加，而不是原图形状的剪贴拼合。因此，叠加后的抛物线图形的所有竖标仍应为竖向的即垂直于杆轴线，而不是垂直于 M_A 和 M_B 的连线。这样，叠加后的抛物线图形与原标准抛物线在形状上并不相同，但两者任一处对应的竖标 y 和微段长度 dx 仍相等，因而对应的每一窄条微分面积仍相等。由此可见，两个图形总的面积大小和形心位置仍然是相同的。理解了这个道理，对于分解复杂的弯矩图形是很有利的。

(3) 当两个图形之一为标准二次抛物线，且其两端竖标值不为零时，如图 4-20 所示，可作辅助线将其分成一个中点竖标为 h 的抛物线和两个端竖标分别为 a、b 的三角形。则图乘叠加后的结果为

$$\sum\frac{\omega y_C}{EI}=\frac{1}{EI}\left(\frac{al}{2}y_a-\frac{bl}{2}y_b-\frac{2}{3}lhy_c\right)$$

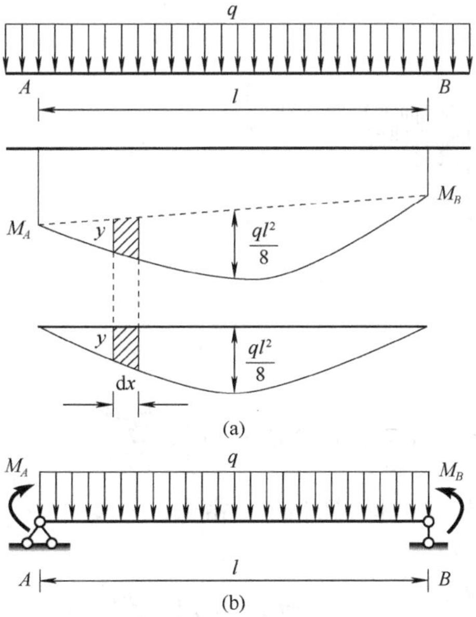

图 4-19

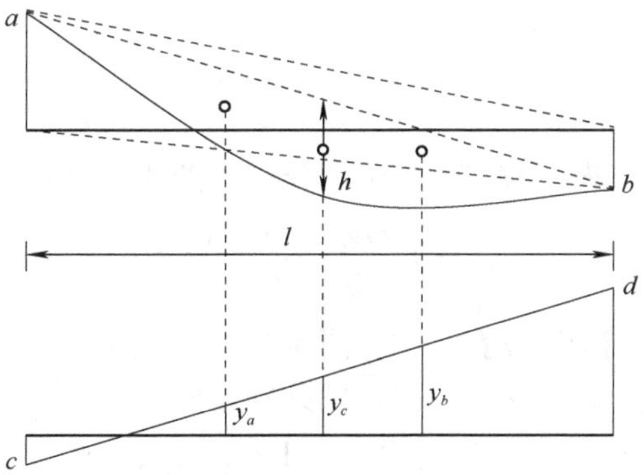

图 4-20

(4) 当两个图形之一为曲线形，另一个为折线形时，如图 4-21 所示，或当各杆段的截面不

相等时，如图 4-22 所示，均应分段图乘，然后进行叠加。

对应于图 4-21，图乘叠加后的结果为

$$\sum\frac{\omega y_C}{EI}=\frac{1}{EI}\left(\omega_1 y_1+\omega_2 y_2+\omega_3 y_3\right)$$

对应于图 4-22，图乘叠加后的结果为

$$\sum\frac{\omega y_C}{EI}=\frac{\omega_1 y_1}{EI_1}+\frac{\omega_2 y_2}{EI_2}+\frac{\omega_3 y_3}{EI_3}$$

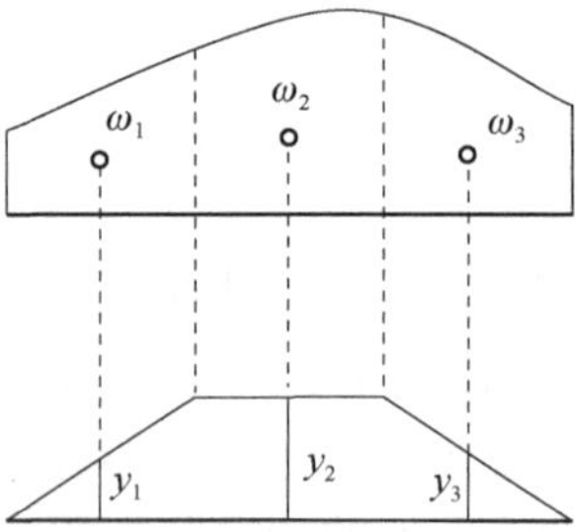

图 4-21

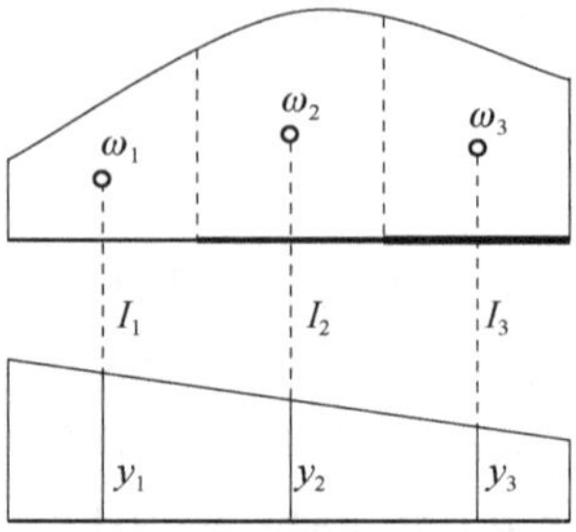

图 4-22

【例 4-5】　等截面简支梁 AB 如图 4-23(a)所示，试求跨度中点 D 的竖向位移。EI 为常数。

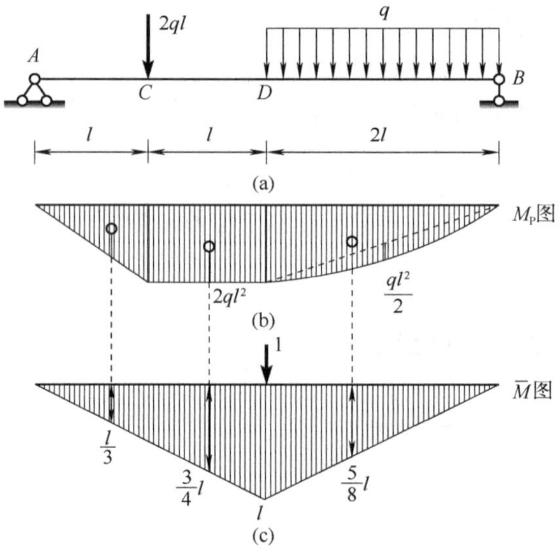

图 4-23

解： M_P 图和 $\overline{M}$ 图分别如图 4-23(b)、(c)所示。则

$$\Delta_{Dy}=\sum\frac{\omega y_C}{EI}=\frac{1}{EI}\left(\frac{1}{2}\times l\times 2ql^2\times\frac{l}{3}+l\times 2ql^2\times\frac{3}{4}l+\frac{2}{3}\times 2l\times 2ql^2\times\frac{5}{8}l\right)=\frac{7ql^4}{2EI}\ (\downarrow)$$

【例 4-6】　试求图 4-24(a)所示刚架 D 点的竖向位移。横梁的 EI 为常数。

解： M_P 图和 $\overline{M}$ 图分别如图 4-24(b)、(c)所示。则

$$\Delta_{Dy}=\sum\frac{\omega y_C}{EI}=\frac{1}{EI}\left(\frac{1}{2}\times l\times l\times\frac{Fl}{2}\right)+\frac{1}{2EI}\left(\frac{1}{2}\times\frac{Fl}{2}\times\frac{3}{2}l\times l-\frac{1}{2}\times Fl\times\frac{3}{2}l\times l\right)=\frac{Fl^3}{16EI}\ (\downarrow)$$

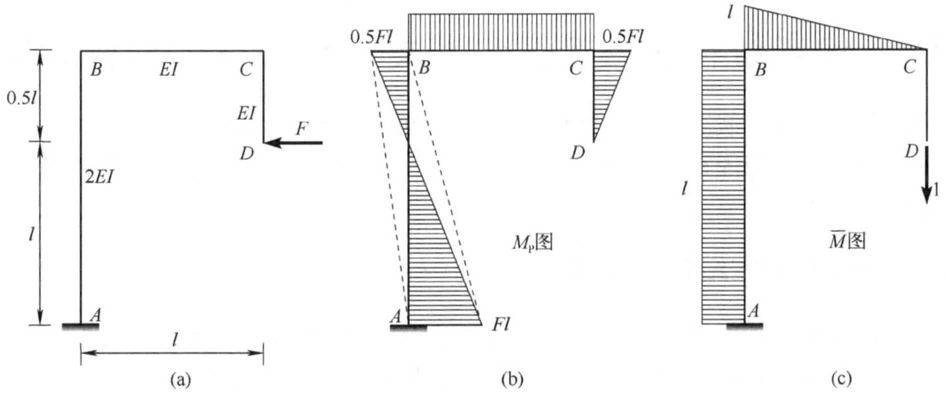

图 4-24

【例 4-7】　试求图 4-25(a)所示结构铰 C 两侧截面的相对转角 φ_{CC}。横梁的 EI 为常数。

解：先作出 M_P 图和 $\overline{M}$ 图，分别如图 4-25(b)、(c)所示。注意 AC 杆的 M_P 图分解为一个三角形和一个二次标准抛物线图形，计算其面积时要采用 AC 杆的实际长度5 m。

$$\varphi_{CC}=\sum\frac{\omega y_C}{EI}$$
$$=\frac{1}{EI}\left(\frac{1}{2}\times5\times14.4\times\frac{1}{3}-\frac{2}{3}\times5\times10\times\frac{1}{2}\times1+\frac{1}{2}\times5\times9.6\times\frac{1}{3}\times1+\frac{1}{2}\times6\times16\times\frac{2}{3}\times2\times2\right)=\frac{394}{3EI}$$

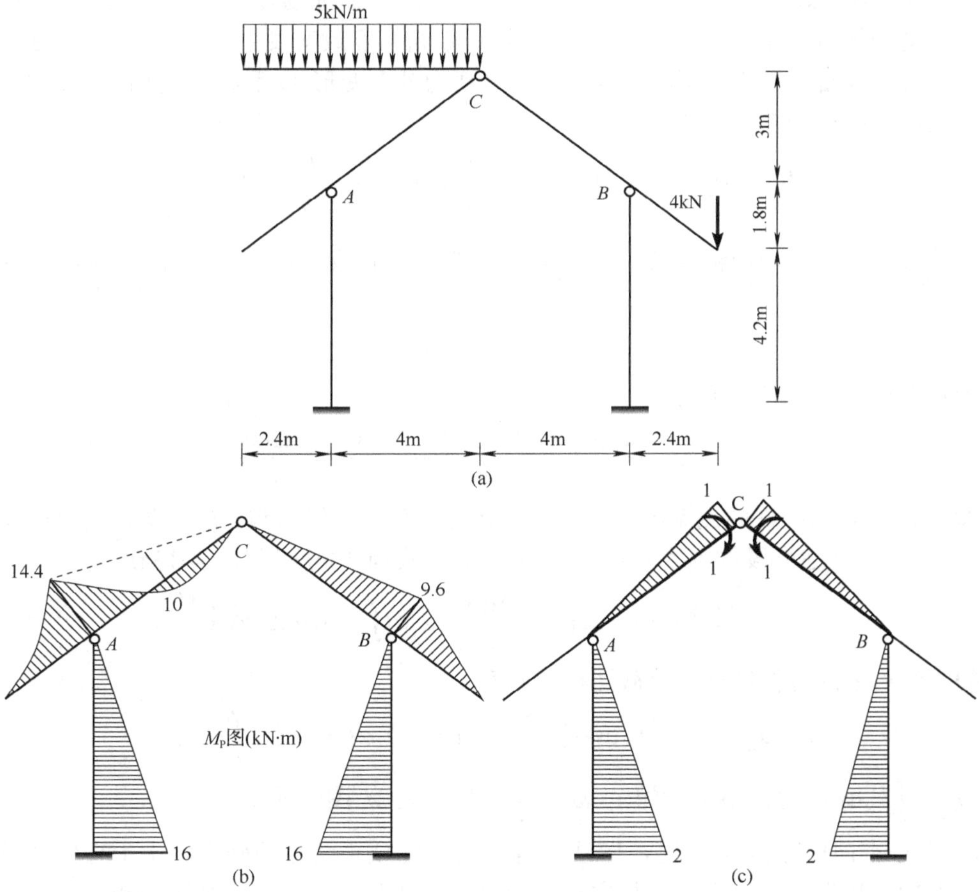

图 4-25

4.6　静定结构在温度变化和支座移动时的位移计算

对于静定结构，除荷载因素外，其他任何因素如温度变化、支座移动等，均不引起内力。但是，静定结构在非荷载因素作用下，会使结构产生变形和位移。本节将分别讨论这两种因素作用下静定结构的位移计算方法。

4.6.1　温度变化时静定结构的位移计算

任何结构，因其周围温度的变化而产生的变形，称为温度变形。相应于这种变形状态下的某处位移为温度位移。设结构中某杆件因其周围温度的改变，其内部的温度均匀上升或下降，则该杆只发生轴向伸长或缩短；如果温度沿截面高度并非均匀变化，则该杆件除发生轴向变形外，还发生弯曲变形。整个结构的温度变形，是由于结构内若干杆件因温度变化发生的轴向变形和弯曲变形而产生的。

如图 4-26(a)所示结构，结构外侧温度升高 t_1，内侧温度升高 t_2（设 $t_2>t_1$），现要求由此引起的该结构上任一点沿任一方向的位移，如 K 点的竖向位移 $\varDelta_{Kt}$（图 4-26(b)）。此时，位移计算的一般公式(4-7)成为

$$\varDelta_{Kt}=\sum\int\overline{F}_{\mathrm{N}}\mathrm{d}u_t+\sum\int\overline{M}\mathrm{d}\varphi_t+\sum\int\overline{F}_{\mathrm{S}}\gamma_t\mathrm{d}s \tag{4-13a}$$

现在研究实际状态中任一微段 ds 由于温度变化所产生的变形。微段上、下边纤维的伸长分别为 $\alpha t_1\mathrm{d}s$ 和 $\alpha t_2\mathrm{d}s$，如图 4-26(a)所示，其中 α 是材料的线膨胀系数。为了简化计算，可假设杆件内部的温度变化沿截面高度 h 呈线性变化，各纤维因温度改变发生不同的伸长，使 ds 段的 mn 变形至 m_1n_1 时，截面仍保持为平面。这种变形可视为轴向变形 $\mathrm{d}u_t$ 和截面转动 $\mathrm{d}\varphi_t$ 的组合。由几何关系可求得微段在杆轴线处的伸长为

$$\mathrm{d}u_t=\alpha t_1\mathrm{d}s+\left(\alpha t_2\mathrm{d}s-\alpha t_1\mathrm{d}s\right)\frac{h_1}{h}=\alpha\left(\frac{h_2}{h}t_1+\frac{h_1}{h}t_2\right)\mathrm{d}s=\alpha t\mathrm{d}s \tag{4-13b}$$

式中，$t=\dfrac{h_2}{h}t_1+\dfrac{h_1}{h}t_2$，为杆轴线处的温度变化。若杆件的截面对称于形心轴，即 $h_1=h_2=\dfrac{h}{2}$，则 $t=\dfrac{t_1+t_2}{2}$。

微段两端截面的相对转角为

$$\mathrm{d}\varphi_t=\frac{\alpha t_2\mathrm{d}s-\alpha t_1\mathrm{d}s}{h}=\frac{\alpha\left(t_2-t_1\right)\mathrm{d}s}{h}=\frac{\alpha\Delta t\mathrm{d}s}{h} \tag{4-13c}$$

式中，$\Delta t=t_2-t_1$，为杆件两侧温度变化之差。此外，对于杆件结构，温度变化不会引起剪切变形，即 $\gamma_t=0$。将上述微段的温度变形即式(4-13b)、式(4-13c)代入式(4-13a)，得

$$\varDelta_{Kt}=\sum\int\overline{F}_{\mathrm{N}}\alpha t\mathrm{d}s+\sum\int\overline{M}\frac{\alpha\Delta t\mathrm{d}s}{h}=\sum\alpha t\int\overline{F}_{\mathrm{N}}\mathrm{d}s+\sum\alpha\Delta t\int\frac{\overline{M}}{h}\mathrm{d}s \tag{4-14}$$

若静定结构中的各杆件均为等截面杆，则有

$$\varDelta_{Kt}=\sum\alpha t\int\overline{F}_{\mathrm{N}}\mathrm{d}s+\sum\frac{\alpha\Delta t}{h}\int\overline{M}\mathrm{d}s=\sum\alpha t\omega_{\overline{F}_{\mathrm{N}}}+\sum\frac{\alpha\Delta t}{h}\omega_{\overline{M}} \tag{4-15}$$

式中，$\omega_{\overline{F}_{\mathrm{N}}}=\int\overline{F}_{\mathrm{N}}\mathrm{d}s$，为 $\overline{F}_{\mathrm{N}}$ 图的面积；$\omega_{\overline{M}}=\int\overline{M}\mathrm{d}s$，为 $\overline{M}$ 图的面积。

在应用式(4-14)和式(4-15)时，应注意等式右边各项正负号的确定。由于它们都是内力所做的变形虚功，故当实际温度变形与虚设内力引起的变形一致时，其乘积为正，反之为负。因

此，对于温度变化，规定温度升高为正，降低为负；轴力 $\overline{F}_N$ 以拉伸为正，压缩为负；弯矩 $\overline{M}$ 则应以 t_2 边受拉为正，反之为负。

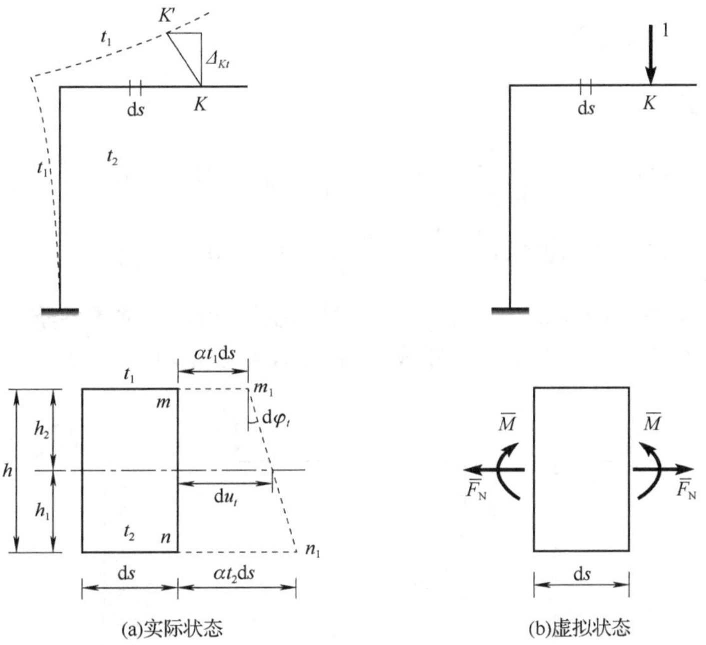

图 4-26

对于梁和刚架，在计算温度变化引起的位移时，一般不能略去轴向变形的影响。

对于桁架结构，在温度变化时，其位移计算公式为

$$\Delta_{Kt}=\sum\overline{F}_N\alpha tl \tag{4-16}$$

当桁架结构的杆件长度因制造误差而与设计长度不符时，由此所引起的位移计算与温度变化时相类似。设各杆长度的制造误差为 Δl，则其位移计算公式为

$$\Delta_K=\sum\overline{F}_N\Delta l \tag{4-17}$$

【例 4-8】　图 4-27(a)所示简支刚架，已知内侧温度升高 20℃，外侧温度升高 10℃，各杆截面为矩形，$h=0.6\text{m}$，$l=H=6\text{m}$，$\alpha=1.0\times10^{-5}℃^{-1}$，试求横梁中点的竖向位移 Δ_{Dt}。

解：欲求 D 点竖向温度位移，应在 D 点的竖直方向上虚设单位力，作出 $\overline{M}$ 图和 $\overline{F}_N$ 图，分别如图 4-27(b)、(c)所示。

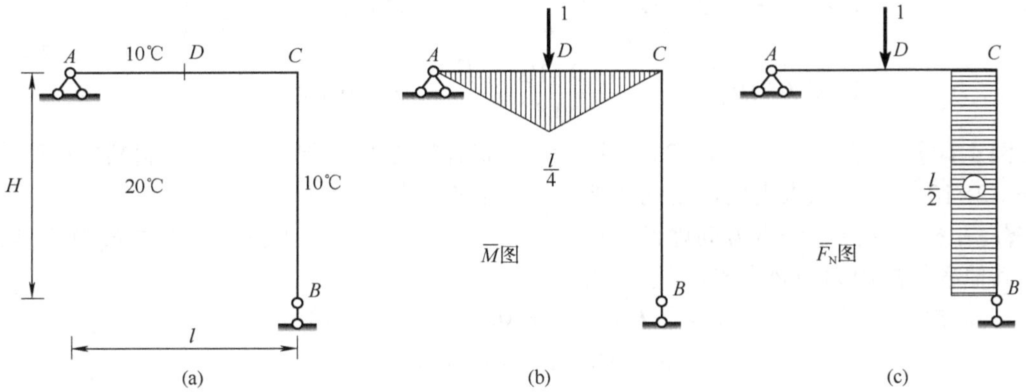

图 4-27

刚架各杆轴线处温度变化为

$$t=\frac{1}{2}(20+10)=15(℃)\ (升高)$$

刚架各杆内外侧温度差为

$$\Delta t=20-10=10(℃)$$

由式(4-15)，得

$$\Delta_{Dt}=5\alpha l\left(-\frac{3}{2}+\frac{l}{4h}\right)\sum\alpha t\omega_{\bar{F}_N}+\sum\frac{\alpha\Delta t}{h}\omega_{\bar{M}}=-15\alpha\left(\frac{1}{2}H\right)+\frac{10\alpha}{h}\left(\frac{1}{8}l^2\right)$$

$$=5\times1.0\times10^{-5}\times6\left(-\frac{3}{2}+\frac{6}{4\times0.6}\right)=3.0\times10^{-4}(\text{m})(\downarrow)$$

【例 4-9】 图 4-28(a)所示刚架，已知施工时温度为 20℃，试求冬季当外侧温度为 −10℃，内侧温度为 0℃时 B 点竖向位移 Δ_{Bt}。各杆截面为矩形，高度 $h=0.4\text{m}$，$l=4\text{m}$，$\alpha=1.0\times10^{-5}℃^{-1}$。

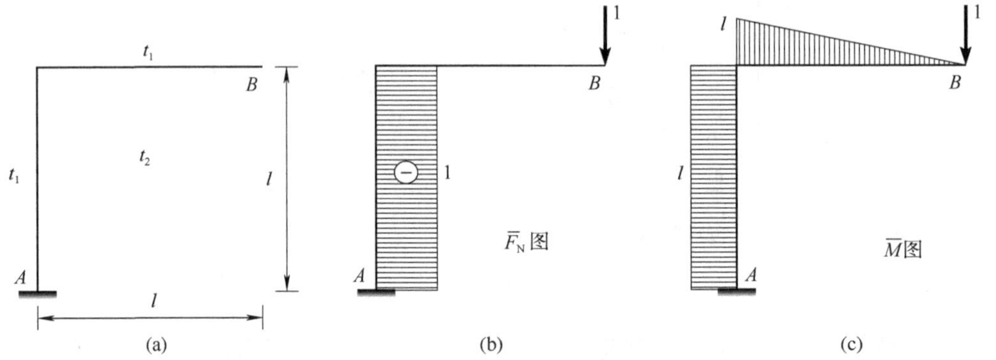

图 4-28

解： 刚架各杆外侧温度变化为 $t_1=-10℃-20℃=-30℃$，内侧温度变化为 $t_2=0℃-20℃=-20℃$，则有

$$t=\frac{t_1+t_2}{2}=\frac{-30℃-20℃}{2}=-25℃$$

$$\Delta t=t_2-t_1=-20℃-(-30℃)=10℃$$

欲求 B 点竖向温度位移，应在 B 点的竖直方向上虚设单位力，作出 $\bar{F}_N$ 图和 $\overline{M}$ 图，分别如图 4-28(b)、(c)所示。由式(4-15)，得

$$\Delta_{Bt}=25\alpha l-\frac{15\alpha l^2}{h}\sum\alpha t\omega_{\bar{F}_N}+\sum\frac{\alpha\Delta t}{h}\omega_{\bar{M}}=\alpha(-25)\times(-1)l+\frac{\alpha\times10}{h}\left(-\frac{l^2}{2}-l^2\right)$$

$$=25\times1.0\times10^{-5}\times4-\frac{15\times1.0\times10^{-5}\times4^2}{0.4}=-0.005(\text{m})(\uparrow)$$

【例 4-10】 桁架结构如图 4-29(a)所示，下弦各杆温度上升10℃，杆件材料的线膨胀系数为 $\alpha=1.2\times10^{-5}℃^{-1}$。试求由此产生的桁架下弦中点 C 的挠度 Δ_{Ct}。

解： 在桁架中点 C 竖直方向虚设单位力，则其虚拟状态及各下弦杆的内力 $\bar{F}_N$ 如图 4-29(b)所示(其他各杆的内力不必求出)。根据式(4-16)，得

$$\Delta_{Ct}=\sum\bar{F}_N\alpha tl=4\times(0.5\times1.2\times10^{-5}\times10\times2)$$

$$=0.00048(\text{m})=0.48(\text{mm})(\downarrow)$$

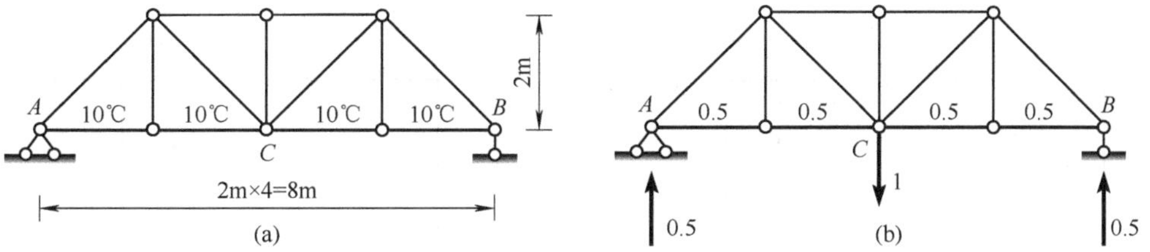

图 4-29

4.6.2　支座移动时静定结构的位移计算

对于静定结构，支座移动时并不引起结构内力，因此结构不产生弹性变形，故此时结构只发生刚体位移。

现以图 4-30 (a) 所示刚架为例，做一说明。设刚架支座发生了水平位移 c_1 、竖向位移 c_2 和转角 c_3 ，现要求由此引起的任一点沿任一方向的位移，如 K 点的竖向位移 Δ_{Kc} 。

为此，应在 K 点沿竖直方向虚设单位力，并以此作为虚拟状态，如图 4-30 (b) 所示。

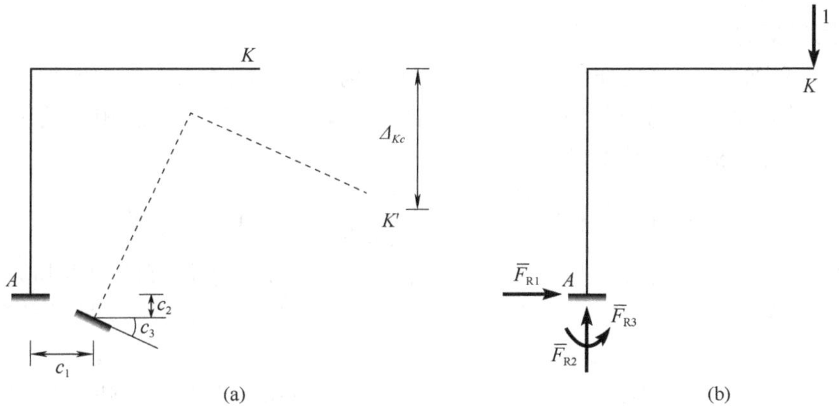

图 4-30

由于结构只发生支座位移，不引起结构内力，实际状态中微段 ds 无变形。根据虚功原理可得静定结构在支座移动时的位移计算公式为

$$\Delta_{Kc} = -\sum \overline{F}_{\mathrm{R}} \cdot c \tag{4-18}$$

式中， $\overline{F}_{\mathrm{R}}$ 为虚拟状态下的支座反力，如图 4-30 (b) 所示； $\sum \overline{F}_{\mathrm{R}} \cdot c$ 为反力虚功之和，当 $\overline{F}_{\mathrm{R}}$ 与实际支座位移 c 方向一致时其乘积为正，反之为负。此外，式 (4-18) 右边前面还有一负号，是根据虚功原理推导静定结构位移计算公式移项时所得，不可漏掉。

【例 4-11】　图 4-31 (a) 所示三铰刚架的支座 B 发生水平位移 c 。试求由此引起的该刚架 D 点处的水平位移 Δ_{Dc} 。

解：虚拟状态如图 4-31 (b) 所示，考虑刚架的整体平衡，由 $\sum M_A = 0$ ，可求得 $\overline{F}_{By} = h/l$ (↑)；再考虑右半刚架的平衡，由 $\sum M_C = 0$ ，可求得 $\overline{F}_{Bx} = 1/2$ (←)。由式 (4-18) 得

$$\Delta_{Dc} = -\sum \overline{F}_{\mathrm{R}} \cdot c = -\left(-\frac{1}{2} \cdot c\right) = \frac{c}{2} \ (\rightarrow)$$

上式括号内乘积前的负号是由于 $\overline{F}_{Bx}$ 与支座 B 的水平位移 c 两者方向相反。计算结果为正值，表示所求位移 Δ_{Dc} 的实际方向与虚设单位力的指向一致，即向右。

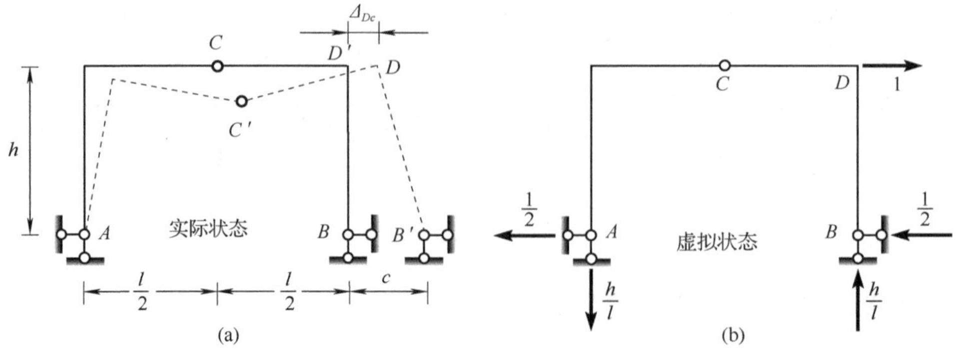

图 4-31

4.7 线弹性结构的互等定理

本节介绍线弹性结构的四个互等定理，其中最基本的是功的互等定理，其他三个定理都可由功的互等定理推导出来。

1．功的互等定理

设有两组外力 F_1 和 F_2 分别作用于同一线弹性结构上，如图 4-32(a)、(b)所示，分别称为结构的第一状态和第二状态。如果计算第一状态的外力和内力在第二状态相应的位移和变形上所做的虚功 W_{12} 和 W_{i12}，根据虚功原理 $W_{12}=W_{i12}$，则有

$$F_1\Delta_{12}=\sum\int\frac{M_1M_2}{EI}\mathrm{d}s+\sum\int\frac{F_{N1}F_{N2}}{EA}\mathrm{d}s+\sum\int k\frac{F_{S1}F_{S2}}{GA}\mathrm{d}s \tag{4-19a}$$

式中，位移 Δ_{12} 的两个下标的含义与前述相同：第一个下标 1 表示位移的地点和方向，即该位移是外力 F_1 作用点沿 F_1 方向上的位移；第二个下标 2 表示产生位移的原因，即该位移是由于 F_2 所引起的。

现对于同一结构，反过来，如果计算第二状态的外力和内力在第一状态相应的位移和变形上所做的虚功 W_{21} 和 W_{i21}，根据虚功原理 $W_{21}=W_{i21}$，则有

$$F_2\Delta_{21}=\sum\int\frac{M_2M_1}{EI}\mathrm{d}s+\sum\int\frac{F_{N2}F_{N1}}{EA}\mathrm{d}s+\sum\int k\frac{F_{S2}F_{S1}}{GA}\mathrm{d}s \tag{4-19b}$$

式(4-19a)和式(4-19b)的右边是相等的，因此等式左边也应相等，故有

$$F_1\Delta_{12}=F_2\Delta_{21} \tag{4-20}$$

或写为

$$W_{12}=W_{21} \tag{4-21}$$

这表明：第一状态的外力在第二状态的相应位移上所做的虚功，等于第二状态的外力在第一状态的相应位移上所做的虚功。这就是功的互等定理。此定理对于任何线弹性结构都适用。

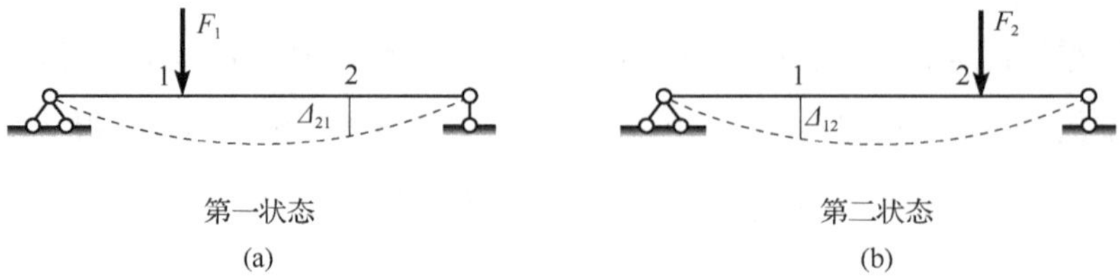

图 4-32

2. 位移互等定理

现在应用功的互等定理来研究一种特殊情况。如图 4-33 所示，假设两个状态中的荷载都是单位力，即 $F_1 = 1$，$F_2 = 1$，则由功的互等定理即式(4-20)有

$$1 \cdot \Delta_{12} = 1 \cdot \Delta_{21}$$

即

$$\Delta_{12} = \Delta_{21}$$

此时，Δ_{12} 和 Δ_{21} 都是由单位力所引起的位移，为了区别起见，改用小写字母 δ_{12} 和 δ_{21} 表示，则将上式写成

$$\delta_{12} = \delta_{21} \tag{4-22}$$

这就是位移互等定理。它表明：第二个单位力所引起的第一个单位力作用点沿其方向的位移，在数值上等于第一个单位力所引起的第二个单位力作用点沿其方向的位移。

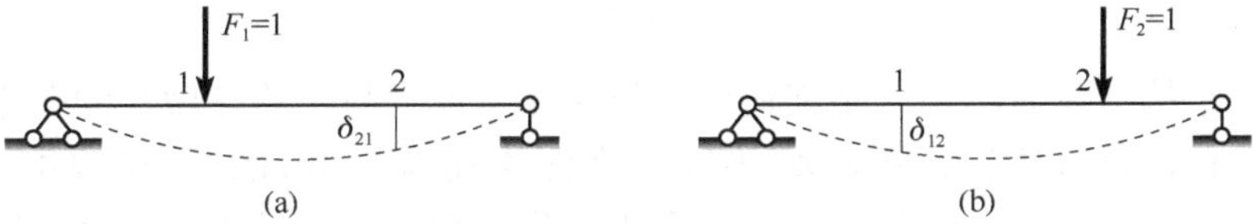

图 4-33

应该指出：这里的单位力是指广义单位力，即两者可以都是单位力或都是单位力偶，也可以一个是单位力，另一个是单位力偶。而相应的位移是指广义位移，即两者可以都是线位移或都是角位移，或者一个是线位移，另一个是角位移。例如，在图 4-34 的两个状态中，根据位移互等定理，应有 $\varphi_B = f_C$。实际上，单位集中力 $F = 1$ 作用于梁 AB 的中点 C；单位集中力偶 $M = 1$ 作用于梁 AB 的端点 B。由材料力学可知：

$$\varphi_B = \frac{Fl^2}{16EI}, \quad f_C = \frac{Ml^2}{16EI}$$

在单位荷载作用下，即 $F = 1$、$M = 1$（注意 $F = 1$、$M = 1$ 的量纲为 1），故有 $\varphi_B = f_C = l^2/(16EI)$。可见，虽然 φ_B 代表单位集中力引起的角位移，f_C 代表单位集中力偶引起的线位移，其含义不同，但此时两者在数值上是相等的，量纲也相同。

读者还可以自行举出其他例子来说明位移互等定理。

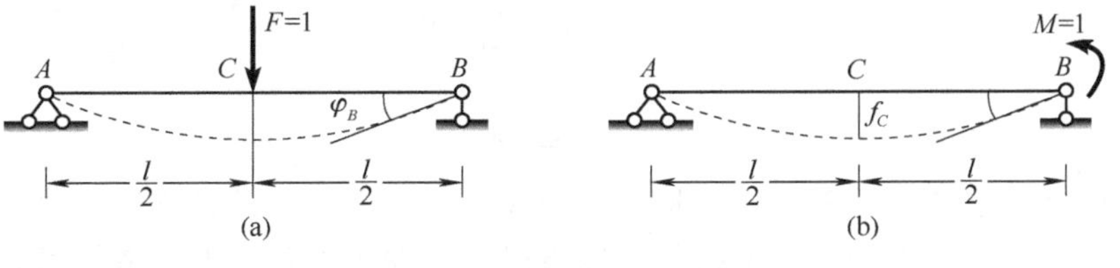

图 4-34

3. 反力互等定理

这个定理也是功的互等定理的一个特殊情况。反力互等定理用来说明在超静定结构中假设两个支座分别发生单位位移时，两个状态中反力的互等关系。图 4-35(a)表示支座 1 沿竖直方向发生单位位移 $\Delta_1 = 1$ 的状态，由此引起支座 1 处的反力为 r_{11}，在支座 2 处的反力为 r_{21}；图 4-35(b)表示同一结构支座 2 沿竖直方向发生单位位移 $\Delta_2 = 1$ 的状态，由此引起支座 2 处的反力为 r_{22}，在支座 1 处的反力为 r_{12}。根据功的互等定理，有

$$-r_{21}\cdot\Delta_2+r_{11}\cdot 0=r_{22}\cdot 0-r_{12}\cdot\Delta_1$$

由于 $\Delta_1=\Delta_2=1$，故得

$$r_{21}=r_{12} \tag{4-23}$$

这就是反力互等定理。它表明：支座 1 发生单位位移所引起的支座 2 的反力，在数值上等于支座 2 发生单位位移所引起的支座 1 的反力。

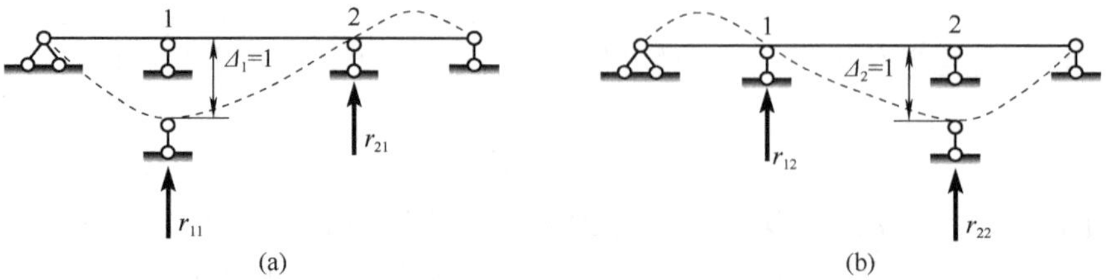

图 4-35

这一定理对结构上任何两个支座都适用，但应注意反力与位移在做功的关系上应相对应，即力对应于线位移，力偶对应于角位移。例如，在图 4-36(a)、(b)的两个状态中，应有 $r_{12}=r_{21}$，它们虽然一个为单位位移引起的反力偶，一个为单位转角引起的反力，含义不同，在此时两者在数值上是相等的，其量纲也相同。

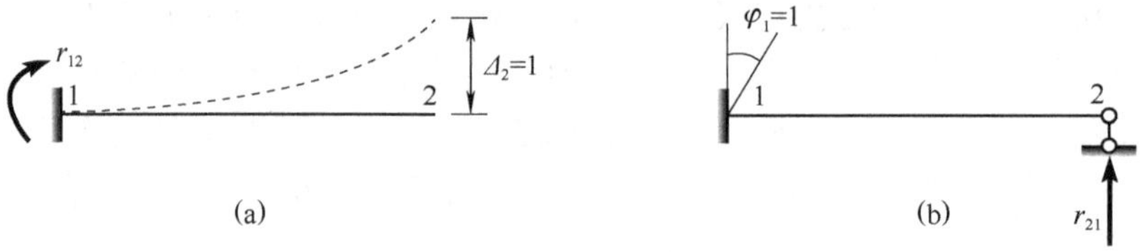

图 4-36

4．反力位移互等定理

这个定理是功的互等定理的又一个特殊情况，它说明一个状态中的反力与另一个状态中的位移具有的互等关系。图 4-37(a)表示在 2 处有单位荷载 $F=1$ 作用时，由此在支座 1 上产生的反力偶为 r_{12}，其方向如图所示。图 4-37(b)表示同一结构在支座 1 处顺着 r_{12} 的方向发生单位转角 $\varphi_1=1$ 时，沿荷载 F 作用点方向发生的位移为 δ_{21}。根据功的互等定理，有

$$r_{12}\varphi_1+F\delta_{21}=0$$

由于 $\varphi_1=1$，$F=1$，故有

$$r_{12}=-\delta_{21} \tag{4-24}$$

这就是反力位移互等定理。它表明：结构在单位荷载作用下产生的某支座反力，在数值上等于该支座发生单位位移时所引起的单位荷载作用点沿其方向的位移，但两者符号相反。

图 4-37

习　　题

4-1　试用积分法计算图示刚架 B 点的水平位移。$EI=$常数。

4-2　图示曲梁为圆弧形，$EI=$常数，略去轴力和剪力对位移的影响，试求图(a)结构 B 点的水平位移；图(b)结构 B 截面的角位移。

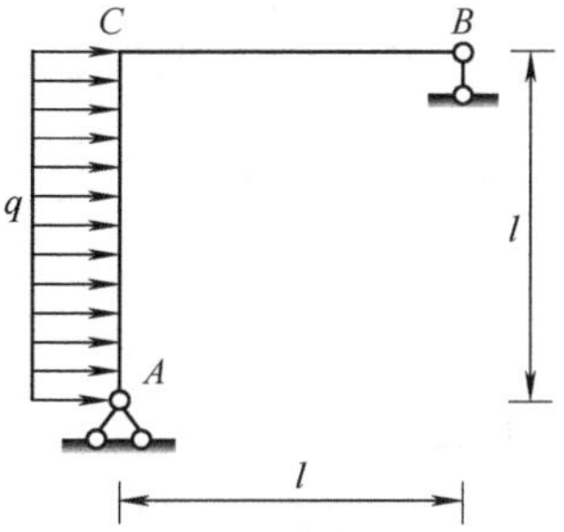

题 4-1 图

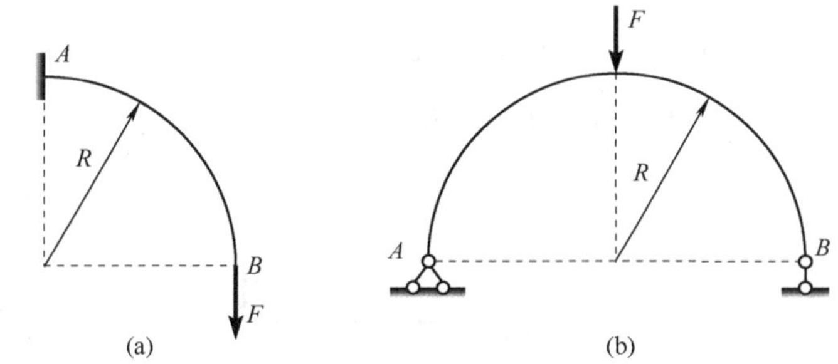

题 4-2 图

4-3　下列各图乘是否正确？如果不正确如何改正？

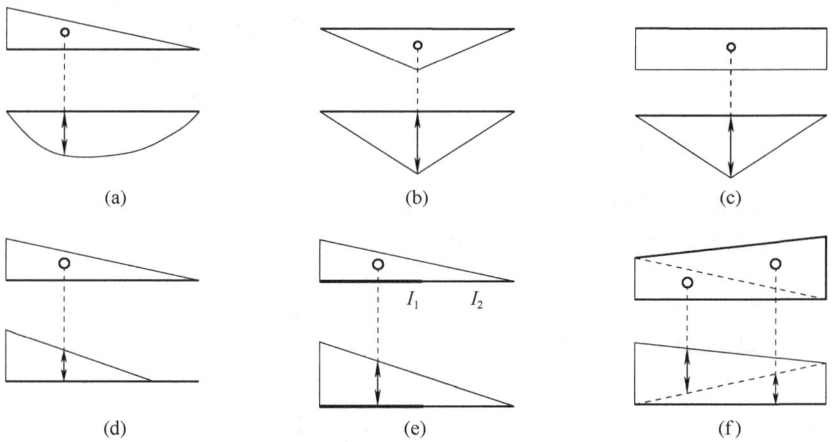

题 4-3 图

4-4　试用图乘法求 C 截面的挠度 Δ_{Cy}。$EI=$常数。

4-5　试用图乘法求简支梁的最大挠度。$EI=$常数。

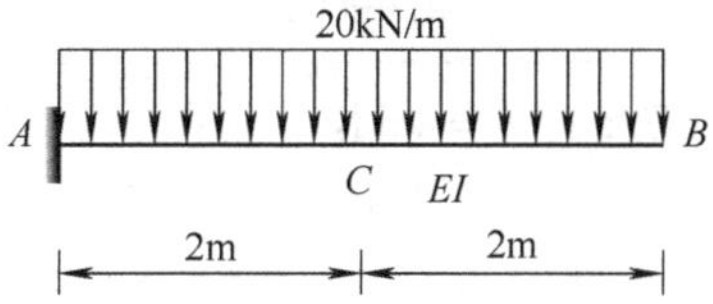

题 4-4 图

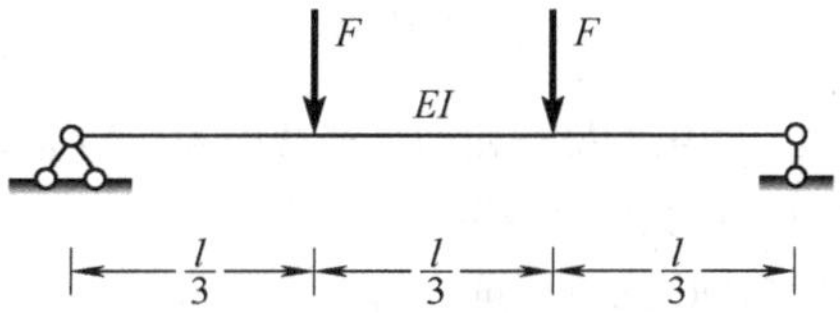

题 4-5 图

4-6　试用图乘法求 B 截面的转角 φ_B。$EI=$常数。

4-7　试用图乘法求 C、D 两点的水平距离 Δ_{HCD}。$EI=$常数。

4-8　试求图示结构 C 点的水平位移 Δ_H、竖向位移 Δ_V、转角 φ。设各杆 EI 和 EA 均为常量。

(1) 忽略轴向变形的影响。

(2) 考虑轴向变形的影响。

4-9　图示框形刚架，在顶部横梁中点被切开。试求切口处两侧截面 A 与 B 的竖向相对位移 Δ_1、水平相对位移 Δ_2 和相对转角 Δ_3。设各杆 EI 均为常量。

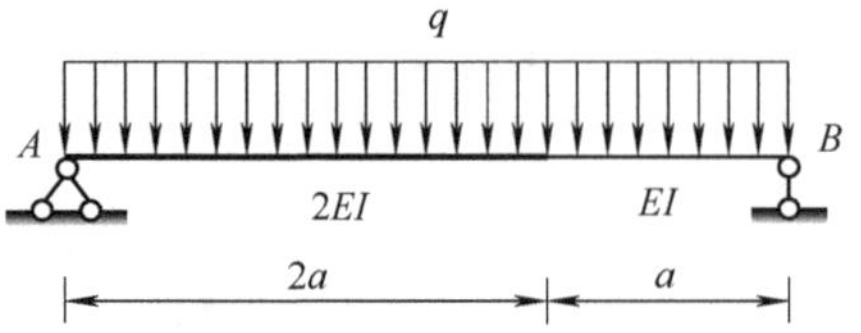

题 4-6 图

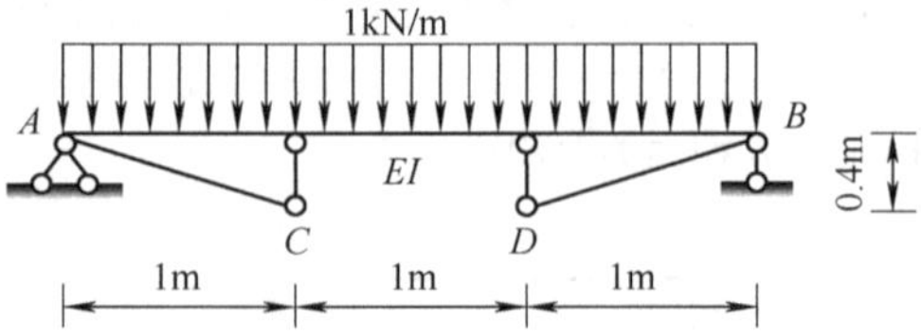

题 4-7 图

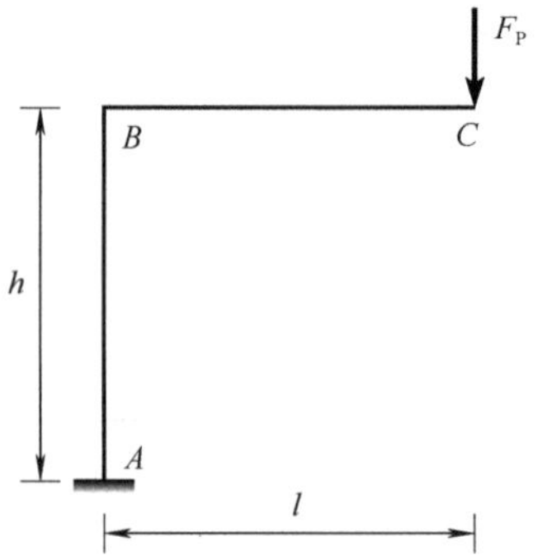

题 4-8 图

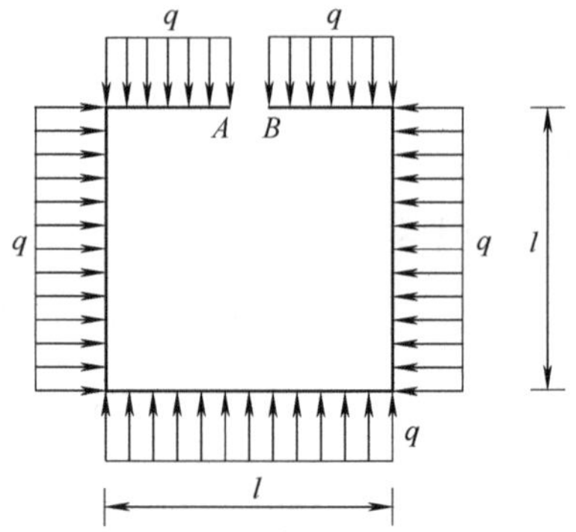

题 4-9 图

4-10　试用图乘法求 C 截面的挠度 Δ_{Cy}。$EI=$常数。

4-11　试用图乘法求 Δ_{Cx}、Δ_{Cy}、φ_D。$EI=$常数。

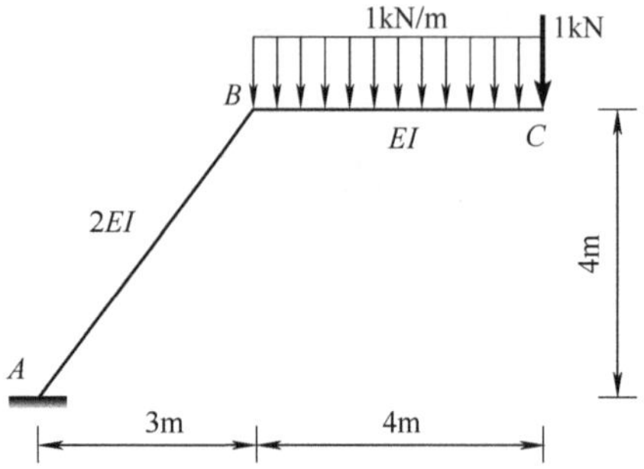

题 4-10 图

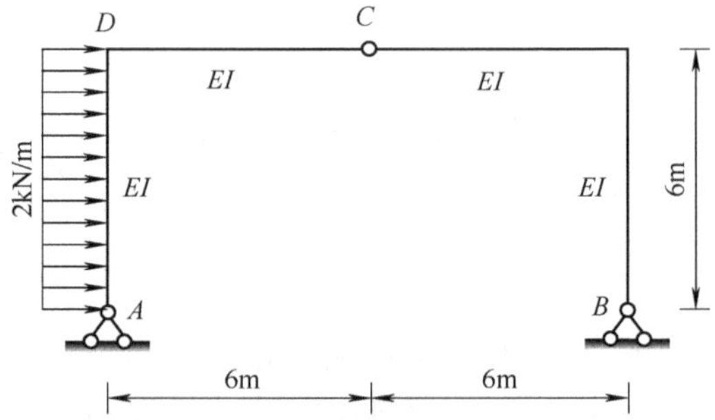

题 4-11 图

4-12　图示桁架结构中各杆截面积均为 $A=2\times10^{-3}\text{m}^2$，$E=210\text{GPa}$，$F=40\text{kN}$。试求：

(1) C 点的竖向位移；

(2) $\angle ADC$ 的改变量。

4-13　图示组合结构横梁 AD 为 20b 工字钢，$I=2500\text{cm}^4$，拉杆 BC 为直径 20mm 的圆钢，材料的弹性模量为 $E=210\text{GPa}$。试求 D 点的竖向位移。

4-14　图示简支梁，上缘温度升高10℃，下缘温度下降2℃，梁的截面高度为 h 并对称于形心轴，材料的线膨胀系数为 α。试求 B 端截面的角位移。

4-15　图示等截面简支梁上边温度降低 t℃，下边温度升高 t℃，梁的截面高度为 h 并对称于形心轴，同时简支梁两端有一对等值反向的力偶 M 作用。若欲使梁端转角为零，M 应为多少？材料的线膨胀系数为 α，$EI=$常数。

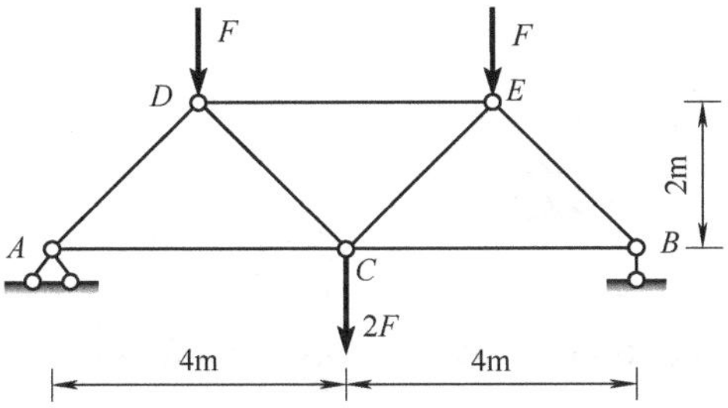

题 4-12 图

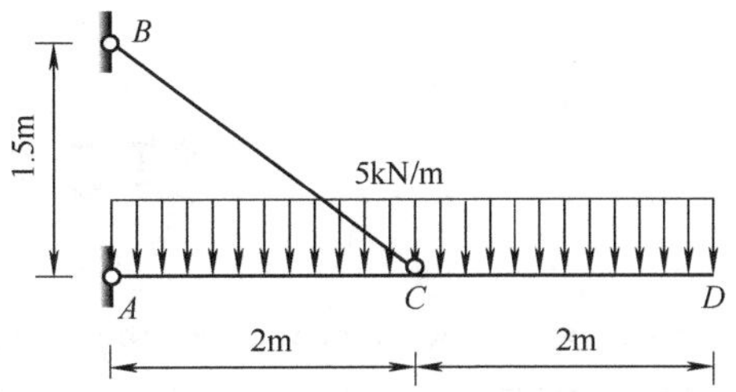

题 4-13 图

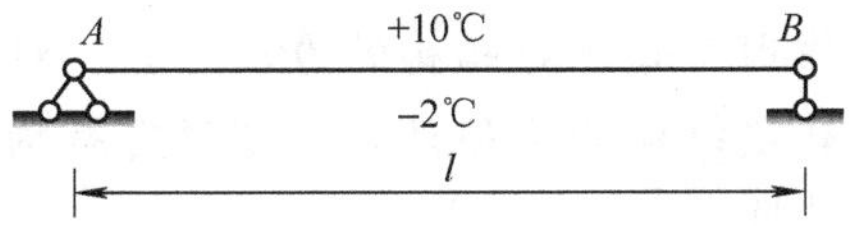

题 4-14 图

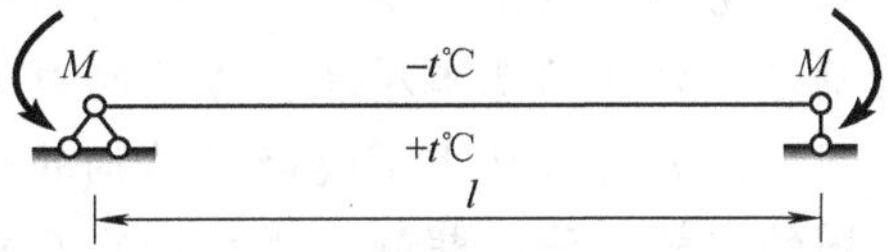

题 4-15 图

4-16　图示三铰刚架内部温度升高30℃，外部温度不变，各杆截面为矩形，截面高度均为 h，材料的线膨胀系数为 α。试求 C 点的竖向位移。

4-17　图示简支刚架支座 B 下沉 b，试求 C 点的水平位移。

4-18　图示桁架结构，在结点 B 处受一水平荷载 F 作用，同时支座 A 发生位移。试求桁架结点 C 的水平位移。各杆 EA 相同。

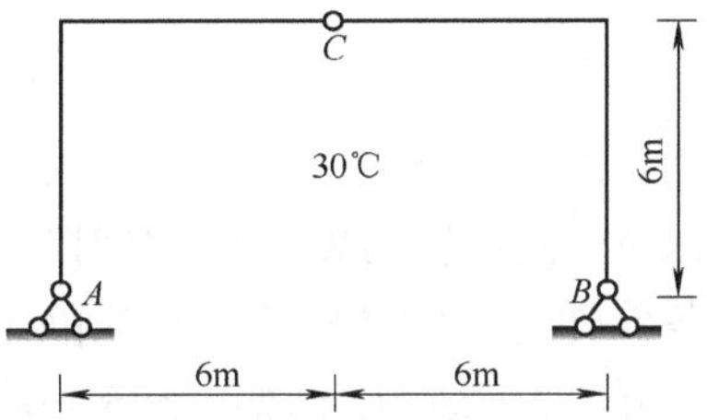

题 4-16 图

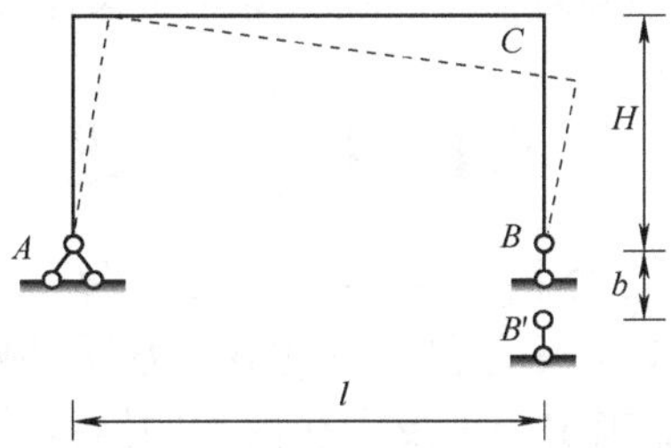

题 4-17 图

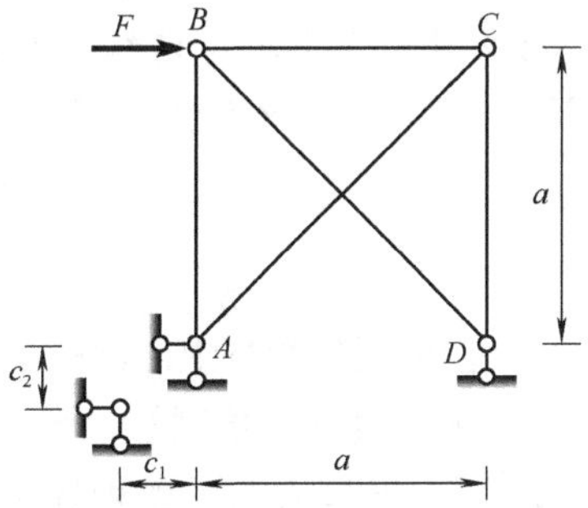

题 4-18 图

第5章 力　　法

主要内容

本章主要讨论用力法求解超静定结构问题，主要内容涉及超静定结构的概念和超静定次数的确定、力法的基本原理、力法的典型方程、荷载作用下超静定结构的力法计算、对称性的利用、广义荷载作用下超静定结构的力学计算、超静定结构的位移计算、超静定结构最后内力图的校核方法、超静定拱的计算及超静定结构的特性。

学习要求

充分理解和掌握力法的基本原理，深刻理解用力法求解超静定结构问题的本质是将其转化为静定结构位移计算问题，理解基本体系的桥梁作用；能熟练确定力法超静定次数，掌握力法典型方程的物理意义；能熟练运用力法计算简单超静定结构(梁、刚架、桁架、排架、组合结构和拱结构)在荷载作用下的内力；了解用弹性中心法计算无铰拱的方法；会计算超静定结构在广义荷载作用下的内力；会计算超静定结构的位移；了解超静定结构最后内力图的校核方法；了解超静定结构的力学特性。

5.1 概　　述

在前面各章节中，讨论了静定结构的内力和变形的计算，从本章起将讨论超静定结构的计算。

从受力分析角度看，全部支座反力和内力只根据力系平衡条件便可确定的结构，称为静定结构；而单靠力系平衡条件不能确定全部反力和内力的结构，称为超静定结构。例如，图 5-1(a)所示梁，其全部支座反力和内力仅靠力系的平衡条件就能全部确定，因此是静定结构；而图 5-1(b)所示梁，其竖向支座反力仅靠力系平衡条件就无法确定，因而也就无法确定其内力。又如，图 5-2 所示桁架结构，虽然由平衡条件可以确定其全部支座反力和部分杆件内力，但不能确定其全部杆件的内力。因此，这两个结构都是超静定结构。

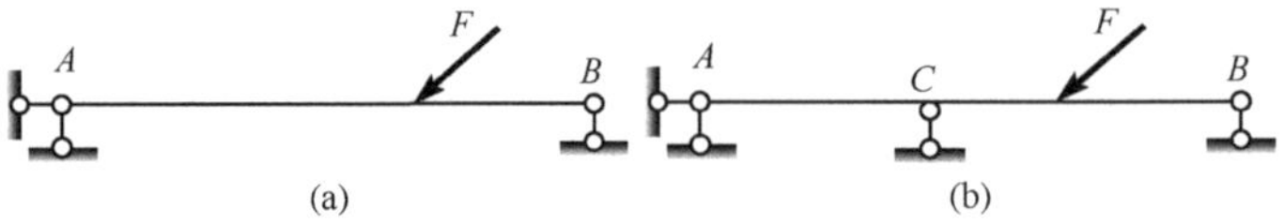

图 5-1

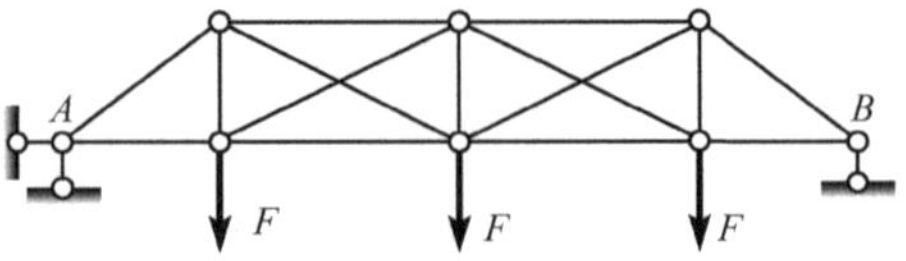

图 5-2

从几何构造分析角度看，静定结构为几何不变体系且无多余约束，而超静定结构是几何不变体系，且具有多余约束(联系)。“多余”是指这些约束(联系)仅就保持结构的几何不变性来说，是不必要的。多余约束中产生的力称为多余未知力(也称为赘余力或冗力)。例如，图 5-1(b)所示梁，可将任一根竖向支座链杆作为多余约束，如将中间支座链杆作为多余约束，则相应的多余未知力 X_1 就是该支座的反力，如图 5-3(a)所示。又如，图 5-2 所示桁架结构，可分别把中间两节间的各一根斜杆作为多余约束，相应的多余约束力即该两杆的轴力 X_1 和 X_2，见图 5-3(b)。

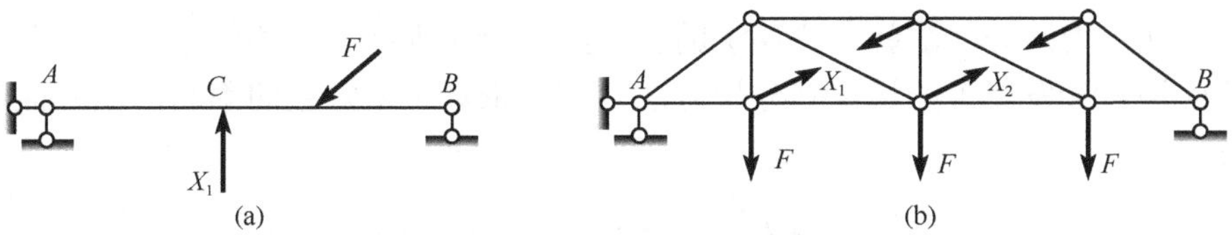

图 5-3

在工程应用中，常见的超静定结构的类型有如下几种。

(1) 超静定梁结构。超静定梁结构分为超静定单跨梁结构(图 5-4(a))以及超静定多跨连续梁结构(图 5-4(b)、(c))。

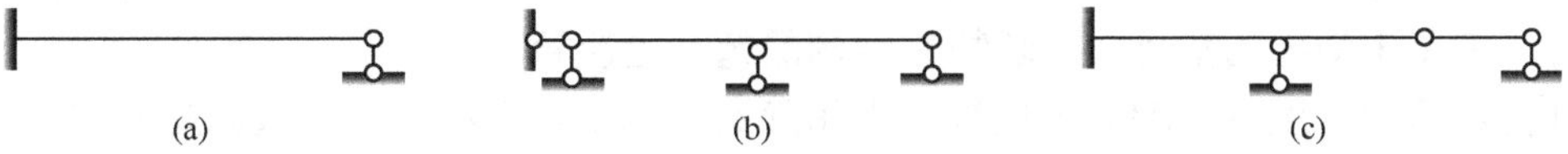

图 5-4

(2) 超静定桁架结构，如图 5-2 所示。

(3) 超静定刚架结构，如图 5-5 所示。

(4) 超静定组合结构，如图 5-6 所示。

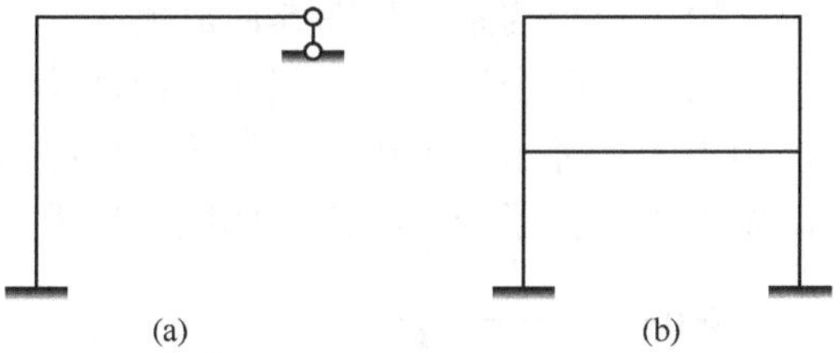

图 5-5

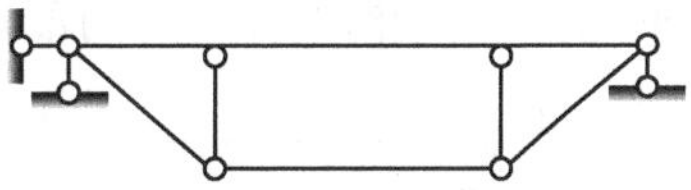

图 5-6

(5) 超静定拱结构，如图 5-7 所示。

图 5-7

求解任何超静定结构问题，都必须综合考虑以下三个方面的条件。

(1) 平衡条件，即结构的整体及任何一部分的受力状态都应满足平衡方程。

(2) 几何条件，也称为变形条件或位移条件、协调条件、相容条件等，即结构的变形和位移必须符合支承约束条件和各部分之间的变形连续条件。

(3) 物理条件，即变形或位移与力之间的物理关系。

在具体求解超静定结构时，根据计算途径的不同，可以有两种不同的基本方法：力法(又称为柔度法)和位移法(又称为刚度法)。两者的主要区别在于基本结构和基本未知量的选择不同。基本未知量是指这样一些未知量，当首先计算出它们后，即可用它们求出其他的未知量。在力法中，以多余未知力作为基本未知量；而在位移法中，则以某些结点的位移作为基本未知量。除力法和位移法两种基本方法外，还有其他各种计算方法，但它们都是从上述两种基本方法演变而来的。例如，力矩分配法就是位移法的变体，混合法则是力法和位移法的联合应用等。由于计算机的应用，又发展了结构矩阵分析方法，按所求基本未知量的不同，相应地有矩阵力法和矩阵位移法。

5.2　结构超静定次数的确定

在超静定结构中，由于具有多余未知力，平衡方程的数目少于未知力的数目，故单靠平衡方程无法确定其全部支座反力和内力，还必须考虑位移条件以建立补充方程。一个超静定结构有多少个多余约束，相应地就有多少个多余未知力，也就需要建立同样数目的补充方程，才能求解。因此，用力法计算超静定结构时，首先必须确定多余未知力的数目。在用力法计算超静定结构时，多余未知力的数目称为超静定结构的超静定次数。

从几何构造的角度看，超静定次数是指超静定结构中多余约束的个数。超静定结构可以看作在静定结构的基础上增加若干多余约束而构成的，因此，确定超静定次数最直接的方法就是解除多余约束，使超静定结构变成一个静定结构，而所撤除的多余约束的数目，就是原结构的超静定次数，即超静定次数等于多余约束的个数，也等于将超静定结构变成静定结构时所需撤除的多余约束的个数。

从超静定结构上解除多余约束的方式通常有以下几种。

(1) 撤去一根支杆或切断一根链杆，相当于去掉了一个约束，如图 5-8(a) 所示。

(2) 撤去一个铰支座或拆开一个单铰，相当于去掉了两个约束，如图 5-8(b) 所示。

(3) 撤去一个固定端或在刚结处作一切口，相当于去掉了三个约束，如图 5-8(c) 所示。

(4) 在连续杆上，将刚结点改为单铰连接，相当于去掉了一个约束，如图 5-8(d) 所示。

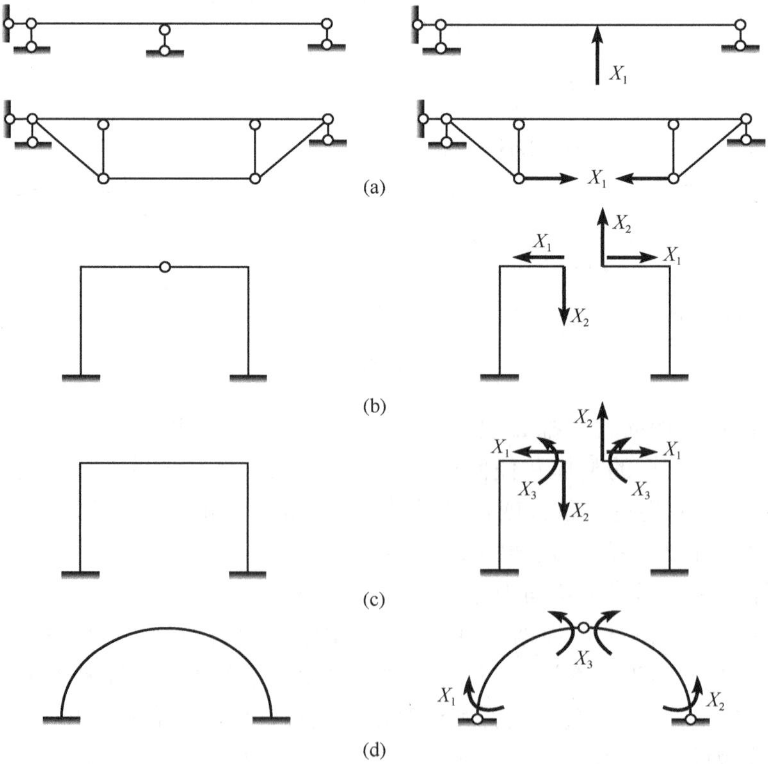

图 5-8

应用上述方法，不难确定任何超静定结构的超静定次数。如图 5-9(a)所示结构，在撤去单铰、切断链杆并在刚结处作一切口后，可得到图 5-9(b)所示的静定结构，故知原结构为 6 次超静定结构。

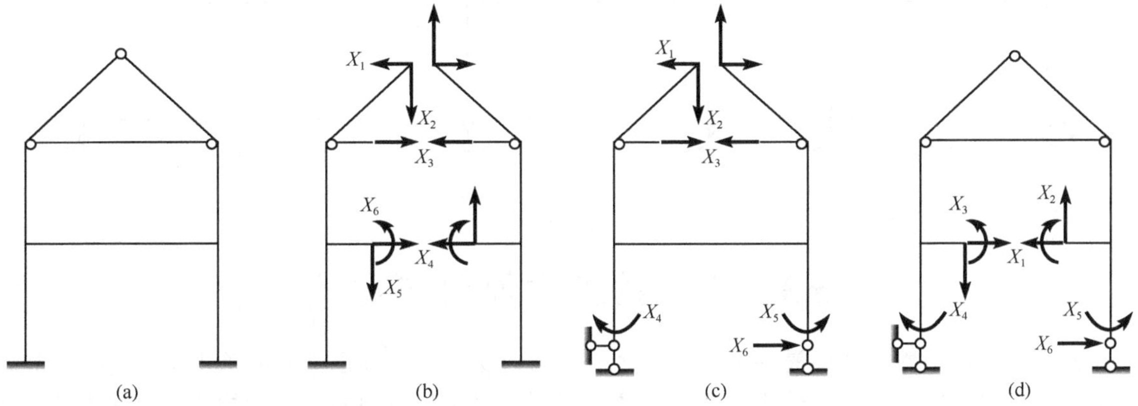

图 5-9

对于同一个超静定结构，可以采取不同的方式解除多余约束，而得到不同的静定结构，但是所撤除多余约束的数目是相同的。例如，对于图 5-9(a)所示超静定结构，还可以按图 5-9(c)、(d)等方式解除多余约束，但都表明原结构是 6 次超静定结构。

对于具有较多框格的超静定结构，按照框格的数目来确定超静定次数较为方便。一个封闭无铰框格，其超静定次数为 3 次，如图 5-8(c)所示。当结构有 m 个封闭无铰框格时，其超静定次数 $n=3m$ 。例如，图 5-10(a)所示结构的超静定次数 $n=3\times7=21$ 。当结构上还有铰接处时，设单铰数目为 h ，则超静定次数为 $n=3m-h$ 。例如，图 5-10(b)所示结构，其超静定次数为 $n=3\times7-5=16$ 。在确定封闭框格数目时，应注意由地基本身围成的框格不应计算在内，也就是说地基应作为一个开口的刚片。例如，图 5-10(c)所示结构，其封闭框格数目应为 3 个而不是 4 个。

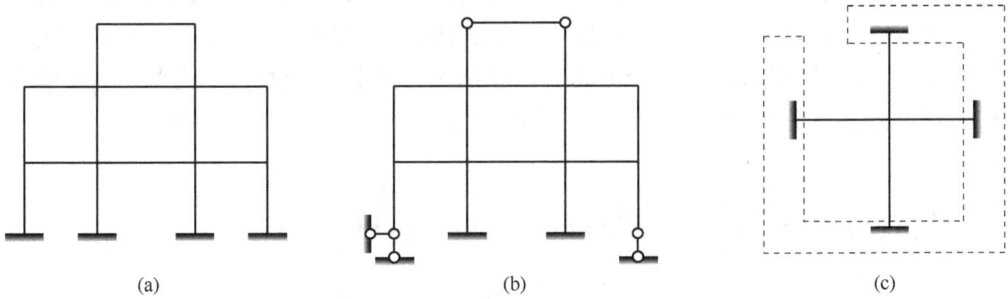

图 5-10

注意：

(1) 不要把原结构拆成一个几何可变体系，即只能拆掉多余约束，不能拆掉必要约束。例如，如果把图 5-11(a)所示梁中的水平支座链杆拆掉，就变成了几何可变体系，如图 5-11(b)所示。

图 5-11

(2) 要把全部多余约束都拆除。例如，图 5-12 (a) 所示的结构，如果只拆去一根竖向支座链杆，如图 5-12 (b) 所示，则其中的封闭无铰框格仍然具有 3 个多余约束。必须把封闭无铰框格再切开一个截面，如图 5-12 (c) 所示，这时才成为静定结构。因此，原结构总共有 4 个多余约束。

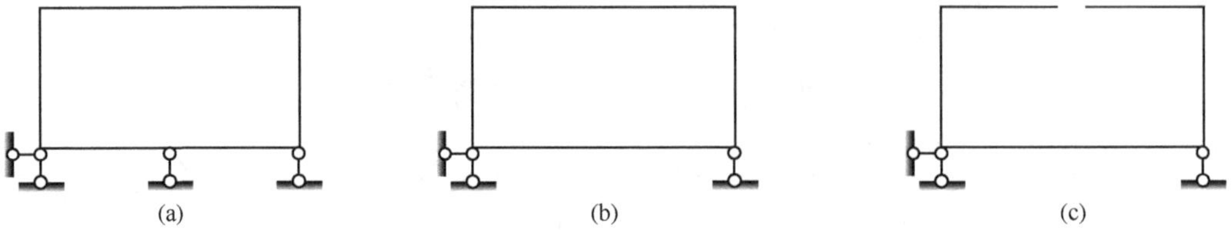

图 5-12

5.3　力法的基本原理与形式

力法是计算超静定结构最基本的方法之一。用力法计算超静定结构的基本思路是把超静定结构的计算问题转化为静定结构的计算问题，即利用已经熟悉的静定结构的计算方法来达到求解超静定结构的目的。在这一转化过程中，多余约束未知力的计算问题成为力法求解超静定结构的关键问题。

5.3.1　力法的基本未知量和基本体系

采用力法计算超静定结构，将多余约束中的未知内力 (或反力) 称为力法的基本未知量。与计算结构不同，超静定结构中的多余未知力不能仅由平衡条件求出，而必须引入变形条件后才能求解。下面结合图 5-13 (a) 所示一次超静定结构，说明力法的基本原理。

在超静定结构中，把去掉多余约束后得到的静定结构称为力法的基本结构，图 5-13 (c) 所示的静定结构为图 5-13 (a) 所示超静定结构的一种可选用的基本结构。把基本结构在荷载和多余未知力共同作用下的体系称为力法的基本体系，图 5-13 (b) 为图 5-13 (a) 的基本体系。这里要注意原结构与基本体系的异同，在图 5-13 (a) 所示的原结构中，支座反力 F_{By} 是以被动力的形式出现的，而在基本体系中，多余未知力 X_1 是以主动形式出现的。基本体系本身是静定结构，调节多余未知力 X_1 的大小，使基本体系的受力和变形状态与原结构完全相同。因此，基本体系是将超静定结构计算问题转化为静定结构计算问题的桥梁。

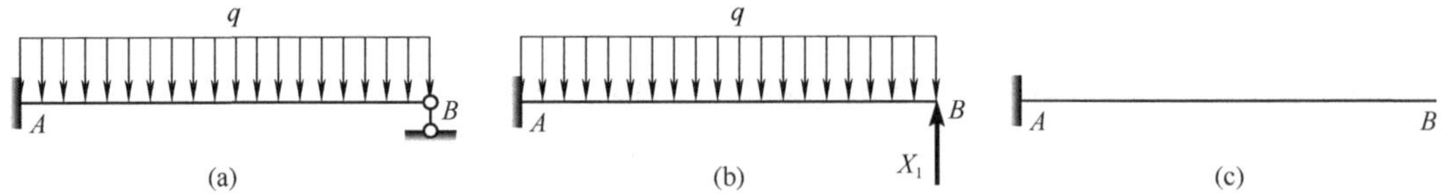

图 5-13

5.3.2　力法的基本原理

怎样求得图 5-13 (b) 中的基本未知量 X_1？显然仅靠平衡条件是无法求出的，必须考虑补充新的条件。

在什么条件下，图 5-13 (b) 所示的基本体系才真正变成图 5-13 (a) 所示的原超静定结构？为此，将图 5-13 (a) 和图 5-13 (b) 加以比较。在图 5-13 (b) 所示的基本体系中，未知力 X_1 是主动力，是一个变量。如果 X_1 过大，则梁 AB 的 B 端发生向上的竖向位移；反之如果 X_1 过小，则梁 AB

的 B 端发生向下的竖向位移。只有当 B 端的竖向位移为零时，基本体系中的变力 X_1 才与超静定结构中支座反力 F_{By} 相等，这时基本体系才真正转化为原来的超静定结构。由此可见，基本体系转化为原来超静定结构的条件是：基本体系沿多余未知力 X_1 方向发生的位移 $\varDelta_1$ 应与原结构相同，即

$$\varDelta_1 = 0 \tag{5-1a}$$

这就是用以确定未知力 X_1 的变形条件或称为位移条件。

下面只讨论线性变形体系的情况，并应用叠加原理把变形条件(5-1a)写成展开形式。

图 5-14(a)所示基本体系是基本结构在荷载 q 和多余未知力 X_1 共同作用下的状态。设以 $\varDelta_{11}$ 和 $\varDelta_{1P}$ 分别表示多余未知力 X_1 和荷载 q 单独作用在基本结构上时，B 点沿 X_1 方向发生的位移，如图 5-14(b)、(c)所示，其符号都以沿假定的 X_1 方向为正，两个下标的含义是：第一个下标表示位移的地点和方向，第二个下标表示产生位移的原因。根据叠加原理，图 5-14(a)所示的状态应等于图 5-14(b)所示状态和图 5-14(c)所示状态之和。因此，变形条件式(5-1a)可表示为

$$\varDelta_1 = \varDelta_{11} + \varDelta_{1P} = 0 \tag{5-1b}$$

式中，$\varDelta_1$ 为基本体系在荷载 q 和多余未知力 X_1 共同作用下沿 X_1 方向发生的总位移，即图 5-14(a)中 B 点的竖向位移。

若以 δ_{11} 表示多余未知力 X_1 为单位力(即 $X_1 = 1$)单独作用在基本结构上时，B 点沿 X_1 方向产生的位移，则 $\varDelta_{11} = \delta_{11}X_1$，于是上述变形条件(5-1b)可写为

$$\delta_{11}X_1 + \varDelta_{1P} = 0 \tag{5-2}$$

由于 δ_{11} 和 $\varDelta_{1P}$ 都是静定结构在已知力作用下的位移，完全可用第 4 章所述的方法求得，因而多余未知力 X_1 即可由式(5-2)解出。式(5-2)称为在线弹性变形条件下，一次超静定结构的力法基本方程。

为了计算 δ_{11} 和 $\varDelta_{1P}$，可分别绘制出基本结构在单位力 $X_1 = 1$ 和荷载 q 作用下的弯矩图 $\overline{M}_1$ 图和 M_P 图，如图 5-15(a)、(b)所示，然后应用图乘法计算这些位移。计算 δ_{11} 时应为 $\overline{M}_1$ 图乘 $\overline{M}_1$ 图，称为 $\overline{M}_1$ 图自乘：

$$\delta_{11} = \int \frac{\overline{M}_1\overline{M}_1}{EI}\mathrm{d}s = \frac{1}{EI}\left(\frac{1}{2}\times l\times l\times\frac{2}{3}l\right) = \frac{l^3}{3EI}$$

计算 $\varDelta_{1P}$ 时，则为 $\overline{M}_1$ 图和 M_P 图相乘：

$$\varDelta_{1P} = \int \frac{\overline{M}_1 M_P}{EI}\mathrm{d}s = -\frac{1}{EI}\left(\frac{1}{3}\times\frac{ql^2}{2}\times l\times\frac{3l}{4}\right) = -\frac{ql^4}{8EI}$$

将 δ_{11} 和 $\varDelta_{1P}$ 代入式(5-2)，得

$$\frac{l^3}{3EI}X_1 - \frac{ql^4}{8EI} = 0$$

解得

$$X_1 = \frac{3}{8}ql \quad (\uparrow)$$

正号表示 X_1 的实际方向与假设方向相同，即向上。

多余未知力 X_1 计算出后，其余所有支座反力、内力的计算都是静定问题，可以利用平衡条件计算出，然后绘制内力图。在绘制最后弯矩图 M 图时，可以利用已经绘制出的 $\overline{M}_1$ 图和 M_P 图按叠加原理绘制，即

$$M = \overline{M}_1 X_1 + M_P$$

也就是将 $\overline{M}_1$ 图的竖标乘以 X_1 倍，再与 M_P 图的对应竖标相加。例如，截面 A 的弯矩为

$$M_A = l\times\frac{3}{8}ql+\left(-\frac{ql^2}{2}\right)=-\frac{ql^2}{8}\ (\text{上侧受拉})$$

因此，可绘出最后弯矩图 M 图，如图 5-15(c)所示。该弯矩图既是基本体系的弯矩图，也是原结构的弯矩图，因为此时基本体系与原结构的受力、变形和位移情况已完全相同，两者是等价的。

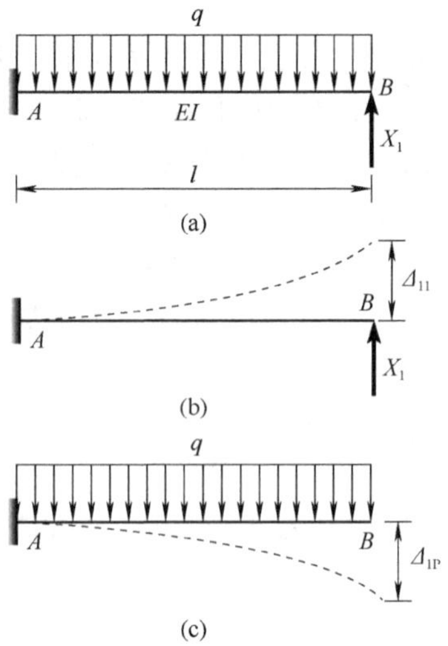

图 5-14

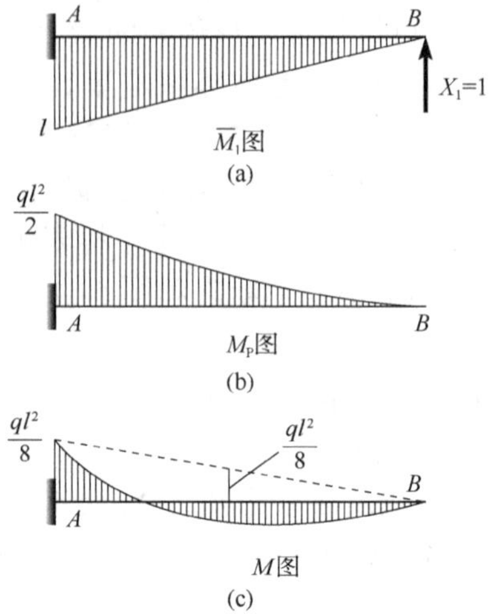

图 5-15

将像上述这样以多余未知力为基本未知量，以解除超静定结构的多余约束而得到的静定结构为基本结构，根据基本体系在荷载和多余未知力共同作用下的变形与原结构相一致而建立变形条件，首先求出多余未知力，然后由平衡条件计算其余支座反力、内力的方法，称为力法。在应用力法求解超静定结构的整个计算过程中，自始至终都是在基本结构上进行的，这就把超静定结构的计算问题，转化为已经熟悉的静定结构的内力和位移的计算问题。力法是分析超静定结构最基本的方法之一，应用广，可以分析任何类型的超静定结构。

注意：在超静定结构的力法计算中，同一结构可以按不同方式选取力法的基本未知量和基本结构。例如，图 5-13(a)中，也可以把固定端支座 A 的抗弯约束作为多余约束，则其基本结构为简支梁，基本体系如图 5-16(a)所示。它转化为原超静定结构的变形条件仍然为 $\Delta_1=0$，力法基本方程也仍然为式(5-2)所示的形式。但其中各项的物理含义是不同的。变形条件 $\Delta_1=0$ 表示原结构在固定端 A 处的角位移为零。力法方程中的 Δ_{11} 为图 5-16(b)所示的基本结构在多余未知力 X_1 单独作用下端点 A 处的角位移；Δ_{1P} 为图 5-16(c)所示的基本结构在荷载 q 单独作用下端点 A 处的角位移。同一超静定结构，当选择的多余约束不同时，虽然力法的基本方程在形式上相同，但由于基本未知量不同，因而基本结构是不同的，所提供的变形条件也是不同的，但最终的计算结果是相同的。在具体计算超静定结构时，所选的基本结构应尽可能使计算简便。此外，还要注意，基本结构应是几何不变体系，不能将几何瞬变体系作为力法的基本结构。

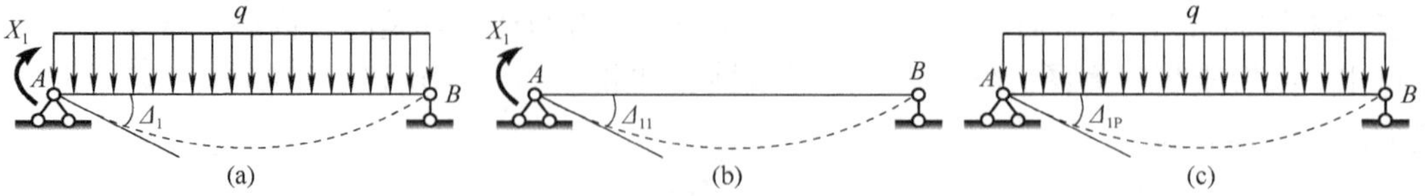

图 5-16

5.3.3　力法典型方程的一般形式

上面以一个一次超静定结构问题计算为例说明了力法的基本原理。用力法计算超静定结构，就是以多余未知力为基本未知量，以去掉多余约束后得到的静定结构为基本结构，根据基本结构在荷载和多余未知力共同作用下沿多余未知力方向的位移和原结构在多余约束处的相应位移相等的变形条件建立力法方程，求得多余未知力。在多余未知力求得后，即可按静定结构求解全部支座反力和内力。因此，用力法计算超静定结构的关键在于如何根据变形条件建立力法方程，求解基本未知量即多余未知力。对于多次超静定结构，力法计算的基本原理也完全相同。下面以一个三次超静定结构为例，来说明如何根据变形条件建立求解多余未知力的力法典型方程。

图 5-17(a)所示三次超静定结构，用力法分析时，需去掉三个多余约束。如果选取支座 B 处的 3 个约束力作为基本未知量 X_1、X_2 和 X_3，则力法的基本体系如图 5-17(b)所示。

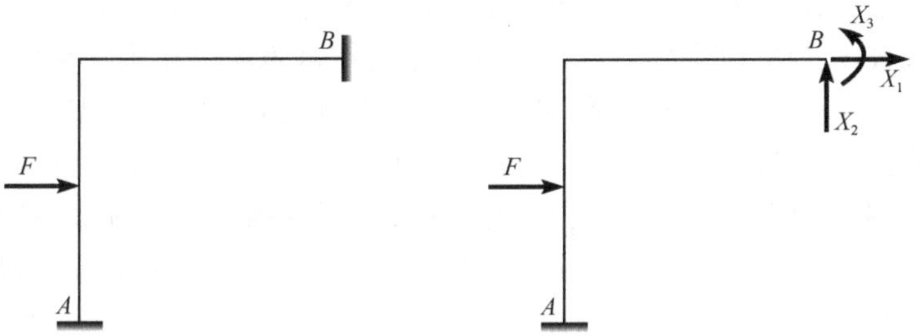

(a)原结构　　(b)基本体系

图 5-17

由于原结构在固定端支座 B 处无任何位移，即水平位移、竖向位移和角位移都等于零，因此基本结构在荷载和多余未知力共同作用下，B 点沿 X_1、X_2 和 X_3 方向的相应位移 Δ_1、Δ_2 和 Δ_3 也都应该为零，即变形条件为

$$\left.\begin{aligned}\Delta_1=0\\ \Delta_2=0\\ \Delta_3=0\end{aligned}\right\}$$

设各单位多余未知力 $X_1=1$、$X_2=1$、$X_3=1$ 和荷载 F 分别作用于基本结构上时，B 点沿 X_1 方向的位移分别为 δ_{11}、δ_{12}、δ_{13} 和 Δ_{1P}，B 点沿 X_2 方向的位移分别为 δ_{21}、δ_{22}、δ_{23} 和 Δ_{2P}，B 点沿 X_3 方向的位移分别为 δ_{31}、δ_{32}、δ_{33} 和 Δ_{3P}，根据叠加原理，上述变形条件可写为

$$\left.\begin{aligned}\delta_{11}X_1+\delta_{12}X_2+\delta_{13}X_3+\Delta_{1P}=0\\ \delta_{21}X_1+\delta_{22}X_2+\delta_{23}X_3+\Delta_{2P}=0\\ \delta_{31}X_1+\delta_{32}X_2+\delta_{33}X_3+\Delta_{3P}=0\end{aligned}\right\} \tag{5-3}$$

这就是 3 次超静定结构的力法基本方程。由式(5-3)求出多余未知力 X_1、X_2 和 X_3 后，利用平衡条件便可求出原结构的支座反力和内力。此时，也可以利用叠加原理求内力，例如，任一截面的弯矩 M 可用下面的叠加公式计算：

$$M=\overline{M}_1X_1+\overline{M}_2X_2+\overline{M}_3X_3+M_P$$

式中，M_P 是荷载单独作用在基本结构上时任一截面产生的弯矩；$\overline{M}_1$、$\overline{M}_2$ 和 $\overline{M}_3$ 分别是单位未知力 $X_1=1$、$X_2=1$ 和 $X_3=1$ 单独作用在基本结构上时任一截面产生的弯矩。

同理，可推广至 n 次超静定结构。对于 n 次超静定结构，力法的基本未知量是 n 个多余未知力 $X_1,X_2,\cdots,X_n$，力法的基本结构是从原结构中去掉 n 个多余约束后所得到的静定结构。每一个多余未知力都对应着一个多余约束，相应也就有一个已知的变形条件，故可建立n个方程，从而可解出n个多余未知力。对于线性变形体系，当原结构上各多余未知力作用处的位移为零时，根据叠加原理，n个变形条件可写为

$$\left.\begin{aligned}\delta_{11}X_1+\delta_{12}X_2+\cdots+\delta_{1n}X_n+\Delta_{1\mathrm{P}}=0\\ \delta_{21}X_1+\delta_{22}X_2+\cdots+\delta_{2n}X_n+\Delta_{2\mathrm{P}}=0\\ \cdots\cdots\cdots\cdots\\ \delta_{n1}X_1+\delta_{n2}X_2+\cdots+\delta_{nn}X_n+\Delta_{n\mathrm{P}}=0\end{aligned}\right\}\tag{5-4}$$

式(5-4)为n次超静定结构在荷载作用下力法方程的一般形式，常称为力法典型方程。这一组方程的物理意义是：基本结构在荷载和全部多余未知力共同作用下，在去掉多余约束处沿多余未知力方向的位移，应与原结构相应的位移相等。

在式(5-4)中，系数δ_{ij}和自由项$\Delta_{i\mathrm{P}}$分别表示单位未知力和荷载单独作用在基本结构上所产生的位移。位移符号中采用两个下标，第一个下标表示位移的方向，第二个下标表示产生位移的原因。例如，系数δ_{ij}为单位未知力$X_j=1$单独作用在基本结构上所产生的沿X_i方向的位移，常称为柔度系数；自由项$\Delta_{i\mathrm{P}}$为荷载单独作用在基本结构上所产生的沿X_i方向的位移。位移正、负号规则为：当位移δ_{ij}或$\Delta_{i\mathrm{P}}$的方向与X_i方向相同时，位移为正，反之为负。

在式(5-4)中，主对角线上的系数δ_{ii}称为主系数，主系数恒为正值，且不会等于零。不在对角线上的系数δ_{ij}（$i\neq j$）称为副系数，副系数可以是正值、负值或为零。根据位移互等定理，副系数δ_{ij}与δ_{ji}是相等的，即

$$\delta_{ij}=\delta_{ji}$$

力法典型方程中的各系数和自由项都是基本结构在已知力作用下的位移，可用第4章中计算位移的公式求得。对于平面结构，其位移计算公式为

$$\delta_{ii}=\sum\int\frac{\overline{M}_i^2}{EI}\mathrm{d}s+\sum\int\frac{\overline{F}_{\mathrm{N}i}^2}{EA}\mathrm{d}s+\sum\int\frac{k\overline{F}_{\mathrm{S}i}^2}{GA}\mathrm{d}s$$

$$\delta_{ij}=\delta_{ji}=\sum\int\frac{\overline{M}_i\overline{M}_j}{EI}\mathrm{d}s+\sum\int\frac{\overline{F}_{\mathrm{N}i}\overline{F}_{\mathrm{N}j}}{EA}\mathrm{d}s+\sum\int\frac{k\overline{F}_{\mathrm{S}i}\overline{F}_{\mathrm{S}j}}{GA}\mathrm{d}s$$

$$\Delta_{i\mathrm{P}}=\sum\int\frac{\overline{M}_iM_{\mathrm{P}}}{EI}\mathrm{d}s+\sum\int\frac{\overline{F}_{\mathrm{N}i}F_{\mathrm{NP}}}{EA}\mathrm{d}s+\sum\int\frac{k\overline{F}_{\mathrm{S}i}F_{\mathrm{SP}}}{GA}\mathrm{d}s$$

对于各种具体结构，通常只需计算其中的一项或两项。

式(5-4)也可用矩阵形式表示为

$$\begin{bmatrix}\delta_{11}&\delta_{12}&\cdots&\delta_{1n}\\ \delta_{21}&\delta_{22}&\cdots&\delta_{2n}\\ \vdots&\vdots&&\vdots\\ \delta_{n1}&\delta_{n2}&\cdots&\delta_{nn}\end{bmatrix}\begin{Bmatrix}X_1\\ X_2\\ \vdots\\ X_n\end{Bmatrix}+\begin{Bmatrix}\Delta_{1\mathrm{P}}\\ \Delta_{2\mathrm{P}}\\ \vdots\\ \Delta_{n\mathrm{P}}\end{Bmatrix}=\begin{Bmatrix}0\\ 0\\ \vdots\\ 0\end{Bmatrix}\tag{5-5}$$

式(5-5)中由柔度系数δ_{ij}组成的矩阵称为柔度矩阵。根据位移互等定理，柔度矩阵是一个对称矩阵。因此，力法方程也称为柔度方程，力法也称为柔度法。

当力法方程中的各系数项和自由项求得后，解力法方程组，可求得多余未知力$X_1,X_2,\cdots,X_n$，然后根据静力平衡条件或叠加原理，计算各截面的内力，绘制内力图。一般情况下，按叠加原理绘制内力图较为简便：

$$
\left.\begin{aligned}
M &= \overline{M}_1X_1 + \overline{M}_2X_2 + \cdots + \overline{M}_nX_n + M_{\mathrm{P}} \\
F_{\mathrm{S}} &= \overline{F}_{\mathrm{S1}}X_1 + \overline{F}_{\mathrm{S2}}X_2 + \cdots + \overline{F}_{\mathrm{S}n}X_n + F_{\mathrm{SP}} \\
F_{\mathrm{N}} &= \overline{F}_{\mathrm{N1}}X_1 + \overline{F}_{\mathrm{N2}}X_2 + \cdots + \overline{F}_{\mathrm{N}n}X_n + F_{\mathrm{NP}}
\end{aligned}\right\} \tag{5-6}
$$

式中，$\overline{M}_i$、$\overline{F}_{\mathrm{S}i}$ 和 $\overline{F}_{\mathrm{N}i}$ 是基本结构由于 $X_i=1$ 单独作用而产生的内力；M_{P}、F_{SP} 和 F_{NP} 是基本结构由于荷载单独作用而产生的内力。在应用式(5-6)第一式绘制出弯矩图后，也可以直接应用平衡条件计算各截面的剪力 F_{S} 和轴力 F_{N}，并绘制出 F_{S} 图和 F_{N} 图。

5.4　荷载作用下超静定结构的力法计算

本节主要讨论超静定直杆结构在荷载作用下的力法计算。应用力法计算超静定结构的一般步骤如下。

(1)确定原结构的超静定次数，选择力法的基本未知量，确定基本体系。

(2)建立力法典型方程。

(3)计算力法典型方程中的各系数项和自由项。

(4)解算力法典型方程，求出各多余未知力。

(5)绘制内力图。

5.4.1　超静定梁

计算静定梁位移时，通常忽略轴力和剪力对位移的影响，只考虑弯矩的影响。因而，力法典型方程中的各系数项和自由项按下式计算：

$$
\delta_{ii}=\sum\int\frac{\overline{M}_i^2}{EI}\mathrm{d}s\,,\quad \delta_{ij}=\delta_{ji}=\sum\int\frac{\overline{M}_i\overline{M}_j}{EI}\mathrm{d}s\,,\quad \Delta_{i\mathrm{P}}=\sum\int\frac{\overline{M}_iM_{\mathrm{P}}}{EI}\mathrm{d}s
$$

【例 5-1】　图 5-18(a)所示连续梁，$EI=$常数。试绘制其 M 图。

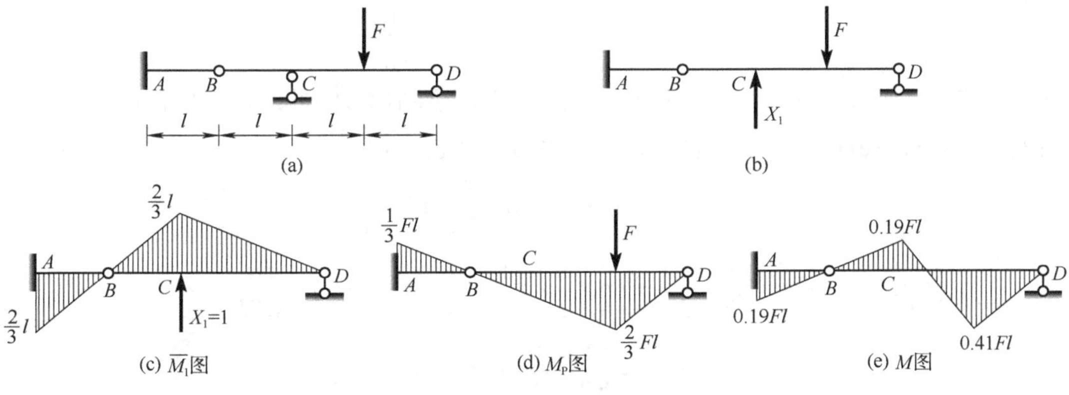

图 5-18

解：(1)选择力法的基本未知量，确定基本体系。图 5-18(a)所示结构为一次超静定结构，基本未知量选择支座 C 处的竖向约束力为多余未知力，则基本体系如图 5-18(b)所示。

(2)建立力法典型方程。基本体系应满足支座 C 处无竖向位移的变形条件。力法典型方程为

$$
\delta_{11}X_1+\Delta_{1\mathrm{P}}=0
$$

(3)计算力法典型方程中的系数项和自由项。绘制出 $\overline{M}_1$ 图和 M_{P} 图。利用图乘法求得系数

项和自由项为

$$\delta_{11}=\frac{1}{EI}\left(\frac{1}{2}\times 2l\times\frac{2}{3}l\times\frac{2}{3}\times\frac{2}{3}l+\frac{1}{2}\times l\times\frac{2}{3}l\times\frac{2}{3}\times\frac{2}{3}l\times 2\right)=\frac{16l^3}{27EI}$$

$$\Delta_{1P}=-\frac{1}{EI}\left[2\times\frac{1}{2}\times\frac{1}{3}Fl\times l\times\frac{2}{3}\times\frac{2}{3}l+\frac{1}{2}\times\frac{1}{3}Fl\times l\times\left(\frac{2}{3}\times\frac{2}{3}l+\frac{1}{3}\times\frac{1}{3}l\right)\right.$$
$$\left.+\frac{1}{2}\times\frac{2}{3}Fl\times l\times\left(\frac{1}{3}\times\frac{2}{3}l+\frac{2}{3}\times\frac{1}{3}l\right)+\frac{1}{2}\times\frac{2}{3}Fl\times l\times\frac{2}{3}\times\frac{1}{3}l\right]=-\frac{25Fl^3}{54EI}$$

(4)解算力法典型方程，求出各多余未知力。将以上系数 δ_{11} 和自由项 Δ_{1P} 代入典型方程，得

$$X_1=-\frac{\Delta_{1P}}{\delta_{11}}=0.78F$$

(5)绘制 M 图。弯矩叠加公式为

$$M=\overline{M}_1X_1+M_P$$

因此，以 $X_1=0.78F$ 乘 $\overline{M}_1$ 图后，再与 M_P 图相加，即得出最后弯矩图，如图 5-18(e)所示。

5.4.2　超静定刚架

计算静定刚架位移时，通常可略去轴力和剪力对位移的影响，只考虑弯矩的影响。因而，力法典型方程中的各系数项和自由项按下式计算：

$$\delta_{ii}=\sum\int\frac{\overline{M}_i^2}{EI}\mathrm{d}s\,,\quad \delta_{ij}=\delta_{ji}=\sum\int\frac{\overline{M}_i\overline{M}_j}{EI}\mathrm{d}s\,,\quad \Delta_{iP}=\sum\int\frac{\overline{M}_iM_P}{EI}\mathrm{d}s$$

【例 5-2】　试绘制图 5-19(a)所示超静定刚架的内力图。$EI_2=2EI_1=$常数。

解：(1)选择力法的基本未知量，确定基本体系。图 5-19(a)所示刚架为两次超静定结构，若以支座 B 处的水平约束力和竖向约束力为多余未知力，则基本体系如图 5-19(b)所示。

(2)建立力法典型方程。

$$\left.\begin{aligned}\delta_{11}X_1+\delta_{12}X_2+\Delta_{1P}=0\\ \delta_{21}X_1+\delta_{22}X_2+\Delta_{2P}=0\end{aligned}\right\}$$

(3)计算力法典型方程中的各系数项和自由项。绘制出 $\overline{M}_1$ 图、$\overline{M}_2$ 图和 M_P 图，分别如图 5-19(c)、(d)、(e)所示。利用图乘法求得系数项和自由项为

$$\delta_{11}=\frac{1}{EI_2}\left(\frac{1}{2}\times a\times a\times\frac{2}{3}\times a\right)=\frac{a^3}{6EI_1}$$

$$\delta_{22}=\frac{1}{EI_1}\left(\frac{1}{2}\times a\times a\times\frac{2}{3}\times a\right)+\frac{1}{EI_2}(a\times a\times a)=\frac{5a^3}{6EI_1}$$

$$\delta_{12}=\delta_{21}=\frac{1}{EI_2}\left(\frac{1}{2}\times a\times a\times a\right)=\frac{a^3}{4EI_1}$$

$$\Delta_{1P}=-\frac{1}{EI_2}\left[\frac{1}{2}\times\frac{Fa}{2}\times\frac{a}{2}\times\left(\frac{2}{3}\times a+\frac{1}{3}\times\frac{a}{2}\right)\right]=-\frac{5Fa^3}{96EI_1}$$

$$\Delta_{2P}=-\frac{1}{EI_2}\left(\frac{1}{2}\times\frac{Fa}{2}\times\frac{a}{2}\times a\right)=-\frac{Fa^3}{16EI_1}$$

(4)解算力法典型方程，求出各多余未知力。将以上各系数和自由项代入典型方程，得

$$X_1=\frac{4}{11}F\,,\quad X_2=-\frac{3}{88}F$$

(5)绘制内力图。内力叠加公式为

$$\left.\begin{aligned} M &= \overline{M}_1X_1+\overline{M}_2X_2+M_P \\ F_S &= \overline{F}_{S1}X_1+\overline{F}_{S2}X_2+F_{SP} \\ F_N &= \overline{F}_{N1}X_1+\overline{F}_{N2}X_2+F_{NP} \end{aligned}\right\}$$

最后弯矩图、剪力图和轴力图分别如图 5-19(f)、(g)和(h)所示。

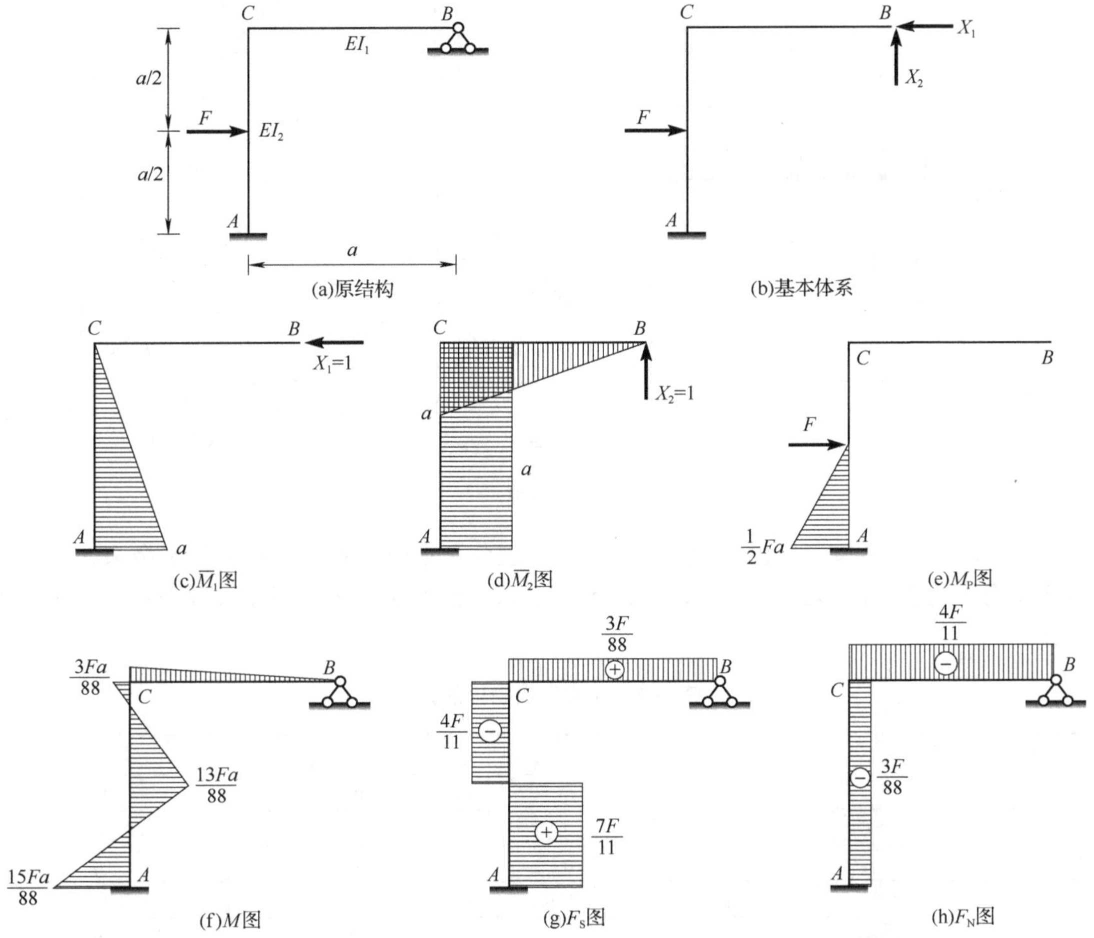

图 5-19

5.4.3 超静定桁架

由于桁架结构的杆件内力只有轴力，因此，在计算力法典型方程中的各系数项和自由项时，只考虑轴力的影响：

$$\delta_{ii}=\sum\frac{\overline{F}_{Ni}^2 l}{EA},\quad \delta_{ij}=\delta_{ji}=\sum\frac{\overline{F}_{Ni}\overline{F}_{Nj}l}{EA},\quad \Delta_{iP}=\sum\frac{\overline{F}_{Ni}F_{NP}l}{EA}$$

【例 5-3】 试用力法计算图 5-20(a)所示超静定桁架的内力。设各杆 EA 相同。

解：(1)选择力法的基本未知量，确定基本体系。图 5-20(a)所示桁架结构为一次超静定结构，若切断上弦杆并代以相应的多余未知力 X_1，则基本体系如图 5-20(b)所示。

(2)建立力法典型方程。根据基本体系在荷载和多余未知力共同作用下，切口两侧截面沿 X_1 方向的位移即相对轴向位移应为零的条件，建立典型方程：

$$\delta_{11}X_1+\Delta_{1P}=0$$

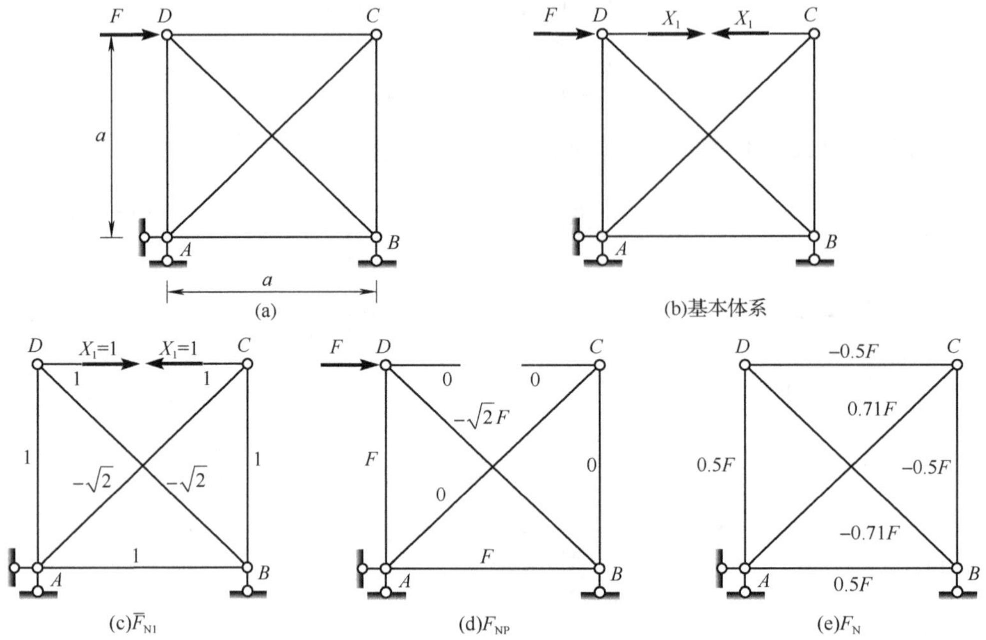

图 5-20

(3) 计算力法典型方程中的系数项和自由项。应分别求出基本结构在单位多余未知力 $X_1=1$ 和荷载作用下的各杆内力 $\overline{F}_{N1}$ 和 F_{NP}，如图 5-20(c)、(d) 所示。为了便于计算及检验，列表 5-1 进行计算。

表 5-1　系数和自由项的计算

杆件	l	$\overline{F}_{N1}$	F_{NP}	$\overline{F}_{N1}^2 l$	$\overline{F}_{N1}F_{NP}l$
AB	a	1	F	a	Fa
BC	a	1	0	a	0
CD	a	1	0	a	0
DA	a	1	F	a	Fa
AC	$\sqrt{2}a$	$-\sqrt{2}$	0	$2\sqrt{2}a$	0
BD	$\sqrt{2}a$	$-\sqrt{2}$	$-\sqrt{2}F$	$2\sqrt{2}a$	$2\sqrt{2}Fa$
Σ				$\left(4+4\sqrt{2}\right)a$	$\left(2+2\sqrt{2}\right)Fa$

(4) 解算力法典型方程，求出各多余未知力。由表 5-1 可得

$$\delta_{11}=\frac{\left(4+4\sqrt{2}\right)a}{EA},\quad \Delta_{1P}=\frac{\left(2+2\sqrt{2}\right)Fa}{EA}$$

代入典型方程，解得

$$X_1=-\frac{\Delta_{1P}}{\delta_{11}}=-0.5F$$

(5) 计算各杆内力。各杆最后内力可按叠加法求得，即 $F_N=\overline{F}_{N1}X_1+F_{NP}$，计算结果如图 5-20(e) 所示。

此例题也可以将原结构的上弦杆去掉，则其力法典型方程为

$$\delta_{11}X_1+\Delta_{1P}=-\frac{X_1\times a}{EA}$$

该典型方程的物理意义是，基本结构在多余未知力和荷载共同作用下，结点 C 和 D 所产生的水平相对位移等于原结构的相应位移。此处的自由项 Δ_{1P} 与前面所求的相同，系数 δ_{11} 则因为基本结构中少了一根杆件而不同，但多余未知力 X_1 与前述结果是完全一样的。

5.4.4　超静定组合结构

组合结构中，既有链杆也有梁式杆，在计算力法典型方程中的各系数项和自由项时，应根据杆件的类型，采用不同方式的计算形式。对链杆只考虑轴力的影响：

$$\delta_{ii}=\sum\frac{\overline{F}_{Ni}^2 l}{EA}，\quad \delta_{ij}=\delta_{ji}=\sum\frac{\overline{F}_{Ni}\overline{F}_{Nj}l}{EA}，\quad \Delta_{iP}=\sum\frac{\overline{F}_{Ni}F_{NP}l}{EA}$$

对梁式杆通常可忽略轴力和剪力的影响，只考虑弯矩的影响：

$$\delta_{ii}=\sum\int\frac{\overline{M}_i^2}{EI}ds，\quad \delta_{ij}=\delta_{ji}=\sum\int\frac{\overline{M}_i\overline{M}_j}{EI}ds，\quad \Delta_{iP}=\sum\int\frac{\overline{M}_iM_P}{EI}ds$$

【例 5-4】　试用力法计算图 5-21(a)所示超静定组合结构的内力。已知横梁 $I=1\times10^{-4}\ m^4$，链杆 $A=1\times10^{-3}\ m^2$，$E=$常数。并讨论改变链杆截面 A 时内力的变化情况。

解：(1)选择力法的基本未知量，确定基本体系。图 5-21(a)所示结构为一次超静定组合结构，切断竖向链杆并代以多余未知力 X_1，可得基本体系如图 5-21(b)所示。

(2)建立力法典型方程。根据基本体系在荷载和多余未知力共同作用下，切口两侧截面沿 X_1 方向的位移即相对轴向位移应为零的条件，建立典型方程：

$$\delta_{11}X_1+\Delta_{1P}=0$$

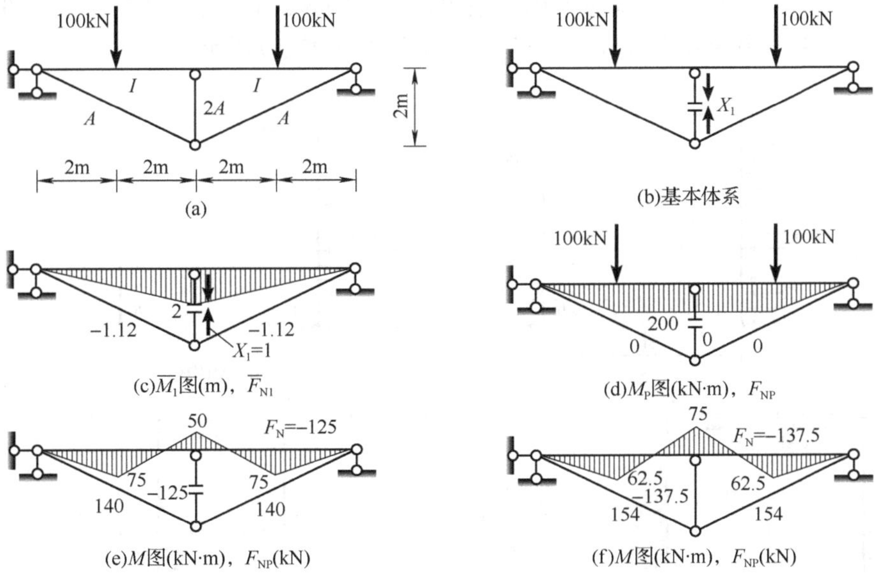

图 5-21

(3)计算力法典型方程中的系数项和自由项。绘制出 $\overline{M}_1$ 图和 M_P 图并求出各杆的轴力 $\overline{F}_{N1}$ 图和 F_{NP} 图，分别如图 5-21(c)、(d)所示。由位移计算公式求得系数项和自由项为

$$\delta_{11}=\sum\int\frac{\overline{M}_1^2}{EI}ds+\sum\frac{\overline{F}_{N1}^2 l}{EA}$$

$$=\frac{1}{E\times1\times10^{-4}}\left(2\times\frac{1}{2}\times2\times4\times\frac{2}{3}\times2\right)+\frac{1\times2}{2E\times1\times10^{-3}}+\frac{2\times(-1.12)^2\times2\sqrt{5}}{E\times1\times10^{-3}}=\frac{1.18\times10^5}{E}$$

$$\Delta_{1P}=\sum\int\frac{\overline{M}_1M_P}{EI}ds+\sum\frac{\bar{F}_{N1}F_{NP}l}{EA}$$

$$=\frac{2}{E\times1\times10^{-4}}\left[\frac{1}{2}\times200\times2\times\frac{2}{3}\times1+\frac{(1+2)\times2}{2}\times200\right]+0=\frac{1.47\times10^7}{E}\text{kN}\cdot\text{m}^3$$

(4)解算力法典型方程，求出各多余未知力。将以上系数和自由项代入典型方程，解得

$$X_1=-\frac{\Delta_{1P}}{\delta_{11}}=-125\text{kN}$$

(5)计算各杆内力。各杆最后内力可按叠加法求得，即

$$M=\overline{M}_1X_1+M_P$$
$$F_N=\bar{F}_{N1}X_1+F_{NP}$$

计算结果如图 5-21(e)所示。

如果改变链杆截面 A 的大小，结构的内力分布将随之改变。由上面的计算式不难看出，当链杆截面 A 减小时，δ_{11} 将增大，X_1 的绝对值将减小，于是梁的正弯矩值将增大而负弯矩值将减小。当 $A\to0$ 时，梁的弯矩图将成为简支梁的弯矩图，与图 5-21(d)相同。反之，当链杆截面 A 增大时，梁的正弯矩值将减小而负弯矩值将增大。当 $A\to\infty$ 时，梁的中间相当于有一个刚性支座，其弯矩图将与两跨连续梁的弯矩图相同，如图 5-21(f)所示。

【例 5-5】 图 5-22(a)所示排架结构，上柱抗弯刚度为 EI，下柱抗弯刚度为 $4EI$，横梁为 $EA=\infty$ 的二力杆，左柱受到风载 q 的作用。试用力法绘制该排架的弯矩图。EI 为常数。

解： (1)选择力法的基本未知量，确定基本体系。图 5-22(a)所示排架为一次超静定结构，切断二力杆并代以多余未知力 X_1，可得基本体系如图 5-22(b)所示。

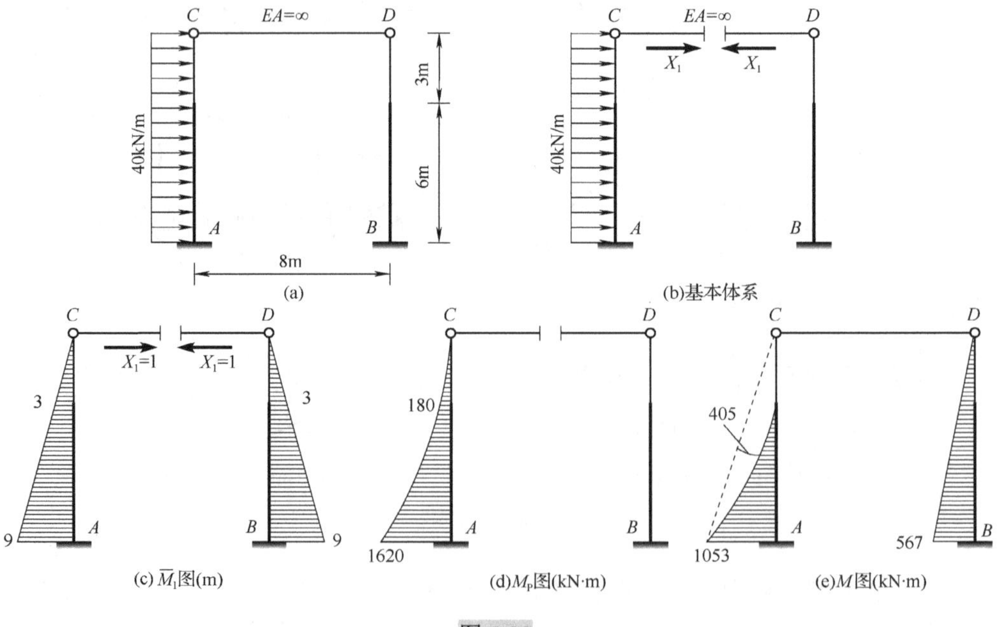

图 5-22

(2)建立力法典型方程。根据基本体系在荷载和多余未知力共同作用下，切口两侧截面沿 X_1 方向的相对位移应为零的条件，建立典型方程：

$$\delta_{11}X_1+\varDelta_{1P}=0$$

(3) 计算力法典型方程中的系数项和自由项。绘制出 $\overline{M}_1$ 图和 M_P 图，分别如图 5-22(c)、(d)所示。由位移计算公式求得系数项和自由项为

$$\delta_{11}=2\left\{\frac{1}{EI}\frac{1}{2}\times3\times3\times\frac{2}{3}\times3+\frac{1}{4EI}\left[\frac{1}{2}\times6\times9\times\left(\frac{2}{3}\times9+\frac{1}{3}\times3\right)+\frac{1}{2}\times6\times3\times\left(\frac{1}{3}\times9+\frac{2}{3}\times3\right)\right]\right\}=\frac{135}{EI}\text{m}^3$$

$$\varDelta_{1P}=\frac{1}{EI}\frac{1}{3}\times180\times3\times\frac{3}{4}\times3+\frac{1}{4EI}\left(\frac{1}{3}\times1620\times9\times\frac{3}{4}\times9-\frac{1}{3}\times180\times3\times\frac{3}{4}\times3\right)=\frac{8505}{EI}\text{kN}\cdot\text{m}^3$$

(4) 解算力法典型方程，求出各多余未知力。将以上系数和自由项代入典型方程，解得

$$X_1=-\frac{\varDelta_{1P}}{\delta_{11}}=-63\text{kN}$$

(5) 绘制 M 图。弯矩叠加公式为

$$M=\overline{M}_1X_1+M_P$$

最后弯矩图如图 5-22(e)所示。

需要指出的是，用力法分析排架结构时，通常取切断或去掉横梁(二力杆)的结构为基本结构，计算较为简便。

5.5　对称性的利用

用力法分析超静定结构时，结构的超静定次数越高，计算工作量越大，而其中主要的工作量在于解算力法典型方程，即需要计算大量的系数、自由项并求解线性方程组。若要使计算简化，则需从简化力法典型方程入手。在典型方程中，若能使一些系数和自由项为零，则可使计算简化。我们知道，主系数是恒为正且不等于零的。因此，力法的简化原则是使尽可能多的副系数以及自由项等于零。能达到这一目的的方法很多，如对称性的利用、弹性中心法等。而这些方法的关键都在于选择合理的基本结构以及适宜的基本未知量。本节讨论对称性的利用。

在工程中，有很多结构是对称的。利用结构的对称性可使计算得到简化。

(1) 结构的对称性。结构的对称性，是指对结构中某一对称轴的对称。所以，对称结构必须有对称轴。结构的对称性，包括以下两个方面：①结构的几何形状、尺寸和支承情况对某一轴对称。②各杆的刚度(EI、EA 等)对某一轴对称。

因此，对称结构绕其对称轴对折后，对称轴两边的结构图形完全重合。

图 5-23(a)所示单跨刚架结构，有一根对称轴；图 5-23(b)所示结构则有两根对称轴。

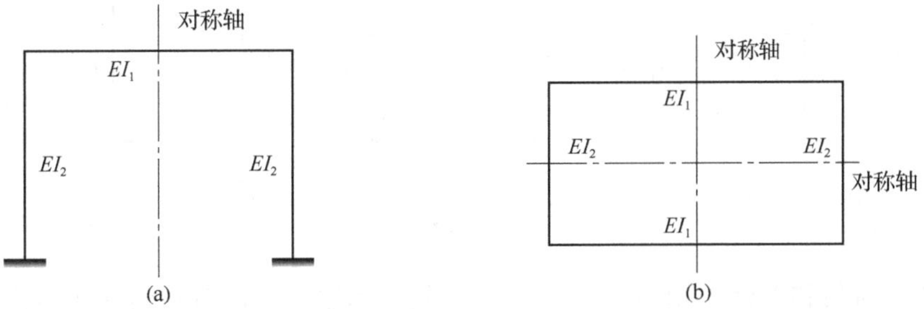

图 5-23

(2) 荷载的对称性。在图 5-24(a)所示的对称结构上，对称荷载是指绕对称轴对折后，对称轴两边的荷载彼此重合的荷载(作用点相对应、数值相等、方向相同)，如图 5-24(c)所示；反对

称荷载是指绕对称轴对折后，对称轴两边的荷载正好相反的荷载(作用点相对应、数值相等、方向相反)，如图 5-24(d)所示。作用在对称结构上的任何荷载，如图 5-24(b)所示，都可以分解为两部分：一部分是对称荷载，另一部分是反对称荷载，分别如图 5-24(c)、(d)所示，原结构的最终内力可由这两种情况分别计算，然后将两者所得内力叠加，即得原结构的最终内力。

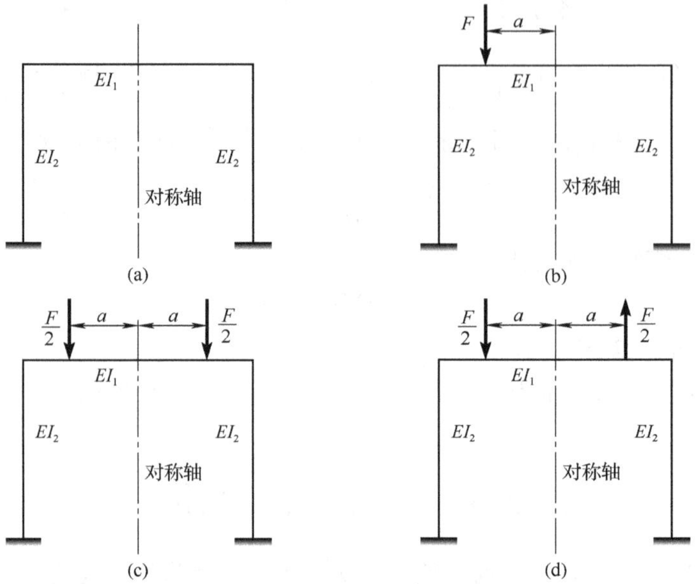

图 5-24

5.5.1　选取对称的基本结构

计算对称结构时，为了简化计算，应选择对称的基本体系，并取对称力或反对称力作为多余未知力。以图 5-25(a)所示对称的三次超静定刚架为例，若将此结构沿对称轴上梁的中间截面切开，得到一个对称的基本体系，如图 5-25(b)所示。此时，梁的中间截面切口两侧有三对相互作用的多余未知力：一对弯矩 X_1、一对轴力 X_2 和一对剪力 X_3。根据力的对称性分析可知，X_1、X_2 是正对称的，X_3 是反对称的。

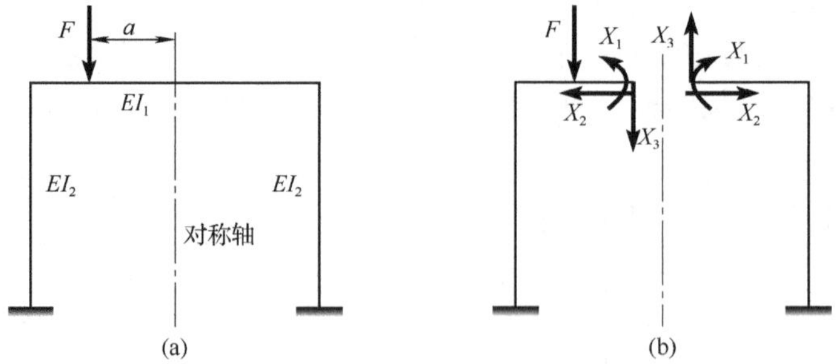

图 5-25

基本结构在荷载和多余未知力 X_1、X_2、X_3 共同作用下，切口两侧截面的相对转角、相对水平位移和相对竖向位移应等于零。力法典型方程为

$$\left.\begin{aligned}\delta_{11}X_1+\delta_{12}X_2+\delta_{13}X_3+\Delta_{1P}=0\\ \delta_{21}X_1+\delta_{22}X_2+\delta_{23}X_3+\Delta_{2P}=0\\ \delta_{31}X_1+\delta_{32}X_2+\delta_{33}X_3+\Delta_{3P}=0\end{aligned}\right\}\tag{5-7a}$$

绘制出基本结构在各单位多余未知力单独作用下的弯矩图，如图 5-26(a)～(c)所示。可以看出，正对称未知力 $X_1=1$ 和 $X_2=1$ 所产生的弯矩图 $\overline{M}_1$ 和 $\overline{M}_2$ 是正对称的，而反对称未知力 $X_3=1$ 所产生的弯矩图 $\overline{M}_3$ 是反对称的。正、反对称的两图相乘时恰好正负抵消使计算结果为零，因而可知，力法典型方程中的副系数为

$$\delta_{13}=\delta_{31}=\sum\int\frac{\overline{M}_1\overline{M}_3}{EI}\mathrm{d}s=0$$

$$\delta_{23}=\delta_{32}=\sum\int\frac{\overline{M}_2\overline{M}_3}{EI}\mathrm{d}s=0$$

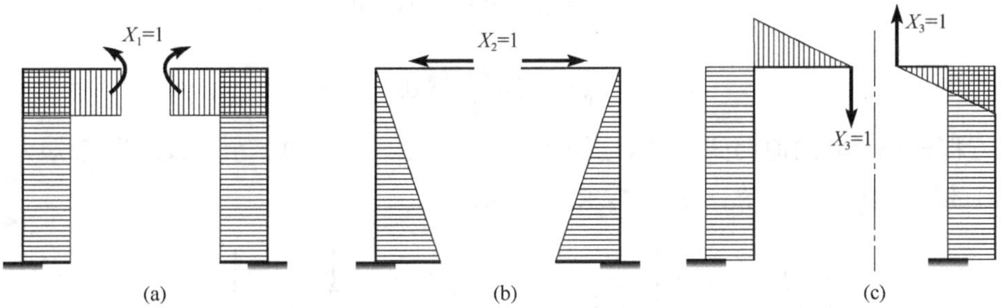

图 5-26

于是，力法典型方程可简化为

$$\left.\begin{aligned}\delta_{11}X_1+\delta_{12}X_2+\Delta_{1P}=0\\\delta_{21}X_1+\delta_{22}X_2+\Delta_{2P}=0\\\delta_{33}X_3+\Delta_{3P}=0\end{aligned}\right\}\qquad(5\text{-}7\mathrm{b})$$

由此可见，选取对称的基本结构可将力法典型方程组分解为独立的两组。一组只包含正对称未知力 X_1 和 X_2，另一组只包含反对称未知力 X_3。原来的高阶方程组分解为两个低阶方程组，因而使计算得到简化。

如果作用在对称结构上的荷载也是对称的，则可以使计算得到进一步的简化。下面对图 5-24(c)、(d)所示的正对称荷载和反对称荷载两种情况作进一步的讨论。

1. 正对称荷载作用

以图 5-24(c)所示的正对称荷载为例，这时基本结构的荷载弯矩图 M_P 是正对称的，如图 5-27(a)所示，由于 $\overline{M}_3$ 是反对称的，如图 5-26(c)所示，因此

$$\Delta_{3P}=\sum\int\frac{\overline{M}_3M_P}{EI}\mathrm{d}s=0$$

代入力法方程式(5-7b)的第三式，可知反对称未知力 $X_3=0$。至于正对称未知力 X_1 和 X_2，只需用式(5-7b)的前两式进行计算，如图 5-27(b)所示。

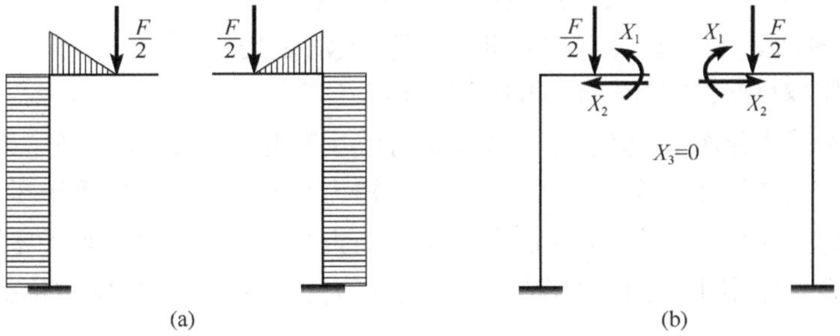

图 5-27

由此可推知，对称结构在正对称荷载作用下，如果所选取的基本结构是对称结构，且基本未知量也是正对称未知力或反对称未知力，则反对称未知力必等于零，只需计算正对称未知力。此时，对称结构的所有支座反力、内力及位移都是正对称的。但必须注意，剪力图是反对称的，这是剪力的正负号规定所致，而剪力的实际方向则是正对称的。

2. 反对称荷载作用

以图 5-24(d)所示的反对称荷载为例，这时基本结构的荷载弯矩图 M_P 是反对称的，如图 5-28(a)所示，由于 $\overline{M}_1$ 和 $\overline{M}_2$ 是正对称的，如图 5-26(a)、(b)所示，因此有

$$\Delta_{1P}=\sum\int\frac{\overline{M}_1M_P}{EI}ds=0$$

$$\Delta_{2P}=\sum\int\frac{\overline{M}_2M_P}{EI}ds=0$$

代入力法方程式(5-7b)的前两式，可知正对称未知力 $X_1=X_2=0$。至于反对称未知力 X_3，只需用式(5-7b)的第三式进行计算，如图 5-28(b)所示。

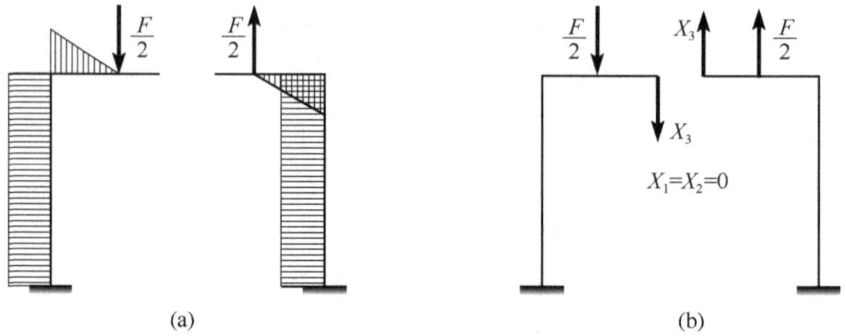

图 5-28

由以上分析可知，对称结构在反对称荷载作用下，如果所选取的基本结构是对称结构，且基本未知量也是正对称未知力或反对称未知力，则正对称未知力必等于零，只需计算反对称未知力。此时，对称结构的所有支座反力、内力及位移都是反对称的。但必须注意，剪力图是正对称的，剪力的实际方向则是反对称的。

由上述分析可得如下结论：对称结构在正对称荷载作用下，其支座反力、内力和位移都是正对称的；对称结构在反对称荷载作用下，其支座反力、内力和位移都是反对称的。

3. 非对称荷载作用

如果在对称结构上作用非对称荷载，有以下两种做法。

第一种方法，将荷载分解为正对称荷载和反对称荷载两部分，对这两部分荷载分别计算，然后把两种计算结果叠加起来。

第二种方法，不进行分解荷载，直接取非对称荷载进行计算。

两种做法各有利弊，在具体计算时可根据情况灵活选用。

归纳起来，利用对称性以简化计算的要点如下。

(1)选用对称的基本结构，选用正对称未知力或反对称未知力作为基本未知量。

(2)在正对称荷载作用下，只需计算正对称未知力(反对称未知力等于零)。

(3)在反对称荷载作用下，只需计算反对称未知力(正对称未知力等于零)。

(4)在非对称荷载作用下，可将非对称荷载分解为正对称荷载和反对称荷载，分别计算后，将计算结果叠加起来。

【例 5-6】　图 5-29(a)所示刚架，试绘制其弯矩图，$EI=$常数。

解：这是一个三次超静定的对称结构，将作用在该结构上的荷载分解为对称荷载和反对称荷载，分别如图 5-29(b)、(c)所示。

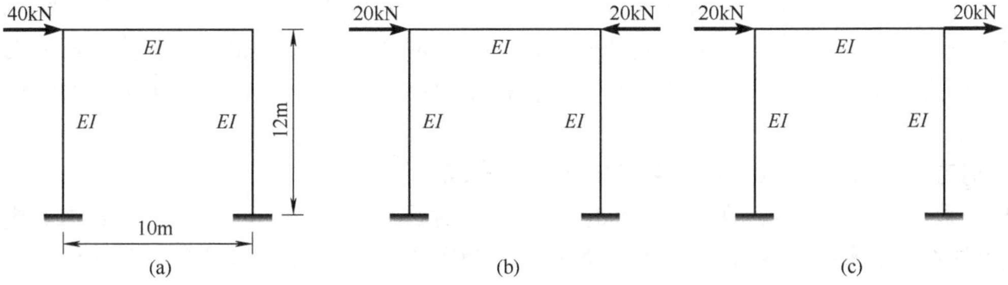

图 5-29

在对称荷载作用下，可以得出只有横梁承受压力20 kN，而其他杆无内力的结论。这是因为计算刚架结构时通常忽略轴力对变形的影响，也就是忽略横梁的压缩变形。在这个条件下，上述内力状态不仅满足了平衡条件，也满足了变形条件，所以就是真正的内力状态。因此，为了绘制出图 5-29(a)所示刚架的弯矩图，只需绘制出图 5-29(c)中刚架结构在反对称荷载作用下的弯矩图即可。

在反对称荷载作用下，基本体系如图 5-30(a)所示。切口截面处正对称的多余未知力皆为零，只有反对称多余未知力 X_1 存在。仅相当于求解一次超静定的问题。

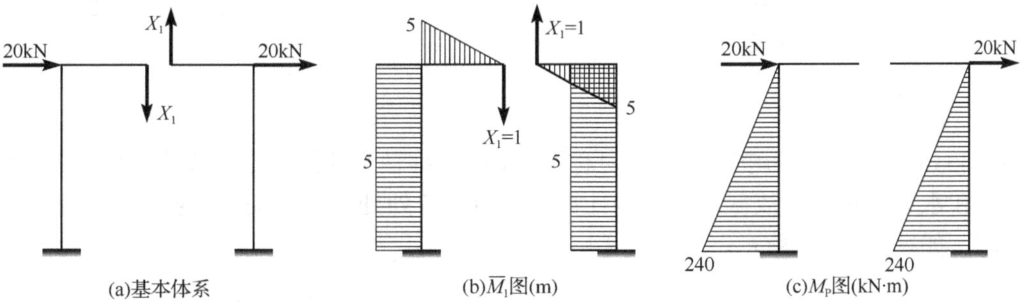

图 5-30

典型方程为

$$\delta_{11}X_1+\Delta_{1P}=0$$

分别绘制出 $\overline{M}_1$ 图和 M_P 图，如图 5-30(b)、(c)所示。由图乘法可得

$$\delta_{11}=\frac{2}{EI}\left(\frac{1}{2}\times5\times5\times\frac{2}{3}\times5+5\times12\times5\right)=\frac{2050}{3EI}\mathrm{m}^3$$

$$\Delta_{1P}=\frac{2}{EI}\left(\frac{1}{2}\times12\times240\times5\right)=\frac{14400}{EI}\mathrm{kN\cdot m}^3$$

代入典型方程可解得

$$X_1=-\frac{\Delta_{1P}}{\delta_{11}}=-21.1\mathrm{kN}$$

刚架的最后弯矩图 $M=\overline{M}_1X_1+M_P$，如图 5-31 所示。

5.5.2 选取半结构计算

当对称结构承受正对称荷载或反对称荷载作用时，为了简化结构计算，可以只截取结构的一半来进行计算，即选取半结构分析法。半结构分析法要求该半结构能等效代替原结构的半边的受力和变形状态，其关键在于被截开处(沿对称轴)应按原结构上的位移条件和相应的静力条件设置相应合适的支座。下面分别就对称结构在正对称荷载和反对称荷载作用下的选取半结构分析法加以说明。

1．对称结构在正对称荷载作用下半结构的截取

(1)奇数跨。如图 5-32(a)所示对称刚架，在正对称荷载作用下，只产生正对称的内力和变形，故可知在对称轴上的截面 C 处不可能发生转角和水平线位移，但可有竖向线位移。同时，该截面上只有正对称的弯矩 X_1 和轴力 X_2，而反对称的剪力 X_3 等于零。因此从对称轴切开截取半边结构计算时，在对称轴截面 C 处应用一定向支座(也称滑动支座)来代替原有约束，从而得到图 5-32(b)所示的计算简图。

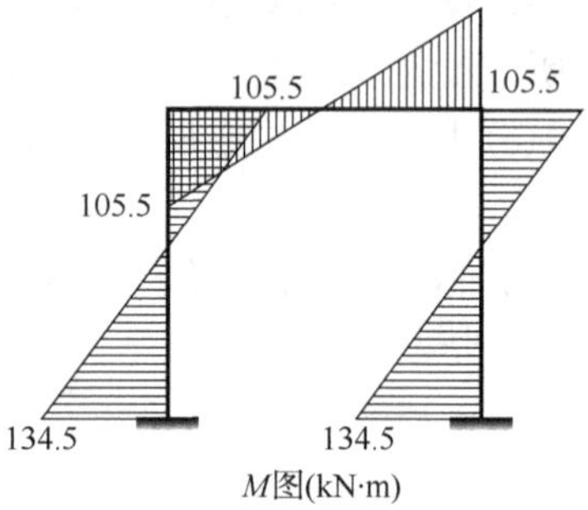

图 5-31

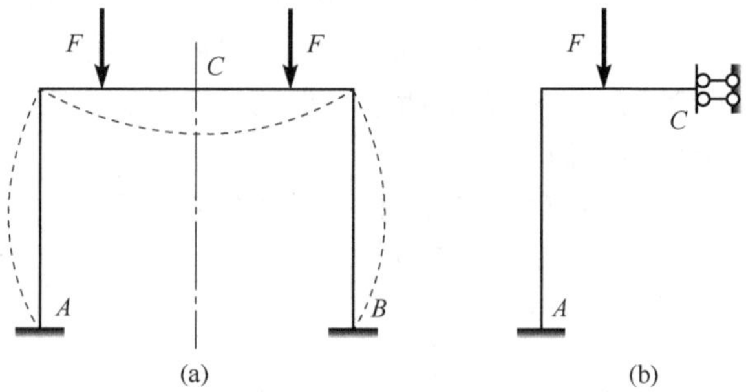

图 5-32

图 5-33(a)所示结构为单跨两层的对称刚架，在对称轴上的结点 C 处无水平线位移；截面 D 处无转角和水平线位移，故截取半结构计算时，切口 C 处处理成活动铰支座，切口 D 处处理成定向支座，如图 5-33(b)所示。

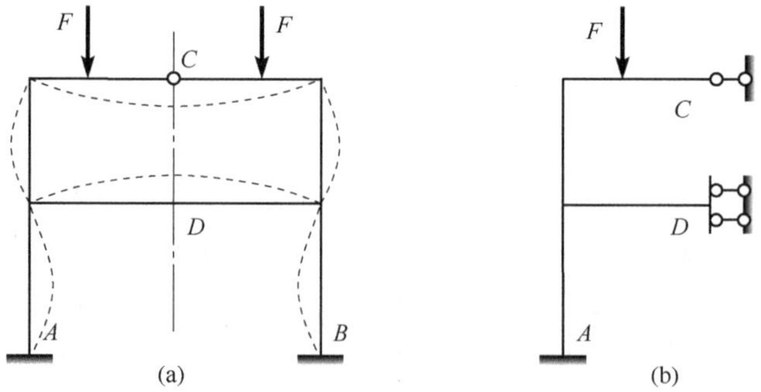

图 5-33

图 5-34(a)所示刚架受正对称荷载作用，在对称轴上的结点 A 和 B 均无转角和水平线位移，故竖杆 AB 无转角和水平线位移但可发生竖向线位移且结点 A 和 B 竖向线位移相等，由于竖杆 AB 不发生翘曲，因此截取半结构时，可将竖杆 AB 看作刚性杆而保留，并在结点 A 和 B 处分别加上水平链杆支座，如图 5-34(b)所示。

(2)偶数跨。如图 5-35(a)所示刚架，在正对称荷载作用下，若忽略杆件的轴线变形，则在

对称轴上的刚结点 A 处将不可能产生任何位移。同时，在该处的横梁杆端有正对称的弯矩 X_1、轴力 X_2 和反对称的剪力 X_3 存在。因此，截取半结构分析时，切口处用固定端支座代替，从而得到图 5-35(b)所示的计算简图。

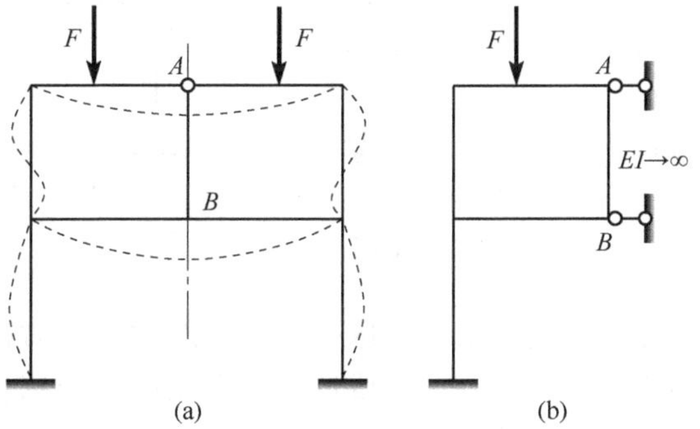

图 5-34

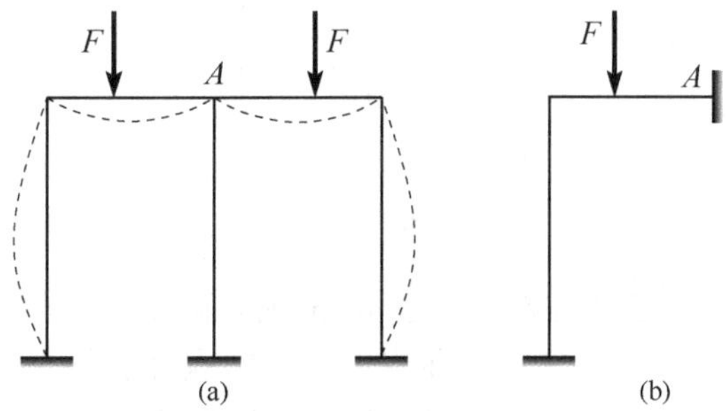

图 5-35

图 5-36(a)为两跨两层对称刚架结构受正对称荷载作用，不计梁柱的轴向变形时，在对称轴上的铰结点 A 处左右可以发生相对转动，但无线位移；结点 B 处则无任何位移；位于对称轴上的中央竖杆仅受轴向力而无任何位移(忽略轴向变形)。因此，截取半结构分析时，结点 A 可处理成固定铰支座，结点 B 可处理成固定端支座，而略去中间竖杆，如图 5-36(b)所示。

图 5-37(a)所示框架结构具有两根对称轴，在正对称荷载作用下处于平衡状态。若忽略杆件的轴线变形，则对称轴上的结点 A 和 B 均无任何位移，故可截取其 1/4 结构来进行简化计算，如图 5-37(b)所示。

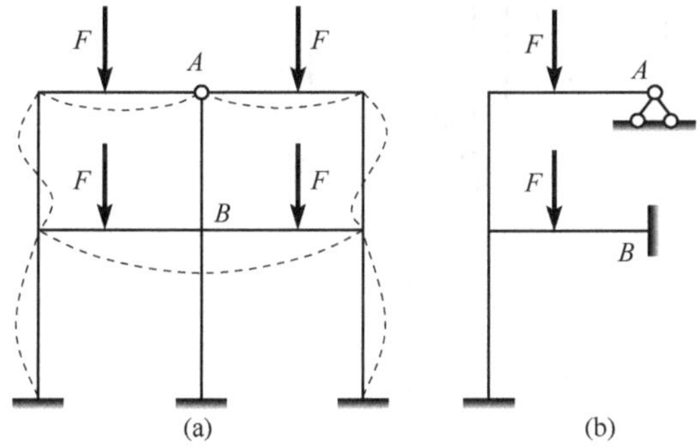

图 5-36

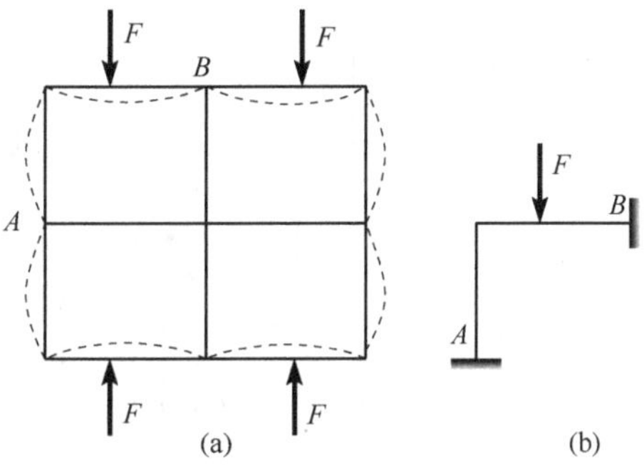

图 5-37

2．对称结构在反对称荷载作用下半结构的截取

(1)奇数跨。图 5-38(a)所示对称刚架，在反对称荷载作用下，只产生反对称的内力和变形，故可知在对称轴上的截面 C 处不可能发生竖向线位移，但可有转角和水平线位移。同时，该截面上只有反对称的剪力 X_3，而正对称的弯矩 X_1 和轴力 X_2 等于零。因此从对称轴切开截取半边结构计算时，在对称轴截面 C 处应用一竖向支承链杆来代替原有约束，从而得到图 5-38(b)所示的计算简图。

图 5-39(a)所示单跨两层对称刚架结构，在反对称荷载作用下，对称轴上的结点 C 和 D 均有反对称的转角和水平线位移，但无竖向线位移，且在两结点处均无正对称的弯矩 X_1 和轴力 X_2，只有反对称的剪力 X_3。因此截取半结构时，切口 C 和 D 均处理成水平可移动的支承链杆来代替原有约束，如图 5-39(b)所示。

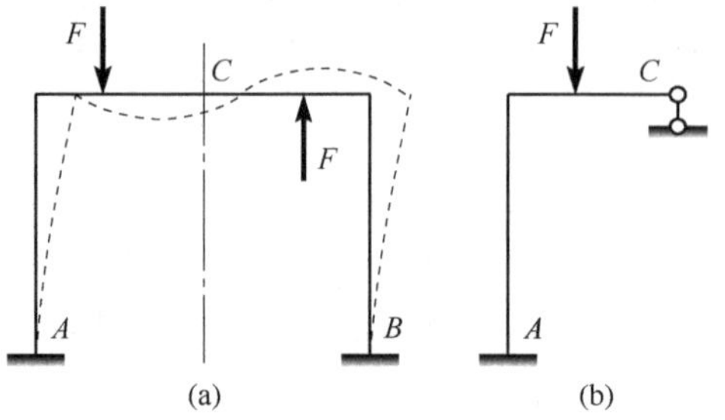

图 5-38

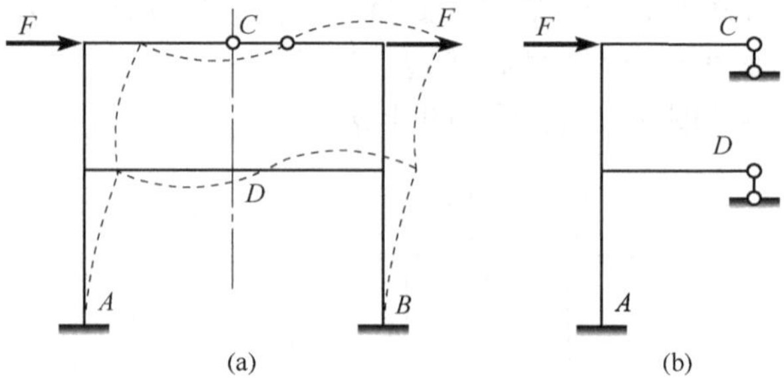

图 5-39

(2) 偶数跨。图 5-40 (a) 所示对称刚架结构在反对称荷载作用下，因变形的反对称性，对称轴上的 AB 杆有弯曲变形，刚结点 A 有转角和水平线位移，但无竖向线位移。在截取半结构分析时，可将柱 AB 设想为由两根抗弯刚度各为 $I/2$ 的分柱组成的，它们在顶端分别与横梁刚结，如图 5-40 (b) 所示，显然这与原结构是等效的。然后，设想将此两柱中间的横梁切开，则由于作用在原结构上的荷载是反对称的，故切开截面上只存在一对反对称的未知剪力 X_3，如图 5-40 (c) 所示，这对剪力将只使两柱分别产生等值反号的轴力，而不使其他杆件产生内力。而原结构中间柱的内力等于该两柱内力之代数和，总轴力为零，故剪力 X_3 实际上对原结构的内力和变形均无影响。因此，可将其去掉不计，截取的相应半结构的计算简图如图 5-40 (d) 所示。

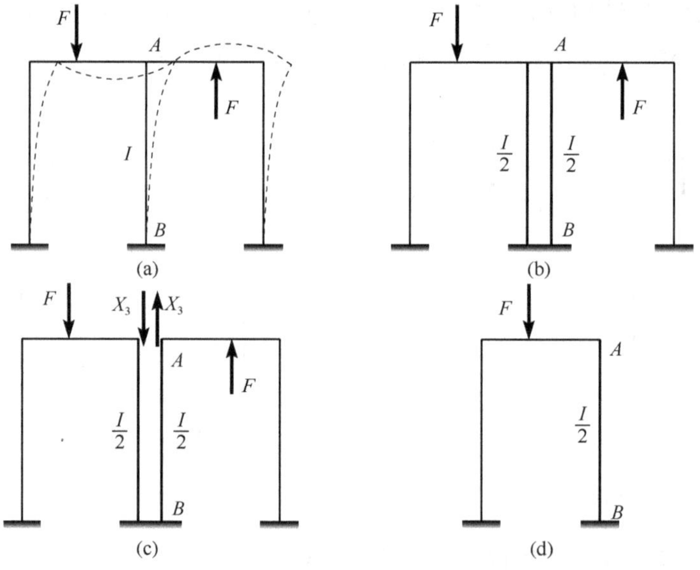

图 5-40

图 5-41 (a) 所示对称刚架结构受反对称荷载作用，对称轴上的结点 A 和 B 均有转角和水平线位移，但无竖向线位移，中间竖杆 AB 发生挠曲变形，在截取半结构计算时，除取竖杆 AB 抗弯刚度一半（即 $EI/2$）外，还应在结点 A 处加一竖向支承链杆，如图 5-41 (b) 所示。

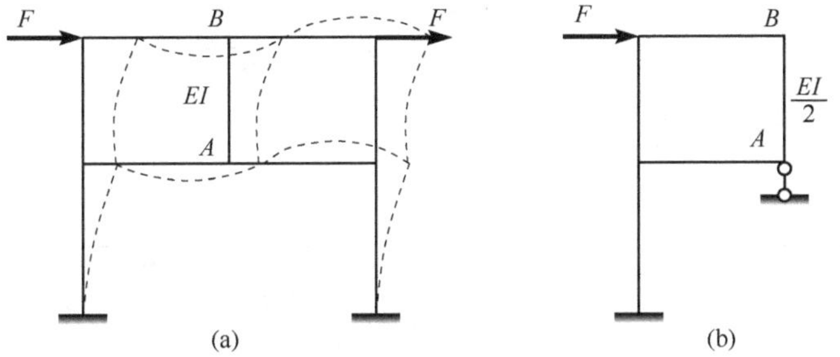

图 5-41

现将对称结构的简化计算小结如下。

(1)采用对称的基本体系，将基本未知量分为正对称未知力和反对称未知力两组，则在力法典型方程中将有 $\delta_{ij}=0$。这样多元方程组将分解为两组低元方程。

对于不同类型的荷载，又可分为三种情形。

① 若对称结构在正对称荷载作用下，则只需计算正对称未知力(反对称未知力为零)。

② 若对称结构在反对称荷载作用下，则只需计算反对称未知力(正对称未知力为零)。

③ 若对称结构在任意荷载作用下，可将其分解为正对称荷载和反对称荷载两种情况分别计算，然后将各自的计算结果进行叠加得最后结果。也可以不分解荷载，直接用非对称荷载计算，但要采用对称的基本体系和基本未知力，力法典型方程组自然分为两组。

(2)选用半结构计算。对称结构可分为奇数跨和偶数跨两种情况，它们在正对称荷载和反对称荷载作用下，在对称轴上的变形和内力是不同的。此外，选用半结构简化计算时，荷载必须是正对称荷载或反对称荷载。如果是非对称荷载，则需要分解为正对称荷载和反对称荷载两种情况，分别选用半边结构计算简图进行计算，然后叠加得到最后结果。

当用力法计算出半边结构的多余未知力后，就可以绘制出半边结构的内力图，而另一半边结构的内力图就可根据内力图图形的对称关系绘制出。

在正对称荷载作用下，对称结构的弯矩图和轴力图是正对称的，剪力图是反对称的；在反对称荷载作用下，对称结构的弯矩图和轴力图是反对称的，剪力图是正对称的。

5.5.3　选取广义未知力

在很多情况下，对于对称的超静定结构，虽然选取了对称的基本结构，但多余未知力对结构的对称轴来说却不是正对称或反对称的。相应的单位内力图也就既非正对称也非反对称，因此，力法典型方程中相关的副系数仍然不等于零。

对于这种情况，为了使力法方程中的副系数等于零，可以采用未知力分组的方法。当对称的超静定结构所具有的多余约束位于两处或两处以上时，可以在全结构的基础上，去掉对称位置上的多余约束而形成对称形式的基本结构，将原有在对称位置上的多余未知力分解成新的两组未知力：一组为正对称未知力，另一组为反对称未知力，从而达到简化计算的目的。

如图 5-42(a)所示对称刚架结构，拆除 A 和 B 两处支座约束而成图 5-42(b)所示的基本结构。但按每个未知力单独作用的单位弯矩图既不是正对称的，也不是反对称的。将对称位置上的两个多余未知力 X_1 和 X_2 分解为新的两组未知力：正对称的未知力 Y_1 和反对称的未知力 Y_2，如图 5-42(c)所示。新的未知力与原有未知力之间具有如下关系：

$$X_1=Y_1+Y_2,\quad X_2=Y_1-Y_2$$

或

$$Y_1=\frac{X_1+X_2}{2}，\quad Y_2=\frac{X_1-X_2}{2}$$

即Y_1、Y_2是X_1、X_2的线性组合。

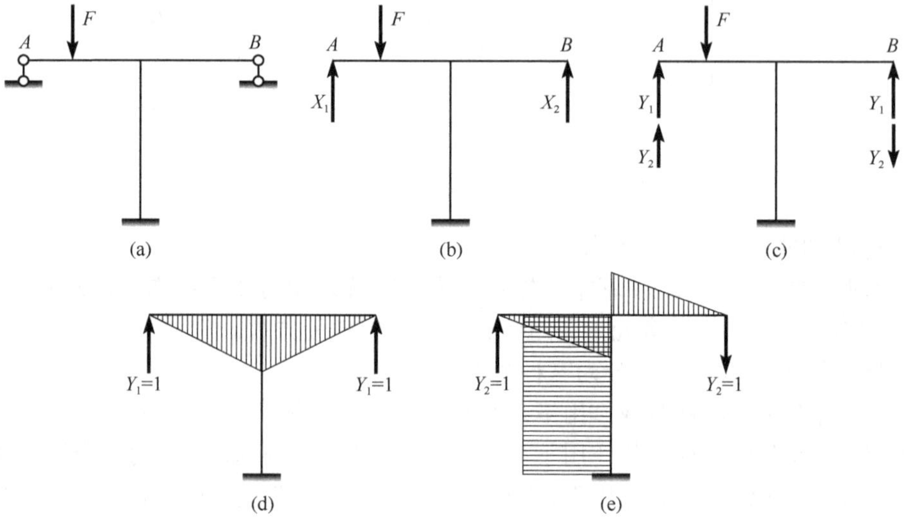

图 5-42

经过上述未知力分组后，求解原有两个多余未知力的问题就转变为求解新的两对多余未知力组。此时的Y_1是广义力，它代表着一对正对称的力，绘制$\overline{M}_1$图时要把这两个正对称的单位力同时加上去，这样所得的$\overline{M}_1$图便是正对称的，如图 5-42(d)所示；Y_2也是广义力，它代表着一对反对称的力，同理，可绘制出$\overline{M}_2$图，如图 5-42(e)所示。由于$\overline{M}_1$图、$\overline{M}_2$图分别为正对称的和反对称的，故副系数$\delta_{12}=\delta_{21}=0$。力法典型方程简化为

$$\delta_{11}Y_1+\varDelta_{1P}=0$$
$$\delta_{22}Y_2+\varDelta_{2P}=0$$

因为Y_1和Y_2都是广义力，故以上方程的物理意义也转变为相应的广义位移。此方程的含义是：在广义未知力Y_1、Y_2和荷载的共同作用下，A、B两点沿竖向的线位移之和与线位移之差等于零。

上述力法方程中第一式只包含正对称的广义未知力，第二式只包含反对称的广义未知力。若再考虑将一般荷载分解为正对称荷载和反对称荷载两组，则在正对称荷载作用下，只存在正对称广义未知力，反对称广义未知力为零；在反对称荷载作用下，只存在反对称广义未知力，正对称广义未知力为零。

5.6　广义荷载作用下超静定结构的力法计算

作用在结构上除荷载因素外，还有非荷载因素，如温度变化、支座移动、材料收缩和杆件制造误差等。作用在结构上的这些非荷载因素，称为广义荷载。静定结构在广义荷载作用下能够产生变形和位移，但不产生内力。对于超静定结构则不然，超静定结构在广义荷载作用下，不仅能够产生变形和位移，而且一般都会产生内力。这是超静定结构区别于静定结构的一个重要特征。

用力法分析广义荷载作用下的超静定结构，其基本原理及步骤与在荷载因素作用下相同，不同之处在于力法典型方程中的自由项不再是由荷载因素所产生的，而是由上述广义荷载所产生的。

下面说明超静定结构分别在温度变化和支座移动两种广义荷载作用下的内力计算过程。

5.6.1　温度变化时的计算

图 5-43(a)所示超静定刚架结构，设其外侧温度变化t_1，内侧温度变化t_2。取图 5-43(b)所示基本体系，根据基本结构在温度改变和多余未知力共同作用下，沿多余未知力方向的位移应与原结构的位移相一致这一原则进行。

力法典型方程为

$$\left.\begin{aligned}\delta_{11}X_1+\delta_{12}X_2+\delta_{13}X_3+\Delta_{1t}=0\\ \delta_{21}X_1+\delta_{22}X_2+\delta_{23}X_3+\Delta_{2t}=0\\ \delta_{31}X_1+\delta_{32}X_3+\delta_{33}X_3+\Delta_{3t}=0\end{aligned}\right\}$$

式中，各主、副系数的计算完全和前面所述一样，对于同一基本结构，这些系数并不随外界的作用因素而变。自由项Δ_{1t}、Δ_{2t}和Δ_{3t}则分别表示基本结构由温度变化而引起的沿X_1、X_2和X_3方程的位移。根据式(4-15)可知，它们的计算式可写为

$$\Delta_{it}=\sum\alpha t\int\bar{F}_{\mathrm{N}}\mathrm{d}s+\sum\frac{\alpha\Delta t}{h}\int\overline{M}\mathrm{d}s=\sum\alpha t\omega_{\bar{F}_{\mathrm{N}}}+\sum\frac{\alpha\Delta t}{h}\omega_{\overline{M}}\tag{5-8}$$

将求出的各系数项和自由项代入力法典型方程，即可解出多余未知力X_1、X_2和X_3。

因为基本结构是静定结构，在温度变化作用下并不引起内力，所以超静定结构的最后内力只是由多余未知力引起的，即

$$M=\overline{M}_1X_1+\overline{M}_2X_2+\overline{M}_3X_3\tag{5-9}$$

对于n次超静定结构，其最后弯矩计算式为

$$M=\sum\overline{M}_iX_i\tag{5-10}$$

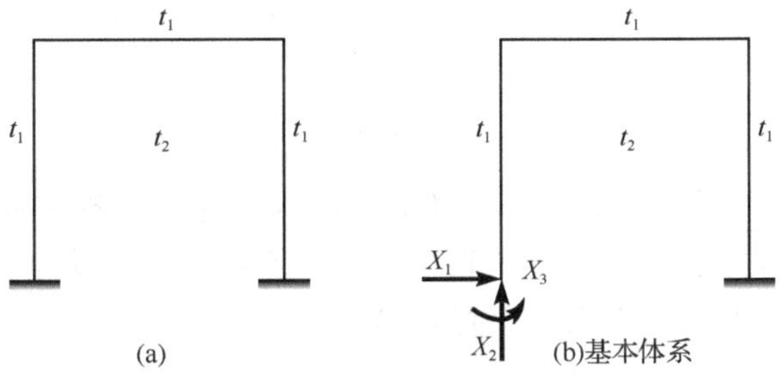

图 5-43

【例 5-7】　图 5-44(a)所示刚架，外侧温度升高15℃，内侧温度升高25℃，材料的线膨胀系数为α，各杆截面为等截面矩形，其高度$h=0.1l$，刚架的$EI=$常数。试绘制其弯矩图。

解：图 5-44(a)所示刚架为一次超静定结构，取图 5-44(b)为基本体系，力法典型方程为

$$\delta_{11}X_1+\Delta_{1t}=0$$

绘制单位$\overline{M}_1$图和$\bar{F}_{\mathrm{N1}}$图，分别如图 5-44(c)、(d)所示，计算系数和自由项为

$$\delta_{11}=\int\frac{\overline{M}_1^2}{EI}\mathrm{d}s=\frac{1}{EI}\left(2\times\frac{1}{2}\times l\times l\times\frac{2}{3}\times l+l\times l\times l\right)=\frac{5l^3}{3EI}$$

轴线平均温度变化为

$$t=\frac{1}{2}(25℃+15℃)=20℃$$

轴线内外温度差为

$$\Delta t = 25℃ - 15℃ = 10℃$$

$$\varDelta_{1t} = \sum \alpha t \omega_{\bar{F}_N} + \sum \frac{\alpha \Delta t}{h} \omega_{\bar{M}} = -20 \times \alpha \times (1 \times l) - \frac{10\alpha}{0.1l} \times \left(2 \times \frac{1}{2} \times l \times l + l \times l \right) = -220\alpha l$$

由力法典型方程解得

$$X_1 = -\frac{\varDelta_{1t}}{\delta_{11}} = 132 \frac{\alpha EI}{l^2}$$

最终弯矩图可按 $M = \overline{M}_1 X_1$ 绘制出，如图 5-44(e)所示。

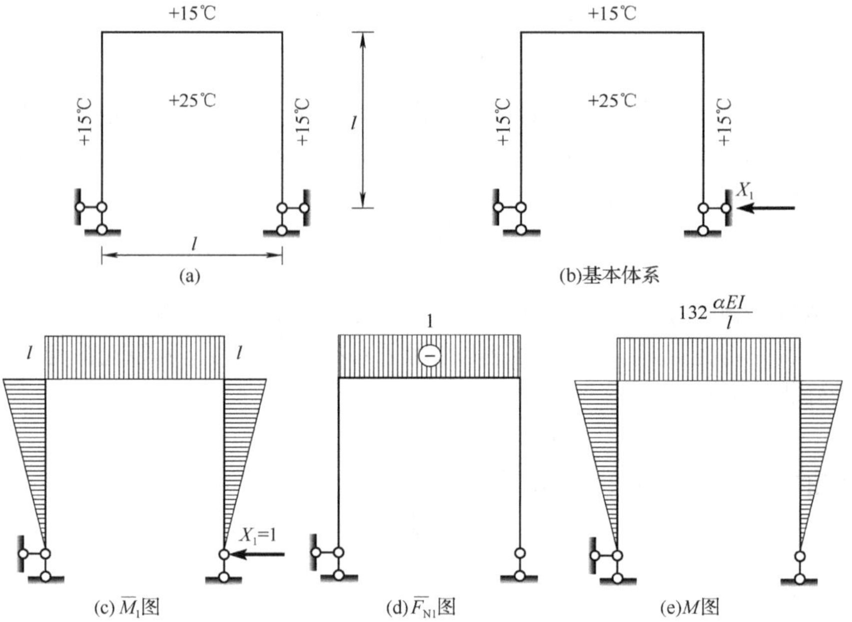

图 5-44

由计算结果可知，在温度变化影响下，超静定结构的内力与各杆的弯曲刚度 EI 有关，杆件的 EI 越大，其弯矩等内力就越大，这是与荷载作用下不同的。所以为改善结构在温度变化影响下的受力状态，加大杆件截面并不是一个有效途径。

5.6.2 支座移动时的计算

对于静定结构，支座移动时只能引起结构的刚性位移而不产生内力；但在超静定结构中，支座移动将使其产生内力。

用力法分析超静定结构在支座移动时的内力，其计算原理与荷载作用或温度变化影响下的计算相同，唯一的区别在于力法典型方程中的自由项不同。

图 5-45(a)所示刚架结构，设其支座 B 由于某种因素(如地基沉陷、滑移和转动等)发生了水平位移 a、竖向位移 b 和转角 φ。现取基本体系如图 5-45(b)所示。根据基本结构在多余未知力和支座位移共同作用下，沿各多余未知力方向的位移应与原结构相应的位移相同的条件，可建立典型方程为

$$\left.\begin{aligned}
\delta_{11}X_1 + \delta_{12}X_2 + \delta_{13}X_3 + \varDelta_{1c} &= 0 \\
\delta_{21}X_1 + \delta_{22}X_2 + \delta_{23}X_3 + \varDelta_{2c} &= -\varphi \\
\delta_{31}X_1 + \delta_{32}X_2 + \delta_{33}X_3 + \varDelta_{3c} &= -a
\end{aligned}\right\}$$

式中所有系数的计算与外因无关，与前述相同。自由项 Δ_{1c}、Δ_{2c} 和 Δ_{3c} 则分别表示基本结构由支座移动而引起的沿 X_1、X_2 和 X_3 方程的位移。根据式(4-18)可知，它们的计算式可写为

$$\Delta_{ic} = -\sum \overline{F}_{Ri} \cdot c \tag{5-11}$$

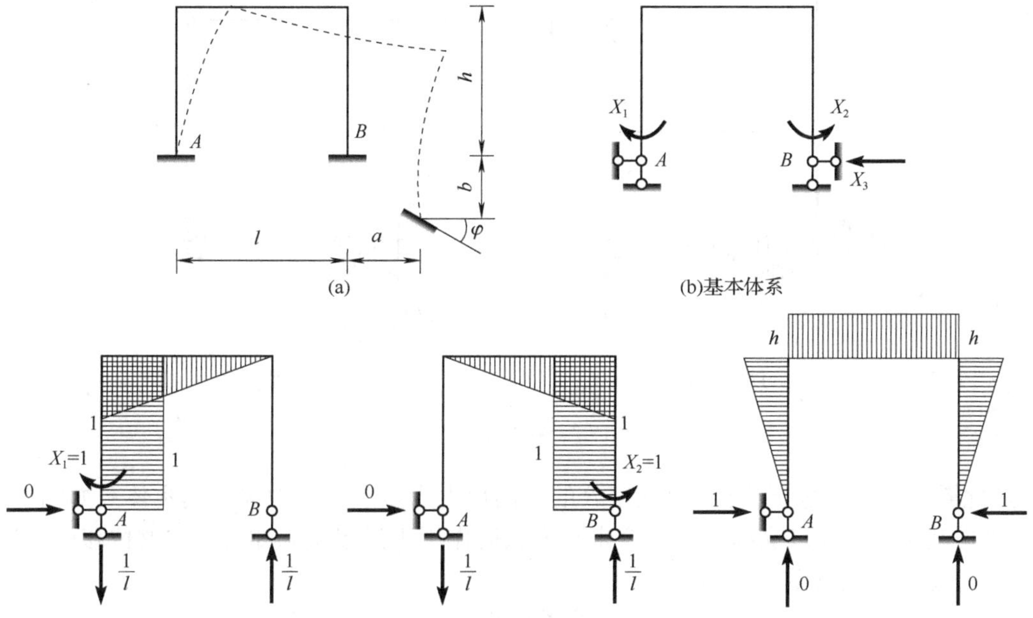

(a)　(b)基本体系

(c) $\overline{M}_1$图，$\overline{F}_{R1}$　(d) $\overline{M}_2$图，$\overline{F}_{R2}$　(e) $\overline{M}_3$图，$\overline{F}_{R3}$

图 5-45

由图 5-45(c)、(d)和(e)所示的单位未知力在基本结构中产生的支座反力 $\overline{F}_{Ri}$，按式(5-11)可求得

$$\Delta_{1c} = -\left(-\frac{1}{l} \times b\right) = \frac{b}{l}$$

$$\Delta_{2c} = -\left(\frac{1}{l} \times b\right) = -\frac{b}{l}$$

$$\Delta_{3c} = 0$$

求出系数和自由项后，多余未知力 X_1、X_2 和 X_3 由力法典型方程解出。由图 5-45(b)容易看出，因基本结构是静定的，在支座移动因素作用下并不产生内力。故超静定结构的最终内力只与多余未知力有关。即

$$M = \overline{M}_1 X_1 + \overline{M}_2 X_2 + \overline{M}_3 X_3 \tag{5-12}$$

对于 n 次超静定结构，其最后弯矩计算式为

$$M = \sum \overline{M}_i X_i \tag{5-13}$$

支座移动时的超静定结构计算与荷载作用时的超静定结构计算相比，有如下特点。

(1) 力法典型方程的右边可以不为零。

(2) 内力全部是由多余未知力引起的。

(3) 内力与杆件 EI 的绝对值有关。杆件的刚度越大，由广义荷载产生的内力也就越大。

(4) 选取的基本结构不同，力法典型方程也随之变化。一般说来，凡是与多余未知力相应的支座位移参数都出现在力法典型方程的右边项中，而其他的支座位移参数都出现在力法典型方程左边的自由项中。

【例 5-8】 图 5-46(a)所示等截面梁 AB，设支座 B 下沉了 a，支座 A 顺时针转动了 θ，试绘制其弯矩图。EI = 常数。

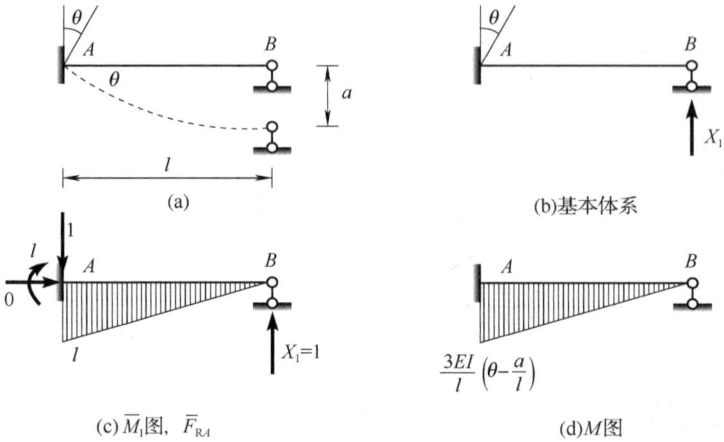

图 5-46

解：此梁为一次超静定结构，取支座 B 的竖向反力为多余未知力 X_1，基本体系如图 5-46(b)所示。根据基本结构在广义荷载和多余未知力共同作用下沿多余未知力方向的位移应与原结构相一致，可建立力法典型方程为

$$\delta_{11}X_1 + \Delta_{1c} = -a$$

绘制出 $\overline{M}_1$ 图并求出支座 A 的支座反力 $\overline{F}_{RA}$ 如图 5-46(c)所示，由图乘法可求得系数为

$$\delta_{11} = \frac{l^3}{3EI}$$

按式(5-11)计算求得自由项为

$$\Delta_{1c} = -l\theta$$

将系数和自由项代入典型方程解算可得

$$X_1 = \frac{3EI}{l^2}\left(\theta - \frac{a}{l}\right)$$

最后弯矩图 $M = \overline{M}_1 X_1$，如图 5-46(d)所示。

本例如果取简支梁为基本结构，取支座 A 的反力偶矩为多余未知力 X_1，则基本体系如图 5-47(a)所示。则力法典型方程为

$$\delta_{11}X_1 + \Delta_{1c} = \theta$$

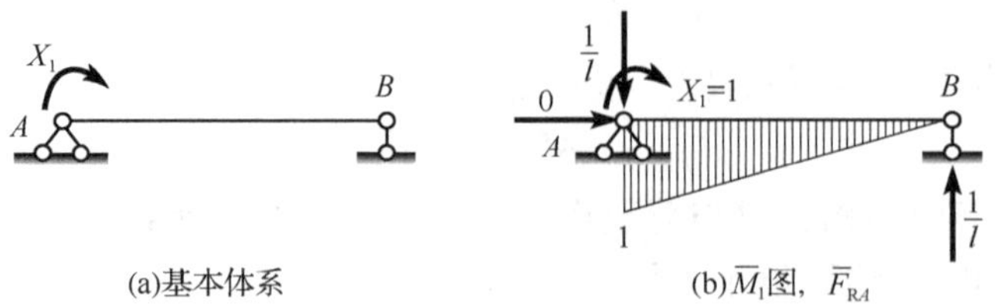

图 5-47

绘制出 $\overline{M}_1$ 图并求出支座反力如图 5-47(b)所示，由图乘法可求得系数为

$$\delta_{11} = \frac{l}{3EI}$$

按式(5-11)计算求得自由项为

$$\Delta_{1c}=\frac{a}{l}$$

将系数和自由项代入典型方程解算可得

$$X_1=\frac{3EI}{l}\left(\theta-\frac{a}{l}\right)$$

同样可绘制出最后弯矩图 $M=\overline{M}_1X_1$，如图 5-46(d)所示。

5.7　超静定结构的位移计算

超静定结构位移计算的基本原理，与第 4 章所讨论的静定结构的位移计算相同，仍然是以虚功原理为基础的单位荷载法，但计算较为烦琐。本节将进一步分析超静定结构在外因作用下的位移计算问题，其目的是使计算得到简化。

1．荷载作用下的位移计算

以图 5-19(a)所示的超静定刚架为例，其最后弯矩 M 图已绘制出，见图 5-19(f)，现将其重绘为图 5-48(a)，这就是结构的实际状态。设现在要求 CB 杆中点 K 的竖向位移 Δ_{Ky}。为此，应在原结构 K 处加上单位力作为虚拟状态并绘制出其 $\overline{M}_K$ 图，如图 5-48(b)所示，然后将 $\overline{M}_K$ 图与 M 图相乘即可求得 Δ_{Ky}。但是，为了绘制出 $\overline{M}_K$ 图，又需要用力法解算一个两次超静定刚架，显然这样做是比较麻烦的。

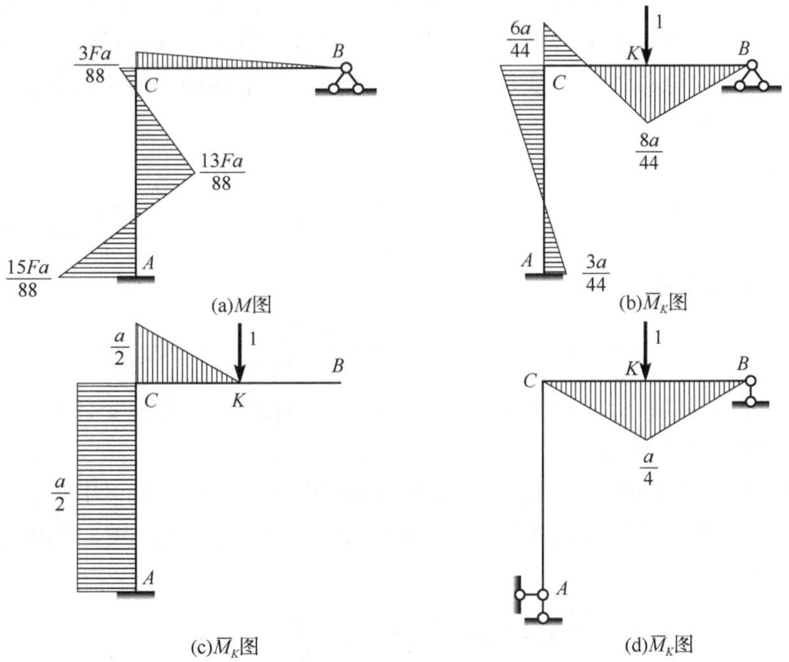

图 5-48

我们知道，用力法计算超静定结构，是根据基本结构在荷载和多余未知力共同作用下其位移应与原结构相同这个条件来进行的。这就是说，在荷载及多余约束力共同作用下，基本结构的受力和位移与原结构是完全一致的。因此，求超静定结构的位移，完全可以用求基本结构的位移来代替。于是，虚拟状态的单位力就可以加在基本结构上，由于基本结构是静定的，故计算和绘制此内力图仅由平衡条件便可求得，这样就大大简化了计算工作。此外，由于超静定结构的最后内力图并不因所取基本结构的不同而异，也就是说，其实际内力可以看作选取任一种结构求得的。因此，在求位移时，也可以任选一种基本结构来求虚拟状态的内力，通常可选择虚拟内力图较简单的基本结构，以便进一步简化计算。

例如，求上述刚架 K 的 Δ_{Ky}，若取图 5-48(c)所示的基本结构，加上单位力并绘制出虚拟状态的 $\overline{M}_K$ 图，将其与 M 图相乘可得

$$\Delta_{Ky}=\frac{1}{EI_1}\times\frac{1}{2}\times\frac{a}{2}\times\frac{a}{2}\times\frac{5}{6}\times\frac{3}{88}Fa+\frac{1}{2EI_1}\left[\frac{1}{2}\left(\frac{3}{88}Fa+\frac{15}{88}Fa\right)a\times\frac{a}{2}-\frac{a}{2}\left(\frac{1}{2}\times\frac{Fa}{4}\times a\right)\right]=-\frac{3Fa^3}{1408EI_1}\ (\uparrow)$$

若取图 5-48(d)所示的基本结构，则有

$$\Delta_{Ky}=-\frac{1}{EI_1}\left(\frac{1}{2}\times\frac{a}{4}\times a\right)\times\frac{1}{2}\times\frac{3}{88}Fa=-\frac{3Fa^3}{1408EI_1}\ (\uparrow)$$

两者计算结果相同，但显然后者较简便。

综上所述，一般超静定杆系结构在荷载作用下的位移计算，可归结为如下步骤。

(1) 解算超静定结构，求出最后内力，此为实际状态。

(2) 任选一种基本结构，加上单位力求出虚拟状态的内力。

(3) 按位移计算公式或图乘法计算所求位移。

2. 广义荷载作用下的位移计算

欲求超静定结构在广义荷载作用下，结构上 K 点的某项位移，也可以将原结构等效替换为在多余未知力和广义荷载共同作用下的静定结构，于是问题就转化为在静定结构上求某项位移。由于温度变化、支座移动等因素会使基本结构产生位移，因此在求位移时，除考虑由内力而产生的弹性变形所引起的位移外，还要加上由温度变化、支座移动等所引起的位移。对于刚架结构，位移计算公式一般可写为如下形式。

(1) 温度变化影响下有

$$\Delta_K=\sum\int\frac{\overline{M}_K M}{EI}\mathrm{d}s+\Delta_{Kt}=\sum\int\frac{\overline{M}_K M}{EI}\mathrm{d}s+\sum\alpha t\int\overline{F}_{NK}\mathrm{d}s+\sum\frac{\alpha\Delta t}{h}\int\overline{M}_K\mathrm{d}s \tag{5-14}$$

(2) 支座移动影响下有

$$\Delta_K=\sum\int\frac{\overline{M}_K M}{EI}\mathrm{d}s+\Delta_{Kc}=\sum\int\frac{\overline{M}_K M}{EI}\mathrm{d}s-\sum\overline{F}_{RK}\cdot c \tag{5-15}$$

【例 5-9】 图 5-49(a)所示的两铰刚架，各杆内、外均有温度改变(例 5-7)，EI 为常数。试求横梁中点 E 的竖向位移 Δ_{Et}。

解： 在例 5-7 中已经绘制出其 M 图，如图 5-49(b)所示。为求横梁中点 E 的竖向位移 Δ_{Et}，建立相应的虚拟力状态，绘制出基本结构在虚拟状态的 $\overline{M}_E$ 图和 $\overline{F}_{NE}$ 图，如图 5-49(c)、(d)所示。由式(5-14)可得

$$\begin{aligned}\Delta_{Et}&=\sum\int\frac{\overline{M}_E M}{EI}\mathrm{d}s+\sum\alpha t\int\overline{F}_{NE}\mathrm{d}s+\sum\frac{\alpha\Delta t}{h}\int\overline{M}_E\mathrm{d}s\\&=-\frac{1}{EI}\left(\frac{1}{2}\times\frac{l}{4}\times l\times132\frac{\alpha EI}{l}\right)-2\times20\alpha\times\frac{1}{2}\times l+\frac{10\alpha}{0.1l}\times\frac{1}{2}\times l\times\frac{l}{4}\\&=-24\alpha l\ (\uparrow)\end{aligned}$$

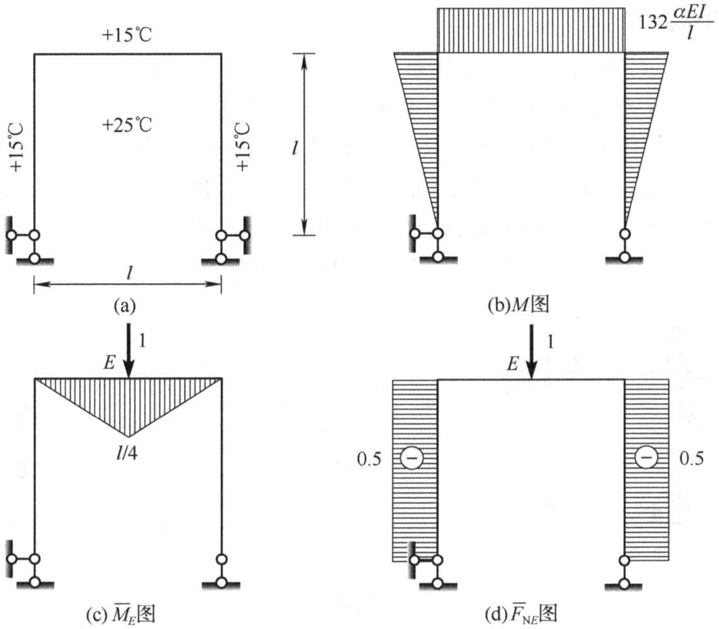

图 5-49

【例 5-10】　图 5-50(a)所示的等截面超静定梁 AB，设支座 B 下沉了 a，支座 A 顺时针转动了 θ (例 5-8)。试求 B 端截面转角 φ_{Bc}。

解：在例 5-8 中已经绘制出其 M 图，如图 5-50(b)所示。为求 B 端截面转角 φ_{Bc}，绘制出基本结构在虚拟状态的 $\overline{M}_B$ 图并求出 A 端的支座反力，如图 5-50(c)、(d)所示。由式(5-15)可得

$$\varphi_{Bc}=\sum\int\frac{\overline{M}_K M}{EI}\mathrm{d}s-\sum\overline{F}_{\mathrm{R}K}\cdot c=\frac{1}{EI}\left[\frac{1}{2}\times l\times\frac{3EI}{l}\left(\theta-\frac{a}{l}\right)\times 1\right]-(1\times\theta)=\frac{1}{2}\left(\theta-3\frac{a}{l}\right)$$

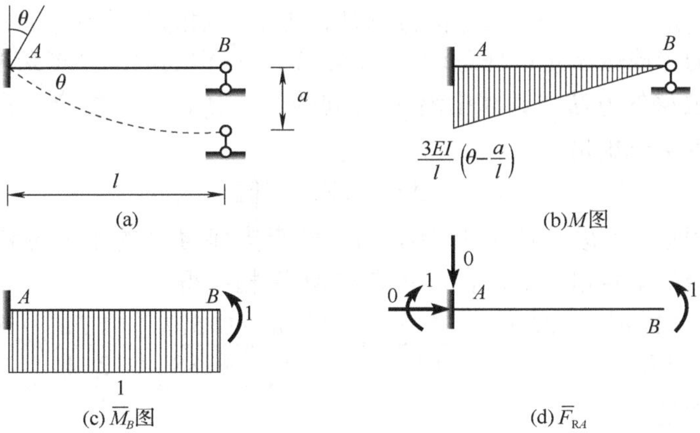

图 5-50

5.8　超静定结构最后内力图的校核

用力法计算超静定结构，步骤多，易出错，为了保证计算结果的正确性，必须对超静定结构的最终内力图进行校核。正确的内力图必须同时满足平衡条件和位移条件，因而校核工作也应从这两方面进行。

1．平衡条件校核

超静定结构在荷载、温度变化和支座移动等因素作用下，整个结构都处于平衡状态，若取结构的整体或从结构中任意截取出一个部分，其受力均应满足静力平衡条件：$\sum F_x = 0$、$\sum F_y = 0$、$\sum M = 0$。若检查结果不满足某一平衡条件，说明内力计算存在错误。

对于刚架的弯矩图，通常应检查刚结点处所受力矩是否满足 $\sum M = 0$ 的平衡条件。如图 5-51(a)所示刚架，取结点 E 为隔离体(图 5-51(b))，应有

$$\sum M_E = M_{ED} + M_{EB} + M_{EF} = 0$$

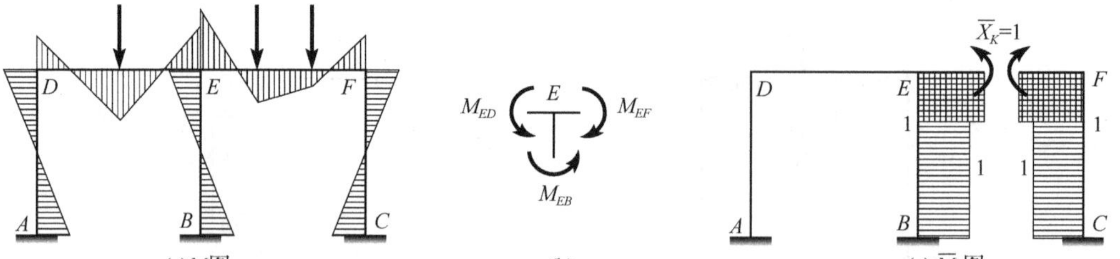

(a)M图　　(b)　　(c) $\overline{M}_K$图

图 5-51

至于剪力图和轴力图的校核，可取结点、杆件或结构的某一部分为隔离体，考查是否满足 $\sum F_x = 0$ 和 $\sum F_y = 0$ 的平衡条件，毋须详述。但是，仅满足平衡条件，还不能说明最后内力图就是正确的。这是因为最后内力图是在求出了多余未知力之后按平衡条件或叠加法绘制出的，而多余未知力的数值正确与否，平衡条件是检查不出来的，也就是说平衡条件的校核是不充分的，还必须看是否满足位移条件。因此，超静定结构最终内力图的校核，更重要的是进行位移条件的校核。

2．位移条件校核

在超静定结构符合平衡条件的各种解答中，唯一正确的解答必须满足原结构的位移条件。校核位移条件，就是检查各多余约束处的位移是否等于已知的实际位移。

位移条件校核的一般做法是：任意选择基本结构，任意选取一个多余未知力 X_i，根据 5.7 节计算超静定结构位移的方法，计算出沿 X_i 方向的位移 Δ_i，然后检查 Δ_i 是否与原结构中的相应位移相等，即检查是否满足

$$\Delta_i = \text{零或给定值} \tag{5-16}$$

如图 5-52(a)为刚架的最后弯矩 M 图，为了检查支座 A 处的水平位移 Δ_1 是否为零，可取图 5-52(b)所示基本结构并绘制其 $\overline{M}$ 图，将它与 M 图相乘得

$$\Delta_1 = \frac{1}{EI_1}\frac{a^2}{2}\times\frac{2}{3}\frac{3Fa}{88} + \frac{1}{2EI_1}\left[\frac{a^2}{2}\times\left(\frac{2}{3}\frac{3Fa}{88}+\frac{1}{3}\frac{15Fa}{88}\right) - \frac{1}{2}\frac{Fa}{4}a\times\frac{a}{2}\right] = 0$$

可见，这一位移条件是满足的。

从理论上讲，一个 n 次超静定结构需要 n 个位移条件才能求出全部多余未知力，故位移条件的校核也应进行 n 次。不过，通常只需抽查少数的位移条件即可，而且不限于在原来解算时所用的基本结构上进行。

对于具有封闭无铰框格的刚架，利用框格上任一截面处的相对角位移为零的条件来校核弯矩图是很方便的。例如，校核图 5-51(a)所示封闭框架的 M 图时，可将图 5-51(c)所示基本结构的单位弯矩图 $\overline{M}_K$ 与 M 图相乘，以检查任一截面处相对转角 φ_K 是否为零。由于 $\overline{M}_K$ 只在这一封闭框格上不为零，且其竖标处处为 1，故对于该封闭框格有

$$\varphi_K = \Sigma\int \frac{\overline{M}_K M}{EI}\mathrm{d}s = \Sigma\int \frac{M}{EI}\mathrm{d}s = 0 \tag{5-17}$$

这表明在任一封闭无铰的框格上，最后弯矩图的面积除以相应的 EI 的代数和应等于零。

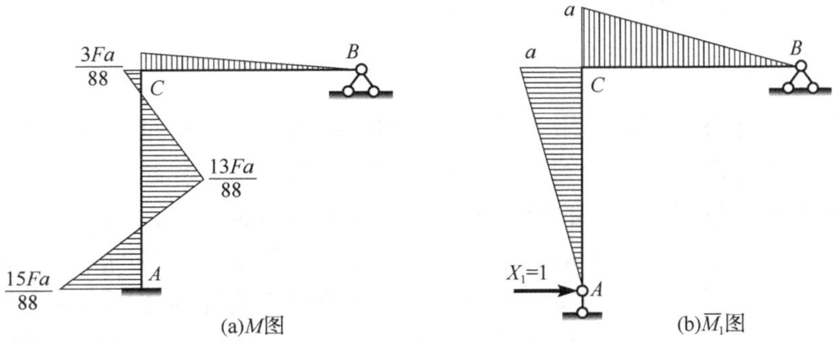

图 5-52

一个外形封闭的刚架，在荷载作用下，当其最后弯矩图的形状已知，且其弯矩图坐标只有一个未知值时，也可以利用 M/EI 图的内外面积相等这个方法求出。如图 5-53(a)所示的矩形框架，其弯矩图形状如图 5-53(b)所示。由于对称，其唯一待定的值为弯矩图四角的 M 值，因此可利用 M/EI 图的内外面积相等的方法来确定：

$$4Ml = 2\times\frac{2}{3}l\times\frac{ql^2}{8}\text{，即 } M = \frac{ql^2}{24}$$

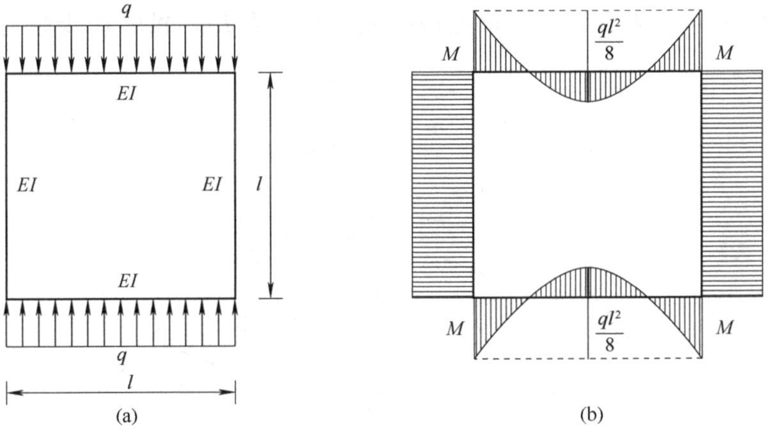

图 5-53

5.9　超静定拱的计算

拱结构是一种曲轴的推力结构，除三铰拱外，其他形式的拱结构都是超静定的。常用超静定拱有无铰拱和两铰拱两种形式，如图 5-54(a)、(b)所示。超静定拱在工程结构中应用很广，如钢筋混凝土拱桥和石拱桥；水利工程和地下建筑中的隧洞衬砌拱圈；道路工程中的涵洞；房屋建筑中拱形屋架及门窗拱圈等。在房屋建筑中作屋架时常用带拉杆(系杆)的两铰拱，如图 5-54(c)所示。

图 5-54

拱的受力特点是在竖向荷载作用下能够产生水平推力，而水平推力将使拱轴各截面的弯矩减小，轴力增大。因为超静定结构的内力与变形有关，所以在计算超静定拱之前，须事先确定拱轴线方程和截面变化规律。常用的合理拱轴线形式有抛物线、悬链线、圆弧线等。可以证明，在计算超静定拱时，若忽略轴向变形的影响，则其合理拱轴线与相应的三铰拱相同。但是，若考虑轴向变形，则由于拱轴受压缩短，超静定拱中必将产生附加内力而出现弯矩，但其数值通常不大。因此，在初步计算时，常采用相应三铰拱的合理拱轴线作为超静定拱的轴线。然后，根据计算结果加以修改调整，以尽量减小弯矩，但在超静定拱中要使所有截面弯矩都等于零是难以做到的。至于拱的截面变化规律，有变截面的，也有等截面的。在无铰拱中，由于拱趾处的弯矩常比其他截面大，故截面常设计成由拱顶向拱趾逐渐增大的形式，如图 5-55 所示。在拱桥设计中，可采用下列经验公式：

$$I=\frac{I_C}{\left[1-(1-n)\dfrac{x}{l_1}\right]\cos\varphi} \tag{5-18}$$

式中，I 为距拱顶 x 处截面惯性矩；φ 为该处拱轴切线倾角；I_C 为拱顶截面惯性矩；l_1 为跨度 l 的一半；n 为拱厚变化系数。在拱趾截面处惯性矩为 I_K，拱轴切线倾角为 φ_K，$x=l_1$，由式(5-18)有

$$n=\frac{I_C}{I_K\cos\varphi_K} \tag{5-19}$$

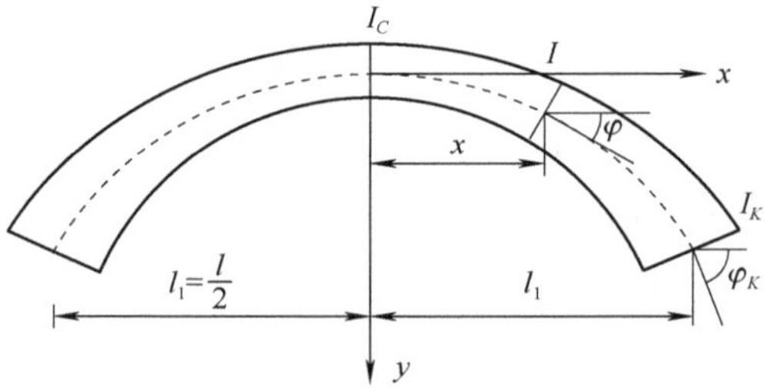

图 5-55

可见，n 越小，I_C 与 I_K 之比越小，即拱厚变化越剧烈。n 的范围一般为 0.25～1.0 。当取 $n=1$ 时，截面惯性矩即按下列余弦规律变化：

$$I=\frac{I_C}{\cos\varphi} \tag{5-20}$$

此时计算较为简便。对于截面面积 A，为了简化计算也常近似取为

$$A=\frac{A_C}{\cos\varphi} \tag{5-21}$$

当拱高 $f<l/8$ 时，因 φ 较小，又可近似取为

$$A=A_C=常数$$

本节以实腹曲杆的单跨超静定拱为讨论对象，其力法分析的一般结论可用于超静定拱式桁架以及多跨连续拱。下面分别讨论两铰拱和无铰拱的计算。

5.9.1　两铰拱的力法计算

两铰拱是一次超静定结构，如图 5-56(a)所示。当前支座发生竖向位移时并不引起内力，故在地基可能发生较大的不均匀沉陷时宜采用。由于两铰拱的弯矩在两端拱趾处为零而逐渐向拱顶增大，所以其截面一般相应设计为由拱趾向拱顶逐渐增大的形式。通常采用的变化规律为

$$I = I_C \cos\varphi \tag{5-22}$$

但按这个规律计算很不方便。经验表明，当 $f < l/4$ 时，可采用下式计算：

$$I = \frac{I_C}{\cos\varphi}$$

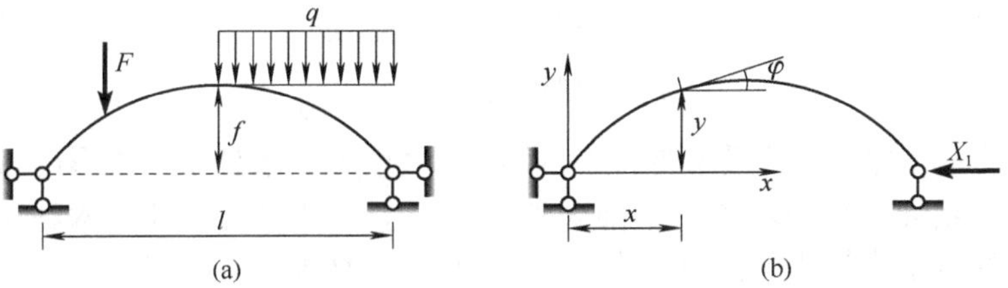

图 5-56

这样计算较为简便而计算结果相差无几。当然，实际制作时采用的截面仍按式(5-22)变化。此外，两铰拱也通常做成等截面的，尤其当拱的跨度不大时较多采用。

计算两铰拱时，通常选取简支曲梁为基本结构，以支座的水平推力 X_1 为多余未知力，如图 5-56(b)所示。力法典型方程为

$$\delta_{11}X_1 + \Delta_{1P} = 0$$

对于曲杆结构应该用积分法计算其系数和自由项，曲率对位移的影响可忽略不计。计算自由项 Δ_{1P} 时，一般可略去剪切变形影响而只考虑弯曲变形；计算系数 δ_{11} 时，除考虑弯曲变形外，有时需考虑轴向变形，而剪切变形影响可忽略不计。为此，分别列出单位未知力及荷载作用下的内力函数式。拱轴线的方程 $y = f(x)$ 是已知的。

当 $X_1 = 1$ 作用时(图 5-56(b))，拱轴上任意一截面的内力可由平衡条件求出：

$$\left.\begin{aligned} \overline{M}_1 &= -y \\ \overline{F}_{N1} &= \cos\varphi \text{（受压为正）} \end{aligned}\right\}$$

式中，y 表示拱轴上任意一截面的纵坐标，向上为正；φ 表示任意一截面拱轴切线与水平轴的夹角，由图 5-56(b)中坐标系可知，左半拱的 φ 为正，右半拱的 φ 为负。

在竖向荷载作用下，简支曲梁任意一截面的弯矩 M_P 与同跨度同荷载的简支水平梁相应截面的弯矩 M^0 彼此相等，拱轴上任意一截面的弯矩函数式也可由平衡条件求得。

$$M_P = M^0$$

经分析表明，对于自由项 Δ_{1P} 的计算，只考虑弯曲变形项已足够精确；对水平方向的主系数 δ_{11} 的计算，只在扁平拱（$f < 0.2l$）中需计入轴向变形项的影响，通常可只计算弯曲变形项。因此系数和自由项的计算式为

$$\delta_{11} = \int \frac{\overline{M}_1^2}{EI}\mathrm{d}s + \int \frac{\overline{F}_{N1}^2}{EA}\mathrm{d}s = \int y^2 \frac{\mathrm{d}s}{EI} + \int \cos^2\varphi \frac{\mathrm{d}s}{EA} \tag{5-23}$$

$$\Delta_{1P} = \int \frac{\overline{M}_1 M_P}{EI} ds = \int \left(-yM^0\right) \frac{ds}{EI} \tag{5-24}$$

求出系数和自由项后，代入典型方程可求得水平推力：

$$X_1 = -\frac{\Delta_{1P}}{\delta_{11}} = \frac{\int yM^0 \frac{ds}{I}}{\int y^2 \frac{ds}{I} + \int \cos^2 \varphi \frac{ds}{A}} \tag{5-25}$$

按式(5-25)计算前，除给定拱轴线方程 $y = f(x)$ 外，还需要给出截面积 $A(x)$ 和惯性矩 $I(x)$ 的变化规律，方能进行积分。

求得了多余未知力 X_1 后，将 X_1 和已知荷载一起作用在基本结构上，由静力平衡条件或叠加法求得拱轴上任意一截面的内力：

$$\left.\begin{aligned} M &= M^0 - X_1 y \\ F_S &= F_S^0 \cos\varphi - X_1 \sin\varphi \\ F_N &= F_S^0 \sin\varphi + X_1 \cos\varphi \end{aligned}\right\} \tag{5-26}$$

为了避免支座承受推力，常采用带拉杆的两铰拱(也称为系杆拱)，如图 5-57(a)所示。此时，拱的水平推力将由系杆承受而不传到下部支承结构上去。计算时，其基本结构可由切断系杆而得，以系杆内力为多余未知力 X_1，如图 5-57(b)所示。力法典型方程为

$$\delta_{11} X_1 + \Delta_{1P} = 0$$

力法典型方程中的自由项 Δ_{1P} 的计算式与无拉杆时相同，而系数 δ_{11} 需要增加一项系杆本身的轴向变形，即

$$\delta_{11} = \int \frac{\overline{M}_1^2}{EI} ds + \int \frac{\overline{F}_{N1}^2}{EA} ds + \frac{l}{E_1 A_1} = \int y^2 \frac{ds}{EI} + \int \cos^2\varphi \frac{ds}{EA} + \frac{l}{E_1 A_1} \tag{5-27}$$

式中，l/E_1A_1 是系杆在 $X_1 = 1$ 作用下的轴向变形，E_1A_1 为系杆的抗拉刚度。

将系数和自由项代入典型方程可求得水平推力

$$X_1 = -\frac{\Delta_{1P}}{\delta_{11}} = \frac{\int yM^0 \frac{ds}{I}}{\int y^2 \frac{ds}{I} + \int \cos^2 \varphi \frac{ds}{A} + \frac{l}{E_1 A_1}} \tag{5-28}$$

由此可知，系杆拱的推力要比相应两铰拱的推力小。当系杆的 $E_1A_1 \to \infty$ 时，系杆拱的内力与两铰拱相同；而当系杆的 $E_1A_1 \to 0$ 时，系杆拱将成为简支曲梁而丧失拱的特征。因此，设计系杆拱时应适当加大系杆的抗拉刚度，以减小拱的弯矩。

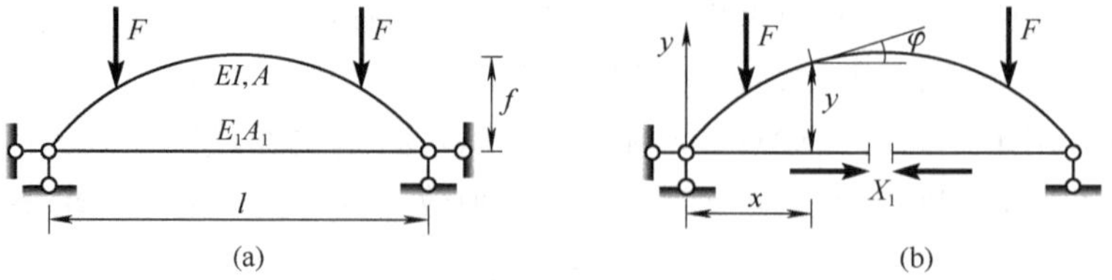

图 5-57

【例 5-11】 图 5-58(a)所示的等截面两铰拱，设左支座 A 为坐标原点，拱轴线方程为 $y = 4fx(l-x)/l^2$，矢高 $f = l/6$，忽略轴向和剪切的变形影响。试求水平推力 F_H。

解：取基本体系如图 5-58(b)所示，力法典型方程为

$$\delta_{11}X_1+\Delta_{1P}=0$$

因此拱弧比较平坦($f/l<0.2$)，可近似地取 $ds=dx$， $\cos\varphi=1$，则积分运算得到简化，由式(5-23)可得

$$\delta_{11}=\int\frac{\overline{M}_1^2}{EI}ds=\frac{1}{EI}\int_0^l y^2dx=\frac{16f^2}{EIl^4}\int_0^l\left[x(l-x)\right]^2dx=\frac{8}{15EI}f^2l$$

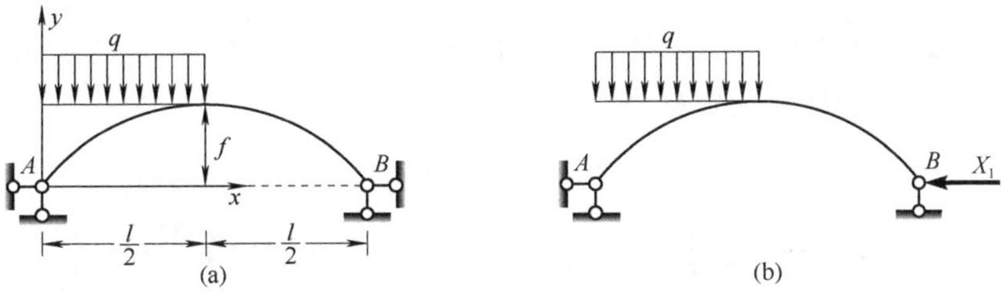

图 5-58

基本结构在荷载作用下的弯矩方程为

左半跨　　$M_P=M^0=\frac{3}{8}qlx-\frac{1}{2}qx^2$　　$\left(0\leqslant x\leqslant\frac{l}{2}\right)$

右半跨　　$M_P=M^0=\frac{ql}{8}(l-x)$　　$\left(\frac{l}{2}\leqslant x\leqslant l\right)$

由此算得

$$\Delta_{1P}=\int\frac{\overline{M}_1M_P}{EI}ds=-\frac{1}{EI}\left[\int_0^{\frac{l}{2}}y\times\left(\frac{3}{8}qlx-\frac{1}{2}qx^2\right)dx+\int_{\frac{l}{2}}^{l}y\times\frac{ql}{8}(l-x)dx\right]=-\frac{1}{30EI}qfl^3$$

于是得到多余未知力即水平推力为

$$F_H=X_1=-\frac{\Delta_{1P}}{\delta_{11}}=\frac{ql^2}{16f}$$

注意：两铰拱在半跨均布荷载作用下的水平推力与三铰拱受相同荷载作用的水平推力相等，但这不是一个普遍性结论。如果在其他荷载作用下，或者在计算位移时考虑轴向变形的影响，则两铰拱的水平推力不一定与三铰拱的水平推力相等。但是，在一般荷载作用下，两铰拱的水平推力与三铰拱的水平推力通常是比较接近的。

5.9.2　弹性中心法计算无铰拱

无铰拱是三次超静定结构。对称无铰拱在计算时为了简化应取对称的基本结构，如图 5-59(a)所示。若从拱顶处切开，如图 5-59(b)所示，则力法的基本结构为对称的两悬臂梁。由于多余未知力中的弯矩 X_1 和轴力 X_2 是正对称的，剪力 X_3 是反对称的，因此力法典型方程中副系数为

$$\delta_{13}=\delta_{31}=0$$
$$\delta_{23}=\delta_{32}=0$$

力法典型方程分为两组：

$$\left.\begin{aligned}\delta_{11}X_1+\delta_{12}X_2+\Delta_{1P}=0\\\delta_{21}X_1+\delta_{22}X_2+\Delta_{2P}=0\\\delta_{33}X_3+\Delta_{3P}=0\end{aligned}\right\}\tag{5-29}$$

若能设法使式(5-29)中的副系数 $\delta_{12}=\delta_{21}$ 也等于零，则力法典型方程中的全部副系数都为

零，计算就更为简化，可以用下述增设“刚臂”的办法来达到上述目的。

将图 5-59(a)所示的对称无铰拱沿拱顶C截面切开后，在切口两边沿对称轴方向设想装上两个刚度为无穷大的刚臂，刚臂的长度y_s待定，然后在两刚臂下端将其刚结，得到图 5-59(c)所示的结构。由于刚臂本身是不变形的，因而切口两边的截面也就没有任何相对位移，这就保证了此结构与原无铰拱的变形情况完全一致，所以在计算中可以用它来代替原无铰拱。将刚臂下端O处的刚结处切开，并代以多余未知力弯矩X_1、轴力X_2和剪力X_3，得到基本体系如图 5-59(d)所示，基本体系是两个带刚臂的悬臂曲梁。利用对称性，并适当选择刚臂长度y_s，就可以使力法典型方程中所有副系数都等于零。

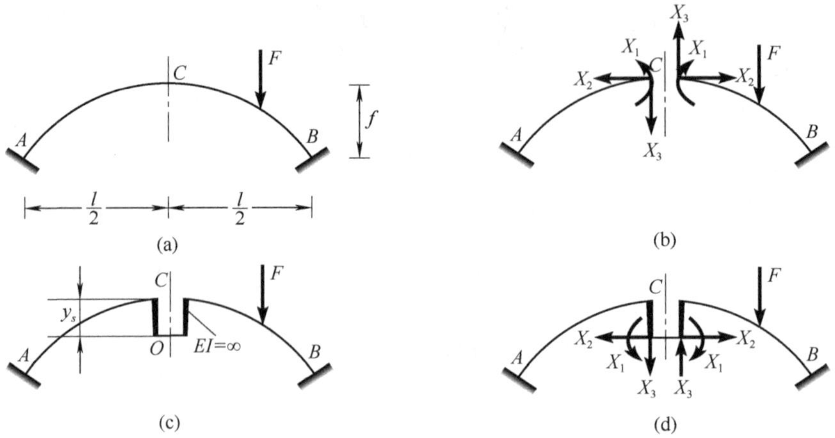

图 5-59

为此，先将基本结构在各单位多余未知力作用下的内力表达式写出来。现以刚臂端点O为坐标原点，并规定x轴向右为正，y轴向下为正，弯矩以使拱内侧受拉为正，剪力以绕隔离体顺时针方向为正，轴力以压力为正。

当$X_1=1$、$X_2=1$和$X_3=1$分别作用在基本结构上时，图 5-60(a)、(b)、(c)所引起的内力为

$$\begin{aligned} &\overline{M}_1=1, &&\overline{F}_{S1}=0, &&\overline{F}_{N1}=0 \\ &\overline{M}_2=y, &&\overline{F}_{S2}=\sin\varphi, &&\overline{F}_{N2}=\cos\varphi \\ &\overline{M}_3=x, &&\overline{F}_{S3}=\cos\varphi, &&\overline{F}_{N3}=-\sin\varphi \end{aligned} \tag{5-30}$$

式中，φ为拱轴各点切线的倾角，由于x轴向右为正，y轴向下为正，故在右半拱φ取正值，左半拱φ取负值。

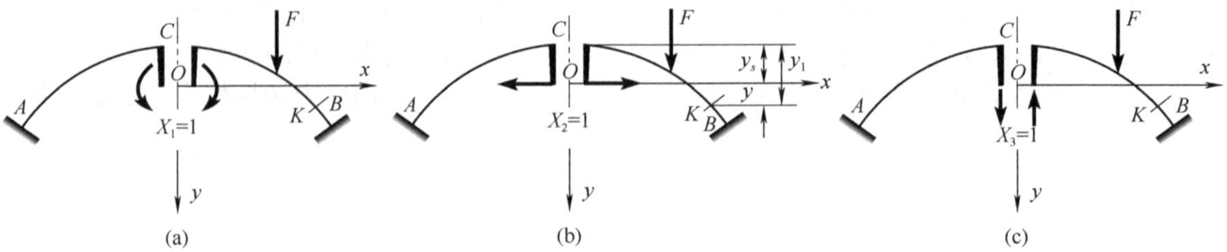

图 5-60

因此可写出

$$\delta_{12}=\delta_{21}=\int\frac{\overline{M}_1\overline{M}_2}{EI}\mathrm{d}s+\int\frac{\overline{F}_{N1}\overline{F}_{N2}}{EA}\mathrm{d}s+\int k\frac{\overline{F}_{S1}\overline{F}_{S2}}{GA}\mathrm{d}s=\int\frac{\overline{M}_1\overline{M}_2}{EI}\mathrm{d}s+0+0$$
$$=\int y\frac{\mathrm{d}s}{EI}=\int(y_1-y_s)\frac{\mathrm{d}s}{EI}=\int y_1\frac{\mathrm{d}s}{EI}-y_s\int\frac{\mathrm{d}s}{EI}$$

令 $\delta_{12}=\delta_{21}=0$ ，可得到刚臂长度 y_s 为

$$y_s=\frac{\int y_1\frac{\mathrm{d}s}{EI}}{\int\frac{\mathrm{d}s}{EI}} \tag{5-31}$$

当已知拱轴线方程 $y(x)$ 和截面变化规律 $I(x)$ 时，刚臂端点 O 的位置就可以由式(5-31)确定。

在图 5-61 图中，设想沿拱轴作宽度等于 $1/EI$ 的图形，则 $\mathrm{d}s/EI$ 就代表此图中的微面积，而式(5-31)就是计算这个图形面积的形心坐标公式。由于此图形的面积与结构的弹性性质 EI 有关，故称它为弹性面积，它的形心 O 则称为弹性中心。由于 y 轴是对称轴，故知 x、 y 轴是弹性面积的一对形心主轴。由此可知，把刚臂端点引到弹性中心上，且将 X_2、 X_3 置于主轴方向上，就可使全部的副系数都等于零。这一方法就称为弹性中心法。此时力法典型方程就转化为求解三个多余未知力的独立方程式：

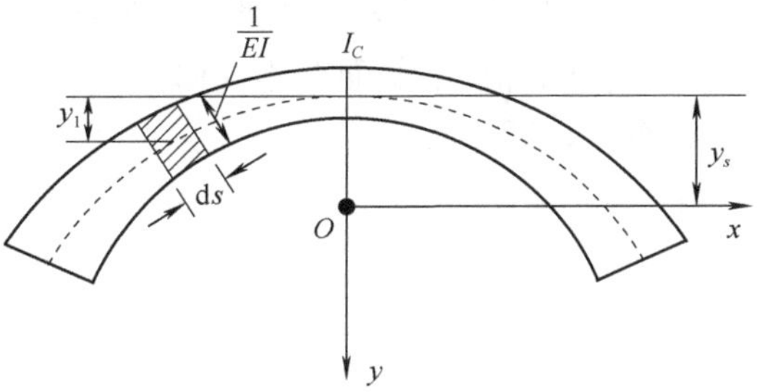

图 5-61

$$\left.\begin{aligned}\delta_{11}X_1+\Delta_{1P}=0\\ \delta_{22}X_2+\Delta_{2P}=0\\ \delta_{33}X_3+\Delta_{3P}=0\end{aligned}\right\}$$

于是，多余未知力可按式(5-32)求得

$$X_1=-\frac{\Delta_{1P}}{\delta_{11}},\ X_2=-\frac{\Delta_{2P}}{\delta_{22}},\ X_3=-\frac{\Delta_{3P}}{\delta_{33}} \tag{5-32}$$

由于拱轴是曲杆，在计算系数和自由项时，理应考虑到曲率对变形的影响，但计算结果表明这种影响一般很小。因此，仍可用直杆的位移计算公式来求系数和自由项：

$$\delta_{ii}=\int\frac{\overline{M}_i^2}{EI}\mathrm{d}s+\int\frac{\overline{F}_{Ni}^2}{EA}\mathrm{d}s+\int k\frac{\overline{F}_{Si}^2}{GA}\mathrm{d}s$$
$$\Delta_{iP}=\int\frac{\overline{M}_iM_P}{EI}\mathrm{d}s+\int\frac{\overline{F}_{Ni}F_{NP}}{EA}\mathrm{d}s+\int k\frac{\overline{F}_{Si}F_{SP}}{GA}\mathrm{d}s$$

对于多数情况，通常可忽略轴向变形和剪切变形的影响，但在少数情况下这两项影响也必须加以考虑。根据实际经验总结成表 5-2，计算时可作参考。

表 5-2　计算系数和自由项时需考虑影响的内力

f	h_C	δ_{22}	δ_{33}	Δ_{2P}，Δ_{3P}
$f<0.2l$		M，F_N	M	M
$f>0.2l$	$h_C>0.1l$	M，F_N，F_S	M，F_S	
	$h_C<0.1l$	M	M	

对于一般拱桥，常有拱顶截面高度 $h_C<0.1l$，故仅当拱高 $f<0.2l$ 时，才考虑轴力对 δ_{22} 的影响，于是可将各系数和自由项的计算公式写为

$$\left.\begin{aligned}\delta_{11}&=\int\frac{\overline{M}_1^2}{EI}\mathrm{d}s=\int\frac{\mathrm{d}s}{EI}\\\delta_{22}&=\int\frac{\overline{M}_2^2}{EI}\mathrm{d}s+\int\frac{\overline{F}_{\mathrm{N2}}^2}{EA}\mathrm{d}s=\int\frac{y^2}{EI}\mathrm{d}s+\int\frac{\cos^2\varphi}{EA}\mathrm{d}s\\\delta_{33}&=\int\frac{\overline{M}_3^2}{EI}\mathrm{d}s=\int\frac{x^2}{EI}\mathrm{d}s\end{aligned}\right\}\tag{5-33a}$$

$$\left.\begin{aligned}\varDelta_{1\mathrm{P}}&=\int\frac{\overline{M}_1M_{\mathrm{P}}}{EI}\mathrm{d}s=\int\frac{M_{\mathrm{P}}}{EI}\mathrm{d}s\\\varDelta_{2\mathrm{P}}&=\int\frac{\overline{M}_2M_{\mathrm{P}}}{EI}\mathrm{d}s=\int\frac{yM_{\mathrm{P}}}{EI}\mathrm{d}s\\\varDelta_{3\mathrm{P}}&=\int\frac{\overline{M}_3M_{\mathrm{P}}}{EI}\mathrm{d}s=\int\frac{xM_{\mathrm{P}}}{EI}\mathrm{d}s\end{aligned}\right\}\tag{5-33b}$$

若 $f>0.2l$，则 δ_{22} 中的轴力影响项也可略去。

若拱轴方程和截面变化规律已知，则式(5-33)中各项可用积分法进行计算。若截面按余弦规律变化，即

$$I=\frac{I_C}{\cos\varphi}$$

并取

$$A=\frac{A_C}{\cos\varphi}$$

则有

$$\frac{\mathrm{d}s}{I}=\frac{\cos\varphi\mathrm{d}s}{I_C}=\frac{\mathrm{d}x}{I_C}\text{ 及 }\frac{\mathrm{d}s}{A}=\frac{\mathrm{d}x}{A_C}$$

此时，式(5-33)可写为

$$\left.\begin{aligned}\delta_{11}&=\frac{1}{EI_C}\int\mathrm{d}x=\frac{l}{EI_C}\\\delta_{22}&=\frac{1}{EI_C}\int y^2\mathrm{d}x+\frac{1}{EA_C}\int\cos^2\varphi\mathrm{d}x\\\delta_{33}&=\frac{1}{EI_C}\int x^2\mathrm{d}x\end{aligned}\right\}\tag{5-34a}$$

$$\left.\begin{aligned}\varDelta_{1\mathrm{P}}&=\frac{1}{EI_C}\int M_{\mathrm{P}}\mathrm{d}x\\\varDelta_{2\mathrm{P}}&=\frac{1}{EI_C}\int yM_{\mathrm{P}}\mathrm{d}x\\\varDelta_{3\mathrm{P}}&=\frac{1}{EI_C}\int xM_{\mathrm{P}}\mathrm{d}x\end{aligned}\right\}\tag{5-34b}$$

当拱轴方程及截面变化规律比较复杂时，式(5-33)或式(5-34)用积分法计算将很困难，甚至是不可能的。因此，工程上常采用数值积分法，即总和法来进行近似计算。数值积分法就是把拱沿轴线或跨度等分为若干段，把各段的近似计算结果叠加起来，作为上述积分式的近似值。

用积分法计算出各系数和自由项后，代入典型方程(5-32)，求得弹性中心处的三个多余未知力 X_1、X_2 和 X_3，然后即可将无铰拱看作在荷载和多余未知力共同作用下的两根悬臂曲梁，

如图 5-59(d)所示，其任一截面的内力可由平衡条件求得

$$\left.\begin{aligned} M &= X_1 + X_2 y + X_3 x + M_{\mathrm{P}} \\ F_{\mathrm{S}} &= X_2 \sin\varphi + X_3 \cos\varphi + F_{\mathrm{SP}} \\ F_{\mathrm{N}} &= X_2 \cos\varphi - X_3 \sin\varphi + F_{\mathrm{NP}} \end{aligned}\right\} \tag{5-35}$$

5.10　超静定结构的特性

超静定结构与静定结构的基本区别在于是否有多余约束和多余未知力的存在。这一区别使得超静定结构与静定结构相比较，具有以下重要特性。了解这些特性，有助于加深对超静定结构的认识和理解。

(1)静定结构的支座反力和内力只用静力平衡条件就可以求解出来，而且能够得到唯一的、确定的解。其值与结构的材料性质和截面尺寸无关。超静定结构的支座反力和内力仅由静力平衡条件是不能够全部求解出来的，还必须同时考虑变形条件才能确定其解答。所以，超静定结构的内力与结构的材料性质和截面尺寸有关。在荷载因素作用下，超静定结构的内力只与各杆刚度的相对比值有关，而与其绝对值无关；在温度变化、支座移动等因素作用下，其内力与各杆刚度的绝对值有关。因此，在设计计算超静定结构前，必须事先确定各杆截面尺寸或其相对值。但是，由于内力尚未计算出，故通常只能根据经验或较简单的方法近似估算出各杆截面尺寸，然后求出内力，再根据内力来重新选择截面，如此反复进行，直到得出满意的结果。因此，超静定结构的设计过程比静定结构复杂。另外，也可以利用超静定结构的这一特性，通过改变各杆的刚度来调整超静定结构的内力分布，以达到预期的目的。

(2)在静定结构中，除荷载因素外，其他因素如温度变化、支座移动、制造误差等均不引起内力。但在超静定结构中，这些因素的影响均要引起内力。

超静定结构的这一特性，在一定条件下会带来不利的影响，例如，连续梁可能由于地基不均匀下沉而产生过大的附加内力。但又可利用这一特性来调整结构的内力，以便得到更合理的内力分布。

(3)静定结构在任何一个约束被破坏后，便成为几何可变体系而丧失承载能力。而超静定结构在多余约束被破坏后仍为几何不变体系，因而还有一定的承载能力。因此，超静定结构比静定结构具有较强的防护能力，多用于军事工程和抗震结构中。

(4)超静定结构由于具有多余约束，所以其刚度一般要比相应的静定结构大些，且内力分布也比较均匀，内力的峰值也要小些。如图 5-62(a)、(b)所示的三跨连续梁和三跨简支梁，在荷载、跨度及截面相同的情况下，前者的最大弯矩及最大挠度都较后者小。由于多余约束的存在，其结构的稳定性也有所提高。

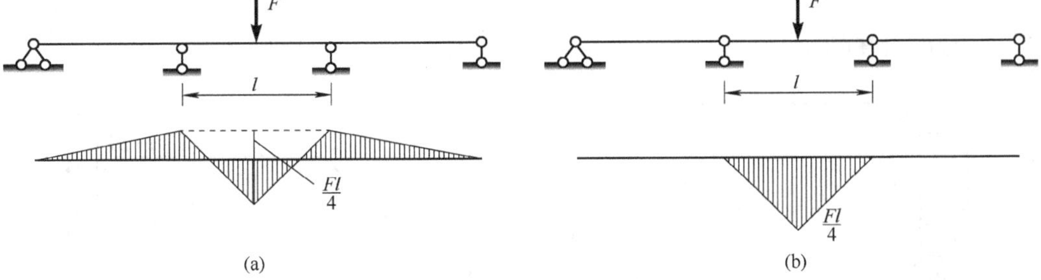

图 5-62

习　题

5-1　试确定图示结构的超静定次数。

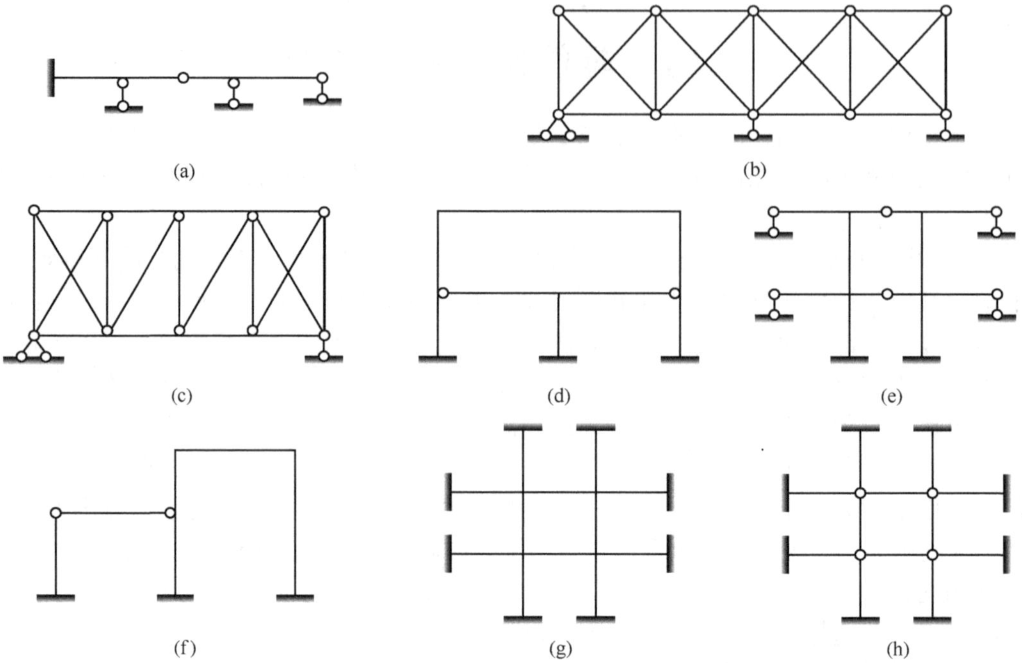

题 5-1 图

5-2　用力法计算图示超静定梁结构，绘制出 M 图、F_S 图。$EI=$常数。

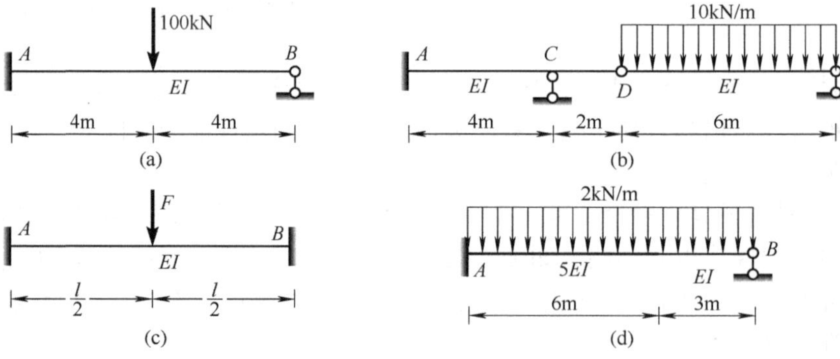

题 5-2 图

5-3　试用力法计算图示刚架结构，绘制 M 图。$EI=$常数。

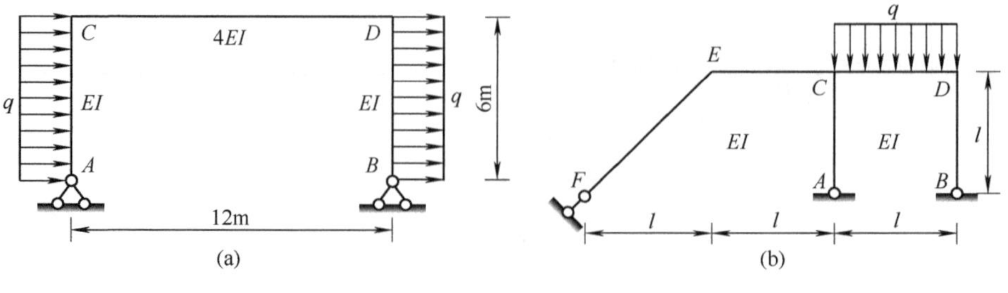

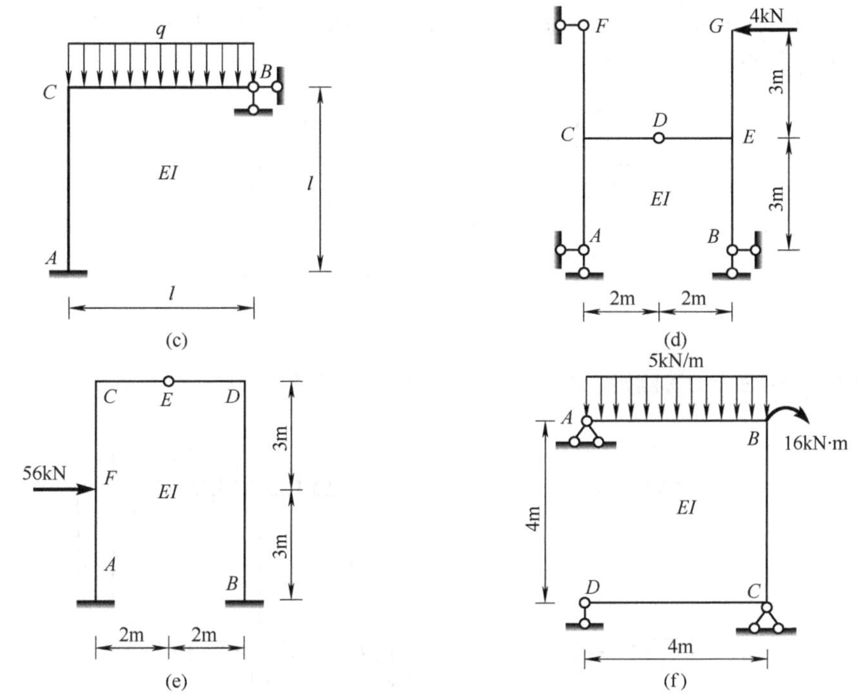

题 5-3 图

5-4　试用力法计算图示桁架的内力。各杆的 $EA=$ 常数 。

5-5　试用力法计算图示排架结构，绘制 M 图。 $EI=$ 常数 。

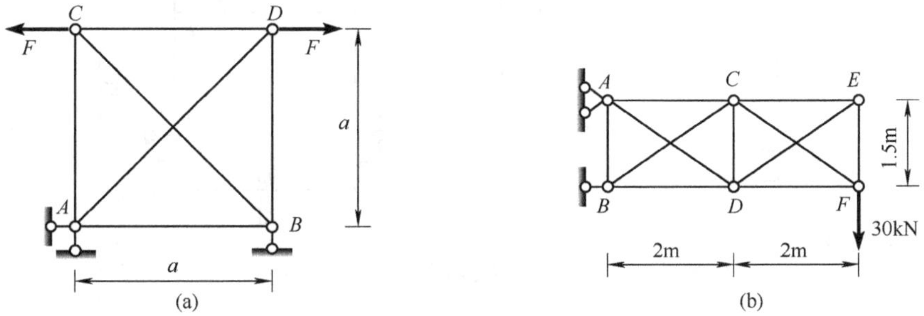

题 5-4 图

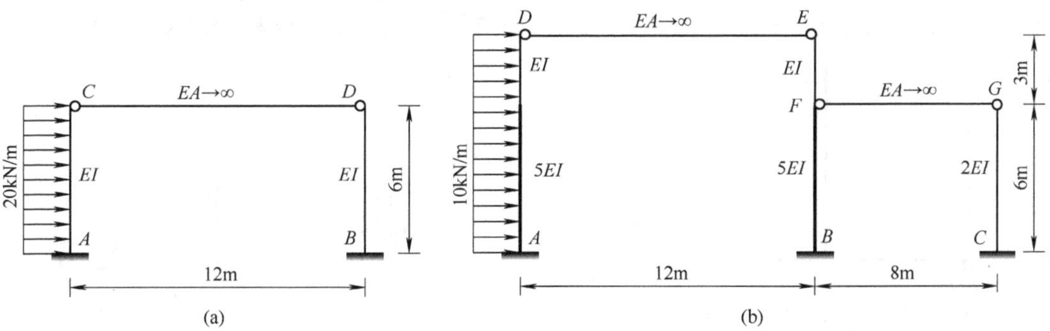

题 5-5 图

5-6　图示一组合式吊车梁，已知上弦横梁的 $EI = 1.4\times10^{3}\text{kN}\cdot\text{m}^{2}$，腹杆和下弦杆的 $EA = 2.56\times10^{5}\text{kN}$。试用力法计算各杆的内力并绘制出横梁的 M 图。

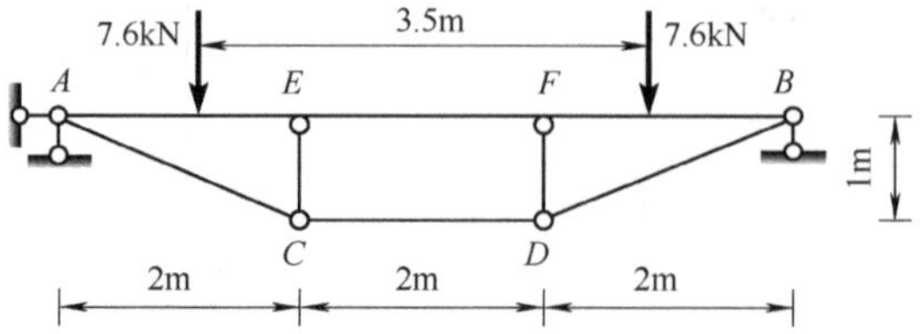

题 5-6 图

5-7　试用力法计算图示对称刚架结构，绘制其 M 图。$EI=$常数。

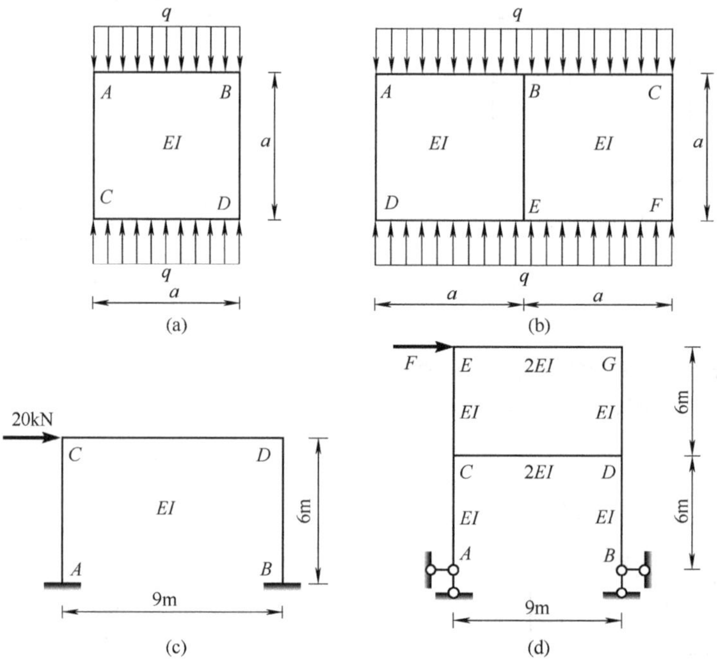

题 5-7 图

5-8　试绘制图示结构的 M 图。$EI=$常数。

5-9　试计算图示连续梁，绘制其内力图，求出各支座反力，并计算 K 点的竖向位移和截面 C 的转角。(提示：本题宜取三跨简支梁为基本结构，即将支座 B、C 处截面的弯矩作为多余未知力求解较简便。)

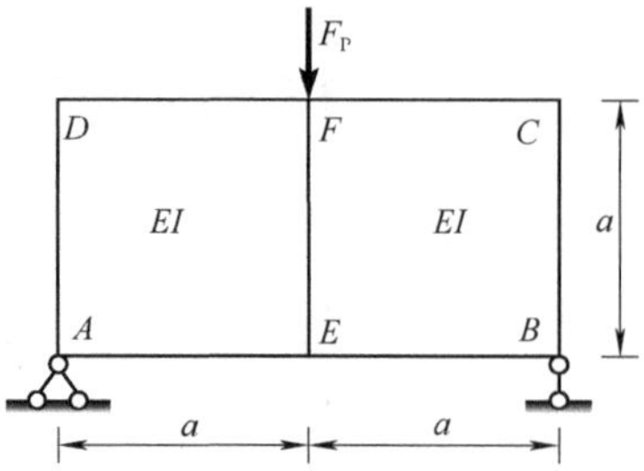

题 5-8 图

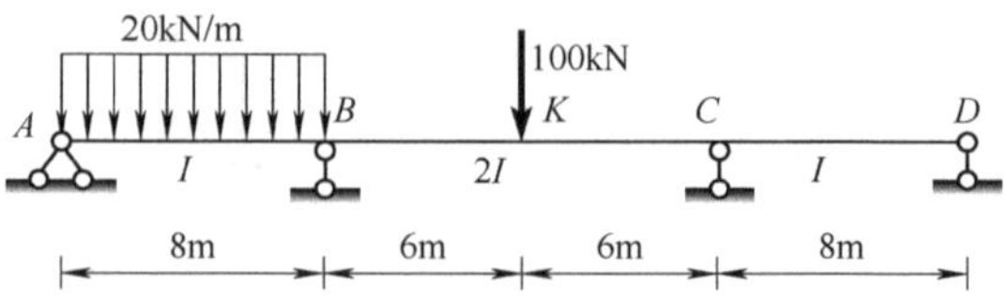

题 5-9 图

5-10　图示连续梁由工字钢制成，温度变化为 $t_1 = 20℃$，$t_2 = 0℃$，钢的线膨胀系数 $\alpha = 1\times10^{-5}℃^{-1}$，$E = 210\text{GPa}$。试求梁内最大正应力，并讨论若加大工字钢号码能否达到降低应力的目的。

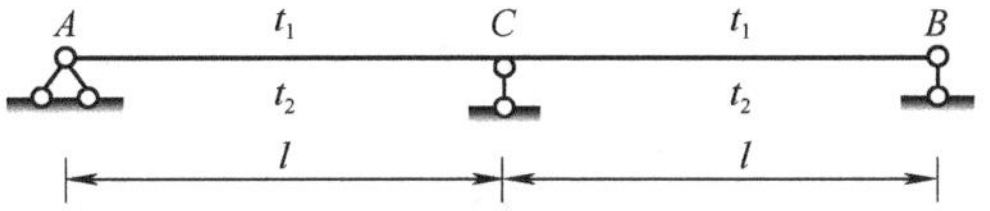

题 5-10 图

5-11　结构的温度变化如图所示，构件截面对称于形心轴，其高度 $h=l/10$，材料的线膨胀系数为 α，$EI=$ 常数。

(1) 绘制 M 图；

(2) 试求杆端 A 的角位移。

5-12　梁的支座发生位移如图所示，试分别绘制图(a)、(b)的 M 图。$EI=$ 常数。

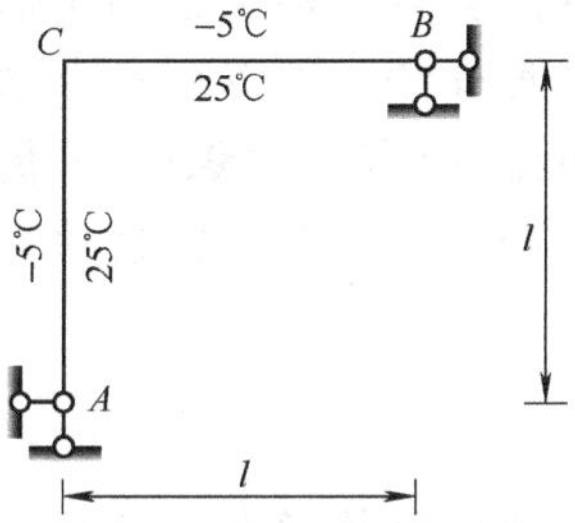

题 5-11 图

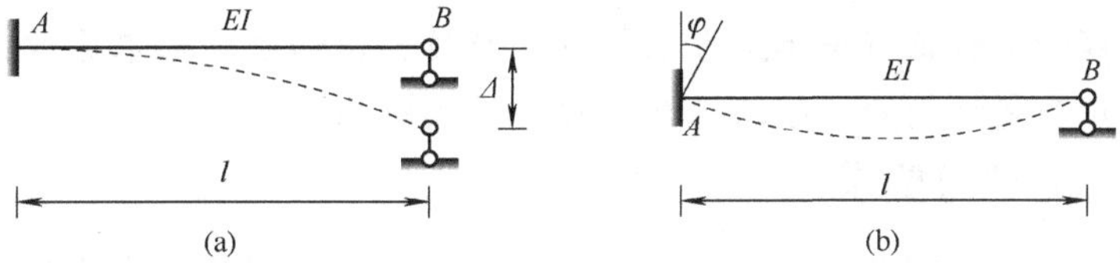

题 5-12 图

5-13　图示连续梁为 28a 号工字钢，$I=7114\text{cm}^4$，$E=210\text{GPa}$，$l=10\text{m}$，$F=50\text{kN}$。若欲使梁内最大正、负弯矩的绝对值相等，试问应将中间支座升高或降低多少？

5-14　半圆无铰拱在拱顶受集中荷载 F 作用，如图所示。试求其拱趾截面弯矩。

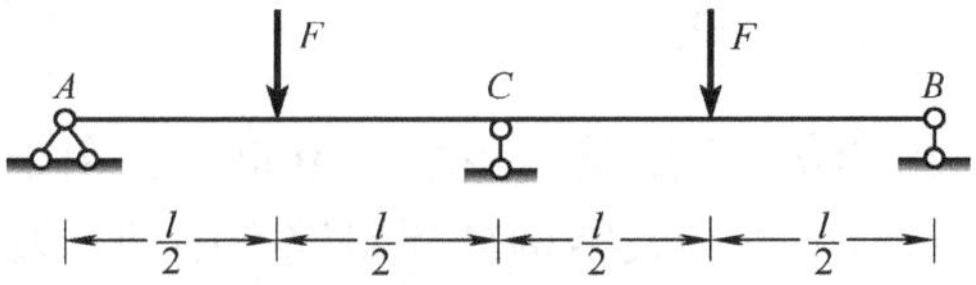

题 5-13 图

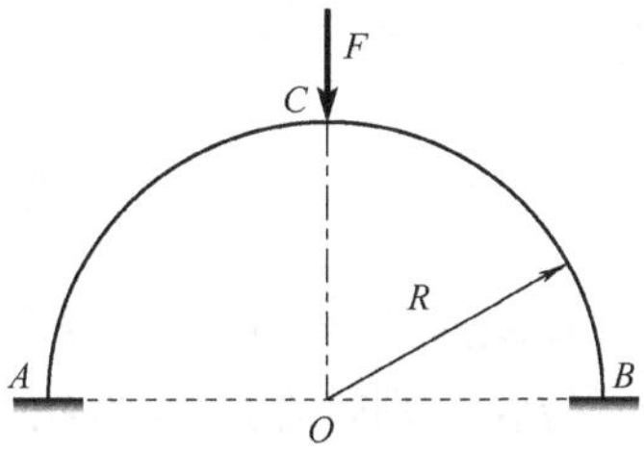

题 5-14 图

5-15　试求图示抛物线系杆拱截面 K 的弯矩、剪力和轴力。计算时可采用 $I=I_C/\cos\varphi$，拱中轴力和剪力对位移的影响忽略不计。已知拱顶 $EI_C=5000\text{kN}\cdot\text{m}^2$，拉杆 $E_1A_1=2\times10^5\text{kN}$。

5-16　图示一等截面圆弧无铰拱，试求拱顶和拱脚截面弯矩。

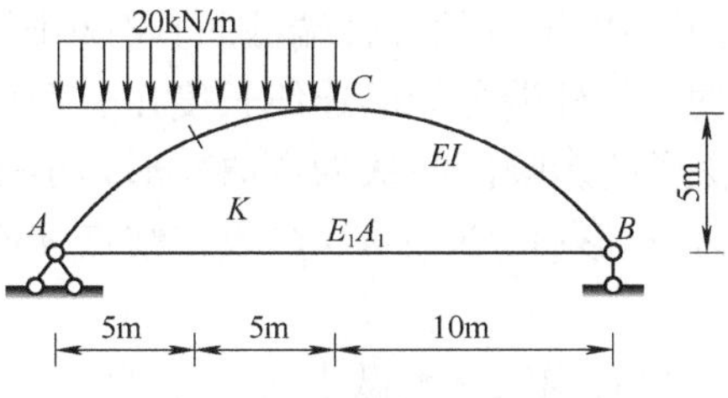

题 5-15 图

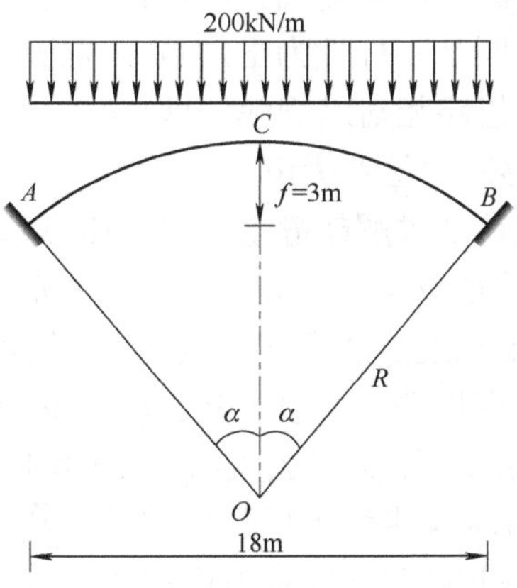

题 5-16 图

第6章 位 移 法

主要内容

本章主要讨论用位移法求解超静定结构问题，主要内容涉及转角位移方程，由杆端位移和荷载计算杆端弯矩及杆端剪力；基本未知量的和基本结构的选取，基本未知量包括刚性结点(也称刚结点)的角位移和独立的结点线位移，对每一个刚结点的角位移，可以列一个结点力矩平衡方程，对每一个独立的结点线位移，可以列一个截面平衡方程(剪力方程)，平衡方程的个数正好等于基本未知量的数目；位移法的基本原理；位移法的典型方程；荷载作用下超静定结构的位移法计算；对称性的利用。

学习要求

充分理解和掌握位移法的基本原理，深刻理解用位移法求解超静定结构问题的本质、力系平衡方程的应用，理解基本体系的桥梁作用；能熟练确定位移法的基本未知量和基本结构，掌握位移法典型方程的物理意义；能熟练运用位移法计算简单超静定结构(梁、刚架、桁架、排架、组合结构和拱结构)在荷载作用下的内力；会计算超静定结构在广义荷载作用下的内力；了解超静定结构内力图的校核方法；要特别注意杆端弯矩正负号的规定。

6.1 概 述

力法和位移法是计算超静定结构的两个基本方法。力法发展较早，19 世纪已用于分析各种超静定结构，位移法则较晚，20 世纪 20 年代末，在“刚架结构分析研究”中独立发展起来。位移法从基本概念到解题方程式都有独到之处，特别是在计算高次超静定刚架中被广泛采用。

位移法与力法的主要区别在于所选用的未知量不同，力法把多余约束力作为基本未知量，而位移法则把结点位移作为基本未知量。力法是把超静定结构分解为静定结构，再由静定结构过渡到超静定结构；而位移法则是把结构分解为杆件，再由杆件过渡到结构。它们共同的特点都是采用过渡法，由简到繁，由已知过渡到未知，但是出发点不同，力法是以静定结构为出发点，位移法则是以杆件为出发点。与力法相比，位移法的求解过程比较规范，便于编制计算程序，但基本思路相对难理解一些。

1. 位移法的基本假设

应用位移法求解超静定结构，必须清楚位移法中采用的基本假设。

(1) 刚性结点假设：假定结构在变形时，汇交于刚性结点的各杆端截面具有相同的转角。

(2) 杆端长度连线不变假设：假定结构在变形时，各杆端之间的连线长度在变形后仍保持不变，对于受弯构件，一般可略去轴向变形和剪切变形的影响，并认为弯曲变形为小变形。

图 6-1 所示刚架，在给定荷载作用下发生变形，变形后 AB 段和 AC 段在结点 A 产生角位移均为 θ_A，结点 A 和杆端 C 的水平线位移均为 $\varDelta$。

(3) 小变形假设：假定结构在变形时，各结点的相对线位移是微小的，则可用垂直于杆件的切线来代替各结点的相对线位移的弧线。

以上基本假设，是位移法分析刚架时画其变形示意图的主要依据。

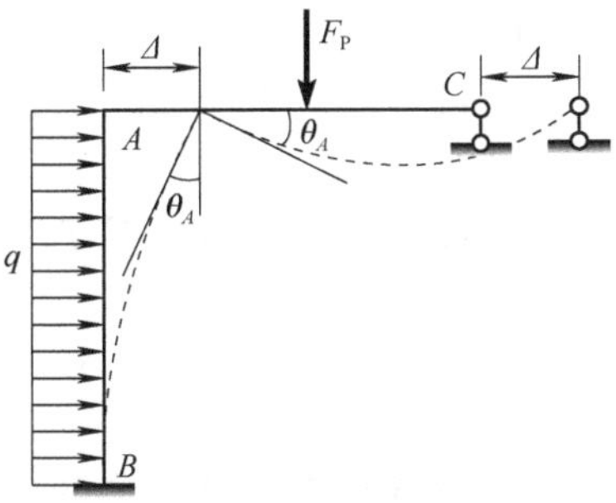

图 6-1

2. 位移法的基本思路

结构在线弹性变形范围内，一定的内力只能产生一定的变形，两者必有对应的关系。如果构件的变形已知，则其内力就可根据内力与变形的关系求得。因此，先计算杆端位移，再计算杆端内力，这就是位移法求解超静定结构的基本思路。

下面以一个简单的桁架为例，具体介绍位移法的基本思路。

图 6-2(a)为一对称结构，承受对称荷载 P。结点 B 只产生竖向位移 Δ，水平位移为零。在位移法中，将此竖向位移 Δ 选作基本未知量。只要设法将此位移 Δ 求出，各杆的伸长变形即可求出，进而可求各杆的内力，整个结构也就可求解。由此可以看出，位移 Δ 是一个关键的未知量。

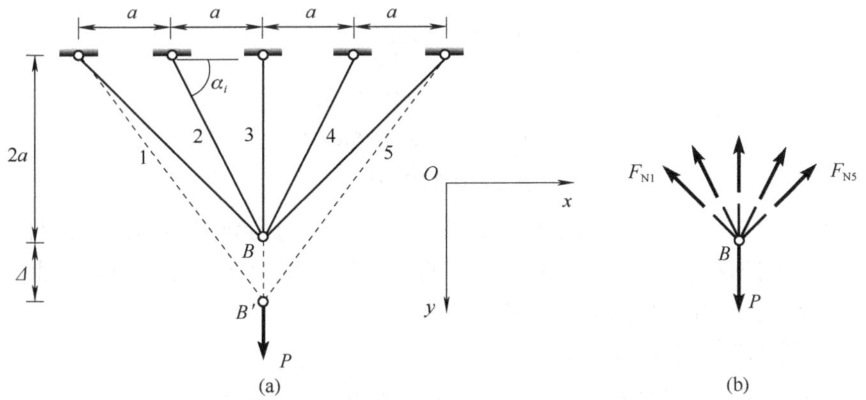

图 6-2

为了求解基本未知量 Δ，首先，从结构中任取一根杆件进行分析。

图 6-3(a)中杆 AB，假设杆端 B 沿杆轴线方向的位移为 u_i（即杆的伸长量），则杆端力 F_{Ni} 应为

$$F_{Ni}=\frac{EA_i}{l_i}u_i \tag{6-1}$$

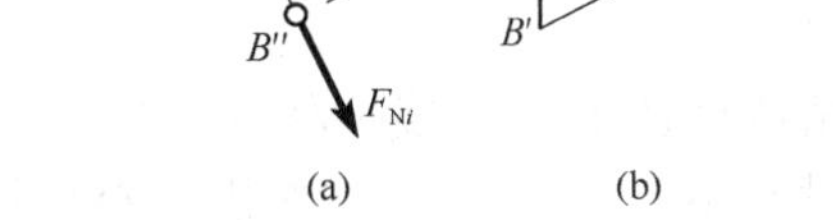

图 6-3

式中，E、A_i、l_i 分别为杆件的弹性模量、截面面积和长度。系数 EA_i/l_i 是使杆端产生单位位移时所需施加的杆端力，称为杆件的刚度系数。式(6-1)表明了杆件的杆端力 F_{Ni} 与杆端位移 u_i 之间的关系，称为杆件的刚度方程。

其次，把各杆综合成结构。综合时各杆在 B 端的位移相同，即都由 B 移动到 B'，此为变形协调条件。根据变形协调条件，各杆端位移 u_i 与基本未知量 Δ 之间的关系为

$$u_i=\Delta\sin\alpha_i \tag{6-2a}$$

再考虑结点 B 的平衡条件 $\sum F_y=0$，得

$$\sum_{i=1}^{5}F_{Ni}\sin\alpha_i=P \tag{6-2b}$$

其中各杆的轴力 F_{Ni} 可由式(6-1)表示，再利用式(6-2a) u_i 可用基本未知量 Δ 表示，代入式(6-2b)，

即得

$$\sum_{i=1}^{5}\frac{EA_i}{l_i}\sin^2\alpha_i\Delta=P \tag{6-2c}$$

式(6-2c)即位移法的基本方程，实质为用位移表示的平衡方程。由此可求出基本未知量Δ：

$$\Delta=\frac{P}{\sum_{i=1}^{5}\frac{EA_i}{l_i}\sin^2\alpha_i} \tag{6-2d}$$

基本未知量Δ求出之后，其余问题则迎刃而解，如各杆的轴力为

$$F_{Ni}=\frac{\frac{EA_i}{l_i}\sin\alpha_i}{\sum_{i=1}^{5}\frac{EA_i}{l_i}\sin^2\alpha_i}P \tag{6-2e}$$

将图6-2(a)的尺寸代入式(6-2d)和式(6-2e)，并设各杆EA相同，得

$$\Delta=0.6373\frac{Pa}{EA}$$

$$F_{N1}=F_{N5}=0.1593P$$

$$F_{N2}=F_{N4}=0.2549P$$

$$F_{N3}=0.3187P$$

如果在图6-2(a)中，把杆件数由5减少到2，这时结构为静定结构；如果杆件数大于或等于3，对应的结构则为超静定结构。两种不同的情况均可用上述方法分析，因此用位移法计算时，计算方法并不因结构的静定或超静定而有所不同。

3. 位移法的基本未知量和基本方程

通过上述例题，可归纳出位移法求解超静定结构的要点如下。

(1)位移法的基本未知量是结构中各结点的位移。

(2)位移法的基本方程是用位移表示的力系平衡方程。

(3)建立基本方程的过程分为两步。

第一步把结构拆成杆件，进行杆件分析，得出杆件的刚度方程。

第二步把杆件综合成结构，进行整体分析，得出基本方程。

这个过程是一拆一搭，拆了再搭的过程。它把复杂结构的计算问题转变为简单杆件的分析和综合问题。这就是位移法解算超静定结构的基本思路。

(4)杆件分析是结构分析的基础，杆件的刚度方程是位移法基本方程的基础。因此，位移法也称为刚度法。

以上结合链杆体系的情况对位移法的基本思路作了简单的说明。现结合刚架的情况作进一步的介绍。应用基本假设，只考虑弯曲变形，忽略剪切和拉伸变形。

图6-4(a)为一刚架，在给定的载荷作用下，结点A发生角位移θ_A和水平线位移Δ，但因忽略拉伸变形，故结点A的竖向线位移为零，且结点C的水平线位移与A点相同。采用位移法计算时，取独立结点位移参数θ_A和Δ作为基本未知量。如果能够设法把基本未知量θ_A和Δ求出，那么整个刚架的计算问题分解成杆件的计算问题，如图6-4(b)、(c)所示。其中杆AB的计算条件是B端固定、A端有已知位移θ_A和Δ，并承受已知荷载q的作用。杆AC的计算条件是C端简支、A端有已知位移θ_A，并承受已知荷载F_P的作用。

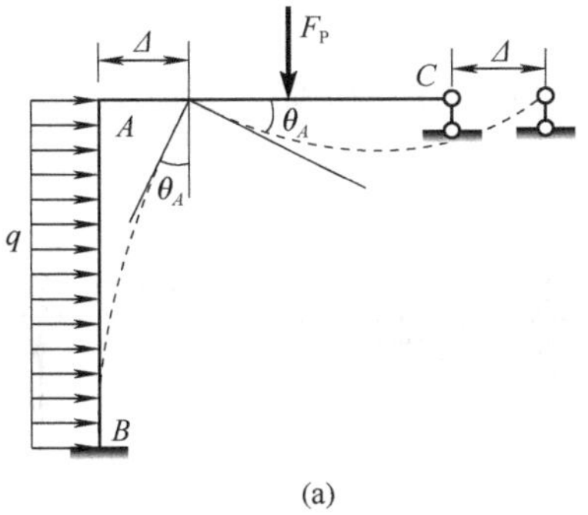

图 6-4

由此可以看出，用位移法计算刚架时，独立结点位移参数是处于关键地位的未知量，只要解决这一关键问题，余下的问题就是杆件的计算问题。

从以上讨论还可以看出，用位移法计算刚架的基本思路仍然是拆了再搭。首先，是把刚架拆成杆件，进行杆件分析——在已知端点位移和已知荷载作用下的杆件计算，这相当于上述链杆体系(图 6-2)中的第一步，即式(6-1)。其次，是把杆件再合成为刚架，进行整体分析——利用刚架平衡条件建立位移法基本方程，借以求出基本未知量，这相当于上述链杆体系中的第二步。

6.2 等截面直杆的转角位移方程

现讨论等截面杆件计算的两个问题：一是已知杆端位移求杆端内力，二是已知荷载作用求固端内力。

6.2.1 由杆端位移求杆端内力——形常数

图 6-5 为一等截面杆件 AB，截面惯性矩 I 为常数。已知端点 A 和 B 的角位移分别为 θ_A 和 θ_B，两端垂直杆轴的相对位移为 $\varDelta$，拟求杆端弯矩 M_{AB} 和 M_{BA}。由于杆件沿平行或垂直杆轴线方向的平行移动，不引起杆端弯矩。因此只考虑两端在垂直于杆轴方向发生相对位移 $\varDelta$ 的情形。此外，由 $\varDelta$ 可得出弦转角，$\varphi=\varDelta/l$。

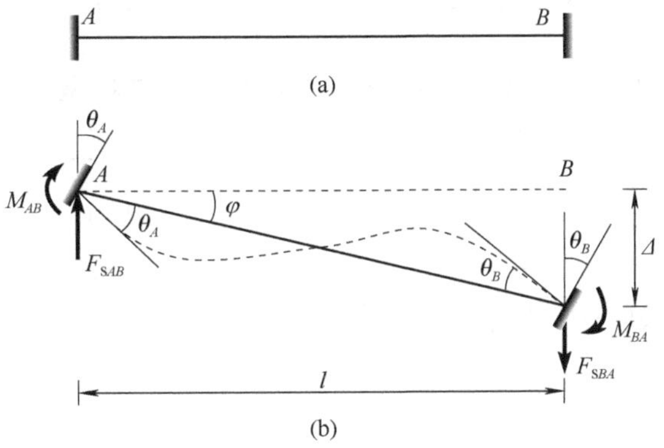

图 6-5

在位移法中，杆端位移的正负号规定为：杆端转角 θ_A、θ_B、弦转角 φ 顺时针转向为正。杆端内力正负号的规定为：杆端内力(弯矩、剪力)对杆端以顺时针为正，杆端内力(弯矩、剪力)对结点以逆时针为正。

杆端弯矩正负号的正确理解如下：关于杆端弯矩正负号的规定与通常关于弯矩正负号的规定不同。其一，此处的规定针对于杆端弯矩，而不是针对于杆中任一截面上的弯矩；其二，当取杆件(或结点)为隔离体时，杆端弯矩是隔离体上的外力，建立隔离体平衡方程时，本章力矩一律以顺时针转向为正。所以此处的规定是把杆端弯矩看作外力，便于建立平衡方程(位移法的基本方程)而规定的。在作弯矩图时，须把弯矩看作杆件的内力，因此仍应遵从通常的正负号规定。因此，杆端弯矩具有双重身份：既是杆件的内力，又是隔离体的外力，要特别注意在不同的场合应遵从相应的正负号规定。

选择简支梁为基本体系，采用力法求解图 6-6 中杆端弯矩 M_{AB} 和 M_{BA}。

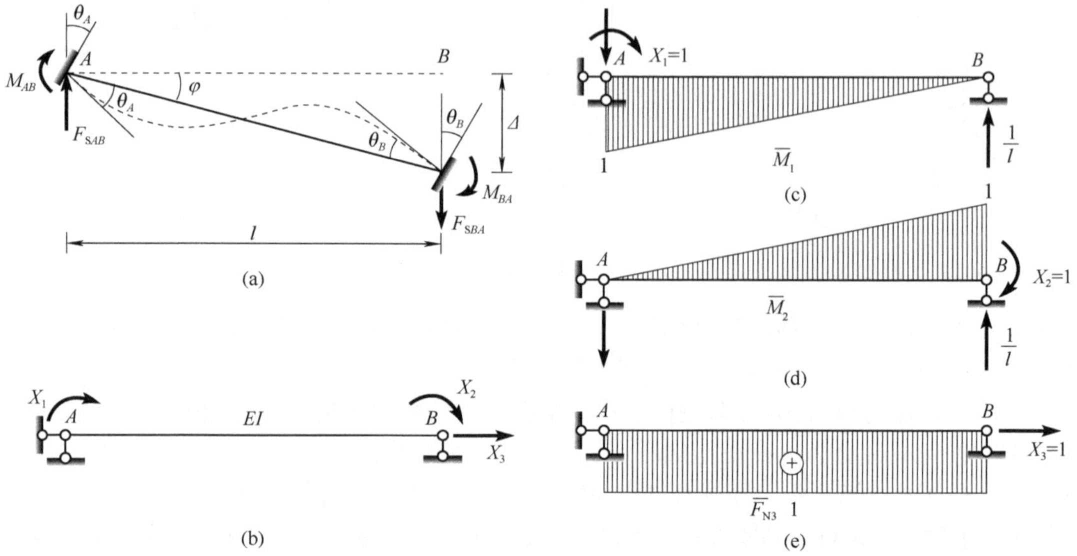

图 6-6

力法典型方程为

$$\delta_{11}X_1+\delta_{12}X_2+\delta_{13}X_3+\Delta_{1c}=\theta_A$$
$$\delta_{21}X_1+\delta_{22}X_2+\delta_{23}X_3+\Delta_{2c}=\theta_B$$
$$\delta_{31}X_1+\delta_{32}X_2+\delta_{33}X_3+\Delta_{3c}=0$$

分别求出各系数：

$$\delta_{11}=\delta_{22}=\frac{l}{3EI}，\delta_{33}=\frac{l}{2EA}，\delta_{12}=\delta_{21}=-\frac{l}{6EI}，\delta_{13}=\delta_{23}=\delta_{31}=\delta_{32}=0，\Delta_{1c}=\Delta_{2c}=\frac{\Delta}{l}，\Delta_{3c}=0$$

由于 $\delta_{33}\neq 0$，必有 $X_3=0$，从而力法典型方程简化为

$$\frac{l}{3EI}X_1-\frac{l}{6EI}X_2+\frac{\Delta}{l}=\theta_A$$
$$-\frac{l}{6EI}X_1+\frac{l}{3EI}X_2+\frac{\Delta}{l}=\theta_B$$

解方程得

$$X_1=\frac{EI}{l}\left(4\theta_A+2\theta_B-\frac{6\Delta}{l}\right)$$
$$X_2=\frac{EI}{l}\left(2\theta_A+4\theta_B-\frac{6\Delta}{l}\right)$$

令 $EI/l=i$，称为杆件的线刚度。即

$$\left.\begin{aligned}M_{AB}&=4i\theta_A+2i\theta_B-6i\frac{\Delta}{l}\\M_{BA}&=2i\theta_A+4i\theta_B-6i\frac{\Delta}{l}\end{aligned}\right\}\tag{6-3}$$

式(6-3)为由杆端位移 θ_A、θ_B、Δ 求杆端弯矩的公式，习惯上称为转角位移方程。此外，由平衡条件可求出杆端剪力为

$$F_{SAB}=F_{SBA}=-\frac{1}{l}\left(M_{AB}+M_{BA}\right)$$

将式(6-3)代入，得

$$F_{SAB}=F_{SBA}=-\frac{6i}{l}\theta_A-\frac{6i}{l}\theta_B+\frac{12i}{l^2}\Delta \tag{6-4}$$

将式(6-3)及式(6-4)写成矩阵的形式：

$$\begin{bmatrix} M_{AB} \\ M_{BA} \\ F_{SAB} \end{bmatrix}=\begin{bmatrix} 4i & 2i & -\frac{6i}{l} \\ 2i & 4i & -\frac{6i}{l} \\ -\frac{6i}{l} & -\frac{6i}{l} & -\frac{12i}{l^2} \end{bmatrix}\begin{bmatrix} \theta_A \\ \theta_B \\ \Delta \end{bmatrix} \tag{6-5}$$

式(6-5)与式(6-1)具有类似的性质，称为弯曲杆件的刚度方程。其中

$$\begin{bmatrix} 4i & 2i & -\frac{6i}{l} \\ 2i & 4i & -\frac{6i}{l} \\ -\frac{6i}{l} & -\frac{6i}{l} & -\frac{12i}{l^2} \end{bmatrix}$$

称为弯曲杆件的刚度矩阵，其中的系数称为刚度系数。刚度系数只与杆件的长度、截面尺寸和材料性质有关，所以又称为形常数。

用同样的方法可计算不同的杆端约束、不同的杆端位移与杆端内力之间的关系，如表 6-1 所示。

表 6-1　等截面直杆的杆端弯矩和剪力(形常数)

单跨超静定梁简图	M_{AB}	M_{BA}	$F_{SAB}=F_{SBA}$
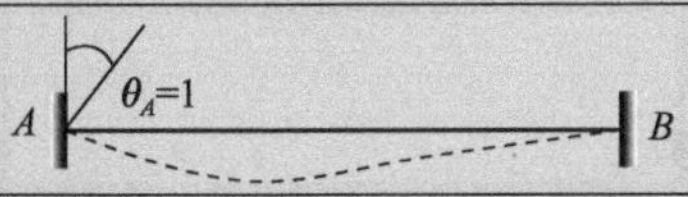	$4i$	$2i$	$-\frac{6i}{l}$
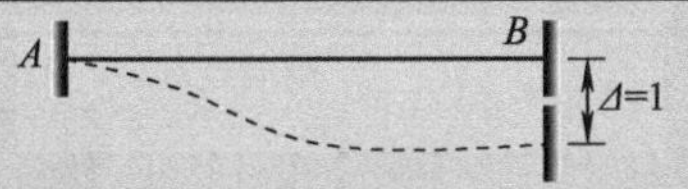	$-\frac{6i}{l}$	$-\frac{6i}{l}$	$\frac{12i}{l^2}$
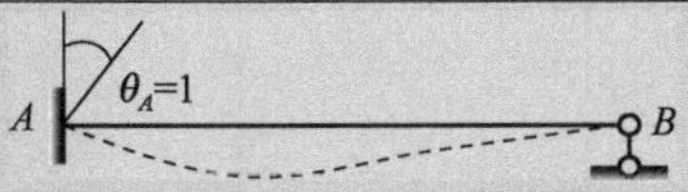	$3i$	0	$-\frac{3i}{l}$
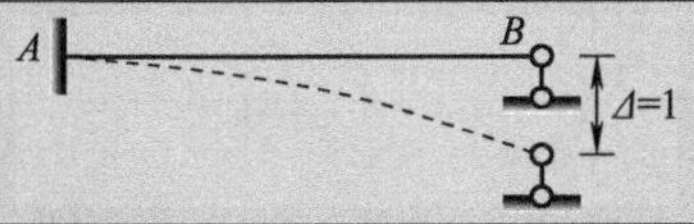	$-\frac{3i}{l}$	0	$\frac{3i}{l^2}$
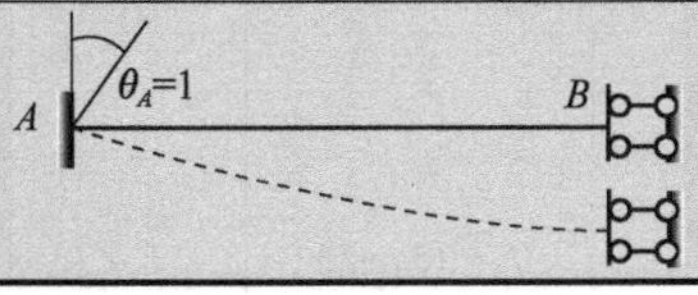	i	$-i$	0

6.2.2　由荷载求固端内力——载常数

如图 6-7 所示单跨超静定梁，现用力法求其杆端弯矩和杆端剪力。

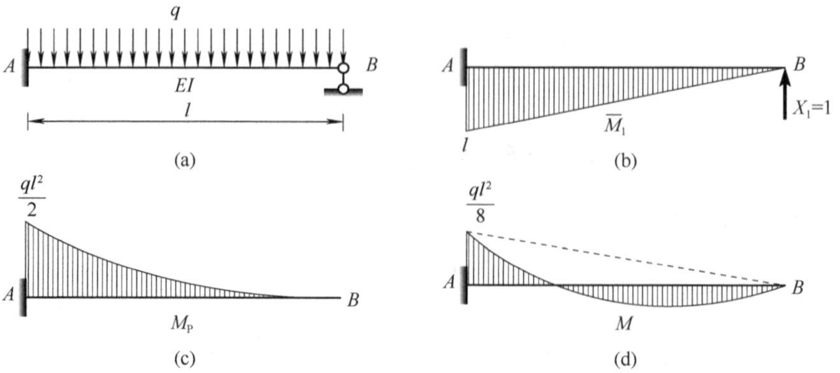

图 6-7

力法典型方程为

$$\delta_{11}X_1+\Delta_{1P}=0$$

式中，$\delta_{11}=\dfrac{l^3}{3EI}$；$\Delta_{1P}=-\dfrac{ql^4}{8EI}$。

从而得

$$X_1=\frac{3ql}{8}$$

杆端弯矩：

$$M_{AB}^{F}=-\frac{ql^2}{8}，\ M_{BA}^{F}=0$$

杆端剪力：

$$F_{SAB}^{F}=\frac{5}{8}ql，\ F_{SBA}^{F}=-\frac{3}{8}ql$$

对于三种单跨超静定梁：①两端固定的梁；②一端固定、另一端简支的梁；③一端固定、另一端滑动支承的梁。在各种荷载作用下的杆端力均可按力法计算出来，这种由荷载作用产生的杆端力，称为固端力。杆件的固端力只与作用在杆件上的荷载形式有关，称为载常数(载系数)。固端弯矩用 M_{AB}^{F} 和 M_{BA}^{F} 表示，固端剪力用 F_{SAB}^{F} 和 F_{SBA}^{F} 表示。表 6-2 给出了几种常见荷载作用下的固端弯矩和固端剪力，应用载常数时，可查表得到其数值。

表 6-2　等截面杆件的固端弯矩和固端剪力

	编号	简图	固端弯矩		固端剪力	
			M_{AB}^{F}	M_{BA}^{F}	F_{SAB}^{F}	F_{SBA}^{F}
两端固定	1	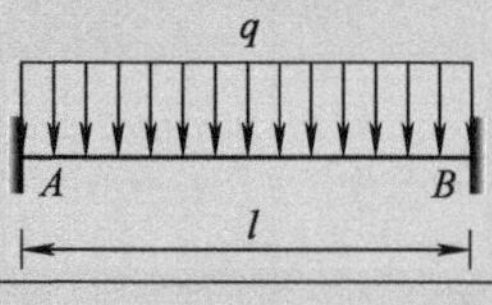	$-\frac{ql^2}{12}$	$\frac{ql^2}{12}$	$\frac{ql}{2}$	$-\frac{ql}{2}$
	2	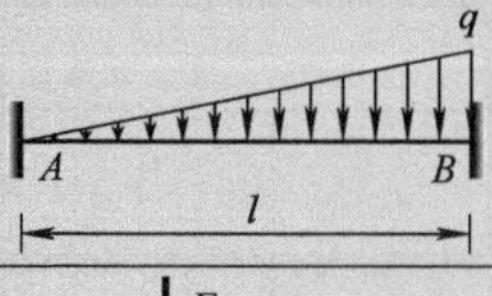	$-\frac{ql^2}{30}$	$\frac{ql^2}{20}$	$\frac{3ql}{20}$	$-\frac{7ql}{20}$
	3	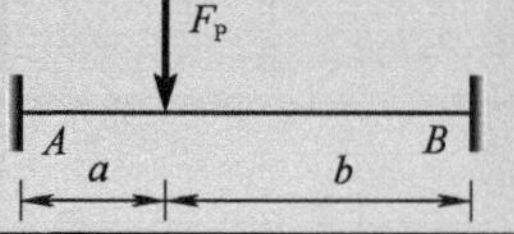	$-\frac{F_Pab^2}{l^2}$	$\frac{F_Pa^2b}{l^2}$	$\frac{F_Pb^2(3a+b)}{l^3}$	$-\frac{F_Pa^2(3b+a)}{l^3}$

续表

	编号	简图	固端弯矩		固端剪力	
			M_{AB}^{F}	M_{BA}^{F}	F_{SAB}^{F}	F_{SBA}^{F}
两端固定	4	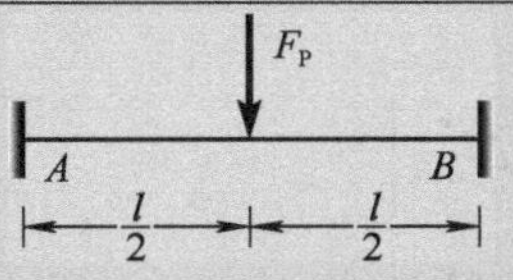	$-\frac{F_P l}{8}$	$\frac{F_P l}{8}$	$\frac{F_P}{2}$	$-\frac{F_P}{2}$
	5	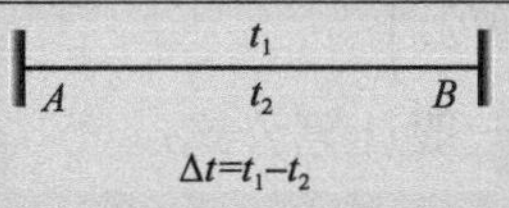	$\frac{EI\alpha\Delta t}{h}$	$-\frac{EI\alpha\Delta t}{h}$	0	0
一端固定、另一端简支	6	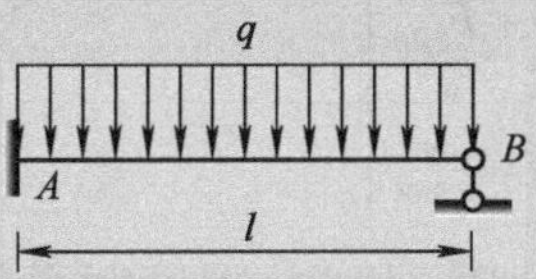	$-\frac{ql^2}{8}$	0	$\frac{5ql}{8}$	$-\frac{3ql}{8}$
	7	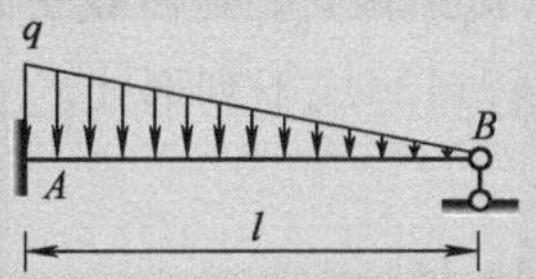	$-\frac{ql^2}{15}$	0	$\frac{2ql}{5}$	$-\frac{ql}{10}$
	8	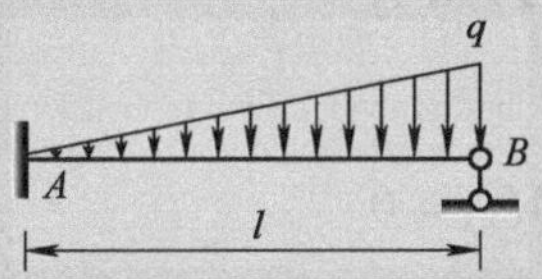	$-\frac{7ql^2}{120}$	0	$\frac{9ql}{40}$	$-\frac{11ql}{40}$
	9	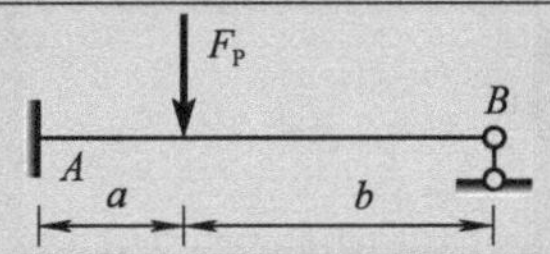	$-\frac{F_P b\left(l^2-b^2\right)}{2l^2}$	0	$\frac{F_P b\left(3l^2-b^2\right)}{2l^3}$	$\frac{F_P a^2\left(3l-a\right)}{2l^3}$
	10	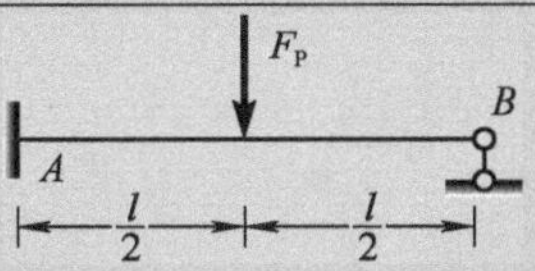	$-\frac{3F_P l}{16}$	0	$\frac{11F_P}{16}$	$-\frac{5F_P}{16}$
	11	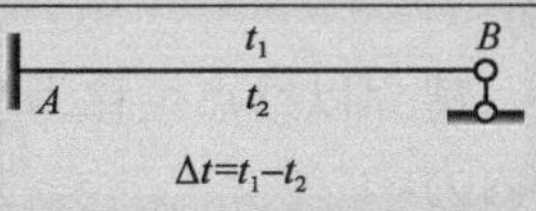	$\frac{3EI\alpha\Delta t}{2h}$	0	$-\frac{3EI\alpha\Delta t}{2hl}$	$-\frac{3EI\alpha\Delta t}{2hl}$
一端固定、另一端滑动支承	12	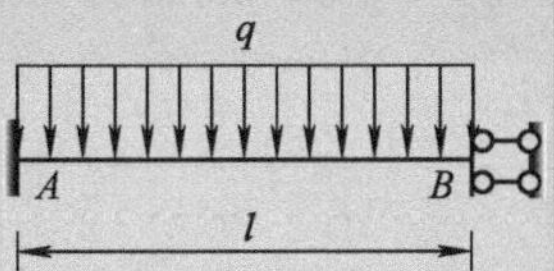	$-\frac{ql^2}{3}$	$-\frac{ql^2}{6}$	ql	0
	13	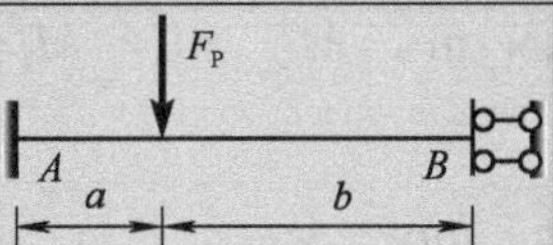	$-\frac{F_P a\left(2l-a\right)}{2l}$	$-\frac{F_P a^2}{2l}$	F_P	0
	14	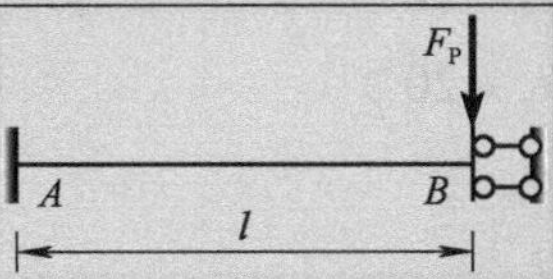	$-\frac{F_P l}{2}$	$-\frac{F_P l}{2}$	F_P	$F_{QB}^{L}=F_P$ $F_{QB}^{R}=0$
	15	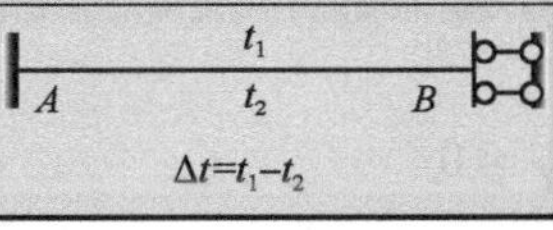	$\frac{EI\alpha\Delta t}{h}$	$-\frac{EI\alpha\Delta t}{h}$	0	0

6.2.3　杆端力与杆端位移之间的关系——杆件的刚度方程

如果等截面杆件既有已知荷载作用，又有已知的端点位移，则根据叠加原理，杆端弯矩的一般计算公式为

$$\left.\begin{aligned} M_{AB} &= 4i\theta_A + 2i\theta_B - 6i\frac{\Delta}{l} + M_{AB}^{\mathrm{F}} \\ M_{BA} &= 2i\theta_A + 4i\theta_B - 6i\frac{\Delta}{l} + M_{BA}^{\mathrm{F}} \end{aligned}\right\} \tag{6-6}$$

取杆件为分离体建立力矩平衡方程，可得杆端剪力的一般计算公式：

$$\left.\begin{aligned} F_{\mathrm{S}AB} &= -\frac{6i}{l}\theta_A - \frac{6i}{l}\theta_B + \frac{12i}{l^2}\Delta + F_{\mathrm{S}AB}^{\mathrm{F}} \\ F_{\mathrm{S}BA} &= -\frac{6i}{l}\theta_A - \frac{6i}{l}\theta_B + \frac{12i}{l^2}\Delta + F_{\mathrm{S}BA}^{\mathrm{F}} \end{aligned}\right\} \tag{6-7}$$

注意：①杆端弯矩 M_{AB} 和 M_{BA} 绕杆端顺时针转向为正；② $F_{\mathrm{S}AB}^{\mathrm{F}}$ 和 $F_{\mathrm{S}BA}^{\mathrm{F}}$ 是荷载引起的固端剪力。

对于下列三种约束的杆件，其杆端弯矩的转角位移方程可写成下列形式。

(1) 两端固定的梁：

$$M_{AB} = 4i\theta_{近端} + 2i\theta_{远端} - \frac{6i}{l}\Delta + M_{AB}^{\mathrm{F}} \tag{6-8}$$

(2) 一端固定、另一端简支的梁：

$$M_{AB} = 3i\theta - \frac{3i}{l}\Delta + M_{AB}^{\mathrm{F}},\quad M_{BA} = 0 \tag{6-9}$$

(3) 一端固定、另一端滑动支承的梁：

$$M_{AB} = i\theta_{近端} - i\theta_{远端} + M_{AB}^{\mathrm{F}} \tag{6-10}$$

6.2.4　利用转角位移方程求解超静定结构

位移法求解超静定结构有两种方法。

(1) 利用等直杆的转角位移方程求解超静定结构。

(2) 利用加约束的方法，建立典型方程求解超静定结构。

应用等直杆的转角位移方程和结点或杆件的平衡条件，建立以结点位移为基本未知量的方程，通过建立的方程，解算出结点位移，进而计算出杆端内力。

【例 6-1】　求作图 6-8(a) 所示刚架的弯矩图。

解： (1) 基本未知量为 θ_A。

(2) 杆端弯矩：查表 6-2 得

$$M_{AB}^{\mathrm{F}} = -\frac{F_{\mathrm{P}}l}{8} = -20\ \mathrm{kN\cdot m},\quad M_{BA}^{\mathrm{F}} = \frac{F_{\mathrm{P}}l}{8} = 20\ \mathrm{kN\cdot m},\quad M_{AC}^{\mathrm{F}} = 0,\quad M_{CA}^{\mathrm{F}} = 0$$

各杆杆端弯矩：

$$\begin{aligned} M_{AB} &= 4i_{AB}\theta_A + M_{AB}^{\mathrm{F}} = 8\theta_A - 20 \\ M_{BA} &= 2i_{AB}\theta_A + M_{BA}^{\mathrm{F}} = 4\theta_A + 20 \\ M_{AC} &= 4i_{AC}\theta_A + M_{AC}^{\mathrm{F}} = 4\theta_A \\ M_{CA} &= 2i_{AC}\theta_A + M_{CA}^{\mathrm{F}} = 2\theta_A \end{aligned}$$

(3) 转角位移方程。结点 A 平衡，如图 6-8(b) 所示：

$$\sum M_A = 0,\quad M_{AB} + M_{AC} = 0$$

$$8\theta_A - 20 + 4\theta_A = 0 \tag{6-11}$$

(4) 求基本未知量，解方程(6-11)得

$$\theta_A = \frac{5}{3}$$

(5) 计算杆端弯矩。将求得的位移代入上述各杆端弯矩公式，得

$M_{AB} = -\dfrac{20}{3}\text{kN}\cdot\text{m}$，$M_{BA} = \dfrac{80}{3}\text{kN}\cdot\text{m}$，$M_{AC} = \dfrac{20}{3}\text{kN}\cdot\text{m}$，$M_{CA} = \dfrac{10}{3}\text{kN}\cdot\text{m}$

弯矩图如图 6-8(c)所示。

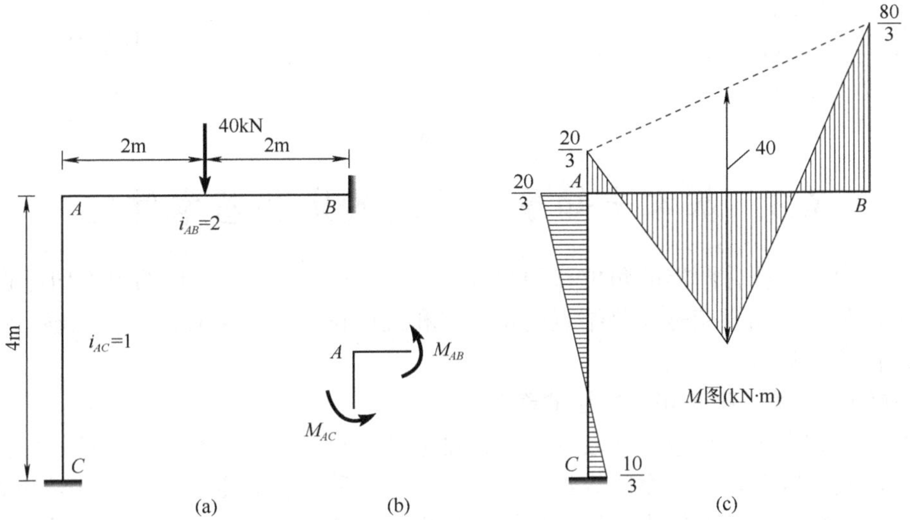

图 6-8

【例 6-2】 求作如图 6-9(a)所示结构的弯矩图。

解： (1) 基本未知量为 θ_B。

(2) 杆端弯矩。令 $i = \dfrac{EI}{l}$，则 $i_{BA} = i_{BC} = 2i$，$i_{BD} = i$。各杆杆端弯矩为

$$M_{BA} = 3i_{BA}\theta_B = 6i\theta_B, \quad M_{AB} = 0$$
$$M_{BD} = 4i_{BD}\theta_B = 4i\theta_B, \quad M_{DB} = 2i_{BD}\theta_B = 2i\theta_B$$
$$M_{BC} = i_{BC}\theta_B = 2i\theta_B, \quad M_{CB} = -i_{BC}\theta_B = -2i\theta_B$$

(3) 转角位移方程。结点 B 平衡，如图 6-9(b)所示：

$$\sum M_B = 0\text{，}\quad M_{BA} + M_{BC} + M_{BD} - M_0 = 0$$
$$6i\theta_B + 4i\theta_B + 2i\theta_B - M_0 = 0 \tag{6-12}$$

(4) 求基本未知量，解方程(6-12)得

$$\theta_B = \frac{M_0}{12i}$$

(5) 计算杆端弯矩。将求得的位移代入上述各杆端弯矩公式，得

$$M_{BA} = 6i\theta_B = \frac{M_0}{2}, \quad M_{AB} = 0$$
$$M_{BD} = 4i\theta_B = \frac{M_0}{3}, \quad M_{DB} = 2i\theta_B = \frac{M_0}{6}$$
$$M_{BC} = 2i\theta_B = \frac{M_0}{6}, \quad M_{CB} = -2i\theta_B = -\frac{M_0}{6}$$

弯矩图如图 6-9(c)所示。

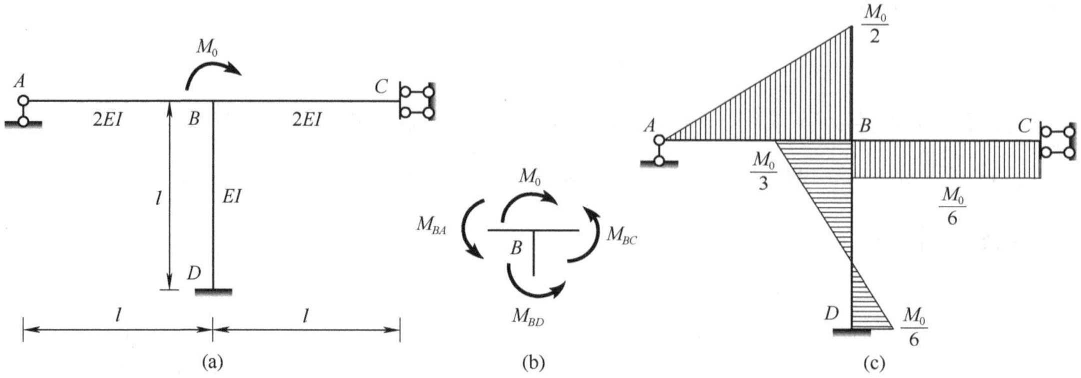

图 6-9

6.3　基本未知量数目的确定和基本结构

如果结构上每根杆件两端的角位移和线位移都已求得，则全部杆件的内力均可确定。因此，在位移法中，基本未知量应是某些结点的角位移和线位移。在计算时，应首先确定独立的结点角位移和线位移的数目。

1. 独立的结点角位移未知量数目的确定

确定独立的结点角位移数目比较容易。根据刚性结点假设，汇交于同一刚性结点的各杆端具有相同的转角。因此，每一个刚性结点只有一个角位移。在固定支座处，其转角等于零或是已知的支座位移值。至于铰结点或铰支座处各杆端的转角，由于它们不是独立的，确定杆件内力时可以不需要它们的数值，故可以不作为基本未知量。这样，在确定结构独立的结点角位移数目时，只要数刚结点的数目即可。

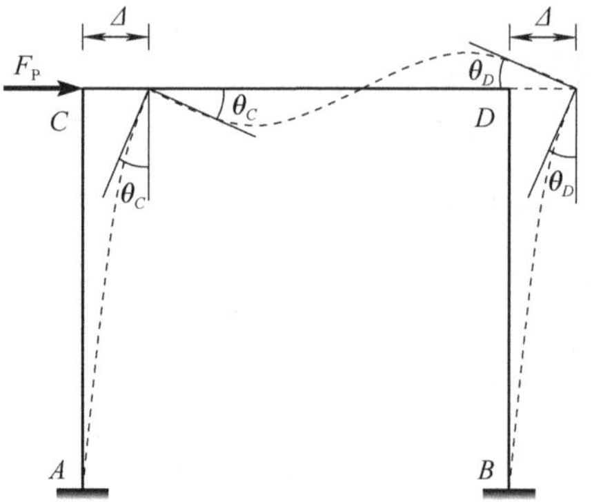

图 6-10

如图 6-10 所示刚架，独立的结点角位移数目等于刚性结点的数目，其独立的结点角位移数目为 2。

2. 独立的结点线位移未知量数目的确定

确定独立的结点线位移数目时，在一般情况下，每个结点(刚性结点和铰结点)可能有水平线位移和竖向线位移。为了简化计算，在确定结点线位移的数目时，略去受弯杆件的轴向变形，并且假设弯曲变形是微小的，可认为受弯杆件两端之间的距离在变形后仍保持不变，这样每个受弯杆件就相当于一个约束。从而减少了独立结点线位移数目。

对于一般刚架，独立的结点线位移的数目常可由观察判定。如在图 6-10 所示的刚架中，由于各杆两端距离保持不变，因此在微小位移的情况下，结点 C 和 D 都没有竖向位移，而且结点 C 和 D 的水平线位移也彼此相等，可用一个符号 $\varDelta$ 来表示。因此，原来的两个结点线位移归结为一个独立的结点线位移 $\varDelta$ 。该结构全部的基本未知量只有 3 个，即 θ_C 、 θ_D 和 $\varDelta$ 。

图 6-11(a)、(b)所示的两个例子，虚线表示变形后杆的曲线。在图 6-11(a)中，水平梁的 $EI \to \infty$，由水平梁连起来的各结点 D 、E 、F 其水平线位移相同，所以只有 1 个独立线位移 $\varDelta$ 。

图 6-11(b)为由水平梁与立柱组成的两层刚架，4 个刚结点 C、D、E、F 有 4 个转角；此外，还有 2 个独立结点线位移 Δ_1 和 Δ_2。显然，每层有一个线位移，因而独立结点线位移的数目等于刚架的层数。

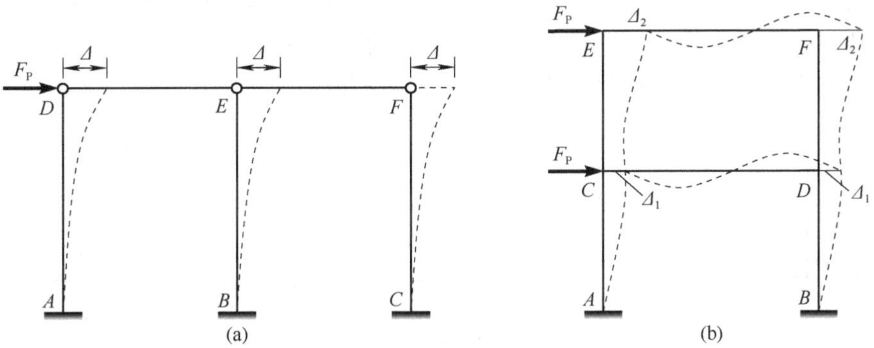

图 6-11

对于复杂结构，独立结点线位移数目可采用"铰化结点，增设链杆"的方法确定。具体方法如下。

把结构中每个刚结点(包括固定支座)都改换为铰结点，得到原结构的铰结体系，对该铰结体系进行几何构造组成分析，若铰结体系为几何不变体系，则原结构无独立结点线位移；若铰结体系为几何可变体系，则可以通过添加链杆使其成为几何不变体系，所需添加最少的链杆数目就是原结构具有的独立结点的线位移数目。如图 6-12(a)所示刚架，其相应的铰结体系如图 6-12(b)所示，它是几何可变的，必须在某结点处增添一根非竖向的支座链杆才能成为几何不变体系，故原结构独立的结点线位移数目为 1。

显然，在上述确定位移法的基本未知量即独立的结点角位移和线位移时，由于考虑了支座和结点及杆件的连接情况，因而就满足了结构的几何条件即支承约束条件和变形连续条件。

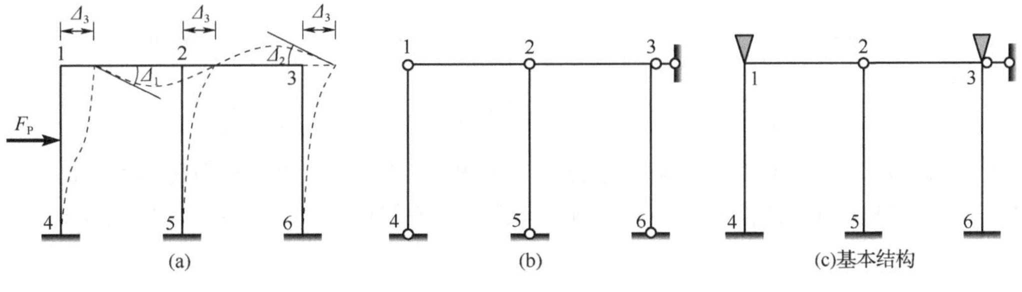

图 6-12

3. 位移法的基本结构

用位移法计算超静定结构时，每一根杆件都可以看成一根单跨超静定梁，因而位移法的基本结构就是把每一根杆件暂时变为两端固定的或一端固定、一端铰支的单跨超静定梁。为此，可以在每个刚结点上假想地加上一个附加刚臂，以阻止刚结点的转动(但不能阻止结点的移动)，同时加上附加支座链杆以阻止结点的线位移(但不能阻止结点的转动)。如图 6-12(a)所示刚架，在刚结点 1、3 两处分别加上刚臂，并在结点 3 处加上一根水平支座链杆，即原结构的每根杆件都成为两端固定的或一端固定、一端铰支的单跨超静定梁。其基本结构如图 6-12(c)所示，它是单跨超静定梁的组合体。基本结构就是在原结构中增加了与位移法基本未知量相应的可控约束而得到的结构。

如图 6-13(a)所示的结构，结点 D、E、H 都是刚结点，它们具有独立的角位移，因而结点角位移数目为 3。把所有的刚结点和固定支座改成铰结后，则变为如图 6-13(b)所示的铰结体系。由几何构造分析可知，该体系是几何可变的，至少需要在结点 H 处加一根水平支杆，才能使体系成为几何不变的，由此判断结点线位移数目为 1，原结构共有 4 个基本未知量。加上 3 个刚臂和 1 根支座链杆后，可得到基本结构如图 6-13(c)所示。

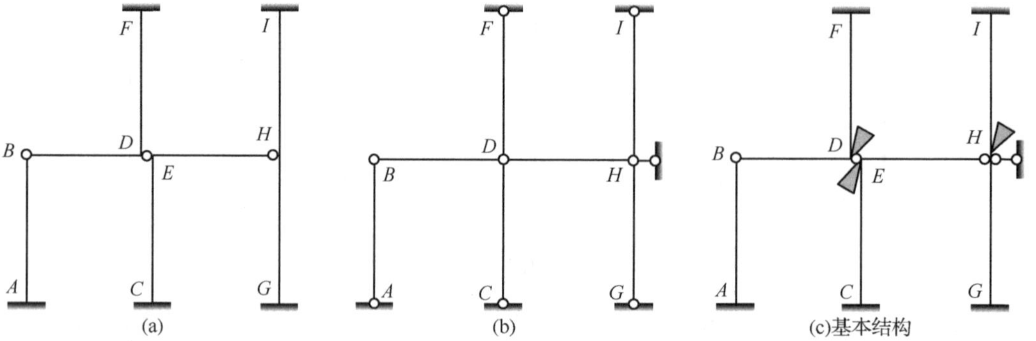

图 6-13

需要注意的是，上述确定独立的结点线位移数目的方法，是以受弯直杆变形后两端距离不变的假设为依据的。对于需要考虑轴向变形的链杆或对于受弯曲杆，则其两端距离不能看作不变的。因此，如图 6-14(a)、(b)所示结构，其独立的结点线位移数目应为 2 而不是 1。

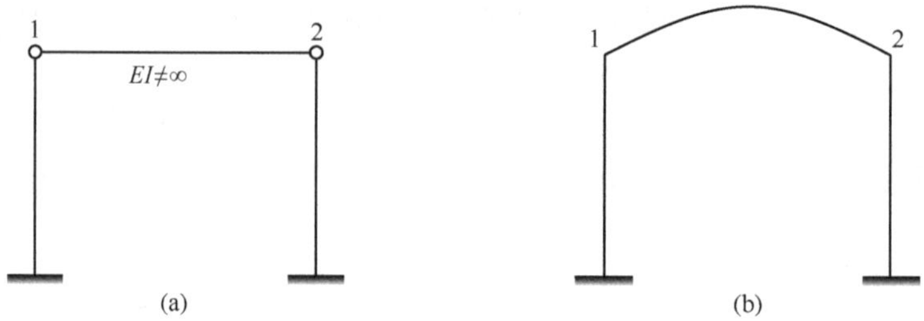

图 6-14

图 6-15(a)所示刚架，横梁 EI 具有无限刚性，在外力作用下只能平移而无转动，所以结点 D、E、F 只作水平移动而转角为零。其独立的结点线位移数目为 1，基本结构如图 6-15(b)所示。

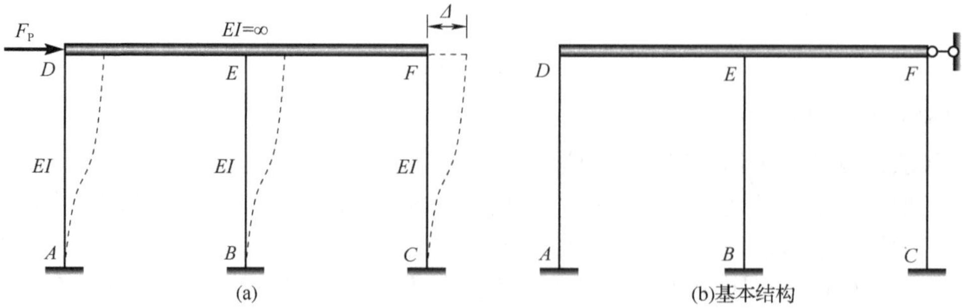

图 6-15

图 6-16(a)所示刚架，横梁 EI 具有无限刚性，在外力作用下只能平移而无转动，所以结点 E

和 H 只作水平移动而转角为零。这样刚架只有结点 D 和结点 G（因立柱 FH 的上段和下段刚度不同，因而把 G 视为结点）两个未知角位移。刚架的铰结体系如图 6-16(b)所示，需要在结点 G、H 和 D 处各加上一根水平支杆，即可成为几何不变体系。所以原刚架有 3 个独立的结点线位移，基本结构如图 6-16(c)所示。

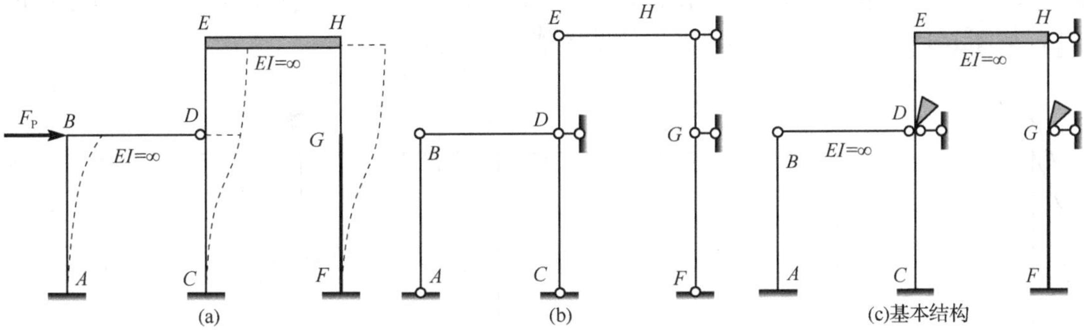

图 6-16

6.4　位移法的方程

1. 位移法的基本方程

以图 6-17(a)所示的刚架为例，说明在位移法中如何建立求解基本未知量的方程及其计算步骤。

此刚架有一个独立的角位移 $\varDelta_1$ 和一个独立的线位移 $\varDelta_2$，共有 2 个基本未知量。在结点 B 处加一个刚臂，以阻止结点 B 的转角；在结点 C 处加一根水平支承链杆，以阻止结点 B、C 的线位移，从而得到图 6-17(b)所示的基本结构。

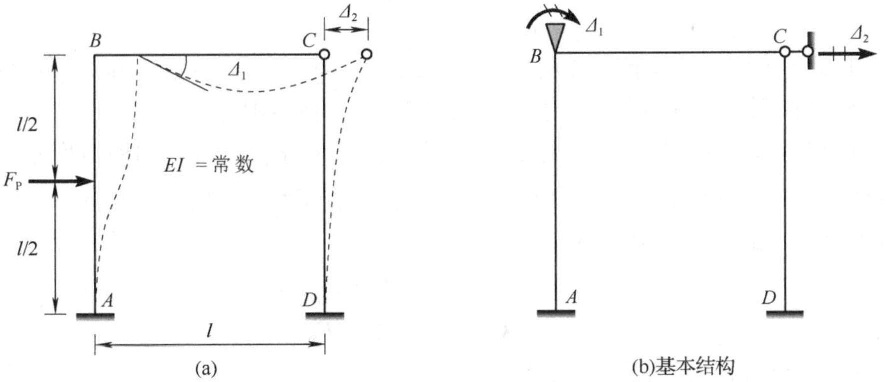

图 6-17

基本结构与原结构的区别在于：增加了人为的约束，把基本未知量由被动的位移变成受人工控制的主动位移。

基本结构是用来计算原结构的工具或桥梁。一方面，它可以转化成原结构，可以代表原结构；另一方面，它的计算比较简单，可以取得化繁为简的效果。由于增设了人工控制的约束，原来的整体被分隔成多个杆件(这些杆件各自单独变形，互不干扰；而且它们的转角方程已经事先导出)，结构的整体计算问题被分割成多个杆件的计算问题，从而使计算得到简化。应该注意，在力法中是用撤除约束的方法达到简化计算的目的。在位移法中是用增加约束的方法达到简化计算的目的。措施相反，效果相同。

下面利用位移法的基本结构建立位移法的基本方程。

基本结构由于加入了附加刚臂和链杆，阻止了结点 B 的转角和结点 B 、 C 的线位移，而原结构是有这些结点的转角和线位移的。因此，基本结构除承受荷载 F_P 作用外，还应令其附加刚臂发生与原结构相同的转角 Δ_1 ，如图 6-18(a)所示。同时令附加链杆发生与原结构相同的线位移 Δ_2 ，如图 6-18(b)所示，这样两者的位移才能完全一致。

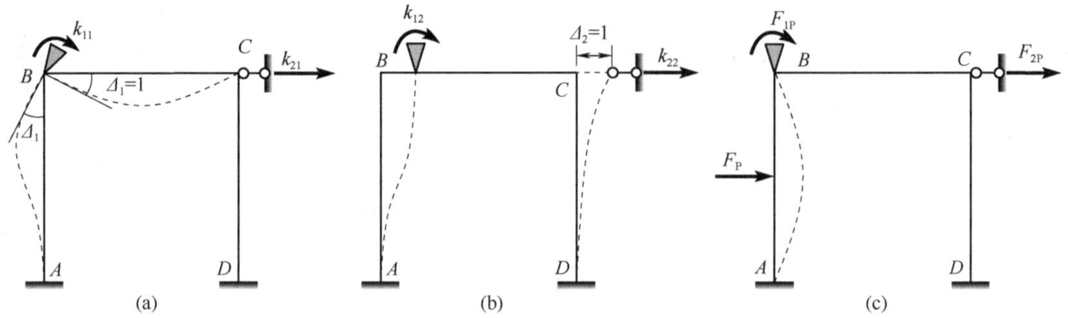

图 6-18

从受力方面看，基本结构由于加入了附加刚臂和链杆，刚臂上便会产生附加反力矩 F_{1P} ，链杆上便会产生附加反力 F_{2P} ，但原结构并没有这些附加联系，当然也就不存在这些附加反力矩和附加反力。现在基本结构的位移既然与原结构完全一致，其受力也就完全相同。

由此可以看出，基本结构转化为原结构的条件是：基本结构在给定荷载 F_P 以及结点位移 Δ_1 和 Δ_2 共同作用下，在附加刚臂上产生的附加反力矩 F_1 和链杆上产生的附加反力 F_2 应等于零，即

$$\left.\begin{aligned}F_1=0\\F_2=0\end{aligned}\right\}\tag{6-13}$$

式(6-13)就是建立位移法基本方程的条件。

下面利用叠加原理，把附加刚臂和链杆的总约束反力 F_1 和 F_2 分解，并分别计算。

(1)荷载单独作用，相应的约束反力为 F_{1P} 和 F_{2P} ，如图 6-18(c)所示。

(2)单位位移 $\Delta_1=1$ 单独作用，相应的约束反力为 k_{11} 和 k_{21} ，如图 6-18(a)所示。

(3)单位位移 $\Delta_2=1$ 单独作用，相应的约束反力为 k_{12} 和 k_{22} ，如图 6-18(b)所示。

叠加以上结果，则总约束反力为

$$\left.\begin{aligned}F_1=k_{11}\Delta_1+k_{12}\Delta_2+F_{1P}\\F_2=k_{21}\Delta_1+k_{22}\Delta_2+F_{2P}\end{aligned}\right\}\tag{6-14}$$

再考虑式(6-13)，得位移法的基本方程为

$$\left.\begin{aligned}k_{11}\Delta_1+k_{12}\Delta_2+F_{1P}=0\\k_{21}\Delta_1+k_{22}\Delta_2+F_{2P}=0\end{aligned}\right\}\tag{6-15}$$

由基本方程即可求出基本未知量 Δ_1 和 Δ_2 。

2. 位移法的典型方程

一般地，对于有 n 个独立结点位移的结构，有 n 个基本未知量。为了控制每个结点的位移，需加入 n 个附加约束，根据每个附加约束的反力为零的条件，可建立 n 个方程如下：

$$\left.\begin{aligned}k_{11}\Delta_1+k_{12}\Delta_2+\cdots+k_{1n}\Delta_n+F_{1P}=0\\k_{21}\Delta_1+k_{22}\Delta_2+\cdots+k_{2n}\Delta_n+F_{2P}=0\\\vdots\qquad\qquad\qquad\\k_{n1}\Delta_1+k_{n2}\Delta_2+\cdots+k_{nn}\Delta_n+F_{nP}=0\end{aligned}\right\}\tag{6-16}$$

式(6-16)为n个结点位移的位移法典型方程。它的物理意义是：基本结构在荷载等外因和结点位移的共同作用下，每一个附加约束上的附加反力和附加反力矩都等于零。因此，它实质上反映了原结构的静力平衡条件。

$$\begin{bmatrix}k_{11}&k_{12}&\cdots&k_{1n}\\k_{21}&k_{22}&\cdots&k_{2n}\\\vdots&\vdots&&\vdots\\k_{n1}&k_{n2}&\cdots&k_{nn}\end{bmatrix}$$

称为结构的刚度矩阵，其中系数称为结构的刚度系数。由反力互等定理可知：

$$k_{ij}=k_{ji}$$

因此，结构的刚度矩阵也是一个对称矩阵，主对角线上的系数k_{ii}称为主系数或主反力，它表示基本体系在$\Delta_i=1$单独作用时，在第i个附加约束中产生的约束力矩和约束力，恒为正；其他系数k_{ij}（$i\neq j$）称为副系数或副反力，它表示基本体系在$\Delta_i=1$单独作用时，在第j个附加约束中产生的约束力矩和约束力，可正、可负、可为零。F_{iP}称为自由项，它表示基本体系在荷载单独作用时，在第i个附加约束中产生的约束力矩和约束力，可正、可负、可为零。

系数和自由项的符号规定：以与该附加约束所设位移方向一致者为正。主系数k_{ii}的方向总是与所设位移Δ_i的方向一致。

在位移法的典型方程中，每个系数都是单位位移所引起的附加约束的反力(反力矩)。显然，结构的刚度越大，这个反力(反力矩)的数值也就越大。因此，位移法的典型方程也称为刚度方程。

下面按照上述步骤进行具体计算，作图6-17所示结构的弯矩图。

(1)基本结构在荷载作用下的计算。先分别求各杆的固端弯矩，作出弯矩图，如图6-19(a)所示。基本结构在荷载作用下的弯矩图称为M_P图。

分别取结点B（图6-19(b)）、横梁BC为隔离体(图6-19(c))，求得自由项：

$$F_{1P}=\frac{F_Pl}{8},\quad F_{2P}=-\frac{F_P}{2}$$

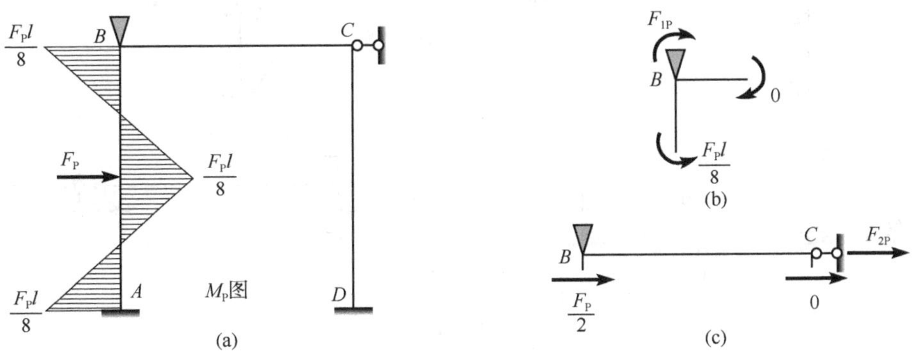

图6-19

(2)基本结构在单位转角$\Delta_1=1$作用下的计算。

当结点B转角$\Delta_1=1$时，分别求各杆的杆端弯矩，作弯矩图$\overline{M_1}$，如图6-20(a)所示。

由图 6-20(b)、(c)可得

$$k_{11}=7i\,,\quad k_{21}=-\frac{6i}{l}$$

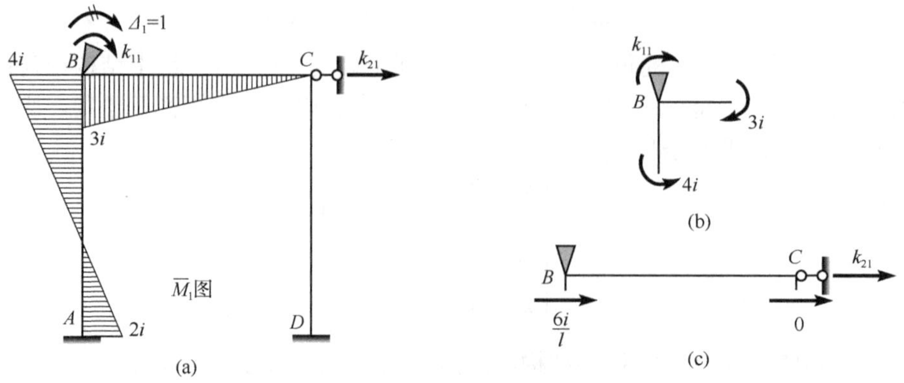

图 6-20

(3)基本结构在单位水平位移 $\Delta_2=1$ 作用下的计算。当结点 B、C 水平位移 $\Delta_2=1$ 时，分别求各杆的杆端弯矩，作弯矩图 $\overline{M}_2$，如图 6-21(a)所示。

由图 6-21(b)、(c)可得

$$k_{12}=-\frac{6i}{l}\,,\quad k_{22}=\frac{15i}{l^2}$$

(4)基本方程。由式(6-15)得基本方程如下：

$$\left.\begin{aligned}7i\Delta_1-\frac{6i}{l}\Delta_2+\frac{F_Pl}{8}=0\\-\frac{6i}{l}\Delta_1+\frac{15i}{l^2}\Delta_2-\frac{F_P}{2}=0\end{aligned}\right\}$$

解方程得

$$\Delta_1=\frac{9F_Pl}{552i}\,,\quad \Delta_2=\frac{22F_Pl^2}{552i}$$

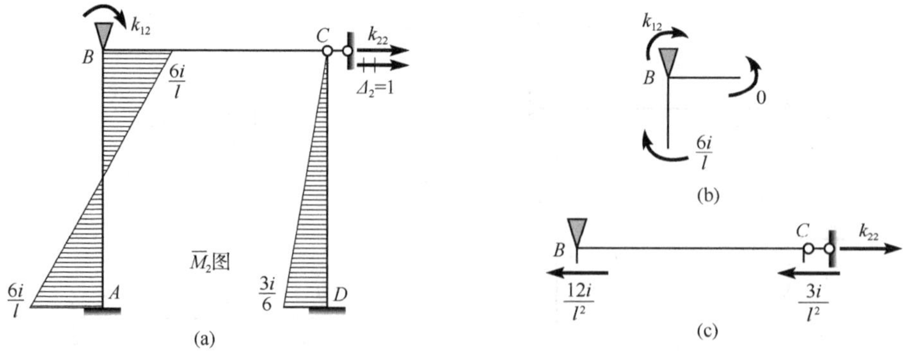

图 6-21

结构的最后弯矩图可按下列叠加公式求得

$$M=\overline{M}_1\Delta_1+\overline{M}_2\Delta_2+M_P \tag{6-17}$$

杆端弯矩为

$$M_{AB}=2i\times\frac{9F_{\mathrm{P}}l}{552i}-\frac{6i}{l}\times\frac{22F_{\mathrm{P}}l^2}{552i}-\frac{F_{\mathrm{P}}l}{8}=-\frac{183F_{\mathrm{P}}l}{552}$$

$$M_{BA}=4i\times\frac{9F_{\mathrm{P}}l}{552i}-\frac{6i}{l}\times\frac{22F_{\mathrm{P}}l^2}{552i}+\frac{F_{\mathrm{P}}l}{8}=-\frac{27F_{\mathrm{P}}l}{552}$$

$$M_{BC}=3i\times\frac{9F_{\mathrm{P}}l}{552i}=\frac{27F_{\mathrm{P}}l}{552}$$

$$M_{DC}=-\frac{3i}{l}\times\frac{22F_{\mathrm{P}}l^2}{552i}=-\frac{66F_{\mathrm{P}}l}{552}$$

根据杆端弯矩作出刚架的 M 图如图6-22所示。

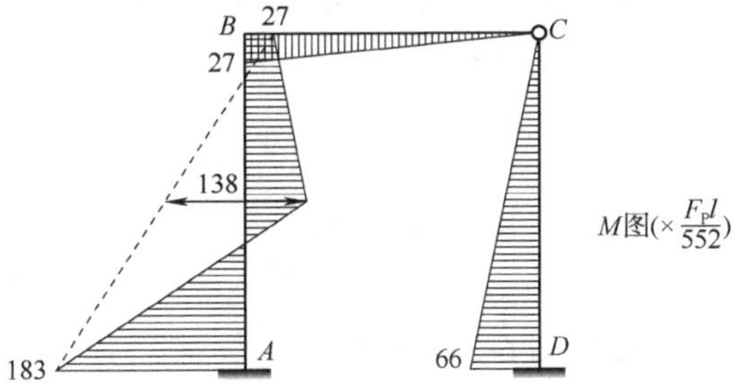

图 6-22

利用位移法典型方程求解超静定结构的步骤如下。

(1)确定基本未知量与基本结构。

(2)建立位移法的典型方程。

(3)利用结点和杆件的平衡条件，计算典型方程中的各系数项和自由项。

(4)将计算得到的各系数项和自由项的数值代入典型方程中，组成方程组，通过求解该方程组，求解出基本未知量。

(5)绘制内力图，利用叠加法绘制弯矩图，利用平衡条件由弯矩图求剪力，由剪力图求轴力。

(6)校核内力图。

【例 6-3】 求作如图 6-23(a)所示刚架的弯矩图。

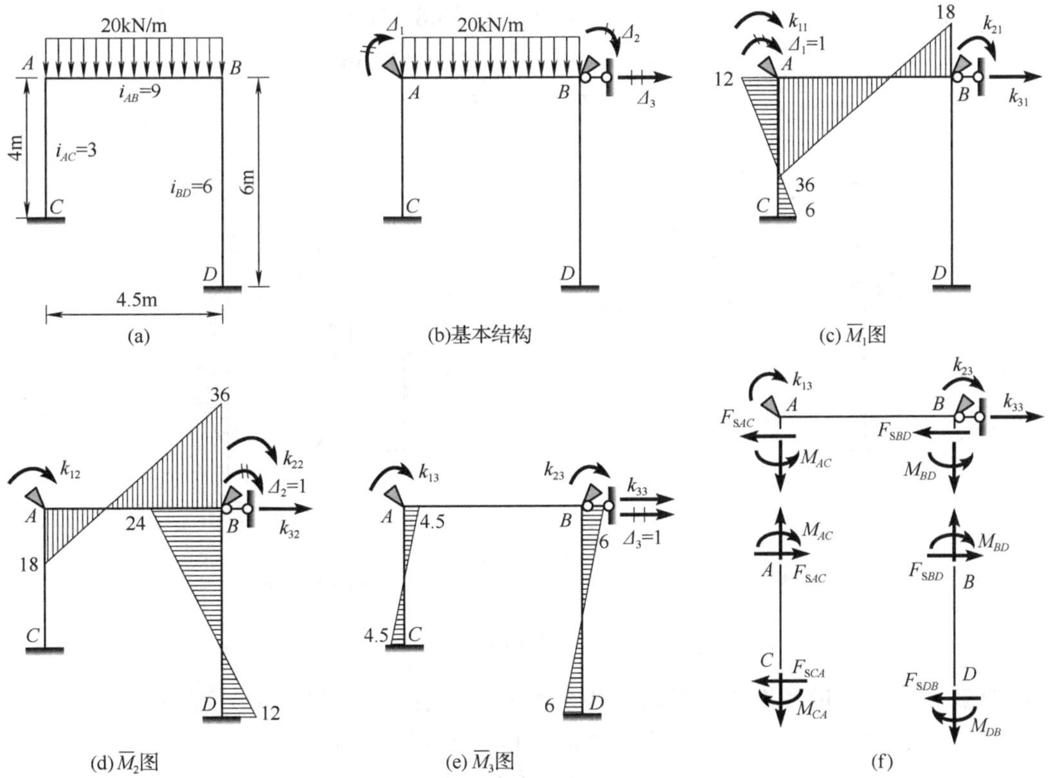

图 6-23

解：(1)基本未知量为Δ_1、Δ_2、Δ_3，基本结构见图 6-23(b)。

(2)典型方程形式为

$$\left.\begin{aligned}k_{11}\Delta_1+k_{12}\Delta_2+k_{13}\Delta_3+F_{1P}=0\\k_{21}\Delta_1+k_{22}\Delta_2+k_{23}\Delta_3+F_{2P}=0\\k_{31}\Delta_1+k_{32}\Delta_2+k_{33}\Delta_3+F_{3P}=0\end{aligned}\right\}$$

(3)计算系数项和自由项。利用表 6-1 绘出基本结构上的单位弯矩图$\overline{M}_1$、$\overline{M}_2$和$\overline{M}_3$，分别如图 6-23(c)、(d)、(e)所示。利用表 6-2 绘出荷载弯矩图$M_{\rm P}$，如图 6-24(a)所示。

根据这些图可得系数项和自由项如下。

根据图 6-23(c)可得

$$\sum M_A=0,\quad k_{11}=48$$
$$\sum M_B=0,\quad k_{21}=k_{12}=18$$

根据图 6-23(d)可得

$$\sum M_B=0,\quad k_{22}=60$$

根据图 6-23(e)可得

$$\sum M_A=0,\quad k_{13}=k_{31}=-4.5$$
$$\sum M_B=0,\quad k_{23}=k_{32}=-6$$

根据图 6-23(f)，由横梁 AB 平衡可得

$$F_{{\rm S}AC}=2.25,\quad F_{{\rm S}BD}=2.0$$
$$\sum F_x=0,\quad k_{33}=F_{{\rm S}AC}+F_{{\rm S}BD}=4.25$$

根据图 6-24(a)可得

$$\sum M_A=0,\quad F_{\rm 1P}=-33.8\ {\rm kN\cdot m}$$
$$\sum M_B=0,\quad F_{\rm 2P}=33.8\ {\rm kN\cdot m}$$
$$\sum F_x=0,\quad F_{\rm 3P}=0$$

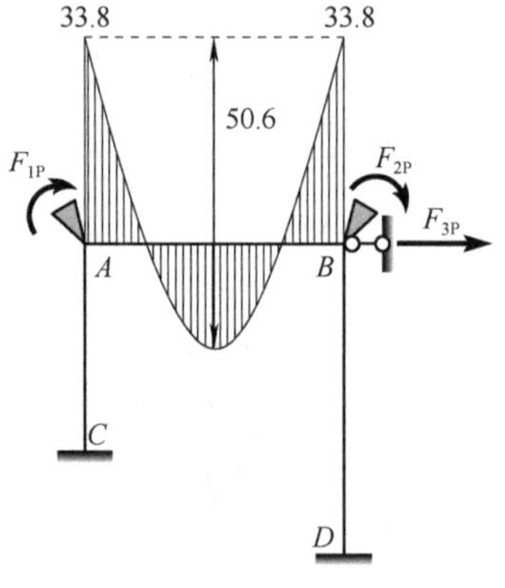

(a)$M_{\rm P}$图(kN·m)

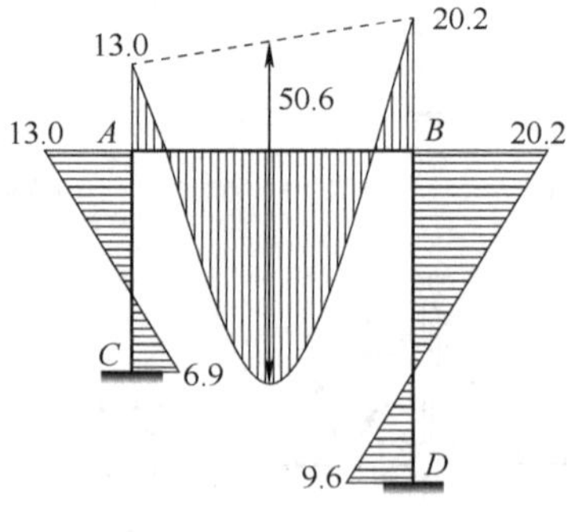

(b)M图(kN·m)

图 6-24

(4)计算基本未知量，将计算得到的各系数项和自由项代入其典型方程中，得

$$\left.\begin{aligned}48\Delta_1+18\Delta_2-4.5\Delta_3-33.8=0\\18\Delta_1+60\Delta_2-6\Delta_3+33.8=0\\-4.5\Delta_1-6\Delta_2+4.25\Delta_3=0\end{aligned}\right\}$$

解方程得

$$\Delta_1 = 1.02，\quad \Delta_2 = -0.88，\quad \Delta_3 = -0.17$$

(5) 绘制弯矩图，利用叠加法计算各杆端弯矩，整个结构的弯矩图如图 6-24(b) 所示。

【例 6-4】 应用位移法典型方程作图 6-25(a) 所示结构的弯矩图。

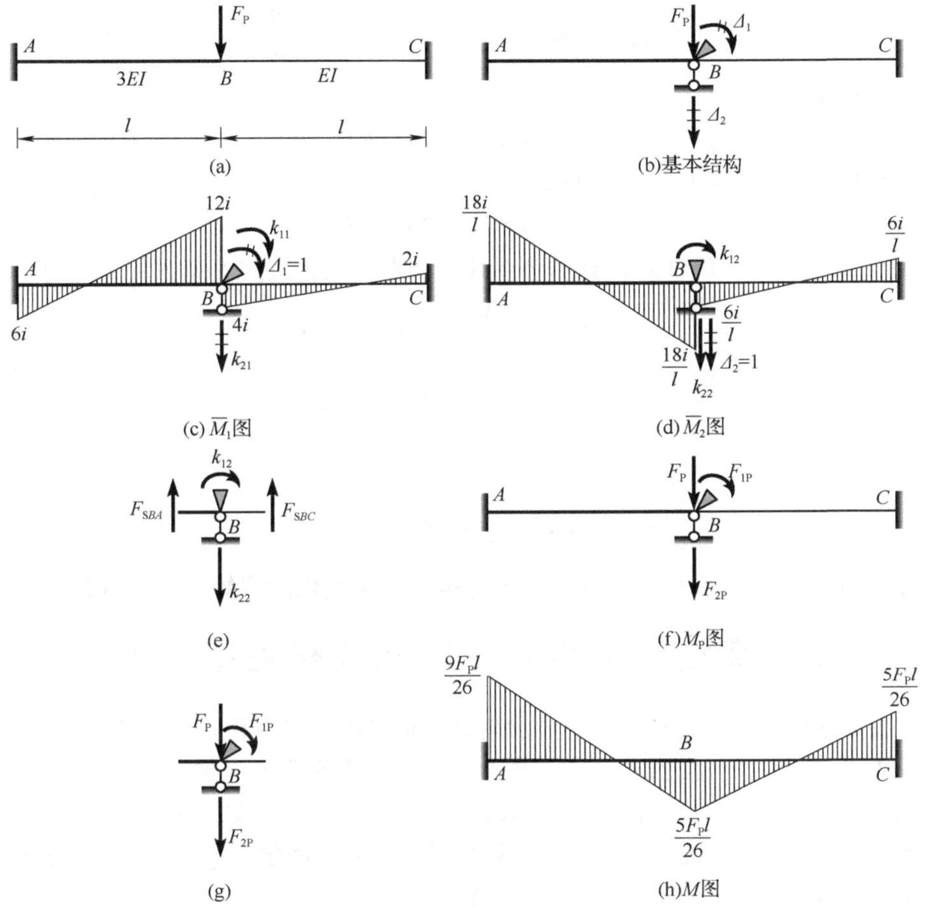

图 6-25

解： (1) 基本未知量为 Δ_1、Δ_2，基本结构见图 6-25(b)。

(2) 典型方程形式为

$$\left.\begin{aligned} k_{11}\Delta_1 + k_{12}\Delta_2 + F_{1P} = 0 \\ k_{21}\Delta_1 + k_{22}\Delta_2 + F_{2P} = 0 \end{aligned}\right\}$$

(3) 计算系数项和自由项。利用表 6-1 绘出基本结构上的单位弯矩图 $\overline{M}_1$、$\overline{M}_2$，利用表 6-2 绘出荷载弯矩图 M_P，分别如图 6-25(c)、(d)、(f) 所示。

根据这些图可得系数项和自由项如下。

令 $i = EI/l$，则 $i_{AB} = 3i$，$i_{BC} = i$。

根据图 6-25(c) 可得

$$\sum M_B = 0，\quad k_{11} = 16i$$

根据图 6-25(d) 可得

$$\sum M_B = 0，\ k_{12} = k_{21} = \frac{-12i}{l}$$

根据图 6-25(e)，由结点 B 平衡可得

$$F_{SBA} = \frac{36i}{l^2}，\ F_{SBC} = \frac{12i}{l^2}$$

$$\sum F_y = 0，\ k_{22} = F_{SBA} + F_{SBC} = \frac{48i}{l^2}$$

根据图 6-25(f)，可得

$$\sum M_B = 0，\ F_{1P} = 0$$

根据图 6-25(g)，由结点 B 平衡可得

$$\sum F_y = 0，\ F_{2P} = -F_P$$

(4)计算基本未知量，将计算得到的各系数项和自由项代入其典型方程中，得

$$\left.\begin{aligned} 16i\Delta_1 - \frac{12i}{l}\Delta_2 = 0 \\ -\frac{12i}{l}\Delta_1 + \frac{48i}{l^2}\Delta_2 - F_P = 0 \end{aligned}\right\}$$

解方程得

$$\Delta_1 = \frac{F_P l}{52i}，\ \Delta_2 = \frac{F_P l^2}{39i}$$

(5)绘制弯矩图，利用叠加法计算各杆端弯矩，整个结构的弯矩图如图 6-25(h)所示。

6.5　直接按平衡条件建立位移法基本方程

用位移法计算超静定刚架时，需要添加附加刚臂和链杆以取得基本结构，又由附加刚臂和链杆的总反力或总反力矩(相当于又取消刚臂和链杆)的条件建立位移法的基本方程(典型方程)，基本方程的实质是反映原结构的平衡条件。因此，也可以不通过基本结构，而直接由原结构的平衡条件来建立位移法的基本方程。现以图 6-26(a)所示的刚架为例来说明这一方法。

【例 6-5】　求作图 6-26(a)所示结构的弯矩图。

解：(1)基本未知量为 θ_A、θ_B、Δ。

(2)固端弯矩：查表 6-2 得

$$M_{AB}^F = -\frac{ql^2}{12} = -33.8\text{kN}\cdot\text{m}，\ M_{BA}^F = \frac{ql^2}{12} = 33.8\text{kN}\cdot\text{m}$$

$$M_{AC}^F = 0，\ M_{CA}^F = 0，\ M_{BD}^F = 0，\ M_{DB}^F = 0$$

各杆杆端弯矩为

$$M_{AB} = 4i_{AB}\theta_A + 2i_{AB}\theta_B + M_{AB}^F = 36\theta_A + 18\theta_B - 33.8$$

$$M_{BA} = 2i_{AB}\theta_A + 4i_{AB}\theta_B + M_{BA}^F = 18\theta_A + 36\theta_B + 33.8$$

$$M_{AC} = 4i_{AC}\theta_A - \frac{6i_{AC}}{l_{AC}}\Delta = 12\theta_A - 4.5\Delta，\ M_{CA} = 2i_{AC}\theta_A - \frac{6i_{AC}}{l_{AC}}\Delta = 6\theta_A - 4.5\Delta$$

$$M_{BD} = 4i_{BD}\theta_B - \frac{6i_{BD}}{l_{BD}}\Delta = 24\theta_B - 6\Delta，\ M_{DB} = 2i_{BD}\theta_B - \frac{6i_{BD}}{l_{BD}}\Delta = 12\theta_B - 6\Delta$$

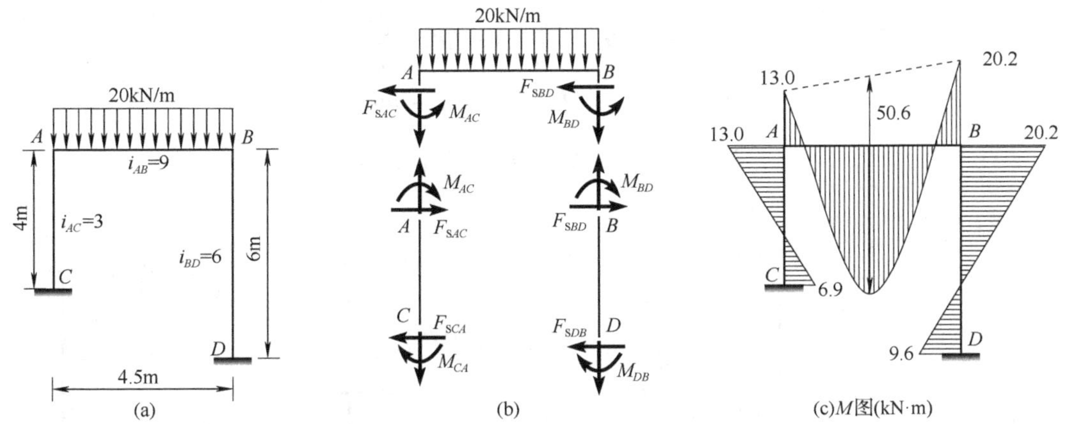

图 6-26

(3)转角位移方程。

结点 A 平衡：

$$\sum M_A = 0, \qquad M_{AC} + M_{AB} = 0$$

$$48\theta_A + 18\theta_B - 4.5\varDelta - 33.8 = 0 \tag{6-18a}$$

结点 B 平衡：

$$\sum M_B = 0, \qquad M_{BA} + M_{BD} = 0$$

$$18\theta_A + 60\theta_B - 6\varDelta + 33.8 = 0 \tag{6-18b}$$

横梁 AB 平衡(图 6-26(b))：

$$\sum F_x = 0, \qquad F_{SAC} + F_{SBD} = 0$$

$$F_{SAC} = -\frac{M_{AC} + M_{CA}}{l_{AC}} = -\frac{18\theta_A - 9\varDelta}{4}$$

$$F_{SBD} = -\frac{M_{BD} + M_{DB}}{l_{BD}} = -\frac{36\theta_B - 12\varDelta}{6}$$

$$-4.5\theta_A - 6\theta_B + 4.25\varDelta = 0 \tag{6-18c}$$

(4)求基本未知量，联立方程(6-18a)～方程(6-18c)，得

$$\left.\begin{aligned} 48\theta_A + 18\theta_B - 4.5\varDelta - 33.8 = 0 \\ 18\theta_A + 60\theta_B - 6\varDelta + 33.8 = 0 \\ -4.5\theta_A - 6\theta_B + 4.25\varDelta = 0 \end{aligned}\right\}$$

此方程与例 6-3 所建立的基本方程相同，由此可见两种方法的本质是一致的，只是在处理的手法上稍有差别。

一般情况下，当结构有 n 个基本未知量时，对应每一个结点转角都有一个相应的刚结点力矩平衡方程，对应于每一个独立的结点线位移都有一个相应的截面剪力平衡方程。因此，可建立 n 个方程，求解出 n 个结点位移。然后各杆端的杆端弯矩可由转角位移方程求出。

【例 6-6】 求作图 6-27(a)所示结构的弯矩图，各杆的 EI 均为常量。

解：(1)基本未知量为 θ_B、$\varDelta$。

(2)杆端弯矩。令 $i = \dfrac{EI}{a}$，则 $i_{BA} = i_{BC} = i_{CD} = i$，各杆杆端弯矩为

$$M_{BA} = 4i_{BA}\theta_B - \frac{6i_{BA}}{a}\varDelta = 4i\theta_B - \frac{6i}{a}\varDelta$$

$$M_{AB}=2i_{BA}\theta_B-\frac{6i_{BA}}{a}\Delta=2i\theta_B-\frac{6i}{a}\Delta$$

$$M_{CB}=0,\qquad M_{BC}=3i_{BC}\theta_B=3i\theta_B$$

$$M_{CD}=0,\qquad M_{DC}=-\frac{3i_{DC}}{a}(-\Delta)=\frac{3i}{a}\Delta$$

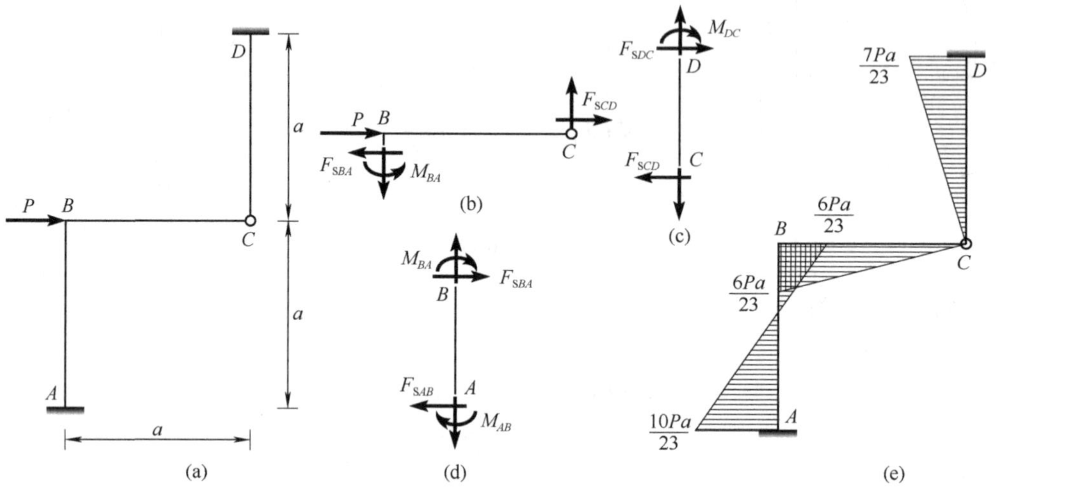

图 6-27

(3)转角位移方程。

结点 B 平衡：

$$\sum M_B=0,\quad M_{BA}+M_{BC}=0$$

$$7i\theta_B-\frac{6i}{a}\Delta=0 \tag{6-19a}$$

横梁 BC 平衡(图 6-27(b))：

$$\sum F_x=0,\qquad P-F_{SBA}+F_{SCD}=0$$

$$F_{SBA}=-\frac{M_{BA}+M_{AB}}{l_{AB}}=-\frac{6i\theta_B}{a}+\frac{12i}{a^2}\Delta$$

$$F_{SCD}=-\frac{M_{DC}}{l_{CD}}=-\frac{3i}{a^2}\Delta$$

$$P+\frac{6i\theta_B}{a}-\frac{15i}{a^2}\Delta=0 \tag{6-19b}$$

(4)求基本未知量，联立方程(6-19a)、方程(6-19b)，求解得

$$\theta_B=\frac{2Pa}{23i},\quad \Delta=\frac{7Pa^2}{69i}$$

(5)计算杆端弯矩。

将求得的位移代入上述各杆端弯矩公式，得

$$M_{BA}=-\frac{6Pa}{23},\quad M_{AB}=-\frac{10Pa}{23},\quad M_{CD}=0$$

$$M_{DC}=\frac{7Pa}{23},\quad M_{BC}=\frac{6Pa}{23},\quad M_{CB}=0$$

弯矩图如图 6-27(e)所示。

【例 6-7】　求作图 6-28(a)所示结构的弯矩图，各杆的 EI 均为常量。

解：(1)基本未知量为 θ_B、Δ。

(2)固端弯矩。查表 6-2 得

$$M_{BA}^{\mathrm{F}}=\frac{ql^2}{8}$$

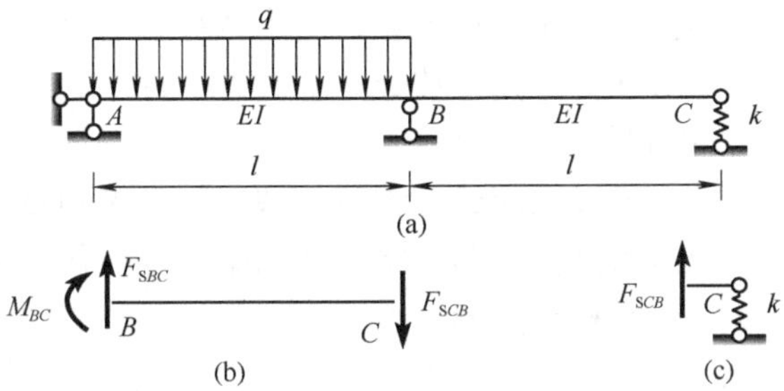

图 6-28

令 $i=\dfrac{EI}{l}$，则 $i_{BA}=i_{BC}=i$，各杆杆端弯矩为

$$M_{BA}=3i_{BA}\theta_B+M_{BA}^{\mathrm{F}}=3i\theta_B+\frac{ql^2}{8}，\quad M_{AB}=0$$

$$M_{BC}=3i_{BC}\theta_B-\frac{3i_{BC}}{l}\Delta=3i\theta_B-\frac{3i}{l}\Delta，\quad M_{CB}=0$$

(3)转角位移方程。

结点 B 平衡：

$$\sum M_B=0，\quad M_{BA}+M_{BC}=0$$

$$6i\theta_B-\frac{3i}{l}\Delta+\frac{ql^2}{8}=0 \tag{6-20a}$$

横梁 BC 平衡(图 6-28(b))：

$$F_{\mathrm{S}CB}=-\frac{M_{BC}}{l}=-\frac{3i\theta_B}{l}+\frac{3i\Delta}{l^2} \tag{6-20b}$$

支座 C 平衡(图 6-28(c))：

$$F_{\mathrm{S}CB}=-k\Delta \tag{6-20c}$$

由式(6-20b)及式(6-20c)可得

$$3i\theta_B-\left(\frac{3i}{l}+kl\right)\Delta=0 \tag{6-20d}$$

(4)求基本未知量，联立方程(6-20a)和方程(6-20d)，求解得

$$\theta_B=-\frac{\dfrac{3i}{l}+kl}{3i\left(\dfrac{3i}{l}+2kl\right)}\cdot\frac{ql^2}{8}，\quad \Delta=-\frac{1}{\dfrac{3i}{l}+2kl}\cdot\frac{ql^2}{8}$$

(5)计算杆端弯矩。

将求得的位移代入上述各杆端弯矩公式，得

$$M_{BA}=\frac{kl}{\dfrac{3i}{l}+2kl}\cdot\frac{ql^2}{8}，\quad M_{BC}=-\frac{kl}{\dfrac{3i}{l}+2kl}\cdot\frac{ql^2}{8}$$

弯矩图如图 6-29(a)所示。

(6)讨论：当 $k=0$ 时，$M_{BA}=M_{BC}=0$，该结构相当于外伸梁，弯矩图如图 6-29(b)所示；当 $k=\infty$ 时，$M_{BA}=-M_{BC}=ql^2/16$，弹簧支座等效为滚轴支座，该结构相当于两跨超静定梁，弯矩图如图 6-29(c)所示。

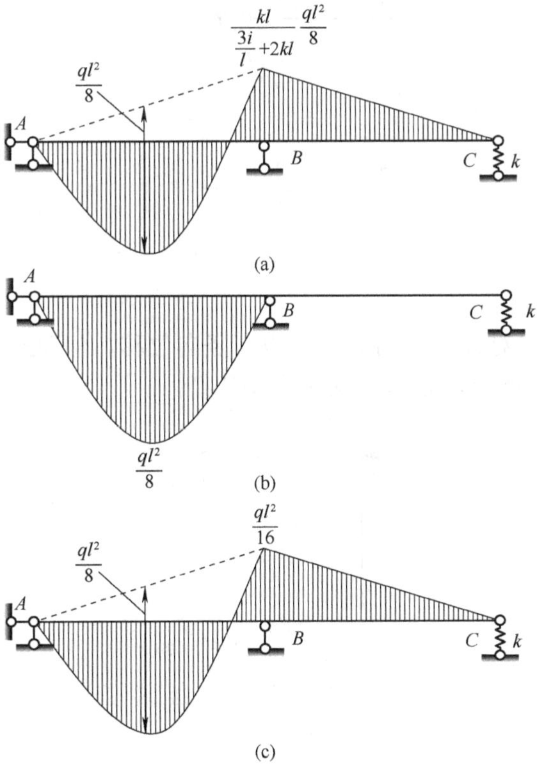

图 6-29

利用等截面直杆转角位移方程求解超静定结构的步骤如下。

(1)确定基本未知量与基本结构。

(2)由转角位移方程，写出各杆端力表达式。

(3)在结点角位移处，建立结点的力矩平衡方程，在结点线位移处，建立截面的剪力平衡方程，得到位移法方程。

(4)通过求解该方程组，解出基本未知量。

(5)绘制内力图，将已知的结点位移代入各杆端力表达式，得到杆端力。

(6)校核内力图。

6.6　对称性的利用

对称的连续梁和刚架在工程中应用很多。作用在对称结构上的任意荷载，可以分解为对称荷载和反对称荷载两部分分别计算。在对称荷载作用下，变形是对称的，因而弯矩图和轴力图是对称的，而剪力图是反对称的。在反对称荷载作用下，变形是反对称的，因而弯矩图和轴力图是反对称的，而剪力图是对称的。利用这些规则，计算对称结构时，只需选取半边结构进行计算。

1. 奇数跨对称结构

1)对称荷载

图 6-30(a)所示对称结构在对称荷载作用下，对称轴上的截面 C 没有转角和水平位移，但可有竖向位移。计算中所取半边结构如图 6-30(b)所示，C 端用滑动支承端代替。

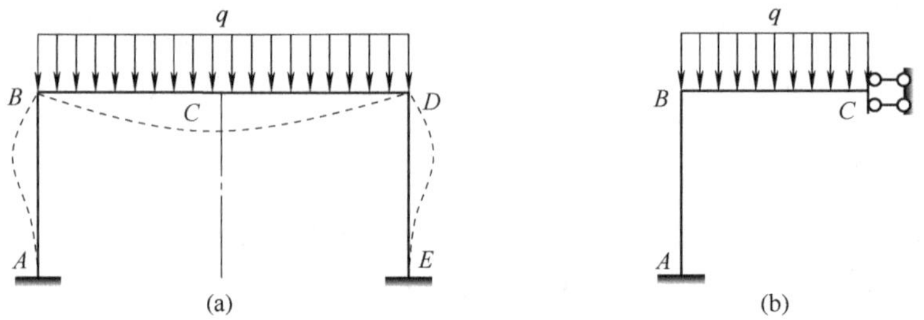

图 6-30

2)反对称荷载

图 6-31(a)所示对称结构在反对称荷载作用下，对称轴上的截面 C 没有竖向位移，但可有水平位移和转角。计算中所取半边结构如图 6-31(b)所示，C 端用滚轴支座代替。

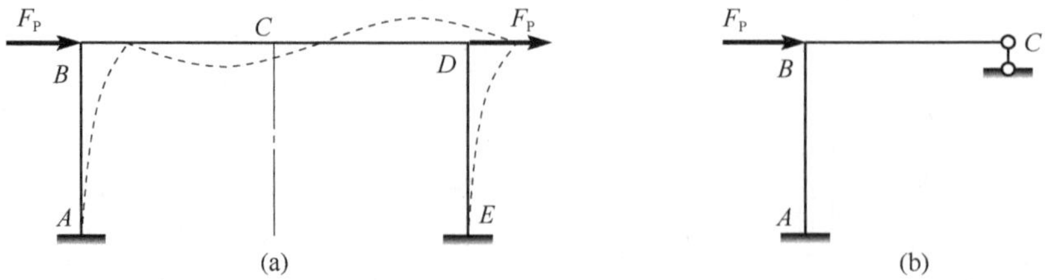

图 6-31

2. 偶数跨对称结构

1)对称荷载

图 6-32(a)所示对称结构在对称荷载作用下，对称轴上的截面 C 没有转角和水平位移，立

柱 CD 没有弯矩和剪力，只受轴力。因而忽略杆 CD 的轴向变形，故计算中所取半边结构如图 6-32(b)所示，C 端用固定支座代替。

2)反对称荷载

图 6-33(a)所示对称结构在反对称荷载作用下，在对称轴上，立柱 CD 没有竖向位移，但有弯曲和剪切变形。可将中间的立柱分成两根分柱，分柱的抗弯刚度为原柱的一半，这样的问题就转化为奇数跨问题，如图 6-33(b)所示，其中在两根分柱之间增加一跨，但其跨度为零。半边结构如图 6-33(c)所示。因为忽略轴向变形的影响，C 处的竖向支杆可取消，半边结构也可按图 6-33(d)选取。中间柱 CD 的总内力为两根分柱内力之和。由于两根分柱的弯矩、剪力相同，故总弯矩和总剪力为分柱弯矩和剪力的 2 倍。又由于两根分柱的轴力绝对值相同而正负号相反，故总轴力为零。

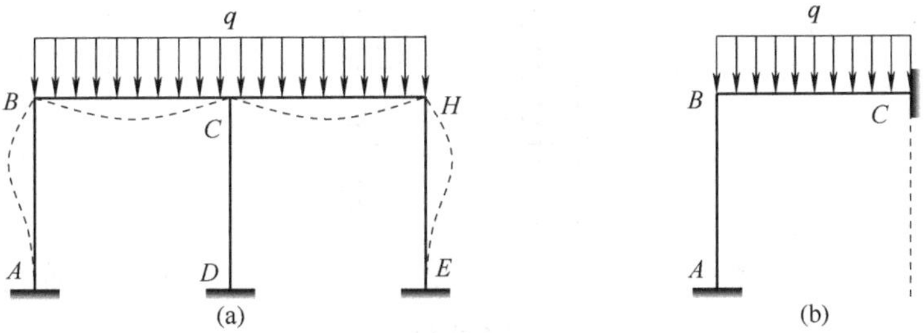

图 6-32

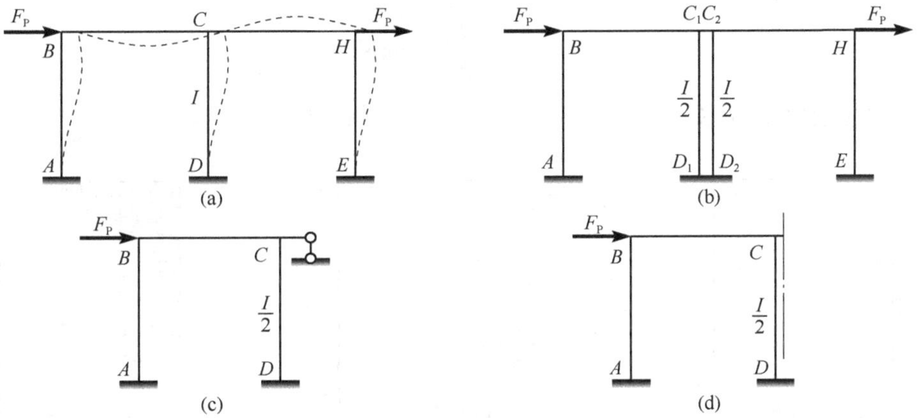

图 6-33

【例 6-8】 求作图 6-34(a)所示结构的弯矩图。

解：(1)首先将原对称结构上的荷载分解为反对称荷载和对称荷载两部分，分别如图 6-34(b)、(c)所示。

(2)分析反对称荷载部分，其半边结构如图 6-35(a)所示，由于是一次超静定问题，采用力法较简便，分别作 $\overline{M}$、M_P 图，如图 6-35(c)、(d)所示。

基本方程为

$$\delta_{11}X_1+\Delta_{1P}=0$$

由 $\overline{M}$ 图(图 6-35(c))可得

$$\delta_{11}=\frac{1}{EI}\left(\frac{4^3}{3}+4^3\right)=\frac{256}{3EI}$$

由 M_{P} 图(图 6-35(d))可得

$$\Delta_{1\mathrm{P}}=-\frac{96\times4}{3EI}\times4=-\frac{512}{EI}$$

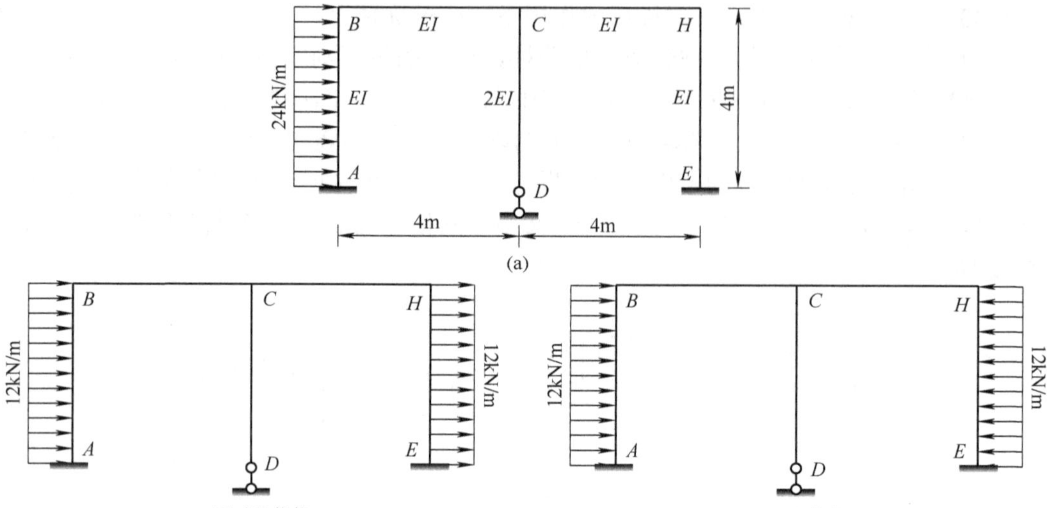

(a)　(b)反对称荷载　(c)对称荷载

图 6-34

代入基本方程，可得

$$X_1=-\frac{\Delta_{1\mathrm{P}}}{\delta_{11}}=6\mathrm{kN}$$

利用叠加法绘出反对称荷载作用下的弯矩图，如图 6-35(e)所示。

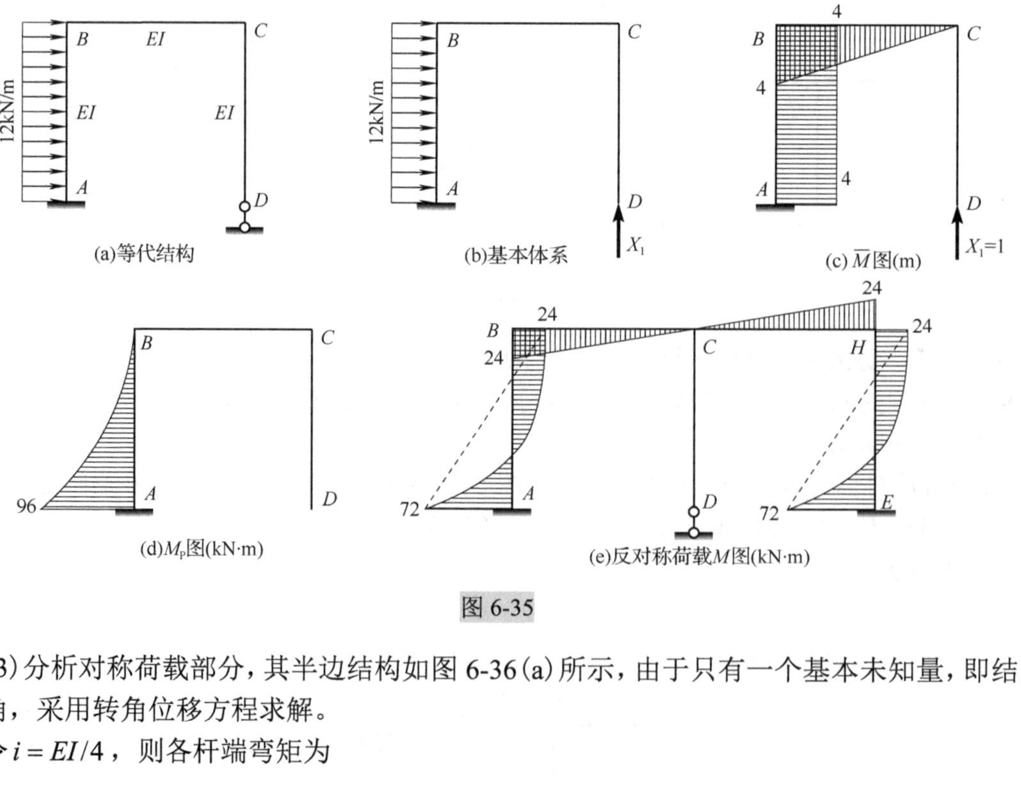

(a)等代结构　(b)基本体系　(c) $\overline{M}$ 图(m)

(d) M_{P} 图(kN·m)　(e)反对称荷载 M 图(kN·m)

图 6-35

(3)分析对称荷载部分，其半边结构如图 6-36(a)所示，由于只有一个基本未知量，即结点 B 的转角，采用转角位移方程求解。

令 $i=EI/4$，则各杆端弯矩为

$$M_{AB}=2i\theta_B-16\text{，}\quad M_{BA}=4i\theta_B+16\text{，}\quad M_{BC}=4i\theta_B\text{，}\quad M_{CB}=2i\theta_B$$

由结点 B 平衡，$\sum M_B=M_{BA}+M_{BC}=0$，有

$$8i\theta_B+16=0$$

解得：$\theta_B=-2/i$。

回代得各杆端弯矩值：

$$M_{AB}=-20\text{kN}\cdot\text{m}\text{，}\quad M_{BA}=8\text{kN}\cdot\text{m}\text{，}\quad M_{BC}=-8\text{kN}\cdot\text{m}\text{，}\quad M_{CB}=-4\text{kN}\cdot\text{m}$$

从而得对称荷载作用下的弯矩图，如图 6-36(b)所示。

(4)将图 6-35(e)和图 6-36(b)叠加即得到原结构的弯矩图，如图 6-36(c)所示。

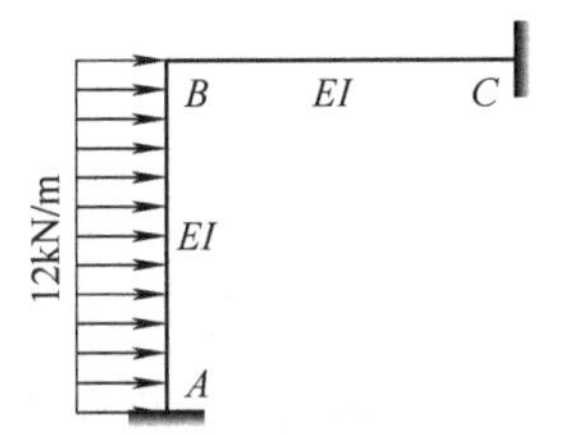

(a)等代结构

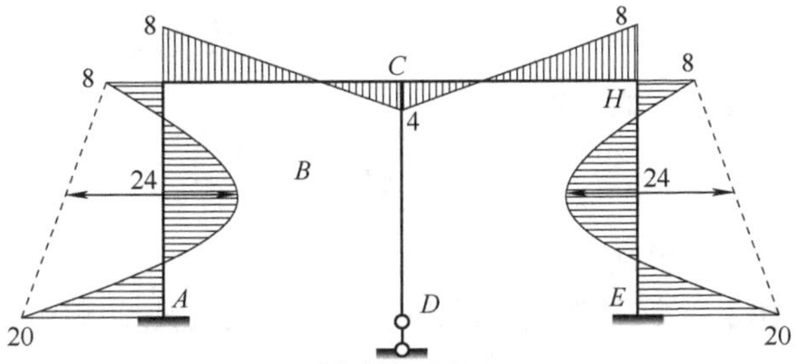

(b)对称荷载M图(kN·m)

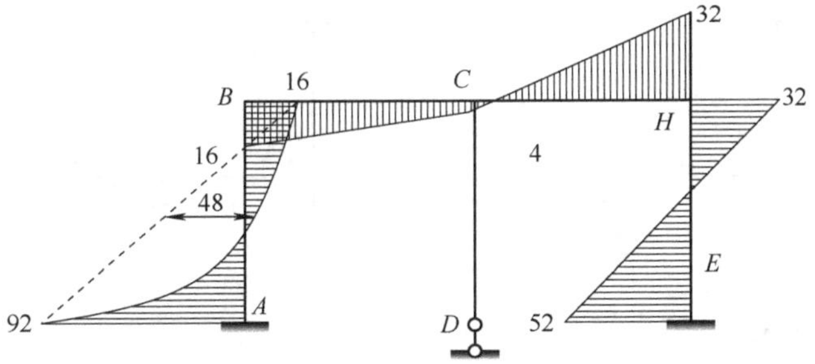

(c)原荷载M图(kN·m)

图 6-36

6.7 支座位移和温度变化时的位移法分析

6.7.1 支座位移时的计算

超静定结构当支座产生已知的位移(移动或转动)时，结构中一般会引起内力。用位移法计算时，基本未知量和基本方程以及分析步骤与载荷作用时一样，不同的只有固端力一项，即需要考虑由支座位移产生的固端弯矩，只影响位移法基本方程中自由项的计算。具体过程通过下面的例题说明。

【例 6-9】 试作图 6-37(a)所示连续梁支座 C 下沉 $\varDelta_C$ 时的弯矩图。设两杆的 i 相等。

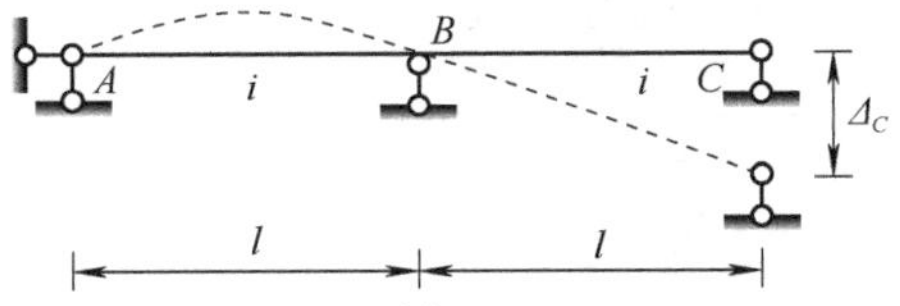

(a)

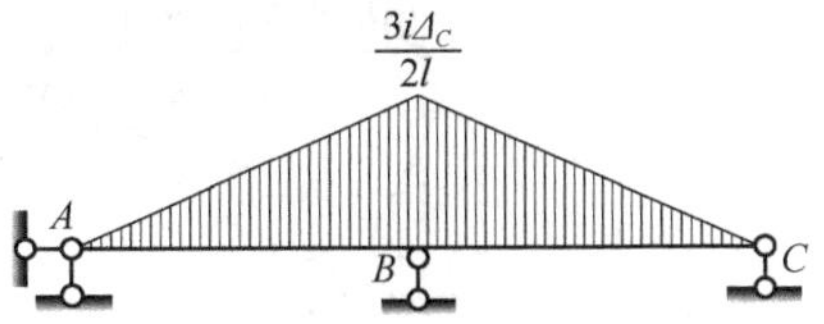

(b)

图 6-37

解：(1)基本未知量为 θ_B。

(2)杆端弯矩：

$$M_{BA}=3i\theta_B, \quad M_{BC}=3i\theta_B-3i\frac{\Delta_C}{l}$$

其中支座下沉 Δ_C 在 BC 杆中引起的固端弯矩 M_{BC}^{F} 为 $-3i\Delta_C/l$。

(3)位移法基本方程：

$$\sum M_B=M_{BA}+M_{BC}=0, \quad 3i\theta_B+3i\theta_B-3i\frac{\Delta_C}{l}=0$$

解方程得

$$\theta_B=\frac{\Delta_C}{2l}$$

(4)杆端弯矩和弯矩图：

$$M_{BA}=\frac{3i\Delta_C}{2l}, \quad M_{BC}=-\frac{3i\Delta_C}{2l}$$

弯矩图如图 6-37(b)所示。

【例 6-10】 已知图 6-38(a)所示刚架的支座 A 顺时针转动了 0.01 rad；支座 B 向下沉陷 $0.02l$，试用位移法绘制弯矩图。

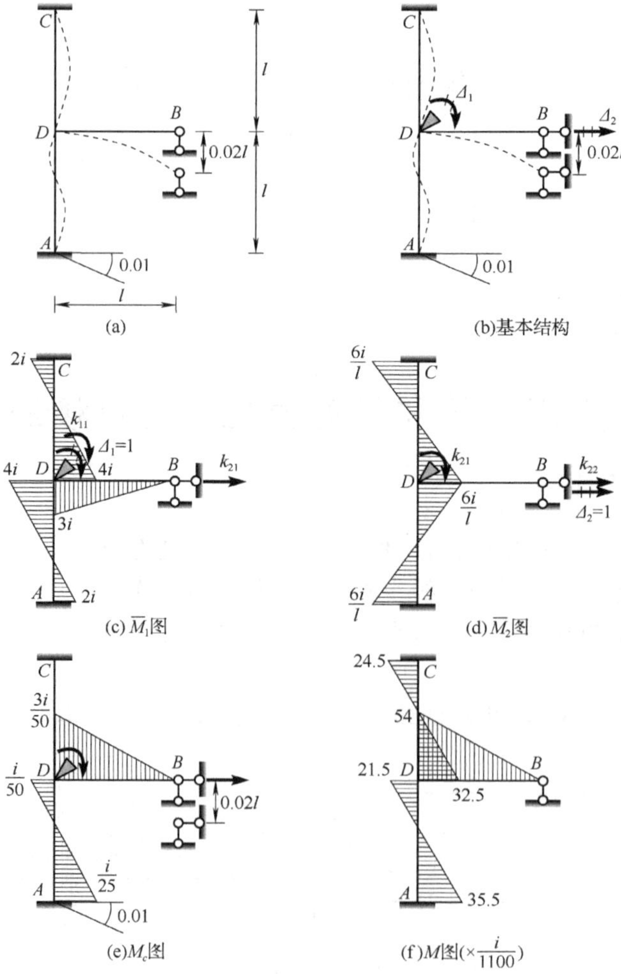

图 6-38

解：(1) 此结构在结点 D 上有角位移 Δ_1 和水平位移 Δ_2，基本结构如图 6-38(b) 所示。

(2) 位移法的典型方程为

$$\left.\begin{aligned}k_{11}\Delta_1+k_{12}\Delta_2+F_{1Rc}=0\\k_{21}\Delta_1+k_{22}\Delta_2+F_{2Rc}=0\end{aligned}\right\}$$

式中，F_{1Rc}、F_{2Rc} 分别表示基本结构在支座位移作用下在附加约束中产生的约束力。

(3) 计算系数项和自由项。根据图 6-38(c)，在 $\Delta_1=1$ 作用下的 $\overline{M}_1$ 图，可得

$$k_{11}=11i$$

根据图 6-38(d)，在 $\Delta_2=1$ 作用下的 $\overline{M}_2$ 图，可得

$$k_{12}=k_{21}=0,\quad k_{22}=\frac{24i}{l^2}$$

在基本结构中，在支座位移作用下各杆端产生的固端弯矩值为

$$M_{DB}^{\mathrm{F}}=-\frac{3i}{50},\quad M_{DA}^{\mathrm{F}}=\frac{i}{50},\quad M_{AD}^{\mathrm{F}}=\frac{i}{25}$$

将上述结果绘于基本结构上，称为 M_c 图，如图 6-38(e) 所示，由此可得

$$F_{1Rc}=-\frac{i}{25},\quad F_{2Rc}=-\frac{3i}{50l}$$

(4) 将以上结果代入典型方程中，解方程得

$$\Delta_1=\frac{1}{275},\quad \Delta_2=\frac{l}{400}$$

(5) 根据叠加原理 $M=\overline{M}_1\Delta_1+\overline{M}_2\Delta_2+M_c$，求出各杆端的最后弯矩值，并绘出弯矩图，如图 6-38(f) 所示。

6.7.2　温度变化时的计算

温度变化时的计算与支座位移时的计算基本相同，不同的仍是固端力计算。需要注意的是：除杆件内外温差使杆件弯曲，因而产生一部分固端弯矩外；温度变化时的杆件轴向变形也不能忽略，因为这种轴向变形会使结点产生位移，使杆件两端产生相对横向位移，从而又产生一部分固端弯矩。具体计算通过下面的例题说明。

【例 6-11】　试求图 6-39 所示排架由温度均匀升高 t 所产生的弯矩。各横梁尺寸相同，各立柱截面也相同，温度线膨胀系数为 α。

解：图 6-39(a) 为奇数跨情况，图 6-39(b) 为偶数跨情况。由于排架是对称的，荷载(温度变化也是一种广义荷载) 也是对称的，所以对称轴上的 C 点没有转角和水平位移。温度升高 t 时的变形曲线如图 6-39 中的虚线所示。立柱伸长时，由于不受约束，故不产生内力。横梁伸长时，使立柱各顶点产生的水平位移为

$$\Delta=\alpha tL$$

式中，L 为结点到对称轴的距离。

根据结点位移，则柱底弯矩如下：

$$M=-\frac{3i\Delta}{h}=-\frac{3i\alpha tL}{h}$$

弯矩图在图 6-39 中的右半部分画出。计算结果表明排架越长，温度变化产生的内力也越大。所以当结构长度过大时，应设置温度缝，将结构分开，以减小温度内力。

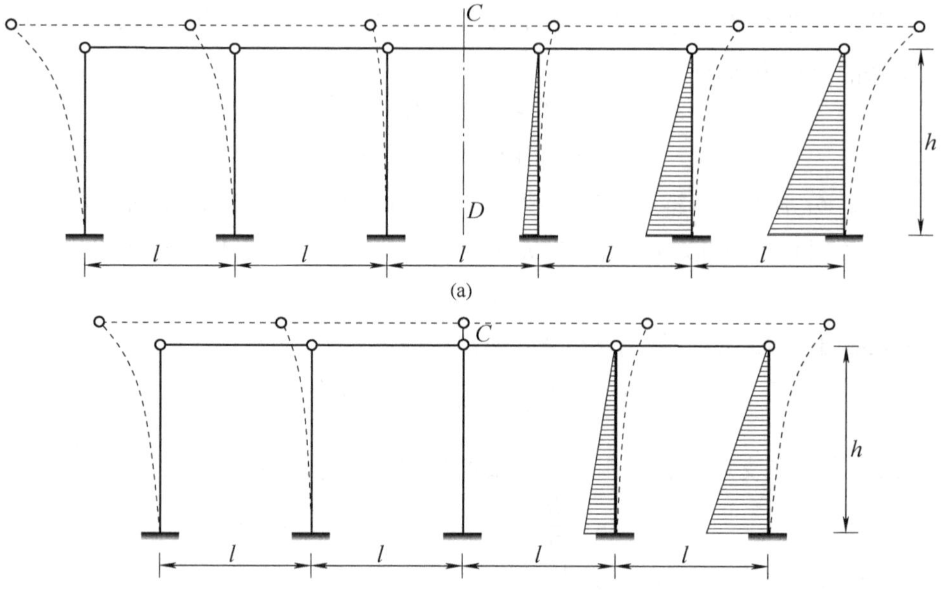

图 6-39

【例 6-12】 试求图 6-40(a)所示刚架由于温度变化所产生的弯矩。图中所标为温度变化值，各杆截面尺寸相同。

解：(1)原有结构有 3 个结点角位移和 1 个独立的结点线位移。由于是对称结构，温度也是对称分布的，因此取半边结构，如图 6-40(b)所示，其中只有一个基本未知量 θ_B。由于要考虑轴向变形的影响，所以在半边结构图 6-40(b)中 CD 杆仍要画出。

(2)为求固端弯矩，可将温度变化分为两部分：轴线平均温度变化 t_0，如图 6-40(c)所示；杆两侧温差变化 Δt，如图 6-40(d)所示。杆轴线平均温度变化引起杆长变化如下。

柱 AB 缩短：　　$\alpha t_0 H = 40\alpha$

柱 CD 伸长：　　$\alpha t_0 H = 40\alpha$

梁 BC 缩短：　　$\alpha t_0 l = 60\alpha$

这些长度变化使各杆端结点产生的相对线位移为

$$\varDelta_{AB} = 60\alpha \text{，} \quad \varDelta_{BC} = -(40\alpha + 40\alpha) = -80\alpha$$

上述位移使杆端产生的固端弯矩为

$$\left.\begin{aligned} M_{AB1}^{\mathrm{F}} = M_{BA1}^{\mathrm{F}} = -\frac{6i}{H}\varDelta_{AB} = -\frac{6EI}{4^2}\times 60\alpha = -22.5\alpha EI \\ M_{BC1}^{\mathrm{F}} = M_{CB1}^{\mathrm{F}} = -\frac{6i}{H}\varDelta_{BC} = -\frac{6EI}{6^2}\times(-80\alpha) = 13.3\alpha EI \end{aligned}\right\} \tag{6-21a}$$

杆件两侧的温度差 Δt 使杆端产生的固端弯矩为

$$\left.\begin{aligned} -M_{AB2}^{\mathrm{F}} = M_{BA2}^{\mathrm{F}} = \frac{EI\alpha\Delta t}{h} = \frac{40\alpha EI}{0.6} = 66.7\alpha EI \\ -M_{BC2}^{\mathrm{F}} = M_{CB2}^{\mathrm{F}} = \frac{EI\alpha\Delta t}{h} = \frac{40\alpha EI}{0.6} = 66.7\alpha EI \end{aligned}\right\} \tag{6-21b}$$

最后的固端弯矩等于式(6-21a)、式(6-21b)之和，即

$$\left.\begin{aligned}M_{AB}^{\mathrm{F}}&=M_{AB1}^{\mathrm{F}}+M_{AB2}^{\mathrm{F}}=-22.5\alpha EI-66.7\alpha EI=-89.2\alpha EI\\M_{BA}^{\mathrm{F}}&=M_{BA1}^{\mathrm{F}}+M_{BA2}^{\mathrm{F}}=-22.5\alpha EI+66.7\alpha EI=44.2\alpha EI\\M_{BC}^{\mathrm{F}}&=M_{BC1}^{\mathrm{F}}+M_{BC2}^{\mathrm{F}}=13.3\alpha EI-66.7\alpha EI=-53.4\alpha EI\\M_{CB}^{\mathrm{F}}&=M_{CB1}^{\mathrm{F}}+M_{CB2}^{\mathrm{F}}=13.3\alpha EI+66.7\alpha EI=80.0\alpha EI\end{aligned}\right\}\tag{6-21c}$$

杆端弯矩为

$$\left.\begin{aligned}M_{AB}&=2i_{AB}\theta_B+M_{AB}^{\mathrm{F}}=0.5EI\theta_B-89.2\alpha EI\\M_{BA}&=4i_{AB}\theta_B+M_{BA}^{\mathrm{F}}=1.0EI\theta_B+44.2\alpha EI\\M_{BC}&=4i_{BC}\theta_B+M_{BC}^{\mathrm{F}}=0.67EI\theta_B-53.4\alpha EI\\M_{CB}&=2i_{BC}\theta_B+M_{CB}^{\mathrm{F}}=0.33EI\theta_B+80.0\alpha EI\end{aligned}\right\}\tag{6-21d}$$

(3)基本方程为

$$\sum M_B=M_{BA}+M_{BC}=0\text{，}\quad 1.67EI\theta_B-9.2\alpha EI=0$$

解方程得

$$\theta_B=5.5\alpha$$

回代式(6-21d)，得杆端弯矩为

$$M_{AB}=-86.5\alpha EI\text{，}\quad M_{BA}=49.7\alpha EI\text{，}\quad M_{BC}=-49.7\alpha EI\text{，}\quad M_{CB}=81.8\alpha EI$$

弯矩图如图 6-40(e)所示。

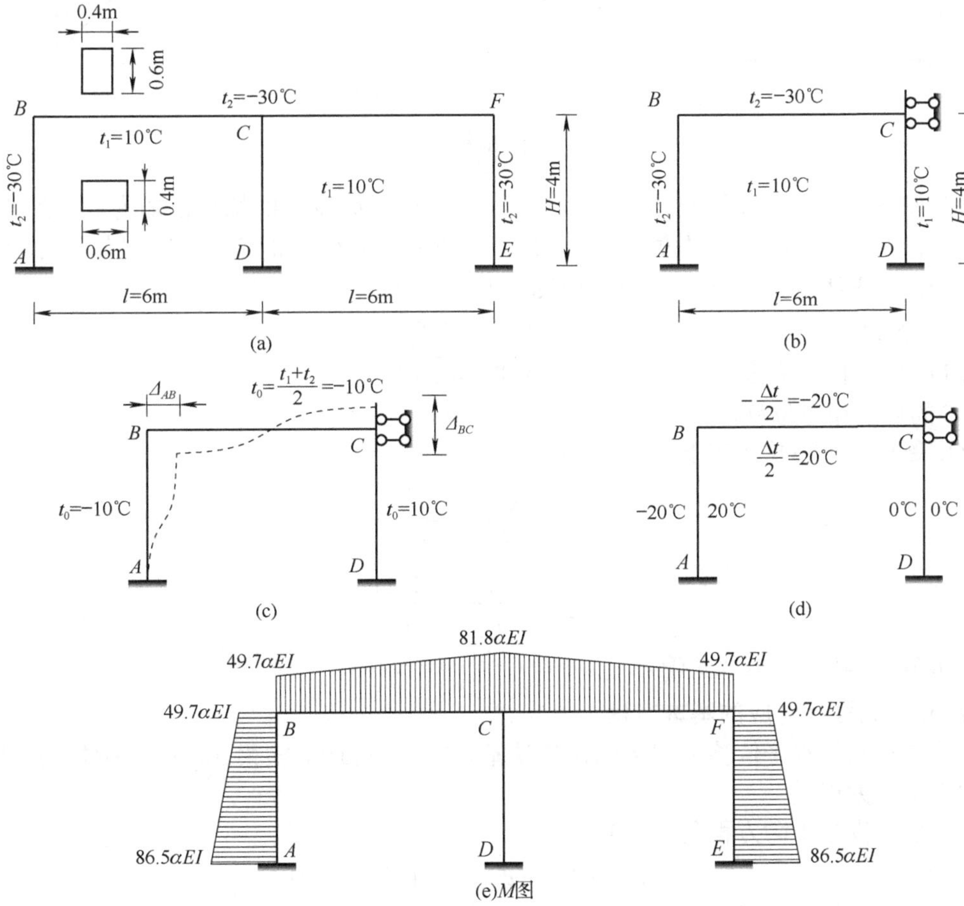

图 6-40

6.8　斜杆刚架的计算

本节讨论斜杆刚架的计算问题，对于无侧移的情况，计算方法与无斜杆的刚架基本相同，因此本节只讨论有侧移的情况。有侧移的斜杆刚架的计算问题主要有两个困难：一是选定了位移基本未知量后，如何确定各杆的杆端相对位移和弦转角；二是如何建立与侧移 Δ 相应的平衡方程。前者可以通过位移图进行解决。

下面重点介绍有侧移的斜杆刚架计算中的两个难点。

1．确定侧移时各杆的杆端相对位移和弦转角

图 6-41(a)为一有侧移的斜杆刚架。取结点 B 的转角 θ_B 和横梁的水平位移 Δ 作为基本未知量。

现在根据横梁的水平位移 Δ，求各杆的杆端相对位移和弦转角。为此，在结点 A 和 B 处加铰，把刚架变成铰结体系，并令横梁产生水平位移 Δ，如图 6-41(b)所示。这里结点 A 和 C 的位移已知，结点 B 的位移向量可利用位移图来求得。

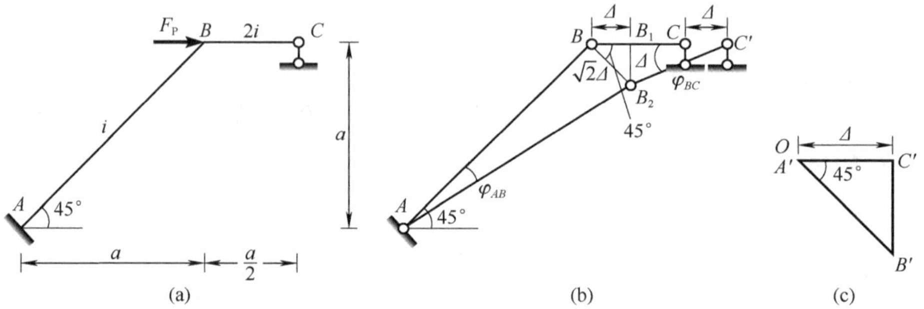

图 6-41

位移图如图 6-41(c)所示，先取一点 O 作为极点。由于结点 A 的位移已知为零，故 A' 点与 O 点重合。由于结点 C 已知有水平位移 Δ，因此可在图中标出 C' 点的位置。从 A' 作杆 AB 的垂线，再由 C' 作 BC 的垂线，其交点即 B' 点。由图 6-41(c)可知：

结点 B 的总位移，　　　　$OB=\sqrt{2}\Delta$

杆 AB 的杆端相对位移，　　$A'B'=\sqrt{2}\Delta$

杆 BC 的杆端相对位移，　　$B'C'=\Delta$

由此可求出各杆的弦转角 φ 如下：

$$\left.\begin{aligned}\varphi_{AB}&=\frac{\sqrt{2}\Delta}{l_{AB}}=\frac{\Delta}{a}\\ \varphi_{BC}&=-\frac{\Delta}{l_{BC}}=-\frac{2\Delta}{a}\end{aligned}\right\}\tag{6-22a}$$

由于 φ_{BC} 为逆时针转向，故取负值。

2．建立与侧移 Δ 对应的基本方程

为了建立与横梁水平位移 Δ 对应的位移法基本方程，可选取横梁 BC 为隔离体，如图 6-42(a)所示，列出平衡方程。

如果列水平投影平衡方程 $\sum F_x=0$，则

$$F_{SBA}\cos 45^\circ+F_{NBA}\cos 45^\circ-F_P=0$$

式中，F_{SBA} 和 F_{NBA} 都要用基本未知量来表示，比较麻烦。

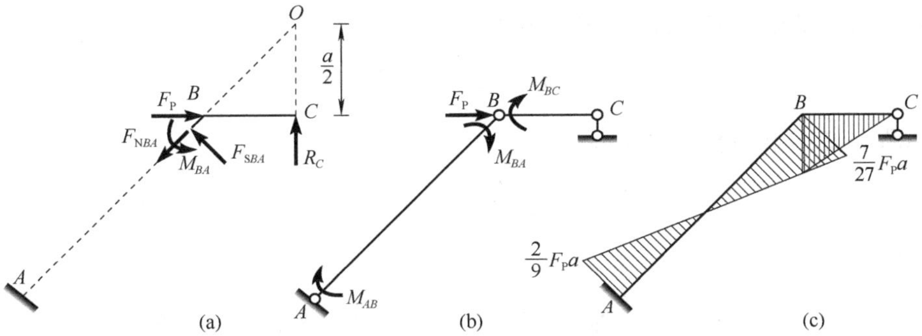

图 6-42

如果列力矩平衡，并选用图 6-42(a)中的 O 点为矩心，则

$$\frac{\sqrt{2}}{2}F_{SBA}a-\frac{a}{2}F_P-M_{BA}=0$$

由于 $F_{SBA}=-\frac{1}{\sqrt{2}a}(M_{AB}+M_{BA})$，因此可得

$$M_{AB}+3M_{BA}+F_Pa=0 \tag{6-22b}$$

此外，位移法基本方程也可利用虚功原理来建立。为此，在图 6-42(b)中，在 A 和 B 处加铰，把杆端弯矩作为主动力，把刚架变成具有一个自由度的铰结体系。在荷载 F_P 和杆端弯矩共同作用下，此铰结体系处于平衡状态。令此平衡体系在图 6-42(b)所示的刚体体系位移上做虚功，其中除荷载 F_P 做功外，各杆的杆端弯矩还在本杆的弦转角 φ 上做功，虚功方程为

$$(M_{AB}+M_{BA})\varphi_{AB}+M_{BC}\varphi_{BC}+F_P\varDelta=0 \tag{6-22c}$$

将式(6-22a)代入式(6-22c)，可得

$$(M_{AB}+M_{BA})\frac{\varDelta}{a}+M_{BC}\left(-\frac{2\varDelta}{a}\right)+F_P\varDelta=0$$

整理后得

$$M_{AB}+M_{BA}-2M_{BC}+F_Pa=0 \tag{6-22d}$$

式(6-22d)就是利用虚功方程建立起来的与侧移 $\varDelta$ 对应的位移法基本方程。由于 $M_{BC}=-M_{BA}$，可以看出方程(6-22d)与前面由力矩平衡条件导出的方程(6-22b)实际上完全一致。

上面两个问题解决之后，其余做法可按通常步骤进行如下。

先写出各杆的杆端弯矩：

$$\left.\begin{aligned}M_{AB}&=2i\theta_B-6i\varphi_{AB}=2i\theta_B-6i\frac{\varDelta}{a}\\M_{BA}&=4i\theta_B-6i\varphi_{AB}=4i\theta_B-6i\frac{\varDelta}{a}\\M_{BC}&=6i\theta_B-6i\varphi_{BC}=6i\theta_B+12i\frac{\varDelta}{a}\end{aligned}\right\} \tag{6-22e}$$

然后建立基本方程，第一个方程是 $\sum M_B=0$，即

$$M_{BA}+M_{BC}=0$$

将式(6-22e)代入上式得

$$10i\theta_B+6i\frac{\varDelta}{a}=0 \tag{6-22f}$$

第二个方程为式(6-22d)，将式(6-22e)代入后得

$$-6i\theta_B - 36i\frac{\varDelta}{a} + F_{\mathrm{P}}a = 0 \tag{6-22g}$$

联立求解方程(6-22f)和方程(6-22g)，得

$$\theta_B = -\frac{1}{54}\cdot\frac{F_{\mathrm{P}}a}{i},\quad \varDelta = \frac{5}{162}\cdot\frac{F_{\mathrm{P}}a^2}{i}$$

代入式(6-22e)，得

$$M_{AB} = -\frac{2}{9}F_{\mathrm{P}}a,\quad M_{BA} = -\frac{7}{27}F_{\mathrm{P}}a,\quad M_{BC} = \frac{7}{27}F_{\mathrm{P}}a$$

弯矩图如图 6-42(c)所示。

对图 6-41(a)采用位移法典型方程求解，其解题过程如下。

基本未知量为 $\varDelta_1$ 和 $\varDelta_2$，基本结构如图 6-43(a)所示。

典型方程的形式为

$$\left.\begin{aligned} k_{11}\varDelta_1 + k_{12}\varDelta_2 + F_{1\mathrm{P}} = 0 \\ k_{21}\varDelta_1 + k_{22}\varDelta_2 + F_{2\mathrm{P}} = 0 \end{aligned}\right\}$$

作 $\overline{M}_1$、$\overline{M}_2$ 以及 M_{P} 图，分别如图 6-43(b)、(c)、(e)所示，计算各系数项和自由项。根据 $\overline{M}_1$ 图，由 $\sum M_B = 0$ 可得，$k_{11} = 10i$。

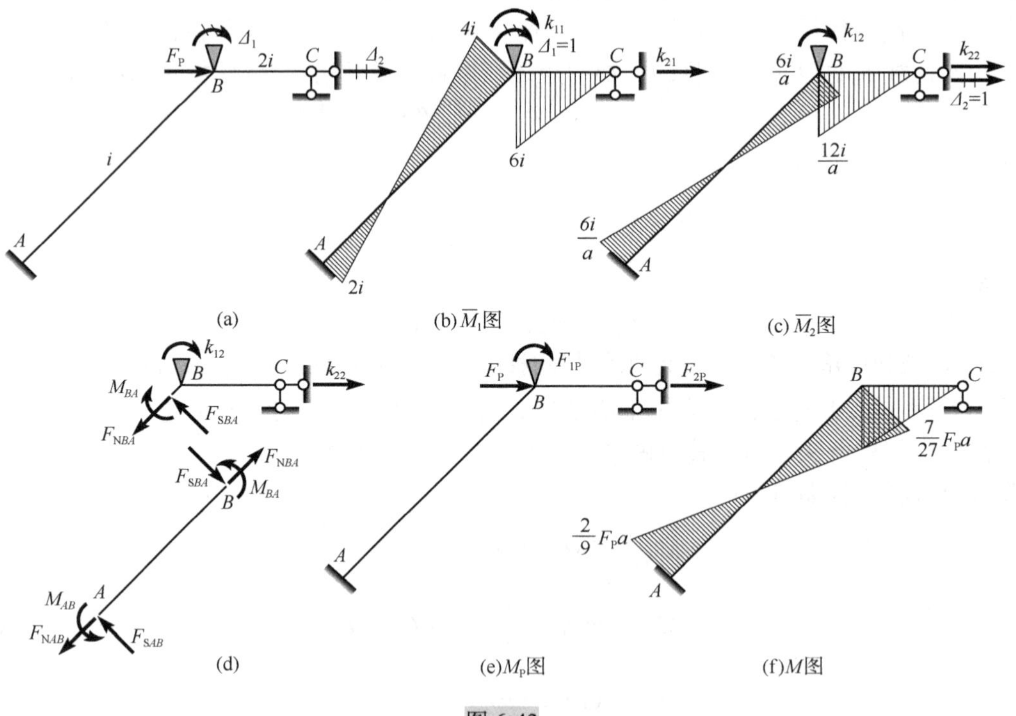

图 6-43

根据 $\overline{M}_2$ 图，由 $\sum M_B = 0$ 可得

$$k_{12} = k_{21} = \frac{6i}{a}$$

根据图 6-43(d)，由斜杆 AB 平衡，$\sum M_A = 0$，可得

$$F_{SBA}=\frac{M_{BA}+M_{AB}}{l_{AB}}=\frac{12i}{\sqrt{2}a}$$

根据图 6-43(d)，由横梁 BC 平衡，$\sum M_C=0$，可得

$$F_{NBA}=\frac{20\sqrt{2}i}{a^2}$$

列横梁 BC 水平方向的投影方程 $\sum F_x=0$，可得

$$k_{22}=\frac{36i}{a^2}$$

根据 M_P 图，由结点 B 平衡，$\sum M_B=0$ 可得，$F_{1P}=0$。

由横梁 BC 平衡，$\sum F_x=0$，可得，$F_{2P}=-F_P$。

将计算得到的各系数项和自由项代入其典型方程中，可得

$$\varDelta_1=-\frac{1}{54}\cdot\frac{F_P a}{i},\quad \varDelta_2=\frac{5}{162}\cdot\frac{F_P a^2}{i}$$

与转角位移方程求解的结果相同，利用叠加原理 $M=\overline{M}_1\varDelta_1+\overline{M}_2\varDelta_2+M_P$，绘制弯矩图 M，如图 6-43(f)所示，与图 6-42(c)相同。

本例题在求解时应注意以下三点。

(1)由于刚架具有斜杆，水平杆 BC 不仅发生平动，还有转动，故 BC 杆两端有相对线位移。

(2)计算 k_{22} 时，由于斜杆 AB 剪力与轴力都是倾斜的，故在建立平衡方程时，两者都要考虑。

(3)计算 F_{NBA} 时，对 C 点取矩，不要漏掉刚臂上的力矩，因为只有加上该力矩，所取隔离体才可以保持平衡。

【例 6-13】 求图 6-44(a)所示刚架的弯矩图。

解： 由于结构和荷载都对称，因此可按图 6-44(b)选取半结构。

(1)基本未知量和各杆杆端相对位移。选取 B 点水平位移 $\varDelta$ 作为基本未知量，如图 6-44(c)所示。为了求各杆的杆端相对位移，在图 6-44(d)中作位移图。其作法如下：自 O 点作 $OB'=\varDelta$，自 B' 点作 BC 的垂线，自 O 点作竖直线(因 C 点只有竖向位移)，得出交点 C'。由图 6-44(d)可知：

$$C\text{ 点的竖向位移}=OC'=\frac{4\varDelta}{3}$$

$$\text{杆 }BC\text{ 的杆端相对位移}=B'C'=-\frac{5\varDelta}{3}$$

由于杆 BC 的杆端相对位移为逆时针方向，故取负值。

(2)杆端弯矩：

$$M_{DB}=-\frac{3(2EI)}{4^2}\varDelta=-\frac{3}{8}EI\varDelta$$

$$M_{CB}=-\frac{3EI}{5^2}\left(-\frac{5}{3}\varDelta\right)+\frac{1\times 4^2}{8}=\frac{1}{5}EI\varDelta+2$$

(3)位移法方程。对图 6-44(e)所示隔离体，列力矩平衡方程：

$$\sum M_O=0,\quad 4F_{SAB}+3F_{SBD}+M_{CB}=0$$

由此可得

$$\varDelta=-20.8\frac{1}{EI}$$

(4)杆端弯矩和弯矩图：

$$M_{DB}=-\frac{3EI}{8}\left(-20.8\frac{1}{EI}\right)=7.8\text{kN}\cdot\text{m}$$

$$M_{CB}=\frac{EI}{5}\left(-20.8\frac{1}{EI}\right)+2=-2.16\text{kN}\cdot\text{m}$$

弯矩图如图 6-44(f)所示。

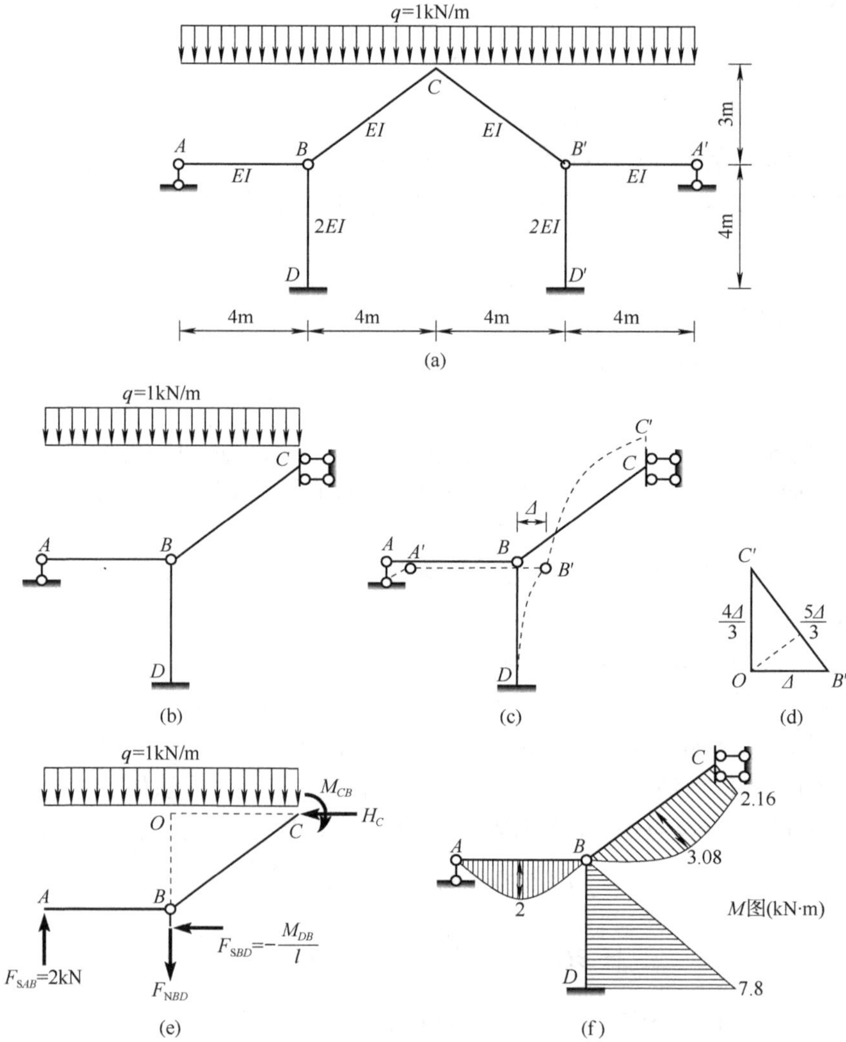

图 6-44

6.9　力法与位移法的联合运用——混合法

混合法的基本特点是：在所取的基本未知量中，既有位移，又有力，两者混杂在一起。

混合法兼有力法和位移法的性质，在某些情况下，采用混合法比单纯采用力法或位移法更为合适。下面介绍混合法的两种应用情况。

1. 第一种应用方式

把结构分成两部分，一部分取多余未知力作为基本未知量，另一部分取结点位移作为基本未知量。

通过前面的学习，凡是多余约束少而结点位移多的结构，力法优于位移法。如图 6-45(a)所示的刚架，力法的基本未知量只有两个，而位移法的基本未知量却有五个，故宜采用力法求解。

凡是多余约束多而结点位移少的结构，位移法优于力法。如图 6-45(b)所示的刚架，位移法的基本未知量只有两个，而力法的基本未知量却有六个，故宜采用位移法求解。

图 6-46(a)所示的刚架可以看成是由图 6-45(a)和(b)中的两个刚架合成的：左边是多余约束少而结点位移多，右边是多余约束多而结点位移少。显然这种结构的求解单纯采用力法或位移法都不适宜，合理的分析方法应采用混合法，即左边按照力法选取多余约束力作为基本未知量，右边按照位移法选取结点位移作为基本未知量。下面重点介绍混合法基本方程的概念。

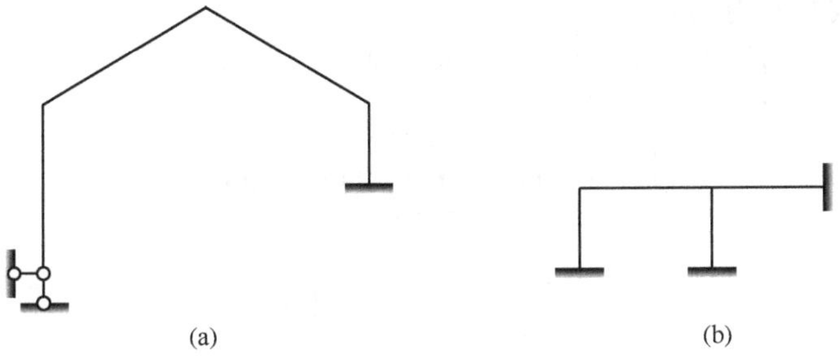

图 6-45

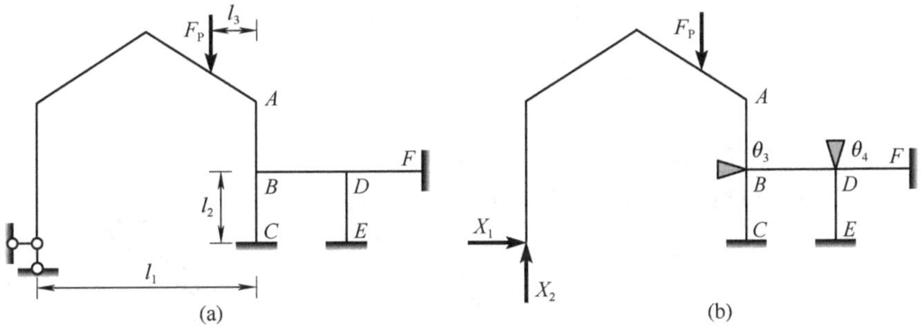

图 6-46

基本未知量共有四个：左边的多余支座反力 X_1 和 X_2，右边的结点转角 θ_3 和 θ_4。

基本体系如图 6-46(b)所示，去掉左边的多余支座链杆，右边增加阻止结点转动的附加刚臂。

基本方程也相应地分为两组，一组为变形条件，另一组为平衡条件。

(1)变形条件。基本结构由于荷载、多余未知力和结点位移的共同作用，沿每个多余未知力方向的总位移应等于零。由此可列方程如下：

$$\left.\begin{aligned}\delta_{11}X_1+\delta_{12}X_2+\delta_{13}\theta_3+\delta_{14}\theta_4+\varDelta_{1P}=0\\ \delta_{21}X_1+\delta_{22}X_2+\delta_{23}\theta_3+\delta_{24}\theta_4+\varDelta_{2P}=0\end{aligned}\right\}\tag{6-23a}$$

式(6-23a)分别表示沿 X_1 和 X_2 方向的总位移等于零。现以第一式为例说明各项的物理意义及求解方法。

δ_{11}、δ_{12}、$\varDelta_{1P}$ 分别表示基本结构在 $X_1=1$ 或 $X_2=1$ 或荷载 F_P 作用下沿 X_1 方向产生的位移，它们的物理意义以及求解方法与力法相同。

$\delta_{13}\theta_3$、$\delta_{14}\theta_4$ 分别表示基本结构由于结点 B 发生转角 θ_3 或由于结点 D 发生转角 θ_4 而沿 X_1 方向产生的位移。它们可直接由几何关系求出；当几何关系比较复杂时，可用虚功原理导出的位移公式计算。

(2) 平衡条件。基本结构由于荷载、多余未知力和结点位移的共同作用，在阻止结点转动的约束内的总反力矩应等于零。也就是说，在结点 B 和 D 处应满足力矩平衡条件：

$$\left.\begin{aligned}\sum M_B=0,\ M_{BA}+M_{BC}+M_{BD}=0\\ \sum M_D=0,\ M_{DB}+M_{DE}+M_{DF}=0\end{aligned}\right\}\tag{6-23b}$$

式中的杆端弯矩 M_{BA} 可由图 6-46(b) 中的左边部分平衡条件确定，即

$$M_{BA}=X_1l_2-X_2l_1+F_Pl_3$$

其余的杆端弯矩可由各杆的刚度方程直接求出，与位移法的求解方法相同。

式(6-23a)和式(6-23b)就是混合法的基本方程。联立求解此方程组，即可求出各基本未知量，进而可求任一截面的内力。

【例 6-14】 用混合法求解图 6-47(a)所示的刚架。

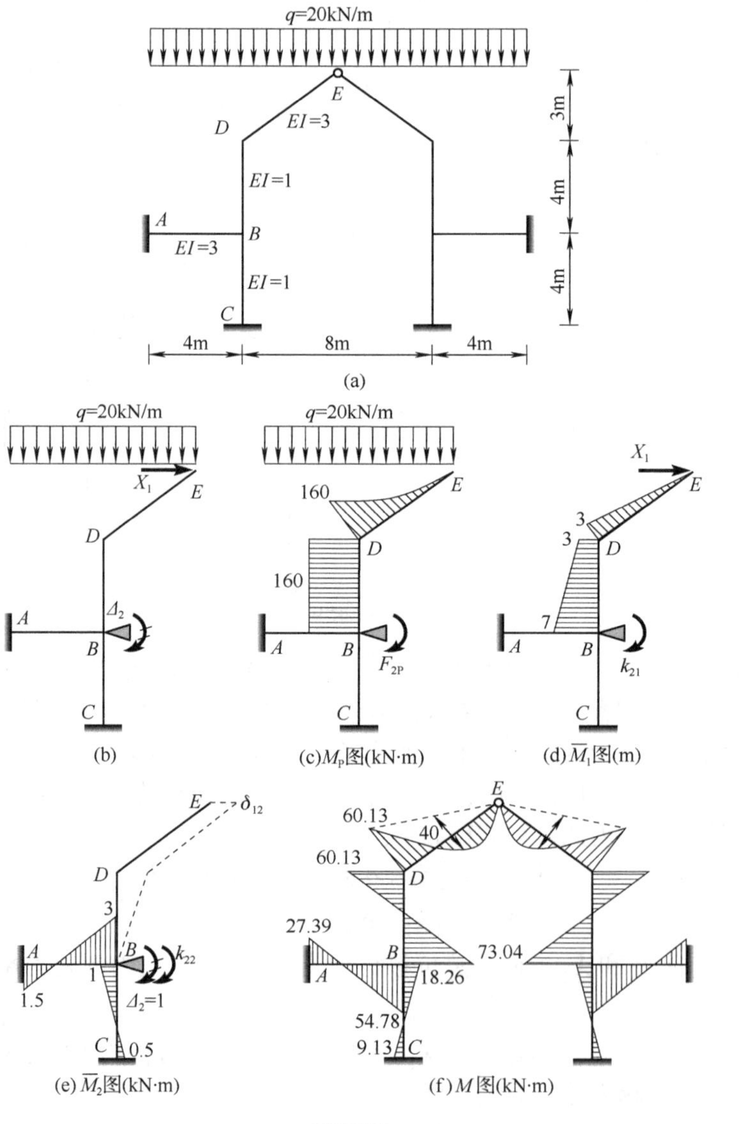

图 6-47

解： (1) 选取基本未知量。结构上部的多余约束少而结点位移多，应取多余未知力作为基本未知量。结构下部的多余约束多而结点位移少，应取结点位移作为基本未知量。再考虑到结构

和荷载的对称性，可取半刚架计算，基本体系如图6-47(b)所示。半刚架共有两个基本未知量：上部的水平力X_1和下部的结点转角$\varDelta_2$。

(2)建立基本方程。根据结点E的水平位移为零和结点B虚设刚臂的弯矩为零，建立典型方程如下：

$$\left.\begin{aligned}\delta_{11}X_1+\delta_{12}\varDelta_2+\varDelta_{1P}=0\\k_{21}X_1+k_{22}\varDelta_2+F_{2P}=0\end{aligned}\right\}$$

(3)计算式中的各系数项和自由项。先作基本结构在荷载和单位力$X_1=1$作用下的M_P图和$\overline{M}_1$图，分别如图6-47(c)、(d)所示。利用图乘法可得

$$\varDelta_{1P}=\left(\frac{1}{3}\times5\times160\right)\times\left(\frac{3}{4}\times3\right)+(4\times160)\times5=3800$$

$$\delta_{11}=\left(\frac{1}{2}\times5\times3\right)\times2\times\frac{1}{3}+\left(\frac{1}{2}\times4\times3\right)\times\left(2+\frac{7}{3}\right)+\left(\frac{1}{2}\times4\times7\right)\times\left(1+\frac{2\times7}{3}\right)=110.3$$

根据图6-47(d)，令$\sum M_B=0$，可得$k_{21}=-7$。

再根据位移反力互等定理，可得$\delta_{12}=-k_{21}=7$。

作基本结构在$\varDelta_2=1$作用下的$\overline{M}_2$图，如图6-47(e)所示。令$\sum M_B=0$，可得$k_{22}=4$。

根据图6-47(c)，令$\sum M_B=0$，可得$F_{2P}=-160\text{kN}\cdot\text{m}$。

(4)计算基本未知量，将计算得到的各系数项和自由项代入其典型方程中，得

$$\left.\begin{aligned}&110.3X_1+7\varDelta_2+3800=0\\&-7X_1+4\varDelta_2-160=0\end{aligned}\right\}$$

解方程得

$$X_1=-33.29\text{kN}，\quad \varDelta_2=-18.26$$

(5)利用叠加原理$M=\overline{M}_1X_1+\overline{M}_2\varDelta_2+M_P$绘制弯矩图，如图6-47(f)所示。

2. 第二种应用方式

不再把结构分成两部分，而是在整个结构中同时取位移和力作为基本未知量。

现以图6-48(a)所示刚架为例，说明计算方法。

(1)基本未知量和基本体系。在位移方面，取侧移$\varDelta_1$作为基本未知量，但结点转角不作为基本未知量。在力方面，取柱端弯矩X_2、X_3作为基本未知量。在本例中，由于受力状态为反对称的，故左右两柱的弯矩相等，因此，总共有三个基本未知量。

相应的基本体系如图6-48(b)所示，这是一个在楼层处设有水平支杆的铰结体系。其中设置的水平支杆用来控制楼层的侧移$\varDelta_1$，在柱端改成铰结点是为了把柱端弯矩由被动力变为主动力。

(2)第一类基本方程。与侧移$\varDelta_1$相应的平衡方程是楼层平衡方程：与$\varDelta_1$相应的水平支杆反力F_{1P}应等于零。为了求F_{1P}，可取柱顶以上横梁部分为隔离体，如图6-48(c)所示。柱端剪力可由柱端弯矩求得

$$F_{SBA}=F_{SCD}=\frac{X_2+X_3}{h}$$

因此水平支杆的反力为

$$F_{1P}=\frac{2}{h}(X_2+X_3)-F_P$$

再令$F_{1P}=0$，可得

$$X_2+X_3=\frac{1}{2}F_Ph \tag{6-24a}$$

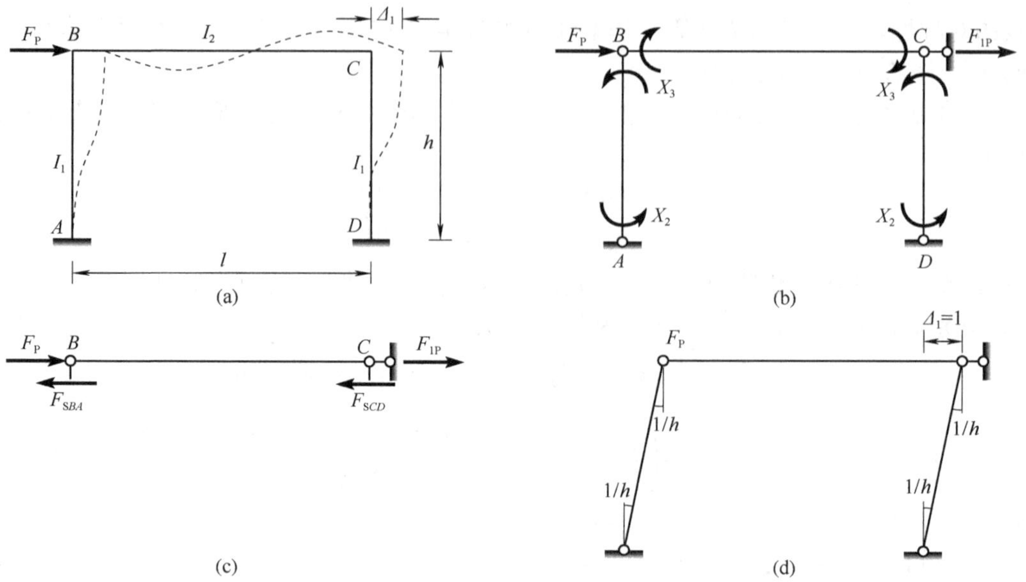

图 6-48

(3)第二类基本方程。与弯矩 X_2、X_3 相应的基本方程是结点处的变形连续条件：结点 A 处柱的转角 Δ_2 应等于零，结点 B 处梁与柱的相对转角 Δ_3 应等于零。即

$$\Delta_2 = 0,\ \delta_{21}\Delta_1 + \delta_{22}X_2 + \delta_{23}X_3 + \Delta_{2P} = 0 \tag{6-24b}$$

$$\Delta_3 = 0,\ \delta_{31}\Delta_1 + \delta_{32}X_2 + \delta_{33}X_3 + \Delta_{3P} = 0 \tag{6-24c}$$

先求 δ_{21} 和 δ_{31}，为此令 $\Delta_1 = 1$，基本结构的位移情况如图 6-48(d)所示，由图可知：

$$\delta_{21} = -\frac{1}{h},\quad \delta_{31} = -\frac{1}{h}$$

再求 δ_{22}、δ_{23}、δ_{32}、δ_{33}，计算方法与力法相同，得

$$\delta_{22} = \frac{h}{3EI_1},\quad \delta_{33} = \frac{h}{3EI_1} + \frac{l}{6EI_2},\quad \delta_{23} = \delta_{32} = -\frac{h}{6EI_1}$$

最后求 Δ_{2P} 和 Δ_{3P}。由图 6-48(b)看出，基本结构在荷载 F_P 作用下只引起轴力。如果忽略轴向变形，则基本结构不产生任何位移，因此有

$$\Delta_{2P} = 0,\quad \Delta_{3P} = 0$$

将所得的结果代入式(6-24b)和式(6-24c)，即得

$$-\frac{1}{h}\Delta_1 + \frac{h}{3EI_1}X_2 - \frac{h}{6EI_1}X_3 = 0$$

$$-\frac{1}{h}\Delta_1 - \frac{h}{6EI_1}X_2 + \left(\frac{h}{3EI_1} + \frac{l}{6EI_2}\right)X_3 = 0$$

令 $k = \dfrac{I_2 h}{I_1 l}$，并简化后可得

$$2X_2 - X_3 = \frac{6EI_1}{h^2}\Delta_1 \tag{6-24d}$$

$$-X_2 + \left(2 + \frac{1}{k}\right)X_3 = \frac{6EI_1}{h^2}\Delta_1 \tag{6-24e}$$

(4)解基本方程。联立方程(6-24a)、方程(6-24d)、方程(6-24e)，求解得

$$\Delta_1=\frac{F_Ph^3}{12EI_1}\cdot\frac{3k+2}{6k+1},\quad X_2=\frac{F_Ph}{2}\cdot\frac{3k+1}{6k+1},\quad X_3=\frac{F_Ph}{2}\cdot\frac{3k}{6k+1}$$

(5) 讨论。显然对于多层多跨的一般结构，都可应用此法来计算。此法的基本未知量虽然比位移法要多一些，但是其优点为：①基本方程比较规则，便于编制计算程序；②设计中所需的主要数据(即柱端弯矩以及侧移)可以由基本方程解出，而不需要通过其他的运算，因而能够提高计算精度。

习 题

6-1 确定图示结构用位移法求解时的基本未知量数目。除注明外，$EA=$常数，$EI=$常数。

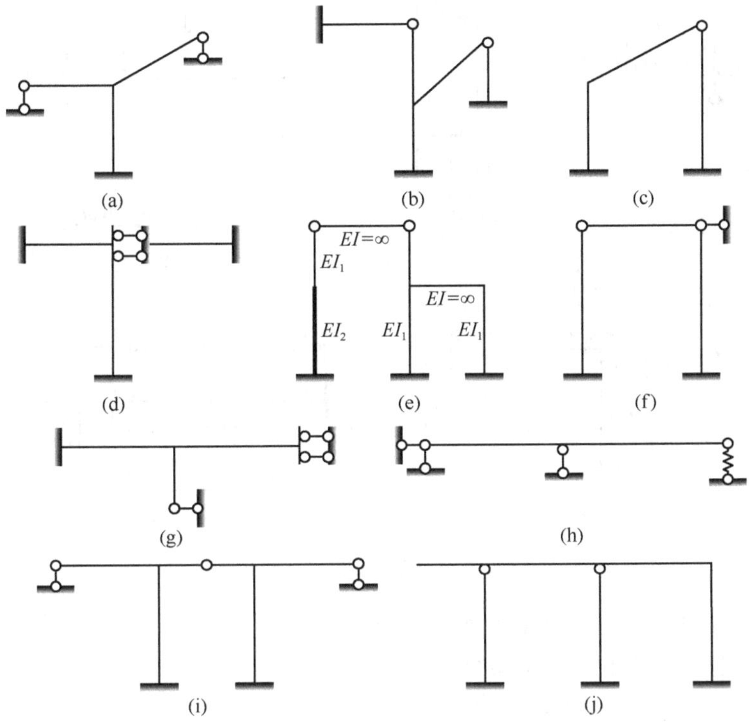

题 6-1 图

6-2 用位移法计算图示刚架，并绘弯矩图，$EI=$常数。

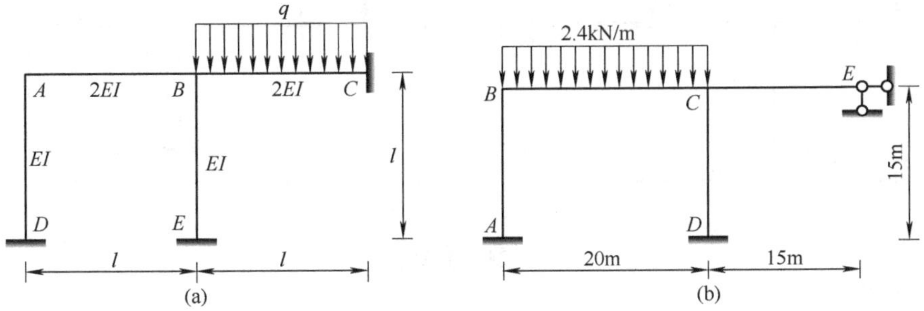

题 6-2 图

6-3　试写出图示杆端弯矩的表达式及位移法基本方程。

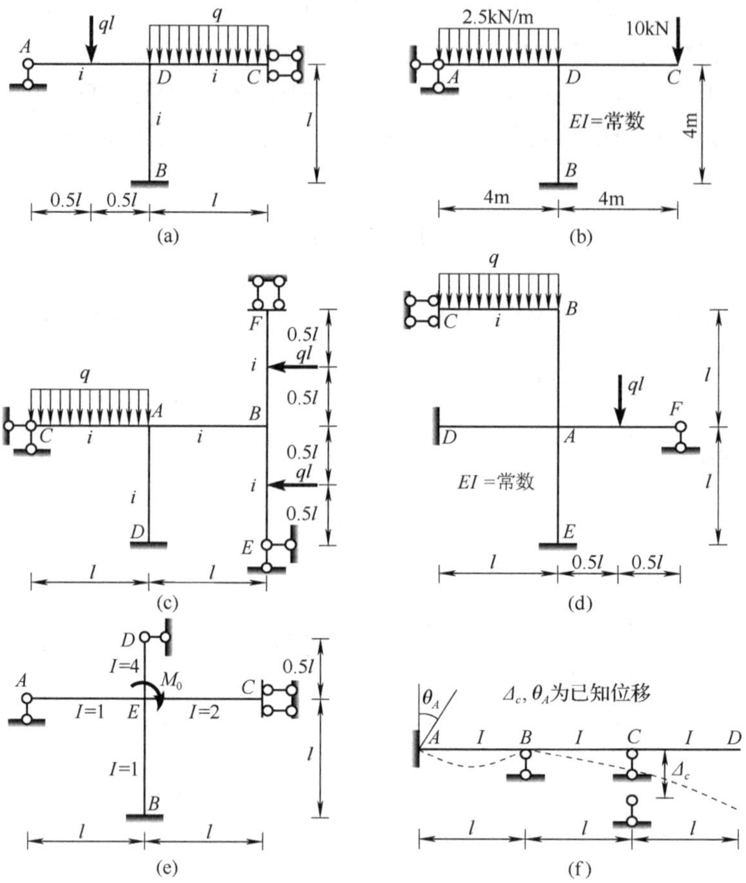

题 6-3 图

6-4　用位移法计算图示刚架，并绘弯矩图，$EI=$常数。

6-5　用位移法计算图示刚架，并绘弯矩图，$EI=$常数。

6-6　用位移法计算图示刚架，并绘弯矩图。

6-7　用位移法计算图示刚架，并绘弯矩图。

6-8　用位移法计算图示刚架，并绘弯矩图。

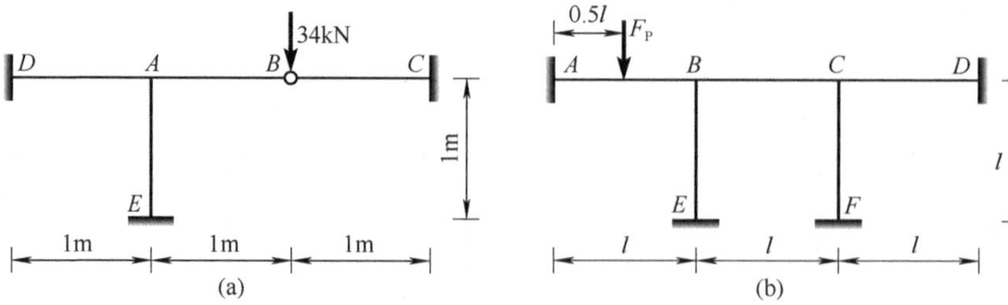

题 6-4 图

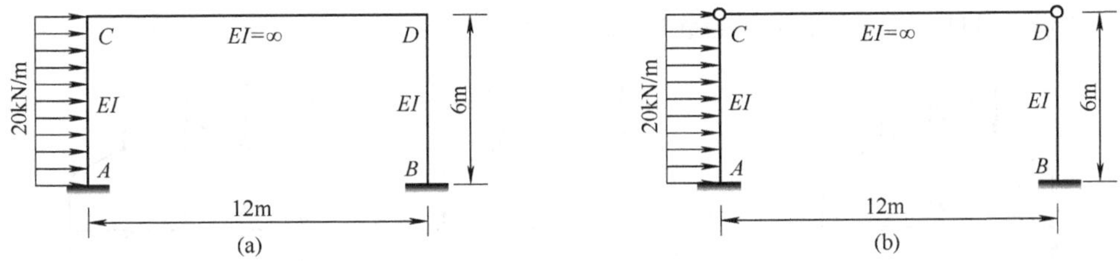

题 6-5 图

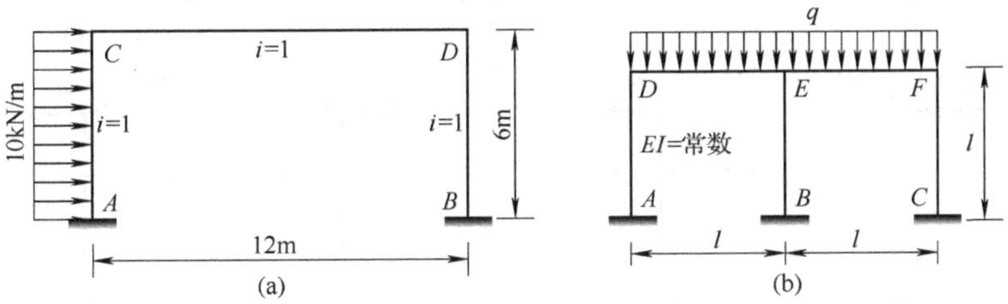

题 6-6 图

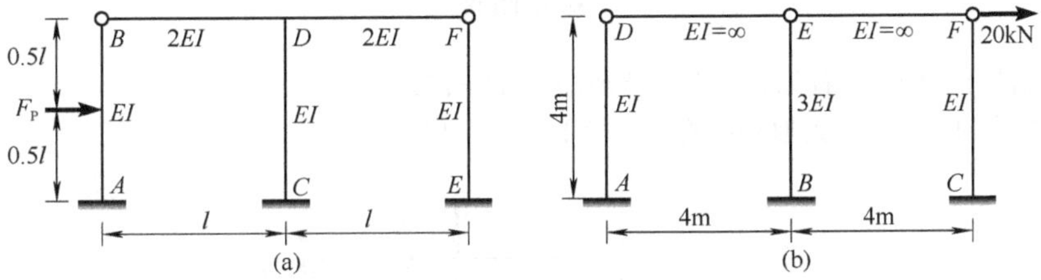

题 6-7 图

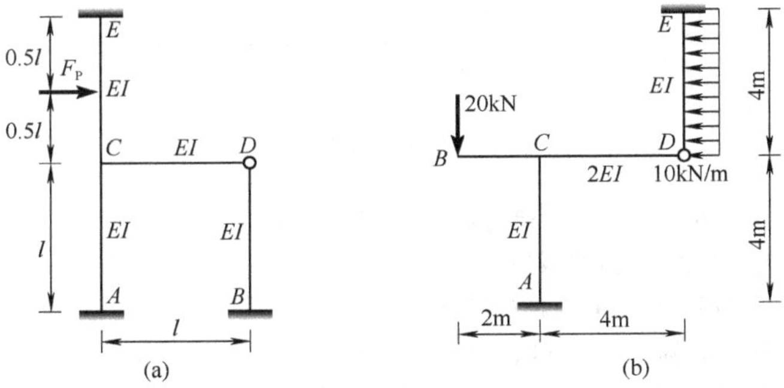

题 6-8 图

6-9　用位移法计算图示刚架，并绘弯矩图。

提示：横梁不弯曲，只发生刚性平移，立柱产生弯曲变形，据此确定基本未知量。

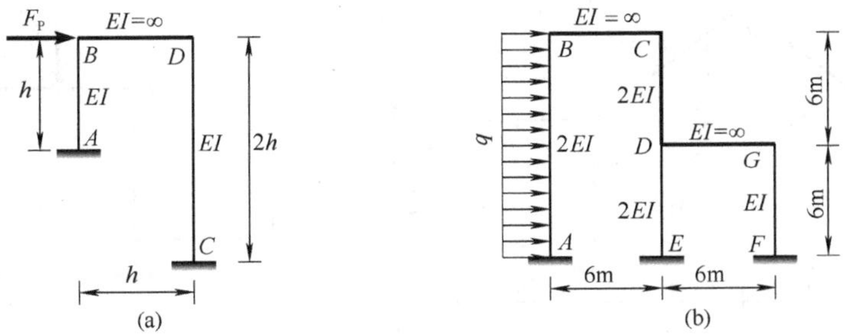

题 6-9 图

6-10　试对图示对称结构确定基本未知量和选取半结构。

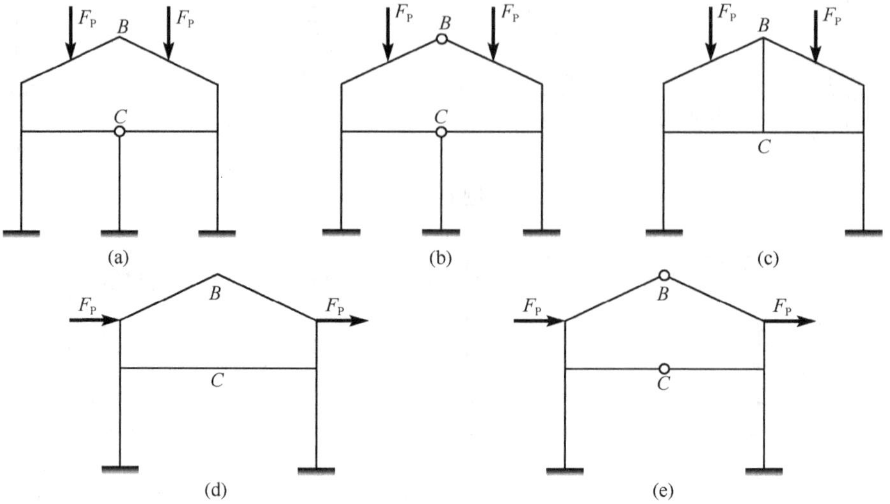

题 6-10 图

6-11　用位移法计算图示对称结构，并绘弯矩图，$EI=$常数。
提示：利用结构的对称性，先取半结构，再取 1/4 结构计算。

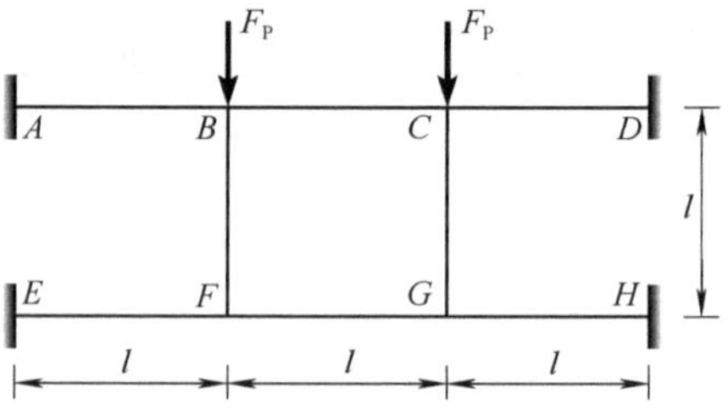

题 6-11 图

6-12　用位移法计算图示对称结构，并绘弯矩图，$EI=$常数。
提示：(1)利用结构的对称性，先取半结构。
(2)此半结构为具有结点线位移且有斜柱的刚架。

6-13　用位移法计算图示对称结构，并绘弯矩图，$EI=$常数。
提示：利用结构的对称性，取半结构计算，注意刚度无限大杆的性质。

6-14　设支座 B 下沉 $\Delta_B=0.5\text{cm}$，试用位移法作图示刚架的弯矩图。

6-15　图示连续梁，设支座 C 下沉 $\Delta_C=1\text{cm}$，试作弯矩图。

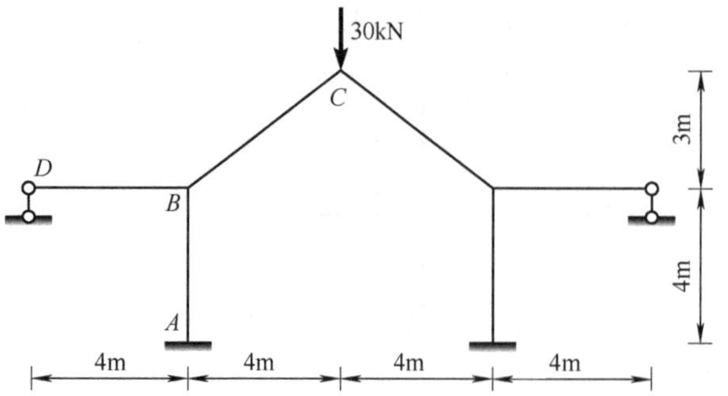

题 6-12 图

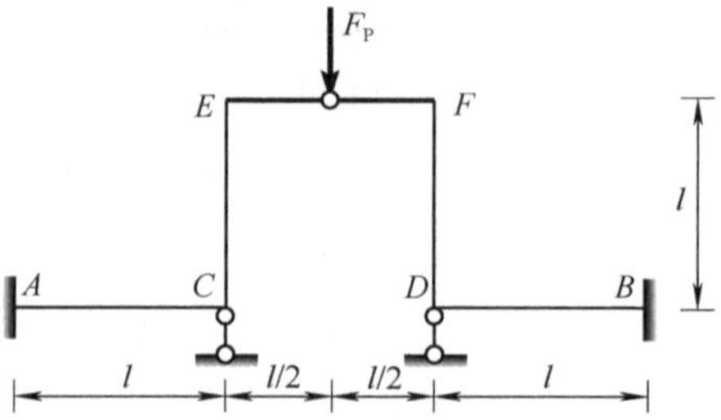

题 6-13 图

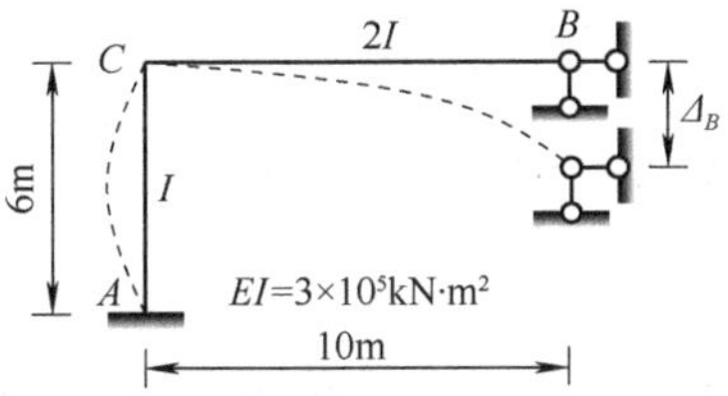

题 6-14 图

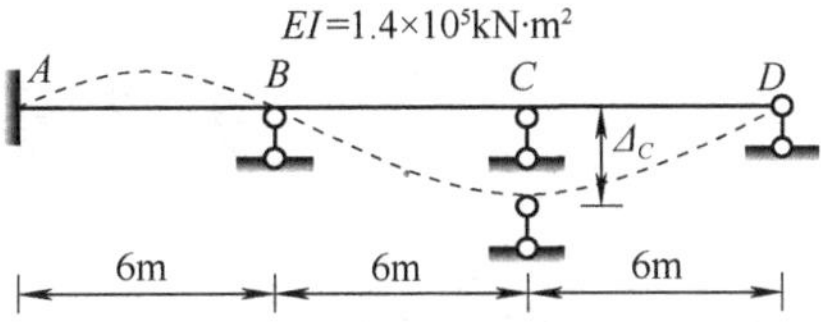

题 6-15 图

6-16 图示连续梁，设支座 B 下沉 Δ，试求结点 C 的转角 θ_C。

提示：注意位移法基本未知量的物理意义。

6-17 图示连续梁，设支座 B 下沉 $\Delta_B = 2\text{cm}$，支座 C 下沉 $\Delta_C = 1\text{cm}$，试作弯矩图。

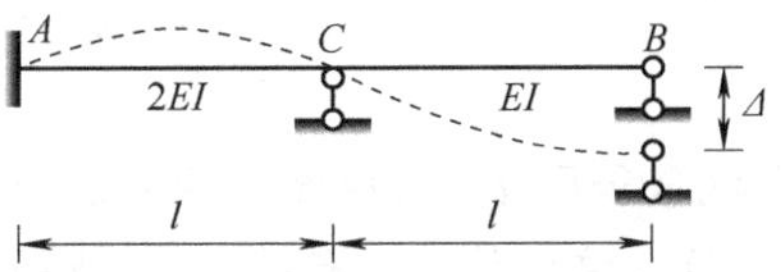

题 6-16 图

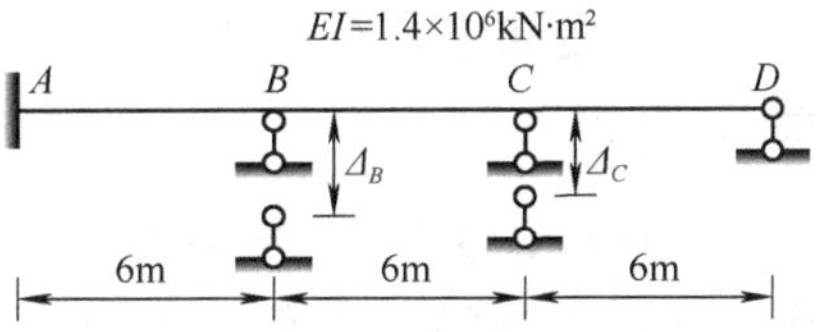

题 6-17 图

6-18 已知图示结构的支座 C 顺时针转动 $\theta_C = 0.06\text{rad}$，引起结点 D 产生角位移 $\theta_D = -0.01\text{rad}$（逆时针）。试绘其弯矩图。

6-19 图示连续梁，中间支座 C 为弹性支座，其刚度系数为 $k = 5EI/l^3$，$EI =$ 常数。试绘其弯矩图。

提示：将弹性支座的竖向位移作为基本未知量，并注意其主系数的计算。

6-20 试作图示弹性支座上刚架的弯矩图。i 为杆的线刚度，弹性支座刚度 $k = 4i/l^2$。

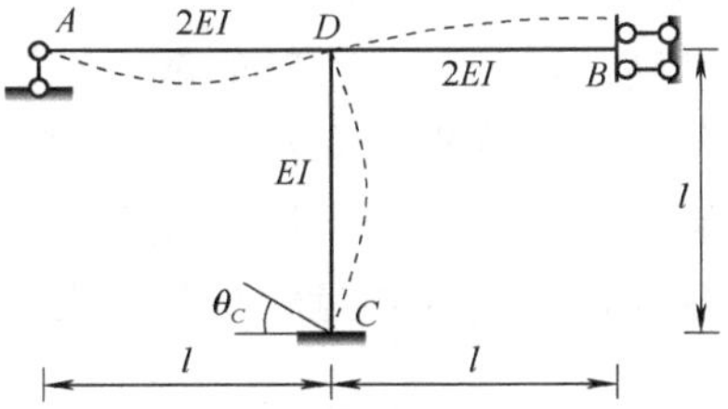

题 6-18 图

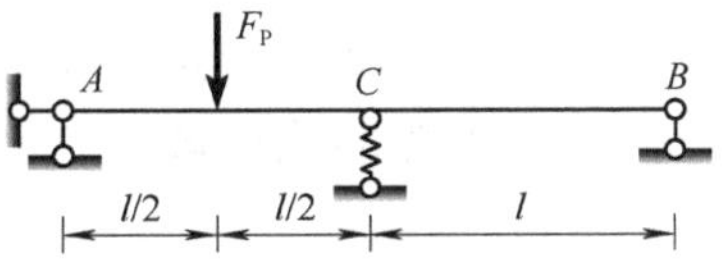

题 6-19 图

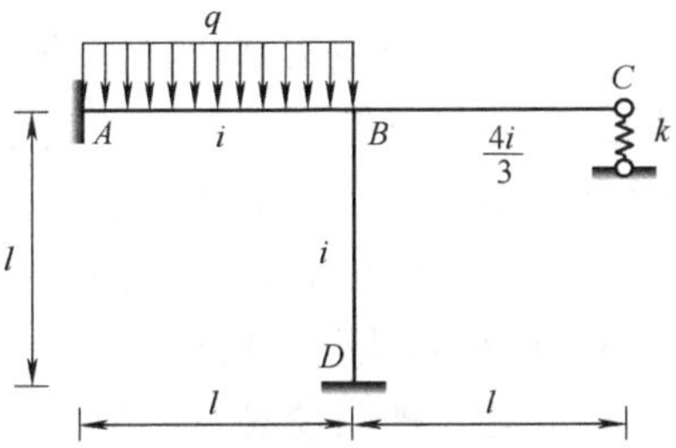

题 6-20 图

6-21 试作图示刚架温差变化时的弯矩图。设 $E = 1.5\times10^3\text{MPa}$，$\alpha = 1.0\times10^{-5}℃^{-1}$，各杆截面尺寸均为 $500\text{mm}\times600\text{mm}$。

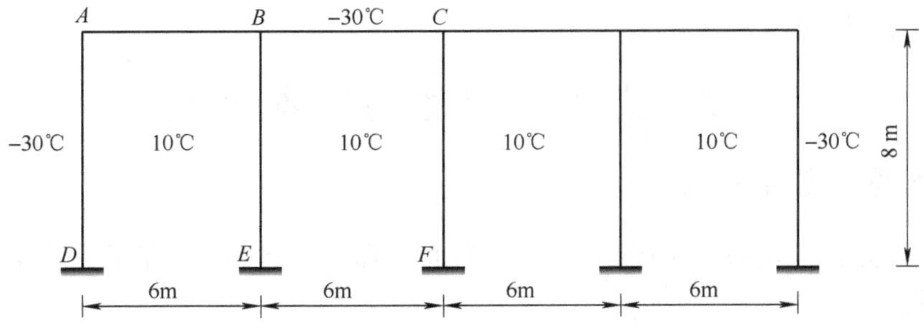

题 6-21 图

第7章　渐　近　法

主要内容

本章主要介绍属于位移法类型的渐近解法——力矩分配法、无剪力分配法以及力矩分配法与位移法的联合运用。力矩分配法适用于连续梁和无侧移刚架。主要内容涉及力矩分配法的转动刚度、分配系数、传递系数等基本概念，单结点力矩分配法，以及多结点力矩分配法。无剪力分配法适用于符合倍数关系的有结点线位移的刚架。

学习要求

充分理解和掌握力矩分配法以及无剪力分配法的基本概念和原理，熟练掌握用力法分配法计算连续梁和无侧移刚架，无剪力分配法的适用条件以及计算符合倍数关系的有结点线位移的刚架。

7.1　概　　述

用力法或位移法计算超静定结构，都需要组建和解算典型方程组，当未知量较多时，手算求解联立方程的工作是非常繁重的。为了寻求计算超静定结构的简捷途径，避免解算联立方程组，自20世纪30年代以来，人们提出了多种算法，如力矩分配法、剪力分配法、无剪力分配法等。这些方法都是位移法的变体，其共同特点是避免了组建和解算典型方程组，而以逐次渐近的方法来计算杆端弯矩，其结果的精度随计算轮次的增加而提高，最后收敛于精确解。在数学上，实质是“松弛法”求解联立代数方程的过程。其中力法分配法以物理概念清晰、收敛速度快、计算精度高、方法简便、特别适用于手算等特点，在结构设计中被广泛采用。随着计算机的普及和矩阵位移法程序的推广，这类手算的应用虽会有所减少，但在未知量较少的情况下仍不失为一种简便易行的方法。

力矩分配法是由Cross于1930年提出的以位移法为基础的一种渐近解法。力矩分配法是直接以杆端弯矩为计算对象，逐步修正并逼近精确结果的算法，因此也称为渐近法。其适用对象是连续梁和无刚性结点线位移刚架结构。对于一般有结点线位移的刚架，可用力矩分配法和位移法联合求解。由于力矩分配法属于位移法的范畴，故在力矩分配法中杆端的弯矩和转角的符号规定与位移法中相应的规定相同。

7.2　力矩分配法的基本原理

7.2.1　力矩分配法的基本概念

在力矩分配法中要用到转动刚度、分配系数和传递系数等概念，下面先介绍这几个概念。

1．转动刚度

转动刚度表示杆端对转动的抵抗能力，它在数值上等于使杆端产生单位转角时需在杆端施加的力矩。杆端的转动刚度用S表示。图7-1(a)～(e)给出了等截面直杆在A端的转动刚度S_{AB}

的数值。其中A表示施力端，称为杆件的近端；B表示杆件的另一端，称为杆件的远端。

从图7-1所给出的杆AB的转动刚度数值可以看出，杆件转动刚度S有以下特点。

(1)与杆件的线刚度i(材料的性质、横截面的形状和尺寸、杆长等)有关。

(2)与杆件远端的支承情况有关，在近端没有线位移的条件下，与近端的支承情况无关。

因此，在确定杆端转动刚度S时：近端看位移(是否为单位角位移)，远端看支承(远端支承不同，转动刚度不同)。等截面直杆的转动刚度见表7-1。

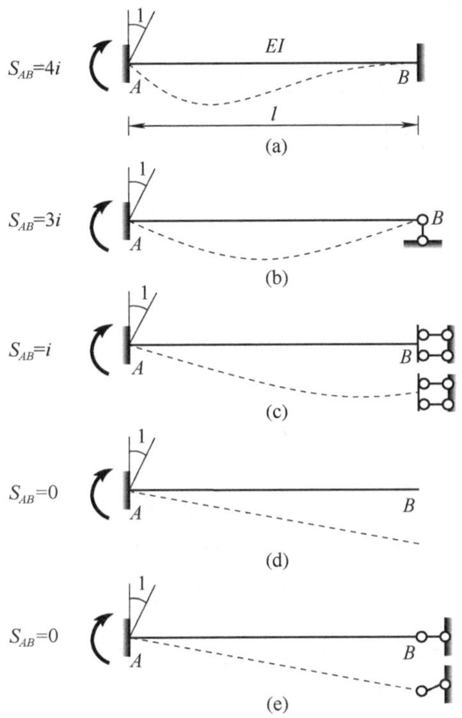

图7-1

表7-1 等截面直杆的转动刚度和传递系数

远端支承情况	转动刚度S	传递系数C
远端固定	$4i$	0.5
远端铰支	$3i$	0
远端滑动	i	−1
远端自由或轴向支承	0	

2. 分配系数

图7-2(a)所示三杆AB、AC和AD通过刚性结点A连接在一起。为了便于说明问题，设B端为铰支座，C端为滑动支座，D端为固定支座。设在结点A处作用力偶M，使结点A发生转角θ_A后达到平衡。试求杆端弯矩M_{AB}、M_{AC}和M_{AD}。

根据转动刚度的定义，可知各杆在A端的弯矩值为

$$\left.\begin{aligned} M_{AB} &= S_{AB}\theta_A = 3i_{AB}\theta_A \\ M_{AC} &= S_{AC}\theta_A = i_{AC}\theta_A \\ M_{AD} &= S_{AD}\theta_A = 4i_{AD}\theta_A \end{aligned}\right\} \tag{7-1a}$$

取结点A为隔离体，如图7-2(b)所示，由平衡条件$\sum M = 0$，得

$$M_{AB} + M_{AC} + M_{AD} - M = 0$$

即

$$S_{AB}\theta_A + S_{AC}\theta_A + S_{AD}\theta_A - M = 0$$

解得

$$\theta_A = \frac{M}{S_{AB} + S_{AC} + S_{AD}} = \frac{M}{\sum S}$$

式中，$\sum S$ 表示各杆 A 端转动刚度之和。

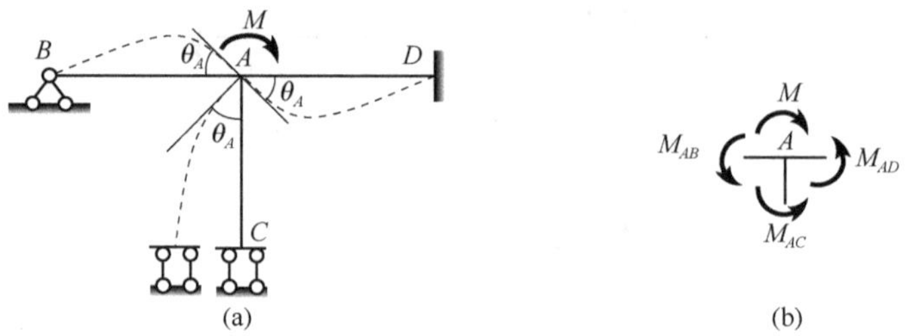

图 7-2

将 θ_A 值代入式(7-1a)，得

$$\left.\begin{aligned} M_{AB} &= \frac{S_{AB}}{\sum S} M \\ M_{AC} &= \frac{S_{AC}}{\sum S} M \\ M_{AD} &= \frac{S_{AD}}{\sum S} M \end{aligned}\right\} \tag{7-1b}$$

由式(7-1b)可知：各杆近端弯矩值与各杆的转动刚度成正比，大小等于结点弯矩值乘以一个相应的系数，可用下列公式表示计算结果：

$$M_{Aj} = \mu_{Aj} M \tag{7-2}$$

$$\mu_{Aj} = \frac{S_{Aj}}{\sum S} \tag{7-3}$$

系数 μ_{Aj} 起到将作用于结点 A 上的弯矩 M 按比例分配到汇交于该结点各杆的近端作用，故称这个系数为分配系数。其中 j 可以是 B、C 或 D，如 μ_{AB} 称为杆 AB 在 A 端的分配系数。

由分配得到各杆近端的弯矩称为分配弯矩，用符号 M_{Aj}^{μ} 表示。

分配系数 μ_{Aj} 的特点如下。

(1) 分配系数 μ_{Aj} 只与汇交于刚性结点处各杆的转动刚度 S 有关，与其他因素无关。

(2) 各杆在同一刚性结点的分配系数之和等于 1。即

$$\sum \mu_{Aj} = 1$$

3．传递系数

在图 7-2(a)中，力偶 M 作用于刚性结点 A，使各杆近端产生弯矩，同时也使各杆远端产生弯矩。由位移法中的刚度方程可得杆端弯矩的具体数值为

$$M_{AB} = 3i_{AB}\theta_A, \quad M_{BA} = 0$$
$$M_{AC} = i_{AC}\theta_A, \quad M_{CA} = -i_{AC}\theta_A$$
$$M_{AD} = 4i_{AD}\theta_A, \quad M_{DA} = 2i_{AD}\theta_A$$

各杆的远端弯矩值与其近端弯矩值的比值，称为由近端到远端的传递系数。用符号 C_{Aj} 表

示。根据传递系数的定义，可得其计算式为

$$C_{Aj}=\frac{M_{jA}}{M_{Aj}} \tag{7-4}$$

如在图 7-2(a)中，有

$$C_{AB}=\frac{M_{BA}}{M_{AB}}=0$$

杆件远端的弯矩称为传递弯矩，用符号 M_{jA}^{C} 表示。其计算式为

$$M_{jA}^{C}=C_{Aj}M_{Aj}^{\mu} \tag{7-5}$$

对等截面杆件来说，传递系数 C_{Aj} 随远端支承情况而异，计算中常见杆件传递系数如下。

远端固定，$C=0.5$；
远端铰支，$C=0$；
远端滑动，$C=-1$。

7.2.2 单刚性结点力矩分配法的基本原理

1．单刚性结点，只在刚性结点上承受力矩 M 作用

应用力矩分配法，可分两步进行。

(1)分配过程：计算汇交于刚性结点各杆的分配系数，将作用在结点上的弯矩 M 按分配系数分配到各杆的近端，得到各杆的近端弯矩。此过程称为分配过程。

(2)传递过程：将各杆的近端弯矩乘以传递系数，得到各杆的远端弯矩。此过程称为传递过程。

这样，经过一次分配和一次传递两个过程，就可求出各杆的杆端弯矩。

【例 7-1】 试用力矩分配法计算图 7-3(a)所示刚架，并绘制 M 图。

解：(1)计算分配系数：

$$S_{AB}=4i_{AB}=8，\quad S_{AC}=3i_{AC}=3，\quad S_{AD}=i_{AD}=1$$

$$\mu_{AB}=\frac{S_{AB}}{\sum S}=\frac{8}{12}=\frac{2}{3}，\quad \mu_{AC}=\frac{S_{AC}}{\sum S}=\frac{3}{12}=\frac{1}{4}，\quad \mu_{AD}=\frac{S_{AD}}{\sum S}=\frac{1}{12}$$

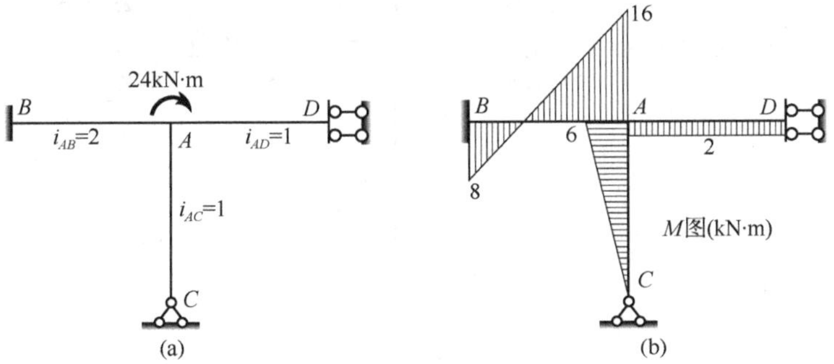

图 7-3

(2)计算分配弯矩：

$$M_{AB}^{\mu}=\mu_{AB}M=16\text{kN}\cdot\text{m}，\quad M_{AC}^{\mu}=\mu_{AC}M=6\text{kN}\cdot\text{m}，\quad M_{AD}^{\mu}=\mu_{AD}M=2\text{kN}\cdot\text{m}$$

(3)计算传递弯矩：

$$M_{BA}^{C}=C_{AB}M_{AB}^{\mu}=8\text{kN}\cdot\text{m}，\quad M_{CA}^{C}=C_{AC}M_{AC}^{\mu}=0，\quad M_{DA}^{C}=C_{AD}M_{AD}^{\mu}=-2\text{kN}\cdot\text{m}$$

(4)绘制 M 图，如图 7-3(b)所示。

2．单刚性结点，承受一般荷载作用的超静定连续梁和刚架

应用力矩分配法，可分以下三步进行。

(1)锁住状态：在刚性结点上，虚加刚臂，在荷载作用下，查表得到各杆端弯矩值 M^{F}。利用结点的平衡条件，计算出附加刚臂上的不平衡力矩 M^{f}。

(2)放松状态：在刚性结点处，施加一个与结点刚臂上不平衡力矩大小相等、转向相反的外力偶矩，即 $M=-M^{\mathrm{f}}$。然后将 M 经过分配和传递两个过程，得到各杆的近端弯矩值和远端弯矩值。

(3)实际的各杆端弯矩值：将锁住状态和放松状态得到的各杆端弯矩值叠加，即得到实际的各杆端弯矩值。

【例 7-2】　试用力矩分配法计算图 7-4(a)所示刚架，并绘制 M 图。

解：(1)计算分配系数。为了方便计算，令 $i_{AB}=i_{AC}=EI/4=1$，则 $i_{AD}=2$。

$$S_{AB}=4i_{AB}=4\text{，}\quad S_{AC}=3i_{AC}=3\text{，}\quad S_{AD}=i_{AD}=2$$

$$\mu_{AB}=\frac{S_{AB}}{\sum S}=\frac{4}{9}=0.445\text{，}\quad \mu_{AC}=\frac{S_{AC}}{\sum S}=\frac{3}{9}=0.333\text{，}\quad \mu_{AD}=\frac{S_{AD}}{\sum S}=\frac{2}{9}=0.222$$

校核：$\mu_{AB}+\mu_{AC}+\mu_{AD}=1$。

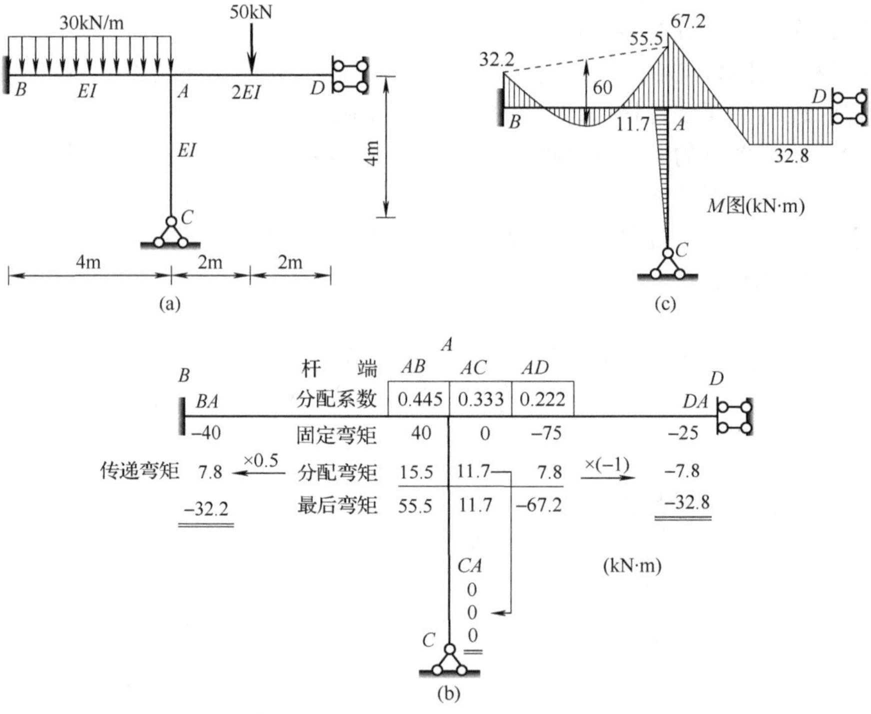

图 7-4

(2)计算固定弯矩。由表 6-2，得

$$M_{BA}^{\mathrm{F}}=-\frac{30\times4^2}{12}=-40(\mathrm{kN\cdot m})\text{，}\quad M_{AB}^{\mathrm{F}}=\frac{30\times4^2}{12}=40(\mathrm{kN\cdot m})$$

$$M_{AD}^{\mathrm{F}}=-\frac{3\times50\times4}{8}=-75(\mathrm{kN\cdot m})\text{，}\quad M_{DA}^{\mathrm{F}}=-\frac{50\times4}{8}=-25(\mathrm{kN\cdot m})$$

(3)不平衡力矩的分配和传递。结点 A 的不平衡力矩为 $\sum M_{Aj}^{\mathrm{F}}=(40-75)=-35(\mathrm{kN\cdot m})$，将其反号后乘以各杆的分配系数即得各近端的分配弯矩，分配弯矩下面画一横线，表示结点已经放松，达到平衡。将得到的分配弯矩再乘以传递系数，即得各远端的传递弯矩。用箭头表示力矩传递的方向。在力矩分配法中，为了使计算过程的表达更紧凑、直观，避免罗列大量算式，整个计算可直接在图上书写(或列表计算)，如图 7-4(b)所示。

(4)计算实际杆端弯矩。将各杆端的固定弯矩值、分配弯矩值和传递弯矩值叠加，便得到各杆端的实际弯矩值。在实际弯矩下面画双横线表示最后结果。据此即可绘制出刚架的弯矩图，如图 7-4(c)所示。

【例 7-3】　试用力矩分配法计算图 7-5(a)所示连续梁，并绘制 M 图。

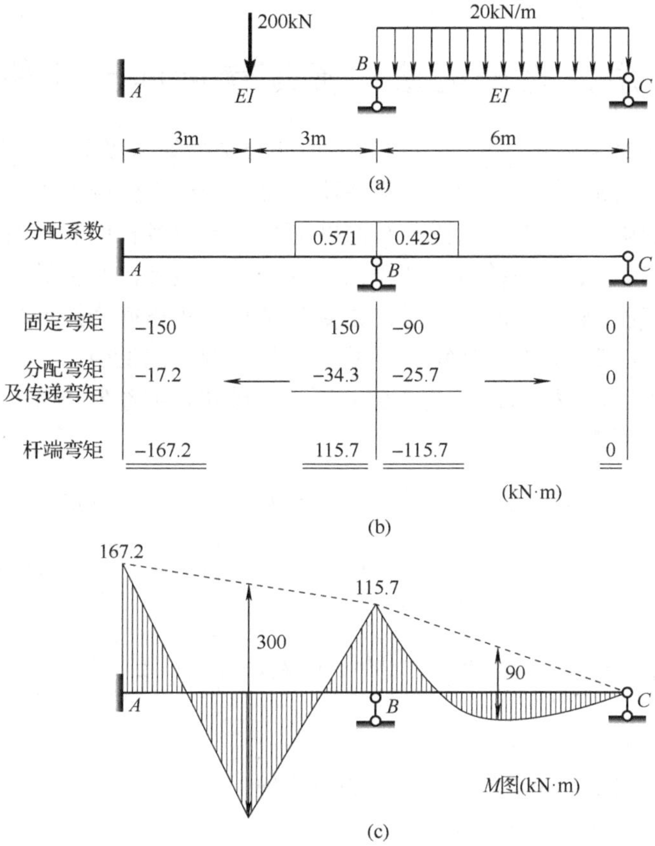

图 7-5

解：(1)计算分配系数。为了方便计算，令 $i = EI/6$，则 $i_{BA} = i_{BC} = i$。

$$S_{BA} = 4i_{BA} = 4i, \quad S_{BC} = 3i_{BC} = 3i$$

$$\mu_{BA} = \frac{S_{BA}}{\sum S} = \frac{4i}{4i+3i} = 0.571, \quad \mu_{BC} = \frac{S_{BC}}{\sum S} = \frac{3i}{4i+3i} = 0.429$$

校核：$\mu_{BA} + \mu_{BC} = 1$。

(2)计算固定弯矩。由表 6-2，得

$$M_{AB}^{\mathrm{F}} = -\frac{200\times 6}{8} = -150(\mathrm{kN\cdot m}), \quad M_{BA}^{\mathrm{F}} = \frac{200\times 6}{8} = 150(\mathrm{kN\cdot m})$$

$$M_{BC}^{\mathrm{F}} = -\frac{20\times 6^2}{8} = -90(\mathrm{kN\cdot m}), \quad M_{CB}^{\mathrm{F}} = 0$$

(3)不平衡力矩的分配和传递。结点 B 的不平衡力矩为 $M = \sum M_{Bj}^{\mathrm{F}} = (150-90) = 60(\mathrm{kN\cdot m})$，

将其反号后乘以各杆的分配系数即得各近端的分配弯矩：

$$M_{BA}^{\mu}=\mu_{BA}M=-34.3\text{kN}\cdot\text{m}\text{，}\quad M_{BC}^{\mu}=\mu_{BC}M=-25.7\text{kN}\cdot\text{m}$$

将得到的分配弯矩再乘以传递系数，即得各远端的传递弯矩：

$$M_{AB}^{C}=C_{BA}M_{BA}^{\mu}=-17.2\text{kN}\cdot\text{m}\text{，}\quad M_{CB}^{C}=C_{BC}M_{BC}^{\mu}=0$$

(4) 计算实际的杆端弯矩。将各杆端的固定弯矩值、分配弯矩值和传递弯矩值叠加，便得到各杆端的实际弯矩值。

实际演算时，可将以上计算步骤汇集在一起，按图 7-5(b) 的格式演算。根据杆端弯矩，可绘制连续梁的弯矩图，如图 7-5(c) 所示。

7.3　用力矩分配法计算连续梁和无侧移刚架

7.2 节以只有一个结点转角的结构说明了力矩分配法的基本概念和基本原理。对于具有多个结点转角的连续梁和无侧移刚架结构，只需逐次对每一个结点应用 7.2 节所述方法便可求解。具体方法是：先将结构中所有刚结点固定(虚加刚臂)，计算各杆的固端弯矩，得到各结点的不平衡力矩；然后轮流依次放松各结点，即每次只放松一个结点，其他结点仍暂时固定，这样把各结点的不平衡力矩轮流进行分配、传递，直到各结点的不平衡力矩或传递弯矩小到可略去，以这样的逐次渐近方法来计算杆端弯矩。下面结合具体例子来说明。

【例 7-4】　试用力矩分配法计算图 7-6(a) 所示连续梁，并绘制 M 图。

解： (1) 计算分配系数。

$$S_{10}=4i_{10}=\frac{2}{3}\text{，}\quad S_{12}=S_{21}=4i_{12}=1\text{，}\quad S_{23}=3i_{23}=\frac{1}{2}$$

$$\mu_{10}=\frac{S_{10}}{\sum\limits_{1}S}=\frac{S_{10}}{S_{10}+S_{12}}=0.4\text{，}\quad \mu_{12}=\frac{S_{12}}{\sum\limits_{1}S}=\frac{S_{12}}{S_{10}+S_{12}}=0.6$$

$$\mu_{21}=\frac{S_{21}}{\sum\limits_{2}S}=\frac{S_{21}}{S_{21}+S_{23}}=0.667\text{，}\quad \mu_{23}=\frac{S_{23}}{\sum\limits_{2}S}=\frac{S_{23}}{S_{21}+S_{23}}=0.333$$

校核：$\mu_{10}+\mu_{12}=1$，$\mu_{21}+\mu_{23}=1$。

分配系数分别写在图 7-6(b) 中结点上方的方格内。

(2) 计算固定弯矩。由表 6-2，得

$$M_{01}^{\text{F}}=-\frac{20\times6^{2}}{12}=-60(\text{kN}\cdot\text{m})\text{，}\quad M_{10}^{\text{F}}=\frac{20\times6^{2}}{12}=60(\text{kN}\cdot\text{m})$$

$$M_{12}^{\text{F}}=-\frac{100\times8}{8}=-100(\text{kN}\cdot\text{m})\text{，}\quad M_{21}^{\text{F}}=\frac{100\times8}{8}=100(\text{kN}\cdot\text{m})\text{，}\quad M_{23}^{\text{F}}=M_{32}^{\text{F}}=0$$

将计算结果写在图 7-6(b) 固定弯矩一行中。

(3) 不平衡力矩的分配和传递。首先放松结点 2(此时结点 1 仍被锁住)，结点 2 的不平衡力矩为 $100\ \text{kN}\cdot\text{m}$，将其反号后乘以各杆的分配系数，可得各近端的分配弯矩：

$$M_{21}^{\mu}=\mu_{21}M=-66.7\text{kN}\cdot\text{m}\text{，}\quad M_{23}^{\mu}=\mu_{23}M=-33.3\text{kN}\cdot\text{m}$$

将得到的分配弯矩再乘以传递系数，即得各远端的传递弯矩：

$$M_{12}^{C}=C_{21}M_{21}^{\mu}=-33.4\text{kN}\cdot\text{m}\text{，}\quad M_{32}^{C}=C_{23}M_{23}^{\mu}=0$$

将计算结果写在结点 2 分配传递一行。这样，结点 2 暂时获得了平衡，在分配弯矩下面画一条横线来表示平衡。在图 7-6(b) 中用箭头把它们分别送到各杆的远端。

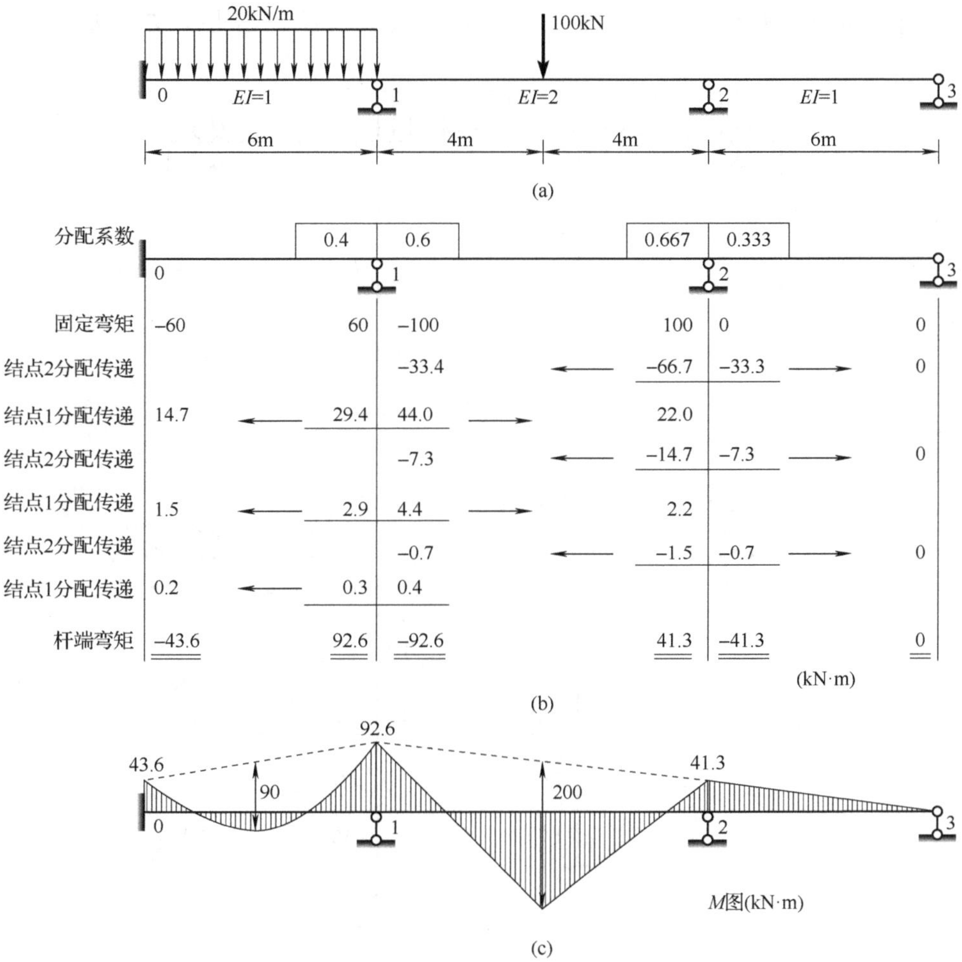

图 7-6

其次，重新锁住结点 2，并放松结点 1。结点 1 原有不平衡力矩 −40kN·m，又加上结点 2 传来的传递弯矩 −33.4kN·m，故共有不平衡力矩 −40kN·m + (−33.4kN·m) = −73.4kN·m，放松结点 1，将结点 1 上的不平衡力矩反号后乘以各杆的分配系数，可得各近端的分配弯矩：

$$M_{10}^{\mu}=\mu_{10}M=29.4\text{kN}\cdot\text{m}\,,\quad M_{12}^{\mu}=\mu_{12}M=44.0\text{kN}\cdot\text{m}$$

将得到的分配弯矩再乘以传递系数，即得各远端的传递弯矩：

$$M_{01}^{C}=C_{10}M_{10}^{\mu}=14.7\text{kN}\cdot\text{m}\,,\quad M_{21}^{C}=C_{12}M_{12}^{\mu}=22.0\text{kN}\cdot\text{m}$$

将计算结果写在结点 1 分配传递一行。以上完成了力矩分配法的第一个循环。这样，结点 1 暂时获得了平衡，但结点 2 又不平衡了，它又有了新的不平衡力矩 22.0kN·m，于是又将结点 2 放松，按同样的方法进行分配和传递。如此反复地将各结点轮流固定、放松，不断地进行力矩的分配和传递，则作用在结点上的不平衡力矩的数值将越来越小(因为分配系数和传递系数均小于 1)，直到传递弯矩的数值小到按计算精度的要求可以略去时，便可停止计算。这时，各结点经过逐次转动，也就逐渐逼近了其最后的平衡位置。

注意：放松结点的次序可以任取，并不影响最后的结果。但为了缩短计算过程，最好先放松不平衡力矩较大的结点。在本例题中，先放松结点 2 较好。

(4) 计算各杆的最后弯矩。将各杆端的固端弯矩、历次的分配弯矩和传递弯矩相加，即得各杆端的最后弯矩，由此绘制出弯矩图，如图 7-6(c)所示。

【例 7-5】 试用力矩分配法计算图 7-7(a)所示刚架，并绘制 M 图。$EI=$常数。

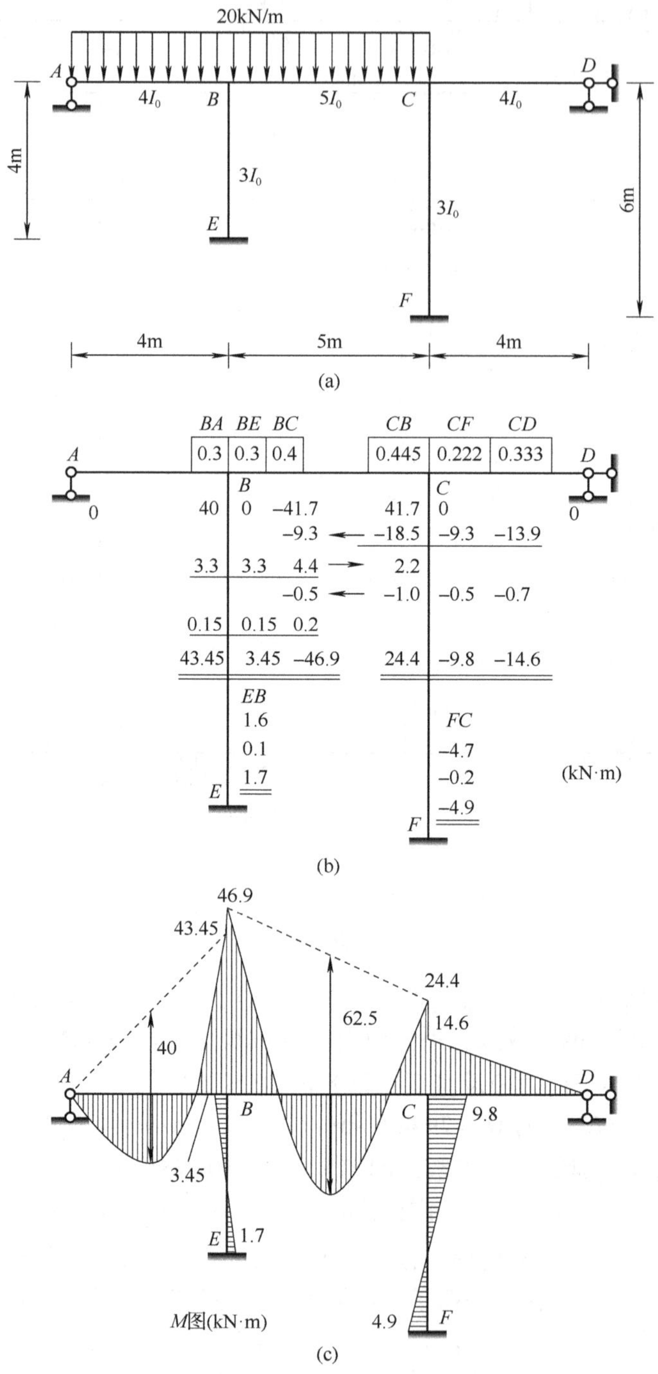

图 7-7

解：(1)计算分配系数。为了计算方便可设 $EI_0=1$，则有

$$i_{BA}=\frac{4EI_0}{4}=1，\quad i_{BC}=\frac{5EI_0}{5}=1，\quad i_{BE}=\frac{3EI_0}{4}=\frac{3}{4}，\quad i_{CD}=\frac{4EI_0}{4}=1，\quad i_{CF}=\frac{3EI_0}{6}=\frac{1}{2}$$

$$S_{BA}=3i_{BA}=3，\quad S_{BC}=S_{CB}=4i_{BC}=4$$

$$S_{BE}=4i_{BE}=3，\quad S_{CD}=3i_{CD}=3，\quad S_{CF}=4i_{CF}=2$$

结点B：

$$\mu_{BA}=\frac{S_{BA}}{\sum_{B}S}=\frac{S_{BA}}{S_{BA}+S_{BC}+S_{BE}}=0.3,\quad \mu_{BC}=\frac{S_{BC}}{\sum_{B}S}=\frac{S_{BC}}{S_{BA}+S_{BC}+S_{BE}}=0.4$$

$$\mu_{BE}=\frac{S_{BE}}{\sum_{B}S}=\frac{S_{BE}}{S_{BA}+S_{BC}+S_{BE}}=0.3$$

结点C：

$$\mu_{CB}=\frac{S_{CB}}{\sum_{C}S}=\frac{S_{CB}}{S_{CB}+S_{CD}+S_{CF}}=0.445,\quad \mu_{CD}=\frac{S_{CD}}{\sum_{C}S}=\frac{S_{CD}}{S_{CB}+S_{CD}+S_{CF}}=0.333$$

$$\mu_{CF}=\frac{S_{CF}}{\sum_{C}S}=\frac{S_{CF}}{S_{CB}+S_{CD}+S_{CF}}=0.222$$

(2)计算固定弯矩。由表6-2，得

$$M_{BA}^{\mathrm{F}}=\frac{20\times4^2}{8}=40(\mathrm{kN\cdot m}),\quad M_{BC}^{\mathrm{F}}=-\frac{20\times5^2}{12}=-41.7(\mathrm{kN\cdot m}),\quad M_{CB}^{\mathrm{F}}=\frac{20\times5^2}{12}=41.7(\mathrm{kN\cdot m})$$

$$M_{AB}^{\mathrm{F}}=M_{BE}^{\mathrm{F}}=M_{EB}^{\mathrm{F}}=M_{CD}^{\mathrm{F}}=M_{DC}^{\mathrm{F}}=M_{CF}^{\mathrm{F}}=M_{FC}^{\mathrm{F}}=0$$

(3)不平衡力矩的分配和传递。按先结点C后结点B的顺序分配和传递，计算如图7-7(b)所示。

(4)计算各杆的最后弯矩。将各杆端的固端弯矩、历次的分配弯矩和传递弯矩相加，即得各杆端的最后弯矩，由此绘制出弯矩图，如图7-7(c)所示。

7.4 力矩分配法求解对称结构

对于实际工程中对称的连续梁和刚架，作用有任意荷载，则可以分解为对称荷载和反对称荷载两部分分别进行计算。在对称荷载作用下，弯矩图和轴力图是对称的，而剪力图是反对称的；在反对称荷载作用下，弯矩图和轴力图是反对称的，而剪力图是对称的。利用上述性质，在对称结构中可只取半结构进行计算。

【例7-6】 计算图7-8(a)所示刚架，作M图。

解：(1)计算过程中取半结构如图7-8(c)所示，G和H为定向铰约束。

(2)计算分配系数，令$EI/3=i$，则有

$$S_{AG}=4i,\quad S_{AC}=S_{CA}=S_{CE}=4i,\quad S_{CH}=2i$$

结点A：

$$\mu_{AG}=0.5,\quad \mu_{AC}=0.5$$

结点C：

$$\mu_{CH}=0.2,\quad \mu_{CA}=0.4,\quad \mu_{CE}=0.4$$

各杆分配系数标于结点周围。

(3)计算固端弯矩。梁AB的固端弯矩可以根据原结构或半结构计算：

根据原结构 $M_{AB}^{\mathrm{F}}=-\frac{1}{12}\times20\times3^2=-15(\mathrm{kN\cdot m})$

根据半结构 $M_{AG}^{\mathrm{F}}=-\frac{1}{3}\times20\times1.5^2=-15(\mathrm{kN\cdot m})$

(4) 放松结点，按 $A \to C \to A \to C \to A$ 的次序进行。各杆端的固端弯矩、分配弯矩和传递弯矩写于此杆端的一旁。注意：放松结点 C 时，分配弯矩 M_{CA} 应向杆 AC 的上端传递。

(5) 作 M 图。图 7-8 (b) 即刚架的 M 图。

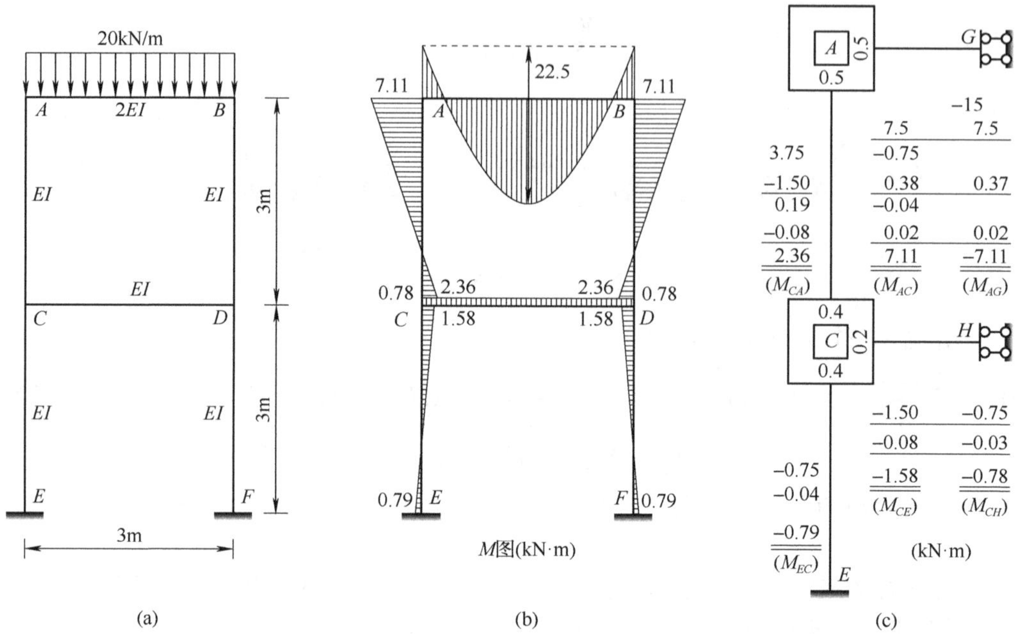

图 7-8

【例 7-7】　试求图 7-9 (a) 所示矩形衬砌在上部土压力作用下的弯矩图。

解：衬砌上方的土压力为均布荷载，荷载集度为 q，衬砌底部的反力也假设为均匀分布，则由平衡条件可知，底部竖向反力也为 q，计算简图如图 7-9 (b) 所示。

本例题中的结构和荷载对 x 轴和 y 轴都是对称的。因而对称轴 y 上的 E 点只有竖向位移，没有水平位移和角位移。同理，对称轴 x 上的 F 点只有水平位移，没有竖向位移和角位移。因此，只需取结构的 EAF 一段进行计算即可，在 E 点和 F 点分别施加定向铰支座约束，如图 7-9 (c) 所示。

本例题只有一个结点 A，转动刚度和分配系数如下。

转动刚度：

$$S_{AE} = \frac{2EI_1}{l_1} = 2i_1,\quad S_{AF} = \frac{2EI_2}{l_2} = 2i_2$$

式中，i_1 和 i_2 分别为横梁与竖柱原来的线刚度。

分配系数：

$$\mu_{AE} = \frac{2i_1}{2(i_1+i_2)} = \frac{i_1}{i_1+i_2},\quad \mu_{AF} = \frac{2i_2}{2(i_1+i_2)} = \frac{i_2}{i_1+i_2}$$

固端弯矩：

$$M_{AE}^{\mathrm{F}} = -\frac{1}{3}q\left(\frac{l_1}{2}\right)^2 = -\frac{1}{12}ql_1^2$$

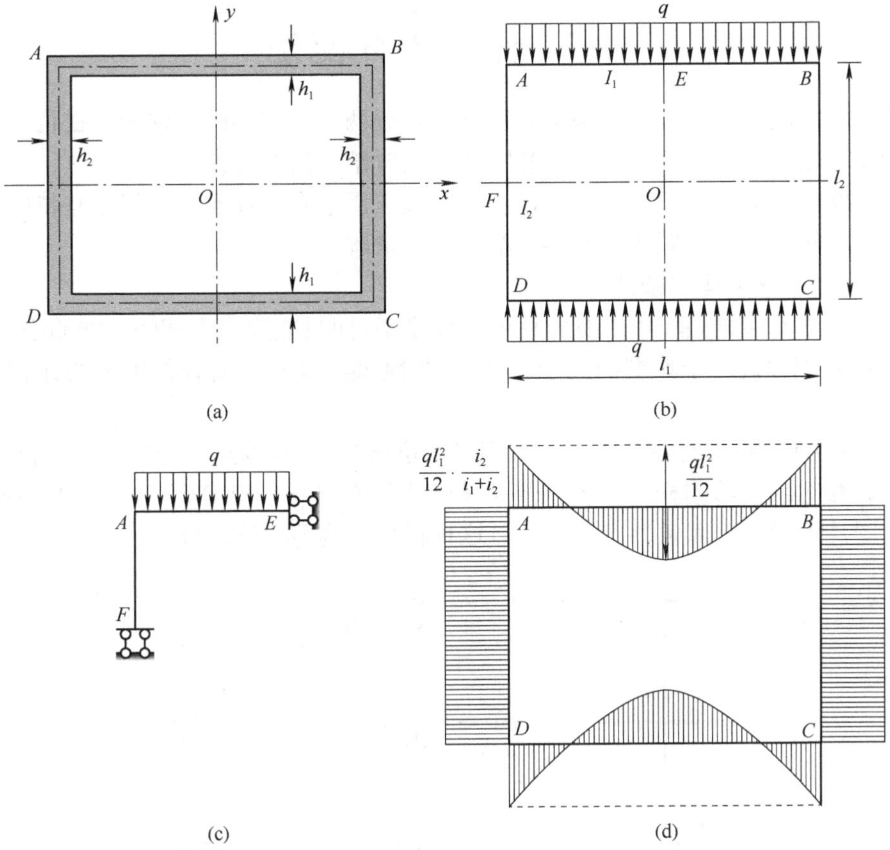

图 7-9

分配过程如图 7-10 所示。

求得结点 A 的弯矩后，利用对称性可知其他结点的弯矩值，最后绘制弯矩图，如图 7-9(d)所示。

讨论：

(1) 当竖柱刚度远大于横梁刚度时，即 $i_2 \gg i_1$，则 $i_2/(i_1+i_2)$ 趋近于 1(如 $i_2>20i_1$，误差在 5%以内)。梁端弯矩近似等于固端弯矩 $ql_1^2/12$，此时，竖柱对横梁而言，相当于固定端约束。

(2) 当横梁刚度远大于竖柱刚度时，即 $i_1 \gg i_2$，则 $i_2/(i_1+i_2)$ 趋近于 0。梁端弯矩近似等于 0，此时，竖柱对横梁而言，相当于铰链约束。

从例 7-7 可以看出：结构中的相邻部分(如本例题中的竖柱和横梁)是互为支承的，支承的作用不仅取决于构造做法，也与相对刚度有关。在本例题中，只要竖柱的线刚度 i_2 超过横梁线刚度 i_1 的 20 倍，横梁即可按两端固定的梁计算，此时梁端弯矩的误差在 5%以内。反之，只要横梁线刚度 i_1 超过竖柱的线刚度 i_2 的 20 倍，横梁即可按简支梁计算，此时横梁跨中弯矩的误差也在 5%以内。

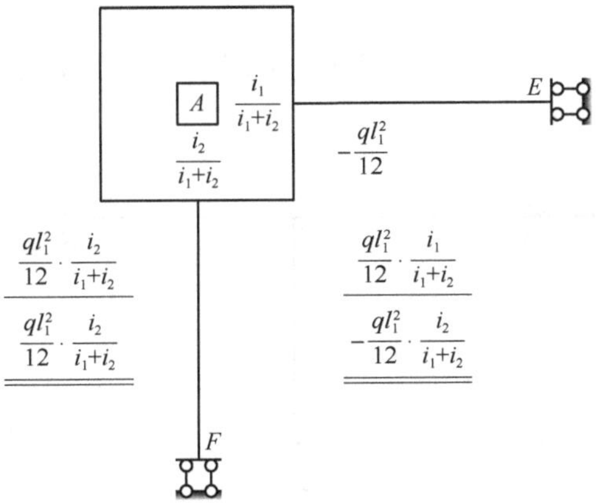

图 7-10

7.5　无剪力分配法

在位移法中，刚架分为无侧移刚架和有侧移刚架两类。它们的区别为：在位移法的基本未知量中，无侧移刚架只有角位移，有侧移刚架还包含结点的线位移。

力矩分配法是无侧移刚架的渐近法，不能直接应用于有侧移刚架。但某些特殊的有侧移刚架，仍可用与力矩分配法类似的无剪力分配法进行求解。

1．无剪力分配法的适用条件

无剪力分配法不能直接应用于有侧移的一段刚架，而只能应用于某些特殊的刚架。图 7-11(a)所示的有侧移半刚架是一个典型的例子(单跨对称刚架在反对称荷载作用下的计算可归为该类问题)。

在图 7-11(a)中，各梁的两端结点没有相对线位移(即没有垂直于杆轴的相对位移)，这种杆件称为两端无相对线位移的杆件。各柱的两端结点虽有侧移，但剪力是静定的。图 7-11(b)为各柱的剪力图，可根据平衡条件直接得出，这种杆件称为剪力静定杆件。

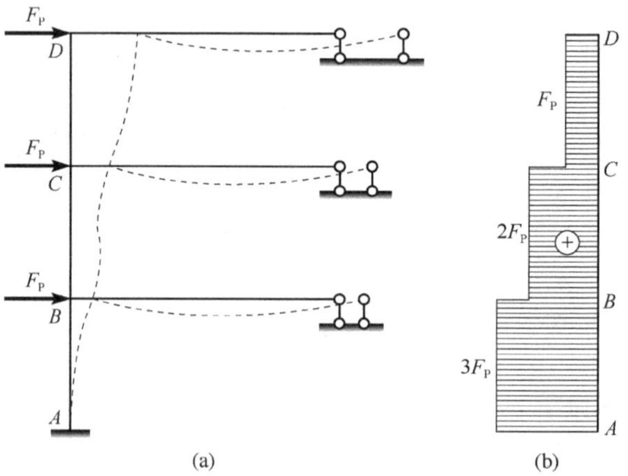

图 7-11

无剪力分配法的适用条件是：刚架中除杆端无相对线位移的杆件外，其余杆件都是剪力静定杆件。

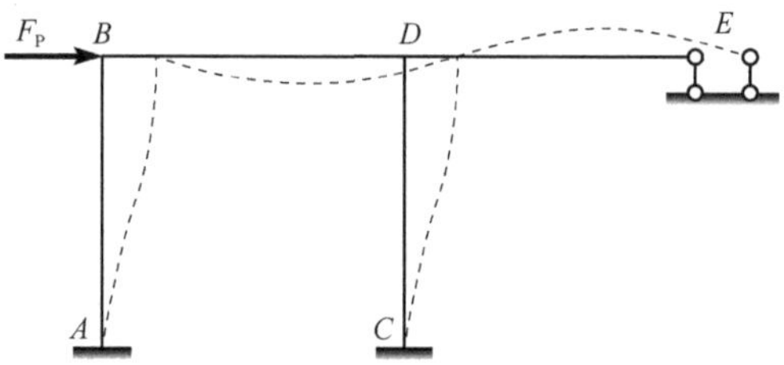

图 7-12

在图 7-12 所示的有侧移的刚架中，竖柱 AB 和 CD 既不是杆端无相对线位移的杆件，也不是剪力静定杆件。这种刚架不能直接用无剪力分配法求解。

在力矩分配法中讨论过杆端无相对线位移的杆件，也讨论过剪力静定杆件的某些简单情况。本节将重点对剪力静定杆件的各种情况作更详细的讨论。

2．剪力静定杆件的固端弯矩

采用无剪力分配法计算图 7-13(a)所示半刚架时，计算过程仍分为两步：第一步是锁住结点(只限制结点的角位移，而不限制结点的线位移)，求各杆的固端弯矩，如图 7-13(b)所示；第二步是放松结点(结点既产生角位移，也产生线位移)，求各杆的分配弯矩和传递弯矩，如图 7-13(c)所示，将两步求解结果相叠加，即得原刚架的杆端弯矩。

现在求图 7-13(b)中杆 AB 的固端弯矩。此杆的变形特点是：两端没有转角，但有相对侧移。

受力特点是：整根杆件的剪力是静定的，如顶点 A 处的剪力已知为零。因此，图 7-13(b) 中杆件 AB 的受力状态与图 7-13(d) 所示下端固定、上端滑动的杆 AB 相同。

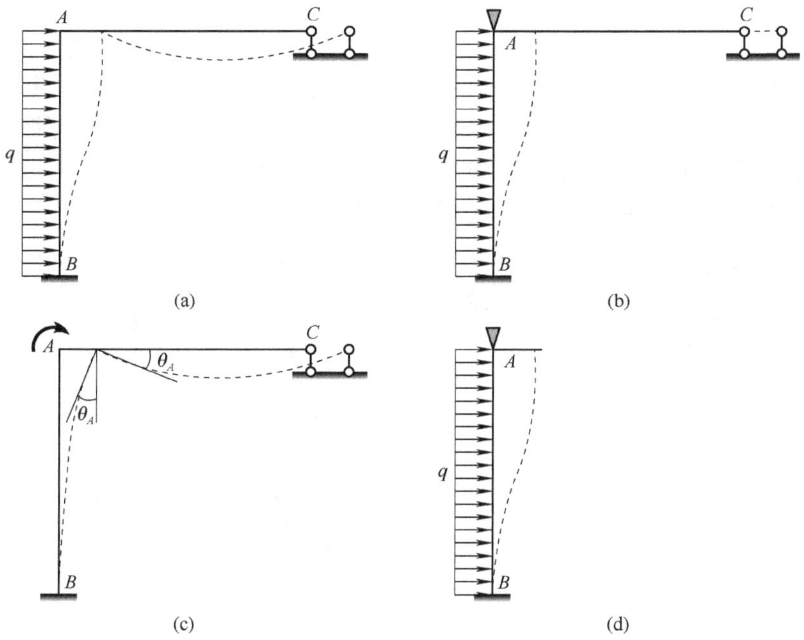

图 7-13

图 7-14(a) 为两层半刚架处于锁住状态。其中杆 ABC 的受力状态可用图 7-14(b) 表示，根据平衡条件可知，A 点下边截面的剪力为 F_{P1}，B 点下边截面的剪力为 $F_{P1}+F_{P2}$。因此，杆 AB 和 BC 的固端弯矩可分别由图 7-14(c) 和 (d) 所示情况求出。

总之，对于刚架中任何形式的剪力静定杆件，求固端弯矩的步骤是：先根据静力平衡条件求出杆端剪力，然后将杆端剪力看作杆端荷载，按该端滑动、另一端固定的杆件进行计算。

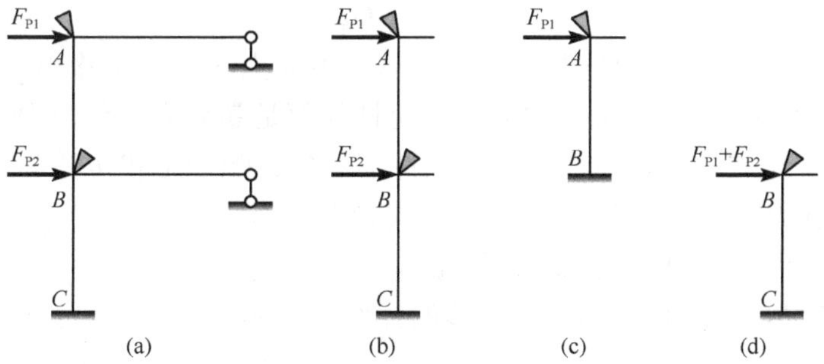

图 7-14

3. 零剪力杆件的转动刚度和传递系数

现在讨论图 7-13(b) 所示刚架在放松结点 A 时所引起的附加内力。放松结点 A 的约束，相当于在结点 A 施加一个与图 7-13(b) 中约束力偶相反的力偶荷载，如图 7-15(a) 所示。

在图 7-15(a) 中，杆 AB 的变形特点是：结点 A 既有转角，也有侧移。受力特点是：各截面剪力都为零，因而各截面的弯矩为一个常数。这种杆件称为零剪力杆件。因此，图 7-15(a) 所示杆 AB 的受力状态与图 7-15(b) 所示悬臂杆相同。当 A 端转动 θ_A 时，杆端力偶为

$$M_{AB}=i_{AB}\theta_A\text{，}\quad M_{BA}=-M_{AB}$$

由此可知，零剪力杆件的转动刚度为

$$S_{AB}=i_{AB} \tag{7-6}$$

传递系数为

$$C_{AB}=-1 \tag{7-7}$$

应当指出：在图 7-15(b)，固定端 B 的水平反力为零。因此，不妨把固定端 B 换成滑动支座，如图 7-15(c)所示。两者相比，内力状态、杆轴的弯曲变形和杆端转角都彼此相同，只是水平位移可能相差一个常数 $\varDelta_B$。因此，两者的转动刚度和传递系数也彼此相同。注意，图 7-15(c)中 B 点的水平位移 $\varDelta_B$ 是一个待定值，应考虑额外的位移条件才能确定。

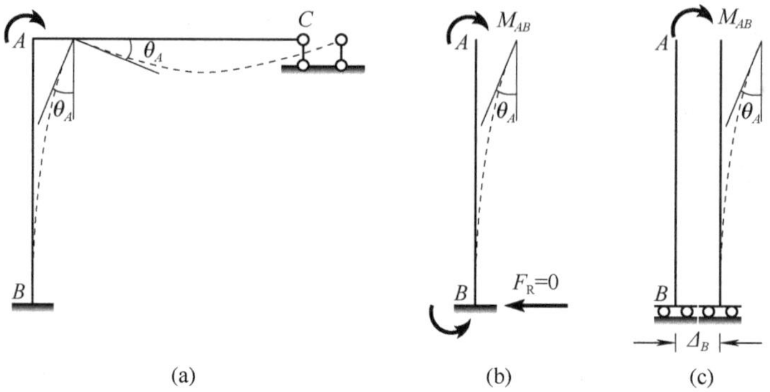

图 7-15

下面再考虑图 7-14 所示刚架在放松结点 B 时的情形。为此，考虑图 7-16(a)所示在结点 B 施加力偶荷载的情形。

现在讨论图 7-16(a)中杆 ABC 的变形状态，它可用图 7-16(b)来表示。由于杆 ABC 为零剪力杆，因此，其中 BC 段的受力情况如图 7-16(c)所示，即

$$S_{BC}=i_{BC}，\quad C_{BC}=-1$$

同时，杆 ABC 中的 AB 段的受力状态如图 7-16(d)所示，即

$$S_{BA}=i_{BA}，\quad C_{BA}=-1$$

至于图 7-16(d)中的水平位移可根据图 7-16(c)和(d)中 B 点的水平位移相等的条件进行确定。

总之，在结点力偶作用下，刚架中的剪力静定杆件都是零剪力杆件。因此，当放松结点时(结点既转动，又侧移)，这些杆件都是在零剪力条件下得到分配弯矩和传递弯矩，故称为无剪力分配。它们的转动刚度和传递系数都按式(7-6)和式(7-7)确定。

【例 7-8】 试作图 7-17 所示刚架的弯矩图。

解：刚架中的杆 BC 为杆端无相对线位移的杆件，杆 AB 为剪力静定杆件，故可采用无剪力分配法求解。

固端弯矩：

$$M_{BC}^{\mathrm{F}}=-\frac{3}{16}\times5\times4=-3.75(\mathrm{kN\cdot m})$$

$$M_{BA}^{\mathrm{F}}=-\frac{1}{6}ql^2=-\frac{1}{6}\times1\times4^2=-2.67(\mathrm{kN\cdot m})$$

$$M_{AB}^{\mathrm{F}}=-\frac{1}{3}ql^2=-\frac{1}{3}\times1\times4^2=-5.33(\mathrm{kN\cdot m})$$

转动刚度：

$$S_{BC}=3i_1=12，\quad S_{BA}=i_2=3$$

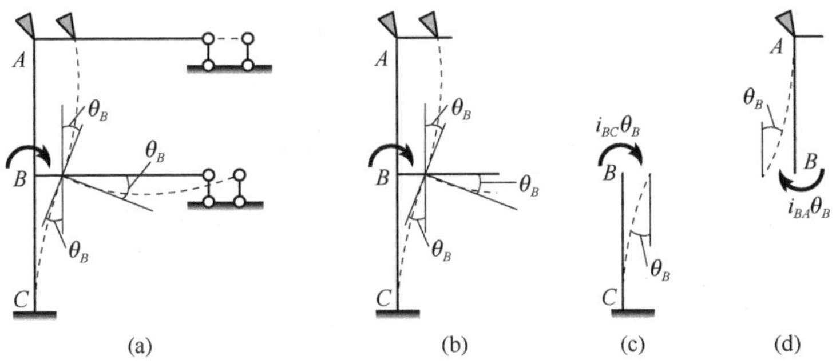

图 7-16

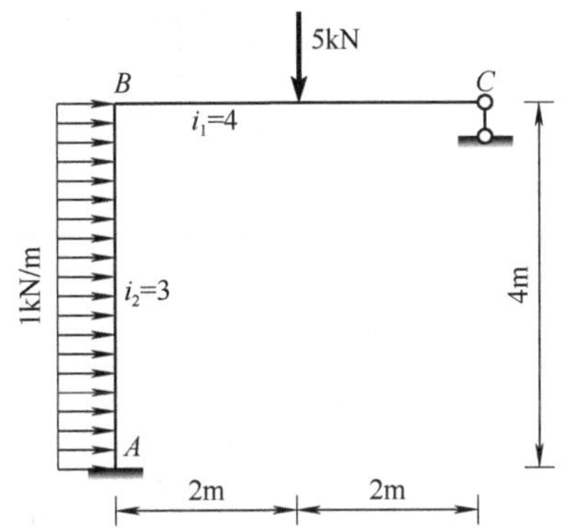

图 7-17

分配系数：

$$\mu_{BC}=0.8, \quad \mu_{BA}=0.2$$

杆 BA 的传递系数为-1。

无剪力分配的计算过程如图7-18(a)所示，M 图见图7-18(b)。

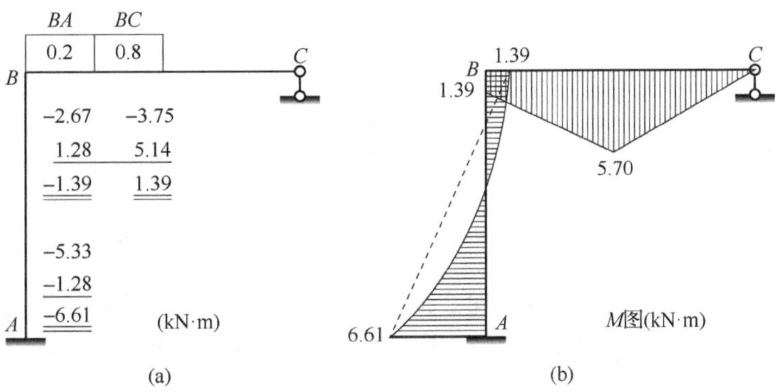

图 7-18

【例 7-9】 试作图 7-19(a)所示刚架在水平力作用下的弯矩图。

解：由于刚架为对称结构，故将荷载分为对称荷载和反对称荷载两部分。对称荷载不产生弯矩，不予考虑。图 7-19(b)为反对称荷载，可取图 7-19(c)所示的半刚架计算。其中横梁长度减少一半，故线刚度增大一倍。

(1)固端弯矩。立柱 AB 和 BC 为剪力静定杆件，由平衡方程可求得剪力为

$$F_{SAB}=4\text{kN}, \quad F_{SBC}=12.5\text{kN}$$

将杆端剪力看作杆端荷载，按图 7-19(d)所示杆件可求得固端弯矩：

$$M_{AB}^{F}=M_{BA}^{F}=-\frac{1}{2}\times4\times3.3=-6.6(\text{kN}\cdot\text{m})$$

$$M_{BC}^{F}=M_{CB}^{F}=-\frac{1}{2}\times12.5\times3.6=-22.5(\text{kN}\cdot\text{m})$$

(2)分配系数。

结点 A：

$$S_{AD}=3i_{AD}=3\times54=162, \quad S_{AB}=i_{AB}=3.5, \quad \sum S=165.5$$

故结点 A 的分配系数为

$$\mu_{AD}=\frac{162}{165.5}=0.9789, \quad \mu_{AB}=\frac{3.5}{165.5}=0.0211$$

结点 B：

$$S_{BE}=3i_{BE}=3\times54=162, \quad S_{BA}=i_{BA}=3.5, \quad S_{BC}=i_{BC}=5, \quad \sum S=170.5$$

故结点 B 的分配系数为

$$\mu_{BA}=\frac{3.5}{170.5}=0.0206, \quad \mu_{BC}=\frac{5}{170.5}=0.0293, \quad \mu_{BE}=\frac{162}{170.5}=0.9501$$

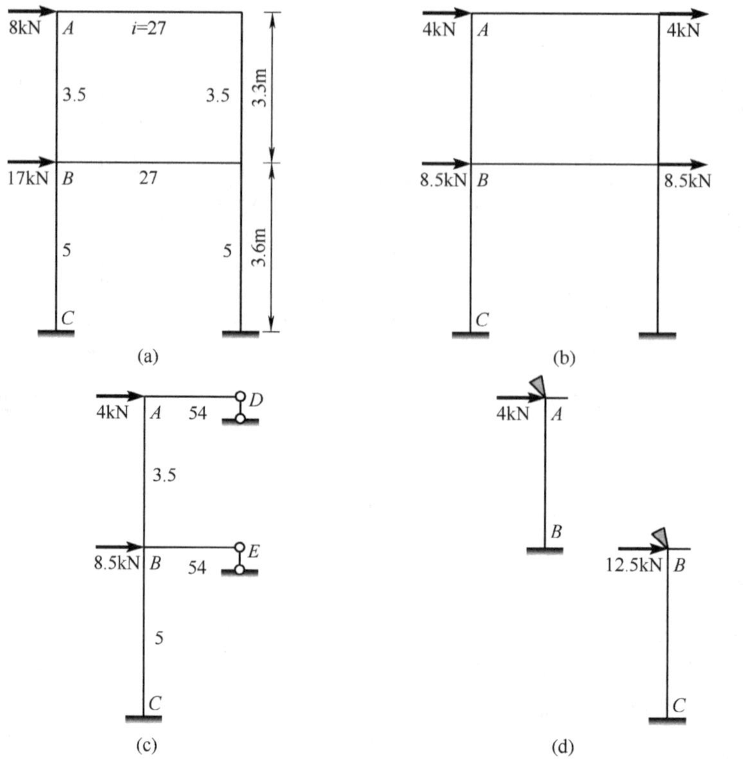

图 7-19

(3)力矩分配与传递。计算过程如图 7-20(a)所示，节点分配次序为 $B\to A\to B\to A$。注意，立柱的传递系数为-1。弯矩图如图 7-20(b)所示。

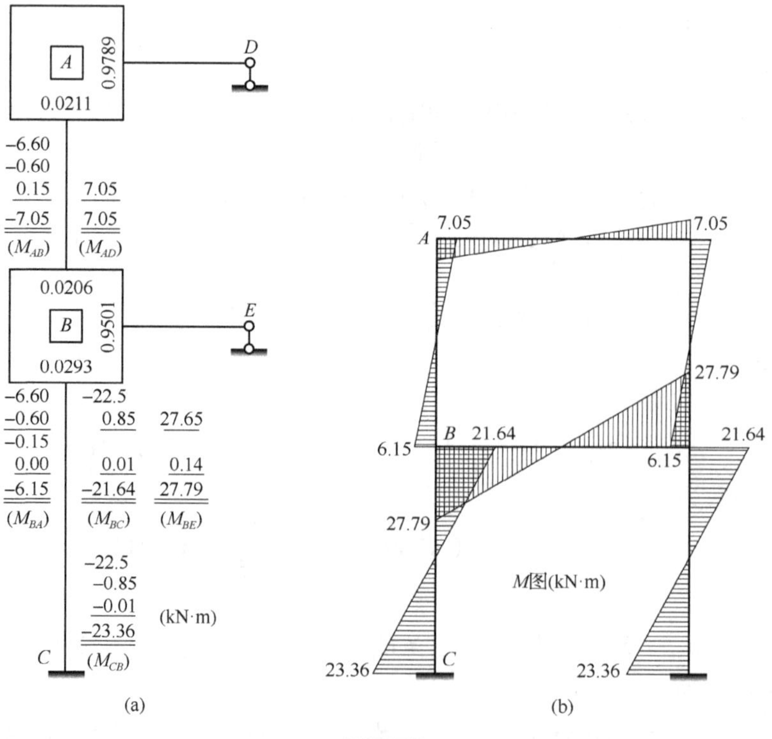

图 7-20

7.6 力矩分配法与位移法的联合运用

对于一般有结点线位移的刚架，前面介绍的力矩分配法和无剪力分配法均不适用。为此，可联合应用力矩分配法与位移法求解，用力矩分配法考虑角位移的影响，用修正的位移法考虑线位移的影响。下面以图 7-21(a)所示刚架为例，说明力矩分配法与位移法的联合运用。

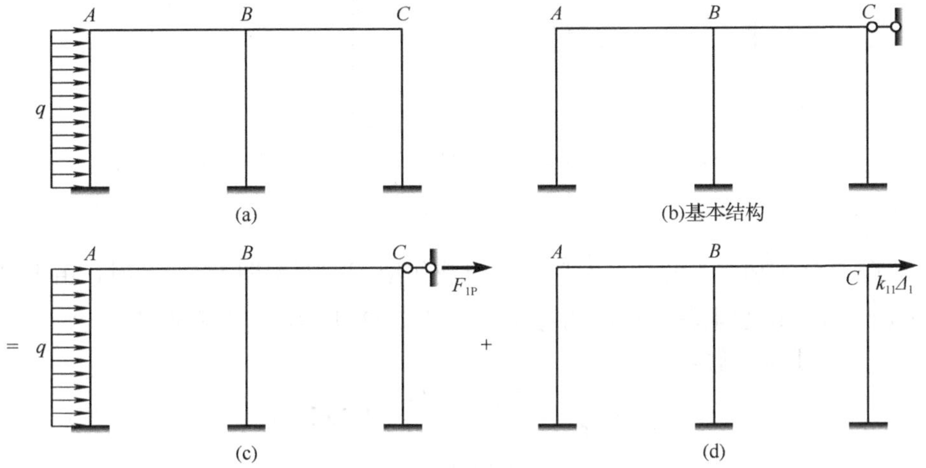

图 7-21

首先，对位移法进行如下修正：所取的基本未知量只包含线位移，而不包含角位移。所取的基本结构只控制结点的线位移，而不控制结点的角位移。根据上述修正的特点，修改后的位移法可称作“线位移法”，即以线位移为基本未知量的方法。以图 7-21(a)所示刚架为例，在线位移法中，只取水平梁的水平线位移 Δ_1 作为基本未知量，至于结点 A、B、C 的角位移均不作为基本未知量。

因此，在线位移法中，新的基本结构如图 7-21(b)所示，新的基本结构两个分解状态如图 7-21(c)、(d)所示。新的基本方程为

$$k_{11}\Delta_1 + F_{1P} = 0 \tag{7-8a}$$

则弯矩可表示为

$$M = \overline{M}_1\Delta_1 + M_P \tag{7-8b}$$

式中，F_{1P}、M_P 是新的基本结构在荷载作用下的附加反力和弯矩；k_{11}、$\overline{M}_1$ 是新的基本结构由于单位位移 $\Delta_1 = 1$ 而产生的附加反力和弯矩。

其次，在新的基本结构中，结点的线位移是给定的，只有结点的角位移是未知量，利用力矩分配法求解非常方便。因此，式(7-8a)、式(7-8b)中的 k_{11}、F_{1P}、$\overline{M}_1$、M_P 可利用力矩分配法求出。

最后，按式(7-8a)求解结点的线位移 $\Delta_1 = -F_{1P}/k_{11}$，然后利用式(7-8b)即可作出弯矩图。

概括起来，力矩分配法与位移法的联合是指：一方面，按照线位移法选定新的基本未知量、新的基本体系和新的基本方程。另一方面，按照力矩分配法求解新基本体系的 $\overline{M}_1$ 和 M_P 以及新基本方程中的 k_{11} 和 F_{1P}。这种联合既发挥了力矩分配法的优点，又体现了线位移法的简洁通用，从而取得博采众长的效果。

【例 7-10】 试求图 7-22 所示刚架的内力。

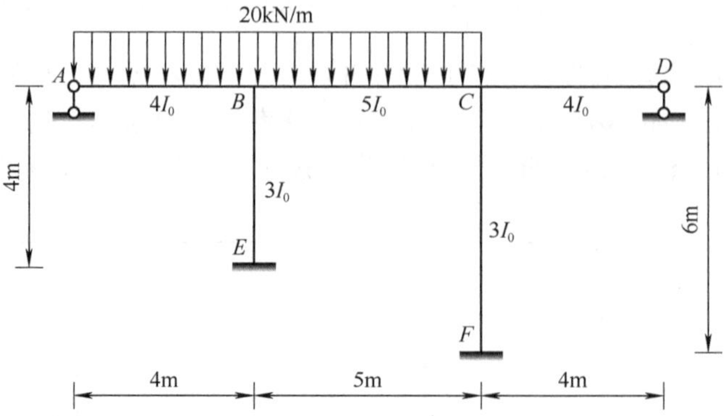

图 7-22

解：(1)在 D 处施加水平链杆，然后绘制荷载作用下的弯矩图 M_P 。此时，由于没有结点线位移，可采用力矩分配法求解，得出的弯矩图如图 7-23 所示，可参看例 7-5。

由杆端弯矩可求得柱底剪力：

$$F_{SEB}=-\frac{3.45+1.7}{4}=-1.29(\text{kN})$$

$$F_{SFC}=\frac{9.8+4.9}{6}=2.45(\text{kN})$$

再由整个刚架的平衡条件 $\sum F_x=0$ ，可求得

$$F_{1P}=2.45-1.29=1.16(\text{kN})\ (\rightarrow)$$

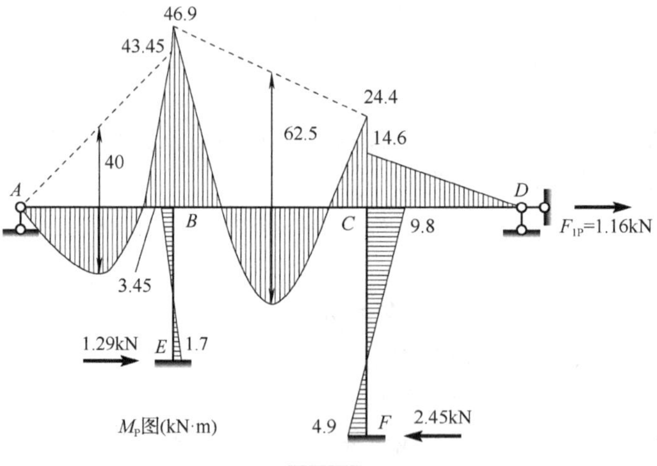

图 7-23

(2)作支座 D 向右产生单位位移时刚架的弯矩图 $\bar{M}_1$ 。由于假定结点的线位移 $\Delta_1=1$，可利用力矩分配法计算，为简化计算，可设 $EI_0=1$，计算后得到的弯矩图如图 7-24 所示。

由杆端弯矩可求得柱底剪力：

$$F_{SEB}=\frac{0.965+0.806}{4}=0.443$$

$$F_{SFC}=\frac{0.467+0.436}{6}=0.151$$

再由整个刚架的平衡条件求 k_{11}：

$$k_{11}=0.443+0.151=0.594\ (\rightarrow)$$

说明：此处 $\varDelta_1=1$ 并非真值，相应的 $\overline{M}_1$、F_S、k_{11} 也均非真值，故在运算中均不标注单位符号。

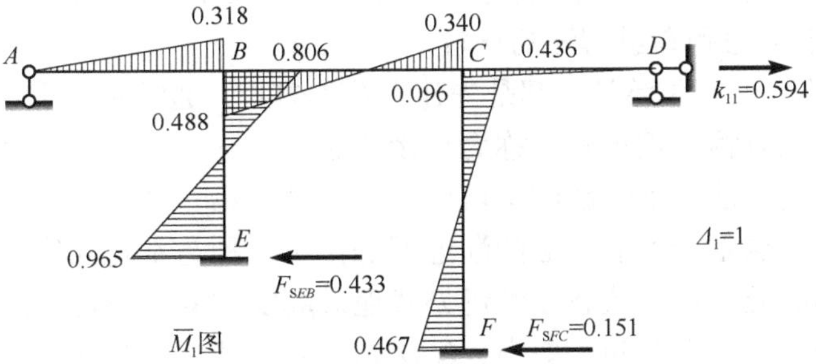

图 7-24

(3) 计算结点的水平位移 $\varDelta_1$。由位移法方程可得

$$\varDelta_1=-\frac{F_{1P}}{k_{11}}=-\frac{1.16}{0.594}=-1.95$$

(4) 作弯矩图。利用 $M=\overline{M}_1\varDelta_1+M_P$，即得最后的弯矩图，如图 7-25 所示。

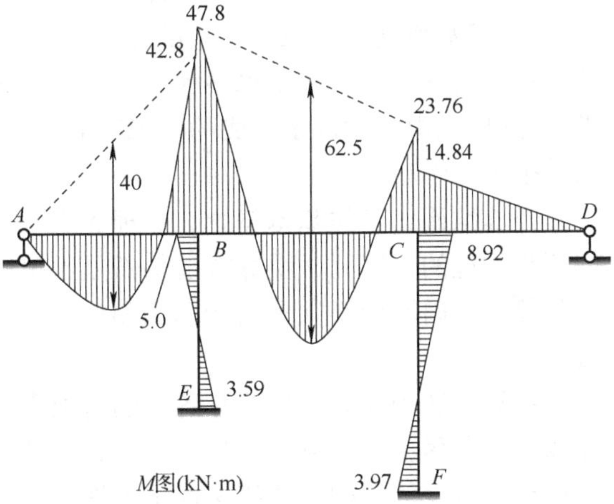

图 7-25

当结点的线位移多于一个时，也可以用类似的方法进行求解。现以具有两个线位移未知量 $\varDelta_1$、$\varDelta_2$ 的刚架为例，其计算过程如下。

(1) 在原结构上设置两个附加支座链杆，以控制线位移 $\varDelta_1$ 和 $\varDelta_2$，并以该无线位移的结构作为基本体系。

(2) 用力矩分配法求出基本结构在荷载作用下的 M_P、F_{1P}、F_{2P}。

(3) 在基本结构中令 $\varDelta_1=1$，用力矩分配法求解 $\overline{M}_1$、k_{11}、k_{21}。

(4) 在基本结构中令 $\varDelta_2=1$，用力矩分配法求解 $\overline{M}_2$、k_{12}、k_{22}。

(5) 位移法方程为

$$\left.\begin{array}{l}k_{11}\varDelta_1+k_{12}\varDelta_2+F_{1P}=0\\ k_{21}\varDelta_1+k_{22}\varDelta_2+F_{2P}=0\end{array}\right\}$$

由此求解 $\varDelta_1$ 和 $\varDelta_2$。

(6) 利用叠加公式 $M=\overline{M}_1\varDelta_1+\overline{M}_2\varDelta_2+M_P$ 作弯矩图。

7.7　超静定结构各类解法的比较和合理选用

超静定结构问题的解法可以从不同角度加以分类和比较。下面列出四种。

(1) 从选取基本未知量的方案来看，可分为力法和位移法。

(2) 从基本方程的表达形式来看，可分为传统形式(直接利用平衡条件和几何协调方程表达的形式)和能量形式。

(3) 从线性方程组的解法来看，可分为直接解法和渐近解法两类。

(4) 从所采用的计算手段来看，可分为手算方法和计算机方法两类。

本节仅就后两种分类和比较，作些补充讨论。此外，还对各种解法的合理选用进行简介。

1．基本方程直接解法和渐进解法的比较

第 5、6 章介绍的力法和位移法，都是先建立基本方程，通常是一组线性代数方程，然后采用直接法求解这组线性方程，这种解法称为直接解法。

另一类解法是渐近解法。渐近解法又可以分为两种：第一种仍是先建立基本方程，但解方程组时采用迭代解法，这是一种后半截的渐近解法；第二种是不建立线性代数方程组，而是根据力学概念，使结构的受力变形状态以渐近方式逼近真实的受力变形状态，这是一种全过程的渐近法。本章介绍的力矩分配法和无剪力分配法属于后一种渐近解法。

渐近过程既可以按照位移法的思路进行，也可以按照力法的思路进行。力矩分配法和无剪力分配法是以位移法为基础的渐近解法，实质上都是以独立的结点位移作为基本未知量，不过改用杆端力矩进行计算。在渐近过程中的每一步，结构的几何协调条件自始至终都得到满足，而结构的平衡条件则是以渐近方式在最后一步才在允许误差范围内得到满足。这种渐近过程是根据位移法的思路进行的。此外，以力法为基础的渐近法在理论上是成立的，但在实际实施过程中，由于收敛速度一般较慢，没有得到广泛的应用。

2．手算方法和计算机方法的比较

结构力学学科是在手算条件下逐步形成的，经典结构力学讲的都是手算方法。计算结构力学是 20 世纪中叶才逐步形成的，计算结构力学是借助于计算机采用数值方法解决结构力学问题的一个分支学科。

经典结构力学的基本概念、原理和方法是学科的基础内容。这些基础内容通常是靠手算来理解和掌握的。因此，手算方法仍然是不可缺少的学习内容。但是，手算只能分析小型问题，要验算大型问题则必须采用计算机和计算机方法。因此，计算机方法在结构力学中的地位显得日益重要。

手算方法和计算机方法有各自的着眼点：手算怕烦，机算怕乱。在手算方法中，总是希望计算工作量尽量少一点，而基本未知量的数量是影响计算工作量的主要因素。凡是多余约束多而结点位移少的结构，位移法优于力法，势能法优于余能法；反之，则力法优于位移法，余能法优于势能法。在计算机方法中，则重点着眼于计算过程的程序化并采用矩阵的形式。矩阵位移法有使计算过程易于实现程序化的优点，因而得到广泛的应用；目前，矩阵力法则应用较少。

3．超静定结构解法的合理选用

关于计算方法的合理选用问题，从手算和机算的角度看，观点并不相同。

从机算角度来看，一般都选用矩阵位移法，用一个通用程序就可以对各种形式的静定和超静定结构进行计算。机算看重程序化和通用性。

从手算角度来看，省事且能满足精度要求的方法就是好方法、合理的方法。手算看重工作量，欣赏机智、灵气和多样性。

下面主要从手算角度，针对不同的结构形式，说明计算方法的合理选用。

(1) 超静定桁架。超静定桁架结构由于结点位移太多，宜采用力法求解。但计算桁架次应力时，以力矩分配法为宜。

(2) 超静定拱。两铰拱和无铰拱需要用力法求解。计算连续拱时，可取曲杆为单元，使用位移法或力矩分配法。

(3)连续梁。刚性支座上的连续梁，最宜采用力矩分配法。弹性支座上的连续梁，宜采用力法或位移法。

(4)刚架。无结点线位移的刚架，如图7-26(a)所示，可采用力矩分配法。无结点角位移的刚架，如图7-26(b)、(c)所示，可采用位移法或剪力分配法。超静定次数少而结点位移较多的刚架，如图7-26(d)所示，可采用力法。多层刚架可采用无剪力分配法、力矩分配法或近似法求解。

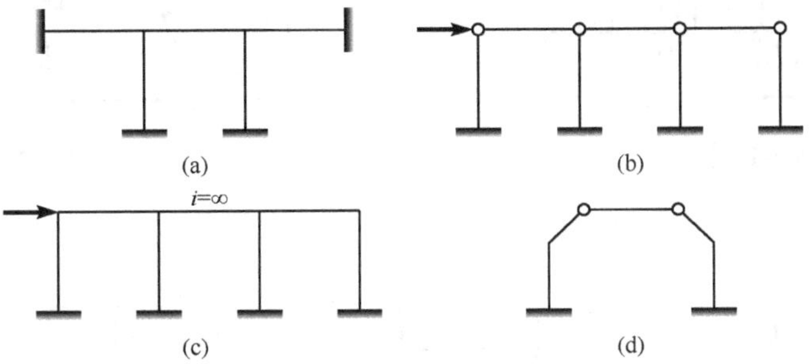

图7-26

可以考虑几种方法的联合应用，如力法和位移法的联合应用，位移法和力矩分配法的联合应用，力矩分配法和无剪力分配法的联合应用，力法和力矩分配法的联合应用。

对称结构受任意荷载作用时，可以把荷载分为对称荷载和反对称荷载两部分。这时，在对称荷载和反对称荷载作用下的结构，可以采用各自适宜的方法进行计算。如图7-27(a)和图7-28(a)所示的结构，在对称荷载作用下(图7-27(b)和图7-28(b))，可用力矩分配法进行计算；在反对称荷载作用下(图7-27(c)和图7-28(c))，可采用力法或无剪力分配法进行计算。

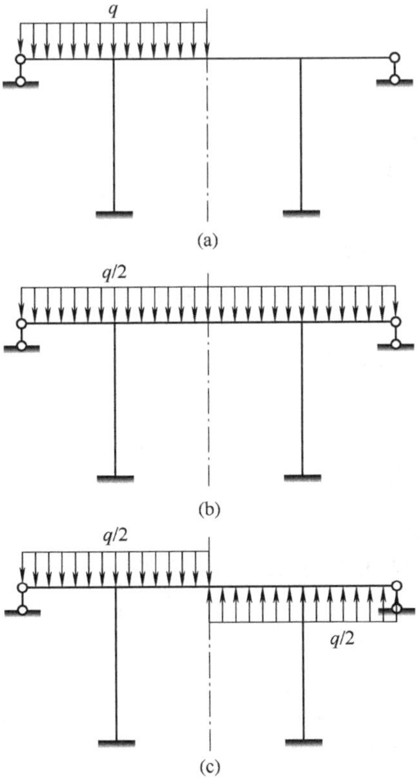

图7-27

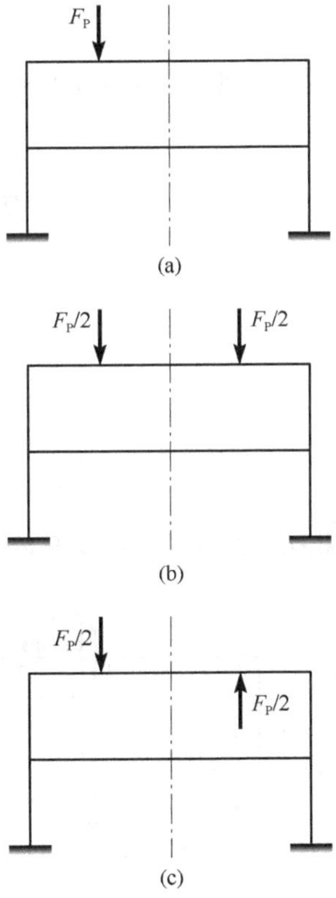

图7-28

习　　题

7-1 试用力矩分配法计算图示结构，并绘制 M 图。

7-2 试用力矩分配法计算图示结构，并绘制 M 图，$EI=$常量。

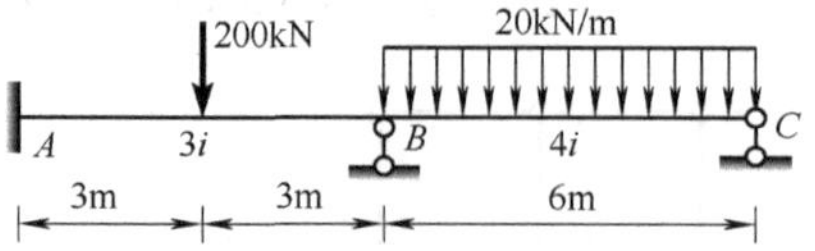

题 7-1 图

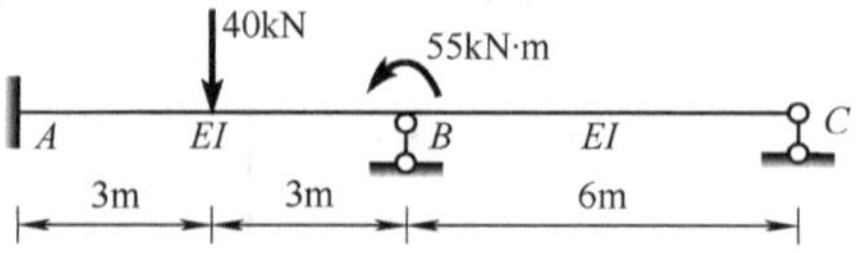

题 7-2 图

7-3 试用力矩分配法计算图示连续梁，并绘制 M 图。

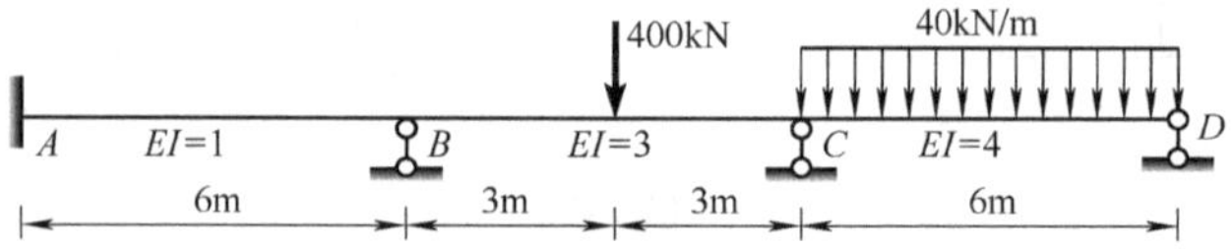

题 7-3 图

7-4 试用力矩分配法计算图示连续梁，并绘制 M 图，$EI=$常量。

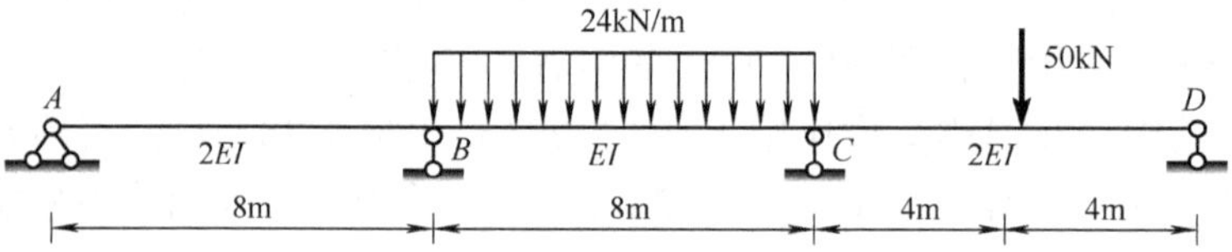

题 7-4 图

7-5 试用力矩分配法计算图示结构，并绘制 M 图。

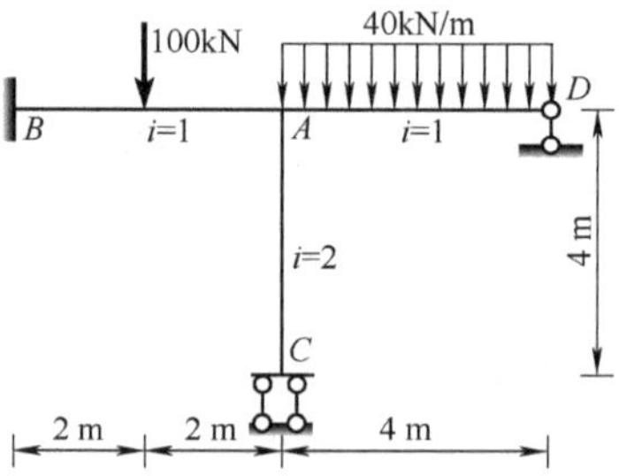

题 7-5 图

7-6 试用力矩分配法计算图示结构，并绘制 M 图，$EI=$常量。

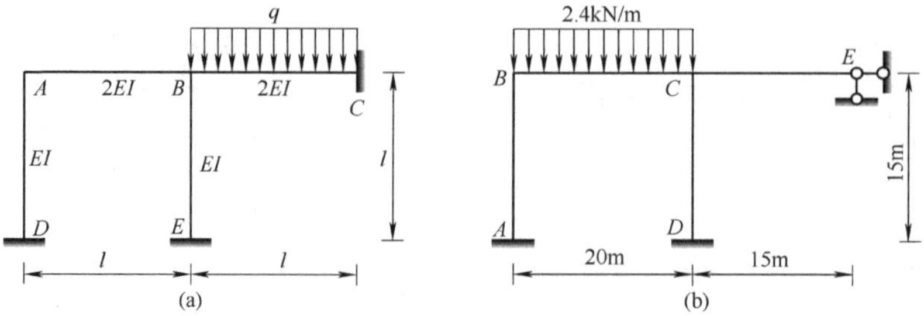

题 7-6 图

7-7　试作图示刚架的 M 图，设 EI = 常量 。

7-8　试作图示刚架的 M 图。

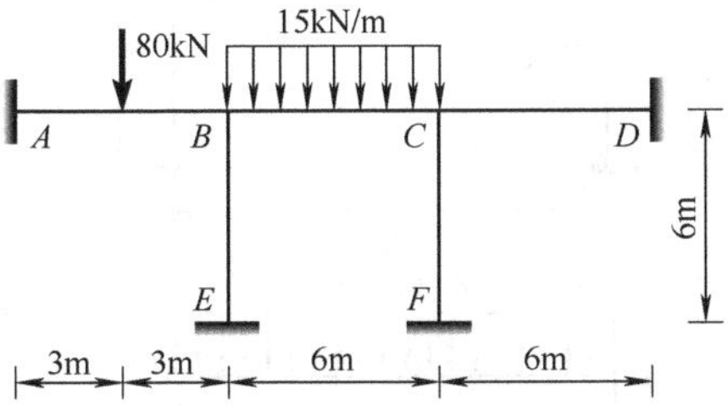

题 7-7 图

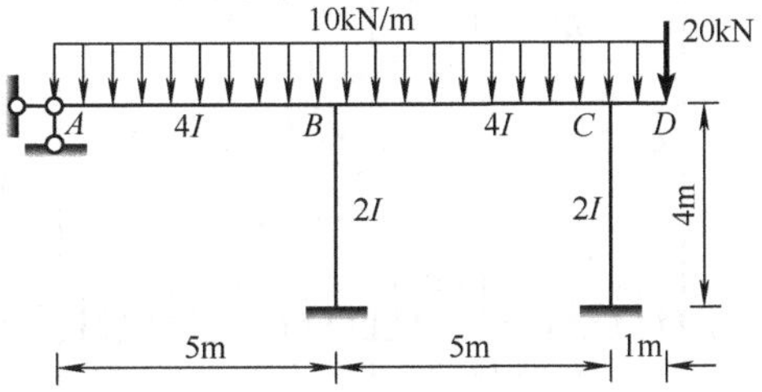

题 7-8 图

7-9　试作图示刚架的 M 图，设 EI = 常量 。

7-10　试作图示刚架的 M 图，设 EI = 常量 。

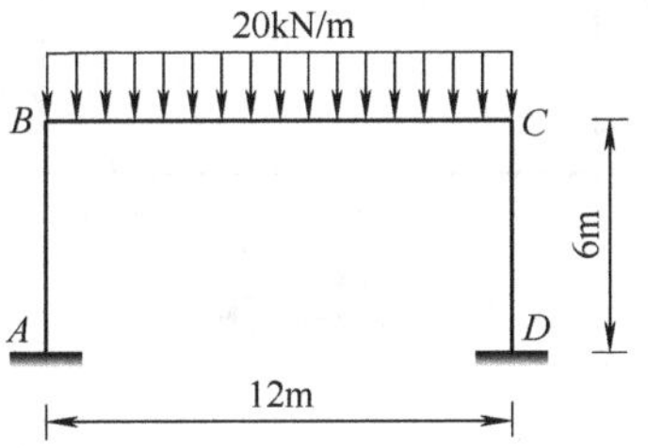

题 7-9 图

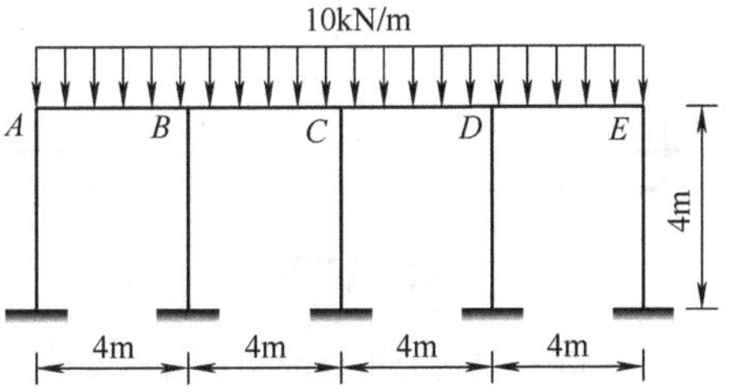

题 7-10 图

7-11　试作图示刚架的 M 图。

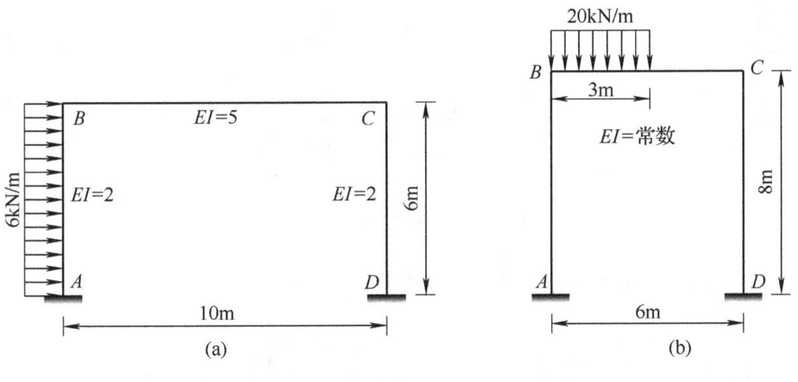

题 7-11 图

7-12　试作图示对称刚架受对称荷载作用的 M 、 F_S 、 F_N 图，图中 EI 为相对值。

7-13　试作图示刚架的 M 图。

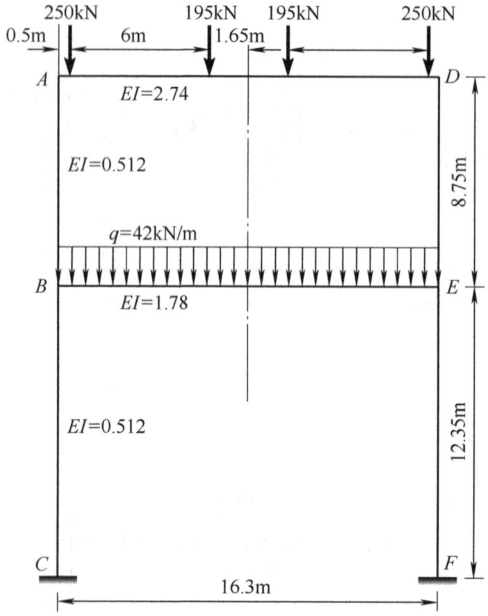

题 7-12 图

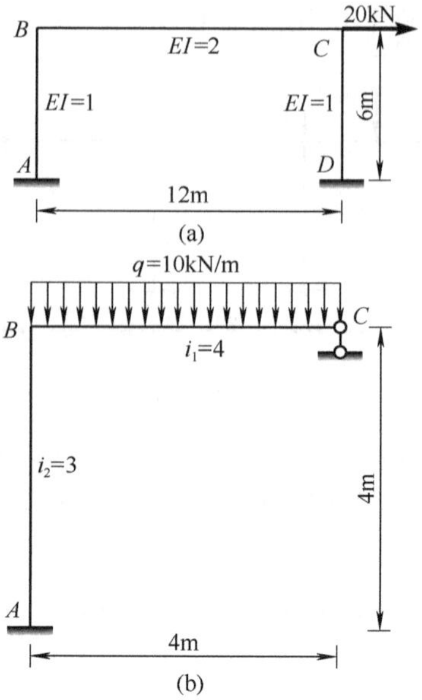

题 7-13 图

7-14 试联合应用力矩分配法和位移法计算图示刚架。

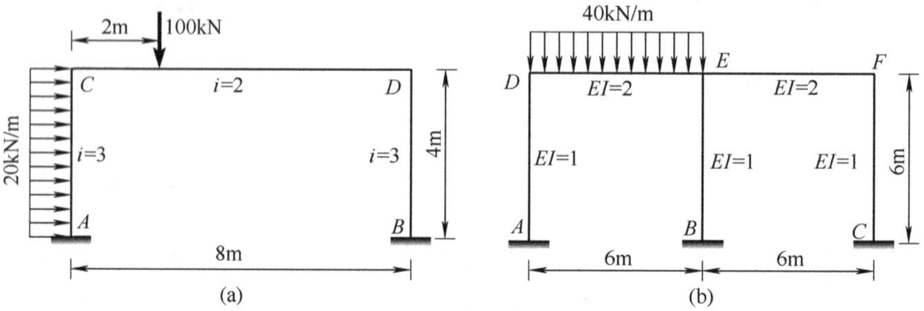

题 7-14

7-15 试联合应用力矩分配法和位移法计算图示刚架。

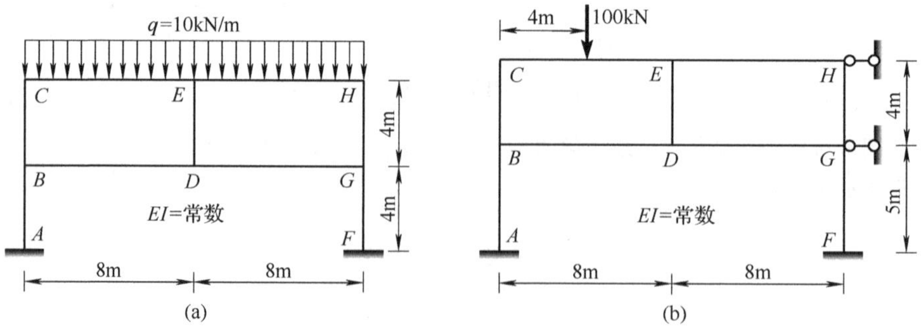

题 7-15

第8章 影 响 线

主要内容

本章主要讨论在移动荷载作用下静定结构反力和内力的影响线的作法及应用。绘制影响线的理论依据主要是静力平衡方程(静力法)和虚功原理(机动法)。主要内容涉及移动荷载和影响线的概念，静力法(或机动法)绘制静定结构的反力和内力影响线，影响线的应用，最不利荷载位置的确定及简支梁的内力包络图和绝对最大弯矩。

学习要求

掌握影响线的概念；学会用静力法和机动法绘制单跨静定梁、静定桁架、简单刚架的反力和内力影响线；掌握间接荷载作用下影响线的绘制方法；掌握利用影响线确定固定荷载下结构的反力和内力；掌握利用影响线确定静定结构在移动荷载作用下最不利荷载位置及简支梁的绝对最大弯矩；了解简支梁的内力包络图的绘制方法。

8.1 概 述

前面几章讨论结构的内力计算时，荷载的作用位置是固定不变的，这种荷载称为固定荷载。但一般工程结构除承受固定荷载作用外，还要受到移动荷载的作用。移动荷载是指作用在结构上荷载的大小、方向不变而其作用位置发生变化的荷载。如火车和汽车通过桥梁时车辆的轮压，工业厂房中在吊车梁上行驶的吊车轮压等，对结构而言就是移动荷载。显然，在移动荷载作用下，结构的反力和内力将随着荷载位置的移动而变化。因此，在结构设计中，必须求出移动荷载作用下反力和内力的最大值，以此作为结构设计的依据。

在本章中，着重讨论结构在移动荷载作用下的内力计算问题。主要分析研究以下两个问题。

(1)结构在移动荷载作用下，结构的反力和内力的变化规律。

(2)结构在移动荷载作用下，使结构的反力和内力产生极值时，移动荷载的位置。这个位置称为该量值的最不利荷载位置。当最不利荷载位置确定后，计算某量值问题即迎刃而解。

实际工程中的移动荷载通常是由一系列间距不变的竖向荷载所组成的，而其类型是多种多样的，不可能逐一加以研究讨论，而只需抽出其中的共性进行典型分析。移动荷载中的典型情况就是单位移动荷载 $F_P=1$，为此，可先研究一个单位移动荷载($F_P=1$)单独作用在结构上移动时，研究某量值的变化规律。找出使该量值产生极值时单位移动荷载的作用位置，然后根据叠加原理，就可以顺利地解决各种移动荷载作用下某量值的计算问题和最不利荷载位置的确定问题。

为了直观、清晰表达某量值的变化规律，把某量值随单位移动荷载的移动而变化的规律用图形表示出来，这种图形称为该量值的影响线。影响线是研究移动荷载作用问题的基本工具。下面举例说明影响线的概念。

图 8-1(a)为一跨度为 l 的简支梁 AB，当单位移动荷载 $F_P=1$ 在梁上移动时，现讨论支座反

力 F_{RB} 的变化规律。

取 A 点作为坐标原点，用 x 表示荷载 $F_P=1$ 作用点的横坐标。注意这里荷载作用点的位置 x 是变量，这种表示方法即体现了单位竖向荷载 $F_P=1$ 为移动荷载。y 为影响线的纵坐标，它表示量值 F_{RB} 的大小。

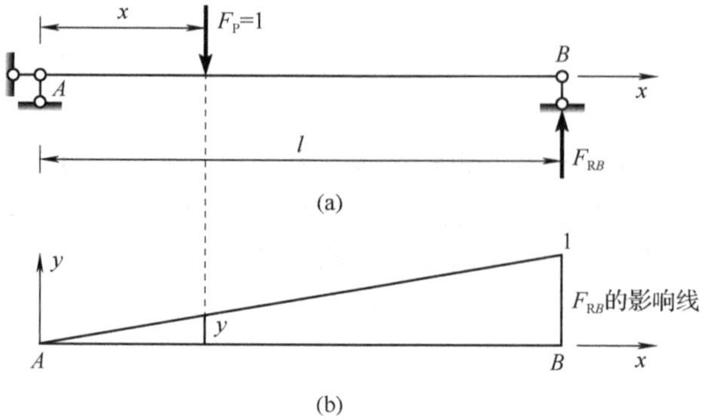

图 8-1

当荷载 $F_P=1$ 在梁上任意位置 x（$0\leqslant x\leqslant l$）时，利用平衡方程可求出支座反力 F_{RB}：

$$\sum M_A(F)=0\text{，}\quad F_P x-F_{RB}l=0$$

得

$$F_{RB}=\frac{x}{l}F_P=\frac{x}{l}\quad (0\leqslant x\leqslant l)$$

上式称为支座反力 F_{RB} 的影响线方程，根据此方程可求出荷载 $F_P=1$ 在梁上任何作用位置时支座反力 F_{RB} 的值。用图形表示这个方程，称为支座反力 F_{RB} 的影响线。由于支座反力的值是 x 的一次式，故 F_{RB} 的影响线为一条直线。只要定出直线上两点的纵坐标，即可画出该影响线。当 $x=0$ 时，$F_{RB}=0$；当 $x=l$ 时，$F_{RB}=1$。将两个纵坐标连成直线，便得到支座反力 F_{RB} 的影响线，如图 8-1(b)所示。为了简便起见，以后在绘制某量值的影响线时不必标出坐标系，但需注明符号。

图 8-1(b)所示的影响线形象地表明支座反力 F_{RB} 随荷载 $F_P=1$ 的移动而变化的规律。当荷载 $F_P=1$ 从 A 点开始，逐渐向 B 点移动时，支座反力 F_{RB} 则相应地从零开始，按直线规律逐渐增大，最后达到最大值 $F_{RB}=1$。

以上以简支梁支座反力 F_{RB} 的影响线说明影响线的概念和绘制方法。由此，可引出影响线的定义如下：当一个指向不变的单位集中荷载沿结构移动时，表示某一指定量值变化规律的图形，称为该量值的影响线。影响线上任一点的横坐标 x 表示单位移动荷载的位置，纵坐标 y 表示单位移动荷载 $F_P=1$ 作用于此点时该量值的大小。某量值的影响线一经绘出，便可以利用它确定实际移动荷载作用下对该量值而言的最不利荷载位置问题，进而求出该量值的最大值。

影响线的特点如下。

(1) 某量值的影响线是根据单位集中移动荷载作用在结构上而绘制出的。

(2) 某量值的影响线只能表示该量值的变化规律，与其他处的各项物理量无关。即使在同一个截面上，若物理量不同，则其影响线的形状及表示的物理意义也不相同。

在绘制影响线时，反映单位移动荷载 $F_P=1$ 的作用范围，垂直于 $F_P=1$ 的直线称为基线，即图 8-1(b)中的水平线 AB。通常规定其量值为正值的竖标画在基线的上方，反之，画在基线的下方。由于 $F_P=1$ 是量纲为单位 1 的力，因此，支座反力 F_{RB} 的影响线的纵坐标的量纲也为单位 1，即通常所说的无单位。下面先讨论影响线的绘制方法，然后讨论影响线的应用。

8.2　静力法绘制单跨简支梁和外伸梁的影响线

绘制影响线的基本方法有两种，即静力法和机动法。

用静力法绘制某量值的影响线，就是以单位移动荷载 $F_P=1$ 的作用位置 x 为变量，利用静力平衡条件求出所求量值与荷载位置 x 之间的函数关系式，这种关系式称为该量值的影响线方程，根据影响线方程绘制出该量值的影响线图形，这种绘制影响线的方法称为静力法。8.1 节中支座反力 F_{RB} 的影响线就是用静力法绘制的，本节通过绘制简支梁的支座反力 F_{RA} 和某指定截面 C 的弯矩和剪力影响线进一步说明静力法。

8.2.1　简支梁的影响线

1. 支座反力影响线

设要绘制图 8-2(a)所示简支梁反力 F_{RA} 的影响线。为此，可取 A 为原点，x 轴向右为正，将单位集中移动荷载 $F_P=1$ 放在任意位置，距 A 点为 x。取全梁为隔离体，并设支座反力方向以向上为正，如图 8-2(a)所示。由平衡条件 $\sum M_B(F)=0$，则有

$$F_{RA}l-F_P(l-x)=0$$

得

$$F_{RA}=\frac{l-x}{l}F_P=\frac{l-x}{l}\quad(0\leqslant x\leqslant l)$$

上式即支座反力 F_{RA} 的影响线方程。由此方程可知，F_{RA} 的影响线也是一条直线。当 $F_P=1$ 在 A 点时，$x=0$，$F_{RA}=1$；当 $F_P=1$ 在 B 点时，$x=l$，$F_{RA}=0$。利用这两个竖距便可以画出 F_{RA} 的影响线，如图 8-2(b)所示。

简支梁支座反力 F_{RB} 的影响线已在 8.1 节中讨论过，其影响线方程为

$$F_{RB}=\frac{x}{l}\quad(0\leqslant x\leqslant l)$$

由此画出 F_{RB} 的影响线，如图 8-2(c)所示。

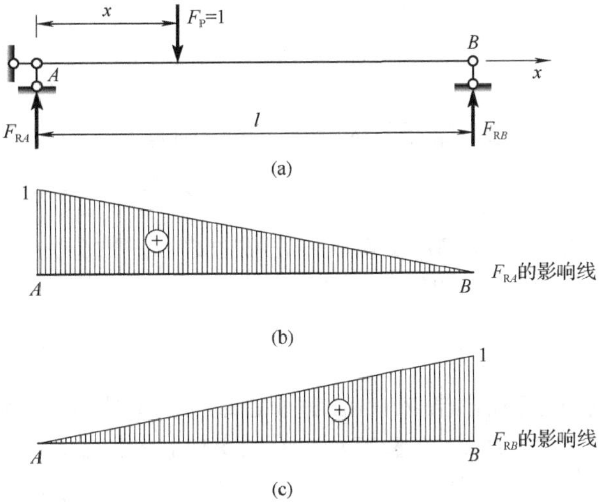

图 8-2

2. 剪力影响线

设要绘制图 8-3(a)所示简支梁某指定截面 C 的剪力 F_{SC} 的影响线。仍取 A 为原点，以 x 表示单位集中移动荷载 $F_P=1$ 的位置。当 $F_P=1$ 在截面 C 以左或以右移动时，剪力 F_{SC} 的影响方程有不同的表示式，应当分别考虑。

当 $F_P=1$ 在截面 C 以左的梁段 AC 上移动时，为了计算简便，可取截面 C 以右部分为隔离体，并以绕隔离体顺时针方向转的剪力为正，由 $\sum F_y=0$，则有

$$F_{SC}=-F_{RB}\quad(0\leqslant x\leqslant a)$$

上式表明，在 AC 段内，F_{SC} 的影响线与 F_{RB} 的影响线相同，但正负号相反。因此，可先作 F_{RB} 的影响线，反号后画在基线的下面，并取其 AC 段(至于 CB 段则舍弃不用)，即得 F_{SC} 影响线的左直线，如图 8-3(b)所示。C 点的竖标可按比例关系求得为 $-a/l$。

同理，当 $F_P=1$ 在截面 C 以右的梁段 CB 上移动时，可取截面 C 以左部分为隔离体，由 $\sum F_y=0$，则有

$$F_{SC}=F_{RA}\quad(a\leqslant x\leqslant l)$$

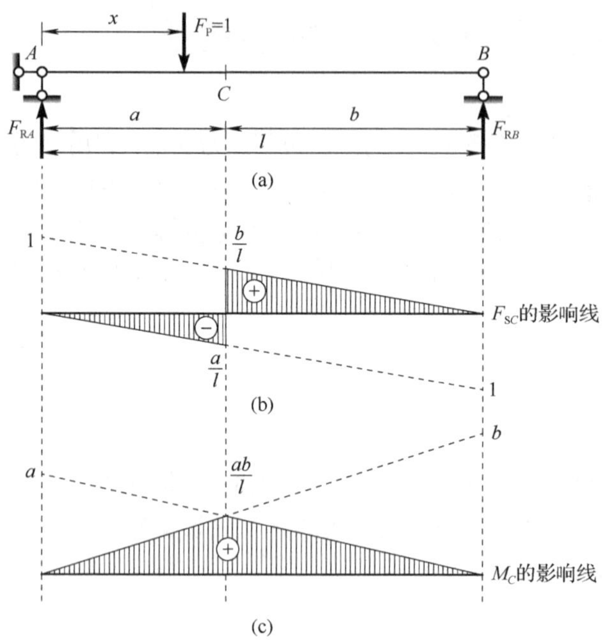

图 8-3

上式表明，在 CB 段内，F_{SC} 的影响线与 F_{RA} 的影响线相同。因此，可先作 F_{RA} 的影响线，并取其 CB 段，即得 F_{SC} 影响线的右直线，如图 8-3(b)所示。C 点的竖标可按比例关系求得为 b/l。

由以上分析可知，F_{SC} 影响线由两段相互平行的直线组成，其竖标在 C 点处有一突变，也就是当 $F_P=1$ 由 C 点的左侧移动到其右侧时，截面 C 的剪力值将发生突变，突变值即等于 1。当 $F_P=1$ 正好作用在 C 点时，F_{SC} 值是不确定的。剪力影响线的竖标为量纲为 1 的量。

3. 弯矩影响线

设要绘制某指定截面 C 的弯矩 M_C 的影响线，如图 8-3(a)所示。仍分成两种情况（$F_P=1$ 作用在截面 C 以左和以右）分别考虑。

当 $F_P=1$ 在截面 C 以左的梁段 AC 上移动时，可取截面 C 以右部分为隔离体，并以使梁下边纤维受拉的弯矩为正，则有

$$M_C=F_{RB}b=\frac{x}{l}b \qquad (0\leqslant x\leqslant a)$$

由此可知，M_C 的影响线在截面 C 以左部分为一条直线。

当 $x=0$ 时，　$M_C=0$

当 $x=a$ 时，　$M_C=\frac{ab}{l}$

据此可绘出当 $F_P=1$ 在截面 C 以左的梁段 AC 上移动时 M_C 的影响线，如图 8-3(c)所示。

当 $F_P=1$ 在截面 C 以右的梁段 CB 上移动时，可取截面 C 以左部分为隔离体，则有

$$M_C=F_{RA}a=\frac{l-x}{l}a \qquad (a\leqslant x\leqslant l)$$

由此可知，M_C 的影响线在截面 C 以左部分为一条直线。

当 $x=a$ 时，　$M_C=\frac{ab}{l}$

当 $x=l$ 时，　$M_C=0$

于是，可绘出当 $F_P=1$ 在截面 C 以右的梁段 CB 上移动时 M_C 的影响线，如图 8-3(c)所示。弯矩影响线的竖标为长度的量纲，单位为 m。

综合起来，M_C 影响线由上述两段直线组成，呈一个三角形，如图 8-3(c)所示。两条直线的交点即三角形的顶点恰位于截面 C 处，其竖标为 ab/l。通常又称截面 C 以左的直线为左直线，截面 C 以右的直线为右直线。

由上述弯矩 M_C 影响线方程还可以看出，其左直线可由反力 F_{RB} 影响线乘以常数 b 并取其 AC 段而得到，右直线可由反力 F_{RA} 影响线乘以常数 a 并取其 CB 段而得到。这种利用已知量值的影响线来绘制其他量值的影响线的方法是很方便的，以后还会经常用到。

8.2.2　外伸梁的影响线

1．反力影响线

如图 8-4(a)所示外伸梁，仍取 A 为坐标原点，x 以向右为正。由平衡条件可求得两支座反力为

$$\left.\begin{aligned} F_{RA} &= \frac{l-x}{l} \\ F_{RB} &= \frac{x}{l} \end{aligned}\right\} \qquad (-l_1 \leqslant x \leqslant l+l_2)$$

这两个支座反力的影响线方程与简支梁的相同，只是荷载 $F_P=1$ 的作用范围有所扩大。当 $F_P=1$ 位于 A 点以左时，x 为负值，故以上两方程在梁的全长范围内都是适用的。因此只需将简支梁的支座反力影响线向两个外伸部分延长，即得外伸梁的两个支座反力的影响线，如图 8-4(b)、(c)所示。

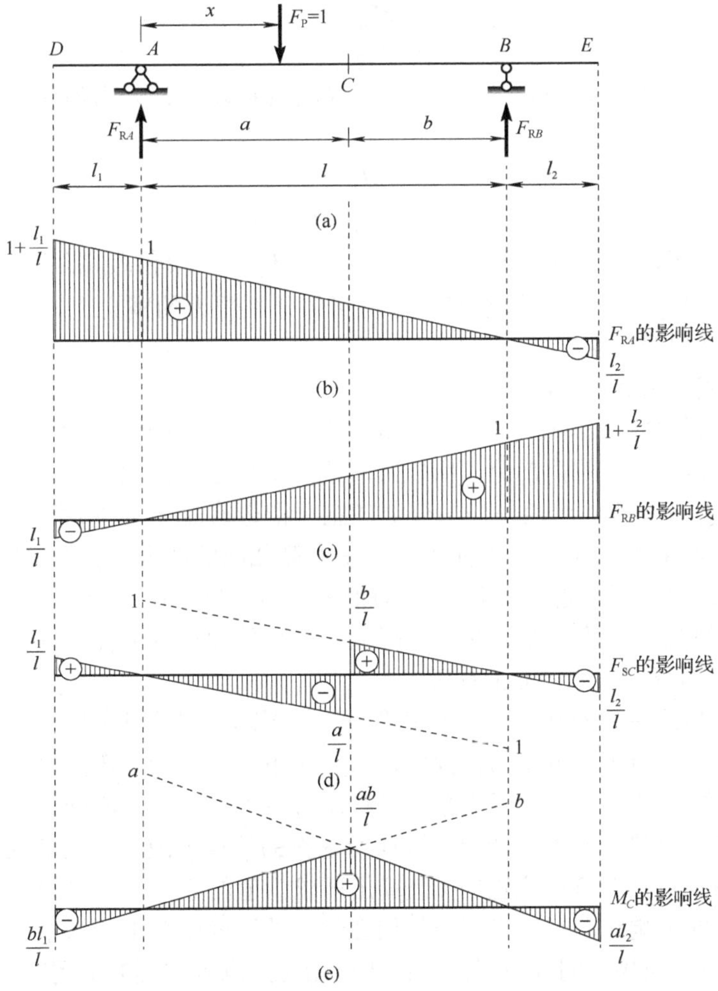

图 8-4

2．两支座之间指定截面内力影响线

为求两支座间的任意指定截面 C 的剪力和弯矩影响线，可将它们表示为反力 F_{RA} 和 F_{RB} 的函

数。当 $F_P=1$ 在截面 C 以左 DC 段上移动时，取截面 C 以右部分为隔离体，则有

$$F_{SC}=-F_{RB}$$
$$M_C=F_{RB}b$$

当 $F_P=1$ 在截面 C 以右 CE 段上移动时，取截面 C 以左部分为隔离体，则有

$$F_{SC}=F_{RA}$$
$$M_C=F_{RA}a$$

据此可绘制出 F_{SC} 和 M_C 的影响线，如图 8-4(d)、(e)所示。由此可以看出，只需将简支梁相应截面的剪力和弯矩影响线的左、右直线分别向左、右两个外伸部分延长，即可得外伸梁的 F_{SC} 和 M_C 的影响线。

3．外伸部分指定截面内力影响线

在求外伸部分上任一指定截面 K 的弯矩和剪力影响线时，如图 8-5(a)所示，为了计算方便，改取 K 点为坐标原点，并规定 x 向左为正。当 $F_P=1$ 在截面 K 以左 DK 段上移动时，取截面 K 以左部分为隔离体，则有

$$M_K=-x$$
$$F_{SK}=-1$$

当 $F_P=1$ 在截面 K 以右 KE 段上移动时，仍取截面 K 以左部分为隔离体，此时，由于隔离体上无荷载，故

$$M_K=0$$
$$F_{SK}=0$$

因此，当 $F_P=1$ 在截面 K 以右 KE 段上移动时，M_K 影响线和 F_{SK} 影响线完全与基线重合。实际上这一结果根据荷载作用于基本部分时附属部分不受力的概念也容易得出。由此绘出的 M_K 和 F_{SK} 影响线分别如图 8-5(b)、(c)所示。

4．支座邻近截面内力影响线

对于支座处截面的剪力影响线，需分别就支座稍左和稍右两侧的截面进行讨论。由于这两个截面分别属于外伸部分和跨内部分，所以影响线的变化规律显然是不同的。例如，支座 A 稍左侧截面的剪力 F_{SA}^{L} 影响线，可由外伸部分上任意一指定截面 K 的 F_{SK} 影响线使截面 K 趋于截面 A 稍左而得到，如图 8-5(d)所示；而支座 A 稍右侧截面的剪力 F_{SA}^{R} 影响线，则应由跨内任一截面 C 的 F_{SC} 影响线使截面 C 趋于截面 A 稍右而得到，如图 8-5(e)所示。由于当 $F_P=1$ 在截面 A 以右移动时，M_A 恒为零，故截面 A 的弯矩影响线可由外伸部分上任一截面 K 的 M_K 影响线使截面 K 趋于截面 A 而得到，如图 8-5(f)所示。

以上以简支梁和外伸梁为例，说明了用静力法绘制影响线的具体作法。可以看出，求某一反力或内力的影响线，所用的方法与在固定荷载作用下利用静力平衡条件求该反力或内力是完全相同的，即都是先取隔离体，然后由平衡条件求该反力或内力。不同之处仅在于绘制影响线时，作用的荷载是一个移动的单位荷载，因而所求得的该反力或内力是荷载位置 x 的函数，即影响线方程。故由少数几个特征位置的 x 值算出所求量值的竖标，就可绘制出由若干直线段组成的该反力或内力的影响线图形；当荷载作用在结构的不同部分上所求量值的影响线方程不相同时(如 M_K、F_{SK})，应将它们分段写出，并在绘图时注意各方程的适用范围。

注意：对于静定结构，其反力和内力的影响线方程都是 x 的一次函数，故静定结构的反力和内力影响线都由直线所组成。而静定结构的位移影响线，以及超静定结构的各种量值的影响线，因其影响线方程不再是 x 的一次函数，故一般为曲线。

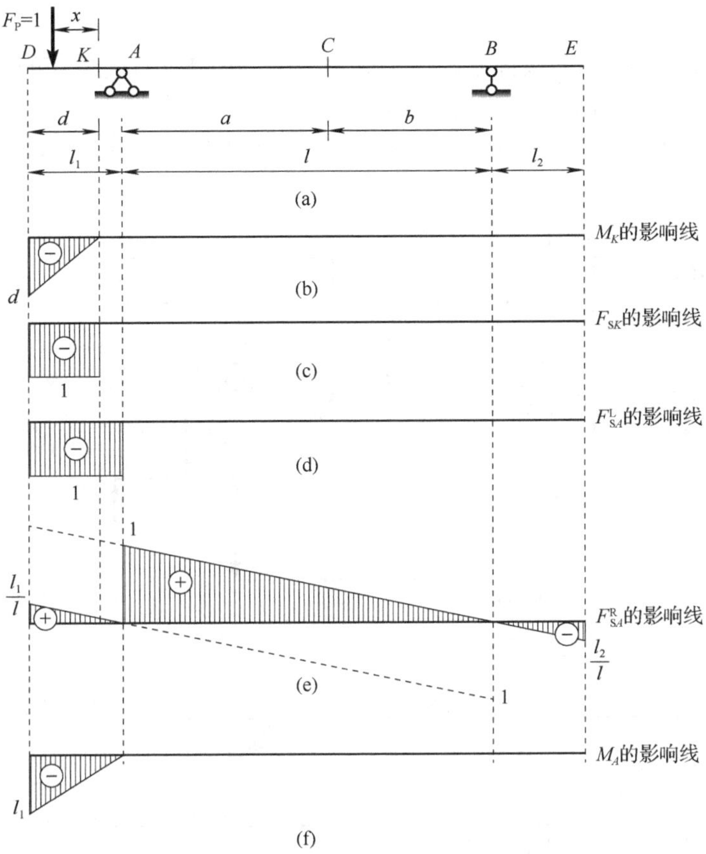

图 8-5

8.3　多跨静定梁及刚架的影响线

绘制多跨静定梁某量值的影响线，与在固定荷载作用下多跨静定梁的内力分析一样，只要分清结构的基本部分和附属部分及这些部分之间的传力关系，再利用单跨静定梁相应量值的已知影响线，则多跨静定梁的影响线即可顺利地绘制出。

图 8-6(a)所示多跨静定梁，其层叠图如图 8-6(b)所示。现欲求 K 截面的 M_K 的影响线。当 $F_P=1$ 在基本部分 AC 上移动时，附属部分不受力，所以附属部分量值 M_K 的影响线在基本部分 AC 范围内的竖标均为零。当 $F_P=1$ 在 CE 段上移动时，附属部分 EF 不受力，基本部分 AC 则相当于 CE 梁的支座，故此时 M_K 的影响线与 CE 段单独作为外伸梁时相同。当 $F_P=1$ 在附属部分 EF 上移动时，CE 梁相当于在铰 E 处受到力 F_{Ey} 的作用，如图 8-6(c)所示。因 $F_{Ey}=(l-x)/l$，即 F_{Ey} 为 x 的一次函数，故此时 CE 梁上 M_K 量值也为 x 的一次函数。由此可知，M_K 影响线在 EF 段上必为一条直线，只需要定出两点即可将其绘出。当 $F_P=1$ 作用于 E 处时 M_K 值已由 CE 段的影响线得出，而当 $F_P=1$ 作用于支座 F 处时 $M_K=0$。于是，可绘制出 M_K 的整个影响线如图 8-6(d)所示。

由以上分析可知，多跨静定梁任意内力或反力的影响线的一般作法如下。

(1) 作出欲求量值所在的那个单跨梁之上的一部分影响线，这部分影响线完全与独立的单跨静定梁的影响线相同。

(2) 由这一部分影响线的两端向左右延伸。对于欲求量值所在部分来说是基本部分的梁段，影响线的竖标为零。

(3) 对于欲求量值所在部分来说是附属部分的梁段，影响线为直线。可由铰处竖标为已知和支座处竖标为零等条件，确定该部分的影响线。

按照上述方法，不难作出 F_{SB}^{L} 和 F_{Fy} 的影响线，如图 8-6(e)、(f) 所示。

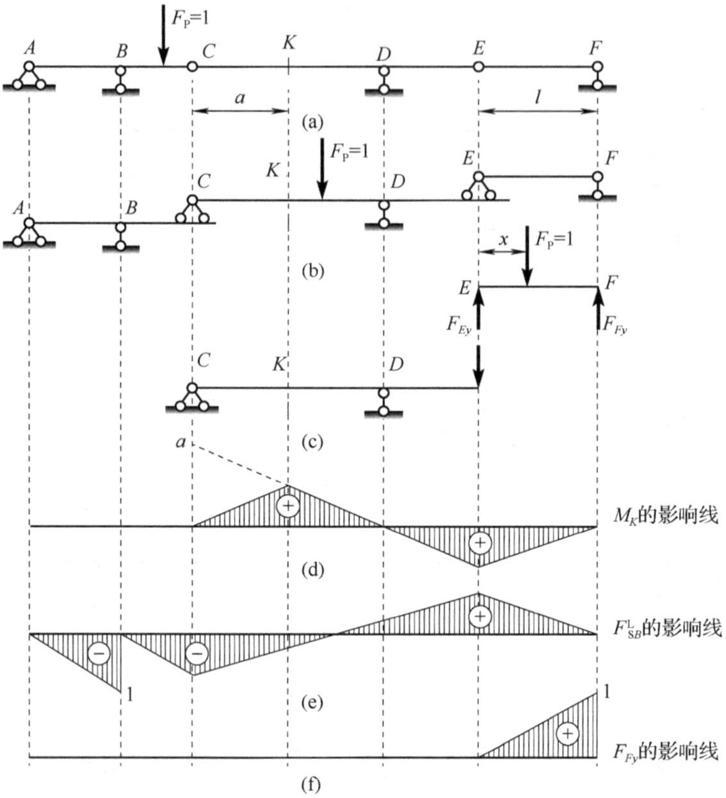

图 8-6

【例 8-1】　试绘制图 8-7(a) 所示静定梁 ABD 的反力 F_{RB} 和弯矩 M_C 的影响线。

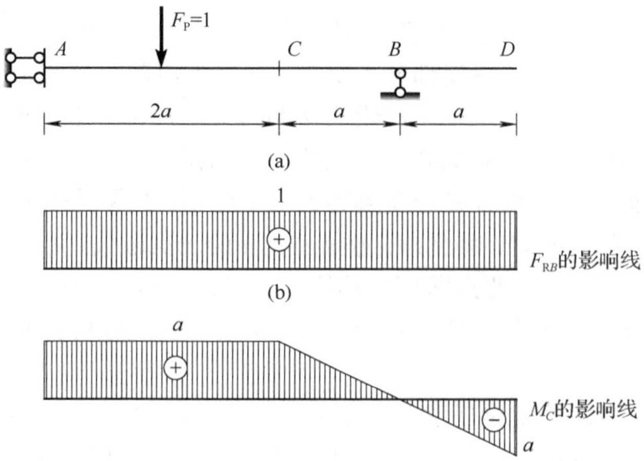

图 8-7

解：(1) F_{RB} 的影响线。设 $F_P=1$ 作用于梁上任意位置时，由整体平衡条件 $\sum F_y=0$，得 $F_{RB}=1$。此时说明，$F_P=1$ 在静定梁 ABD 上任何位置时 F_{RB} 是常量 1。F_{RB} 的影响线如图 8-7(b)所示。

(2) M_C 的影响线。当 $F_P=1$ 在截面 C 以左 AC 段上移动时，取截面 C 以右 CBD 部分为隔离体，则有

$$M_C=F_{RB}a=a$$

当 $F_P=1$ 在截面 C 以右 CBD 段上移动时，由 C、B 两点可定出 CBD 段的影响线，即 $F_P=1$ 在 C 点，$M_C=a$；$F_P=1$ 在 B 点，$M_C=0$。将两个纵标连成直线并向外延伸，便可绘制出 CBD 段的影响线。M_C 的影响线如图 8-7(c)所示。

【例 8-2】　试绘制图 8-8(a)所示结构指定截面内力 F_{S1}、M_2、M_3 和支座反力 F_{RA} 的影响线。单位荷载 $F_P=1$ 在上部梁 CD 上移动。

解：(1) F_{S1} 的影响线。当 $F_P=1$ 在截面 1 以右段上移动时，取截面 1 以左部分为隔离体，则有 $F_{S1}=0$。

当 $F_P=1$ 在截面 1 以左段上移动时，仍取截面 1 以左部分为隔离体，则有 $F_{S1}=-1$。由此可绘得 F_{S1} 的影响线，如图 8-8(b)所示。

(2) M_2 的影响线。取隔离体如图 8-8(c)所示，为计算方便，取梁中点为坐标原点，并规定 x 向右为正。当 $F_P=1$ 作用于梁上任意一点 x 时，以截面 2 为矩心，由 $\sum M_2=0$，得 $M_2=x$。由此可绘得 M_2 的影响线，如图 8-8(d)所示。

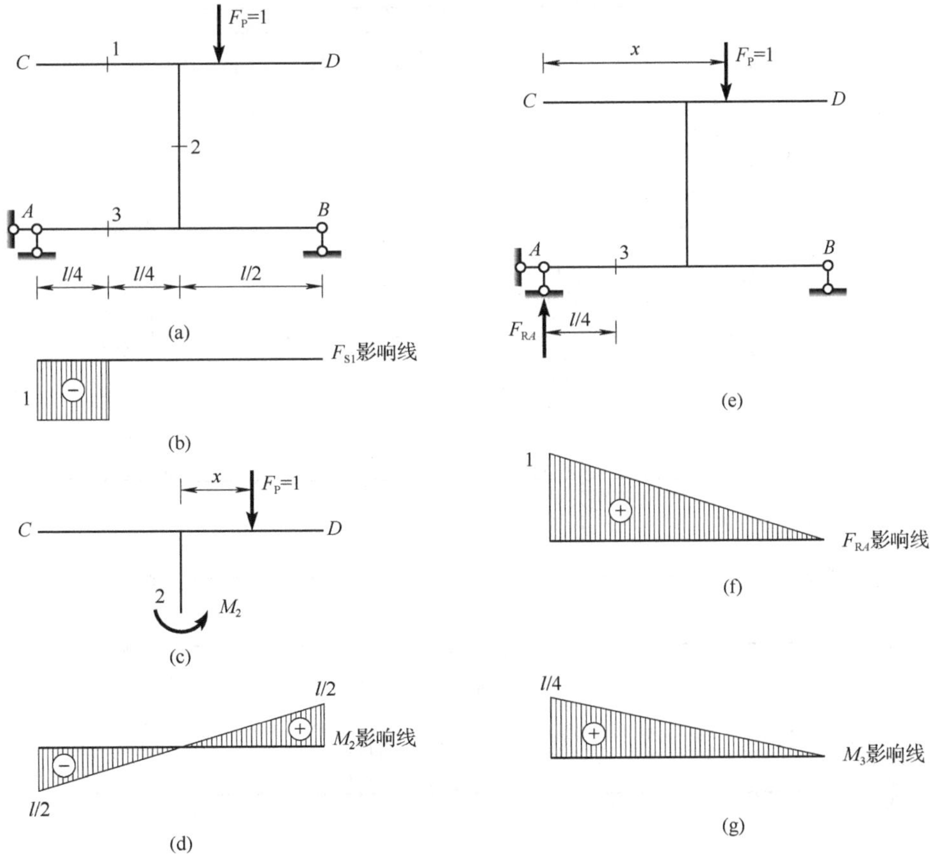

图 8-8

(3) F_{RA} 的影响线。取梁左端端点 C 为坐标原点，并规定 x 向右为正，如图 8-8(e)所示。当 $F_P=1$ 作用于梁上任意一点 x 时，由 $\sum M_B=0$，得 F_{RA} 的影响线方程为

$$F_{RA}=\frac{l-x}{l}$$

由此可绘得 F_{RA} 的影响线，如图 8-8(f)所示。

(4) M_3 的影响线。当 $F_P=1$ 作用于梁上任意一点 x 时，由图 8-8(e)可得 M_3 的影响线方程为

$$M_3=\frac{F_{RA}l}{4}=\frac{l(l-x)}{4l}$$

上式表明，将 F_{RA} 影响线的竖标乘以 $l/4$，即得 M_3 的影响线，如图 8-8(g)所示。

【例 8-3】 试绘制图 8-9(a)所示多跨静定梁的 M_1、F_{S1}、M_2、F_{S2}、M_E 和 F_{SE}^{R} 的影响线。

解：该多跨静定梁由 ABC、$DEFG$ 两个互相独立的基本部分和 CD 附属部分构成。

(1) M_1、F_{S1} 为基本部分上的量值。先绘制出这两个量值本身所在部分的影响线，即绘制出外伸梁 ABC 自身部分 M_1、F_{S1} 的影响线；附属部分 CD 由已知的铰 C 处影响线竖标和 D 处竖标为零两个条件确定。而 $DEFG$ 为另一个独立部分，其上 M_1、F_{S1} 的影响线竖标为零。M_1、F_{S1} 的影响线如图 8-9(b)、(c)所示。

(2)附属部分上量值 M_2、F_{S2} 的影响线，在基本部分 ABC、$DEFG$ 上竖标为零，在自身所在部分相当于单跨梁。M_2、F_{S2} 的影响线如图 8-9(d)、(e)所示。

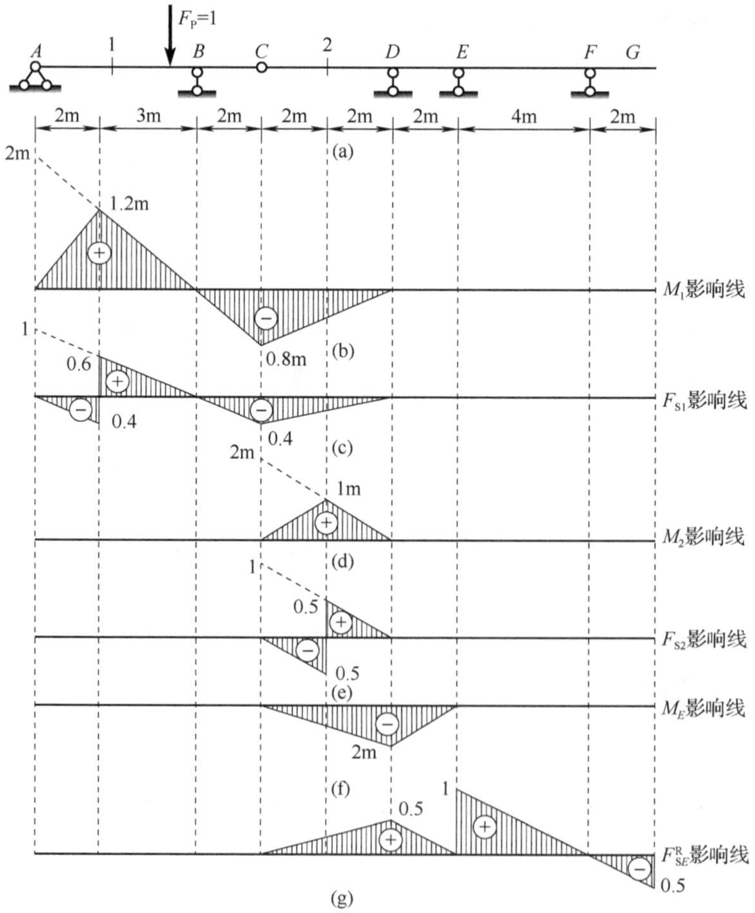

图 8-9

(3) M_E 和 F_{SE}^{R} 的影响线的绘制方法与 M_1、F_{S1} 的影响线的绘制方法相同。M_E 和 F_{SE}^{R} 的影响线如图 8-9(f)、(g)所示。

8.4　间接荷载作用下的影响线

图 8-10(a)为桥梁结构中的纵横梁桥面系统即主梁的简图。计算主梁时通常可假定纵梁简支在横梁上，横梁简支在主梁上。荷载直接作用于纵梁上，再通过横梁传递到主梁。随着荷载的移动，主梁只在各横梁处(结点处)受到集中力作用。对主梁来说，这种荷载称为间接荷载或结点荷载。下面以主梁截面 C 的弯矩影响线为例，说明间接荷载作用下影响线的绘制方法。

首先，考虑 $F_P = 1$ 移动到各结点处时的情况。显然，此时相当于荷载直接作用在主梁上。因此，可先绘制出直接荷载作用下主梁的 M_C 影响线，见图 8-10(b)，而在此影响线中，各结点处的竖标也就是间接荷载作用下主梁 M_C 影响线的竖标。

其次，考虑荷载 $F_P = 1$ 在任意两相邻结点如 D、E 之间的纵梁上移动时的情况，如图 8-10(c)所示。设 $F_P = 1$ 距 D 点为 x，则纵梁的两个反力即作用在主梁上的作用力分别为

$$F_{Dy} = \frac{d-x}{d}, \quad F_{Ey} = \frac{x}{d}$$

设在直接荷载下 M_C 影响线在 D、E 处的竖标分别为 y_D 和 y_E，则根据影响线的定义和叠加原理可知，在上述两结点荷载作用下 M_C 值应为

$$M_C = F_{Dy} y_D + F_{Ey} y_E = \frac{d-x}{d} y_D + \frac{x}{d} y_E$$

这就是当 $F_P = 1$ 在任意两相邻结点 D、E 之间的纵梁上移动时 M_C 影响线方程，因它是 x 的一次函数，说明在 DE 段内 M_C 随 x 呈直线变化。当 $x = 0$ 时，$M_C = y_D$；当 $x = d$ 时，$M_C = y_E$。

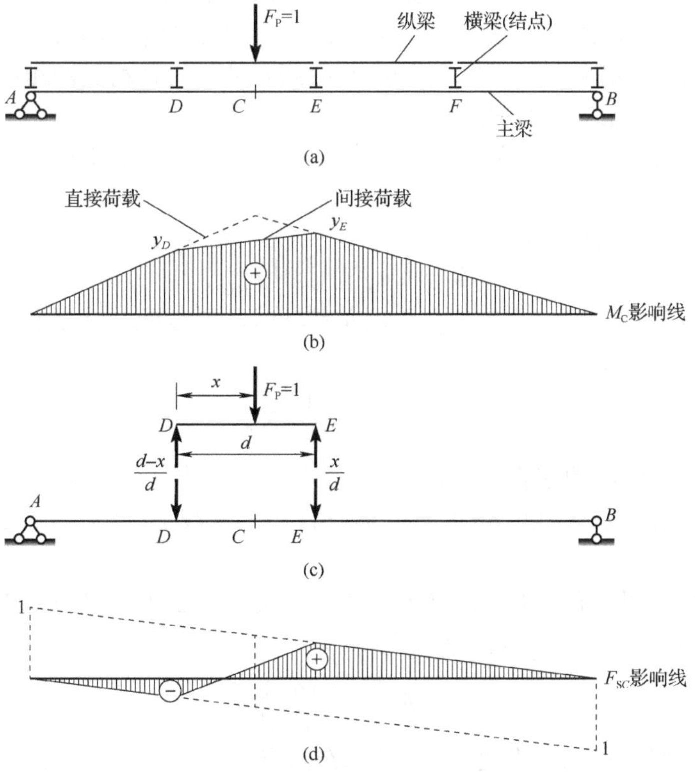

图 8-10

由此可知，只需要找到直接荷载作用下 M_C 影响线在各结点处的竖标，然后将相邻竖标顶点逐段连以直线，就得到间接荷载作用下的 M_C 影响线，如图 8-10(b)中梯形所示。

以上结论实际上适用于间接荷载作用下反力和内力量值的影响线。因此，可将绘制间接荷载作用下影响线的一般方法归纳如下。

(1)绘制出直接荷载作用下所求量值的影响线(用虚线表示)。

(2)取上述影响线位于各结点处的竖标，并将其竖标顶点在每一纵梁范围内连以直线，即得间接荷载作用下该量值的影响线。

根据上述步骤可绘制截面 C 的剪力 F_{SC} 影响线，如图 8-10(d)所示。

8.5　桁架的影响线

对于单跨静定梁式桁架，其支座反力的计算与相应单跨梁相同，故两者的支座反力影响线也完全一样。因此，本节只就桁架杆件轴力的影响线进行讨论。

用静力法绘制桁架杆件轴力的影响线，采用的方法仍然是第 3 章所述的结点法和截面法，只不过所作用的荷载是一个单位移动荷载。因此，只需考虑 $F_P=1$ 在不同部分移动时，分别写出所求杆件轴力的影响线方程，即可根据影响线方程绘制出影响线。

对于斜杆，为计算方便，可先绘制出其水平或竖向分力影响线，然后按比例关系求得其轴力影响线。

桁架通常采用结点承载方式，荷载传递的方式与图 8-11(b)所示的梁式体系相同。故前面所讨论的关于间接荷载作用下影响线的性质，对桁架都是适用的。因此，绘制桁架任意一杆件的轴力影响线，可以把单位移动荷载 $F_P=1$ 依次置于承载弦的各结点上，计算出该杆件轴力的数值，用竖标表示出后，再连以直线，就得到该杆的轴力影响线。

下面以图 8-11(a)所示的平行弦桁架为例，来说明桁架杆件轴力影响线的绘制方法。设单位移动荷载 $F_P=1$ 沿桁架下弦杆 AB 移动。图 8-11(b)所示的梁为该桁架的相应简支梁。

1. 支座反力 F_{RA} 和 F_{RB} 的影响线

桁架支座反力 F_{RA} 和 F_{RB} 的影响线与简支梁支座反力 F_{RA} 和 F_{RB} 的影响线相同，图中没有绘制出。

2. 上弦杆轴力 F_{Ncd} 的影响线

作截面 I－I，以结点 D 为矩心，用力矩法可求得 F_{Ncd}。

当 $F_P=1$ 在被截节间以左，即在结点 C 以左移动时，取截面 I－I 以右部分为隔离体，由平衡方程 $\sum M_D=0$，$F_{RB}\times 4d+F_{Ncd}\times h=0$，得

$$F_{Ncd}=-\frac{4d}{h}F_{RB} \tag{8-1a}$$

式(8-1a)代表了 F_{Ncd} 影响线的左直线，适用范围在结点 C 以左。由式(8-1a)绘制支座反力 F_{RB} 影响线，并将 F_{RB} 影响线的竖标乘以 $-4d/h$，因为负值，画于基线下方，取结点 C 以左一段得到 F_{Ncd} 影响线左直线。

当 $F_P=1$ 在被截节间以右，即在结点 D 以右移动时，取截面 I－I 以左部分为隔离体，由平衡方程 $\sum M_D=0$，$F_{RA}\times 2d+F_{Ncd}\times h=0$，得

$$F_{Ncd}=-\frac{2d}{h}F_{RA} \tag{8-1b}$$

式(8-1b)代表了 F_{Ncd} 影响线的右直线，适用范围在结点 D 以右。由式(8-1b)绘制支座反力 F_{RA} 影响线，并将 F_{RA} 影响线的竖标乘以 $-2d/h$，画于基线下方，取结点 D 以右一段得到 F_{Ncd} 影响线

右直线。

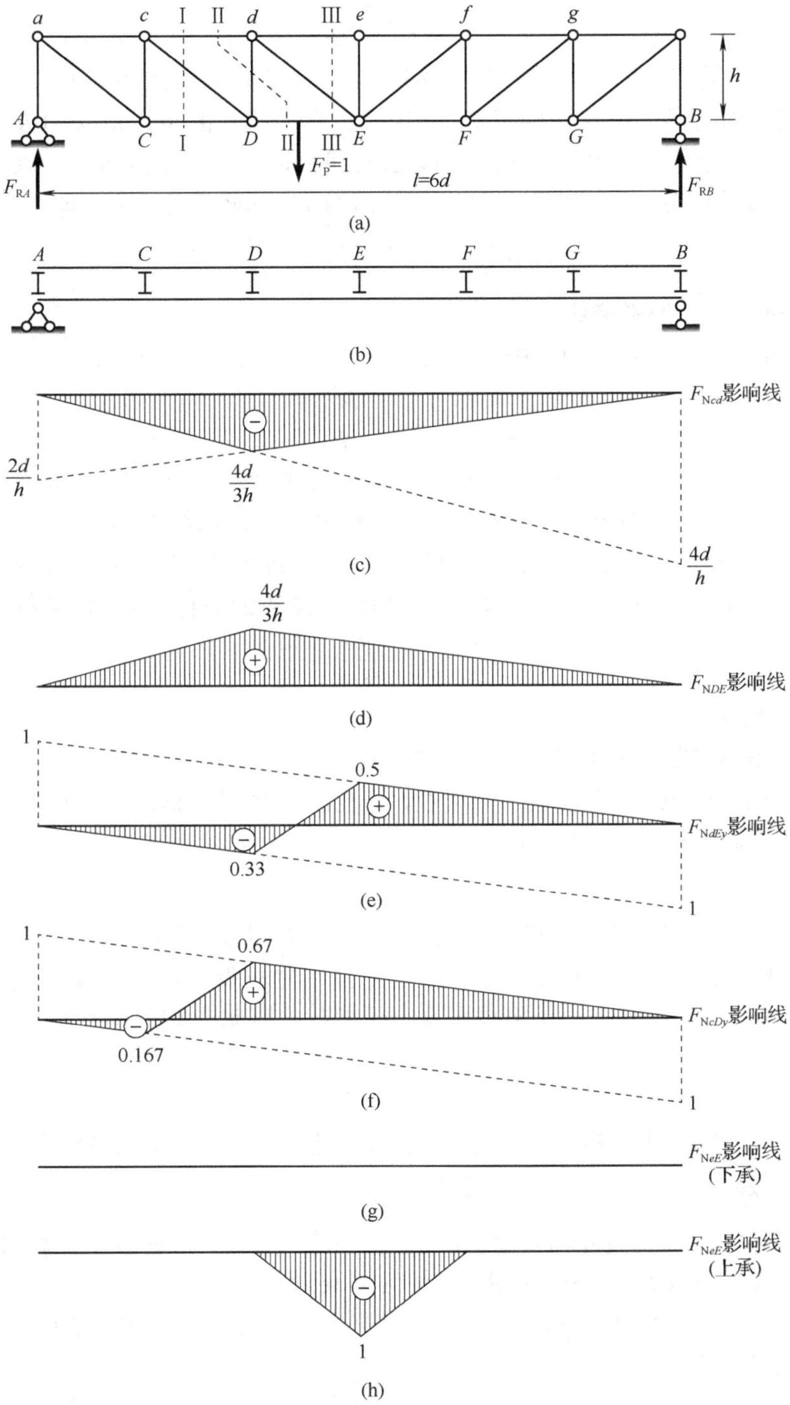

图 8-11

当 $F_P=1$ 在 C、D 点之间移动时，由于 F_{Ncd} 影响线为直线，可将 C、D 点的竖标连以直线。

由上述三段直线得到一个三角形就是 F_{Ncd} 的影响线。三角形的顶点，即左、右直线的交点交于力矩中心 D 点之下，F_{Ncd} 的影响线如图 8-11(c)所示。

式(8-1a)和式(8-1b)可以合并为一个式子，即

$$F_{Ncd}=-\frac{M_D^0}{h} \tag{8-1c}$$

式中，M_D^0 为相应的简支梁结点 D 的弯矩，如图 8-11(b)所示。由式(8-1c)可知，绘制 F_{Ncd} 影响线，先绘制出相应简支梁在结点 D 的弯矩影响线 M_D^0，并将它的竖标乘以 $-1/h$，取结点 C 以左一段得到其左直线；取结点 D 以右一段得到其右直线；C、D 两结点竖标连以直线即 F_{Ncd} 影响线。F_{Ncd} 影响线的形状为一个三角形，顶点的竖标为 M_D^0 的竖标除以 h，即

$$-\frac{ab}{lh}=-\frac{2d\times 4d}{6dh}=-\frac{4d}{3h}$$

3. 下弦杆轴力 F_{NDE} 的影响线

作截面Ⅱ－Ⅱ，以结点 d 为力矩中心，用力矩平衡方程 $\sum M_d=0$，得

$$F_{NDE}=\frac{M_d^0}{h} \tag{8-1d}$$

即 F_{NDE} 的影响线可由相应简支梁在结点 d（D、d 两点重合)的弯矩影响线求得。由式(8-1d)可知，绘制 F_{NDE} 影响线，先绘制出相应简支梁在结点 d 的弯矩影响线 M_d^0，并将它的竖标乘以 $1/h$，取结点 D 以左一段得到其左直线；取结点 E 以右一段得到其右直线；D、E 两结点竖标连以直线即 F_{NDE} 影响线。F_{NDE} 影响线的形状为一个三角形，顶点的竖标为 M_d^0 的竖标除以 h，即

$$\frac{ab}{lh}=\frac{2d\times 4d}{6dh}=\frac{4d}{3h}$$

F_{NDE} 的影响线如图 8-11(d)所示。

4. 斜杆 dE 轴力的竖向分力 F_{NdEy} 的影响线

作截面Ⅲ－Ⅲ，当 $F_P=1$ 在被截节间以左，即在结点 D 以左移动时，取截面Ⅲ－Ⅲ以右部分为隔离体，由平衡方程 $\sum F_y=0$，得

$$F_{NdEy}=-F_{RB} \tag{8-1e}$$

式(8-1e)代表了 F_{NdEy} 影响线的左直线，适用范围在结点 D 以左。由式(8-1e)绘制支座反力 F_{RB} 影响线，将 F_{RB} 影响线的竖标画于基线下方，取结点 D 以左一段得到 F_{NdEy} 影响线左直线。

当 $F_P=1$ 在被截节间以右，即在结点 E 以右移动时，取截面Ⅲ－Ⅲ以左部分为隔离体，由平衡方程 $\sum F_y=0$，得

$$F_{NdEy}=F_{RA} \tag{8-1f}$$

式(8-1f)代表了 F_{NdEy} 影响线的右直线，适用范围在结点 E 以右。由式(8-1f)绘制支座反力 F_{RA} 影响线，取结点 E 以右一段得到 F_{NdEy} 影响线右直线。

当 $F_P=1$ 在 D、E 点之间移动时，由于 F_{NdEy} 影响线为直线，可将 D、E 点的竖标连以直线。由上述三段直线得到 F_{NdEy} 的影响线，如图 8-11(e)所示。

同样，式(8-1e)和式(8-1f)可以合并为一个式子，即用相应简支梁在结点荷载作用下 DE 节间的剪力影响线 F_{SDE}^0 表示，即

$$F_{NdEy}=F_{SDE}^0 \tag{8-1g}$$

由式(8-1g)绘制 F_{NdEy} 的影响线，先绘制出相应简支梁在结点荷载作用下 DE 节间的剪力影响线，并取结点 D 以左一段得到其左直线；取结点 E 以右一段得到其右直线，D、E 两点的竖标连以直线即 F_{NdEy} 的影响线(注意：桁架杆件内力的符号规定)。

5. 斜杆 cD 轴力的竖向分力 F_{NcDy} 的影响线

仍然用截面 I－I，分三段考虑。当 $F_P=1$ 在被截节间以左，即在结点 C 以左移动时，取截面 I－I 以右部分为隔离体，由平衡方程 $\sum F_y=0$，得

$$F_{NcDy}=-F_{RB} \tag{8-1h}$$

当 $F_P=1$ 在被截节间以右，即在结点 D 以右移动时，取截面 I－I 以左部分为隔离体，由平衡方程 $\sum F_y=0$，得

$$F_{NcDy}=F_{RA} \tag{8-1i}$$

当 $F_P=1$ 在 C、D 点之间移动时，由于 F_{NcDy} 影响线为直线，可将 C、D 点的竖标连以直线。

根据上述分析绘制出 F_{NcDy} 的影响线，如图 8-11(f)所示。利用相应简支梁在结点荷载作用下 CD 节间的剪力 F_{SCD}^0，同样可概括成一个式子：

$$F_{NcDy}=F_{SCD}^0 \tag{8-1j}$$

图 8-11(f)所示的 F_{NcDy} 影响线其实就是相应简支梁的节间剪力 F_{SCD}^0 的影响线。

6. 竖杆 eE 轴力 F_{NeE} 的影响线

在上面的分析中，一直假设单位荷载 $F_P=1$ 沿下弦杆移动，即由桁架下弦结点承受荷载(下承桁架)作用。这样，由上弦结点 e 的平衡，可知

$$F_{NeE}=0$$

上式表明，$F_P=1$ 在下弦任何位置，竖杆 eE 轴力均为零。因此，F_{NeE} 的影响线与基线重合，如图 8-11(g)所示。

当 $F_P=1$ 沿桁架的上弦移动，即由桁架上弦结点承受荷载作用时，取上弦结点 e 为隔离体，当 $F_P=1$ 在结点 e 时，由平衡方程可得

$$F_{NeE}=-1$$

而当 $F_P=1$ 在其他结点时，有

$$F_{NeE}=0$$

由于结点之间是直线，因此将结点 e 处的竖标与相邻结点的零竖标连以直线即得 $F_P=1$ 在上弦移动时 F_{NeE} 的影响线，如图 8-11(h)所示。

由以上分析可知，绘制桁架杆件轴力影响线时，应注意区分桁架是下弦承载(简称下承)，还是上弦承载(简称上承)。在本例题中，如果桁架改为上承，则 F_{Ncd}、F_{NDE}、F_{NcDy} 的影响线仍如图 8-11(c)、(d)、(f)所示。另外，用结点法分析时，应注意分别考虑 $F_P=1$ 作用于该结点上和作用于其他结点上两种情况。

8.6 机动法绘制单跨简支梁的影响线

绘制静定结构支座反力和内力的影响线，除静力法外，还有机动法。机动法绘制静定结构影响线的依据是理论力学中讲过的虚位移原理，即刚体体系在力系作用下处于平衡的必要和充分条件是：在任何微小的虚位移中，力系所做的虚功总和为零。机动法绘制静定结构的影响线就是以刚体体系的虚位移原理为基础，把绘制支座反力和内力影响线的静力问题转化为作刚体体系位移图的几何问题。

机动法的优点是：不需计算就能快速地绘制出某量值影响线的轮廓。因此，对于某些问题，用机动法处理特别方便(例如，在确定某量值荷载最不利位置时，往往只需知道该量值影响线的轮廓，而无需求出其数值)。此外，用静力法绘制出的影响线也可用机动法来校核。

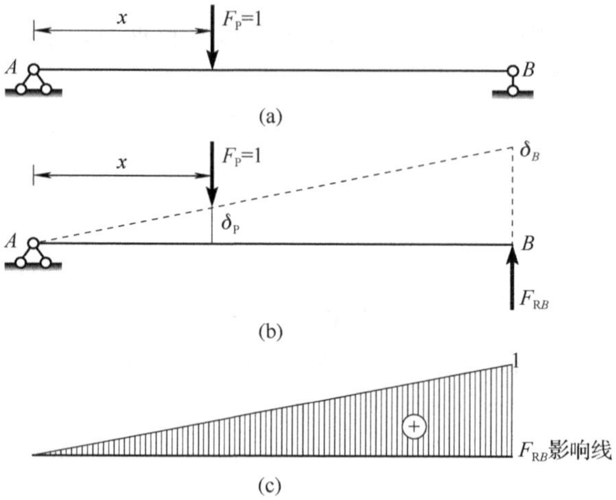

图 8-12

下面以图 8-12(a)所示简支梁的支座反力影响线为例，来说明机动法绘制影响线的原理和步骤。

为了绘制支座反力 F_{RB} 的影响线，先撤除与 F_{RB} 相应的约束，代以未知力 F_{RB}，使体系具有一个自由度，然后给予此机构沿 F_{RB} 方向一个微小的虚位移 δ_B，如图 8-12(b)所示，梁 AB 作为一个刚体绕支点 A 作微小转动，用 δ_P 表示与单位荷载 $F_P=1$ 的作用点和方向相应的虚位移。根据虚位移原理，列出虚功方程为

$$F_{RB}\delta_B + F_P\delta_P = 0$$

因为 $F_P=1$，故得

$$F_{RB} = -\frac{\delta_P}{\delta_B} \tag{8-2a}$$

式中，δ_B 为支座反力 F_{RB} 的作用点沿其方向的位移，在给定虚位移情况下它是一个常数，δ_B 以与支座反力 F_{RB} 正方向一致者为正；δ_P 则为荷载 $F_P=1$ 的作用点沿其方向的位移，δ_P 以与 $F_P=1$ 方向一致为正，即以向下为正，当 $F_P=1$ 移动时，它随之变化，是 x 的函数，因而 δ_P 就是荷载所沿着 AB 梁移动的各点的竖向虚位移图。于是式(8-2a)表明支座反力 F_{RB} 的变化规律与虚位移图 δ_P 相同，若将其 $-1/\delta_B$ 看作比例尺，因此式(8-2a)可表示为

$$F_{RB} = \left(-\frac{1}{\delta_B}\right)\delta_P(x) \tag{8-2b}$$

由式(8-2b)可知，F_{RB} 的影响线与荷载作用点的竖向虚位移图成正比，也就是说，根据虚位移图 δ_P 就可以定出 F_{RB} 的影响线轮廓。为了简便起见，常令 $\delta_B=1$，则式(8-2a)简化为

$$F_{RB} = -\delta_P \tag{8-2c}$$

由式(8-2c)可知，此时的虚位移图 δ_P 便代表支座反力 F_{RB} 的影响线(图 8-12(c))，只是符号相反，即当 δ_P 向下时，F_{RB} 为负值；当 δ_P 向上时，F_{RB} 为正值。这恰好与在影响线中正值的竖标绘制在基线的上方相一致。

由上述内容可知，欲绘制某一量值 S 的影响线，只需将与 S 相应的约束撤去，并使所得体系沿 S 的正方向发生单位虚位移，则由此得到的荷载作用点的竖向位移图即代表 S 影响线。这种绘制影响线的方法称为机动法。

总结起来，用机动法绘制静定结构某一量值(反力或内力) S 的影响线的步骤如下。

① 欲绘求某量值 S 的影响线，撤去与 S 相应的约束，代以未知力 S。

② 使体系沿 S 的正方向发生微小虚位移 δ_S，绘制出荷载作用点的竖向位移图(δ_P 图)，由此可定出 S 的影响线形状轮廓。

③ 令该量值 S 的正方向的虚位移 $\delta_S=1$，可进一步定出该量值影响线各竖标的数值。

④ 将竖向位移图 δ_P 反号，即横坐标以上的图形取正号，横坐标以下的图形取负号。

【例 8-4】 试用机动法绘制图 8-13(a)所示简支梁截面 C 的弯矩 M_C 和剪力 F_{SC} 的影响线。

解： (1)弯矩 M_C 的影响线。首先撤除所求截面 C 上与 M_C 相应的约束，即将截面 C 改为铰接，如图 8-13(b)所示，代以一对等值反向的力偶 M_C，然后给体系以虚位移，即左段刚体 AC 有逆时针转角 α，右段刚体 BC 有顺时针转角 β，如图 8-13(b)所示。该体系的虚功方程为

$$M_C\alpha + M_C\beta + F_P\delta_P = 0$$

利用 $F_P = 1$，得

$$M_C = -\frac{\delta_P}{\alpha+\beta}$$

若令 $\alpha+\beta=1$，则 $M_C=-\delta_P$，即所得竖向虚位移图在更改正、负号后就成为 M_C 的影响线，如图 8-13(c)所示。

需要说明的是，令 $\alpha+\beta=1$，并不是说在给体系以虚位移时要使相对转角 $\alpha+\beta$ 等于1 rad 。而是仍然表示一个微小值，也就是对虚位移 δ_P 图选用了最简单的比例尺而已。

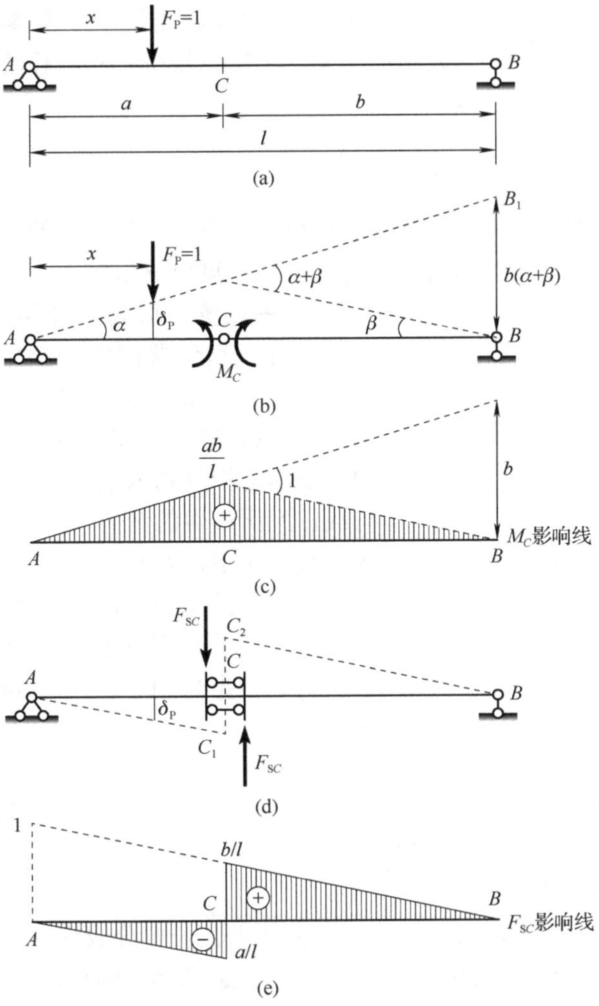

图 8-13

(2)剪力 F_{SC} 的影响线。撤除与剪力 F_{SC} 相应的抗剪约束，即将截面 C 改成“定向铰”(这种装置不能抵抗或传递剪力，但仍能承受弯矩和轴力)，代以一对等值反向的正向剪力 F_{SC}，如图 8-13(d)所示。然后，使此体系沿 F_{SC} 正向发生微小剪切虚位移，由刚体体系的虚位移原理，有

$$F_{SC}CC_1 + F_{SC}CC_2 + F_P\delta_P = 0$$

得

$$F_{SC} = -\frac{\delta_P}{CC_1 + CC_2}$$

这里，$CC_1 + CC_2$ 是截面 C 左右两侧的相对竖向位移。若令 $CC_1 + CC_2 = 1$，则 $F_{SC} = -\delta_P$，即所得竖向虚位移图在更改正、负号后就成为 F_{SC} 的影响线，如图 8-13(e)所示。

注意：AC 和 CB 两刚片间是用两根平行链杆相连的，它们之间只能作相对的平行移动，故在其虚位移图中 AC_1 和 C_2B 应为两平行直线，即 F_{SC} 影响线的左右两直线是互相平行的。

8.7 影响线的应用

前面讨论了影响线的绘制方法。本节主要讨论影响线的应用。影响线的应用有以下两个方面：一是利用某量值的影响线求该量值；二是利用影响线确定实际移动荷载对于某一量值的最不利位置，从而计算出该量值的最大值。

8.7.1 利用影响线求量值

某量值的影响线是根据作用在结构上的单位移动荷载而绘制出的，当若干具体荷载作用于结构上时，可根据叠加原理，利用某量值的影响线计算出该量值。

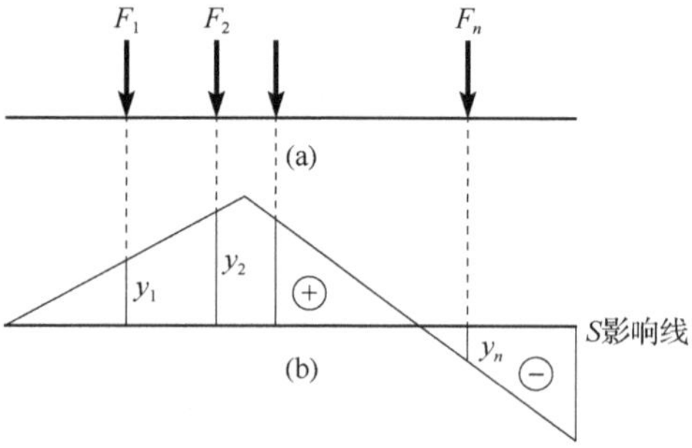

图 8-14

1．一组集中荷载作用下的影响

设有一组位置固定的集中荷载 $F_1, F_2, \cdots, F_n$ 作用在结构上，荷载作用位置已知，如图 8-14(a)所示。某量值 S 的影响线如图 8-14(b)所示，各荷载对应于影响线上的竖标分别为 $y_1, y_2, \cdots, y_n$，要计算由这些集中荷载作用所产生的量值 S 的值。因为 S 影响线上对应于各荷载作用点的竖标 $y_1, y_2, \cdots, y_n$ 分别是 $F_P = 1$ 在相应位置时产生的量值 S 的值，因此，由 F_1 产生的 S 值等于 $F_1 y_1$，F_2 产生的 S 值等于 $F_2 y_2, \cdots, F_n$ 产生的 S 值等于 $F_n y_n$。根据叠加原理，可得在 $F_1, F_2, \cdots, F_n$ 共同作用下，所产生的 S 值为

$$S = F_1 y_1 + F_2 y_2 + \cdots + F_n y_n = \sum F_i y_i \tag{8-3}$$

应用式(8-3)时，应注意：$F_i y_i$ 本身带有符号，若 F_i 方向与单位移动荷载方向一致，则 $F_i y_i$ 的正负号与影响线竖标 y_1 的正负号一致。

2．分布荷载作用下的影响

若结构上固定荷载为分布荷载 q_x，将分布荷载沿其长度分成许多无穷小的微段，每一微段 $\mathrm{d}x$ 上的荷载 $q_x \mathrm{d}x$ 都可作为一个集中荷载，如图 8-15(a)所示，则在 ab 区段内分布荷载产生的量值 S 为

$$S = \int_a^b y q_x \mathrm{d}x \tag{8-4}$$

若 q_x 为均布荷载 q，见图 8-15(b)，则式(8-4)成为

$$S = q\int_a^b y \mathrm{d}x = q\omega \tag{8-5}$$

式中，ω 表示影响线在均布荷载范围 ab 内面积的代数和。

若结构上受几段均布荷载的作用，设 $q_1, q_2, \cdots, q_n$ 所对应的影响线面积分别为 $\omega_1, \omega_2, \cdots, \omega_n$，则所产生的量值 S 为

$$S = q_1\omega_1 + q_2\omega_2 + \cdots + q_n\omega_n = \sum q_i\omega_i \tag{8-6}$$

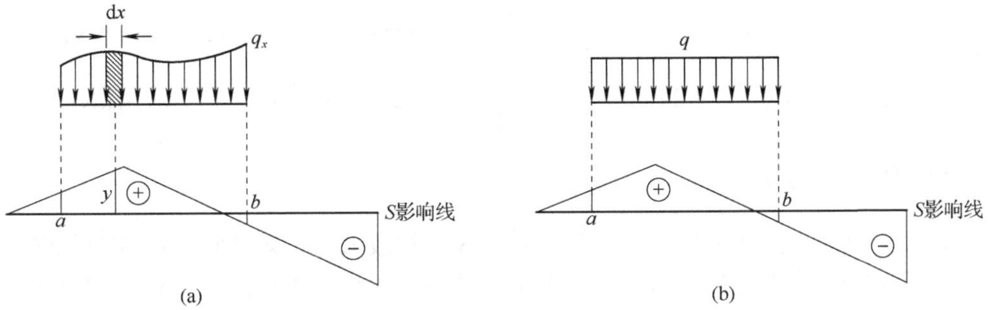

图 8-15

3. 集中力偶作用下的影响

若结构上受到集中力偶 M 的作用，如图 8-16 所示，则所产生的量值 S 为

$$S=-\frac{M}{b}\times a+\frac{M}{b}c=-M\frac{a-c}{b}=-M\tan\theta \quad (8\text{-}7)$$

式(8-7)说明，集中力偶引起的量值 S 值等于力偶矩乘以力偶所在段的影响线的倾角正切。两者同向取负值。

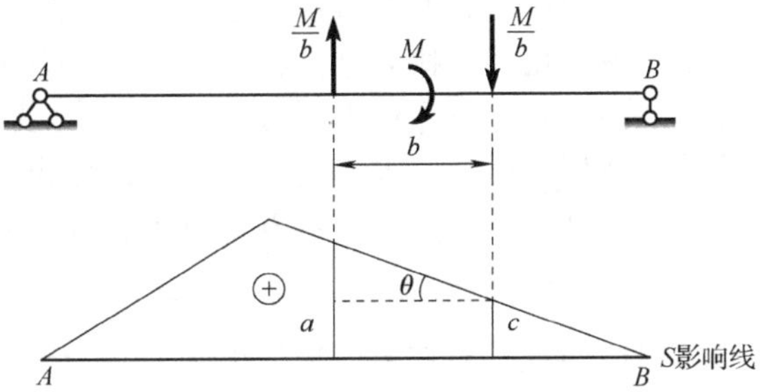

图 8-16

综上所述，利用影响线计算结构在各种固定荷载作用下某量值 S 为

$$S=\sum F_i y_i+\sum q_i\omega_i-M\tan\theta \quad (8\text{-}8)$$

【例 8-5】 试利用影响线计算图 8-17(a)所示简支梁 C 截面的弯矩 M_C、剪力 F_{SC}^{L} 和 F_{SC}^{R}。

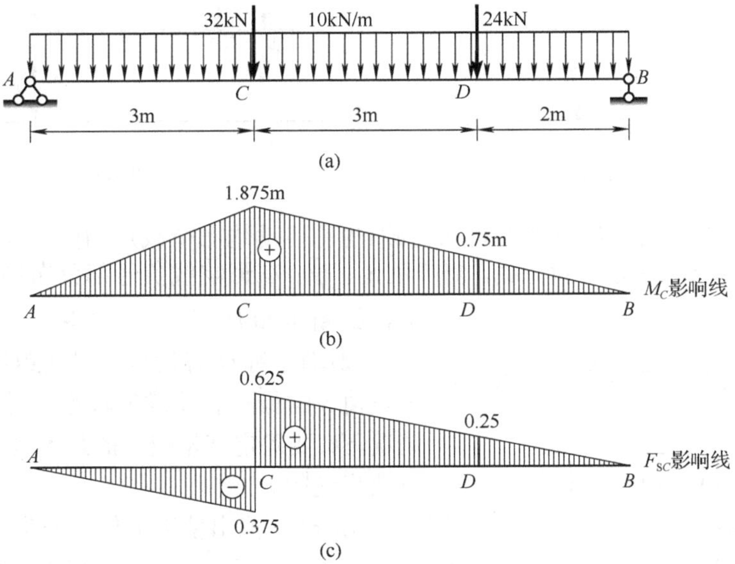

图 8-17

解： 绘制 C 截面的弯矩 M_C 影响线和剪力 F_{SC} 影响线，分别如图 8-17(b)、(c)所示。根据式(8-8)，则有

$$M_C=32\times1.875+24\times0.75+10\times\frac{1}{2}\times8\times1.875=153(\text{kN}\cdot\text{m})$$

$$F_{SC}^{L}=32\times0.625+24\times0.25+10\times\frac{1}{2}\times5\times0.625-10\times\frac{1}{2}\times3\times0.375=36(\text{kN})$$

$$F_{SC}^{R}=32\times0.375+24\times0.25+10\times\frac{1}{2}\times5\times0.625-10\times\frac{1}{2}\times3\times0.375=4(\text{kN})$$

8.7.2　最不利荷载位置

如果荷载移动到结构某个位置，使某一量值 S 达到最大值，则此移动荷载所处的位置称为量值 S 的最不利荷载位置。在移动荷载作用下的结构，各种量值均随荷载位置的变化而变化，设计时必须求出各种量值的最大值(或最小值)。为此，首先要确定量值 S 的最不利荷载位置，当其最不利荷载位置确定以后，则应用影响线计算固定荷载作用下量值 S 的方法，求解出量值 S 的最大值。下面分以下几种情况进行讨论。

(1) 当移动荷载的情况比较简单时，某量值 S 的最不利荷载位置可直观判断。判断的一般原则是：把数量大、排列密的荷载放在影响线竖标较大的部位。例如，只有一个集中移动荷载 F 时，显而易见，将荷载 F 置于 S 影响线的最大竖标处即产生 S_{max} 值；而将荷载 F 置于 S 影响线的最小竖标处即产生 S_{min} 值(图 8-18)。如果是两个移动荷载 F_1、F_2，其最不利荷载位置也可直观判断。若 $F_1>F_2$，间距不变且可以调换位置，则由式(8-3)可知，要使 S 取最大值，应把 F_1、F_2 中较大的 F_1 放置在影响线竖标最大处，F_2 将放置在影响线斜率较小的直线上，则 S 有正的最大值；同理，可计算 S 量值的极小值(图 8-19)。

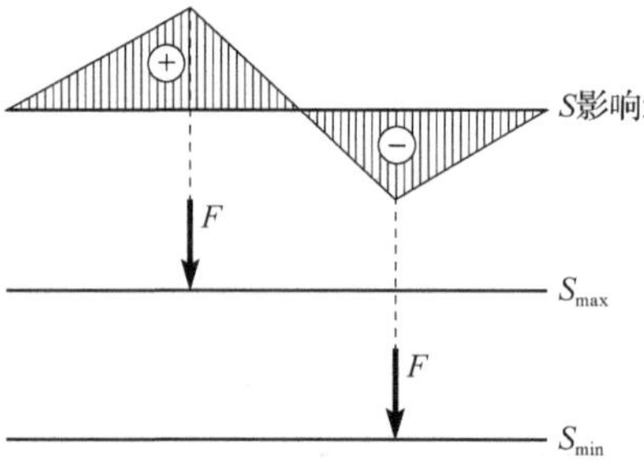

图 8-18

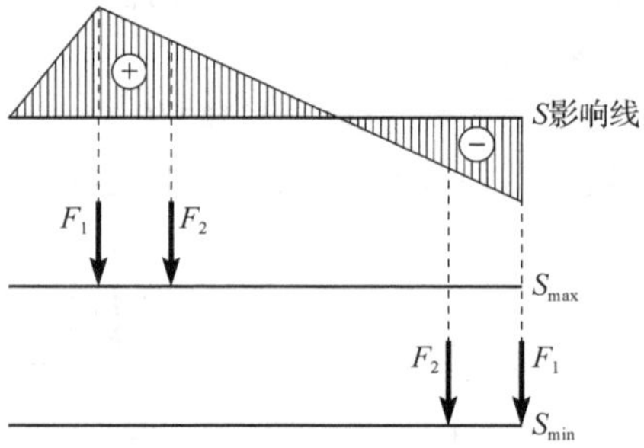

图 8-19

如果移动荷载是任意断续分布的均布荷载(也称可动均布荷载)，由式(8-5)可知，其最不利荷载位置在影响线正号部分布满荷载，则产生 S_{max} 值；在影响线负号部分布满荷载，则产生 S_{min} 值，如图 8-20 所示。

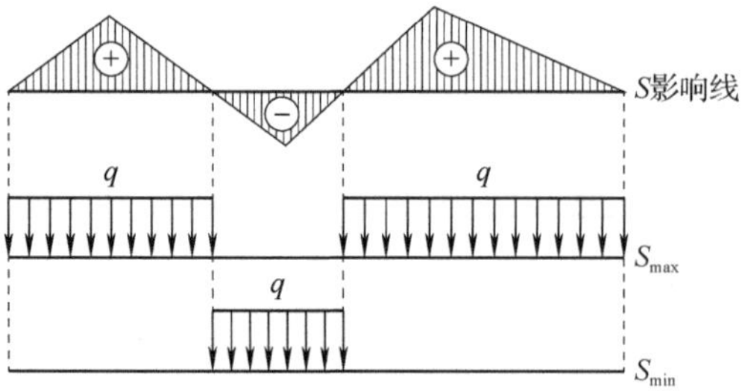

图 8-20

(2) 对于移动荷载是一组间距不变的集中荷载，某量值 S 的最不利荷载位置难于凭直观判断。在这种情况下，要确定某量值 S 的最不利荷载位置，可分以下两步进行。

第一步，找出使某量值 S 产生极值时的所有荷载位置。这时的荷载位置称为使 S 产生极值的“临界荷载位置”，并求解出相应的 S 值。

第二步，通过对由第一步求解得到的所有 S 值进行比较，找出 S 的极值，则与之相对应的荷载位置即该量值的最不利荷载位置。

根据最不利荷载位置的定义可知，当荷载移动到该位置时，所求量值 S 为最大，因而荷载由该位置无论向左或向右移动到邻近位置时，S 值均将减小。因此，可以从讨论荷载移动时 S 值的增量来解决这个问题。

设某量值 S 的影响线为一折线形，如图 8-21(a)所示，各段直线的倾角分别为 α_1，α_2，…，α_n。取坐标轴 x 轴向右为正，y 轴向上为正，倾角 α 以逆时针为正。现有一组集中荷载处于图 8-21(b)所示位置，所产生的量值以 S_1 表示。若每一段直线范围内各荷载的合力分别为 F_{R1}，F_{R2}，…，F_{Rn}，则有

$$S_1 = F_{R1}y_1 + F_{R2}y_2 + \cdots + F_{Rn}y_n$$

当整个荷载组向右移动一微小距离 Δx 时，相应的量值 S_2 为

$$S_2 = F_{R1}(y_1 + \Delta y_1) + F_{R2}(y_2 + \Delta y_2) + \cdots + F_{Rn}(y_n + \Delta y_n)$$

故 S 的增量为

$$\begin{aligned}\Delta S = S_2 - S_1 &= F_{R1}\Delta y_1 + F_{R2}\Delta y_2 + \cdots + F_{Rn}\Delta y_n \\ &= F_{R1}\Delta x\tan\alpha_1 + F_{R2}\Delta x\tan\alpha_2 + \cdots + F_{Rn}\Delta x\tan\alpha_n \\ &= \Delta x\sum F_{Ri}\tan\alpha_i\end{aligned}$$

写出变化率的形式为

$$\frac{\Delta S}{\Delta x} = \sum F_{Ri}\tan\alpha_i$$

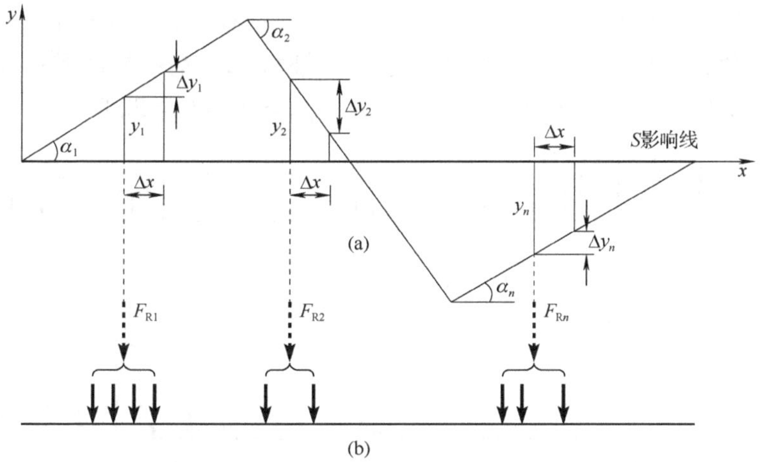

图 8-21

量值 S 有极大值的条件为：载荷自该位置无论向左移动还是向右移动微小距离 Δx，S 均将减小，即 $\Delta S<0$。由于荷载左移时 $\Delta x<0$，右移时 $\Delta x>0$，故 S 有极大值时应有

$$\left.\begin{aligned}&\text{荷载左移，}\quad \sum F_{Ri}\tan\alpha_i>0\\ &\text{荷载右移，}\quad \sum F_{Ri}\tan\alpha_i<0\end{aligned}\right\} \tag{8-9}$$

同理，S 有极小值时应有

$$\left.\begin{aligned}&\text{荷载左移，}\quad \sum F_{Ri}\tan\alpha_i<0\\ &\text{荷载右移，}\quad \sum F_{Ri}\tan\alpha_i>0\end{aligned}\right\} \tag{8-10}$$

总之，荷载向左、向右移动微小距离 Δx 后，$\sum F_{Ri}\tan\alpha_i$ 必须变号，S 才可能有极值。

下面分析在什么情况下 $\sum F_{Ri}\tan\alpha_i$ 才可能变号。首先，式中 $\tan\alpha_i$ 是影响线各段直线的斜率，它们是常数，并不随荷载位置移动而改变。因此要使 $\sum F_{Ri}\tan\alpha_i$ 改变符号，只有各段上的合力 F_{Ri} 改变数值才有可能。显然只有当某一集中荷载恰好作用在影响线的某一个顶点处时，才有可能。当然，不一定每个集中荷载位于顶点时都能使 $\sum F_{Ri}\tan\alpha_i$ 变号。把能使 $\sum F_{Ri}\tan\alpha_i$ 变号的集中荷载称为临界荷载，此时的荷载位置称为临界荷载位置。式(8-9)、式(8-10)称为临界荷载位置判别式。

确定临界荷载位置一般采用试算法，即先将某一集中荷载置于影响线的某一个顶点，然后令荷载分别向左、向右移动，计算相应的$\sum F_{Ri}\tan\alpha_i$值，看其是否变号。如果此时$\sum F_{Ri}\tan\alpha_i$不变号，则说明此荷载位置不是临界位置，应将荷载置于另一个顶点再进行试算。直至使$\sum F_{Ri}\tan\alpha_i$变号(包括由正、负变为零或由零变为正、负)，就找出了一个临界位置。在一般情况下，临界位置可能不止一个，这就需将与各临界位置相应的S极值均求出，从中选出最大(最小)值，而其相应的荷载位置就是最不利荷载位置。

归纳起来，确定最不利荷载位置的步骤如下。

(1)绘制出某量值S的影响线。

(2)依次将作用于结构上的荷载F_i移动到影响线的顶点上，令力系分别向左、向右移动微小距离，分别求$\sum F_{Ri}\tan\alpha_i$的数值。凡能够使$\sum F_{Ri}\tan\alpha_i$变号的荷载均为临界荷载F_{cri}，移动前荷载的位置为临界荷载位置。

(3)利用式(8-8)计算出各个临界荷载位置下量值S的极值S_i。

(4)比较S_i，从各种极值中选出最大值或最小值，与其所对应的荷载位置即该量值的最不利荷载位置。

【例 8-6】　图 8-22(a)为一组铁路列车移动荷载，其中 5 个集中力为一台机车的 5 个轴重，中部 30 m 的均布荷载为机车及煤水车的平均荷载q_1，后面任意长度为列车车辆的平均荷载q_2。图 8-22(b)为某量值S的影响线。当列车自右向左行驶时，试求荷载的最不利荷载位置和S的最值$S_{\max}$。已知$q_1 = 92\text{kN/m}$，$q_2 = 80\text{kN/m}$，$F_1 = F_2 = F_3 = F_4 = F_5 = 220\text{kN}$。

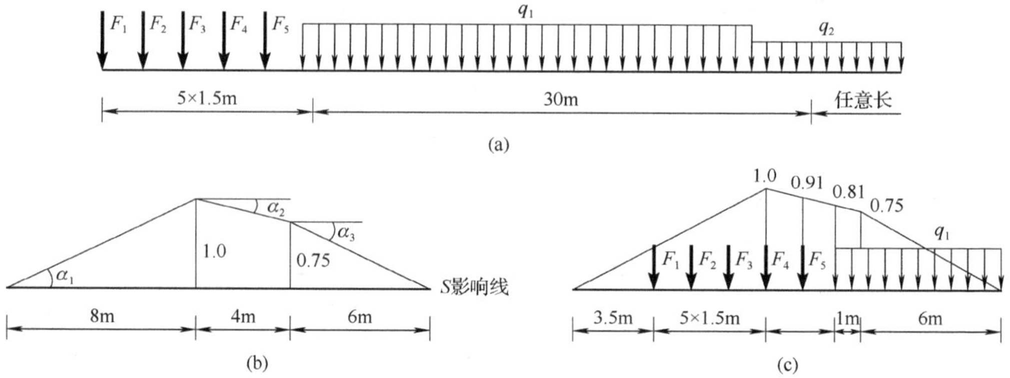

图 8-22

解：(1)列车头部荷载的数值和密度大，利用式(8-9)可以判断最不利荷载位置是将F_4置于影响线的最高顶点。荷载布置情况如图 8-22(c)所示。

(2)将F_4置于S影响线的最高顶点试算。注意均布荷载可用其合力代替。由图 8-22(b)得

$$\tan\alpha_1 = \frac{1}{8},\quad \tan\alpha_2 = -\frac{0.25}{4},\quad \tan\alpha_3 = -\frac{0.75}{6}$$

右移，各段荷载合力为

$$F_{R1} = 220\times 3 = 660(\text{kN})$$
$$F_{R2} = 220\times 2 + 92\times 1 = 532(\text{kN})$$
$$F_{R3} = 92\times 6 = 552(\text{kN})$$

则

$$\sum F_{Ri}\tan\alpha_i = 660\times\frac{1}{8} + 532\times\left(-\frac{0.25}{4}\right) + 552\times\left(-\frac{0.75}{6}\right) = -19.75(\text{kN}) < 0$$

左移，各段荷载合力为

$$F_{R1} = 220 \times 4 = 880(\text{kN})$$
$$F_{R2} = 220 + 92 \times 1 = 312(\text{kN})$$
$$F_{R3} = 92 \times 6 = 552(\text{kN})$$

则

$$\sum F_{Ri} \tan \alpha_i = 880 \times \frac{1}{8} + 312 \times \left(-\frac{0.25}{4}\right) + 552 \times \left(-\frac{0.75}{6}\right) = 21.5(\text{kN}) > 0$$

由于$\sum F_{Ri} \tan \alpha_i$变号，故$F_4$为临界荷载，其在影响线最高顶点为最不利荷载位置。

(3) 计算S_{max}。由式(8-8)，得

$$S_{max} = 220 \times \left(\frac{3.5}{8} + \frac{5}{8} + \frac{6.5}{8} + 1\right) + 220 \times 0.91 + 92 \times \left(\frac{0.81 + 0.75}{2} \times 1 + \frac{0.75 \times 6}{2}\right) = 1111.46(\text{kN})$$

(4) 对于在工业与民用建筑中最常见的三角形影响线的情况，如图 8-23 所示，临界荷载位置判别式可进一步简化。设临界荷载F_{cr}处于三角形影响线的顶点，以F_R^L和F_R^R分别表示F_{cr}以左和以右荷载的合力，根据临界荷载F_{cr}向左、向右移动时$\sum F_{Ri} \tan \alpha_i$应变号，式(8-9)可写为

左移，　$$\left(F_R^L + F_{cr}\right) \tan \alpha - F_R^R \tan \beta > 0$$

右移，　$$F_R^L \tan \alpha - \left(F_R^R + F_{cr}\right) \tan \beta > 0$$

将$\tan \alpha = c/a$，$\tan \beta = c/b$代入上式，得

$$\left.\begin{aligned} \frac{F_R^L + F_{cr}}{a} > \frac{F_R^R}{b} \\ \frac{F_R^L}{a} < \frac{F_R^R + F_{cr}}{b} \end{aligned}\right\} \tag{8-11}$$

这就是对三角形影响线判别临界位置的公式。对式(8-11)可以形象地理解为：①在三角形影响线上，正好有一个集中荷载F_{cr}“高踞峰顶”；②把临界荷载F_{cr}归到顶点哪一边，哪一边的“平均荷载”就大些，即临界荷载是“举足轻重”的。

“高踞峰顶，举足轻重”就是三角形影响线临界荷载的两大特征。

对于均布荷载跨过三角形影响线顶点的情况，如图 8-24 所示，可由$\mathrm{d}S/\mathrm{d}x = \sum F_{Ri} \tan \alpha_i = 0$的条件来确定临界荷载位置。此时有

$$\sum F_{Ri} \tan \alpha_i = F_R^L \frac{c}{a} - F_R^R \frac{c}{b} = 0$$

得

$$\frac{F_R^L}{a} = \frac{F_R^R}{b} \tag{8-12}$$

即左、右两边的平均荷载相等。

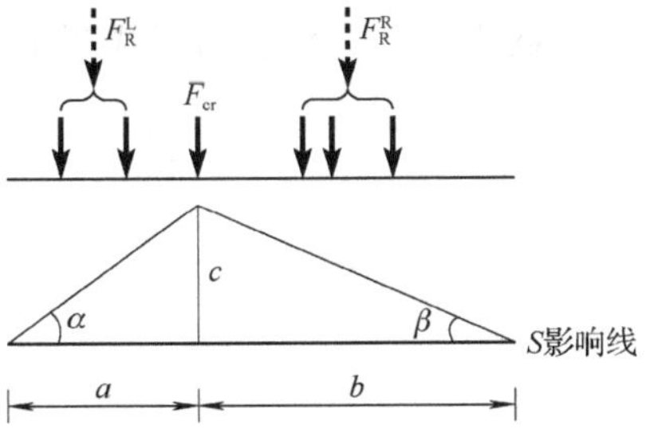

图 8-23

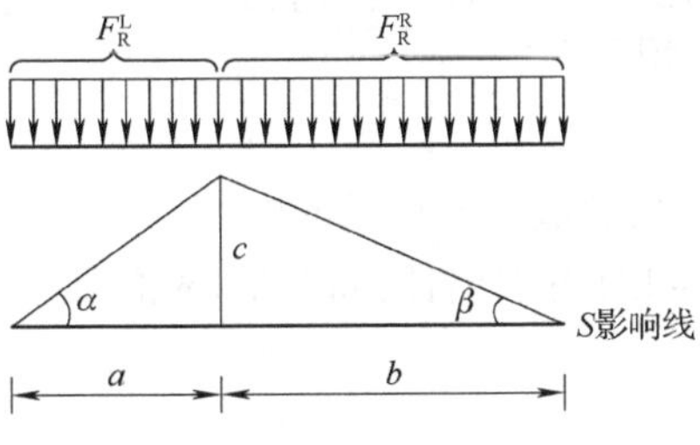

图 8-24

注意：

(1) 并不是将移动荷载中每一个荷载移动到三角形影响线的顶点上就为临界荷载，只有当将移动荷载中某个集中荷载移动到三角形顶点上，同时满足临界荷载位置的判别公式时，才是使某量值 S 产生极值的临界荷载，移动前的位置才是临界荷载位置。

(2) 当移动荷载向左、向右移动时，若有荷载从影响线上移到影响线之外或从影响线之外移动到影响线上，则 F_R^L、F_R^R 必须重算。

(3) 以上结论不适用于直角三角形影响线和三角形影响线有间断点的情况。

【例 8-7】 简支梁 AB 在移动荷载作用下，如图 8-25(a) 所示。已知 $F_1 = F_2 = 82\text{kN}$，$F_3 = F_4 = 115\text{kN}$，试求截面 C 的最大弯矩 $M_{C\max}$。

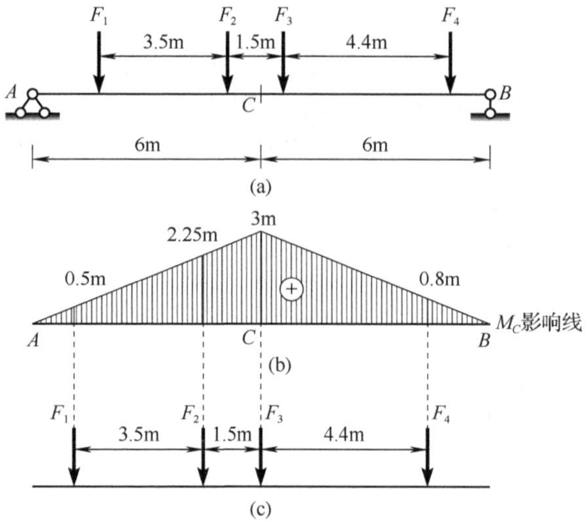

图 8-25

解：(1) 绘制 M_C 的影响线，如图 8-25(b) 所示。

(2) 经直观判断 F_1、F_4 不可能是临界荷载。将 F_2 置于 M_C 影响线的顶点，按式 (8-11) 试算，有

$$\left.\begin{aligned} \frac{82+82}{6} &< \frac{115+115}{6} \\ \frac{82}{6} &< \frac{82+115+115}{6} \end{aligned}\right\}$$

故 F_2 不是临界荷载。

将 F_3 置于 M_C 影响线的顶点，按式 (8-11) 试算，有

$$\left.\begin{aligned} \frac{82+82+115}{6} &> \frac{115}{6} \\ \frac{82+82}{6} &< \frac{115+115}{6} \end{aligned}\right\}$$

故 F_3 是临界荷载。其最不利荷载位置如图 8-25(c) 所示。

(3) 计算 $M_{C\max}$。$y_1 = 0.5$，$y_2 = 2.25$，$y_3 = 3$，$y_4 = 0.8$。由式 (8-3)，得

$$M_{C\max} = \sum F_i y_i = 82\times0.5 + 82\times2.25 + 115\times3 + 115\times0.8 = 662.5(\text{kN}\cdot\text{m})$$

8.8 换 算 荷 载

在移动荷载作用下，求结构上某一量值的最大值(最小值)，一般先通过试算确定最不利荷载位置，然后求出相应的量值，计算较为麻烦。在实际工作中，为了简化计算，可利用预先编制好的换算荷载表。

换算荷载是指这样一种均布荷载 K，它产生的某一量值，与所给移动荷载产生的该量值的最大值 $S_{\max}$ 相等，即

$$K\omega = S_{\max} \tag{8-13}$$

式中，ω 为某量值 S 影响线的面积。

由式 (8-13) 可求出任何移动荷载的换算荷载为

$$K = \frac{S_{\max}}{\omega} \tag{8-14}$$

注意：

(1) 换算荷载的数值与移动荷载的类型、级别及影响线的形状有关。

(2) 对竖标成固定比例的影响线，其换算荷载相等。

证明如下。

设有两影响线的竖标按同一比例变化，如图 8-26 (a)、(b) 所示，即 $y_2 = ny_1$，从而可知 $\omega_2 = n\omega_1$，于是有

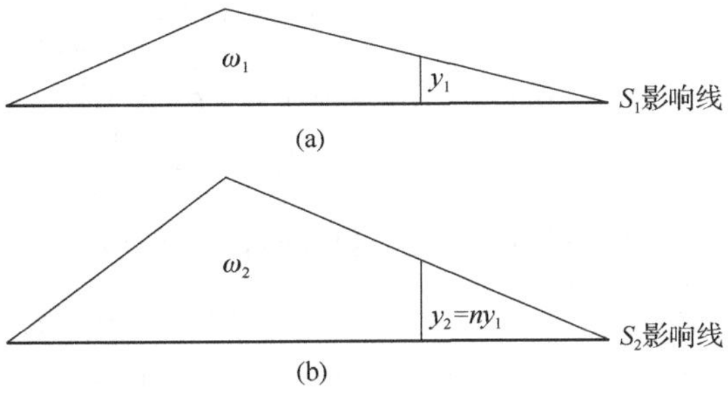

图 8-26

$$K_2 = \frac{S_{2\max}}{\omega_2} = \frac{\sum Fy_2}{\omega_2} = \frac{n\sum Fy_1}{n\omega_1} = \frac{\sum Fy_1}{\omega_1} = K_1$$

长度相同、顶点位置也相同，但最大竖标不同的各三角形影响线是成固定比例的，故用同一换算荷载。

表 8-1 列出了我国现行铁路标准荷载即“中-活载”的换算荷载，它是根据三角形影响线绘制成的。在使用时应注意以下几点。

(1) 加载长度(荷载长度) l 是指同符号影响线长度(图 8-27)。

(2) αl 是影响线顶点到较近零点的水平距离，故 α 的数值为 0～0.5(图 8-27)。

(3) 当 α 或 l 值在换算荷载表的数值之间时，换算荷载 K 值可按直线内插法求得。

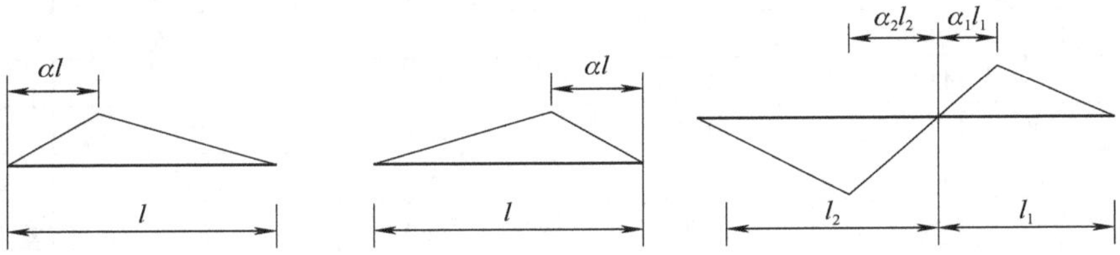

图 8-27

【例 8-8】　利用换算荷载表计算中-活载作用下图 8-28 (a) 所示简支梁截面 C 的 $F_{SC\max}$、$F_{SC\min}$ 和 $M_{C\max}$。

解： (1) 绘制 F_{SC} 和 M_C 的影响线分别如图 8-28 (b)、(c) 所示。

(2) 计算 $F_{SC\min}$。此时，$l = 14\text{m}$，$\alpha = 0$。查表 8-1，得 $K = 143.3\text{kN/m}$，故

$$F_{SC\min} = K\omega = 143.3 \times \left(-\frac{1}{2} \times 14 \times \frac{1}{3}\right) = -334(\text{kN})$$

(3) 计算 $F_{SC\max}$。此时，$l = 28\text{m}$，$\alpha = 0$。表 8-1 中无此 l 值，需按直线内插法求 K 值。

当 $\alpha = 0$，$l = 25\text{m}$ 时，$K = 122.5\text{kN/m}$，当 $\alpha = 0$，$l = 30\text{m}$ 时，$K = 117.8\text{kN/m}$，故当 $\alpha = 0$，$l = 28\text{m}$ 时，K 值应为

$$K = 117.8 + \frac{30-28}{30-25} \times (122.5 - 117.8) = 119.7(\text{kN/m})$$

可求得

$$F_{SC\max} = K\omega = 119.7 \times \left(\frac{1}{2} \times 28 \times \frac{2}{3}\right) = 1117(\text{kN})$$

(4) 计算 $M_{C\max}$。此时，$l = 42\text{m}$，$\alpha = 0.333$。表 8-1 中无此 l、α 值，故需进行三次内插法求得 K 值。

当 $\alpha = 0.25$，$l = 42\text{m}$ 时，K 值应为

$$K = 100.8 - \frac{42-40}{45-40} \times (100.8 - 98.8) = 100.0(\text{kN/m})$$

当 $\alpha = 0.375$，$l = 42\text{m}$ 时，K 值应为

$$K = 97.4 - \frac{42-40}{45-40} \times (97.4 - 96.2) = 96.9(\text{kN/m})$$

当 $\alpha = 0.333$，$l = 42\text{m}$ 时，K 值应为

表 8-1　中-活载的换算荷载(每线)(kN/m)

加载长度 l/m	影响线最大竖标位置				
	0(端部)	1/8 处	1/4 处	3/8 处	1/2 处
	K_0	$K_{0.125}$	$K_{0.25}$	$K_{0.375}$	$K_{0.5}$
1	500.0	500.0	500.0	500.0	500.0
2	312.5	285.7	250.0	250.0	250.0
3	250.0	238.1	222.2	200.0	187.5
4	234.4	214.3	187.5	175.0	187.5
5	210.0	197.1	180.0	172.0	180.0
6	187.5	178.6	166.7	161.1	166.7
7	179.6	161.8	153.1	150.9	153.1
8	172.2	157.1	151.3	148.5	151.3
9	165.5	151.5	147.5	144.5	146.7
10	159.8	146.2	143.6	140.0	141.3
12	150.4	137.5	136.0	133.9	131.2
14	143.3	130.8	129.4	127.6	125.0
16	137.7	125.5	123.8	121.9	119.4
18	133.2	122.8	120.3	117.3	114.2
20	129.4	120.3	117.4	114.2	110.2
24	123.7	115.7	112.2	108.3	104.0
25	122.5	114.7	111.0	107.0	102.5
30	117.8	110.3	106.6	102.4	99.2
32	116.2	108.9	105.3	100.8	98.4
35	114.3	106.9	103.3	99.1	97.3
40	111.6	104.8	100.8	97.4	96.1
45	109.2	102.9	98.8	96.2	95.1
48	107.9	101.8	97.6	95.5	94.5
50	107.1	101.1	96.8	95.0	94.1
60	103.6	97.8	84.2	92.8	91.9
64	102.4	96.8	93.4	92.0	91.1
70	100.8	95.4	92.2	90.9	89.9
80	98.6	93.3	90.6	89.3	88.2
90	96.9	91.6	89.2	88.0	86.6
100	95.4	90.2	88.1	86.9	85.5
110	94.1	89.0	87.2	85.9	84.6
120	93.1	88.1	86.4	85.1	83.8
140	91.4	86.7	85.1	83.8	82.8
160	90.0	85.7	84.2	82.9	82.2
180	89.0	84.9	83.4	82.3	81.7
200	88.1	84.2	82.8	81.8	81.4

$$K = 100.0 - \frac{0.333 - 0.25}{0.375 - 0.25} \times (100.0 - 96.9) = 97.9(\text{kN/m})$$

可求得

$$M_{C\max} = K\omega = 97.9 \times \left(\frac{1}{2} \times 42 \times \frac{28}{3}\right) = 1.919 \times 10^4 (\text{kN} \cdot \text{m})$$

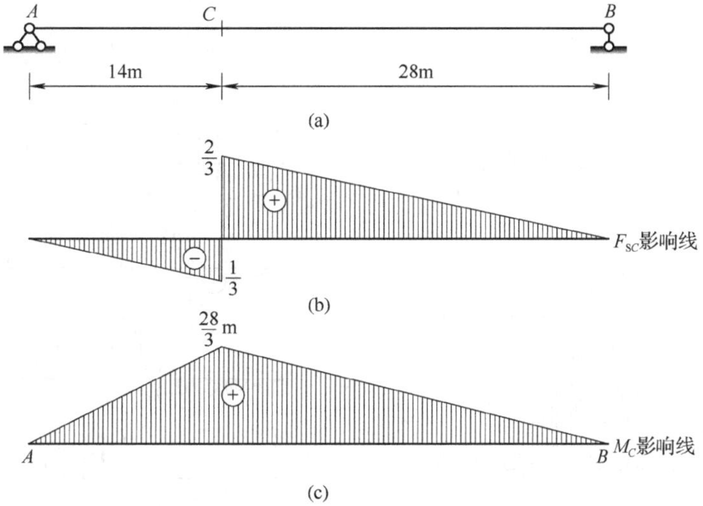

图 8-28

8.9　简支梁的内力包络图和绝对最大弯矩

8.9.1　简支梁的内力包络图

在结构设计计算中，必须求出结构在恒载和活载共同作用下，每一截面内力的极值，作为设计或检算依据。为了直观方便地找到构件各个截面内力的极值，以构件的轴线为基线，以各截面内力极值为竖标，连接各截面的内力极值而得到的图形，称为内力包络图。

内力包络图反映出构件各截面内力的极值，是结构设计中的重要工具。在吊车梁、楼盖连续梁和桥梁设计中多有应用。

简支梁的内力包络图包括弯矩包络图和剪力包络图。本节通过一个实例来说明简支梁的弯矩和剪力包络图的绘制方法。

在实际工作中，对活载还需考虑其冲击力的影响(即动力效应)，这通常是将静活载产生的内力值乘以动荷(冲击)系数$(1+\mu)$来考虑的。冲击系数的确定详见相关规范。

设梁承受的恒载为均布荷载q，某一内力影响线的正、负面积及总面积分别为ω_+、ω_-及$\sum\omega$，活载的换算荷载为K，在恒载和活载的共同作用下该内力的最大值、最小值的计算式为

$$\left.\begin{aligned} S_{\max} &= S_q + S_{K(\max)} = q\sum\omega + (1+\mu)K\omega_+ \\ S_{\min} &= S_q + S_{K(\min)} = q\sum\omega + (1+\mu)K\omega_- \end{aligned}\right\} \tag{8-15}$$

【例 8-9】　一跨度为$16\ \text{m}$的单线铁路钢筋混凝土简支梁桥，有两片梁，恒载$q = 2 \times 54.1\ \text{kN/m}$，承受中-活载，根据《铁路桥涵设计规范》，其冲击系数为$1 + \mu = 1.261$。试绘制一片梁的弯矩和剪力包络图。

解：将梁分成 8 等份，计算各等分点截面的最大弯矩、最小弯矩和剪力值。为此，先绘出各截面的弯矩、剪力影响线分别如图 8-29(a)、(b)所示。由于对称，可只计算半跨的截面。为

了清楚起见，根据式(8-15)，将全部计算列表进行，详见表 8-2 和表 8-3。

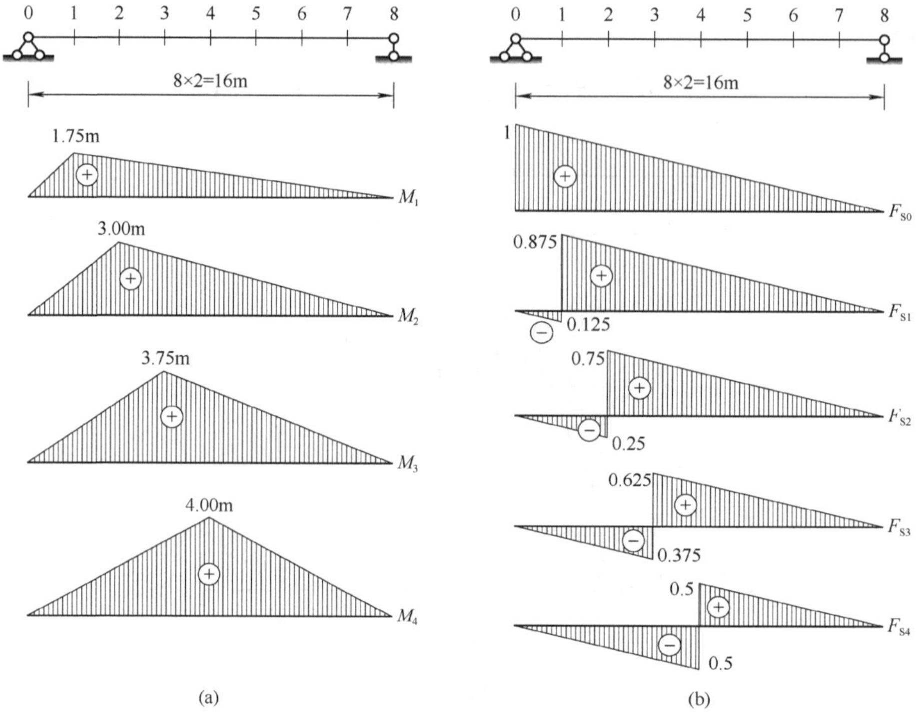

图 8-29

表 8-2　弯矩计算表

截面	影响线			恒载弯矩 M_q/(kN·m)	换算荷载 K/(kN/m)	冲击系数 $1+\mu$	活载弯矩 M_K/(kN·m)	最大弯矩 M_{max}/(kN·m)
	l/m	α	ω/m²	$\frac{q}{2}\omega=54.1\omega$			$(1+\mu)\frac{K\omega}{2}$	M_q+M_K
1	16	0.125	14	757	125.5	1.261	1108	1865
2	16	0.25	24	1298	123.8	1.261	1873	3171
3	16	0.375	30	1623	121.9	1.261	2306	3929
4	16	0.5	32	1731	119.4	1.261	2409	4140

表 8-3　剪力计算表

截面	影响线			恒载剪力 F_{Sq}/kN	换算荷载 K/(kN/m)	冲击系数 $1+\mu$	活载剪力 F_{SK}/kN	最大、最小剪力 F_{Smax}、F_{Smin}/kN
	l/m	α	$\sum\omega$/m²	$\frac{q}{2}\omega=54.1\omega$			$(1+\mu)\frac{K\omega}{2}$	$F_{Sq}+F_{SK}$
0	16	0	8	433	137.7	1.261	695 0	1128 433
1	14 2	0	6	325	143.3 312.5	1.261	533 −25	858 300
2	12 4	0	4	216	150.4 234.4	1.261	427 −74	643 142
3	10 6	0	2	108	159.8 187.5	1.261	315 −133	423 −25
4	8 8	0	0	0	172.2 172.2	1.261	217 −217	217 −217

根据弯矩计算表 8-2 的计算结果，将各截面的最大弯矩值用曲线相连，即得到弯矩包络图，如图 8-30(a)所示。

根据剪力计算表 8-3 的计算结果，将各截面的最大剪力值、最小剪力值分别用曲线相连，即得到剪力包络图，如图 8-30(b)所示。由剪力包络图可以看出，它很接近于直线，因此，实用上只需求出两端和跨中的最大剪力值、最小剪力值，然后连以直线，即可作为近似的剪力包络图，如图 8-31 所示。

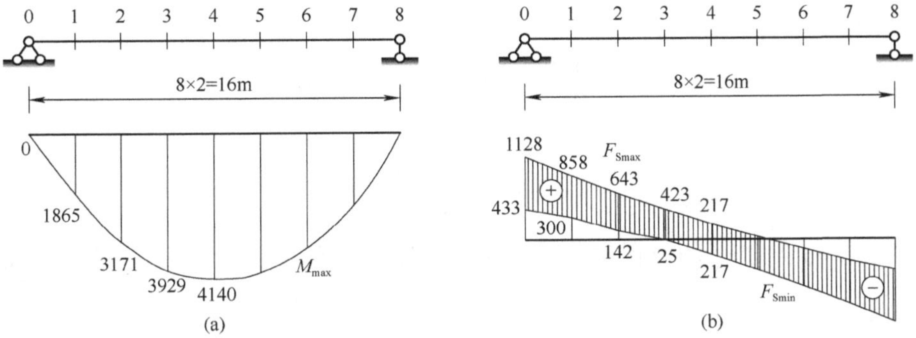

图 8-30

8.9.2　简支梁的绝对最大弯矩

1．简支梁的绝对最大弯矩的概念

在移动荷载作用下，利用前述方法，不难求出简支梁上任一指定截面的最大弯矩。在简支梁的所有各截面的最大弯矩中，必有一个弯矩是最大的，这个最大弯矩值称为简支梁的绝对最大弯矩。

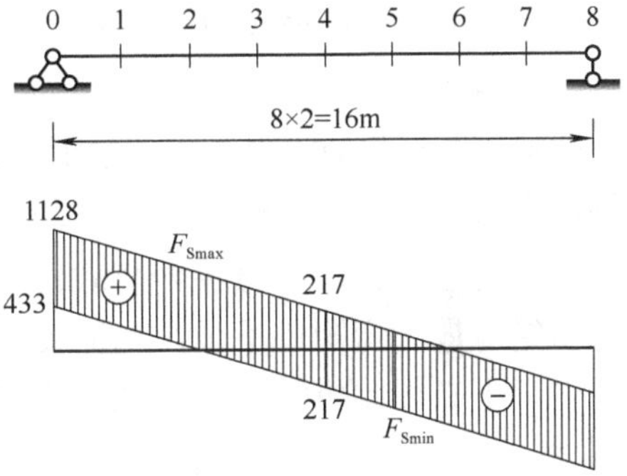

图 8-31

要确定简支梁的绝对最大弯矩，须解决以下两个问题。

(1)绝对最大弯矩发生在哪一个截面？

(2)该截面发生最大弯矩的荷载位置如何确定？

2．确定简支梁绝对最大弯矩的方法

方法一：绘制弯矩包络图。由于绘制弯矩包络图，需要逐个截面计算最大弯矩，实际上梁上的截面有无穷多个，不可能一一计算，因而只能选取有限个截面来进行计算比较，以求得问题的近似解答。即使取有限个截面计算也是较烦琐的。

方法二：当梁上作用的荷载是集中荷载时，此问题可以简化。根据静定梁弯矩图的特点可知，梁在集中荷载作用下，无论荷载在任何位置，弯矩图的最大值总是在集中荷载作用处。

因此，可以断定，绝对最大弯矩必定发生在某一集中荷载作用点处截面上。余下的问题只是确定它发生在哪一个荷载作用点处及该点位置。为此，可采取如下办法来解决。

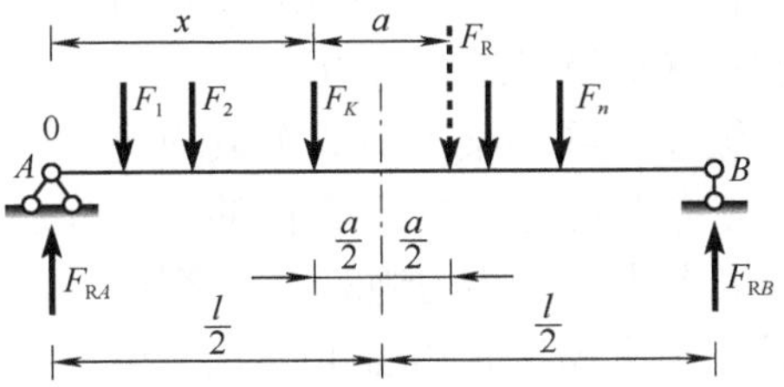

图 8-32

任选一集中荷载，找出该集中荷载的位置，使其作用点处截面的弯矩达到最大值。然后按同样方法，分别计算其他荷载作用点处截面的最大弯矩，再加以比较，即可确定简支梁的绝对最大弯矩。

如图 8-32 所示，任取某一个集中荷载 F_K，它到左支

座 A 的距离为 x，而梁上集中荷载的合力 F_R 到 F_K 的距离为 a，则左支座 A 的约束反力为

$$F_{RA}=\frac{F_R}{l}(l-x-a)$$

F_K 作用点截面的弯矩 M_x 为

$$M_x=F_{RA}x-M_K=\frac{F_R}{l}(l-x-a)x-M_K$$

式中，M_K 为 F_K 以左梁上荷载对 F_K 作用点的力矩总和，它是一个与 x 无关的常数。当 M_x 有极大值时，根据极值条件，有

$$\frac{dM_x}{dx}=\frac{F_R}{l}(l-2x-a)=0$$

得

$$x=\frac{l}{2}-\frac{a}{2}$$

上式表明，当 F_K 与合力 F_R 的位置对称于梁的中点时，F_K 作用点处截面的弯矩达到最大值，其值为

$$M_{max}=\frac{F_R}{4l}(l-a)^2-M_K \tag{8-16}$$

当合力 F_R 位于 F_K 的左边时，式(8-16)也成立，但公式中的 a 要取负值。

结论：当力系中的 F_K 与合力 F_R 对称分布在梁的中点两侧时，F_K 作用点所在截面的弯矩值达到最大值。

注意：在计算时，合力 F_R 是指简支梁上现有荷载的合力，当梁上荷载移动时，有的荷载移动到简支梁之外或有新的荷载移动到简支梁上，所以合力 F_R 要根据实际梁上的荷载重新计算。

利用上述结论，可将各个荷载作用点截面的最大弯矩计算出，然后将它们进行比较，便可以得出绝对最大弯矩。不过，当简支梁上的荷载数目较多时，这种方法仍是较麻烦的。在实际应用中，不必如此将每一个荷载作用点截面的最大弯矩进行比较。因为简支梁的绝对最大弯矩总是产生在其跨中截面附近，故可以设想，使梁跨中截面产生最大弯矩的临界荷载，也就是产生绝对最大弯矩的临界荷载。经验表明，这种设想在通常情况下都是正确的。

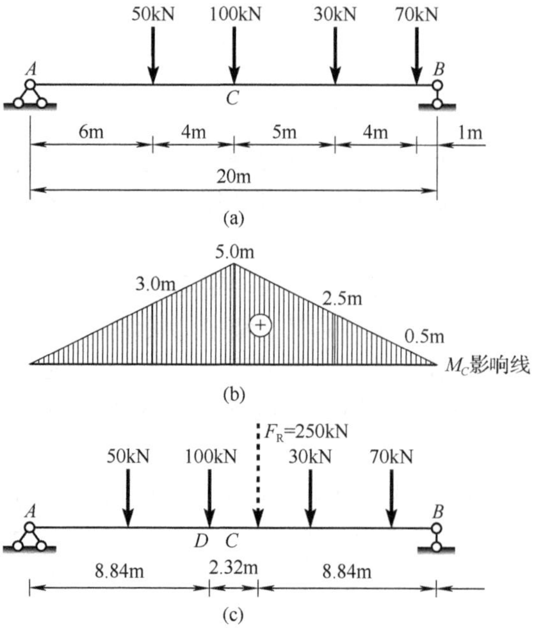

图 8-33

计算简支梁绝对最大弯矩的步骤如下。

(1)绘制简支梁跨中截面弯矩的影响线。

(2)利用判别式(式(8-11))，确定使简支梁跨中截面弯矩值为最大值的临界荷载 F_K。

(3)计算简支梁上荷载的合力 F_R（大小、位置）。

(4)依次将 F_K 和合力 F_R 对称分布于梁跨中截面的两侧。利用式(8-16)，计算出 F_K 作用点截面的弯矩，通常就是绝对最大弯矩。

注意：当假设不同的梁上荷载个数均能实现上述布置时，应将不同情况 F_K 下截面的弯矩分别求出，然后选大者为简支梁的绝对最大弯矩。

【例 8-10】 试求图示 8-33(a)所示简支梁在汽车-10 级荷载作用下的绝对最大弯矩，并与跨中截

面的最大弯矩比较。

解：(1)绘制跨中截面 C 的弯矩 M_C 影响线，如图 8-33(b)所示。利用式(8-11)可知，重车后轮100 kN 荷载位于影响线顶点时为最不利荷载位置，如图 8-33(a)所示。

(2)计算跨中截面的最大弯矩 $M_{C\max}$。由式(8-3)，得

$$M_{C\max}=50\times3.0+100\times5.0+30\times2.5+70\times0.5=760(\mathrm{kN\cdot m})$$

(3)计算绝对最大弯矩。设发生绝对最大弯矩时有 4 个荷载在梁上，其合力为 F_R 为

$$F_R=50+100+30+70=250(\mathrm{kN})$$

F_R 到临界荷载(100 kN)的距离 a 由合力矩定理(以100 kN 作用点为矩心)求得

$$a=\frac{30\times5+70\times9-50\times4}{250}=2.32(\mathrm{m})$$

移动荷载组使100 kN 和 F_R 对称于梁的中点，荷载安排如图 8-33(c)所示，此时梁上荷载与计算合力时相符。由式(8-16)计算得绝对最大弯矩(即 D 截面的弯矩)为

$$M_{\max}=\frac{F_R}{4l}(l-a)^2-M_K=\frac{250}{4\times20}(20-2.32)^2-50\times4=776.82(\mathrm{kN\cdot m})$$

(4) $M_{\max}$ 与 $M_{C\max}$ 的比较。

$$\frac{M_{\max}-M_{C\max}}{M_{C\max}}\times100\%=2.2\%$$

说明该简支梁的最大弯矩比跨中截面的最大弯矩大 2.2%。由于两者差别不大，故在实际工作中，有时也用跨中截面的最大弯矩来近似代替绝对最大弯矩。

习　　题

8-1　试用静力法绘制图示结构中指定量值的影响线。

(a)反力 F_{Ay}、M_A 和内力 M_C、F_{SC} 的影响线；(b)反力 F_{Ay} 和内力 M_C、F_{SC}、F_{NC} 的影响线。

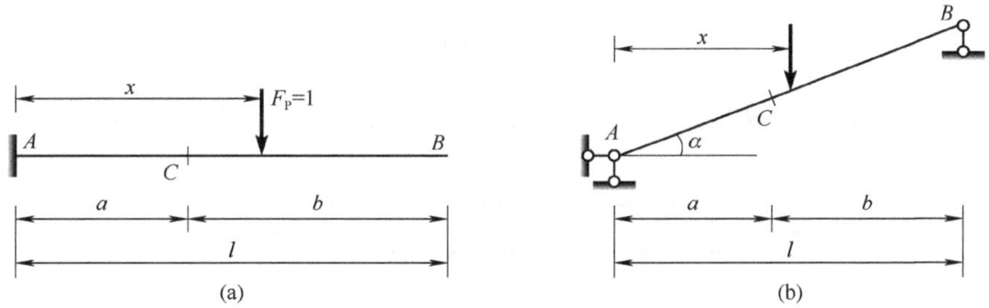

题 8-1 图

8-2　试用静力法绘制图示结构中指定量值的影响线。

(a) F_{RA}、M_B、F_{SB}^{L}、F_{SB}^{R}、M_C、F_{SC} 的影响线；(b) F_{RB}、M_A、M_C、F_{SC} 的影响线。

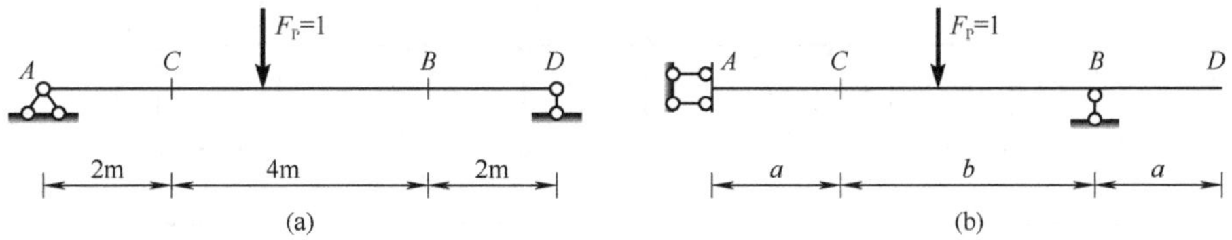

题 8-2 图

8-3　试用静力法绘制图示多跨静定梁 F_{RA}、F_{SB}、M_E、F_{SE}、F_{RC}、F_{RD}、M_F、F_{SF} 的影响线。

8-4　试用静力法绘制图示多跨静定梁 M_E、F_{SB}^{L}、F_{SB}^{R} 的影响线。

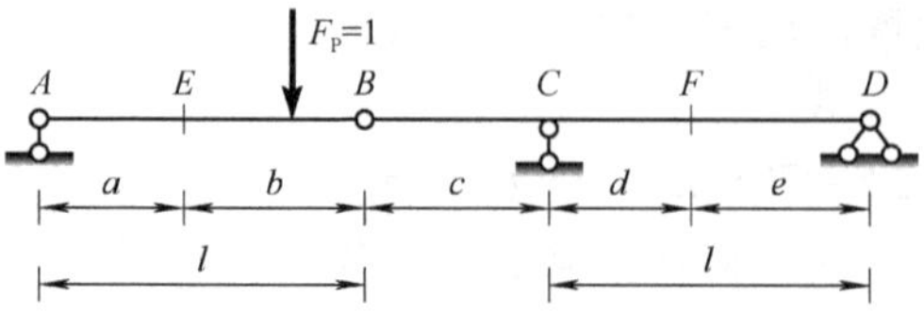

题 8-3 图

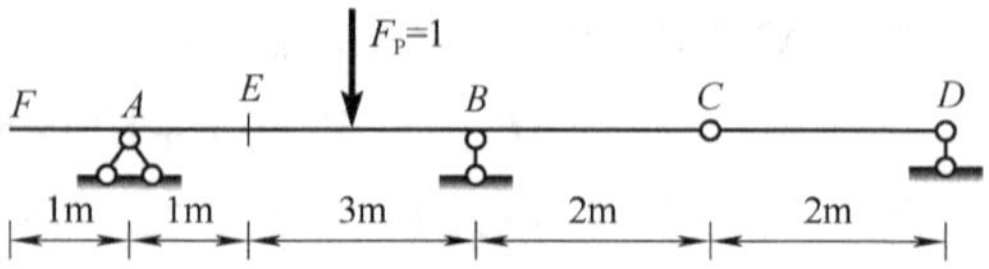

题 8-4 图

8-5　试用静力法绘制图示刚架 M_A、F_{Ay}、M_K、F_{SK} 的影响线。设 M_A、M_K 均以内侧受拉为正，单位荷载沿杆 BE 移动。

8-6　试用静力法绘制图示主梁 F_{RB}、M_D、F_{SD}、F_{SC}^{L}、F_{SC}^{R} 的影响线。

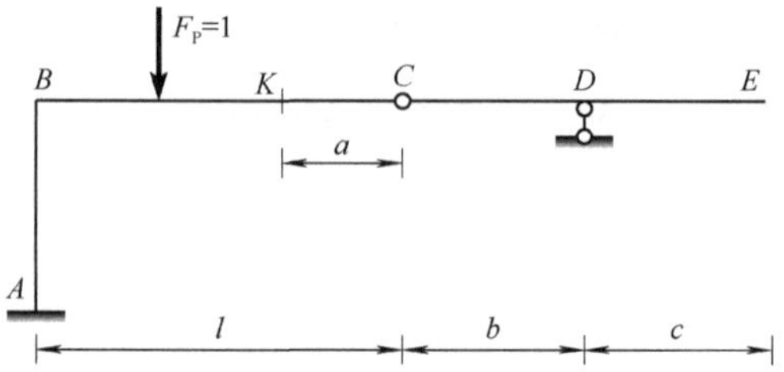

题 8-5 图

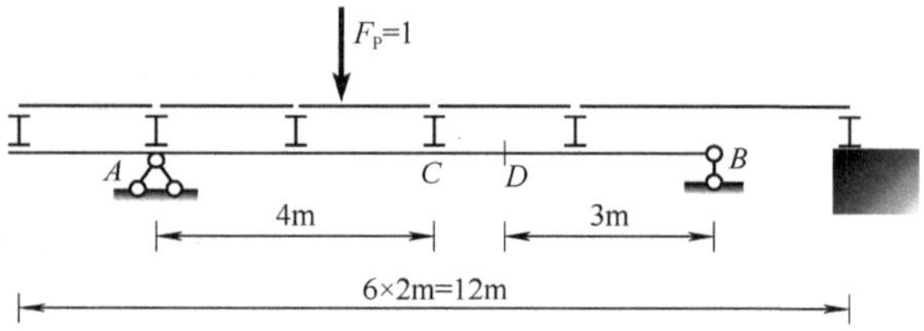

题 8-6 图

8-7　试用静力法绘制图示多跨静定主梁 F_{RA}、F_{RB}、M_A 的影响线。

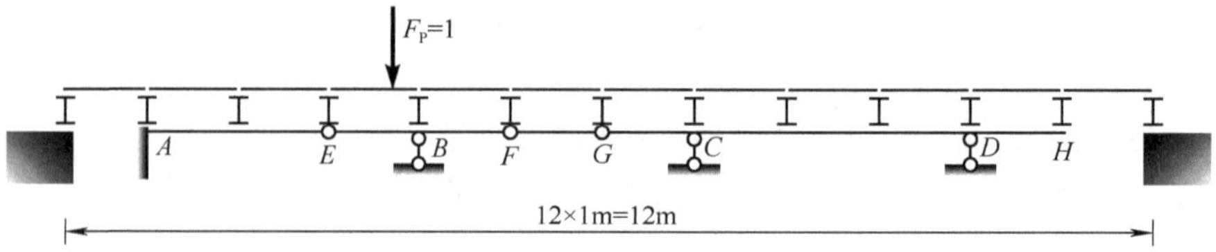

题 8-7 图

8-8　试用静力法绘制图示桁架轴力 F_{N1}、F_{N2} 和 F_{N3} 的影响线(荷载分为上承和下承两种情况)。

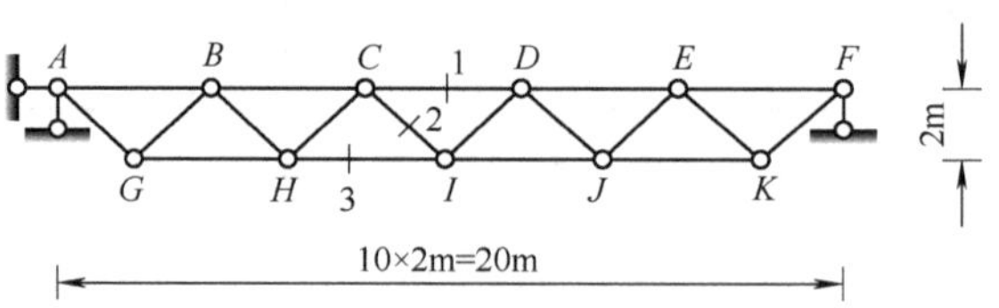

题 8-8 图

8-9　试用静力法绘制图示桁架轴力 F_{N1}、F_{N2}、F_{N3} 和 F_{N4} 的影响线。

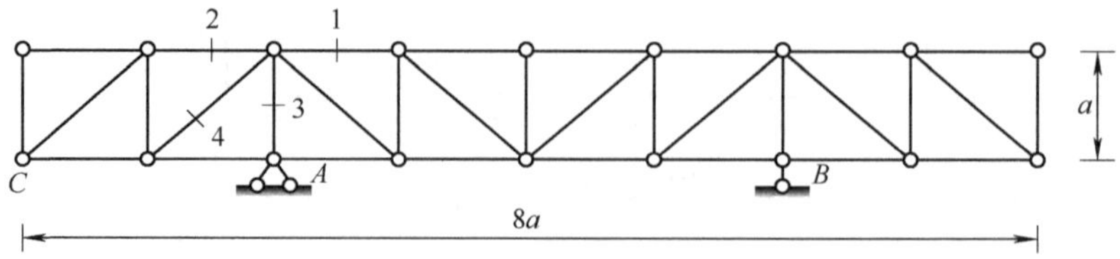

题 8-9 图

8-10　试用机动法重做习题 8-3、习题 8-4。

8-11 结构如图所示，试用影响线计算在所示荷载作用下的 F_{RA}、F_{RB}、M_C 和 F_{SC}。

8-12 试求图示简支梁在所给移动荷载作用下截面 C 的最大弯矩。

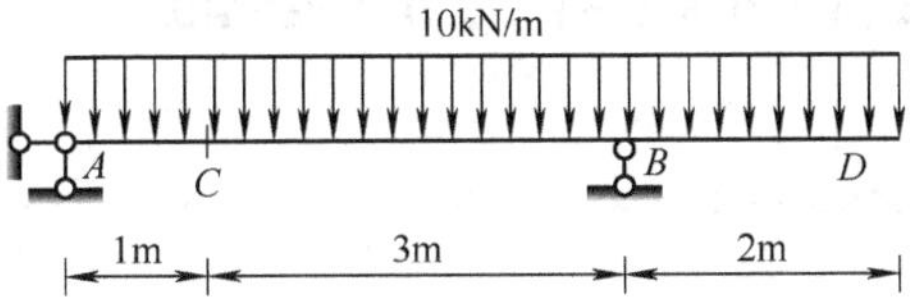

题 8-11 图

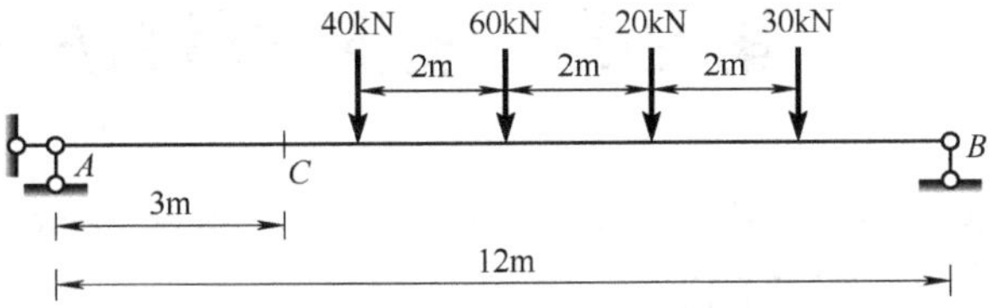

题 8-12 图

8-13 试求图示简支梁的绝对最大弯矩。

8-14 试求图示简支梁的绝对最大弯矩。

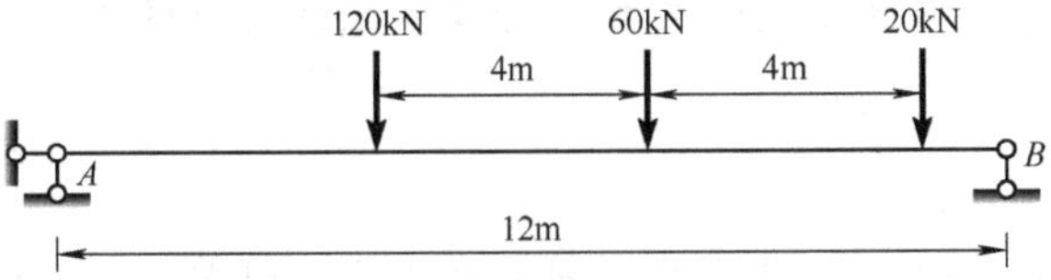

题 8-13 图

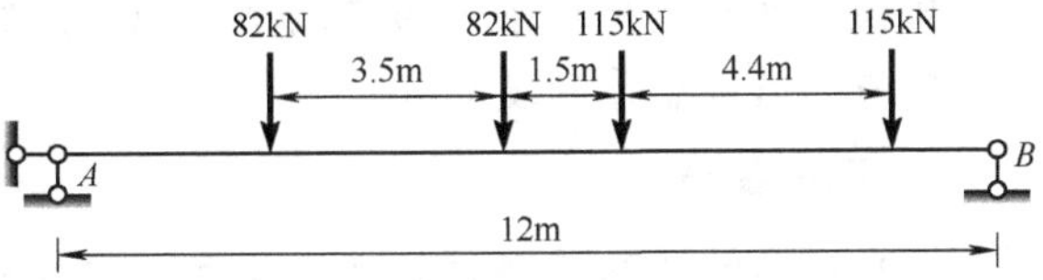

题 8-14 图

第 9 章　矩阵位移法——结构矩阵分析基础

主要内容

矩阵位移法是计算机与传统力学原理(位移法)相结合的产物。根据结构的几何和弹性性质建立刚度矩阵 $\boldsymbol{K}$，根据结构的受载情况形成整体荷载向量 $\boldsymbol{P}$，从而得到整体结构的刚度方程。形成整体刚度矩阵时，采用单元集成法。先建立局部坐标系下的单元刚度矩阵，通过坐标转换得到整体坐标系下的单元刚度矩阵，然后根据单元定位向量，将整体坐标系下的单元刚度矩阵形成整体刚度矩阵。

学习要求

掌握矩阵位移法分析问题的基本过程及解题步骤；熟练将结构划分为单元，对单元和刚架进行局部编码和整体编码；建立局部坐标系下的单元刚度矩阵，利用坐标转换矩阵形成整体坐标系下的单元刚度矩阵，利用单元集成法得到整体刚度矩阵。求解刚度方程得结点位移，由结点位移反求杆端内力。

9.1　概　　述

矩阵位移法是计算机进入结构力学领域后受到广泛重视的一种方法，它是以传统的结构力学为理论基础，以矩阵作为数学表达形式，以计算机作为计算手段，三位一体的方法。

结构力学传统方法与结构矩阵位移分析方法，两者同源而有别：在原理上两者同源，在作法上有别。简单地说，前者在“手算”年代形成，后者则着眼于“电算”，计算手段的不同，引起计算方法的差异。手算怕繁，电算怕乱。手算讨厌重复性的大量运算，电算则偏爱计算过程的程序化和通用性。本章将采用一些新作法，如矩阵符号的运用，刚度矩阵集成规则的阐述，等等。这些新作法都是针对计算过程的程序化这一目标而提出来的。因此，学习本章，既要了解它与传统方法的共同点，更要着重了解它的一些新手法和新的着眼点。

与传统的力法、位移法相对应，在结构矩阵分析中也有矩阵力法和矩阵位移法，也称作柔度法和刚度法。矩阵位移法由于具有易于实现计算过程程序化的优点而广为流传，本章只针对矩阵位移法进行讨论。

矩阵位移法是有限元法的雏形，因此结构矩阵分析有时也称为杆件结构的有限元法。在本章中将使用有限元法中的一些术语和提法。

有限元法的要点是：先把结构拆开，分成若干个单元(在杆件结构中，一般把每个杆件视作一个单元)，这个过程称为离散化；然后，将这些单元按一定的条件集合成整体。在一拆一合、先拆后搭的过程中，把复杂结构的计算问题转化为简单单元的分析与集合问题。因此，有限元法包含两个基本环节：一是单元分析，二是整体分析。

在矩阵位移法中，单元分析的任务是建立单元刚度矩阵方程，形成单元刚度矩阵；整体分析的主要任务是将单元集合成整体，由单元刚度矩阵按照刚度集成规则形成整体刚度矩阵，建立整体结构的位移法基本方程，从而求出解答。

在单元分析方面，单元的刚度方程已在第 6 章位移法中导出，在本章只是将已有的结果改用矩阵的形式表示，并讨论在任一坐标系中单元刚度方程的通用形式。

在整体分析方面，将根据计算过程程序化的要求，提出直接由单元刚度矩阵导出整体刚度矩阵的集成规则，这个集成规则是矩阵位移法的核心内容。

9.2　局部坐标系下的单元刚度矩阵

本节和 9.3 节对平面结构的杆件单元进行单元分析，得出单元刚度方程和单元刚度矩阵。

第 6 章位移法中给出的转角位移方程实际上就是梁单元的刚度方程，梁单元是杆件单元的特例。

本节推导单元刚度方程时所用的方程不是新的，但有几点新的考虑：重新规定正负号规则，讨论杆件单元的一般情况，采用矩阵表示形式。

9.2.1　一般单元的刚度矩阵

图 9-1 为平面刚架单元中的等截面直杆单元 e。设杆件除弯曲变形外，还有轴向变形。左右两端各有 3 个位移分量(2 个线位移、1 个角位移)，杆件共有 6 个杆端位移分量，这是平面结构杆件单元的一般情况。设杆件的长度为 l，横截面积为 A，截面惯性矩为 I，弹性模量为 E。单元的两个端点采用编码 1 和 2。由端点 1 到端点 2 的方向规定为杆轴的正方向，在图中用箭头标明。

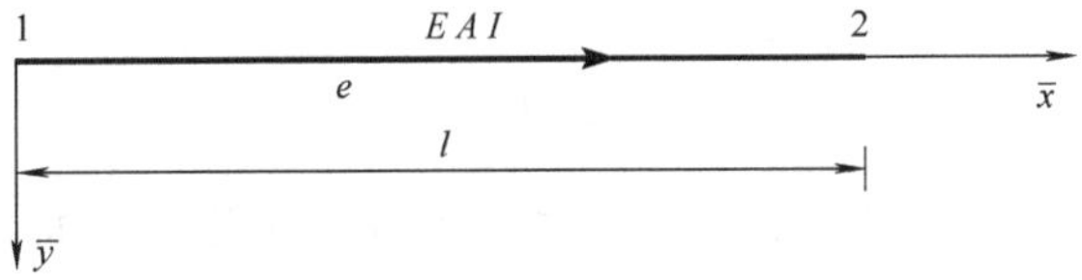

图 9-1

图 9-1 中采用的坐标系为 $\bar{x}\,\bar{y}$，其中 $\bar{x}$ 轴与杆轴重合。该坐标系称为单元坐标系或局部坐标系。字母 $\bar{x}$、$\bar{y}$ 的上面加一短线，作为局部坐标系的标志。

在局部坐标系中，一般单元的每端各有 3 个位移分量 $\bar{u}^e$、$\bar{v}^e$、$\bar{\theta}^e$ 和对应的 3 个力分量 $\bar{F}_x^e$、$\bar{F}_y^e$、$\bar{M}^e$。图 9-2 所示的位移分量、力分量的方向为正方向。

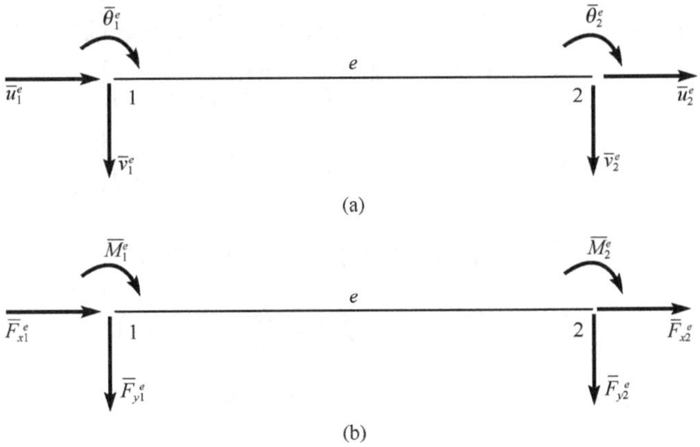

图 9-2

单元的 6 个杆端位移分量和 6 个杆端力分量按一定顺序排列，形成单元杆端位移向量 $\overline{\boldsymbol{\Delta}}^e$ 和单元杆端力向量 $\overline{\boldsymbol{F}}^e$ 如下：

$$\left.\begin{aligned}\overline{\boldsymbol{\Delta}}^e&=\left(\overline{\Delta}_{(1)}\quad \overline{\Delta}_{(2)}\quad \overline{\Delta}_{(3)}\quad \overline{\Delta}_{(4)}\quad \overline{\Delta}_{(5)}\quad \overline{\Delta}_{(6)}\right)^{e\mathrm{T}}=\left(\overline{u}_1\quad \overline{v}_1\quad \overline{\theta}_1\quad \overline{u}_2\quad \overline{v}_2\quad \overline{\theta}_2\right)^{e\mathrm{T}}\\ \overline{\boldsymbol{F}}^e&=\left(\overline{F}_{(1)}\quad \overline{F}_{(2)}\quad \overline{F}_{(3)}\quad \overline{F}_{(4)}\quad \overline{F}_{(5)}\quad \overline{F}_{(6)}\right)^{e\mathrm{T}}=\left(\overline{F}_{x1}\quad \overline{F}_{y1}\quad \overline{M}_1\quad \overline{F}_{x2}\quad \overline{F}_{y2}\quad \overline{M}_2\right)^{e\mathrm{T}}\end{aligned}\right\}\tag{9-1}$$

向量中的 6 个元素的序码记为(1)、(2)、…、(6)。由于它们是在每个单元中各自编码的(不是在刚架所有单元中统一编码)，因此称为局部码——单元杆端位移向量(或单元杆端力向量)的局部码。数码(1)、(2)、…、(6)都加上括号，作为局部码的标志。

下面讨论单元的刚度方程。

单元刚度方程是指由单元杆端位移求单元杆端力时所建立的方程——记为“$\overline{\Delta}^e \rightarrow \overline{F}^e$”方程。

为了建立单元刚度方程，按照位移法基本体系的作法，在杆件两端加上人为控制的附加约束，使基本体系在两端发生任意指定的位移 $\overline{\boldsymbol{\Delta}}^e$，如图 9-3 所示。然后根据 $\overline{\boldsymbol{\Delta}}^e$ 来推算相应的杆端力 $\overline{\boldsymbol{F}}^e$。

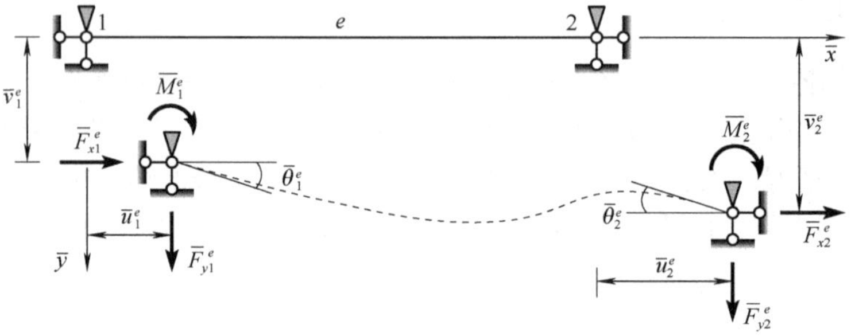

图 9-3

忽略轴向受力状态与弯曲受力状态之间的相互影响，分别推导轴向变形与弯曲变形的刚度方程。

首先，由杆端轴向位移 $\overline{u}_1^e$、$\overline{u}_2^e$ 可推算出相应的杆端轴向力 $\overline{F}_{x1}^e$、$\overline{F}_{x2}^e$：

$$\left.\begin{aligned}\overline{F}_{x1}^e&=\frac{EA}{l}\left(\overline{u}_1^e-\overline{u}_2^e\right)\\ \overline{F}_{x2}^e&=-\frac{EA}{l}\left(\overline{u}_1^e-\overline{u}_2^e\right)\end{aligned}\right\}\tag{9-2}$$

其次，由杆端横向位移 $\overline{v}_1^e$、$\overline{v}_2^e$ 和转角 $\overline{\theta}_1^e$、$\overline{\theta}_2^e$ 可推算出相应的杆端横向力 $\overline{F}_{y1}^e$、$\overline{F}_{y2}^e$ 以及杆端力矩 $\overline{M}_1^e$、$\overline{M}_2^e$。根据转角位移方程(6-3)和方程(6-4)，并改用本章的记号和正负号约定，即得

$$\left.\begin{aligned}\overline{M}_1^e&=\frac{4EI}{l}\overline{\theta}_1^e+\frac{2EI}{l}\overline{\theta}_2^e+\frac{6EI}{l^2}\left(\overline{v}_1^e-\overline{v}_2^e\right)\\ \overline{M}_2^e&=\frac{2EI}{l}\overline{\theta}_1^e+\frac{4EI}{l}\overline{\theta}_2^e+\frac{6EI}{l^2}\left(\overline{v}_1^e-\overline{v}_2^e\right)\\ \overline{F}_{y1}^e&=\frac{6EI}{l^2}\left(\overline{\theta}_1^e+\overline{\theta}_2^e\right)+\frac{12EI}{l^3}\left(\overline{v}_1^e-\overline{v}_2^e\right)\\ \overline{F}_{y2}^e&=-\frac{6EI}{l^2}\left(\overline{\theta}_1^e+\overline{\theta}_2^e\right)-\frac{12EI}{l^3}\left(\overline{v}_1^e-\overline{v}_2^e\right)\end{aligned}\right\}\tag{9-3}$$

上面 6 个刚度方程(式(9-2)和式(9-3))实际上在位移法中已经推导过，现将它们合在一起，写成矩阵的形式如下：

$$
\begin{bmatrix} \bar{F}_{x1} \\ \bar{F}_{y1} \\ \bar{M}_1 \\ \bar{F}_{x2} \\ \bar{F}_{y2} \\ \bar{M}_2 \end{bmatrix}^e = \begin{bmatrix} \frac{EA}{l} & 0 & 0 & -\frac{EA}{l} & 0 & 0 \\ 0 & \frac{12EI}{l^3} & \frac{6EI}{l^2} & 0 & -\frac{12EI}{l^3} & \frac{6EI}{l^2} \\ 0 & \frac{6EI}{l^2} & \frac{4EI}{l} & 0 & -\frac{6EI}{l^2} & \frac{2EI}{l} \\ -\frac{EA}{l} & 0 & 0 & \frac{EA}{l} & 0 & 0 \\ 0 & -\frac{12EI}{l^3} & -\frac{6EI}{l^2} & 0 & \frac{12EI}{l^3} & -\frac{6EI}{l^2} \\ 0 & \frac{6EI}{l^2} & \frac{2EI}{l} & 0 & -\frac{6EI}{l^2} & \frac{4EI}{l} \end{bmatrix}^e \begin{bmatrix} \bar{u}_1 \\ \bar{v}_1 \\ \bar{\theta}_1 \\ \bar{u}_2 \\ \bar{v}_2 \\ \bar{\theta}_2 \end{bmatrix}^e \tag{9-4}
$$

式(9-4)可记为

$$
\bar{\boldsymbol{F}}^e = \bar{\boldsymbol{k}}^e \bar{\boldsymbol{\Delta}}^e \tag{9-5}
$$

其中

$$
\begin{array}{c} \\ \\ \\ \bar{\boldsymbol{k}}^e = \\ \\ \\ \end{array}
\begin{array}{c} \\ (1) \\ (2) \\ (3) \\ (4) \\ (5) \\ (6) \end{array}
\begin{array}{cccccc} (1) & (2) & (3) & (4) & (5) & (6) \\ (\bar{u}_1=1) & (\bar{v}_1=1) & (\bar{\theta}_1=1) & (\bar{u}_2=1) & (\bar{v}_2=1) & (\bar{\theta}_2=1) \\ \downarrow & \downarrow & \downarrow & \downarrow & \downarrow & \downarrow \end{array}
$$

$$
\bar{\boldsymbol{k}}^e = \begin{array}{c} (1) \\ (2) \\ (3) \\ (4) \\ (5) \\ (6) \end{array} \begin{bmatrix} \frac{EA}{l} & 0 & 0 & -\frac{EA}{l} & 0 & 0 \\ 0 & \frac{12EI}{l^3} & \frac{6EI}{l^2} & 0 & -\frac{12EI}{l^3} & \frac{6EI}{l^2} \\ 0 & \frac{6EI}{l^2} & \frac{4EI}{l} & 0 & -\frac{6EI}{l^2} & \frac{2EI}{l} \\ -\frac{EA}{l} & 0 & 0 & \frac{EA}{l} & 0 & 0 \\ 0 & -\frac{12EI}{l^3} & -\frac{6EI}{l^2} & 0 & \frac{12EI}{l^3} & -\frac{6EI}{l^2} \\ 0 & \frac{6EI}{l^2} & \frac{2EI}{l} & 0 & -\frac{6EI}{l^2} & \frac{4EI}{l} \end{bmatrix}^e \tag{9-6}
$$

式(9-5)即所求的“ $\bar{\Delta}^e \to \bar{F}^e$ ”方程，称为在局部坐标系下的单元刚度方程。矩阵 $\bar{\boldsymbol{k}}^e$ 称为局部坐标系下的单元刚度矩阵，它是 6×6 的方阵。

9.2.2　单元刚度矩阵的性质

1．单元刚度系数的意义

$\bar{\boldsymbol{k}}^e$ 中的每个元素称为单元刚度系数，代表由单位杆端位移所引起的杆端力。例如，第(6)行第(3)列元素 $\bar{k}^e_{(6)(3)}$（即元素 $2EI/l$）代表当第(3)个杆端位移分量 $\bar{\theta}_1=1$ 时引起的第(6)个杆端力分量 $\bar{M}_2$。一般来说，第(i)行第(j)列元素 $\bar{k}^e_{(i)(j)}$ 代表当第(j)个杆端位移分量 $\bar{\Delta}_{(j)}$ 等于 1，其他位移分量等于零时所引起的第(i)个杆端力分量 $\bar{F}_{(i)}$ 的值。

$\bar{\boldsymbol{k}}^e$ 中某一列的 6 个元素分别表示当某个杆端位移分量等于 1 时所引起的 6 个杆端力分量。例如，第 1 列对应于单位位移 $\bar{u}_1=1$ 所引起的杆端力。为了帮助理解，在式(9-6)中，在 $\bar{\boldsymbol{k}}^e$ 每一列的上方都标明了对应的单位位移分量。

2. $\bar{\boldsymbol{k}}^e$ 是对称矩阵

$\bar{\boldsymbol{k}}^e$ 的对称性是指其元素有如下对应关系：

$$\bar{k}^e_{(i)(j)} = \bar{k}^e_{(j)(i)} \tag{9-7}$$

这实际上是根据反力互等定理得出的结论。

3. 一般单元的 $\bar{\boldsymbol{k}}^e$ 是奇异矩阵

$\bar{\boldsymbol{k}}^e$ 的奇异性是指其行列式的值等于零，即

$$\left|\bar{\boldsymbol{k}}^e\right| = 0 \tag{9-8}$$

直接计算式(9-6)的矩阵行列式，便可验证上述结论。

由此可知，$\bar{\boldsymbol{k}}^e$ 不存在逆矩阵，也就是说，根据单元刚度方程(9-5)，可以由杆端位移 $\bar{\boldsymbol{\varDelta}}^e$ 推算出杆端力 $\bar{\boldsymbol{F}}^e$，且 $\bar{\boldsymbol{F}}^e$ 的解是唯一解；但不能由杆端力 $\bar{\boldsymbol{F}}^e$ 反推出杆端位移 $\bar{\boldsymbol{\varDelta}}^e$，$\bar{\boldsymbol{\varDelta}}^e$ 可能无解，若有解，则为非唯一解。这里，讨论了正反两个问题，而它们是性质不同的两个问题。如果把两者不加以区别，就会造成概念上的混乱。

为了避免混淆，把正反两个问题再从数学提法、力学模型、解的性质等方面作一对比，如表 9-1 所示。

表 9-1　正、反问题的对比

	正问题（$\bar{\boldsymbol{\varDelta}}^e \to \bar{\boldsymbol{F}}^e$）	反问题（$\bar{\boldsymbol{F}}^e \to \bar{\boldsymbol{\varDelta}}^e$）
数学提法	$\bar{\boldsymbol{\varDelta}}^e$ 为任意指定值，$\bar{\boldsymbol{F}}^e$ 为待求量	$\bar{\boldsymbol{F}}^e$ 为任意指定值，$\bar{\boldsymbol{\varDelta}}^e$ 为待求量
力学模型	把单元按“两端有 6 个人工控制的附加约束的杆件”(位移法基本体系)来分析——$\bar{\boldsymbol{\varDelta}}^e$ 由控制附加约束而加以指定	把单元按“两端自由的杆件”来分析——$\bar{\boldsymbol{F}}^e$ 直接加在自由端作为指定的杆端力
解的性质	$\bar{\boldsymbol{\varDelta}}^e$ 为任意值时，$\bar{\boldsymbol{F}}^e$ 都有解，且为唯一解 $\bar{\boldsymbol{F}}^e$ 总是一个平衡力系，不可能是不平衡力系	$\bar{\boldsymbol{F}}^e$ 为不平衡力系时，$\bar{\boldsymbol{\varDelta}}^e$ 没有解 $\bar{\boldsymbol{F}}^e$ 为平衡力系时，$\bar{\boldsymbol{\varDelta}}^e$ 有解，但为非唯一解(因为自由杆件除本身变形外还可有任意的刚体位移) $(\bar{\boldsymbol{k}}^e)^{-1}$ 不存在

总之，正反两个问题的力学模型是截然不同的，不能把单元笼统地称为“自由单元”。逆矩阵 $(\bar{\boldsymbol{k}}^e)^{-1}$ 的性质是根据反问题确定的，这里的反问题是按“自由单元”分析的，故得出 $(\bar{\boldsymbol{k}}^e)^{-1}$ 不存在的结论。

9.2.3　特殊单元的刚度矩阵

式(9-4)是一般单元的刚度方程，其中 6 个杆端位移可指定为任意值。在结构中还有一些特殊单元，单元的某个或某些杆端位移的值已知为零，而不能任意指定。各种特殊单元的刚度方程无需另行推导，只需对一般单元的刚度方程(9-4)作一些特殊处理便可自动得到。

举例来说，计算连续梁时，通常忽略轴向变形。如取每跨梁作为单元，如图 9-4 所示，则只有两个杆端位移分量 $\bar{\theta}_1^e$、$\bar{\theta}_2^e$ 可指定为任意值，而其余 4 个分量均已知为零：

$$\bar{u}_1^e = \bar{v}_1^e = \bar{u}_2^e = \bar{v}_2^e = 0 \tag{9-9}$$

将式(9-9)代入式(9-4)，即可得出此特殊单元的刚度方程如下：

$$\begin{bmatrix} \bar{M}_1 \\ \bar{M}_2 \end{bmatrix}^e = \begin{bmatrix} \dfrac{4EI}{l} & \dfrac{2EI}{l} \\ \dfrac{2EI}{l} & \dfrac{4EI}{l} \end{bmatrix}^e \begin{bmatrix} \bar{\theta}_1 \\ \bar{\theta}_2 \end{bmatrix}^e \tag{9-10}$$

此时单元的刚度矩阵为

$$\bar{\boldsymbol{k}}^e = \begin{bmatrix} \dfrac{4EI}{l} & \dfrac{2EI}{l} \\ \dfrac{2EI}{l} & \dfrac{4EI}{l} \end{bmatrix}^e \tag{9-11}$$

实际上这个特殊单元刚度矩阵(9-11)可由式(9-6)的一般单元刚度矩阵删去第(1)、(2)、(4)、(5)行和列后自动得出。

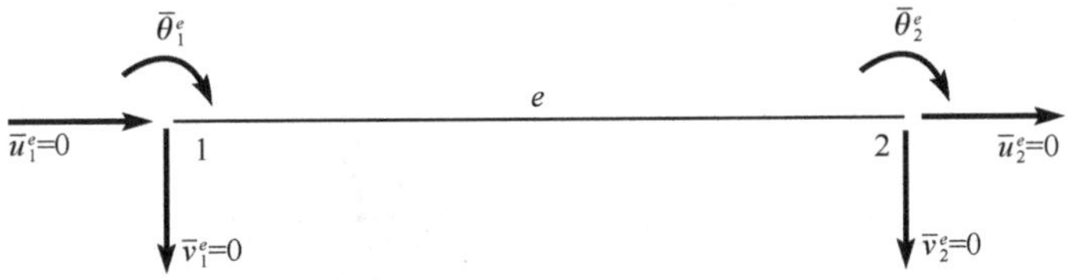

图 9-4

用同样的方法还可以得出其他各种特殊单元的刚度方程和刚度矩阵。

在结构矩阵分析中，应着眼于计算过程的程序化、标准化和自动化。因此，不必把各种非标准化的特殊单元刚度矩阵都罗列出来，以免头绪太多；而只采用一种标准化形式——一般单元的刚度矩阵(9-6)，关于单元刚度矩阵的各种特殊形式将由计算机程序去自动完成。

顺便指出，某些特殊单元的刚度矩阵是可逆的。例如，式(9-11)中的 $\bar{\boldsymbol{k}}^e$，其逆矩阵存在。

逆矩阵 $(\bar{\boldsymbol{k}}^e)^{-1}$ 是否存在，完全根据反问题的力学模型来确定。对于图 9-4 所示特殊单元来说，正问题的力学模型如图 9-5(a)所示，每端有两个支杆和一个控制转角的附加约束，$\bar{\theta}_1^e$ 和 $\bar{\theta}_2^e$ 可指定为任意值。

反问题的力学模型如图 9-5(b)所示，每端有两个支杆，杆端力矩 $\bar{M}_1^e$、$\bar{M}_2^e$ 可指定为任意值。由于反问题的力学模型是一个几何不变体系，因此当 $\bar{M}_1^e$、$\bar{M}_2^e$ 为任意值时，杆端转角 $\bar{\theta}_1^e$、$\bar{\theta}_2^e$ 有解，且为唯一解。由此得出 $(\bar{\boldsymbol{k}}^e)^{-1}$ 存在的结论。

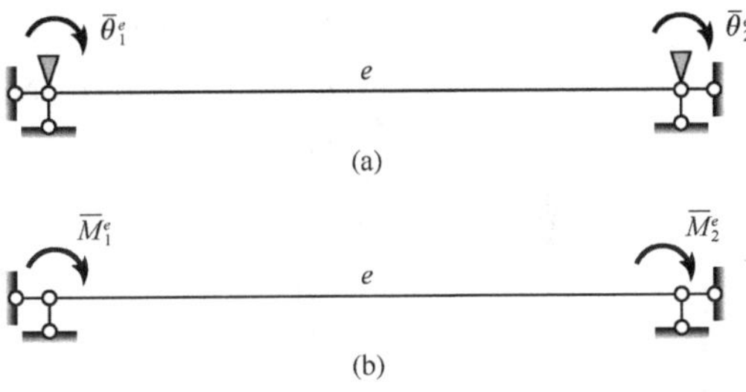

图 9-5

9.3　整体坐标系下的单元刚度矩阵

坐标系是一个数学工具，可根据需要而灵活选用。

在 9.2 节中，选用局部坐标系，以杆件轴线作为 $\bar{x}$ 轴。这样做的目的是导出单元刚度矩阵。

在本节中，将从整体分析的角度考虑，在一个复杂结构中，各个杆件的杆轴方向不尽相同，各自的局部坐标系也不尽相同，很不统一。为了便于进行整体分析，必须选用一个统一的公共坐标系，称为整体坐标系。为了便于区别，用 $\bar{x}$、$\bar{y}$ 表示局部坐标系，用 x、y 表示整体坐标系。

为了推导整体坐标系下的单元刚度矩阵 $\boldsymbol{k}^e$，采用坐标变换的方法：第一步，讨论两种坐标系中单元杆端力的转换式，得出单元坐标转换矩阵；第二步，讨论两种坐标系中单元刚度矩阵的转换式。

9.3.1　单元坐标转换矩阵

首先分析单元杆端力在不同坐标系中的关系。图 9-6(a)为一单元 e，其局部坐标系为 $O\bar{x}\bar{y}$，整体坐标系为 Oxy，由 x 轴到 $\bar{x}$ 轴的夹角 α 以顺时针为正。局部坐标系中的杆端力用 $\bar{F}_x^e$、$\bar{F}_y^e$、

$\bar{M}^e$ 表示，整体坐标系中则用 F_x^e 、 F_y^e 、 M^e 表示，如图 9-6(b)所示。显然，两者有如下关系：

$$\left.\begin{aligned}
\bar{F}_{x1}^e &= F_{x1}^e \cos\alpha + F_{y1}^e \sin\alpha \\
\bar{F}_{y1}^e &= -F_{x1}^e \sin\alpha + F_{y1}^e \cos\alpha \\
\bar{M}_1^e &= M_1^e \\
\bar{F}_{x2}^e &= F_{x2}^e \cos\alpha + F_{y2}^e \sin\alpha \\
\bar{F}_{y2}^e &= -F_{x2}^e \sin\alpha + F_{y2}^e \cos\alpha \\
\bar{M}_2^e &= M_2^e
\end{aligned}\right\} \tag{9-12}$$

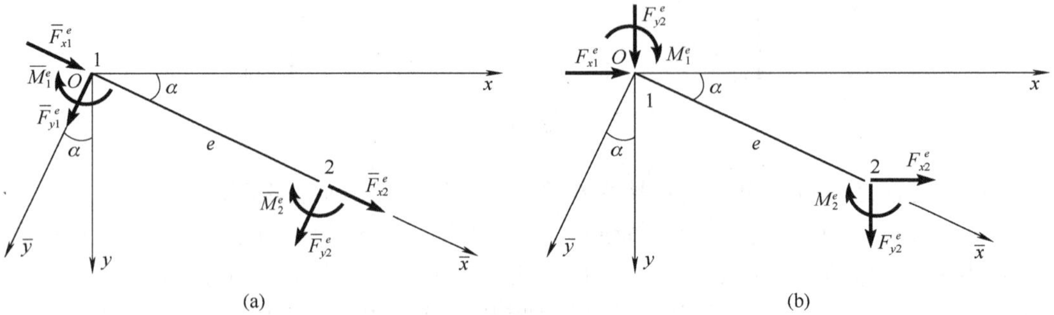

图 9-6

将式(9-12)写成矩阵形式为

$$\begin{bmatrix} \bar{F}_{x1} \\ \bar{F}_{y1} \\ \bar{M}_1 \\ \bar{F}_{x2} \\ \bar{F}_{y2} \\ \bar{M}_2 \end{bmatrix}^e = \begin{bmatrix} \cos\alpha & \sin\alpha & 0 & 0 & 0 & 0 \\ -\sin\alpha & \cos\alpha & 0 & 0 & 0 & 0 \\ 0 & 0 & 1 & 0 & 0 & 0 \\ 0 & 0 & 0 & \cos\alpha & \sin\alpha & 0 \\ 0 & 0 & 0 & -\sin\alpha & \cos\alpha & 0 \\ 0 & 0 & 0 & 0 & 0 & 1 \end{bmatrix} \begin{bmatrix} F_{x1} \\ F_{y1} \\ M_1 \\ F_{x2} \\ F_{y2} \\ M_2 \end{bmatrix}^e \tag{9-13}$$

或简写成

$$\bar{\boldsymbol{F}}^e = \boldsymbol{T}\boldsymbol{F}^e \tag{9-14}$$

式中， $\boldsymbol{T}$ 称为单元坐标转换矩阵：

$$\boldsymbol{T} = \begin{bmatrix} \cos\alpha & \sin\alpha & 0 & 0 & 0 & 0 \\ -\sin\alpha & \cos\alpha & 0 & 0 & 0 & 0 \\ 0 & 0 & 1 & 0 & 0 & 0 \\ 0 & 0 & 0 & \cos\alpha & \sin\alpha & 0 \\ 0 & 0 & 0 & -\sin\alpha & \cos\alpha & 0 \\ 0 & 0 & 0 & 0 & 0 & 1 \end{bmatrix} \tag{9-15}$$

式(9-14)是两种坐标系中单元杆端力的转换式。

可以证明，单元坐标转换矩阵 $\boldsymbol{T}$ 为正交矩阵，其逆矩阵等于其转置矩阵，即

$$\boldsymbol{T}^{-1} = \boldsymbol{T}^{\mathrm{T}} \tag{9-16}$$

或

$$\boldsymbol{T}\boldsymbol{T}^{\mathrm{T}} = \boldsymbol{T}^{\mathrm{T}}\boldsymbol{T} = \boldsymbol{I} \tag{9-17}$$

式中， $\boldsymbol{I}$ 为与 $\boldsymbol{T}$ 同阶的单位矩阵。式(9-14)的逆变换式为

$$\boldsymbol{F}^e = \boldsymbol{T}^{\mathrm{T}}\bar{\boldsymbol{F}}^e \tag{9-18}$$

同理，可以求出单元杆端位移在两种坐标系中的转换关系。设局部坐标系中单元杆端位移列阵为 $\overline{\boldsymbol{\Delta}}^e$，整体坐标系中单元杆端位移列阵为 $\boldsymbol{\Delta}^e$，则有

$$\overline{\boldsymbol{\Delta}}^e = \boldsymbol{T}\boldsymbol{\Delta}^e \tag{9-19}$$

$$\boldsymbol{\Delta}^e = \boldsymbol{T}^{\mathrm{T}}\overline{\boldsymbol{\Delta}}^e \tag{9-20}$$

9.3.2　整体坐标系中的单元刚度矩阵

单元杆端力与单元杆端位移在整体坐标系中的关系式为

$$\boldsymbol{F}^e = \boldsymbol{k}^e\boldsymbol{\Delta}^e \tag{9-21}$$

式中，$\boldsymbol{k}^e$ 称为整体坐标系中的单元刚度矩阵。

现在讨论 $\boldsymbol{k}^e$ 与局部坐标系中单元刚度矩阵 $\overline{\boldsymbol{k}}^e$ 的关系。

单元 e 在局部坐标系中的刚度方程为

$$\overline{\boldsymbol{F}}^e = \overline{\boldsymbol{k}}^e\overline{\boldsymbol{\Delta}}^e \tag{9-22a}$$

将式(9-14)以及式(9-19)代入式(9-22a)，得

$$\boldsymbol{T}\boldsymbol{F}^e = \overline{\boldsymbol{k}}^e\boldsymbol{T}\boldsymbol{\Delta}^e$$

等式两边同时左乘 $\boldsymbol{T}^{\mathrm{T}}$，并引入式(9-17)，得

$$\boldsymbol{F}^e = \boldsymbol{T}^{\mathrm{T}}\overline{\boldsymbol{k}}^e\boldsymbol{T}\boldsymbol{\Delta}^e \tag{9-22b}$$

比较式(9-22b)与式(9-21)，可得

$$\boldsymbol{k}^e = \boldsymbol{T}^{\mathrm{T}}\overline{\boldsymbol{k}}^e\boldsymbol{T} \tag{9-23}$$

式(9-23)为两种坐标系中单元刚度矩阵的转换关系。只要求出单元坐标转换矩阵 $\boldsymbol{T}$，就可以利用式(9-23)，由 $\overline{\boldsymbol{k}}^e$ 求出 $\boldsymbol{k}^e$。

整体坐标系中的单元刚度矩阵 $\boldsymbol{k}^e$ 与 $\overline{\boldsymbol{k}}^e$ 同阶，且具有类似的性质。

(1) 元素 $k^e_{(i)(j)}$ 表示在整体坐标系中第 (j) 个杆端位移分量等于 1 时，引起的第 (i) 个杆端力分量。

(2) $\boldsymbol{k}^e$ 是对称矩阵。

(3) 一般单元的 $\boldsymbol{k}^e$ 是奇异矩阵。

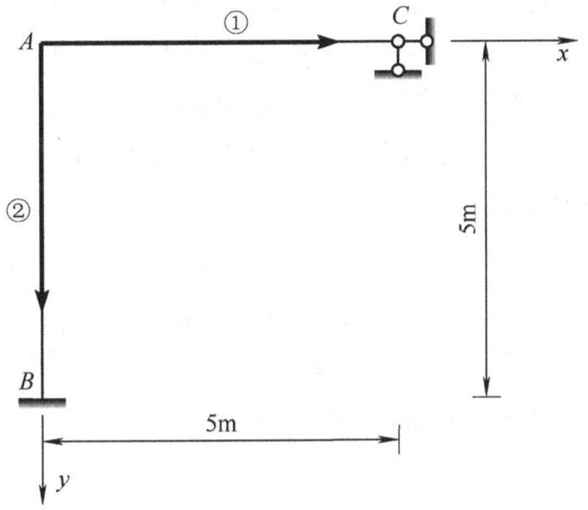

图 9-7

【例 9-1】　试求图 9-7 所示刚架中各单元在整体坐标系下的刚度矩阵 $\boldsymbol{k}^e$。设各杆的杆长和截面尺寸相同。其中 $l=5\text{m}$，$b=0.5\text{m}$，$h=1\text{m}$，$A=0.5\text{m}^2$，$I=1/24\text{m}^4$，$E=3\times10^4\text{MPa}$，$EA/l=300\times10^4\text{kN/m}$，$EI/l=25\times10^4\text{kN}\cdot\text{m}$。

解： (1) 局部坐标系中的单元刚度矩阵。图中用箭头标明各杆局部坐标 $\bar{x}$ 的正方向。由于单元①、②的尺寸相同，故 $\overline{\boldsymbol{k}}^{(1)}$ 与 $\overline{\boldsymbol{k}}^{(2)}$ 相等。由式(9-6)得

$$\overline{\boldsymbol{k}}^{(1)} = \overline{\boldsymbol{k}}^{(2)} = 10^4 \times \begin{bmatrix} 300 & 0 & 0 & -300 & 0 & 0 \\ 0 & 12 & 30 & 0 & -12 & 30 \\ 0 & 30 & 100 & 0 & -30 & 50 \\ -300 & 0 & 0 & 300 & 0 & 0 \\ 0 & -12 & -30 & 0 & 12 & -30 \\ 0 & 30 & 50 & 0 & -30 & 100 \end{bmatrix}$$

(2)整体坐标系中的单元刚度矩阵。

单元①：$\alpha = 0^\circ$，$\boldsymbol{T} = \boldsymbol{I}$，故

$$\boldsymbol{k}^{(1)} = \overline{\boldsymbol{k}}^{(1)}$$

单元②：$\alpha = 90^\circ$，单元坐标转换矩阵为

$$\boldsymbol{T} = \begin{bmatrix} 0 & 1 & 0 & 0 & 0 & 0 \\ -1 & 0 & 0 & 0 & 0 & 0 \\ 0 & 0 & 1 & 0 & 0 & 0 \\ 0 & 0 & 0 & 0 & 1 & 0 \\ 0 & 0 & 0 & -1 & 0 & 0 \\ 0 & 0 & 0 & 0 & 0 & 1 \end{bmatrix}$$

$$\boldsymbol{k}^{(2)} = \boldsymbol{T}^{\mathrm{T}} \overline{\boldsymbol{k}}^{(2)} \boldsymbol{T} = 10^4 \times \begin{bmatrix} 12 & 0 & -30 & -12 & 0 & -30 \\ 0 & 300 & 0 & 0 & -300 & 0 \\ -30 & 0 & 100 & 30 & 0 & 50 \\ -12 & 0 & 30 & 12 & 0 & 30 \\ 0 & -300 & 0 & 0 & 300 & 0 \\ -30 & 0 & 50 & 30 & 0 & 100 \end{bmatrix}$$

9.4　连续梁的整体单元刚度矩阵

9.2 节和 9.3 节进行了单元分析，建立了单元刚度方程，推导出单元刚度矩阵。从本节起转到整体分析，建立整体刚度方程，导出整体刚度矩阵。本节以连续梁为例，9.5 节讨论刚架的一般情况，并考虑杆件轴向变形的影响。

整体刚度矩阵是按位移法建立的。具体作法有两种：一种是传统位移法；另一种是本章介绍的单元集成法，也称为刚度集成法或直接刚度法。单元集成法的优点是便于实现计算过程的程序化。

为了将两种作法加以比较，先回顾一下传统位移法。

对于图 9-8(a)所示的连续梁，位移法基本体系如图 9-8(b)所示。位移法的基本未知量为结点转角 $\varDelta_1$、$\varDelta_2$、$\varDelta_3$，它们可指定为任意值，在基本体系中用控制附加约束加以指定。它们组成整体结构的结点位移向量 $\boldsymbol{\varDelta}$：

$$\boldsymbol{\varDelta} = \begin{pmatrix} \varDelta_1 & \varDelta_2 & \varDelta_3 \end{pmatrix}^{\mathrm{T}}$$

与 $\varDelta_1$、$\varDelta_2$、$\varDelta_3$ 对应的力是附加约束的力偶 F_1、F_2、F_3。它们组成整体结构的结点力向量 $\boldsymbol{F}$：

$$\boldsymbol{F} = \begin{pmatrix} F_1 & F_2 & F_3 \end{pmatrix}^{\mathrm{T}}$$

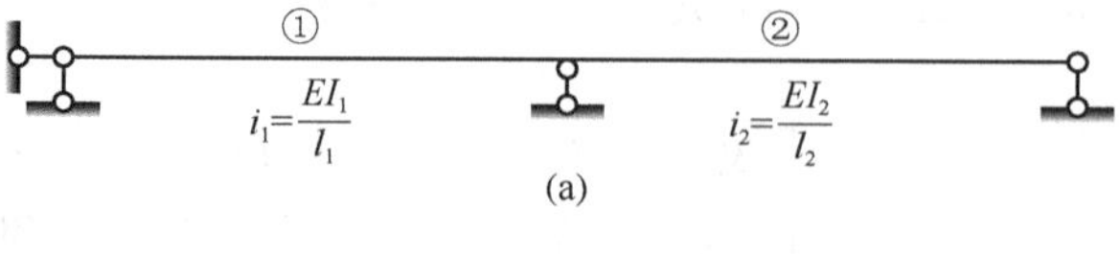

(a)

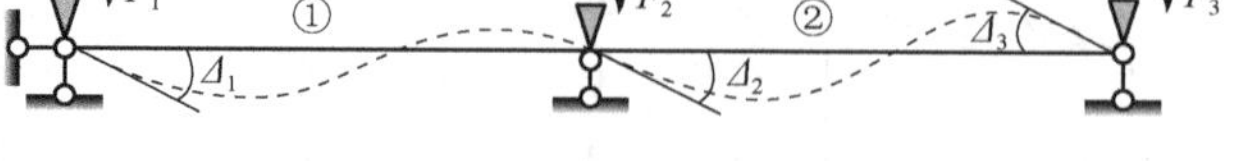

(b)

图 9-8

在传统位移法中，分别考虑每个结点转角 $\varDelta_1$、$\varDelta_2$、$\varDelta_3$ 独自引起的结点力偶，如图 9-9(a)、(b)、(c)所示。

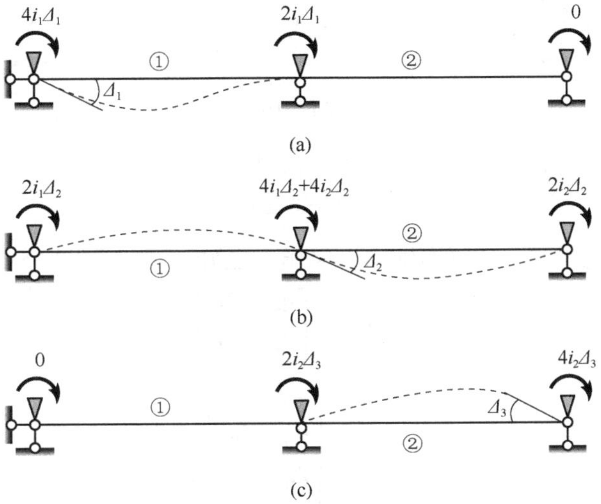

图 9-9

叠加上述三种情况，即得结点力偶 F_1、F_2、F_3 如下：

$$\begin{bmatrix} F_1 \\ F_2 \\ F_3 \end{bmatrix} = \begin{bmatrix} 4i_1 & 2i_1 & 0 \\ 2i_1 & 4i_1+4i_2 & 2i_2 \\ 0 & 2i_2 & 4i_2 \end{bmatrix} \begin{bmatrix} \varDelta_1 \\ \varDelta_2 \\ \varDelta_3 \end{bmatrix} \tag{9-24}$$

记为

$$\boldsymbol{F} = \boldsymbol{K\varDelta} \tag{9-25}$$

式中

$$\boldsymbol{K} = \begin{bmatrix} 4i_1 & 2i_1 & 0 \\ 2i_1 & 4i_1+4i_2 & 2i_2 \\ 0 & 2i_2 & 4i_2 \end{bmatrix} \tag{9-26}$$

式(9-24)或式(9-25)称为整体刚度方程，$\boldsymbol{K}$ 称为整体刚度矩阵。

以上简单回顾了传统位移法，下面详细介绍单元集成法。

9.4.1　单元集成法的力学模型和基本概念

按传统位移法求结构的结点力 $\boldsymbol{F}$ 时，分别考虑每个结点位移对 $\boldsymbol{F}$ 的单独贡献(采用图 9-9 中的力学模型)，然后进行叠加。

按单元集成法求 $\boldsymbol{F}$ 时，分别考虑每个单元对 $\boldsymbol{F}$ 的单独贡献，然后进行叠加——其特点就是“由单元直接集成”。

首先考虑单元①的贡献。

既然只考虑单元①的单独贡献，因此必须设法略去其他单元的贡献。为此采用图 9-10 所示的力学模型，其中令单元②的刚度为零，即令 $i_2 = 0$。此时单元②虽有变形，但不产生结点力，因此整个结构中的结点力是由单元①单独产生的，记为

$$\boldsymbol{F}^{(1)} = \left(F_1^{(1)} \quad F_2^{(1)} \quad F_3^{(1)}\right)^{\mathrm{T}}$$

$\boldsymbol{F}^{(1)}$ 表示单元①对结构结点力 $\boldsymbol{F}$ 的贡献。

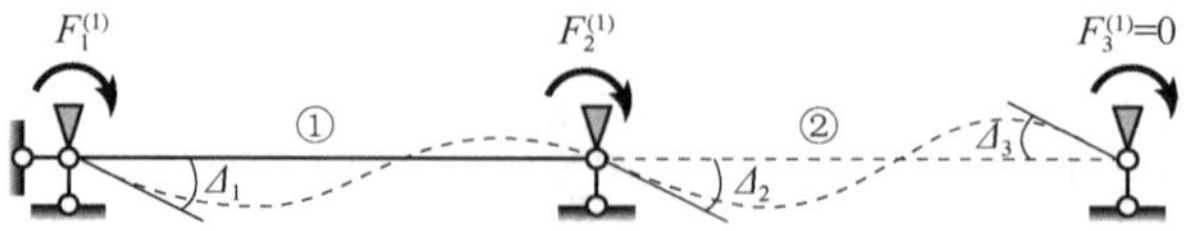

图 9-10

下面求此模型的结点力 $\boldsymbol{F}^{(1)}$。由于 $i_2=0$，因此

$$F_3^{(1)}=0 \tag{9-27}$$

而 $F_1^{(1)}$ 和 $F_2^{(1)}$ 可由单元①的单元刚度矩阵 $\boldsymbol{k}^{(1)}$ 算出。已知

$$\boldsymbol{k}^{(1)}=\begin{bmatrix}4i_1 & 2i_1\\ 2i_1 & 4i_1\end{bmatrix} \tag{9-28}$$

故得

$$\begin{bmatrix}F_1^{(1)}\\ F_2^{(1)}\end{bmatrix}=\begin{bmatrix}4i_1 & 2i_1\\ 2i_1 & 4i_1\end{bmatrix}\begin{bmatrix}\Delta_1\\ \Delta_2\end{bmatrix} \tag{9-29}$$

式(9-27)和式(9-29)可合并写成

$$\begin{bmatrix}F_1^{(1)}\\ F_2^{(1)}\\ F_3^{(1)}\end{bmatrix}=\begin{bmatrix}4i_1 & 2i_1 & 0\\ 2i_1 & 4i_1 & 0\\ 0 & 0 & 0\end{bmatrix}\begin{bmatrix}\Delta_1\\ \Delta_2\\ \Delta_3\end{bmatrix} \tag{9-30}$$

记为

$$\boldsymbol{F}^{(1)}=\boldsymbol{K}^{(1)}\boldsymbol{\Delta} \tag{9-31}$$

式中

$$\boldsymbol{K}^{(1)}=\begin{bmatrix}4i_1 & 2i_1 & 0\\ 2i_1 & 4i_1 & 0\\ 0 & 0 & 0\end{bmatrix} \tag{9-32}$$

$\boldsymbol{K}^{(1)}$ 表示单元①对整体刚度矩阵的贡献，称为单元①的贡献矩阵。

其次考虑单元②的贡献。

此时，令 $i_1=0$，力学模型如图 9-11 所示。其中，结点力 $F_1^{(2)}=0$，而 $F_2^{(2)}$ 和 $F_3^{(2)}$ 则由单元②的刚度矩阵 $\boldsymbol{k}^{(2)}$ 算出。

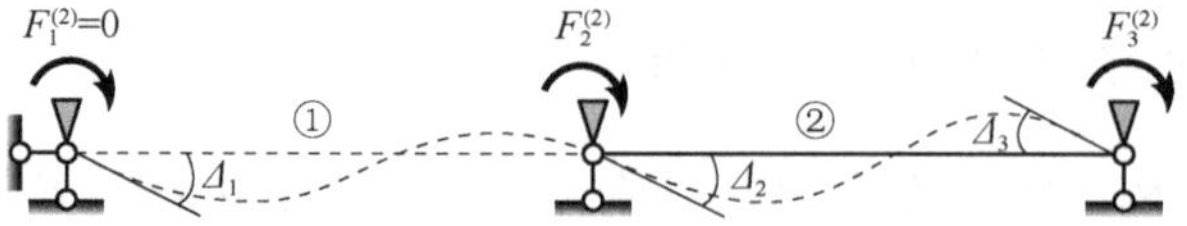

图 9-11

已知

$$\boldsymbol{k}^{(2)}=\begin{bmatrix}4i_2 & 2i_2\\ 2i_2 & 4i_2\end{bmatrix} \tag{9-33}$$

故得

$$\begin{bmatrix}F_1^{(2)}\\ F_2^{(2)}\\ F_3^{(2)}\end{bmatrix}=\begin{bmatrix}0 & 0 & 0\\ 0 & 4i_2 & 2i_2\\ 0 & 2i_2 & 4i_2\end{bmatrix}\begin{bmatrix}\Delta_1\\ \Delta_2\\ \Delta_3\end{bmatrix} \tag{9-34}$$

记为

$$F^{(2)} = K^{(2)}\varDelta \tag{9-35}$$

式中

$$K^{(2)} = \begin{bmatrix} 0 & 0 & 0 \\ 0 & 4i_2 & 2i_2 \\ 0 & 2i_2 & 4i_2 \end{bmatrix} \tag{9-36}$$

$\boldsymbol{K}^{(2)}$ 称为单元②的贡献矩阵。

可以看出，$\boldsymbol{K}^e$ 是 $\boldsymbol{K}$ 的同阶矩阵，且 $\boldsymbol{K}^e$ 是由 $\boldsymbol{k}^e$ 的元素及零元素组成的矩阵。

最后，将式(9-31)和式(9-35)叠加，即得出结构的结点力 $\boldsymbol{F}$：

$$F = F^{(1)} + F^{(2)} = (K^{(1)} + K^{(2)})\varDelta \tag{9-37}$$

由此得出整体刚度矩阵 $\boldsymbol{K}$ 为

$$K = K^{(1)} + K^{(2)} = \sum K^e \tag{9-38}$$

式(9-38)表明，整体刚度矩阵为各单元贡献矩阵之和。

式(9-38)中的 $\boldsymbol{K}^{(1)}$ 和 $\boldsymbol{K}^{(2)}$ 按式(9-32)和式(9-36)代入后，所得到的 $\boldsymbol{K}$ 与式(9-26)相同。因此，单元集成法与传统位移法殊途同归。

从以上讨论中看出，单元集成法求整体刚度矩阵的步骤可表示为

$$k^e \xrightarrow{\text{I}} K^e \xrightarrow{\text{II}} K \tag{9-39}$$

这里，在单元刚度矩阵 $\boldsymbol{k}^e$ 与整体刚度矩阵 $\boldsymbol{K}$ 之间增添了一个中间环节——单元贡献矩阵 $\boldsymbol{K}^e$。单元集成法分解为两步：

第 I 步——由 $\boldsymbol{k}^e$ 求 $\boldsymbol{K}^e$；

第 II 步——由 $\boldsymbol{K}^e$ 求 $\boldsymbol{K}$。

第 II 步按式(9-38)进行，比较简单。因此，下面将对第 I 步作进一步讨论。

9.4.2　按照单元定位向量由 $\boldsymbol{k}^e$ 求 $\boldsymbol{K}^e$

前面已经指出，$\boldsymbol{K}^e$ 是由 $\boldsymbol{k}^e$ 的元素及零元素重新排列而成的矩阵。这里，要着重讨论 $\boldsymbol{k}^e$ 的元素在 $\boldsymbol{K}^e$ 中的定位问题。

首先，要注意结点位移(或结点力)有两种编码。

第一种，在整体分析中，结点位移在结构中统一进行编码。在图 9-12(a)中，连续梁的结点位移统一编码为 1、2、3。

第二种，在单元分析中，每个单元的两个结点位移各自编码为(1)和(2)，称为局部码，见图 9-12(b)。局部码加括号，以与总码相区别。

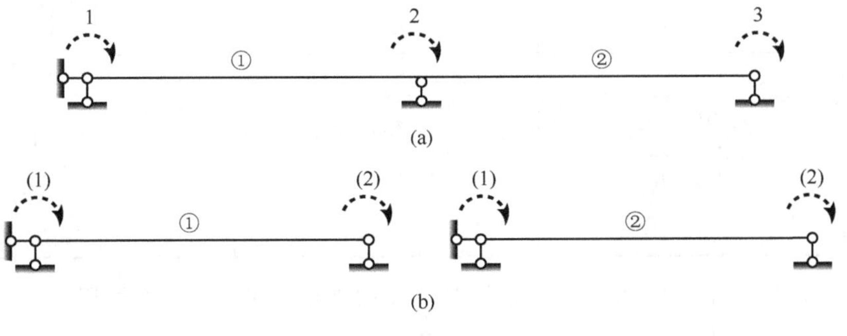

图 9-12

其次，要注意每个单元的结点位移分量两种编码之间的对应关系。对于图 9-12 中的单元①和②，其对应关系如表 9-2 所示。

表 9-2　局部码与总码的对应关系

单元	对应关系 局部码→总码	单元定位向量 $\boldsymbol{\lambda}^e$
①	(1)→1 (2)→2	$\boldsymbol{\lambda}^{(1)}=\begin{bmatrix}1\\2\end{bmatrix}$
②	(1)→2 (2)→3	$\boldsymbol{\lambda}^{(2)}=\begin{bmatrix}2\\3\end{bmatrix}$

由单元的结点位移总码组成的向量称为“单元定位向量”，记作 $\boldsymbol{\lambda}^e$。单元①和②的定位向量也在表 9-2 中给出。单元两种编码的对应关系即由单元定位向量来表示。因此，单元定位向量也称为“单元换码向量”。

最后，要注意单元刚度矩阵 $\boldsymbol{k}^e$ 和单元贡献矩阵 $\boldsymbol{K}^e$ 中元素的排列方式。

在 $\boldsymbol{k}^e$ 中，元素按局部码排列，或者说，元素按局部码对号入座。

在 $\boldsymbol{K}^e$ 中，元素按总码排列，或者说，元素按总码对号入座。

为了由单元刚度矩阵 $\boldsymbol{k}^e$ 得出单元贡献矩阵 $\boldsymbol{K}^e$，其作法可概括为“换码重排座”，如表 9-3 所示。

表 9-3　换码重排座

	在单元刚度矩阵 $\boldsymbol{k}^e$ 中	在单元贡献矩阵 $\boldsymbol{K}^e$ 中	
换码	元素的原行码 (i) 元素的原列码 (j)	换成新行码 λ_i 换成新列码 λ_j	$(i)\to\lambda_i$ $(j)\to\lambda_j$
重排座	原排在 (i) 行 (j) 列的元素	该排在 λ_i 行 λ_j 列	$k^e_{(i)(j)}\to K^e_{\lambda_i\lambda_j}$

应当指出，换码和重排座，都是根据单元定位向量 $\boldsymbol{\lambda}^e$ 进行的。

现按上述作法，由 $\boldsymbol{k}^{(1)}$、$\boldsymbol{k}^{(2)}$ 得出 $\boldsymbol{K}^{(1)}$、$\boldsymbol{K}^{(2)}$ 如表 9-4 所示。

表 9-4　由 $\boldsymbol{k}^{(1)}$、$\boldsymbol{k}^{(2)}$ 推出 $\boldsymbol{K}^{(1)}$、$\boldsymbol{K}^{(2)}$

单元	单元刚度矩阵 $\boldsymbol{k}^e$	单元定位向量 $\boldsymbol{\lambda}^e$	单元贡献矩阵 $\boldsymbol{K}^e$
①	$\begin{matrix} & (1) & (2)\\ (1) & 4i_1 & 2i_1\\ (2) & 2i_1 & 4i_1\end{matrix}$	$\begin{bmatrix}1\\2\end{bmatrix}$	$\begin{matrix} & (1)\downarrow & (2)\downarrow & \\ & 1 & 2 & 3\\ (1)\to 1 & 4i_1 & 2i_1 & 0\\ (2)\to 2 & 2i_1 & 4i_1 & 0\\ 3 & 0 & 0 & 0\end{matrix}$
②	$\begin{matrix} & (1) & (2)\\ (1) & 4i_2 & 2i_2\\ (2) & 2i_2 & 4i_2\end{matrix}$	$\begin{bmatrix}2\\3\end{bmatrix}$	$\begin{matrix} & & (1)\downarrow & (2)\downarrow\\ & 1 & 2 & 3\\ 1 & 0 & 0 & 0\\ (1)\to 2 & 0 & 4i_2 & 2i_2\\ (2)\to 3 & 0 & 2i_2 & 4i_2\end{matrix}$

表 9-4 换码重排座中得出的 $\boldsymbol{K}^{(1)}$、$\boldsymbol{K}^{(2)}$ 就是式(9-32)、式(9-36)的结果。

总之，由 $\boldsymbol{k}^e$ 求 $\boldsymbol{K}^e$ 的问题实质上就是 $\boldsymbol{k}^e$ 中的元素在 $\boldsymbol{K}^e$ 中如何定位的问题。定位原则是

$$k^e_{(i)(j)} \to K^e_{\lambda_i \lambda_j} \tag{9-40}$$

即根据单元定位向量 $\boldsymbol{\lambda}^e$ 将元素 $k^e_{(i)(j)}$ 定在 $\boldsymbol{K}^e$ 中 λ_i 行 λ_j 列的位置上。

9.4.3　单元集成法的实施方案

在式(9-39)中，将单元集成法分解为两步：第 I 步是将 $\boldsymbol{k}^e$ 中的元素按照单元定位向量 $\boldsymbol{\lambda}^e$ 在 $\boldsymbol{K}^e$ 中定位，第 II 步是将各 $\boldsymbol{K}^e$ 中的元素累加。这样做的目的是便于理解。

在单元集成法的实施方案中，将两步合成为一步，采用“边定位”“边累加”的办法，由 $\boldsymbol{k}^e$ 直接形成 $\boldsymbol{K}$ 。这样做的目的是使计算程序更加简洁。

详细地说，按照单元集成法形成 $\boldsymbol{K}$ 的过程就是依次将每个 $\boldsymbol{k}^e$ 的元素在 $\boldsymbol{K}$ 中按 $\boldsymbol{\lambda}^e$ 定位并进行累加的过程。过程的步骤如下。

(1) 先将 $\boldsymbol{K}$ 置零，这时 $\boldsymbol{K}=0$ 。

(2) 将 $\boldsymbol{k}^{(1)}$ 的元素在 $\boldsymbol{K}$ 中按 $\boldsymbol{\lambda}^{(1)}$ 定位并进行累加，这时 $\boldsymbol{K}=\boldsymbol{K}^{(1)}$ 。

(3) 将 $\boldsymbol{k}^{(2)}$ 的元素在 $\boldsymbol{K}$ 中按 $\boldsymbol{\lambda}^{(2)}$ 定位并进行累加，这时 $\boldsymbol{K}=\boldsymbol{K}^{(1)}+\boldsymbol{K}^{(2)}$ 。

按以上作法对所有单元循环一遍，最后即得到 $\boldsymbol{K}=\sum \boldsymbol{K}^e$ 。

现以图 9-8(a) 所示连续梁为例，说明上述过程。

将 $\boldsymbol{k}^{(1)}$ 集成后，得到阶段结果如下：

$$\begin{bmatrix} 4i_1 & 2i_1 & 0 \\ 2i_1 & 4i_1 & 0 \\ 0 & 0 & 0 \end{bmatrix}$$

在此基础上再将 $\boldsymbol{k}^{(2)}$ 集成，即得到最终结果如下：

$$\begin{bmatrix} 4i_1 & 2i_1 & 0 \\ 2i_1 & 4i_1+(4i_2) & (2i_2) \\ 0 & (2i_2) & (4i_2) \end{bmatrix} = \boldsymbol{K}$$

此结果即式(9-26)。

【例 9-2】　试求图 9-13(a) 所示连续梁的整体刚度矩阵 $\boldsymbol{K}$ 。

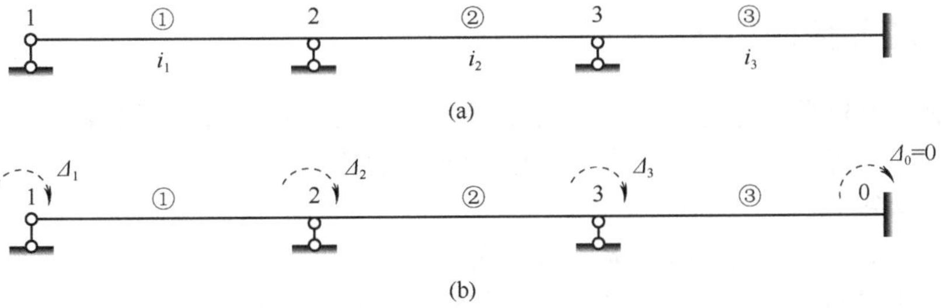

图 9-13

解：(1) 结点位移分量的总码。此连续梁有三个结点位移分量，即转角 Δ_1、Δ_2、Δ_3，如图 9-13(b) 所示，其总码分别编为 1、2、3。在固定端处的结点位移分量为零。本书约定：凡是给定为零值的结点位移分量，其总码均编为零。

(2) 各单元的定位向量 $\boldsymbol{\lambda}^e$ 。单元①、②、③的定位向量可由图 9-13(b) 得出如下：

$$\boldsymbol{\lambda}^{(1)}=\begin{bmatrix}1\\2\end{bmatrix},\quad \boldsymbol{\lambda}^{(2)}=\begin{bmatrix}2\\3\end{bmatrix},\quad \boldsymbol{\lambda}^{(3)}=\begin{bmatrix}3\\0\end{bmatrix}$$

(3) 单元集成过程。在表 9-5 中给出按照单元①、②、③的次序进行集成的过程及相应的阶段结果和最终结果。

注意，在表 9-5 中，当单元③进行集成时，出现如下的换码情况：

$$(2) \rightarrow 0$$

这里，局部码 (2) 对应的总码为 0。表明在 $\boldsymbol{k}^{(3)}$ 中的 (2) 行或 (2) 列元素在 $\boldsymbol{K}$ 中应定位在 0 行或 0 列上，即它们在 $\boldsymbol{K}$ 中没有座位，在集成过程中应当舍去，不予考虑。这种作法的力学解释是：单元③在固定端处的结点位移分量本来是零，其相应的单元刚度系数对整体刚度系数本来就没有影响，故在继承过程中应该将它们摒除在外。

表 9-5　集成过程及相应结果

单元	单元刚度矩阵 $\boldsymbol{k}^e$	按单元定位向量换码	集成过程中的阶段结果
①	$\begin{array}{c} \quad (1) \quad (2) \\ \begin{array}{c}(1)\\(2)\end{array}\begin{bmatrix} 4i_1 & 2i_1 \\ 2i_1 & 4i_1 \end{bmatrix} \end{array}$	$(1) \rightarrow 1$ $(2) \rightarrow 2$	$\begin{array}{rc} & \begin{array}{ccc} (1) & (2) & \\ \downarrow & \downarrow & \\ 1 & 2 & 3 \end{array} \\ \begin{array}{r} (1)\rightarrow 1 \\ (2)\rightarrow 2 \\ 3 \end{array} & \begin{bmatrix} 4i_1 & 2i_1 & 0 \\ 2i_1 & 4i_1 & 0 \\ 0 & 0 & 0 \end{bmatrix} \end{array}$
②	$\begin{array}{c} \quad (1) \quad (2) \\ \begin{array}{c}(1)\\(2)\end{array}\begin{bmatrix} 4i_2 & 2i_2 \\ 2i_2 & 4i_2 \end{bmatrix} \end{array}$	$(1) \rightarrow 2$ $(2) \rightarrow 3$	$\begin{array}{rc} & \begin{array}{ccc} & (1) & (2) \\ & \downarrow & \downarrow \\ 1 & 2 & 3 \end{array} \\ \begin{array}{r} 1 \\ (1)\rightarrow 2 \\ (2)\rightarrow 3 \end{array} & \begin{bmatrix} 4i_1 & 2i_1 & 0 \\ 2i_1 & 4i_1+(4i_2) & (2i_2) \\ 0 & (2i_2) & (4i_2) \end{bmatrix} \end{array}$
③	$\begin{array}{c} \quad (1) \quad (2) \\ \begin{array}{c}(1)\\(2)\end{array}\begin{bmatrix} 4i_3 & 2i_3 \\ 2i_3 & 4i_3 \end{bmatrix} \end{array}$	$(1) \rightarrow 3$ $(2) \rightarrow 0$	$\boxed{(2)\rightarrow 0}$ $\begin{array}{rc} & \begin{array}{ccc} & & (1) \\ & & \downarrow \\ 1 & 2 & 3 \end{array} \\ \begin{array}{r} 1 \\ 2 \\ (1)\rightarrow 3 \end{array} & \begin{bmatrix} 4i_1 & 2i_1 & 0 \\ 2i_1 & 4i_1+4i_2 & 2i_2 \\ 0 & 2i_2 & 4i_2+(4i_3) \end{bmatrix} = \boldsymbol{K} \end{array}$

9.4.4　整体刚度矩阵的性质

(1) 整体刚度矩阵系数的意义。$\boldsymbol{K}$ 中的元素 k_{ij} 称为整体刚度矩阵系数。它表示当第 j 个结点位移分量 $\Delta_j = 1$，其他结点位移分量为零时所产生的第 i 个结点力 F_i。

(2) $\boldsymbol{K}$ 是对称矩阵。

(3) 按本节方法计算连续梁时，$\boldsymbol{K}$ 是可逆矩阵。

关于"可逆性"可说明如下：可逆与否，是由反问题的性质决定的。这里的反问题是由结点力 $\boldsymbol{F}$ 来推算结点位移 $\boldsymbol{\Delta}$。以图 9-8(a) 所示连续梁为例，反问题的力学模型如图 9-14 所示。由于这是一个几何不变体系，因此当 $\boldsymbol{F}$ 指定为任意值时，均可求得 $\boldsymbol{\Delta}$ 的唯一解，故 $\boldsymbol{K}^{-1}$ 存在。

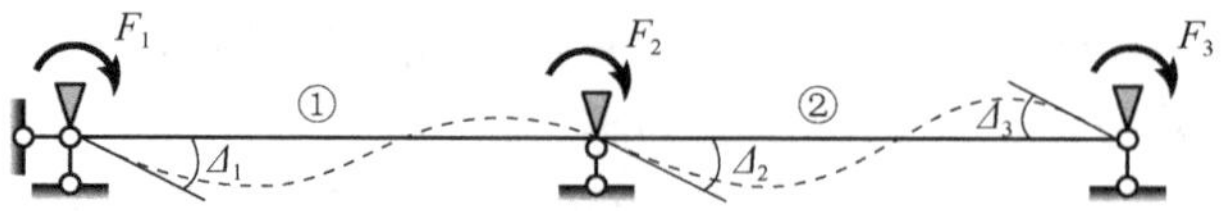

图 9-14

(4) $\boldsymbol{K}$ 是稀疏矩阵和带状矩阵。

对于 n 跨连续梁，不难推出其整体刚度矩阵如下：

$$\begin{bmatrix} F_1 \\ F_2 \\ F_3 \\ \vdots \\ F_n \\ F_{n+1} \end{bmatrix} = \begin{bmatrix} 4i_1 & 2i_1 & 0 & 0 & & & \\ 2i_1 & 4(i_1+i_2) & 2i_2 & 0 & & 0 & \\ 0 & 2i_2 & 4(i_2+i_3) & 2i_3 & & & \\ & & \ddots & & \ddots & \ddots & \\ & 0 & & & 2i_{n-1} & 4(i_{n-1}+i_n) & 2i_n \\ & & & & 0 & 2i_n & 4i_n \end{bmatrix} \begin{bmatrix} \Delta_1 \\ \Delta_2 \\ \Delta_3 \\ \vdots \\ \Delta_n \\ \Delta_{n+1} \end{bmatrix} \tag{9-41}$$

由此可看出，整体刚度矩阵 $\boldsymbol{K}$ 有许多零元素，故称为稀疏矩阵。非零元素都分布在以主对角线为中线的倾斜带状区域内，故 $\boldsymbol{K}$ 为带状矩阵。

9.5　刚架的整体刚度矩阵

本节讨论用单元集成法确定平面刚架的整体刚度矩阵 $\boldsymbol{K}$ 。

与 9.4 节的连续梁相比，基本思路相同，但情况要复杂一些。

基本思路相同，其要点仍是：$\boldsymbol{K}$ 由 $\boldsymbol{k}^e$ 直接集成；集成包括将 $\boldsymbol{k}^e$ 的元素在 $\boldsymbol{K}$ 中定位和累加两个环节；定位依据单元的定位向量 $\boldsymbol{\lambda}^e$ 进行。

情况的复杂性表现在以下几个方面。

(1) 在一般情况下要考虑刚架中各杆的轴向变形，而忽略杆件轴向变形的情况作为特例进行处理。

(2) 刚架中每个结点的位移分量增加到三个：角位移和两个方向的线位移。

(3) 刚架中各杆的方向不尽相同，在整体分析中需要采用整体坐标。

(4) 刚架中除刚结点以外，还要考虑铰结点的情况。

1. 结点位移分量的统一编码——总码

每个结点位移的编码按 u 、v 、θ 顺序，逐个结点进行统一编码。例如，例 9-1 的平面刚架，如图 9-15 (a) 所示。结点 A 有三个位移分量：沿 x 方向的线位移 u_A 、沿 y 方向的线位移 v_A 、角位移 θ_A 。它们的总码为 (1　2　3)。结点 B 为固定端，三个位移分量 u_B 、v_B 、θ_B 已知为零，其总码为 (0　0　0)。结点 C 为铰支承，其线位移 u_C 和 v_C 已知为零，角位移 θ_C 为未知量，它们的总码为 (0　0　4)。这里仍采用如下规定：对于已知为零的结点位移分量，其总码为零。

此刚架共有 4 个未知结点位移分量，它们组成整体结构的结点位移向量 $\boldsymbol{\Delta}$：

$$\boldsymbol{\Delta} = \begin{pmatrix} \Delta_1 & \Delta_2 & \Delta_3 & \Delta_4 \end{pmatrix}^{\mathrm{T}} = \begin{pmatrix} u_A & v_A & \theta_A & \theta_C \end{pmatrix}^{\mathrm{T}}$$

相应的结点力向量为

$$\boldsymbol{F} = \begin{pmatrix} F_1 & F_2 & F_3 & F_4 \end{pmatrix}^{\mathrm{T}}$$

2. 单元定位向量

此刚架有两个杆件单元①、②。图中各杆轴上的箭头表示各杆局部坐标系中 x 轴的正方向。在整体坐标系中单元在始末两端的六个位移分量的局部码 (1)、(2)、…、(6) 在图 9-15 (b) 中已标明。

表 9-6 对每个单元给出了在整体坐标系中单元结点位移分量局部码与总码之间的对应关系，还给出了各单元的定位向量 $\boldsymbol{\lambda}^e$ 。单元定位向量 $\boldsymbol{\lambda}^e$ 就是由单元结点位移总码组成的向量，以

后进行单元换码时即以它作为依据。

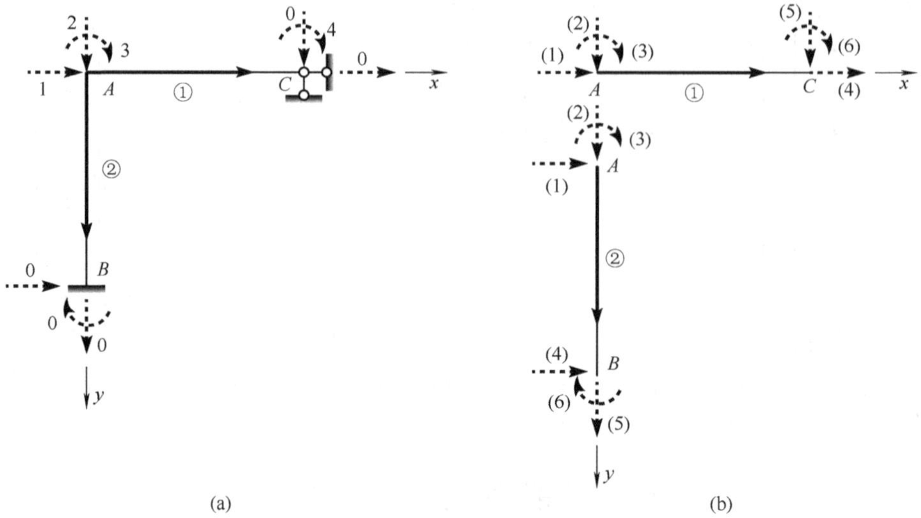

图 9-15

表 9-6　局部码与总码的对应关系

单元①		单元②	
局部码→总码	单元定位向量	局部码→总码	单元定位向量
(1)→1 (2)→2 (3)→3 (4)→0 (5)→0 (6)→4	$\boldsymbol{\lambda}^{(1)}=\begin{bmatrix}1\\2\\3\\0\\0\\4\end{bmatrix}$	(1)→1 (2)→2 (3)→3 (4)→0 (5)→0 (6)→0	$\boldsymbol{\lambda}^{(2)}=\begin{bmatrix}1\\2\\3\\0\\0\\0\end{bmatrix}$

注意，单元 6 个位移分量在两套坐标系中有两套编码。在单元定位向量中，指的是整体坐标系中的局部码。

3. 单元集成过程

下面按单元①、②的次序进行集成。

首先，考虑单元①。

在整体坐标系中单元①的刚度矩阵 $\boldsymbol{k}^{(1)}$ 在例 9-1 中已给出：

$$\boldsymbol{k}^{(1)}=\begin{matrix} & (1) & (2) & (3) & (4) & (5) & (6) \\ (1) & 300 & 0 & 0 & -300 & 0 & 0 \\ (2) & 0 & 12 & 30 & 0 & -12 & 30 \\ (3) & 0 & 30 & 100 & 0 & -30 & 50 \\ (4) & -300 & 0 & 0 & 300 & 0 & 0 \\ (5) & 0 & -12 & -30 & 0 & 12 & -30 \\ (6) & 0 & 30 & 50 & 0 & -30 & 100 \end{matrix}\times 10^4 \tag{9-42}$$

根据表 9-6 中的单元定位向量 $\boldsymbol{\lambda}^{(1)}$ 及其换码关系，将 $\boldsymbol{k}^{(1)}$ 中的 (i) 行 (j) 列元素在 $\boldsymbol{K}$ 中定位于 λ_i 行 λ_j 列，即得 $\boldsymbol{K}$ 的阶段成果如式(9-43)所示。注意，由于局部码(4)和(5)对应的总码都是零，因此 $\boldsymbol{K}^{(1)}$ 的第(4)、(5)行和第(4)、(5)列各元素在 $\boldsymbol{K}$ 中都没有座位。

$\boldsymbol{K}$ 的阶段性成果为

$$
\begin{array}{c}
\begin{matrix} & (1) & (2) & (3) & (6) \\ & \downarrow & \downarrow & \downarrow & \downarrow \\ & 1 & 2 & 3 & 4 \end{matrix} \\
\boldsymbol{K}=\begin{matrix}(1)\to 1\\(2)\to 2\\(3)\to 3\\(6)\to 4\end{matrix}\begin{bmatrix} 300 & 0 & 0 & 0 \\ 0 & 12 & 30 & 30 \\ 0 & 30 & 100 & 50 \\ 0 & 30 & 50 & 100 \end{bmatrix}\times 10^4
\end{array}
\tag{9-43}
$$

其次，考虑单元②。

$\boldsymbol{k}^{(2)}$ 在例 9-1 中得出如下：

$$
\begin{array}{c}
\begin{matrix} (1) & (2) & (3) & (4) & (5) & (6) \end{matrix} \\
\boldsymbol{k}^{(2)}=\begin{matrix}(1)\\(2)\\(3)\\(4)\\(5)\\(6)\end{matrix}\begin{bmatrix} 12 & 0 & -30 & -12 & 0 & -30 \\ 0 & 300 & 0 & 0 & -300 & 0 \\ -30 & 0 & 100 & 30 & 0 & 50 \\ -12 & 0 & 30 & 12 & 0 & 30 \\ 0 & -300 & 0 & 0 & 300 & 0 \\ -30 & 0 & 50 & 30 & 0 & 100 \end{bmatrix}\times 10^4
\end{array}
\tag{9-44}
$$

按照单元定位向量 $\boldsymbol{\lambda}^{(2)}$，将 $\boldsymbol{k}^{(2)}$ 中的元素在 $\boldsymbol{K}$ 中定位并与前阶段的结果累加，即得 $\boldsymbol{K}$ 的最终结果如下。$\boldsymbol{k}^{(2)}$ 中的(4)、(5)、(6)各行各列元素在 $\boldsymbol{K}$ 中均无座位。

$$
\begin{array}{c}
\begin{matrix} & (1) & (2) & (3) & \\ & \downarrow & \downarrow & \downarrow & \\ & 1 & 2 & 3 & 4 \end{matrix} \\
\boldsymbol{K}=\begin{matrix}(1)\to 1\\(2)\to 2\\(3)\to 3\\4\end{matrix}\begin{bmatrix} 300+(12) & 0+(0) & 0+(-30) & 0 \\ 0+(0) & 12+(300) & 30+(0) & 30 \\ 0+(-30) & 30+(0) & 100+(100) & 50 \\ 0 & 30 & 50 & 100 \end{bmatrix}\times 10^4
\end{array}
\tag{9-45}
$$

4. 铰结点的处理

图 9-16 为具有铰结点的刚架。现指出与铰结点有关的一些处理方法。

首先，考虑结点位移分量的统一编码。

按照前述作法，在固定端 B 和 D 处，三个位移分量的总码为(0　0　0)。在刚结点 A 处，总码为(1　2　3)。

应当注意，铰结点处的两杆端结点应看作半独立的两个结点(C_1 和 C_2)；它们的线位移相同(不独立)，而角位移不同(独立)。因此它们的线位移应采用相同的编码，而角位移则采用异码。例如，结点 C_1 的总码可编为(4　5　6)，而 C_2 则为(4　5　7)。

其次，考虑单元的定位向量。

在图 9-16 中，单元①、②、③的 $\bar{x}$ 轴正方向用箭头表明。各杆的单元定位向量可由图直接写出如下：

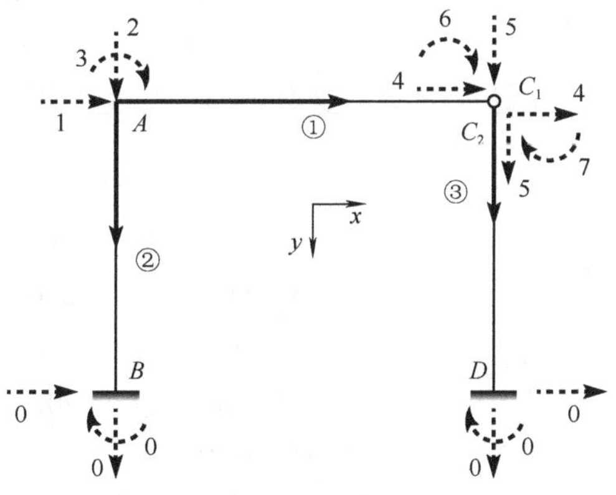

图 9-16

$$
\left.\begin{aligned}
\boldsymbol{\lambda}^{(1)} &= (1 \quad 2 \quad 3 \quad 4 \quad 5 \quad 6)^{\mathrm{T}} \\
\boldsymbol{\lambda}^{(2)} &= (1 \quad 2 \quad 3 \quad 0 \quad 0 \quad 0)^{\mathrm{T}} \\
\boldsymbol{\lambda}^{(3)} &= (4 \quad 5 \quad 7 \quad 0 \quad 0 \quad 0)^{\mathrm{T}}
\end{aligned}\right\} \tag{9-46}
$$

最后，按①、②、③的次序进行单元集成。

设刚架中各杆的尺寸相同(即例 9-1 中各杆的尺寸)。

首先，考虑单元①：$\boldsymbol{k}^{(1)}$ 在式(9-42)中已给出。根据式(9-46)中 $\boldsymbol{\lambda}^{(1)}$ 进行定位，即 $\boldsymbol{K}^{(1)}$ 的第一阶段结果，见式(9-47)：

$$
\begin{array}{r}
\\ \\ \\
(1)\to 1 \\ (2)\to 2 \\ (3)\to 3 \\ (4)\to 4 \\ (5)\to 5 \\ (6)\to 6 \\ 7
\end{array}
\begin{array}{c}
\begin{array}{ccccccc}
(1) & (2) & (3) & (4) & (5) & (6) & \\
\downarrow & \downarrow & \downarrow & \downarrow & \downarrow & \downarrow & \\
1 & 2 & 3 & 4 & 5 & 6 & 7
\end{array} \\
\begin{bmatrix}
300 & 0 & 0 & -300 & 0 & 0 & 0 \\
0 & 12 & 30 & 0 & -12 & 30 & 0 \\
0 & 30 & 100 & 0 & -30 & 50 & 0 \\
-300 & 0 & 0 & 300 & 0 & 0 & 0 \\
0 & -12 & -30 & 0 & 12 & -30 & 0 \\
0 & 30 & 50 & 0 & -30 & 100 & 0 \\
0 & 0 & 0 & 0 & 0 & 0 & 0
\end{bmatrix}
\end{array} \times 10^4 \tag{9-47}
$$

其次，考虑单元②：$\boldsymbol{k}^{(2)}$ 在式(9-44)中已给出。将其中的元素按 $\boldsymbol{\lambda}^{(2)}$ 在 $\boldsymbol{K}$ 中定位并与前阶段结果累加，即得 $\boldsymbol{K}$ 的第二阶段结果，见式(9-48)：

$$
\begin{array}{r}
\\ \\ \\
(1)\to 1 \\ (2)\to 2 \\ (3)\to 3 \\ 4 \\ 5 \\ 6 \\ 7
\end{array}
\begin{array}{c}
\begin{array}{ccccccc}
(1) & (2) & (3) & & & & \\
\downarrow & \downarrow & \downarrow & & & & \\
1 & 2 & 3 & 4 & 5 & 6 & 7
\end{array} \\
\begin{bmatrix}
300+(12) & 0+(0) & 0+(-30) & -300 & 0 & 0 & 0 \\
0+(0) & 12+(300) & 30+(0) & 0 & -12 & 30 & 0 \\
0+(-30) & 30+(0) & 100+(100) & 0 & -30 & 50 & 0 \\
-300 & 0 & 0 & 300 & 0 & 0 & 0 \\
0 & -12 & -30 & 0 & 12 & -30 & 0 \\
0 & 30 & 50 & 0 & -30 & 100 & 0 \\
0 & 0 & 0 & 0 & 0 & 0 & 0
\end{bmatrix}
\end{array} \times 10^4 \tag{9-48}
$$

最后，考虑单元③：$\boldsymbol{k}^{(3)}$ 与 $\boldsymbol{k}^{(2)}$ 相同。由 $\boldsymbol{\lambda}^{(3)}$ 即得 $\boldsymbol{K}$ 的最后结果，见式(9-49)：

$$
\begin{array}{r}
\\ \\ \\
1 \\ 2 \\ 3 \\ (1)\to 4 \\ (2)\to 5 \\ 6 \\ (3)\to 7
\end{array}
\begin{array}{c}
\begin{array}{ccccccc}
& & & (1) & (2) & & (3) \\
& & & \downarrow & \downarrow & & \downarrow \\
1 & 2 & 3 & 4 & 5 & 6 & 7
\end{array} \\
\begin{bmatrix}
312 & 0 & -30 & -300 & 0 & 0 & 0 \\
0 & 312 & 30 & 0 & -12 & 30 & 0 \\
-30 & 30 & 200 & 0 & -30 & 50 & 0 \\
-300 & 0 & 0 & 300+(12) & 0+(0) & 0 & 0+(-30) \\
0 & -12 & -30 & 0+(0) & 12+(300) & -30 & 0+(0) \\
0 & 30 & 50 & 0 & -30 & 100 & 0 \\
0 & 0 & 0 & 0+(-30) & 0+(0) & 0 & 0+(100)
\end{bmatrix}
\end{array} \times 10^4 \tag{9-49}
$$

式(9-42)～式(9-49)中各物理量是有单位的，这里只是表示单元集成的过程，故式中未标单位。

9.6　等效结点荷载向量

1. 矩阵位移法基本方程

9.4 节和 9.5 节讨论了结构的整体刚度矩阵 $\boldsymbol{K}$，建立了刚度方程：

$$\boldsymbol{F}=\boldsymbol{K\varDelta} \tag{9-50}$$

整体刚度方程(9-50)是根据原结构的位移法基本体系建立的，它表示由结点位移 $\boldsymbol{\varDelta}$ 推算结点力(即在基本体系的附加约束中引起的约束力) $\boldsymbol{F}$ 的关系。它只反映结构的刚度性质，而不涉及原结构上作用的实际荷载。它并不是用以分析原结构的位移法基本方程。

为了建立矩阵位移法基本方程，先回顾一下 6.4 节中的推导方法，分别考虑位移法基本体系的两种状态。

(1) 设荷载单独作用(结点位移 $\boldsymbol{\varDelta}$ 设为零)，此时在基本结构中引起的结点约束力，记为 $\boldsymbol{F}_{\mathrm{P}}$。

(2) 设结点位移 $\boldsymbol{\varDelta}$ 单独作用(设荷载为零)，此时在基本结构中引起的结点约束力为 $\boldsymbol{F}=\boldsymbol{K\varDelta}$。

矩阵位移法基本方程为

$$\boldsymbol{F}+\boldsymbol{F}_{\mathrm{P}}=0$$

即

$$\boldsymbol{K\varDelta}+\boldsymbol{F}_{\mathrm{P}}=0 \tag{9-51}$$

2. 等效结点荷载向量的定义

原来的荷载可以是非结点荷载，或是结点荷载，或是两者组合。现在将原来的荷载换成与之等效的结点荷载。等效的原则是要求两种荷载在基本结构中产生相同的结点约束力。也就是说，如果原来荷载在基本结构中引起的结点约束力记为 $\boldsymbol{F}_{\mathrm{P}}$，则等效节点荷载 $\boldsymbol{P}$ 在基本结构中引起的结点约束力也应为 $\boldsymbol{F}_{\mathrm{P}}$。由此即可以得出如下结论：

$$\boldsymbol{P}=-\boldsymbol{F}_{\mathrm{P}} \tag{9-52}$$

将式(9-52)代入式(9-51)，则矩阵位移法基本方程可写为

$$\boldsymbol{K\varDelta}=\boldsymbol{P} \tag{9-53}$$

由式(9-50)和式(9-53)可知，把刚度方程(9-50)中的结点约束力 $\boldsymbol{F}$ 换成等效结点荷载 $\boldsymbol{P}$，即得矩阵位移法的基本方程(9-53)。

3. 按单元集成法求整体结构的等效结点荷载向量

1) 单元的等效结点荷载向量 $\bar{\boldsymbol{P}}^e$ (局部坐标系)

首先考虑局部坐标系。在单元两端加上六个附加约束，使两端固定。在给定荷载作用下，可求出六个固端约束力，它们组成固端约束力向量 $\bar{\boldsymbol{F}}_{\mathrm{P}}^e$：

$$\bar{\boldsymbol{F}}_{\mathrm{P}}^e=\begin{pmatrix}\bar{F}_{x\mathrm{P}1} & \bar{F}_{y\mathrm{P}1} & \bar{M}_{\mathrm{P}1} & \bar{F}_{x\mathrm{P}2} & \bar{F}_{y\mathrm{P}2} & \bar{M}_{\mathrm{P}2}\end{pmatrix}^{\mathrm{T}} \tag{9-54}$$

在表 9-7 中给出了几种典型荷载所引起的固端约束力。将固端约束力 $\bar{\boldsymbol{F}}_{\mathrm{P}}^e$ 反号，即得到单元等效结点荷载向量 $\bar{\boldsymbol{P}}^e$ (局部坐标系)：

$$\bar{\boldsymbol{P}}^e=-\bar{\boldsymbol{F}}_{\mathrm{P}}^e \tag{9-55}$$

2) 单元的等效结点荷载向量 $\boldsymbol{P}^e$ (整体坐标系)

现考虑整体坐标系。由坐标转换公式(9-18)，得

$$P^e = T^{\mathrm{T}} \overline{P}^e \tag{9-56}$$

3) 整体结构的等效结点荷载向量 $\boldsymbol{P}$

依次将每个 $\boldsymbol{P}^e$ 中的元素按单元定位向量 $\boldsymbol{\lambda}^e$ 在 $\boldsymbol{P}$ 中进行定位并累加，最后得到 $\boldsymbol{P}$ 。

表 9-7 单元固端约束力 $\overline{F}_{\mathrm{P}}^e$（局部坐标系）

序号	荷载简图	符号	始端 1	末端 2
1	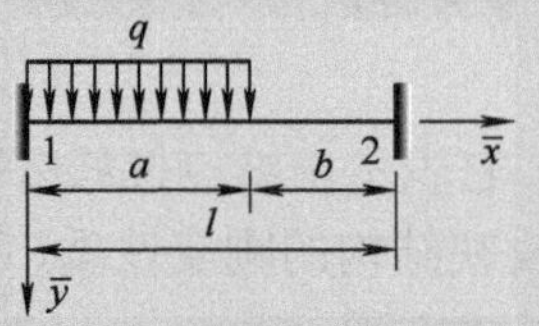	$\overline{F}_{x\mathrm{P}}$ $\overline{F}_{y\mathrm{P}}$ $\overline{M}_{\mathrm{P}}$	0 $-qa\left(1-\frac{a^2}{l^2}+\frac{a^3}{2l^3}\right)$ $-\frac{qa^2}{12}\left(6-\frac{8a}{l}+\frac{3a^2}{l^2}\right)$	0 $-\frac{qa^3}{l^2}\left(1-\frac{a}{2l}\right)$ $\frac{qa^3}{12l}\left(4-\frac{3a}{l}\right)$
2	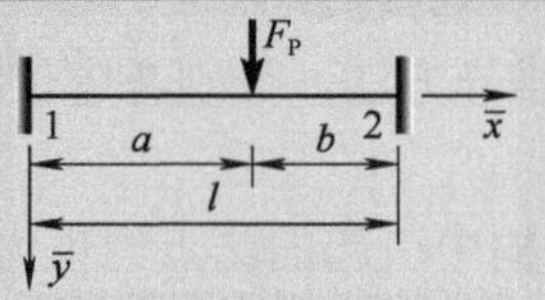	$\overline{F}_{x\mathrm{P}}$ $\overline{F}_{y\mathrm{P}}$ $\overline{M}_{\mathrm{P}}$	0 $-\frac{F_{\mathrm{P}}b^2}{l^2}\left(1+\frac{2a}{l}\right)$ $-\frac{F_{\mathrm{P}}ab^2}{l^2}$	0 $-\frac{F_{\mathrm{P}}a^2}{l^2}\left(1+\frac{2b}{l}\right)$ $\frac{F_{\mathrm{P}}a^2b}{l^2}$
3	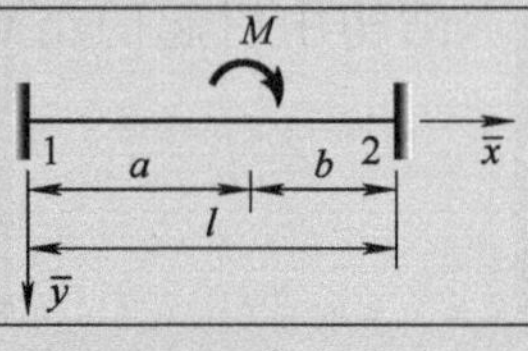	$\overline{F}_{x\mathrm{P}}$ $\overline{F}_{y\mathrm{P}}$ $\overline{M}_{\mathrm{P}}$	0 $\frac{6Mab}{l^3}$ $\frac{Mb}{l}\left(2-\frac{3b}{l}\right)$	0 $-\frac{6Mab}{l^3}$ $\frac{Ma}{l}\left(2-\frac{3a}{l}\right)$
4	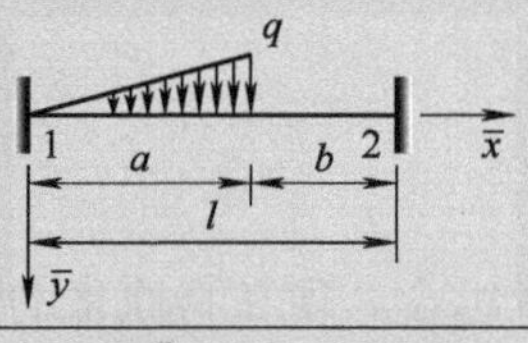	$\overline{F}_{x\mathrm{P}}$ $\overline{F}_{y\mathrm{P}}$ $\overline{M}_{\mathrm{P}}$	0 $-\frac{qa}{4}\left(2-\frac{3a^2}{l^2}+\frac{8a^3}{5l^3}\right)$ $-\frac{qa^2}{6}\left(2-\frac{3a}{l}+\frac{6a^2}{5l^2}\right)$	0 $-\frac{qa^3}{4l^2}\left(3-\frac{8a}{5l}\right)$ $\frac{qa^3}{4l}\left(1-\frac{4a}{5l}\right)$
5	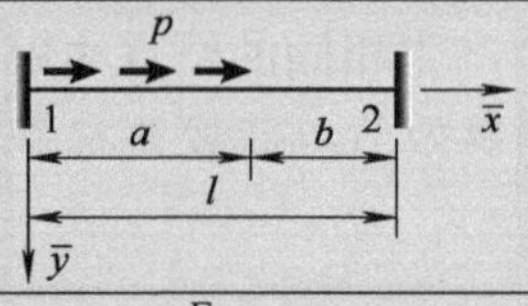	$\overline{F}_{x\mathrm{P}}$ $\overline{F}_{y\mathrm{P}}$ $\overline{M}_{\mathrm{P}}$	$-pa\left(1-\frac{a}{2l}\right)$ 0 0	$-\frac{pa^2}{2l}$ 0 0
6	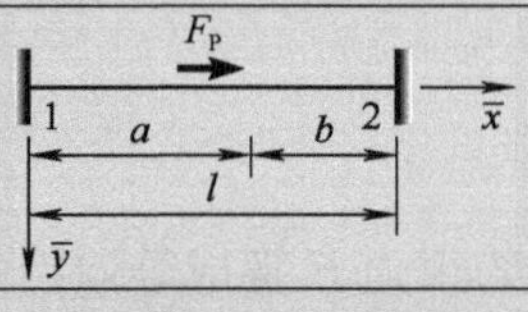	$\overline{F}_{x\mathrm{P}}$ $\overline{F}_{y\mathrm{P}}$ $\overline{M}_{\mathrm{P}}$	$-\frac{F_{\mathrm{P}}b}{l}$ 0 0	$-\frac{F_{\mathrm{P}}a}{l}$ 0 0
7	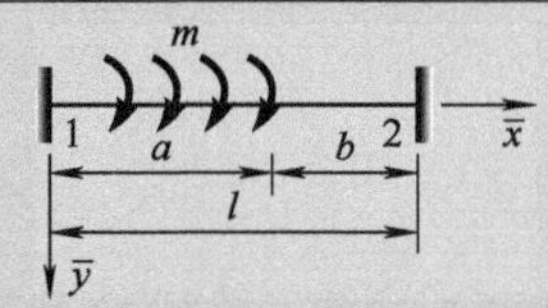	$\overline{F}_{x\mathrm{P}}$ $\overline{F}_{y\mathrm{P}}$ $\overline{M}_{\mathrm{P}}$	0 $\frac{ma^2}{l^2}\left(\frac{a}{l}+\frac{3b}{l}\right)$ $-\frac{mab^2}{l^2}$	0 $-\frac{ma^2}{l^2}\left(\frac{a}{l}+\frac{3b}{l}\right)$ $-\frac{ma^2b}{l^2}$
8	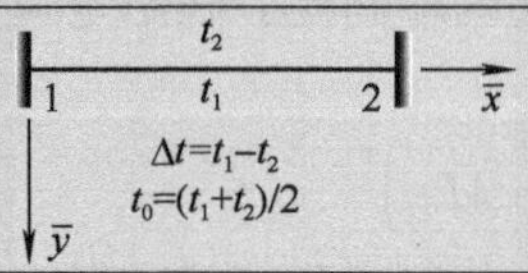	$\overline{F}_{x\mathrm{P}}$ $\overline{F}_{y\mathrm{P}}$ $\overline{M}_{\mathrm{P}}$	$EA\alpha t_0$ 0 $-\frac{EI\alpha\Delta t}{h}$	$-EA\alpha t_0$ 0 $\frac{EI\alpha\Delta t}{h}$
9	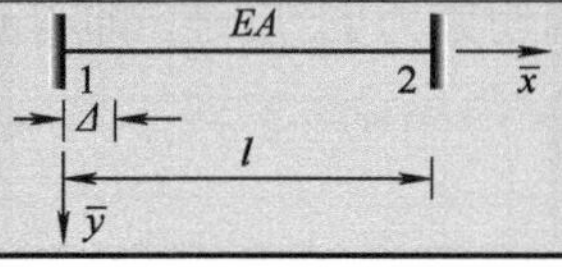	$\overline{F}_{x\mathrm{P}}$ $\overline{F}_{y\mathrm{P}}$ $\overline{M}_{\mathrm{P}}$	$\frac{EA\Delta}{l}$ 0 0	$-\frac{EA\Delta}{l}$ 0 0

续表

序号	荷载简图	符号	始端 1	末端 2
10	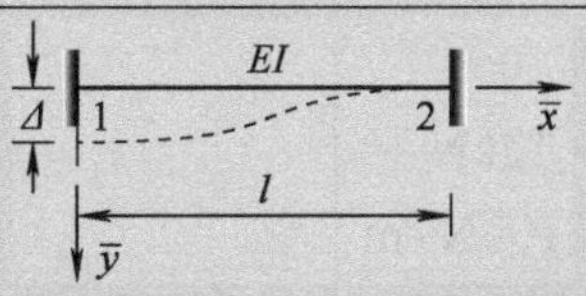	$\bar{F}_{xP}$ $\bar{F}_{yP}$ $\bar{M}_P$	0 $\frac{12EI\Delta}{l^3}$ $\frac{6EI\Delta}{l^2}$	0 $-\frac{12EI\Delta}{l^3}$ $\frac{6EI\Delta}{l^2}$
11	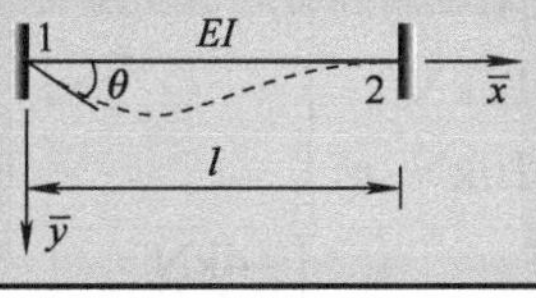	$\bar{F}_{xP}$ $\bar{F}_{yP}$ $\bar{M}_P$	0 $\frac{6EI\theta}{l^2}$ $\frac{4EI\theta}{l}$	0 $-\frac{6EI\theta}{l^2}$ $\frac{2EI\theta}{l}$

【例 9-3】　试求图 9-15(a)所示刚架在图 9-17 给定荷载作用下的等效结点荷载向量 $\boldsymbol{P}$ 。

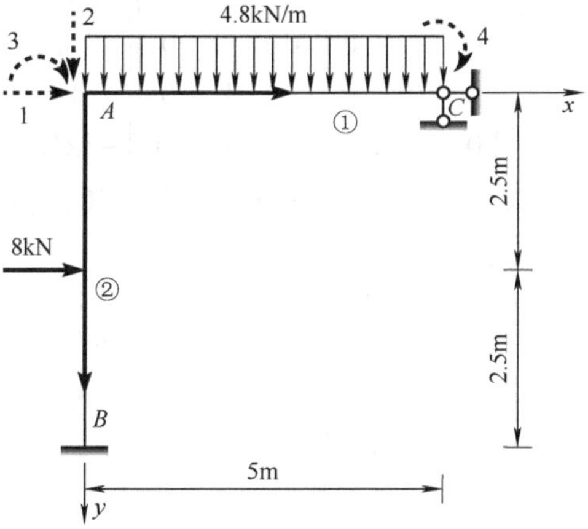

图 9-17

解： (1)求局部坐标系中的固端约束力向量 $\bar{\boldsymbol{F}}_P^e$ 。

单元①：由表 9-7 第 1 行， $q=4.8\text{kN/m}$ ， $a=l=5\text{m}$ ，得

$$\begin{cases}\bar{F}_{xP1}=0\\ \bar{F}_{yP1}=-12\text{kN}\\ \bar{M}_{P1}=-10\text{kN}\cdot\text{m}\end{cases},\qquad \begin{cases}\bar{F}_{xP2}=0\\ \bar{F}_{yP2}=-12\text{kN}\\ \bar{M}_{P2}=10\text{kN}\cdot\text{m}\end{cases}$$

单元②：由表 9-7 第 2 行， $F_P=-8\text{kN}$ ， $a=b=2.5\text{m}$ ，得

$$\begin{cases}\bar{F}_{xP1}=0\\ \bar{F}_{yP1}=4\text{kN}\\ \bar{M}_{P1}=5\text{kN}\cdot\text{m}\end{cases},\qquad \begin{cases}\bar{F}_{xP2}=0\\ \bar{F}_{yP2}=4\text{kN}\\ \bar{M}_{P2}=-5\text{kN}\cdot\text{m}\end{cases}$$

因此

$$\bar{\boldsymbol{F}}_P^{(1)}=\begin{bmatrix}0\\-12\text{kN}\\-10\text{kN}\cdot\text{m}\\0\\-12\text{kN}\\10\text{kN}\cdot\text{m}\end{bmatrix},\qquad \bar{\boldsymbol{F}}_P^{(2)}=\begin{bmatrix}0\\4\text{kN}\\5\text{kN}\cdot\text{m}\\0\\4\text{kN}\\-5\text{kN}\cdot\text{m}\end{bmatrix}$$

(2) 求各单元在整体坐标系中的等效结点荷载向量 $\boldsymbol{P}^e$。单元①、②的倾角分别为 $\alpha_1=0°$，$\alpha_2=90°$。由式(9-55)和式(9-56)得

$$\boldsymbol{P}^{(1)}=-\boldsymbol{T}^{(1)\mathrm{T}}\overline{\boldsymbol{F}}_{\mathrm{P}}^{(1)}=-\boldsymbol{I}\overline{\boldsymbol{F}}_{\mathrm{P}}^{(1)}=-\overline{\boldsymbol{F}}_{\mathrm{P}}^{(1)}=\begin{bmatrix}0\\12\mathrm{kN}\\10\mathrm{kN\cdot m}\\0\\12\mathrm{kN}\\-10\mathrm{kN\cdot m}\end{bmatrix}$$

$$\boldsymbol{P}^{(2)}=-\boldsymbol{T}^{(2)\mathrm{T}}\overline{\boldsymbol{F}}_{\mathrm{P}}^{(2)}=\begin{bmatrix}0&-1&0&0&0&0\\1&0&0&0&0&0\\0&0&-1&0&0&0\\0&0&0&0&-1&0\\0&0&0&1&0&0\\0&0&0&0&0&-1\end{bmatrix}\begin{bmatrix}0\\4\mathrm{kN}\\5\mathrm{kN\cdot m}\\0\\4\mathrm{kN}\\-5\mathrm{kN\cdot m}\end{bmatrix}=\begin{bmatrix}-4\mathrm{kN}\\0\\-5\mathrm{kN\cdot m}\\-4\mathrm{kN}\\0\\5\mathrm{kN\cdot m}\end{bmatrix}$$

(3) 求刚架的等效结点荷载向量 $\boldsymbol{P}$。两个单元的结点局部码和总码如图 9-15 所示。总码在图 9-17 中用虚线重新标出。单元定位向量为

$$\boldsymbol{\lambda}^{(1)}=\begin{bmatrix}1\\2\\3\\0\\0\\4\end{bmatrix},\qquad \boldsymbol{\lambda}^{(2)}=\begin{bmatrix}1\\2\\3\\0\\0\\0\end{bmatrix}$$

将 $\boldsymbol{P}^e$ 中的元素，按 $\boldsymbol{\lambda}^e$ 在 $\boldsymbol{P}$ 中进行定位并累加即可得出 $\boldsymbol{P}$。

首先，考虑单元①：$\boldsymbol{P}$ 的阶段结果为((4)、(5)行元素在 $\boldsymbol{P}$ 中无座位)

$$\begin{matrix}(1)\to1\\(2)\to2\\(3)\to3\\(6)\to4\end{matrix}\begin{bmatrix}0\\12\mathrm{kN}\\10\mathrm{kN\cdot m}\\-10\mathrm{kN\cdot m}\end{bmatrix}$$

其次，考虑单元②：

$$\boldsymbol{P}=\begin{matrix}(1)\to1\\(2)\to2\\(3)\to3\\4\end{matrix}\begin{bmatrix}[0+(-4)]\ \mathrm{kN}\\ [12+(0)]\ \mathrm{kN}\\ [10+(-5)]\ \mathrm{kN\cdot m}\\ -10\ \mathrm{kN\cdot m}\end{bmatrix}=\begin{bmatrix}-4\mathrm{kN}\\12\mathrm{kN}\\5\mathrm{kN\cdot m}\\-10\mathrm{kN\cdot m}\end{bmatrix}$$

9.7　矩阵位移法的计算步骤

用矩阵位移法计算平面刚架的步骤如下。

(1) 整理原始数据，对单元和刚架进行局部编码和总体编码。

(2) 形成局部坐标系中的单元刚度矩阵 $\overline{\boldsymbol{k}}^e$，见式(9-6)。

(3) 形成整体坐标系中的单元刚度矩阵 $\boldsymbol{k}^e$，见式(9-23)。

(4) 用单元集成法形成整体刚度矩阵 $\boldsymbol{K}$，参见式(9-39)和式(9-40)。

(5) 求局部坐标系的等效结点荷载向量 $\bar{\boldsymbol{P}}^e$，转换成整体坐标系的单元等效结点荷载向量 $\boldsymbol{P}^e$，见式(9-55)和式(9-56)；用单元集成法形成整体结构的等效结点荷载向量 $\boldsymbol{P}$。

(6) 解方程 $\boldsymbol{K\Delta}=\boldsymbol{P}$，求出结点位移向量 $\boldsymbol{\Delta}$。

(7) 求各杆的杆端内力向量 $\bar{\boldsymbol{F}}^e$，见式(9-57)。

各杆的杆端内力向量由两部分组成：一部分是在结点位移被约束住的条件下的杆端内力向量，即各杆的固端约束力向量 $\bar{\boldsymbol{F}}_{\mathrm{P}}^e$；另一部分是刚架在等效结点荷载向量 $\boldsymbol{P}$ 作用下的杆端内力向量，可由式(9-5)求出。将两部分内力叠加，即得

$$\bar{\boldsymbol{F}}^e=\bar{\boldsymbol{k}}^e\bar{\boldsymbol{\Delta}}^e+\bar{\boldsymbol{F}}_{\mathrm{P}}^e \tag{9-57}$$

【例 9-4】　试求图 9-18(a)所示刚架的内力。设各杆为矩形截面，立柱 $b_1\times h_1=0.5\mathrm{m}\times 1\mathrm{m}$，横梁 $b_2\times h_2=0.5\mathrm{m}\times 1.26\mathrm{m}$。

解：(1) 原始数据及编码。原始数据计算如下(为了计算上的方便，设 $E=1$)。

立柱：

$$A_1=0.5\ \mathrm{m}^2,\quad I_1=\frac{1}{24}\mathrm{m}^4,\quad l_1=6\mathrm{m},\quad \frac{EI_1}{l_1}=6.94\times10^{-3},\quad \frac{EA_1}{l_1}=83.3\times10^{-3}$$

$$\frac{2EI_1}{l_1}=13.9\times10^{-3},\quad \frac{4EI_1}{l_1}=27.8\times10^{-3},\quad \frac{6EI_1}{l_1^2}=6.94\times10^{-3},\quad \frac{12EI_1}{l_1^3}=2.31\times10^{-3}$$

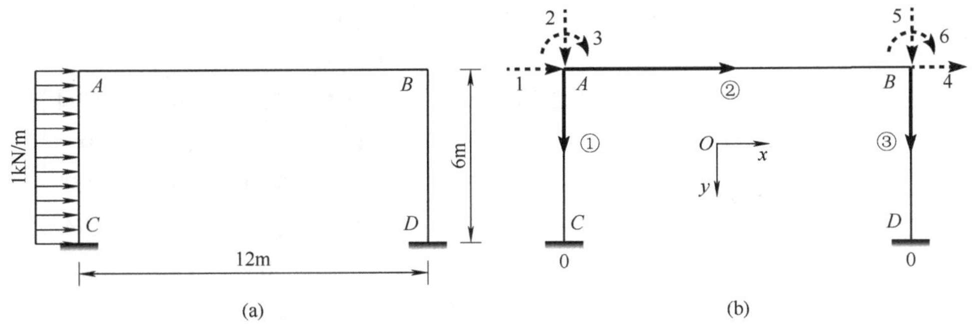

图 9-18

横梁：

$$A_2=0.63\mathrm{m}^2,\quad I_2=\frac{1}{12}\mathrm{m}^4,\quad l_2=12\mathrm{m},\quad \frac{EI_2}{l_2}=6.94\times10^{-3},\quad \frac{EA_2}{l_2}=52.5\times10^{-3}$$

$$\frac{2EI_2}{l_2}=13.9\times10^{-3},\quad \frac{4EI_2}{l_2}=27.8\times10^{-3},\quad \frac{6EI_2}{l_2^2}=3.47\times10^{-3},\quad \frac{12EI_2}{l_2^3}=0.58\times10^{-3}$$

说明：由于 $E=1$ 并非真值，故计算过程中不标注单位符号。

单元编码示于图 9-18(b)，局部坐标用箭头的方向表示。整体坐标和结点位移分量的统一编码也示于图 9-18(b)。

结点 C 和 D 为固定端约束，三个位移分量都为零，用 **0** 编码。结点 A 的编码为(1　2　3)，结点 B 的编码为(4　5　6)。

(2) 形成局部坐标系中的单元刚度矩阵 $\bar{\boldsymbol{k}}^e$。

$$\bar{\boldsymbol{k}}^{(1)}=\bar{\boldsymbol{k}}^{(3)}=10^{-3}\times\left[\begin{array}{ccc:ccc}83.3&0&0&-83.3&0&0\\0&2.31&6.94&0&-2.31&6.94\\0&6.94&27.8&0&-6.94&13.9\\\hdashline-83.3&0&0&83.3&0&0\\0&-2.31&-6.94&0&2.31&-6.94\\0&6.94&13.9&0&-6.94&27.8\end{array}\right]$$

$$\bar{\boldsymbol{k}}^{(2)}=10^{-3}\times\left[\begin{array}{ccc:ccc}52.5&0&0&-52.5&0&0\\0&0.58&3.47&0&-0.58&3.47\\0&3.47&27.8&0&-3.47&13.9\\\hdashline-52.5&0&0&52.5&0&0\\0&-0.58&-3.47&0&0.58&-3.47\\0&3.47&13.9&0&-3.47&27.8\end{array}\right]$$

(3)计算整体坐标系中的单元刚度矩阵 $\boldsymbol{k}^e$ 。单元①和③的坐标转换矩阵为($\alpha=90^\circ$)

$$\boldsymbol{T}=\left[\begin{array}{ccc:ccc}0&1&0&&&\\-1&0&0&&\boldsymbol{0}&\\0&0&1&&&\\\hdashline&&&0&1&0\\&\boldsymbol{0}&&-1&0&0\\&&&0&0&1\end{array}\right]$$

$$\boldsymbol{k}^{(1)}=\boldsymbol{k}^{(3)}=\boldsymbol{T}^{\mathrm{T}}\bar{\boldsymbol{k}}^{(1)}\boldsymbol{T}=10^{-3}\times\left[\begin{array}{ccc:ccc}2.31&0&-6.94&-2.31&0&-6.94\\0&83.3&0&0&-83.3&0\\-6.94&0&27.8&6.94&0&13.9\\\hdashline-2.31&0&6.94&2.31&0&6.94\\0&-83.3&0&0&83.3&0\\-6.94&0&13.9&6.94&0&27.8\end{array}\right]$$

单元②：$\alpha=0$ ，$\boldsymbol{T}=\boldsymbol{I}$ ，所以 $\boldsymbol{k}^{(2)}=\bar{\boldsymbol{k}}^{(2)}$ 。

(4)用单元集成法形成整体刚度矩阵 $\boldsymbol{K}$ 。由图 9-18(b)中单元局部编码与结点位移统一编码的关系，各杆的单元定位向量如下：

$$\boldsymbol{\lambda}^{(1)}=\begin{pmatrix}1&2&3&0&0&0\end{pmatrix}^{\mathrm{T}}$$

$$\boldsymbol{\lambda}^{(2)}=\begin{pmatrix}1&2&3&4&5&6\end{pmatrix}^{\mathrm{T}}$$

$$\boldsymbol{\lambda}^{(3)}=\begin{pmatrix}4&5&6&0&0&0\end{pmatrix}^{\mathrm{T}}$$

按照单元定位向量 $\boldsymbol{\lambda}^e$，依次将各单元 $\boldsymbol{k}^e$ 中的元素在 $\boldsymbol{K}$ 中定位并累加，最后得到 $\boldsymbol{K}$ ：

$$\boldsymbol{K}=\begin{array}{c}\\1\\2\\3\\4\\5\\6\end{array}\begin{array}{c}\begin{array}{cccccc}1&2&3&4&5&6\end{array}\\\left[\begin{array}{ccc:ccc}54.81&0&-6.94&-52.5&0&0\\0&83.88&3.47&0&-0.58&3.47\\-6.94&3.47&55.6&0&-3.47&13.9\\\hdashline-52.5&0&0&54.81&0&-6.94\\0&-0.58&-3.47&0&83.88&-3.47\\0&0&13.9&-6.94&-3.47&55.6\end{array}\right]\end{array}\times10^{-3}$$

(5) 求等效结点荷载向量 $\boldsymbol{P}$ 。

首先，求单元固端约束力向量 $\bar{\boldsymbol{F}}_{\mathrm{P}}^{e}$，只有单元①有 $\bar{\boldsymbol{F}}_{\mathrm{P}}^{(1)}$：

$$\bar{\boldsymbol{F}}_{\mathrm{P}}^{(1)}=(0\quad 3\quad 3\quad 0\quad 3\quad -3)^{\mathrm{T}}$$

其次，求单元在整体坐标系中的等效结点荷载向量 $\boldsymbol{P}^{e}$ 。

单元①的倾角 $\alpha=90^{\circ}$，由式(9-55)和式(9-56)，得

$$\boldsymbol{P}^{(1)}=-\boldsymbol{T}^{(1)\mathrm{T}}\bar{\boldsymbol{F}}_{\mathrm{P}}^{(1)}=\left[\begin{array}{ccc|ccc}0&-1&0&&&\\1&0&0&&\mathbf{0}&\\0&0&1&&&\\\hline&&&0&-1&0\\&\mathbf{0}&&1&0&0\\&&&0&0&1\end{array}\right]\begin{bmatrix}0\\3\\3\\0\\3\\-3\end{bmatrix}=\begin{bmatrix}3\\0\\-3\\3\\0\\3\end{bmatrix}$$

按单元定位向量 $\boldsymbol{\lambda}^{(1)}=(1\quad 2\quad 3\quad 0\quad 0\quad 0)^{\mathrm{T}}$，将 $\boldsymbol{P}^{(1)}$ 中的元素在 $\boldsymbol{P}$ 中定位，得

$$\boldsymbol{P}=(3\quad 0\quad -3\quad 0\quad 0\quad 0)^{\mathrm{T}}$$

(6) 解基本方程。

$$10^{-3}\times\left[\begin{array}{ccc|ccc}54.81&0&-6.94&-52.5&0&0\\0&83.88&3.47&0&-0.58&3.47\\-6.94&3.47&55.6&0&-3.47&13.9\\\hline-52.5&0&0&54.81&0&-6.94\\0&-0.58&-3.47&0&83.88&-3.47\\0&0&13.9&-6.94&-3.47&55.6\end{array}\right]\begin{bmatrix}u_A\\v_A\\\theta_A\\u_B\\v_B\\\theta_B\end{bmatrix}=\begin{bmatrix}3\\0\\-3\\0\\0\\0\end{bmatrix}$$

解得

$$\begin{bmatrix}u_A\\v_A\\\theta_A\\u_B\\v_B\\\theta_B\end{bmatrix}=\begin{bmatrix}847\\-5.13\\28.4\\824\\5.13\\96.5\end{bmatrix}$$

(7) 求各杆杆端力向量 $\bar{\boldsymbol{F}}^{e}$ 。

单元①：先求 $\boldsymbol{F}^{(1)}$，然后求 $\bar{\boldsymbol{F}}^{(1)}$ 。

$$\boldsymbol{F}^{(1)}=\boldsymbol{k}^{(1)}\boldsymbol{\Delta}^{(1)}+\boldsymbol{F}_{\mathrm{P}}^{(1)}$$

$$=10^{-3}\times\left[\begin{array}{ccc|ccc}2.31&0&-6.94&-2.31&0&-6.94\\0&83.3&0&0&-83.3&0\\-6.94&0&27.8&6.94&0&13.9\\\hline-2.31&0&6.94&2.31&0&6.94\\0&-83.3&0&0&83.3&0\\-6.94&0&13.9&6.94&0&27.8\end{array}\right]\begin{bmatrix}847\\-5.13\\28.4\\0\\0\\0\end{bmatrix}+\begin{bmatrix}-3\\0\\3\\-3\\0\\-3\end{bmatrix}=\begin{bmatrix}-1.24\\-0.43\\-2.09\\-4.76\\0.43\\-8.49\end{bmatrix}$$

$$\bar{\boldsymbol{F}}^{(1)}=\boldsymbol{T}\boldsymbol{F}^{(1)}=\begin{bmatrix}-0.43\\1.24\\-2.09\\0.43\\4.76\\-8.49\end{bmatrix}$$

单元②：

$$\bar{\boldsymbol{F}}^{(2)}=\boldsymbol{F}^{(2)}=\boldsymbol{k}^{(2)}\boldsymbol{\Delta}^{(2)}=10^{-3}\times\left[\begin{array}{ccc|ccc}52.5&0&0&-52.5&0&0\\0&0.58&3.47&0&-0.58&3.47\\0&3.47&27.8&0&-3.47&13.9\\\hline -52.5&0&0&52.5&0&0\\0&-0.58&-3.47&0&0.58&-3.47\\0&3.47&13.9&0&-3.47&27.8\end{array}\right]\begin{bmatrix}847\\-5.13\\28.4\\824\\5.13\\96.5\end{bmatrix}=\begin{bmatrix}1.24\\-0.43\\2.09\\-1.24\\-0.43\\3.04\end{bmatrix}$$

单元③：

$$\boldsymbol{F}^{(3)}=\boldsymbol{k}^{(3)}\boldsymbol{\Delta}^{(3)}=10^{-3}\times\left[\begin{array}{ccc|ccc}2.31&0&-6.94&-2.31&0&-6.94\\0&83.3&0&0&-83.3&0\\-6.94&0&27.8&6.94&0&13.9\\\hline -2.31&0&6.94&2.31&0&6.94\\0&-83.3&0&0&83.3&0\\-6.94&0&13.9&6.94&0&27.8\end{array}\right]\begin{bmatrix}847\\-5.13\\28.4\\0\\0\\0\end{bmatrix}=\begin{bmatrix}1.24\\0.43\\-3.04\\-1.24\\-0.43\\-4.38\end{bmatrix}$$

$$\bar{\boldsymbol{F}}^{(3)}=\boldsymbol{T}\boldsymbol{F}^{(3)}=\begin{bmatrix}0.43\\-1.24\\-3.04\\-0.43\\1.24\\-4.38\end{bmatrix}$$

(8) 根据杆端力绘制内力图，如图 9-19(a)、(b)、(c) 所示。

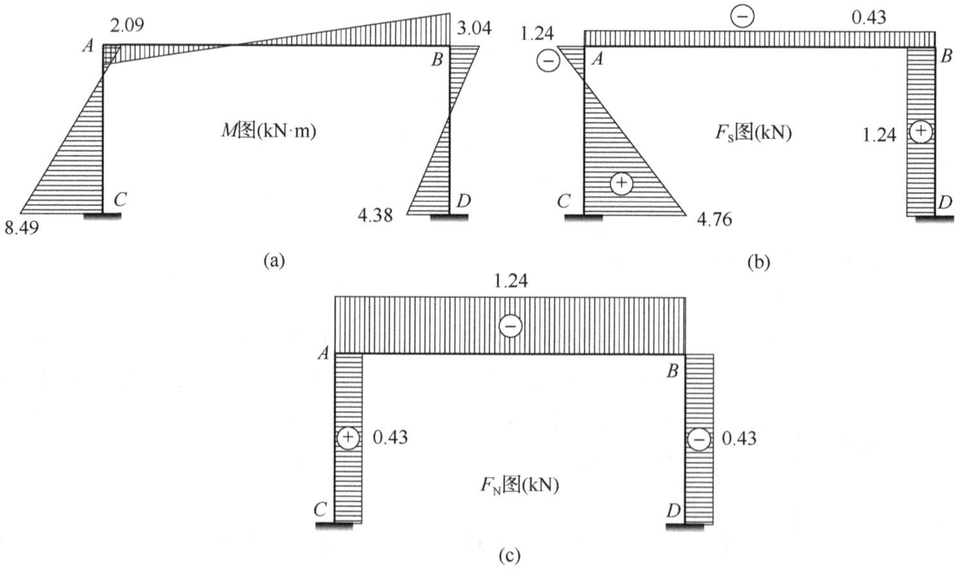

图 9-19

9.8　忽略轴向变形时矩形刚架的矩阵位移法

工程中经常遇到由横梁、竖柱组成的矩形刚架，通常轴向变形的影响很小，可以忽略不计。本节将讨论在此假定下的矩阵位移法的分析方法。以图 9-20 所示矩形刚架为例。

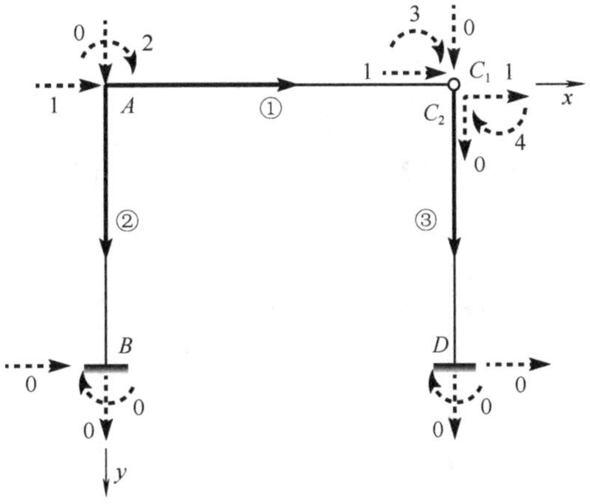

图 9-20

首先，考虑结点位移分量的统一编码。在固定端 B 和 D 处，三个位移分量都为零，总编码为(0　0　0)。因为忽略轴向变形的影响，在刚结点 A 处，以及铰结点 C_1 和 C_2 处，竖向位移分量均为零，故其编码也应为零码。此外，因为忽略轴向变形的影响，结点 A、C_1 和 C_2 的水平位移分量都相等，因此它们的线位移应采用相同的编码。所以，结点 A 的总编码为(1　0　2)，结点 C_1 的总编码为(1　0　3)，结点 C_2 的总编码为(1　0　4)。

其次，考虑单元定位向量。在图 9-20 中，单元①、②、③的 $\bar{x}$ 轴的正方向用箭头标明。各杆的单元定位向量由图可以直接写出：

$$\left.\begin{aligned}\boldsymbol{\lambda}^{(1)}&=\begin{pmatrix}1&0&2&1&0&3\end{pmatrix}^{\mathrm{T}}\\ \boldsymbol{\lambda}^{(2)}&=\begin{pmatrix}1&0&2&0&0&0\end{pmatrix}^{\mathrm{T}}\\ \boldsymbol{\lambda}^{(3)}&=\begin{pmatrix}1&0&4&0&0&0\end{pmatrix}^{\mathrm{T}}\end{aligned}\right\}\tag{9-58}$$

最后，按单元①、②、③的次序进行单元集成。

首先，考虑单元①：$\boldsymbol{k}^{(1)}$ 在式(9-42)中已给出，根据式(9-58)中的 $\boldsymbol{\lambda}^{(1)}$ 进行定位，即得到 $\boldsymbol{K}$ 的第一阶段结果如下：

	(1)、(4) ↓ 1	(3) ↓ 2	(6) ↓ 3	4	
(1)、(4)→1	300−300 −300+300	0 +0	0 +0	0	
(3)→2	0	100	50	0	$\times10^4$
(6)→3	0	50	100	0	
4	0	0	0	0	

其次，考虑单元②：$\boldsymbol{k}^{(2)}$ 在式(9-44)中已给出，将其中的元素按 $\boldsymbol{\lambda}^{(2)}$ 在 $\boldsymbol{K}$ 中进行定位并与前阶段的结果累加，即得到 $\boldsymbol{K}$ 的第二阶段结果如下：

	(1) ↓ 1	(3) ↓ 2	3	4	
(1)→1	0+(12)	(−30)	0	0	
(3)→2	(−30)	100+(100)	50	0	$\times10^4$
3	0	50	100	0	
4	0	0	0	0	

最后，考虑单元③：$\boldsymbol{k}^{(3)}$ 与 $\boldsymbol{k}^{(2)}$ 相同，由 $\boldsymbol{\lambda}^{(3)}$ 即得到 $\boldsymbol{K}$ 的最后结果如下：

	1 (1)↓	2	3	4 (3)↓
(1)→1	12+(12)	−30	0	(−30)
2	−30	200	50	0
3	0	50	100	0
(3)→4	(−30)	0	0	(100)

$\times 10^4 = \boldsymbol{K}$

【例 9-5】 试求图 9-18(a)所示刚架的内力，截面尺寸同例 9-4，忽略轴向变形的影响。

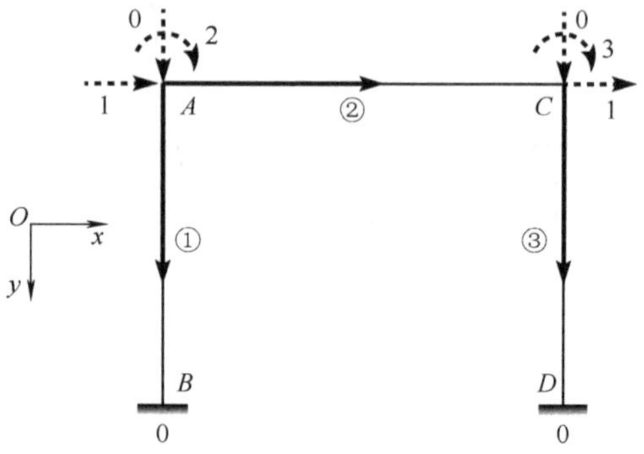

图 9-21

解：(1)原始数据及编码，原始数据同例 9-4。单元编码及结点位移分量的统一编码示于图 9-21。除结点 C 和 D 为固定端，用 **0** 编码外，结点 A 和 B 的竖向位移均为零，用 0 编码。结点 A 和 B 的水平位移相同，编码同为 1。

(2)形成局部坐标系中的单元刚度矩阵 $\bar{\boldsymbol{k}}^e$。

(3)计算整体坐标系下的单元刚度矩阵 $\boldsymbol{k}^e$。

以上两步结果同例 9-4。

(4)用单元集成法形成整体刚度矩阵 $\boldsymbol{K}$。

由图 9-21 中单元局部编码与结点位移统一编码的对应关系，各杆的单元定位向量可以写出如下：

$$\left.\begin{aligned}\boldsymbol{\lambda}^{(1)} &= (1\quad 0\quad 2\quad 0\quad 0\quad 0)^{\mathrm{T}}\\ \boldsymbol{\lambda}^{(2)} &= (1\quad 0\quad 2\quad 1\quad 0\quad 3)^{\mathrm{T}}\\ \boldsymbol{\lambda}^{(3)} &= (1\quad 0\quad 3\quad 0\quad 0\quad 0)^{\mathrm{T}}\end{aligned}\right\}$$

按照单元定位向量 $\boldsymbol{\lambda}^e$，依次将单元 $\boldsymbol{k}^e$ 中的元素在 $\boldsymbol{K}$ 中定位并累加，最后得到 $\boldsymbol{K}$ 如下：

$$\boldsymbol{K} = 10^{-3} \times \begin{bmatrix} 4.62 & -6.94 & -6.94 \\ -6.94 & 55.6 & 13.9 \\ -6.94 & 13.9 & 55.6 \end{bmatrix}$$

(5)求等效结点荷载向量 $\boldsymbol{P}$。单元在整体坐标系中的等效结点荷载向量 $\boldsymbol{P}$，同例 9-4。按单元定位向量 $\boldsymbol{\lambda}^{(1)} = (1\quad 0\quad 2\quad 0\quad 0\quad 0)^{\mathrm{T}}$，将 $\boldsymbol{P}^{(1)}$ 中的元素在 $\boldsymbol{P}$ 中定位，得

$$\boldsymbol{P} = (3\quad -3\quad 0)^{\mathrm{T}}$$

(6)解基本方程。

$$10^{-3} \times \begin{bmatrix} 4.62 & -6.94 & -6.94 \\ -6.94 & 55.6 & 13.9 \\ -6.94 & 13.9 & 55.6 \end{bmatrix} \begin{bmatrix} u_A \\ v_A \\ \theta_A \end{bmatrix} = \begin{bmatrix} 3 \\ -3 \\ 0 \end{bmatrix}$$

解得

$$\begin{bmatrix} u_A \\ v_A \\ \theta_A \end{bmatrix} = 10^3 \times \begin{bmatrix} 0.838 \\ 0.0261 \\ 0.0979 \end{bmatrix}$$

(7) 求各杆杆端力向量 $\overline{\boldsymbol{F}}^e$。

单元①：

$$\boldsymbol{F}^{(1)}=\left[\begin{array}{ccc:ccc}2.31&0&-6.94&-2.31&0&-6.94\\0&83.3&0&0&-83.3&0\\-6.94&0&27.8&6.94&0&13.9\\\hdashline -2.31&0&6.94&2.31&0&6.94\\0&-83.3&0&0&83.3&0\\-6.94&0&13.9&6.94&0&27.8\end{array}\right]\left[\begin{array}{c}0.838\\0\\0.0261\\\hdashline 0\\0\\0\end{array}\right]+\left[\begin{array}{c}-3\\0\\3\\\hdashline -3\\0\\-3\end{array}\right]=\left[\begin{array}{c}-1.25\\0\\-2.09\\\hdashline -4.75\\0\\-8.41\end{array}\right]$$

$$\overline{\boldsymbol{F}}^{(1)}=\boldsymbol{T}\boldsymbol{F}^{(1)}=\left[\begin{array}{c}0\\1.25\\-2.09\\\hdashline 0\\4.75\\-8.41\end{array}\right]$$

单元②：

$$\overline{\boldsymbol{F}}^{(2)}=\boldsymbol{F}^{(2)}=\left[\begin{array}{ccc:ccc}52.5&0&0&-52.5&0&0\\0&0.58&3.47&0&-0.58&3.47\\0&3.47&27.8&0&-3.47&13.9\\\hdashline -52.5&0&0&52.5&0&0\\0&-0.58&-3.47&0&0.58&-3.47\\0&3.47&13.9&0&-3.47&27.8\end{array}\right]\left[\begin{array}{c}0.838\\0\\0.0261\\\hdashline 0.838\\0\\0.0979\end{array}\right]=\left[\begin{array}{c}0\\0.43\\2.09\\\hdashline 0\\-0.43\\3.09\end{array}\right]$$

单元③：

$$\boldsymbol{F}^{(3)}=\left[\begin{array}{ccc:ccc}2.31&0&-6.94&-2.31&0&-6.94\\0&83.3&0&0&-83.3&0\\-6.94&0&27.8&6.94&0&13.9\\\hdashline -2.31&0&6.94&2.31&0&6.94\\0&-83.3&0&0&83.3&0\\-6.94&0&13.9&6.94&0&27.8\end{array}\right]\left[\begin{array}{c}0.838\\0\\0.0979\\\hdashline 0\\0\\0\end{array}\right]=\left[\begin{array}{c}-1.25\\0\\-3.09\\\hdashline -1.25\\0\\-4.47\end{array}\right]$$

$$\overline{\boldsymbol{F}}^{(3)}=\boldsymbol{T}\boldsymbol{F}^{(3)}=\left[\begin{array}{c}0\\-1.25\\-3.09\\\hdashline 0\\1.25\\-4.47\end{array}\right]$$

(8) 根据杆端弯矩和剪力绘制 M 图和 F_S 图。

M 图和 F_S 图如图 9-22(a)、(b) 所示。与图 9-19 相比，可见轴向变形的影响不大。

由于假设杆件的轴向变形为零，因此根据刚度方程求出的杆端轴力为零。图 9-22(c) 中的 F_N 图是根据平衡条件由 F_S 图得出的。

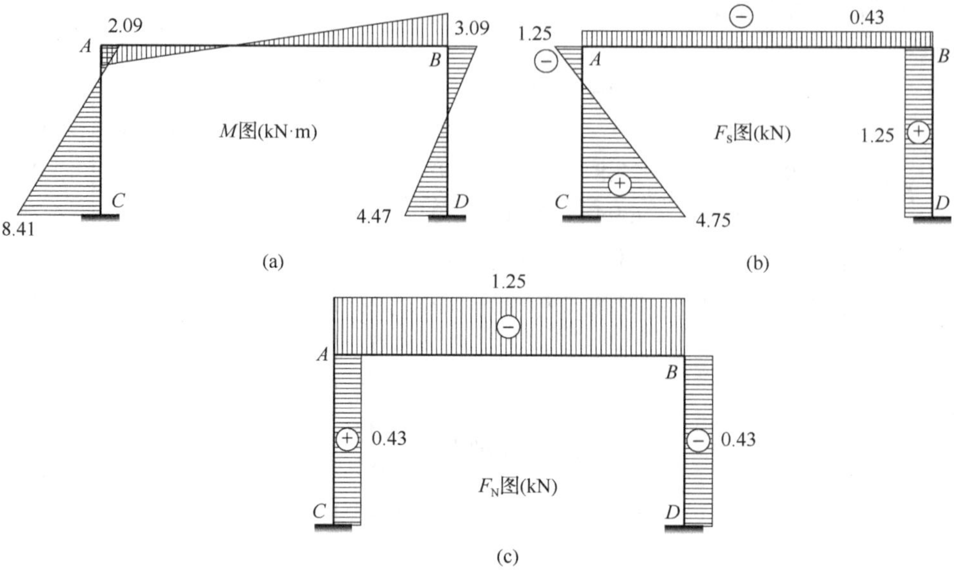

图 9-22

9.9　桁架及组合结构的矩阵位移法

9.9.1　桁架

桁架单元的刚度方程(局部坐标系，如图 9-23 所示)，已在式(9-2)中给出，其矩阵形式为

$$\begin{bmatrix} \bar{F}_{x1} \\ \bar{F}_{x2} \end{bmatrix}^e = \begin{bmatrix} \dfrac{EA}{l} & -\dfrac{EA}{l} \\ -\dfrac{EA}{l} & \dfrac{EA}{l} \end{bmatrix} \begin{bmatrix} \bar{u}_1 \\ \bar{u}_2 \end{bmatrix}^e \tag{9-59}$$

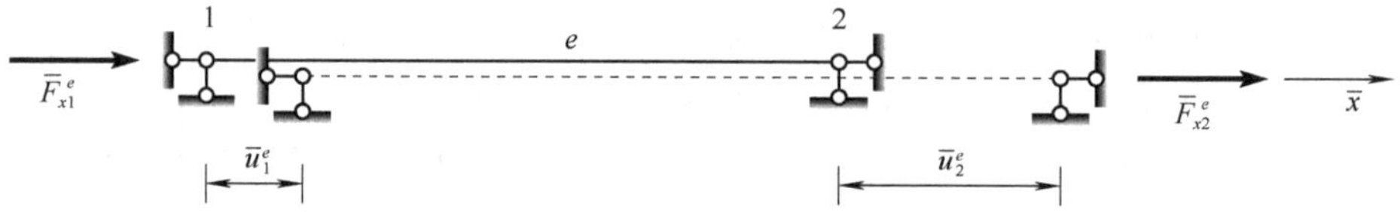

图 9-23

式(9-59)也是一般单元刚度方程式(9-4)的一个特殊情况，即由式(9-4)中删去第(2)、(3)、(5)、(6)行和列后自动得出。

对于斜杆单元，其轴力和轴向位移在整体坐标系中将有沿 x 轴和 y 轴的两个分量，如图 9-24 所示。因此，整体坐标系中的杆端力向量和杆端位移向量为

$$\boldsymbol{F}^e = \begin{bmatrix} F_{x1} \\ F_{y1} \\ \hdashline F_{x2} \\ F_{y2} \end{bmatrix}^e, \quad \boldsymbol{\Delta}^e = \begin{bmatrix} u_1 \\ v_1 \\ \hdashline u_2 \\ v_2 \end{bmatrix}^e$$

可以从图 9-24 导出局部坐标系和整体坐标系中杆端力向量及杆端位移向量间的转换关系，本节不再进行这样的推导。9.3 节中对一般单元导出的转换关系具有一般性。桁架单元是一般单元的一种特殊情况，只需要按照桁架单元的特点，把 9.3 节中的坐标转换矩阵 $\boldsymbol{T}$ 修改一下，则

9.3 节中的其他转换公式均可应用。

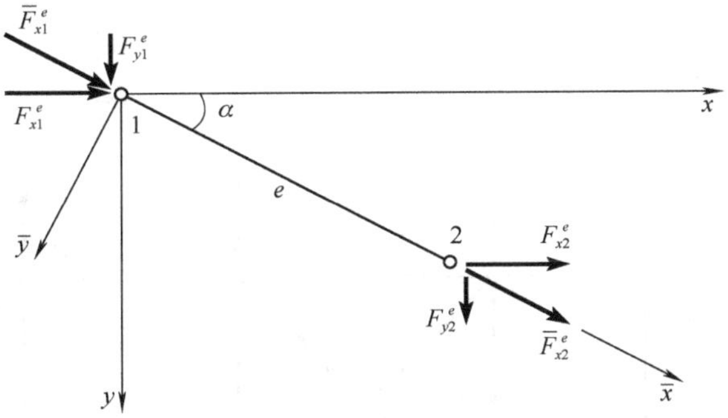

图 9-24

为了便于利用以前的坐标转换关系，先将局部坐标系中的单元刚度方程(9-59)扩大到四阶矩阵的形式：

$$\begin{bmatrix}\overline{F}_{x1}\\ \overline{F}_{y1}\\ \overline{F}_{x2}\\ \overline{F}_{y2}\end{bmatrix}^{e}=\frac{EA}{l}\times\begin{bmatrix}1&0&-1&0\\0&0&0&0\\-1&0&1&0\\0&0&0&0\end{bmatrix}\begin{bmatrix}\overline{u}_{1}\\ \overline{v}_{1}\\ \overline{u}_{2}\\ \overline{v}_{2}\end{bmatrix}^{e} \tag{9-60}$$

这里，在 $\overline{\boldsymbol{\Delta}}^{e}$ 和 $\overline{\boldsymbol{F}}^{e}$ 中引入了 $\overline{v}_{1}$、$\overline{v}_{2}$ 和 $\overline{F}_{y1}$、$\overline{F}_{y2}$，在 $\overline{\boldsymbol{k}}^{e}$ 中添上相应的零元素。式(9-60)等价于式(9-59)。

式(9-13)是一般单元杆端力的转换式。对于桁架单元，由于 $\overline{M}_{1}=M_{1}=0$，$\overline{M}_{2}=M_{2}=0$，所以，删去坐标转换矩阵 $\boldsymbol{T}$，即式(9-15)中相应的行与列，便得到桁架单元的坐标转换矩阵 $\boldsymbol{T}$ 如下：

$$\boldsymbol{T}=\begin{bmatrix}\cos\alpha&\sin\alpha&0&0\\-\sin\alpha&\cos\alpha&0&0\\0&0&\cos\alpha&\sin\alpha\\0&0&-\sin\alpha&\cos\alpha\end{bmatrix} \tag{9-61}$$

单元集成法求整体刚度矩阵的步骤仍为式(9-39)。编码时应注意，桁架单元的结点转角不是基本未知量。

【例 9-6】　试求图 9-25(a)所示桁架的内力，各杆 EA 相同。

解：(1)单元和结点位移分量的统一编码如图 9-25(b)所示。结点 A 和 B 为铰支承，两个位移分量都为零，用 **0** 编码。结点 C 的编码为(1　2)，结点 D 的编码为(3　4)。

单元的局部坐标用箭头方向示于图 9-25(b)中，整体坐标系也示于图 9-25(b)中。

(2)形成局部坐标系中的单元刚度矩阵 $\overline{\boldsymbol{k}}^{e}$。按四阶方阵的形式，即式(9-60)形成各单元在局部坐标系中的单元刚度矩阵 $\overline{\boldsymbol{k}}^{e}$：

$$\overline{\boldsymbol{k}}^{(1)}=\overline{\boldsymbol{k}}^{(2)}=\overline{\boldsymbol{k}}^{(3)}=\overline{\boldsymbol{k}}^{(4)}=\frac{EA}{l}\times\begin{bmatrix}1&0&-1&0\\0&0&0&0\\-1&0&1&0\\0&0&0&0\end{bmatrix}$$

$$\overline{\boldsymbol{k}}^{(5)}=\overline{\boldsymbol{k}}^{(6)}=\frac{EA}{\sqrt{2}l}\times\left[\begin{array}{cc:cc}1&0&-1&0\\0&0&0&0\\\hdashline -1&0&1&0\\0&0&0&0\end{array}\right]$$

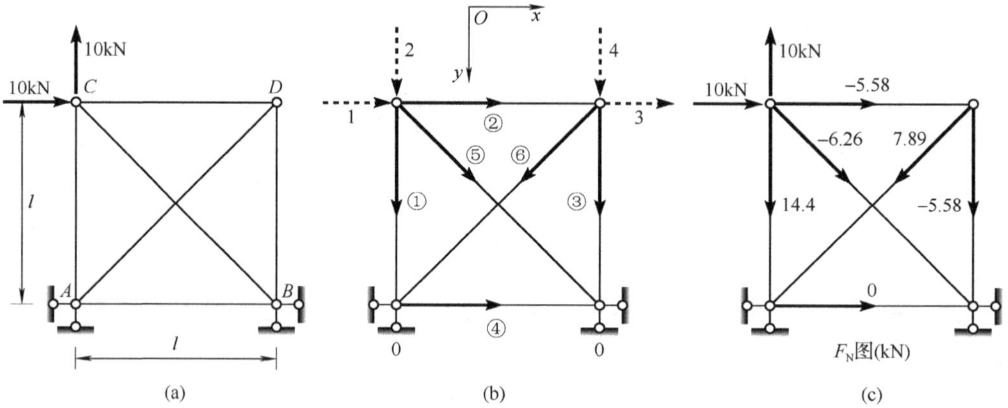

图 9-25

(3)形成整体坐标系中的单元刚度矩阵 $\boldsymbol{k}^e$ 。

单元①和单元③：$\alpha=90^\circ$，由式(9-61)得

$$\boldsymbol{T}=\left[\begin{array}{cc:cc}0&1&0&0\\-1&0&0&0\\\hdashline 0&0&0&1\\0&0&-1&0\end{array}\right]$$

$$\boldsymbol{k}^{(1)}=\boldsymbol{k}^{(3)}=\boldsymbol{T}^{\mathrm{T}}\overline{\boldsymbol{k}}^{(1)}\boldsymbol{T}=\frac{EA}{l}\times\left[\begin{array}{cc:cc}0&0&0&0\\0&1&0&-1\\\hdashline 0&0&0&0\\0&-1&0&1\end{array}\right]$$

单元②和单元④：$\alpha=0$，得

$$\boldsymbol{k}^{(2)}=\boldsymbol{k}^{(4)}=\frac{EA}{l}\times\left[\begin{array}{cc:cc}1&0&-1&0\\0&0&0&0\\\hdashline -1&0&1&0\\0&0&0&0\end{array}\right]$$

单元⑤：$\alpha=45^\circ$，由式(9-61)得

$$\boldsymbol{T}=\frac{1}{\sqrt{2}}\times\left[\begin{array}{cc:cc}1&1&0&0\\-1&1&0&0\\\hdashline 0&0&1&1\\0&0&-1&1\end{array}\right]$$

$$\boldsymbol{k}^{(5)}=\boldsymbol{T}^{\mathrm{T}}\overline{\boldsymbol{k}}^{(5)}\boldsymbol{T}=\frac{EA}{l}\times\frac{1}{2\sqrt{2}}\times\left[\begin{array}{cc:cc}1&1&-1&-1\\1&1&-1&-1\\\hdashline -1&-1&1&1\\-1&-1&1&1\end{array}\right]$$

单元⑥：$\alpha=-45^\circ$，由式(9-61)得

$$\boldsymbol{T}=\frac{1}{\sqrt{2}}\times\left[\begin{array}{cc:cc}-1&1&0&0\\-1&-1&0&0\\ \hdashline 0&0&-1&1\\0&0&-1&-1\end{array}\right]$$

$$\boldsymbol{k}^{(6)}=\boldsymbol{T}^{\mathrm{T}}\bar{\boldsymbol{k}}^{(6)}\boldsymbol{T}=\frac{EA}{l}\times\frac{1}{2\sqrt{2}}\times\left[\begin{array}{cc:cc}1&-1&-1&1\\-1&1&1&-1\\ \hdashline -1&1&1&-1\\1&-1&-1&1\end{array}\right]$$

(4) 用单元集成法形成整体刚度矩阵 $\boldsymbol{K}$。由图 9-25(b)，各杆的单元定位向量如下：

$$\boldsymbol{\lambda}^{(1)}=\begin{pmatrix}1&2&0&0\end{pmatrix}^{\mathrm{T}}$$

$$\boldsymbol{\lambda}^{(2)}=\begin{pmatrix}1&2&3&4\end{pmatrix}^{\mathrm{T}}$$

$$\boldsymbol{\lambda}^{(3)}=\begin{pmatrix}3&4&0&0\end{pmatrix}^{\mathrm{T}}$$

$$\boldsymbol{\lambda}^{(4)}=\begin{pmatrix}0&0&0&0\end{pmatrix}^{\mathrm{T}}$$

$$\boldsymbol{\lambda}^{(5)}=\begin{pmatrix}1&2&0&0\end{pmatrix}^{\mathrm{T}}$$

$$\boldsymbol{\lambda}^{(6)}=\begin{pmatrix}3&4&0&0\end{pmatrix}^{\mathrm{T}}$$

按照单元定位向量 $\boldsymbol{\lambda}^e$，将各单元 $\boldsymbol{k}^e$ 中的元素在 $\boldsymbol{K}$ 中定位，并与前阶段结果累加，得到 $\boldsymbol{K}$ 如下：

$$\boldsymbol{K}=\begin{array}{c}\\1\\2\\3\\4\end{array}\begin{array}{c}\begin{array}{cccc}1&2&3&4\end{array}\\ \left[\begin{array}{cc:cc}1.35&0.35&-1&0\\0.35&1.35&0&0\\ \hdashline -1&0&1.35&-0.35\\0&0&-0.35&1.35\end{array}\right]\end{array}\times\frac{EA}{l}$$

(5) 求结点荷载向量 $\boldsymbol{P}$。由图 9-25(a)和(b)，$\boldsymbol{P}$ 可直接写出如下：

$$\boldsymbol{P}=\begin{pmatrix}10&-10&0&0\end{pmatrix}^{\mathrm{T}}$$

(6) 解基本方程。

$$\frac{EA}{l}\left[\begin{array}{cc:cc}1.35&0.35&-1&0\\0.35&1.35&0&0\\ \hdashline -1&0&1.35&-0.35\\0&0&-0.35&1.35\end{array}\right]\left[\begin{array}{c}u_C\\v_C\\ \hdashline u_D\\v_D\end{array}\right]=\left[\begin{array}{c}10\\-10\\ \hdashline 0\\0\end{array}\right]$$

$$\left[\begin{array}{c}u_C\\v_C\\ \hdashline u_D\\v_D\end{array}\right]=\left[\begin{array}{c}26.94\\-14.42\\ \hdashline 21.36\\5.58\end{array}\right]\frac{l}{EA}$$

(7) 求各杆杆端力向量 $\bar{\boldsymbol{F}}^e$。

单元①：

$$\bar{\boldsymbol{F}}^{(1)}=\boldsymbol{T}\boldsymbol{F}^{(1)}=\boldsymbol{T}\boldsymbol{k}^{(1)}\boldsymbol{\varDelta}^{(1)}=\left[\begin{array}{cc:cc}0&1&0&0\\-1&0&0&0\\ \hdashline 0&0&0&1\\0&0&-1&0\end{array}\right]\left[\begin{array}{cc:cc}0&0&0&0\\0&1&0&-1\\ \hdashline 0&0&0&0\\0&-1&0&1\end{array}\right]\left[\begin{array}{c}26.94\\-14.42\\ \hdashline 0\\0\end{array}\right]=\left[\begin{array}{c}-14.42\\0\\ \hdashline 14.4\\0\end{array}\right]$$

单元②：

$$\overline{F}^{(2)}=F^{(2)}=k^{(2)}\Delta^{(2)}=\begin{bmatrix}1&0&-1&0\\0&0&0&0\\-1&0&1&0\\0&0&0&0\end{bmatrix}\begin{bmatrix}26.94\\-14.42\\21.36\\5.58\end{bmatrix}=\begin{bmatrix}5.58\\0\\-5.58\\0\end{bmatrix}$$

单元③：

$$\overline{F}^{(3)}=TF^{(3)}=Tk^{(3)}\Delta^{(3)}=\begin{bmatrix}0&1&0&0\\-1&0&0&0\\0&0&0&1\\0&0&-1&0\end{bmatrix}\begin{bmatrix}0&0&0&0\\0&1&0&-1\\0&0&0&0\\0&-1&0&1\end{bmatrix}\begin{bmatrix}21.36\\5.58\\0\\0\end{bmatrix}=\begin{bmatrix}5.58\\0\\-5.58\\0\end{bmatrix}$$

单元④：

$$\overline{F}^{(4)}=F^{(4)}=k^{(4)}\Delta^{(4)}=\mathbf{0}$$

单元⑤：

$$\begin{aligned}\overline{F}^{(5)}&=TF^{(5)}=Tk^{(5)}\Delta^{(5)}\\&=\frac{1}{\sqrt{2}}\times\begin{bmatrix}1&1&0&0\\-1&1&0&0\\0&0&1&1\\0&0&-1&1\end{bmatrix}\times\frac{1}{2\sqrt{2}}\times\begin{bmatrix}1&1&-1&-1\\1&1&-1&-1\\-1&-1&1&1\\-1&-1&1&1\end{bmatrix}\begin{bmatrix}26.94\\-14.42\\0\\0\end{bmatrix}=\begin{bmatrix}6.26\\0\\-6.26\\0\end{bmatrix}\end{aligned}$$

单元⑥：

$$\begin{aligned}\overline{F}^{(6)}&=TF^{(6)}=Tk^{(6)}\Delta^{(6)}\\&=\frac{1}{\sqrt{2}}\times\begin{bmatrix}-1&1&0&0\\-1&-1&0&0\\0&0&-1&1\\0&0&-1&-1\end{bmatrix}\times\frac{1}{2\sqrt{2}}\times\begin{bmatrix}1&-1&-1&1\\-1&1&1&-1\\-1&1&1&-1\\1&-1&-1&1\end{bmatrix}\begin{bmatrix}21.36\\5.58\\0\\0\end{bmatrix}=\begin{bmatrix}-7.89\\0\\7.89\\0\end{bmatrix}\end{aligned}$$

各杆内力值标在图 9-25(c)中桁架各杆旁边。

9.9.2　组合结构

计算组合结构时，先区分梁式杆和链杆。对梁式杆，采用一般单元的刚度方程及相应的计算公式。对链杆，采用桁架单元的刚度方程及相应的计算公式。

【例 9-7】 试求图 9-26 所示组合结构的内力。设横梁截面抗拉和抗弯刚度分别为 EA 和 EI，且 $EA=2EI/\text{m}^2$。又吊杆截面抗弯刚度 $E_1A_1=0.05EI/\text{m}^2$。

解： (1)单元和结点位移分量的统一编码如图 9-26 所示。

横梁固定端的三个位移分量都为零，用 **0** 编码。单元④和⑤在支座处的两个线位移分量均为零，也用 **0** 编码。单元①和②间的刚结点 A，编码为(1　2　3)。单元②和③间的刚结点 B，编码为(4　5　6)。单元④、⑤和横梁的铰结点处，线位移与刚结点 A、B 处相同，因此也采用同码，分别为(1　2)和(4　5)。

所取的整体坐标系也示于图 9-26 中。

(2)形成局部坐标系中的单元刚度矩阵 $\overline{k}^e$。

单元①、②、③为梁式杆，按一般单元的式(9-6)形成单元刚度矩阵 $\overline{k}^e$：

$$\overline{\boldsymbol{k}}^{(1)}=\overline{\boldsymbol{k}}^{(2)}=\overline{\boldsymbol{k}}^{(3)}=\frac{EI}{20}\times\left[\begin{array}{ccc|ccc}2&0&0&-2&0&0\\0&0.03&0.3&0&-0.03&0.3\\0&0.3&4&0&-0.3&2\\\hline -2&0&0&2&0&0\\0&-0.03&-0.3&0&0.03&-0.3\\0&0.3&2&0&-0.3&4\end{array}\right]$$

单元④、⑤为链杆，按桁架单元的式(9-60)形成单元刚度矩阵 $\overline{\boldsymbol{k}}^{e}$：

$$\overline{\boldsymbol{k}}^{(4)}=\overline{\boldsymbol{k}}^{(5)}=E_1A_1\times\left[\begin{array}{cc|cc}0.04&0&-0.04&0\\0&0&0&0\\\hline -0.04&0&0.04&0\\0&0&0&0\end{array}\right]$$

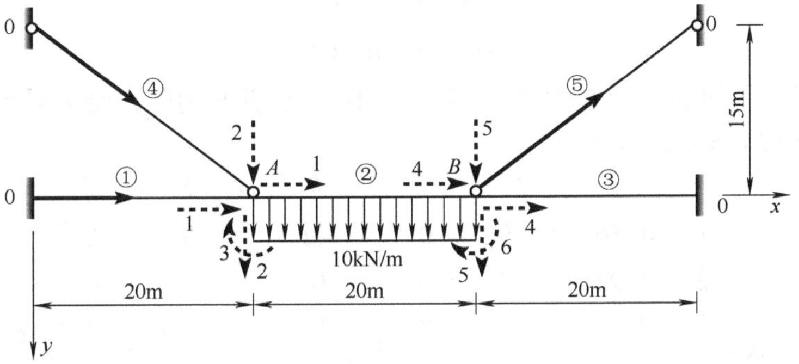

图 9-26

(3) 形成整体坐标系中的单元刚度矩阵 $\boldsymbol{k}^{e}$。

单元①、②、③：$\alpha=0$，所以

$$\boldsymbol{k}^{(1)}=\boldsymbol{k}^{(2)}=\boldsymbol{k}^{(3)}=\overline{\boldsymbol{k}}^{(1)}=\overline{\boldsymbol{k}}^{(2)}=\overline{\boldsymbol{k}}^{(3)}$$

单元④：$\cos\alpha=0.8$，$\sin\alpha=0.6$。由式(9-61)得

$$\boldsymbol{T}^{(4)}=\left[\begin{array}{cc|cc}0.8&0.6&0&0\\-0.6&0.8&0&0\\\hline 0&0&0.8&0.6\\0&0&-0.6&0.8\end{array}\right]$$

$$\boldsymbol{k}^{(4)}=\boldsymbol{T}^{(4)\mathrm{T}}\overline{\boldsymbol{k}}^{(4)}\boldsymbol{T}^{(4)}=\begin{array}{c}(1)\\(2)\\(3)\\(4)\end{array}\overset{\begin{array}{cccc}(1)&(2)&(3)&(4)\end{array}}{\left[\begin{array}{cc|cc}0.0256&0.0192&-0.0256&-0.0192\\0.0192&0.0144&-0.0192&-0.0144\\\hline -0.0256&-0.0192&0.0256&0.0192\\-0.0192&-0.0144&0.0192&0.0144\end{array}\right]}E_1A_1$$

单元⑤：$\cos\alpha=0.8$，$\sin\alpha=-0.6$。由式(9-61)得

$$\boldsymbol{T}^{(5)}=\left[\begin{array}{cc|cc}0.8&-0.6&0&0\\0.6&0.8&0&0\\\hline 0&0&0.8&-0.6\\0&0&0.6&0.8\end{array}\right]$$

$$\boldsymbol{k}^{(5)}=\boldsymbol{T}^{(5)\mathrm{T}}\overline{\boldsymbol{k}}^{(5)}\boldsymbol{T}^{(5)}=\begin{matrix} \\ (1)\\(2)\\(3)\\(4)\end{matrix}\begin{matrix}(1) & (2) & (3) & (4)\\ \left[\begin{array}{cc:cc} 0.0256 & -0.0192 & -0.0256 & 0.0192\\ -0.0192 & 0.0144 & 0.0192 & -0.0144\\ \hdashline -0.0256 & 0.0192 & 0.0256 & -0.0192\\ 0.0192 & -0.0144 & -0.0192 & 0.0144\end{array}\right]\end{matrix}E_1A_1$$

(4)用单元集成法形成整体刚度矩阵 $\boldsymbol{K}$ 。

图 9-26 中，各单元的 $\bar{x}$ 轴正方向用箭头标明。各杆的单元定位向量如下：

$$\boldsymbol{\lambda}^{(1)}=\begin{pmatrix}0 & 0 & 0 & 1 & 2 & 3\end{pmatrix}^{\mathrm{T}}$$

$$\boldsymbol{\lambda}^{(2)}=\begin{pmatrix}1 & 2 & 3 & 4 & 5 & 6\end{pmatrix}^{\mathrm{T}}$$

$$\boldsymbol{\lambda}^{(3)}=\begin{pmatrix}4 & 5 & 6 & 0 & 0 & 0\end{pmatrix}^{\mathrm{T}}$$

$$\boldsymbol{\lambda}^{(4)}=\begin{pmatrix}0 & 0 & 1 & 2\end{pmatrix}^{\mathrm{T}}$$

$$\boldsymbol{\lambda}^{(5)}=\begin{pmatrix}4 & 5 & 0 & 0\end{pmatrix}^{\mathrm{T}}$$

按照单元定位向量 $\boldsymbol{\lambda}^e$，将各单元 $\boldsymbol{k}^e$ 中的元素在 $\boldsymbol{K}$ 中定位，并与前阶段结果累加，得到 $\boldsymbol{K}$ 如下(集成时用 $E_1A_1=0.05EI/\mathrm{m}^2$ 的关系)：

$$\boldsymbol{K}=\begin{matrix} \\ 1\\2\\3\\4\\5\\6\end{matrix}\begin{matrix}1 & 2 & 3 & 4 & 5 & 6\\ \left[\begin{array}{ccc:ccc} 4.0256 & 0.0192 & 0 & -2 & 0 & 0\\ 0.0192 & 0.0744 & 0 & 0 & -0.03 & 0.3\\ 0 & 0 & 8 & 0 & -0.3 & 2\\ \hdashline -2 & 0 & 0 & 4.0256 & -0.0192 & 0\\ 0 & -0.03 & -0.3 & -0.0192 & 0.0744 & 0\\ 0 & 0.3 & 2 & 0 & 0 & 8\end{array}\right]\end{matrix}\times\frac{EI}{20}$$

(5)求等效结点荷载向量 $\boldsymbol{P}$ 。

首先，求单元固端约束力向量 $\overline{\boldsymbol{F}}_{\mathrm{P}}^{e}$。只有单元②有 $\overline{\boldsymbol{F}}_{\mathrm{P}}^{(2)}$，因为无需转换坐标，所以

$$\boldsymbol{P}^{(2)}=-\overline{\boldsymbol{F}}_{\mathrm{P}}^{(2)}=-\left[\begin{array}{c}0\\ -\dfrac{200}{2}\\ -\dfrac{10}{12}\times 400\\ \hdashline 0\\ -\dfrac{200}{2}\\ \dfrac{10}{12}\times 400\end{array}\right]=\begin{matrix}(1)\\(2)\\(3)\\(4)\\(5)\\(6)\end{matrix}\left[\begin{array}{c}0\\100\\333\\ \hdashline 0\\100\\-333\end{array}\right]$$

按单元定位向量 $\boldsymbol{\lambda}^{(2)}=\begin{pmatrix}1 & 2 & 3 & 4 & 5 & 6\end{pmatrix}^{\mathrm{T}}$，将 $\boldsymbol{P}^{(2)}$ 中的元素在 $\boldsymbol{P}$ 中定位，得

$$\boldsymbol{P}=\begin{matrix}(1)\\(2)\\(3)\\(4)\\(5)\\(6)\end{matrix}\left[\begin{array}{c}0\\100\\333\\ \hdashline 0\\100\\-333\end{array}\right]$$

(6)解基本方程。

$$\frac{EI}{20}\times\left[\begin{array}{ccc:ccc}4.0256 & 0.0192 & 0 & -2 & 0 & 0\\0.0192 & 0.0744 & 0 & 0 & -0.03 & 0.3\\0 & 0 & 8 & 0 & -0.3 & 2\\ \hdashline -2 & 0 & 0 & 4.0256 & -0.0192 & 0\\0 & -0.03 & -0.3 & -0.0192 & 0.0744 & 0\\0 & 0.3 & 2 & 0 & 0 & 8\end{array}\right]\left[\begin{array}{c}u_A\\v_A\\\theta_A\\ \hdashline u_B\\v_B\\\theta_B\end{array}\right]=\left[\begin{array}{c}0\\100\\333\\ \hdashline 0\\100\\-333\end{array}\right]$$

解得

$$\left[\begin{array}{c}u_A\\v_A\\\theta_A\\ \hdashline u_B\\v_B\\\theta_B\end{array}\right]=\frac{20}{EI}\times\left[\begin{array}{c}-12.67\\3976\\254.3\\ \hdashline 12.67\\3976\\-254.3\end{array}\right]$$

(7)求各杆杆端力向量 $\overline{\boldsymbol{F}}^e$。

$$\overline{\boldsymbol{F}}^{(1)}=\frac{EI}{20}\times\left[\begin{array}{ccc:ccc}2 & 0 & 0 & -2 & 0 & 0\\0 & 0.03 & 0.3 & 0 & -0.03 & 0.3\\0 & 0.3 & 4 & 0 & -0.3 & 2\\ \hdashline -2 & 0 & 0 & 2 & 0 & 0\\0 & -0.03 & -0.3 & 0 & 0.03 & -0.3\\0 & 0.3 & 2 & 0 & -0.3 & 4\end{array}\right]\times\frac{20}{EI}\times\left[\begin{array}{c}0\\0\\0\\ \hdashline -12.67\\3976\\254.3\end{array}\right]=\left[\begin{array}{c}25.34\\-42.99\\-684.2\\ \hdashline -25.34\\42.99\\-175.6\end{array}\right]$$

$$\overline{\boldsymbol{F}}^{(2)}=\left[\begin{array}{ccc:ccc}2 & 0 & 0 & -2 & 0 & 0\\0 & 0.03 & 0.3 & 0 & -0.03 & 0.3\\0 & 0.3 & 4 & 0 & -0.3 & 2\\ \hdashline -2 & 0 & 0 & 2 & 0 & 0\\0 & -0.03 & -0.3 & 0 & 0.03 & -0.3\\0 & 0.3 & 2 & 0 & -0.3 & 4\end{array}\right]\left[\begin{array}{c}-12.67\\3976\\254.3\\ \hdashline 12.67\\3976\\-254.3\end{array}\right]+\left[\begin{array}{c}0\\100\\333\\ \hdashline 0\\100\\-333\end{array}\right]=\left[\begin{array}{c}-50.68\\-100\\175.6\\ \hdashline 50.68\\-100\\-175.6\end{array}\right]$$

$$\overline{\boldsymbol{F}}^{(4)}=\overline{\boldsymbol{k}}^{(4)}\boldsymbol{T}^{(4)}\boldsymbol{\varDelta}^{(4)}$$

$$=\frac{EI}{20}\times\left[\begin{array}{cc:cc}0.04 & 0 & -0.04 & 0\\0 & 0 & 0 & 0\\ \hdashline -0.04 & 0 & 0.04 & 0\\0 & 0 & 0 & 0\end{array}\right]\left[\begin{array}{cc:cc}0.8 & 0.6 & 0 & 0\\-0.6 & 0.8 & 0 & 0\\ \hdashline 0 & 0 & 0.8 & 0.6\\0 & 0 & -0.6 & 0.8\end{array}\right]\left[\begin{array}{c}0\\0\\ \hdashline -12.67\\3976\end{array}\right]\times\frac{20}{EI}=\left[\begin{array}{c}-95.02\\0\\ \hdashline 95.02\\0\end{array}\right]$$

$$\overline{\boldsymbol{F}}^{(5)}=\left[\begin{array}{c}-95.02\\0\\ \hdashline 95.02\\0\end{array}\right]$$

(8)作内力图。

内力图如图 9-27 所示。

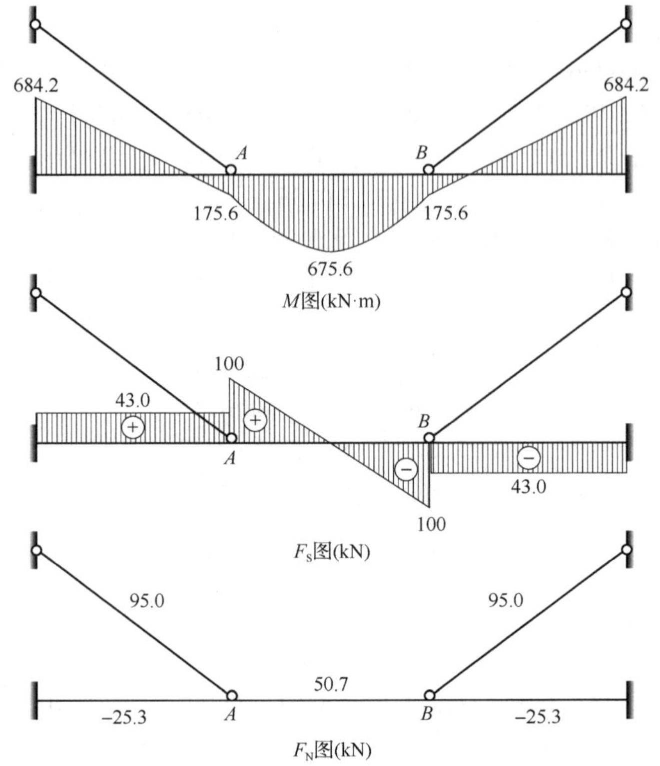

图 9-27

习　　题

9-1　试计算图示连续梁的结点转角和杆端弯矩。

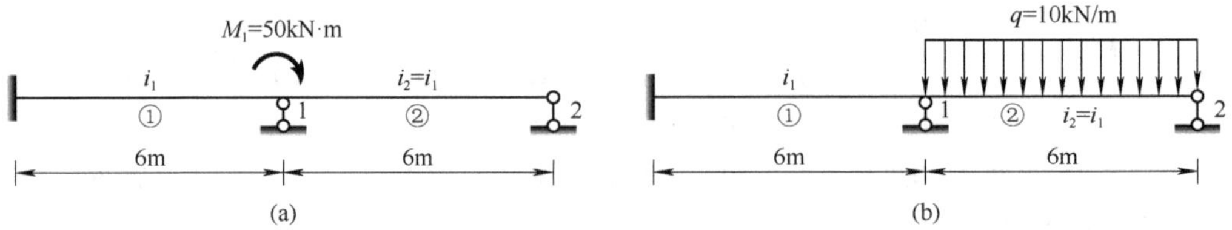

题 9-1 图

9-2　试用矩阵位移法计算图示连续梁，并作出弯矩图。

9-3　图中所示为一等截面梁，设支座 C 有沉降 $\Delta = 0.005l$。试用矩阵位移法计算内力，并作出弯矩图。设 $E = 3\times10^4\text{MPa}$，$I = 1/24\text{m}^4$。

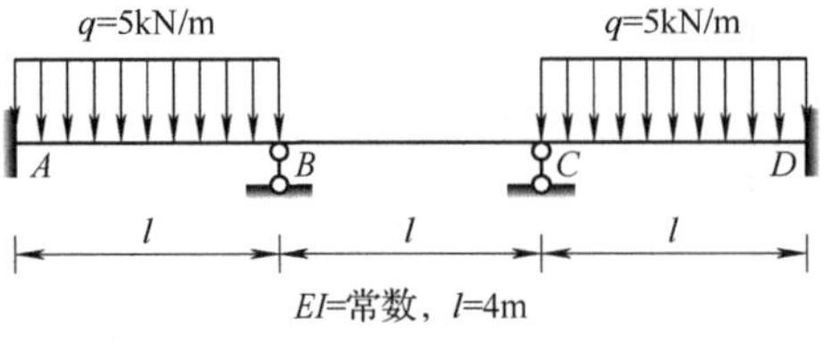

题 9-2 图

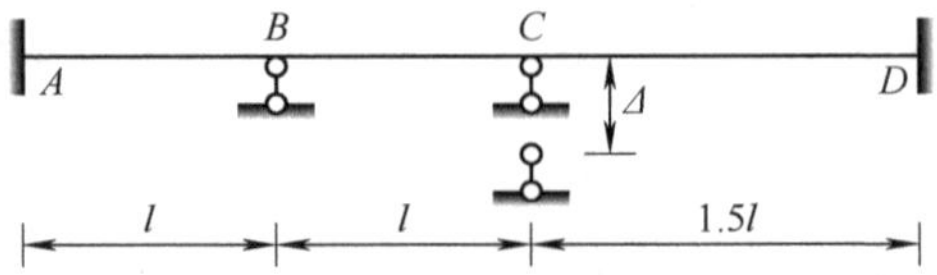

题 9-3 图

9-4　对图中所示结构，试用单元集成法求其整体刚度矩阵 $\boldsymbol{K}$，并列出基本方程(忽略轴向变形)。

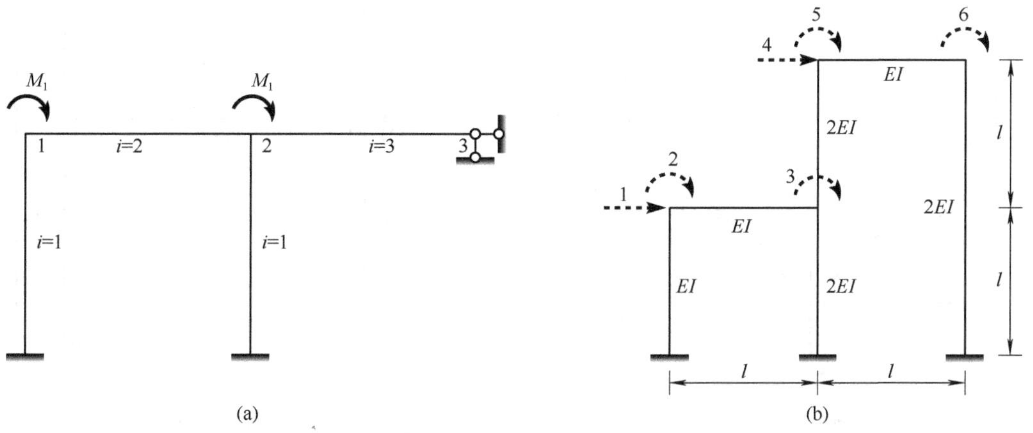

题 9-4 图

9-5　试求图示连续梁的刚度矩阵 $\boldsymbol{K}$(忽略轴向变形)。

9-6　试求图示刚架的整体刚度矩阵 $\boldsymbol{K}$(忽略轴向变形)。设各杆的几何尺寸相同，$l=5\text{m}$，$A=0.5\text{m}^2$，$E=3\times10^4\text{MPa}$，$I=1/24\text{m}^4$。

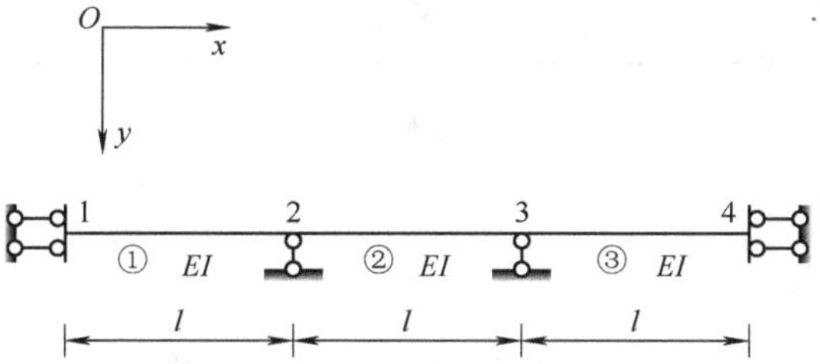

题 9-5 图

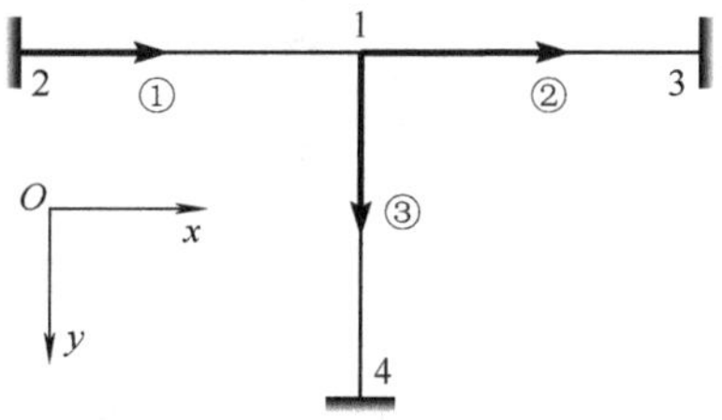

题 9-6 图

9-7　试求图示刚架的内力，并作内力图。

9-8　试求图示刚架在荷载作用下的位移法基本方程(考虑轴向变形影响)。设各杆的 E、A、I 为常数。

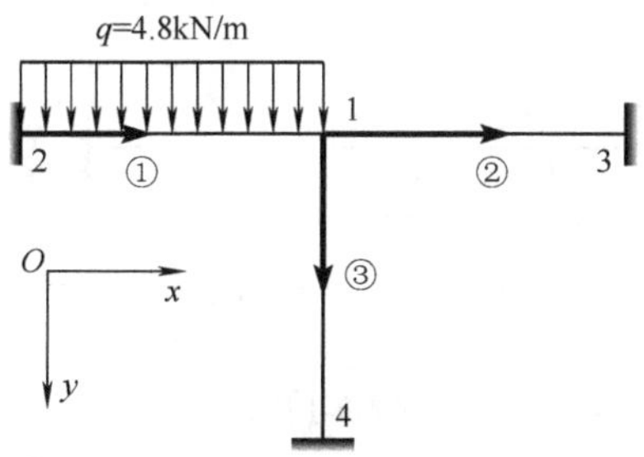

题 9-7 图

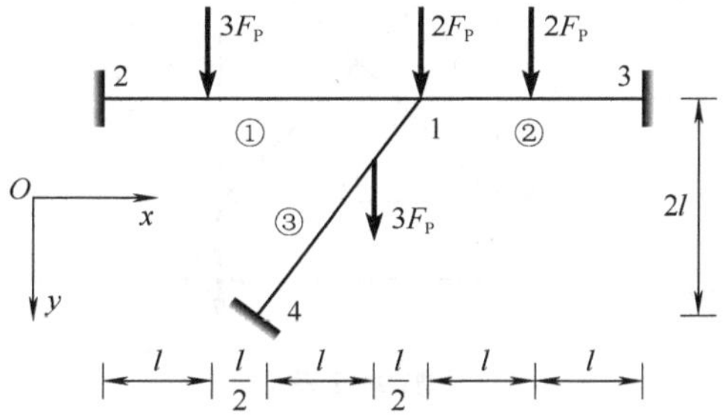

题 9-8 图

9-9　设图示刚架各杆的 E、A、I 相同，且 $A=12\sqrt{2}I/l^2$，试求各杆的内力。

9-10　试求图示刚架的整体刚度矩阵、结点位移和各杆内力(忽略轴向变形)。

9-11　试求图示桁架各杆轴力，设各杆 EA/l 相同。

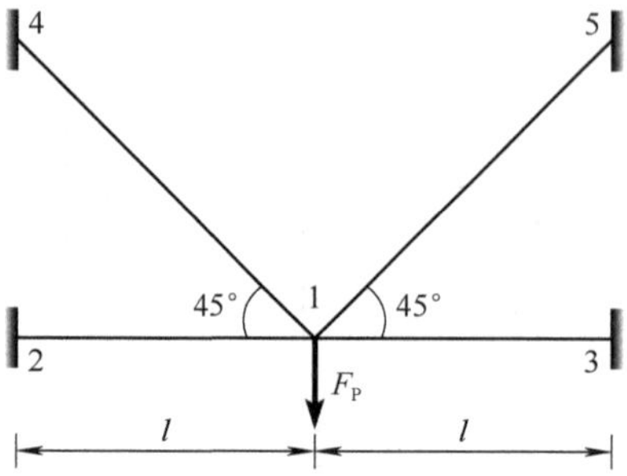

题 9-9 图

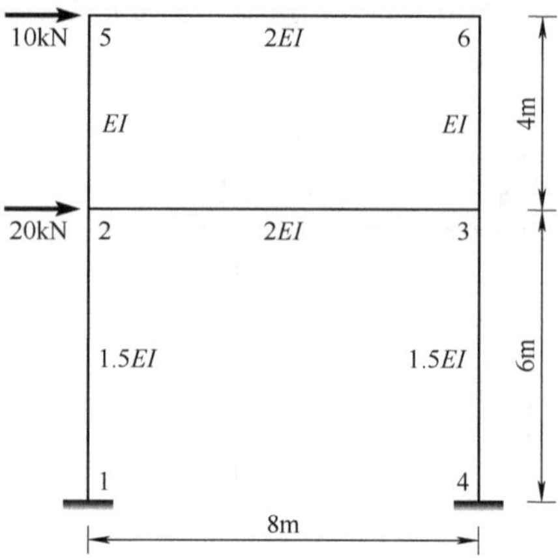

题 9-10 图

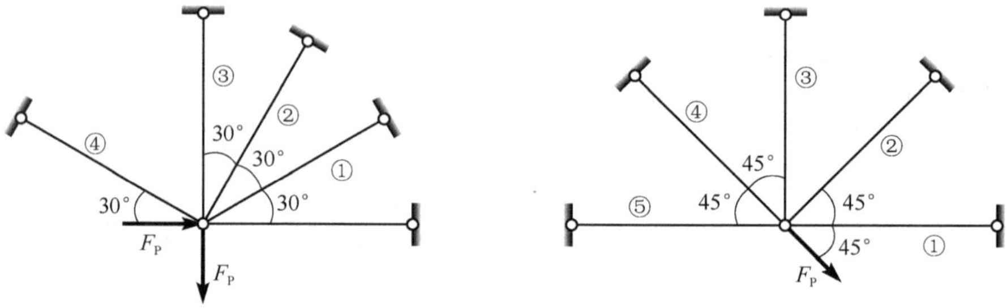

(a)　　　　(b)

题 9-11 图

9-12　设图示刚架各杆的 E 、A 相同，试求各杆的内力。如果撤去一根水平支杆，求解时会出现何种情况？

9-13　试求图示结构的整体刚度矩阵 $\boldsymbol{K}$（忽略轴向变形），弹性支座刚度为 k 。

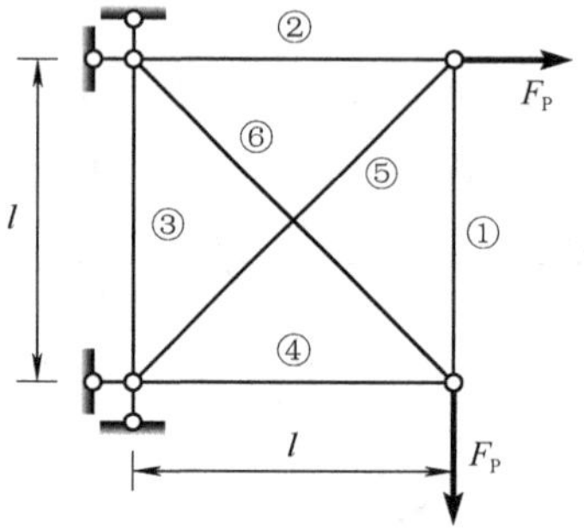

题 9-12 图

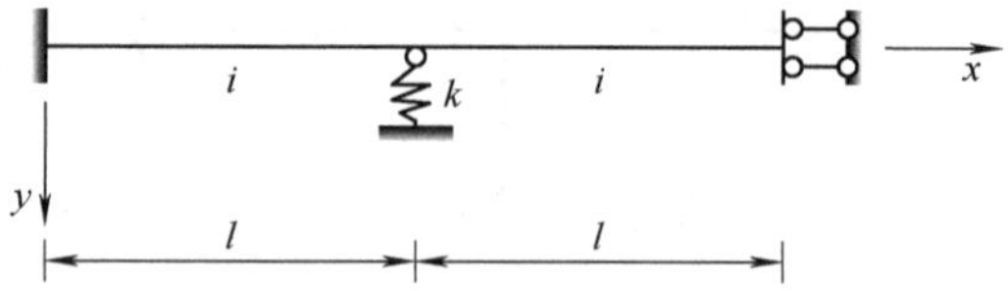

题 9-13 图

9-14　试求图示特殊单元的单元刚度矩阵 $\overline{\boldsymbol{k}}$（忽略轴向变形）。

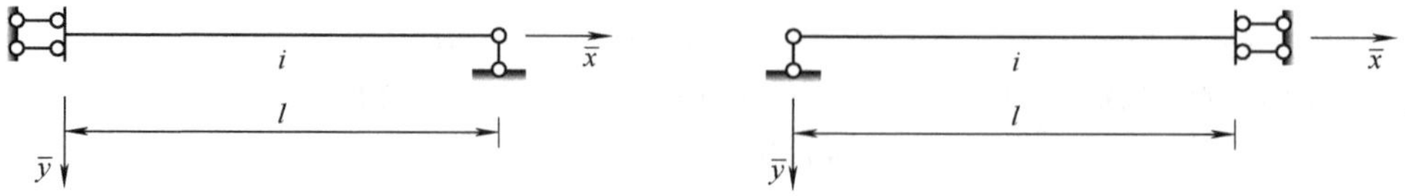

(a)　　　　(b)

题 9-14 图

第 10 章　结构动力学基础

主要内容

结构动力学基础主要个包括两部分内容：单自由度体系的振动和双(多)自由度体系的振动。本章主要讨论单自由度体系的自由振动、强迫振动、阻尼振动等问题，结合几种重要的荷载，分析结构的动力响应。双自由度体系的振动主要分析自由振动以及在简谐荷载作用下的强迫振动，在自由振动中介绍主振型的概念及其简单计算。

学习要求

单自由度体系的分析计算是本章的基础，实际结构的动力计算很多可简化为单自由度体系进行分析，此外多自由度体系的动力计算也可归结为单自由度体系的计算问题，因此必须熟练掌握。在分析双自由度体系的问题中介绍了刚度法和柔度法，两者各有其特点，在分析问题时应灵活运用。通过简单问题的动力计算，了解结构静力特性与动力特性的异同。

10.1　结构动力计算的特点和动力自由度

1. 结构动力计算的特点

首先要明确动力荷载与静力荷载的区别。动力荷载的特征是荷载(大小、方向、作用位置)随时间变化。若单纯从荷载本身性质来看，严格来说，绝大多数的实际荷载都应属于动力荷载。但是，如果从荷载对结构所产生的影响角度来看，则可以分为两种情况：一种情况是荷载虽然随时间变化，但由于变化缓慢，荷载对结构所产生的影响与静力荷载相比相差较小。因此在这种荷载作用下的结构计算问题实际上可归属于静力荷载作用下的结构计算问题。换句话说，这种荷载实际上可看作静力荷载。另一种情况是荷载不仅随时间变化，而且变化较快，荷载对结构所产生的影响与静力荷载相比差异甚大。因此在这种荷载作用下的结构计算问题应归属于动力计算问题，换句话说，这种荷载实际上可看作动力荷载。

其次应明确结构的动力计算与静力计算的区别。根据达朗贝尔原理，动力计算问题可以转化为静力平衡问题来处理。但这仅是一种形式上的平衡，是一种动平衡，是在引进惯性力条件下的平衡。因此在动力计算中，虽然形式上仍是列平衡方程，但要注意两个特点：①在所考虑的力系中要包含惯性力；②这里考虑的是瞬时平衡，荷载和内力等都是时间的函数。

2. 动力荷载的分类

工程实际中经常遇到的动力荷载主要有以下三种。

(1) 周期荷载。这类荷载随时间作周期性变化。周期荷载中最简单也是最重要的一种周期荷载称为简谐荷载，如图 10-1 (a) 所示。荷载 $F_P(t)$ 随时间 t 的变化规律可用正弦或余弦函数表示，机器转动部分引起的荷载常属于该类。其他的周期荷载称为非简谐性的周期荷载，如图 10-1 (b) 所示。

(2) 冲击荷载。这类荷载在很短的时间内，荷载值急剧变大或急剧减小，如图 10-2 所示。

各类爆炸荷载属于这一类。

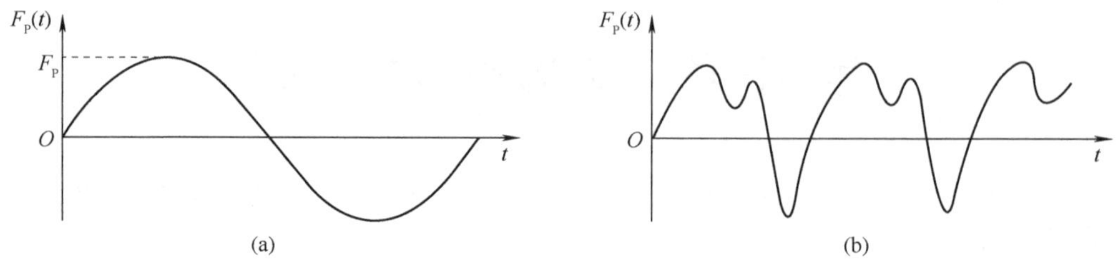

图 10-1

图 10-2

(3) 随机荷载。荷载在任意时刻的数值无法事先确定，称为非确定性荷载，或者称为随机荷载。地震荷载和风荷载是随机荷载的典型例子，图 10-3 为地震时记录的地面加速度 $\ddot{u}(t)$ 。

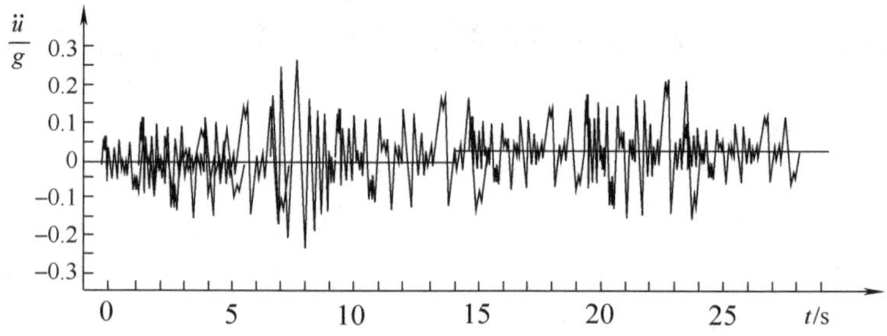

图 10-3

3. 动力计算中体系的自由度

与静力计算相同，在动力计算中也需要事先选取一个合理的计算简图。两者选取的原则基本相同，但在动力计算中，由于要考虑惯性力的作用，因此还需要研究质量在运动过程中的自由度。

在动力计算中，一个体系的自由度是指为了确定运动过程中任意时刻全部质量的位置所需确定的独立几何参数的数目。

由于实际结构的质量都是连续分布的，因此任何一个实际结构都可以说具有无限个自由度。但是如果所有结构都按无限自由度计算，则不仅十分困难，而且没有必要。因此通常需要对计算方法加以简化，常用的简化方法有以下三种。

1) 集中质量法

将连续分布的质量集中为几个质点，这样就可以把一个原来是无限自由度的问题简化为有限自由度的问题，下面举例加以说明。

图 10-4 (a) 为简支梁，跨中有重物 W ，当梁本身质量远小于重物的质量时，可采用图 10-4 (b) 所示的计算简图。这时，体系由无限自由度简化为一个自由度。

图 10-5(a)为一个三层平面刚架，在水平作用下计算刚架的侧向振动时，一种常用的简化计算方法是将柱的分布质量化为作用于上下横梁处的集中质量，因而刚架的全部质量都作用在横梁上，此处每个横梁上各点的水平位移可认为彼此相等，因而横梁上的分布质量可用一个集中质量来代替。最后，可取图 10-5(b)所示的计算简图，只有三个自由度。

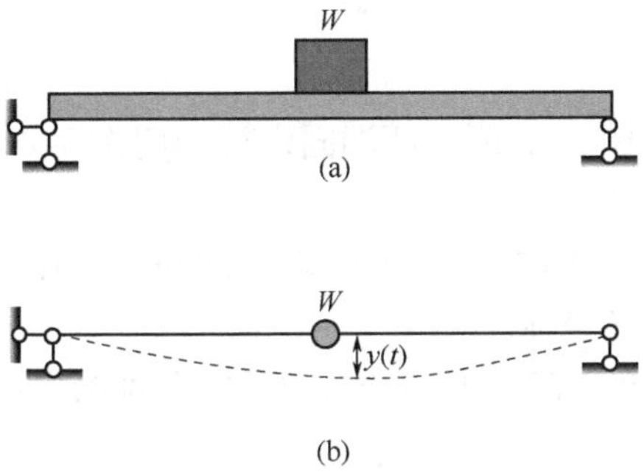

图 10-4

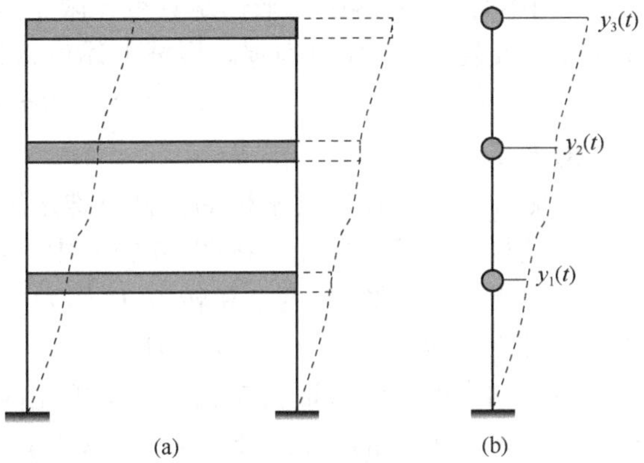

图 10-5

图 10-6(a)为一个块形基础，计算时可简化为一个刚性质块。当考虑平面内的振动时，共有三个自由度，即水平位移 x、竖向位移 y 和角位移 φ，如图 10-6(b)所示。当仅考虑竖向振动时，只有一个自由度，如图 10-6(c)所示。

由图 10-6 可以看出，自由度的个数与集中质量的个数并不一定相等。如图 10-7 所示体系，虽然只有一个集中质量，但有两个自由度。

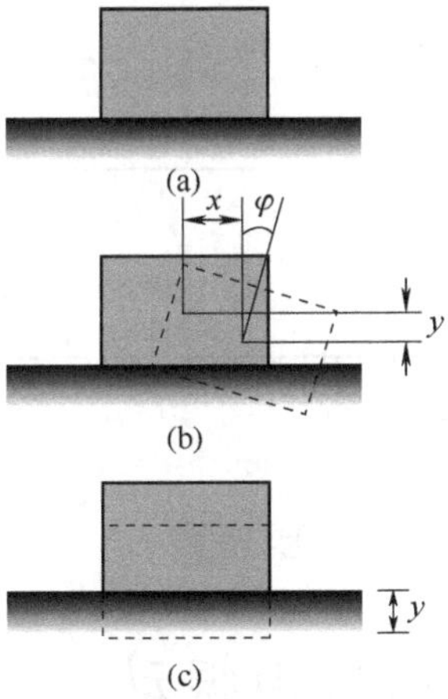

图 10-6

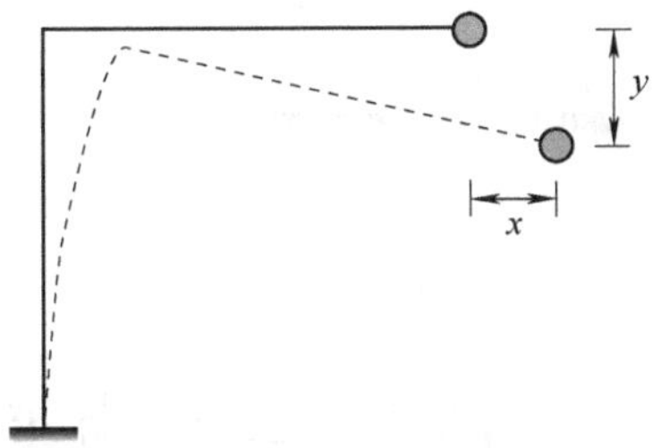

图 10-7

2) 广义坐标法

具有分布质量的简支梁是一个具有无限自由度的体系，简支梁的挠度曲线可用三角级数来表示：

$$y(x)=\sum_{k=1}^{\infty}a_k\sin\frac{k\pi x}{l} \tag{10-1a}$$

式中，$\sin(k\pi x/l)$ 是一组给定的函数，可称为形函数；a_k 是一组特定的参数，称为广义坐标。当形函数选定以后，梁的挠曲线 $y(x)$ 即由无限多个广义坐标 a_1、a_2、…、a_k、…所确定，因此简支梁具有无限个自由度。在简化计算中，通常只取级数的前 n 项：

$$y(x)=\sum_{k=1}^{n}a_k\sin\frac{k\pi x}{l} \tag{10-1b}$$

此时，简支梁简化为具有 n 个自由度的体系。

图 10-8 所示的烟囱原来也是具有无限个自由度的体系，由于底部是固定端，因此在 $x=0$ 处，挠度 y 以及转角 $\mathrm{d}y/\mathrm{d}x$ 应为零。根据上述位移边界条件，挠度曲线可近似假设为

$$y(x)=x^2(a_1+a_2x+\cdots+a_nx^{n-1}) \tag{10-1c}$$

3) 有限元法

有限元法可看作广义坐标的一种特殊运用，以图 10-9(a) 所示两端固定梁为例作简要说明。

把结构分为若干单元，在图 10-9(a) 中，梁分为五个单元。

取结点位移参数(挠度 y 和转角 θ)作为广义坐标。在图 10-9(a) 中，取中间四个结点的八个位移参数 y_1、θ_1、y_2、θ_2、y_3、θ_3、y_4、θ_4 作为广义坐标。

每个结点的位移参数只在相邻两个单元内引起挠度。在图 10-9(b)、(c) 中分别给出结点位移参数 y_1 和 θ_1 相应的形状函数 $\varphi_1(x)$ 和 $\varphi_2(x)$ 。

梁的挠度可用八个广义坐标及其形状函数表示如下：

$$y(x)=y_1\varphi_1(x)+\theta_1\varphi_2(x)+\cdots+y_4\varphi_7(x)+\theta_4\varphi_8(x) \tag{10-1d}$$

通过以上步骤，梁即转化为具有八个自由度的体系。可以看出，有限元法综合了集中质量法和广义坐标法的某些特点。

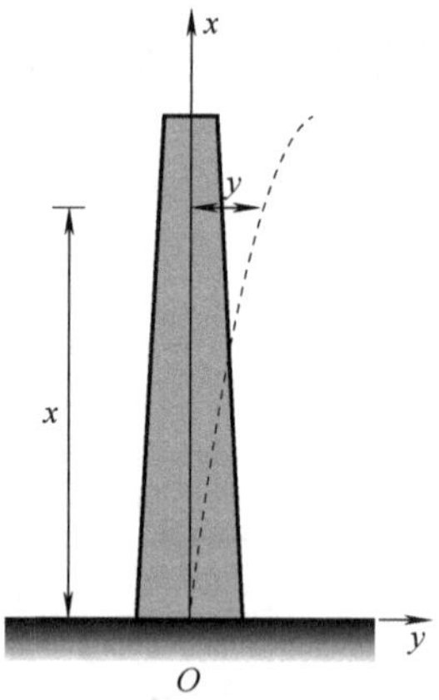

图 10-8

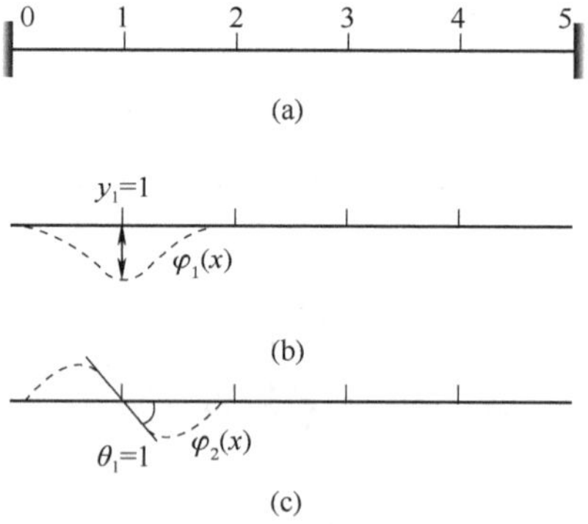

图 10-9

10.2　单自由度体系的自由振动

本章将用三节的篇幅讨论单自由度的振动问题，依次讨论自由振动、强迫振动和阻尼影响。

单自由度体系的动力分析虽然比较简单，但非常重要。原因是：①很多实际的动力问题常可按单自由度体系进行计算，或者进行初步估算；②单自由度体系的动力分析是多自由度体系动力分析的基础，只有牢固打好这个基础，才能顺利地学习后续的内容。

10.2.1　自由振动微分方程的建立

现结合图 10-10 讨论单自由度体系的自由振动问题。

图 10-10(a) 所示的悬臂立柱在顶部有一重物，质量为 m ，设立柱本身的质量远小于 m ，可

以忽略不计。因此，体系只有一个自由度。

假设由于外界的干扰，质点 m 离开了静止平衡位置，干扰消失后，由于立柱弹性力的影响，质点 m 沿水平方向产生自由振动，在任一时刻 t，质点的水平位移为 $y(t)$ 。

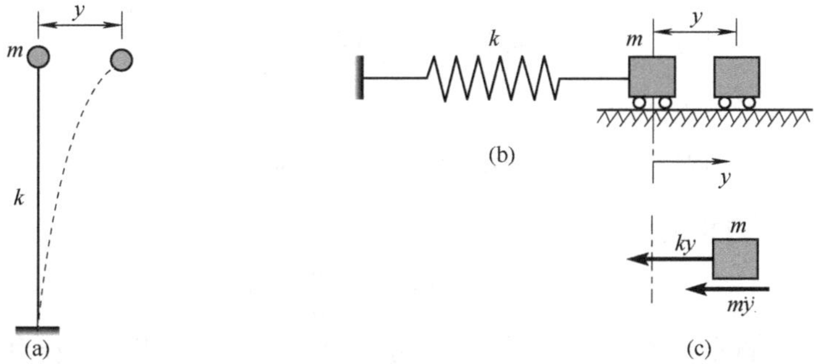

图 10-10

在建立自由振动微分方程之前，先把图 10-10(a)中的体系用图 10-10(b)所示的弹簧模型来表示，原来由立柱对质量 m 所提供的弹性力改用弹簧来提供。因此弹簧的刚度系数 k（指弹簧伸长单位长度所需的拉力）应与立柱的刚度系数（使柱顶产生单位水平位移所需施加的水平力）相等。

现推导自由振动的微分方程。以静平衡位置为坐标原点，取质量 m 在振动中的位置为 y 时的状态作隔离体，如图 10-10(c)所示。如果忽略振动过程所受到的阻力，则隔离体所受的力有以下两种：

(1) 弹性力 $-ky$ ，与位移 y 的方向相反；

(2) 惯性力 $-m\ddot{y}$ ，与加速度 $\ddot{y}$ 的方向相反。

根据达朗贝尔原理，可列出隔离体的平衡方程：

$$m\ddot{y}+ky=0 \tag{10-2}$$

这就是从力系平衡角度建立的自由振动微分方程，这种推导方法称为刚度法。

另外，自由振动的微分方程也可以从位移协调的角度进行推导。用 F_1 表示惯性力：$F_1=-m\ddot{y}$；用 δ 表示弹簧的柔度系数，即在单位力作用下所产生的位移，其数值与刚度系数 k 互为倒数：

$$\delta=\frac{1}{k} \tag{10-3a}$$

则质量 m 的位移为

$$y=F_1\delta=(-m\ddot{y})\delta \tag{10-3b}$$

式(10-3b)表明：质量 m 在运动过程中任一时刻的位移等于在当时惯性力作用下的静力位移。

将式(10-3a)代入式(10-3b)，整理后即得式(10-2)，这是从位移协调的角度建立的自由振动微分方程，这种推导方法称为**柔度法**。

10.2.2　自由振动微分方程的解

单自由度体系的振动微分方程(10-2)可改写为

$$\ddot{y}+\omega^2 y=0 \tag{10-4}$$

式中

$$\omega=\sqrt{\frac{k}{m}} \tag{10-5}$$

式(10-4)是一个二阶常系数齐次微分方程，其通解为

$$y(t) = C_1 \sin \omega t + C_2 \cos \omega t \tag{10-6}$$

式中，系数 C_1 和 C_2 可由初始条件确定。设在初始时刻 $t=0$ 时，质点的初始位移为 y_0，初始速度为 v_0，即

$$y(0) = y_0 ，\quad \dot{y}(0) = v_0$$

从而可得

$$C_1 = \frac{v_0}{\omega} ，\quad C_2 = y_0$$

代入式(10-6)可得微分方程的通解：

$$y(t) = y_0 \cos \omega t + \frac{v_0}{\omega} \sin \omega t \tag{10-7}$$

由式(10-7)可以看出，振动由两部分组成：一部分是单独由初始位移 y_0（没有初始速度）引起的，质点按 $y_0 \cos \omega t$ 的规律振动，如图 10-11(a)所示；另一部分是单独由初始速度(没有初始位移)引起的，质点按 $(v_0 \sin \omega t)/\omega$ 的规律振动，如图 10-11(b)所示。

式(10-7)还可以改写为

$$y(t) = A \sin(\omega t + \alpha_0) \tag{10-8}$$

其图形如图 10-11(c)所示，式中的参数 A 称为振幅；α_0 称为初始相位角。参数 A、α_0 与参数 y_0、v_0 的关系如下：

$$A = \sqrt{y_0^2 + \frac{v_0^2}{\omega^2}} \tag{10-9a}$$

$$\alpha_0 = \arctan \frac{y_0 \omega}{v_0} \tag{10-9b}$$

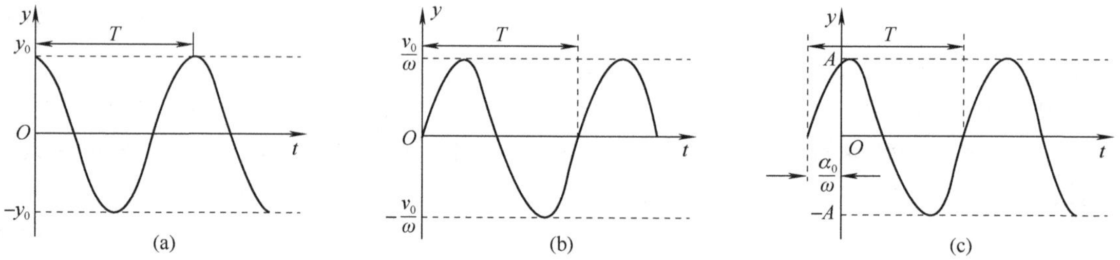

图 10-11

10.2.3　结构的振动周期

式(10-8)的右边是一个周期函数，其周期为

$$T = \frac{2\pi}{\omega} \tag{10-10}$$

不难验证，式(10-8)中的位移 $y(t)$ 确实满足周期运动的下列条件：

$$y(t+T) = y(t)$$

上式表明，在自由振动过程中，质点每隔一段时间 T 又回到原来的位置，因此 T 称为结构的自振周期。

自振周期的倒数称为频率，记作 f：

$$f = \frac{1}{T} = \frac{\omega}{2\pi} \tag{10-11}$$

频率 f 表示单位时间内的振动次数，其常用单位为 Hz 或 s^{-1}。

此外 ω 称为圆频率或角频率，习惯上有时也称为频率：

$$\omega = \frac{2\pi}{T} = 2\pi f \tag{10-12}$$

ω 表示在 2π 个单位时间内的振动次数。

下面给出自振周期计算公式的几种形式。

(1) 将式(10-5)代入式(10-10)，得

$$T = 2\pi\sqrt{\frac{m}{k}} \tag{10-13a}$$

(2) 将 $k^{-1} = \delta$ 代入式(10-13a)，得

$$T = 2\pi\sqrt{m\delta} \tag{10-13b}$$

(3) 将 $m = W/g$ 代入式(10-13b)，得

$$T = 2\pi\sqrt{\frac{W\delta}{g}} \tag{10-13c}$$

(4) 令 $\delta W = \Delta_{st}$，得

$$T = 2\pi\sqrt{\frac{\Delta_{st}}{g}} \tag{10-13d}$$

式中，δ 是沿质点振动方向的结构柔度系数，它表示在质点上沿振动方向施加单位荷载时质点沿振动方向所产生的静位移。因此 $\Delta_{st} = \delta W$ 表示在质点上沿振动方向施加数值为 W 的荷载时质点沿振动方向所产生的静位移。

同时，利用式(10-12)，可得出圆频率的计算公式如下：

$$\omega = \sqrt{\frac{k}{m}} = \frac{1}{\sqrt{m\delta}} = \sqrt{\frac{g}{W\delta}} = \sqrt{\frac{g}{\Delta_{st}}} \tag{10-14}$$

由上面的分析可以看出结构自振周期 T 的一些重要性质。

(1) 自振周期与结构的质量和结构的刚度有关，而且只与这两者有关，与外界的干扰因素无关。干扰力的大小只能影响振幅 A 的大小，而不能影响结构自振周期 T 的大小。

(2) 自振周期与质量的平方根成正比，质量越大，则周期越大(频率 f 越小)；自振周期与刚度的平方根成反比，刚度越大，则周期越小(频率 f 越大)；要改变结构的自振周期，只有从改变结构的质量或刚度着手。

(3) 自振周期 T 是结构动力性能的一个重要数量标志。两个外表相似的结构，如果周期相差很大，则动力性能相差很大；反之，两个外表看起来并不相同的结构，如果其自振周期相近，则在动力荷载作用下其动力性能基本一致。地震中常发现这样的现象，所以自振周期的计算十分重要。

【例 10-1】 图 10-12 为一等截面简支梁，截面抗弯刚度为 EI，跨度为 l。在梁的中点有一集中质量 m，如果忽略梁的自重，试求梁的自振周期 T 和圆频率 ω。

解：对于简支梁跨中质量的竖向振动，柔度系数为

$$\delta = \frac{l^3}{48EI}$$

因此，由式(10-13b)和式(10-14)可得

$$T = 2\pi\sqrt{m\delta} = 2\pi\sqrt{\frac{ml^3}{48EI}}, \quad \omega = \frac{1}{\sqrt{m\delta}} = \sqrt{\frac{48EI}{ml^3}}$$

【例 10-2】 图 10-13 为一等截面竖直悬臂杆，长度为l，截面积为A，惯性矩为I，弹性模量为E。杆顶有重物，其重量为W。设杆本身的质量忽略不计，试分别求水平振动和竖向振动时的自振周期。

解：(1)水平振动。当杆顶端作用有单位水平力时，其水平位移为

$$\delta=\frac{l^3}{3EI}$$

所以

$$T=2\pi\sqrt{m\delta}=2\pi\sqrt{\frac{Wl^3}{3EIg}}$$

(2)竖向振动。当杆顶端作用有单位竖向力时，其竖向位移为

$$\varDelta_{\text{st}}=\frac{l}{EA}$$

所以

$$T=2\pi\sqrt{m\varDelta_{\text{st}}}=2\pi\sqrt{\frac{Wl}{EAg}}$$

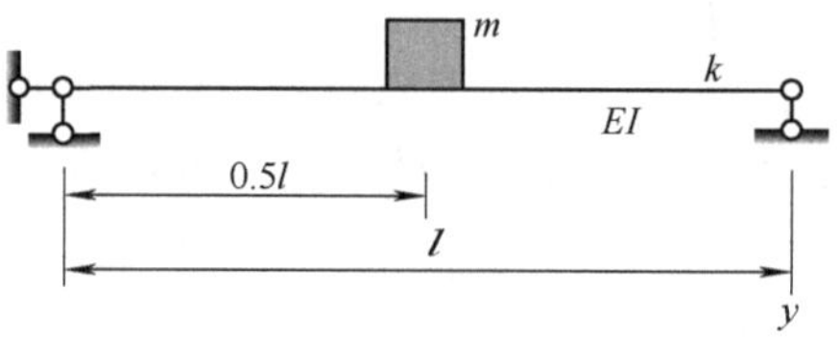

图 10-12

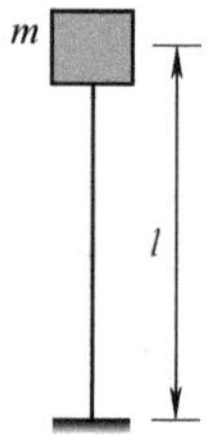

图 10-13

10.3　单自由度体系的强迫振动

结构在动力荷载作用下的振动称为强迫振动或受迫振动。

图 10-14(a)为单自由度体系的振动模型，质量为m，弹簧的刚度系数为k，承受动力荷载$F_P(t)$。取质量m作为隔离体，如图 10-14(b)所示，弹性力$-ky$、惯性力$-m\ddot{y}$和动力荷载$F_P(t)$之间的平衡方程为

$$m\ddot{y}+ky=F_P(t)$$

或改写成

$$\ddot{y}+\omega^2y=\frac{F_P(t)}{m} \tag{10-15}$$

式中，ω仍为$\sqrt{k/m}$。

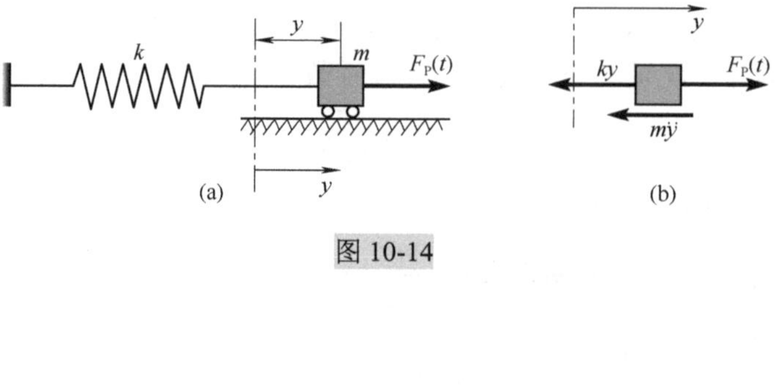

图 10-14

下面讨论几种常见的动力荷载作用时结构的共振现象。

10.3.1　简谐荷载作用下的动力响应和共振现象

设体系承受的简谐荷载为

$$F_P(t) = F\sin\omega_0 t \tag{10-16a}$$

式中，ω_0 为简谐荷载的圆频率；F 为荷载的最大值，称为幅值。将式(10-16a)代入式(10-15)，即得运动方程如下：

$$\ddot{y} + \omega^2 y = \frac{F}{m}\sin\omega_0 t \tag{10-16b}$$

先求方程的特解，设特解为

$$y(t) = B\sin\omega_0 t \tag{10-16c}$$

将式(10-16c)代入式(10-16b)，得

$$(\omega^2 - \omega_0^2)B\sin\omega_0 t = \frac{F}{m}\sin\omega_0 t$$

由此得

$$B = \frac{F}{m(\omega^2 - \omega_0^2)}$$

因此特解为

$$y(t) = \frac{F}{m\omega^2\left(1 - \dfrac{\omega_0^2}{\omega^2}\right)}\sin\omega_0 t \tag{10-16d}$$

令

$$y_{st} = \frac{F}{m\omega^2} = F\delta \tag{10-16e}$$

则 y_{st} 称为最大静位移(即把荷载最大值 F 当作静荷载作用时结构所产生的位移)，而特解(10-16d)可写为

$$y(t) = y_{st}\frac{1}{1 - \dfrac{\omega_0^2}{\omega^2}}\sin\omega_0 t \tag{10-16f}$$

微分方程的齐次通解在 10.2 节已求出，故其通解为

$$y(t) = C_1\sin\omega t + C_2\cos\omega t + y_{st}\frac{1}{1 - \dfrac{\omega_0^2}{\omega^2}}\sin\omega_0 t \tag{10-16g}$$

积分常数 C_1 和 C_2 由初始条件确定，设在 $t=0$ 时的初始位移和初始速度均为零，则有

$$C_1 = -y_{st}\frac{\dfrac{\omega_0}{\omega}}{1 - \dfrac{\omega_0^2}{\omega^2}}，\quad C_2 = 0$$

代入式(10-16g)，即得

$$y(t) = y_{st}\frac{1}{1 - \dfrac{\omega_0^2}{\omega^2}}\left(\sin\omega_0 t - \frac{\omega_0}{\omega}\sin\omega t\right) \tag{10-17}$$

由此可以看出，振动由两部分组成：第一部分按荷载频率 ω_0 振动，第二部分按自振频率 ω 振动。

由于在实际振动过程中存在阻尼力(参见10.4节)，因此按自振频率振动的那一部分会逐渐消失，最后只剩下按荷载频率振动的部分。习惯上将振动刚开始两种振动同时存在的阶段称为“过渡阶段”，而把后来只按荷载频率振动的阶段称为“平稳阶段”。由于过渡阶段延续的时间较短，因此在实际工程中平稳阶段的振动较为重要。

下面讨论平稳振动阶段，任一时刻的位移为

$$y(t)=y_{st}\frac{1}{1-\frac{\omega_0^2}{\omega^2}}\sin\omega_0 t$$

最大位移(即振幅)为

$$\left[y(t)\right]_{max}=y_{st}\frac{1}{1-\frac{\omega_0^2}{\omega^2}}$$

最大的动位移$\left[y(t)\right]_{max}$与最大静位移y_{st}的比值称为动力系数，用β表示，即

$$\beta=\frac{\left[y(t)\right]_{max}}{y_{st}}=\frac{1}{1-\frac{\omega_0^2}{\omega^2}} \tag{10-18}$$

由式(10-18)可以看出，动力系数β是频率比值ω_0/ω的函数，函数图像如图10-15所示。其中横坐标为ω_0/ω，纵坐标为β的绝对值。注意，当$\omega_0/\omega>1$时，β为负值。

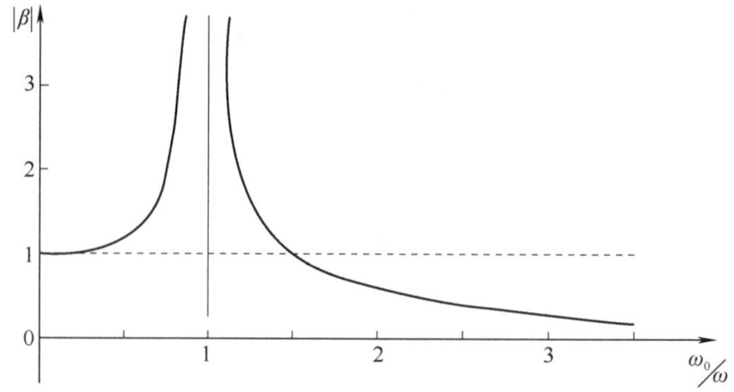

图10-15

由图10-15可以看出以下几点。

(1)当$\omega_0/\omega\to 0$时，动力系数$\beta\to 1$。这时简谐荷载的数值虽然随时间变化，但变化得非常慢(与结构的自振频率相比)，因而可当作静力荷载处理。

(2)当$0<\omega_0/\omega<1$时，动力系数$\beta>1$，且β随ω_0/ω的增大而增大。

(3)当$\omega_0/\omega\to 1$时，动力系数$|\beta|\to\infty$，即当荷载频率ω_0接近于结构自振频率ω时，振幅会无限增大，这种现象称为共振。实际上由于阻尼力的存在，共振时也不会出现振幅为无限大的情况，但是共振时的振幅比静位移大很多倍的情况是可能出现的。(还需指出，共振现象的形成是一个过程，振幅是由小逐渐变大的，并不是一开始就很大。在简谐振动实验中可以看到这个发展过程。)

(4)当$\omega_0/\omega>1$时，β的绝对值随ω_0/ω的增大而减小。

以上分析了在简谐荷载作用下结构位移幅度随ω_0/ω变化的情况。对于结构内力(如弯矩)也存在类似的情况。

【例 10-3】 设有一简支梁，跨度 $l = 4\text{m}$，采用型号为 I28b 的工字钢，惯性矩 $I = 7480\text{cm}^4$，截面系数 $W = 534\text{cm}^3$，弹性模量 $E = 2.1\times10^5\text{MPa}$。在跨度中点有电动机，重量 $G = 35\text{kN}$，转速 $n = 500\text{r/min}$。由于具有偏心，转动时产生离心力 $F_P = 10\text{kN}$，离心力的竖向分力为 $F_P \sin\omega_0 t$。忽略梁本身的重量，试求钢梁在上述竖向简谐荷载作用下强迫振动的动力系数和最大正应力。

解： (1) 简支梁的自振频率。

$$\omega = \sqrt{\frac{g}{\varDelta_{st}}} = \sqrt{\frac{48EIg}{Gl^3}} = \sqrt{\frac{48\times2.1\times10^4\times7480\times980}{35\times400^3}} = 57.4(\text{s}^{-1})$$

(2) 荷载的频率。

$$\omega_0 = \frac{2\pi n}{60} = 2\times3.14\times\frac{500}{60} = 52.3(\text{s}^{-1})$$

(3) 求动力系数 β。

由式(10-18)得

$$\beta = \frac{1}{1-\dfrac{\omega_0^2}{\omega^2}} = \frac{1}{1-\dfrac{52.3^2}{57.4^2}} = 5.89$$

即动力位移和动力应力的最大值为静力值的 5.89 倍。

(4) 求跨中最大正应力。

$$\sigma_{\max} = \frac{Gl}{4W} + \beta\frac{F_P l}{4W} = \frac{(35+5.89\times10)\times400}{4\times534} = 175.8(\text{MPa})$$

式中，第一项是电动机重量 G 产生的正应力；第二项是动荷载 $F_P\sin\omega_0 t$ 产生的最大正应力。

10.3.2　一般动力荷载作用下的动力响应——杜哈梅积分

现在讨论一般动力荷载 $F_P(t)$ 作用下所引起的动力响应。可分两步讨论：首先分析瞬时冲量的动力响应，然后在此基础上分析一般动力荷载的动力响应。

设体系在 $t=0$ 时处于静止状态。然后有瞬时冲量 S 作用。例如，在图 10-16 所示的 Δt 时间内作用荷载 F_P，其冲量 S 为 $F_P\Delta t$。由于冲量 S 的作用，体系将产生初速度 $v_0 = S/m$，但初始位移仍为零。利用式(10-7)，即得

$$y(t) = \frac{S}{m\omega}\sin\omega t \tag{10-19}$$

式(10-19)就是在 $t=0$ 时作用瞬时冲量 S 所引起的动力响应。

如果在 $t=\tau$ 时作用瞬时冲量 S（图 10-17），则在以后任一时刻 t（$t>\tau$）的位移为

$$y(t) = \frac{S}{m\omega}\sin\omega(t-\tau) \tag{10-20a}$$

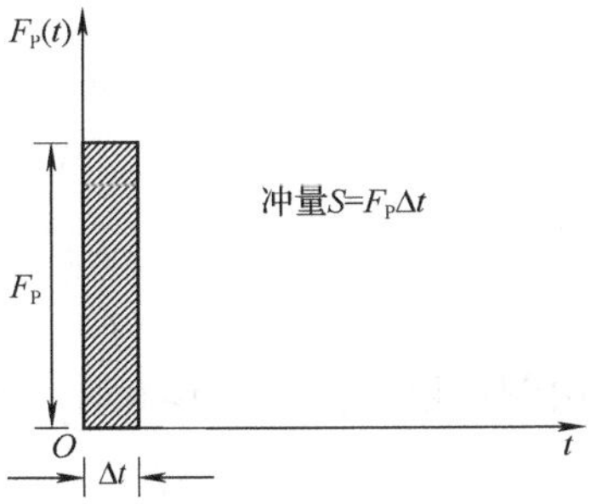

图 10-16

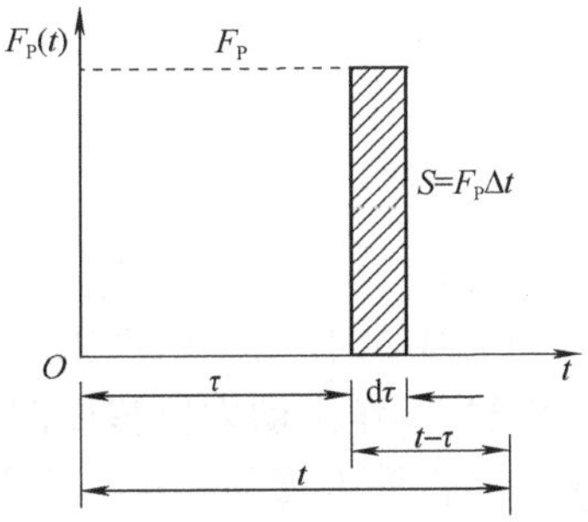

图 10-17

图 10-18 为任意动力荷载 $F_P(t)$ 的动力响应，整个加载过程可看作由一系列瞬时冲量所组成的。例如，在时刻 $t=\tau$ 作用的荷载为 $F_P(\tau)$，此荷载在微分时段 $d\tau$ 内产生的冲量为 $dS=F_P(\tau)d\tau$。根据式(10-20a)，此微分冲量引起的动力响应为

$$dy=\frac{F_P(\tau)d\tau}{m\omega}\sin\omega(t-\tau) \tag{10-20b}$$

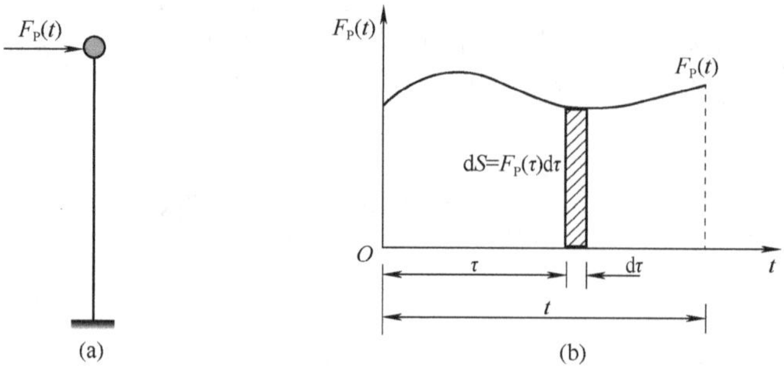

图 10-18

然后对加载过程中产生的所有微分响应进行叠加，即对式(10-20b)进行积分，可得总响应如下：

$$y(t)=\frac{1}{m\omega}\int_0^t F_P(\tau)\sin\omega(t-\tau)d\tau \tag{10-21}$$

式(10-21)称为杜哈梅积分，是对应于处于静止状态的单自由度体系在任意动力荷载 $F_P(t)$ 作用下的位移公式。如果初始位移 y_0 和初始速度 v_0 不为零，则总位移为

$$y(t)=y_0\cos\omega t+\frac{v_0}{\omega}\sin\omega t+\frac{1}{m\omega}\int_0^t F_P(\tau)\sin\omega(t-\tau)d\tau \tag{10-22}$$

10.3.3　几种常见动力荷载作用下的动力响应

1. 突加荷载

设体系原处于静止状态，在 $t=0$ 时突然施加荷载 F_{P0}，并一直作用在结构上。这种荷载称为突加荷载，其表达式为

$$F_P(t)=\begin{cases}0 & (t<0)\\ F_{P0} & (t>0)\end{cases} \tag{10-23}$$

$F_P(t)-t$ 曲线如图 10-19 所示。这是一个阶梯曲线，在 $t=0$ 处，曲线有间断点。

将式(10-23)中的荷载表达式代入式(10-21)，可得 $t>0$ 时动力位移为

$$\begin{aligned}y(t)&=\frac{1}{m\omega}\int_0^t F_{P0}\sin\omega(t-\tau)d\tau\\&=\frac{F_{P0}}{m\omega^2}(1-\cos\omega t)\\&=y_{st}(1-\cos\omega t)\end{aligned} \tag{10-24}$$

式中

$$y_{st}=\frac{F_{P0}}{m\omega^2}=F_P\delta$$

表示结构在静力荷载 F_P 作用下所产生的静位移。

根据式(10-24)可作出动力位移如图 10-20 所示。由图可以看出，当 $t>0$ 时，质点围绕其静力平衡位置 $y=y_{st}$ 作简谐振动，动力系数为

$$\beta=\frac{[y(t)]_{max}}{y_{st}}=2 \tag{10-25}$$

由此看出，突加荷载所引起的最大位移比相应的静位移增大 1 倍。

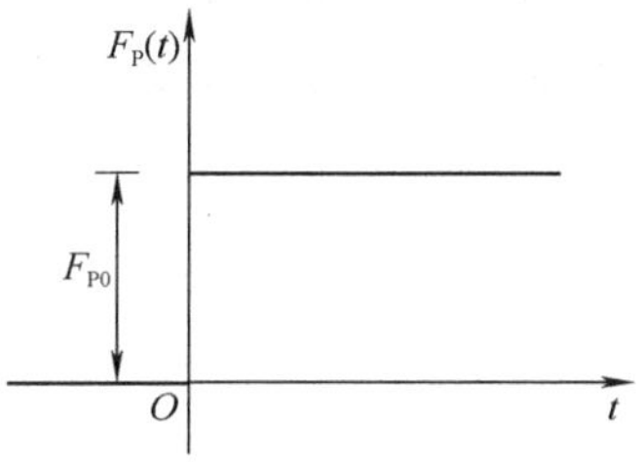

图 10-19

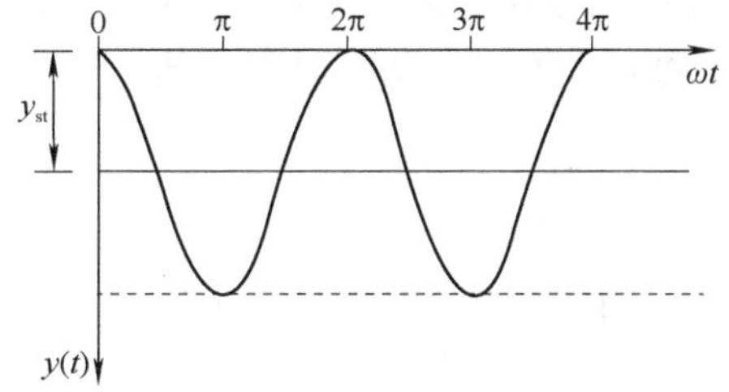

图 10-20

2. 短时荷载

荷载 F_{P0} 在时刻 $t=0$ 突然加上，在 $0<t<t_0$ 时段内，荷载数值保持不变，在 $t=t_0$ 以后荷载又突然消失。这种荷载可表示为

$$F_P(t)=\begin{cases}0 & (t<0)\\ F_{P0} & (0<t<t_0)\\ 0 & (t>t_0)\end{cases} \tag{10-26}$$

$F_P(t)-t$ 曲线如图 10-21 所示。下面分两个阶段进行分析。

阶段 I（$0\leqslant t\leqslant t_0$）。此阶段的荷载情况与突加荷载相同，故动力位移仍由式(10-24)给出：

$$y(t)=y_{st}(1-\cos\omega t) \tag{10-27}$$

阶段 II（$t\geqslant t_0$）。此阶段无荷载作用，因此体系为自由振动。以阶段 I 终了时刻（$t=t_0$）的位移 $y(t_0)$ 和速度 $v(t_0)$ 作为起始位移和起始速度，即可得出动力位移公式。此外，动力位移也可直接由式(10-21)求得。将荷载表达式(10-26)代入后，可得

$$\begin{aligned}y(t)&=\frac{1}{m\omega}\int_0^{t_0}F_{P0}\sin\omega(t-\tau)\mathrm{d}\tau\\&=\frac{F_{P0}}{m\omega^2}[\cos\omega(t-t_0)-\cos\omega t]\\&=2y_{st}\sin\frac{\omega t_0}{2}\sin\omega\left(t-\frac{t_0}{2}\right)\end{aligned} \tag{10-28}$$

下面讨论体系的最大响应，分两种情况进行分析。

第一种情况 $t_0>T/2$，即加载持续时间大于半个自振周期。这时，最大响应发生在阶段 I，动力系数由式(10-25)确定：

$$\beta=2 \tag{10-29}$$

第二种情况 $t_0<T/2$，这时，最大响应发生在阶段 II，由式(10-28)得动力位移的最大值为

$$y_{max}=2y_{st}\sin\frac{\omega t_0}{2}$$

因此，动力系数为

$$\beta=2\sin\frac{\omega t_0}{2}=2\sin\frac{\pi t_0}{T} \tag{10-30}$$

综合以上两种情况，得

$$\beta=\begin{cases}2\sin\dfrac{\pi t_0}{T} & \left(\dfrac{t_0}{T}<\dfrac{1}{2}\right)\\ 2 & \left(\dfrac{t_0}{T}>\dfrac{1}{2}\right)\end{cases} \tag{10-31}$$

由此可以看出，动力系数 β 的数值取决于参数 t_0/T，即短时荷载的动力效果取决于加载持续时间的长短(与自振周期相比)。根据式(10-31)，可画出 β 与 t_0/T 间的关系曲线，如图 10-22 所示。这种动力系数 β 与动荷时间比值 t_0/T 之间的关系曲线，称为动力系数响应谱。

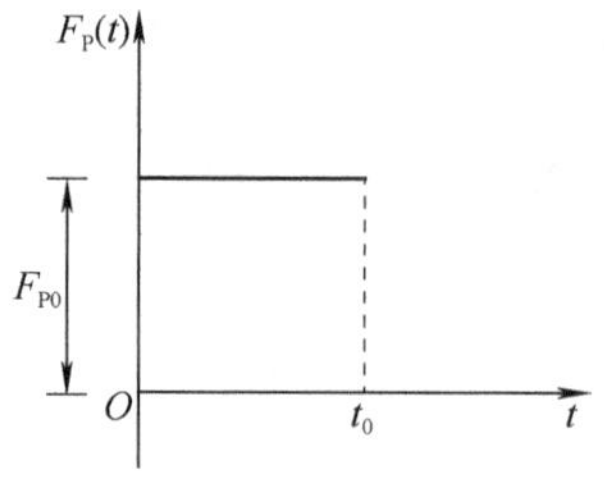

图 10-21

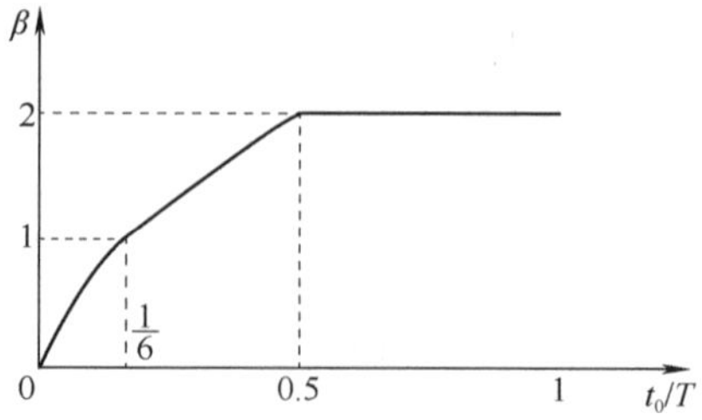

图 10-22

3. 线性渐增荷载

在一定的时间内($0 \leqslant t \leqslant t_r$)，荷载由 0 增加至 F_{P0}，然后荷载值保持不变，如图 10-23 所示。荷载表达式为

$$F_P(t)=\begin{cases}\dfrac{F_{P0}}{t_r}t & (0\leqslant t\leqslant t_r)\\ F_{P0} & (t\geqslant t_r)\end{cases}$$

这种荷载引起的动力响应同样可用杜哈梅积分求解，结果如下：

$$y(t)=\begin{cases}y_{st}\dfrac{1}{t_r}\left(t-\dfrac{\sin\omega t}{\omega}\right) & (t\leqslant t_r)\\ y_{st}\left\{1-\dfrac{1}{\omega t_r}[\sin\omega t-\sin\omega(t-t_r)]\right\} & (t\geqslant t_r)\end{cases} \tag{10-32}$$

对于这种线性渐增荷载，其动力响应与升载时间 t_r 的长短有很大关系。图 10-24 所示曲线表示动力系数 β 随升载时间比值 t_r/T 而变化的情形，即动力系数的响应谱曲线。

由图 10-24 可以看出，动力系数 β 介于 1 和 2。如果升载时间较短，如 $t_r<0.25T$，则动力系数 β 接近于 2.0，即相当于突然加载的情况。如果升载时间较长，如 $t_r>4T$，则动力系数 β 接近于 1.0，即相当于静力荷载的情况。在设计工作中，常以图 10-24 所示外包络虚线作为设计依据。

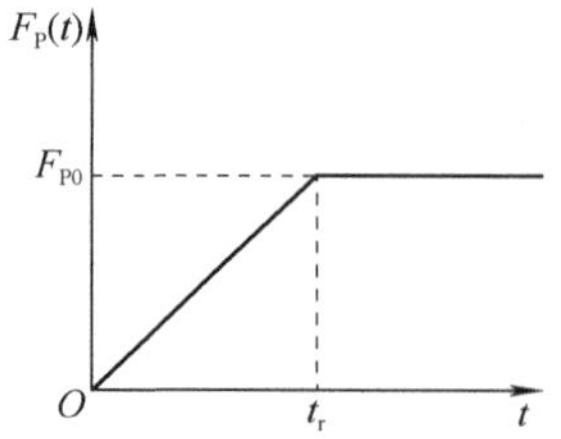

图 10-23

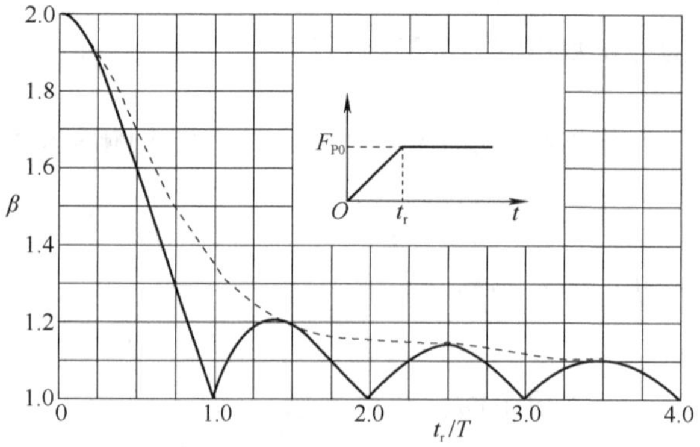

图 10-24

10.4 阻尼对振动的影响

以上各节是在忽略阻尼影响的情况下研究体系的振动问题。所得的结果大体上反映实际结构的振动规律，如结构的自振频率是结构本身一个固有值的结论，在简谐荷载作用下有可能出现共振现象的结论等。但是也有一些结果与实际情况不太相符，如自由振动时振幅永不会衰减的结论，共振时振幅可趋于无穷大的结论等。因此，为了进一步了解结构的振动规律，有必要对阻尼力这个因素加以考虑。

振动中的阻尼力有多种来源，如振动过程中结构与支承之间的摩擦、材料之间的内摩擦、周围介质的阻力等。阻尼力对质点的运动起阻碍作用。从方向上看，它总是与质点的速度方向相反；从数值上看，它与质点的速度关系有以下几种情形。

(1) 阻尼力与质点的速度成正比，这种阻尼比较常用，称为黏滞阻尼力。

(2) 阻尼力与质点的速度的平方成正比，固体在流体中运动受到的阻力属于这一类。

(3) 阻尼力与质点的速度无关，摩擦力属于这一类。

在上述三种阻尼力中，黏滞阻尼力的分析比较简单，其他类型的阻尼力可转化为等效黏滞阻尼力，因此本节仅分析黏滞阻尼力。

具有阻尼的单自由度体系的振动模型如图 10-25(a) 所示，体系的质量为 m，承受动力荷载 $F_P(t)$ 的作用。体系的弹性性质用弹簧表示，弹簧的刚度系数为 k。体系的阻尼性质用阻尼减震器表示，阻尼常数为 c。取质量 m 作为隔离体，如图 10-25(b) 所示，弹性力 $-ky$、阻尼力 $-c\dot{y}$、惯性力 $-m\ddot{y}$ 和动力荷载 $F_P(t)$ 之间的平衡方程为

$$m\ddot{y}+c\dot{y}+ky=F_P(t) \tag{10-33}$$

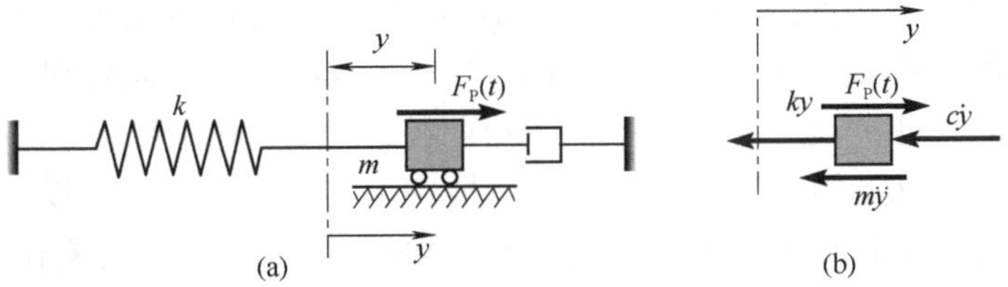

图 10-25

下面分别讨论自由振动和强迫振动。

10.4.1 有阻尼单自由度体系的自由振动

在式 (10-33) 中令 $F_P(t)=0$，即自由振动的微分方程，它可改写为

$$\ddot{y}+2\xi\omega\dot{y}+\omega^2 y=0 \tag{10-34}$$

式中

$$\omega=\sqrt{\frac{k}{m}}, \quad \xi=\frac{c}{2m\omega} \tag{10-35}$$

微分方程 (10-34) 的解可设为

$$y(t)=Ce^{\lambda t}$$

式中，λ 由特征方程所确定：

$$\lambda^2+2\xi\omega\lambda+\omega^2=0$$

其解为

$$\lambda = \omega\left(-\xi \pm \sqrt{\xi^2 - 1}\right) \tag{10-36}$$

根据 $\xi<1$、$\xi=1$、$\xi>1$ 三种情况，可得出三种运动形式。

(1) 当 $\xi<1$ 时，为低阻尼情况。令

$$\omega_{\mathrm{r}} = \omega\sqrt{1-\xi^2} \tag{10-37}$$

则

$$\lambda = -\omega\xi \pm \mathrm{i}\omega_{\mathrm{r}}$$

此时，微分方程(10-34)的解为

$$y(t) = \mathrm{e}^{-\xi\omega t}\left(C_1\cos\omega_{\mathrm{r}}t + C_2\sin\omega_{\mathrm{r}}t\right)$$

再引入初始条件，可得

$$y(t) = \mathrm{e}^{-\xi\omega t}\left(y_0\cos\omega_{\mathrm{r}}t + \frac{v_0 + \xi\omega y_0}{\omega_{\mathrm{r}}}\sin\omega_{\mathrm{r}}t\right) \tag{10-38}$$

式(10-38)也可以写成

$$y(t) = A\mathrm{e}^{-\xi\omega t}\sin(\omega_{\mathrm{r}}t + \alpha) \tag{10-39}$$

式中

$$A = \sqrt{y_0^2 + \frac{(v_0 + \xi\omega y_0)^2}{\omega_{\mathrm{r}}^2}}, \quad \tan\alpha = \frac{\xi\omega_{\mathrm{r}}}{v_0 + \xi\omega y_0}$$

由式(10-39)或式(10-38)可作出低阻尼体系自由振动时的 $y-t$ 曲线，如图 10-26 所示，这是一条逐渐衰减的曲线。

将图 10-26 与图 10-11(c)相比，可看出在低阻尼体系中阻尼对自振频率和振幅的影响。

首先，看阻尼对自振频率的影响。在式(10-39)中，ω_{r} 是低阻尼体系的自振圆频率。有阻尼与无阻尼的自振圆频率 ω_{r} 和 ω 之间的关系由式(10-37)给出。由此可知，在 $\xi<1$ 的低阻尼情况下，ω_{r} 恒小于 ω，而且 ω_{r} 随 ξ 值的增大而减小。若 $\xi<0.2$，则 $0.9798<\omega_{\mathrm{r}}/\omega<1$，即 ω_{r} 与 ω 的值很相近。因此，在 $\xi<0.2$ 的情况下，阻尼对自振频率的影响不大，可以忽略。

其次，看阻尼对振幅的影响。在式(10-39)中，振幅为 $A\mathrm{e}^{-\xi\omega t}$。由此看出，由于阻尼的影响，振幅随时间而逐渐衰减。还可以看出，经过一个周期 T 后($T = 2\pi/\omega_{\mathrm{r}}$)，相邻两个振幅 y_{k+1} 与 y_k 的比值为

$$\frac{y_{k+1}}{y_k} = \frac{\mathrm{e}^{-\xi\omega(t_k+T)}}{\mathrm{e}^{-\xi\omega t_k}} = \mathrm{e}^{-\xi\omega T}$$

由此可见，ξ 值越大，则衰减速度越快。

由此可得

$$\ln\frac{y_k}{y_{k+1}} = \xi\omega T = \xi\omega\frac{2\pi}{\omega_{\mathrm{r}}}$$

因此，

$$\xi = \frac{1}{2\pi}\cdot\frac{\omega_{\mathrm{r}}}{\omega}\cdot\ln\frac{y_k}{y_{k+1}}$$

如果 $\xi<0.2$，则 $\omega_{\mathrm{r}}/\omega \approx 1$，而

$$\xi \approx \frac{1}{2\pi}\cdot\ln\frac{y_k}{y_{k+1}}$$

式中，$\ln\left(y_k/y_{k+1}\right)$ 称为振幅的对数递减率。同样，用 y_k 和 y_{k+n} 表示两个相隔 n 个周期的振幅，

可得

$$\xi=\frac{1}{2\pi n}\cdot\frac{\omega_{\mathrm{r}}}{\omega}\cdot\ln\frac{y_k}{y_{k+n}}$$

当$\omega_{\mathrm{r}}/\omega\approx1$时有

$$\xi\approx\frac{1}{2\pi n}\cdot\ln\frac{y_k}{y_{k+n}} \tag{10-40}$$

(2)当$\xi=1$时，此时由式(10-36)得

$$\lambda=-\omega$$

因此，微分方程(10-34)的解为

$$y(t)=\left(C_1+C_2t\right)\mathrm{e}^{-\omega t}$$

再引入初始条件，得

$$y(t)=\left[y_0(1+\omega t)+v_0t\right]\mathrm{e}^{-\omega t}$$

其$y-t$曲线如图 10-27 所示。这条曲线仍然具有衰减性质，但不会具有图 10-26 那样的波动性质。

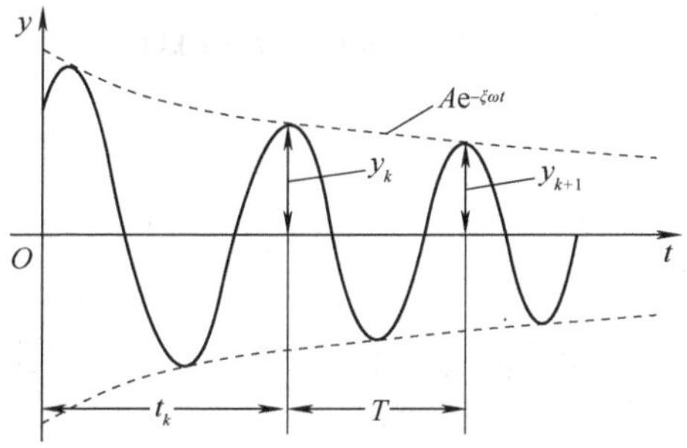

图 10-26

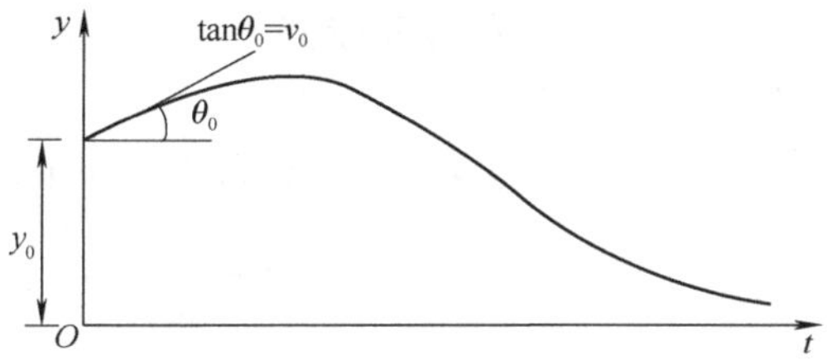

图 10-27

综合以上讨论可知：当$\xi<1$时，体系在自由响应中是会引起振动的；而当阻尼增大到$\xi=1$时，体系在自由响应中不再引起振动，这时的阻尼常数称为临界阻尼常数，常用c_{r}表示。在式(10-35)中令$\xi=1$，即知临界阻尼常数为

$$c_{\mathrm{r}}=2m\omega=2\sqrt{mk} \tag{10-41}$$

由式(10-35)和式(10-41)得

$$\xi=\frac{c}{c_{\mathrm{r}}}$$

参数ξ表示阻尼常数c与临界阻尼常数c_{r}的比值，称为**阻尼比**。阻尼比ξ是反映阻尼情况的基本参数，它的数值可以通过实验测得。例如，在低阻尼体系中，如果测得两个振幅值y_k和y_{k+n}，则由式(10-40)即可推算出ξ，由式(10-35)确定阻尼常数。

(3)当$\xi>1$时，体系在自由响应中不会出现振动现象，由于在实际问题中很少遇到该情况，故不作进一步讨论。

10.4.2　有阻尼单自由度体系的强迫振动

有阻尼体系(设$\xi<1$)承受一般动力荷载$F_{\mathrm{P}}(t)$时，它的响应可表示为杜哈梅积分，与无阻尼体系的表达式(10-21)相似，推导方法也相似。

首先，由式(10-38)可知，单独由初始速度v_0(初始位移为零)所引起的振动为

$$y(t)=\mathrm{e}^{-\xi\omega t}\frac{v_0}{\omega_{\mathrm{r}}}\sin\omega_{\mathrm{r}}t \tag{10-42a}$$

由于冲量 $S = mv_0$，故在初始时刻由冲量 S 引起的振动为

$$y(t) = \mathrm{e}^{-\xi\omega t}\frac{S}{m\omega_r}\sin\omega_r t \tag{10-42b}$$

其次，任意荷载 $F_P(t)$ 的加载过程可看作由一系列瞬时冲量组成的。由 $t=\tau$ 到 $t=\tau+\mathrm{d}\tau$ 的时间段内的微分冲量为 $\mathrm{d}S = F_P(\tau)\mathrm{d}\tau$，此微分冲量对于 $t>\tau$ 时引起的动力响应为

$$y(t) = \frac{F_P(\tau)\mathrm{d}\tau}{m\omega_r}\mathrm{e}^{-\xi\omega(t-\tau)}\sin\omega_r(t-\tau) \tag{10-42c}$$

然后对式(10-42c)进行积分，即得总响应如下：

$$y(t) = \int_0^t \frac{F_P(\tau)}{m\omega_r}\mathrm{e}^{-\xi\omega(t-\tau)}\sin\omega_r(t-\tau)\mathrm{d}\tau \tag{10-43}$$

这就是开始处于静止状态的单自由体系在任意荷载 $F_P(t)$ 作用下所引起的有阻尼强迫振动的位移公式。

如果还有初始位移 y_0 和初始速度 v_0，则总位移为

$$y(t) = \mathrm{e}^{-\xi\omega t}\left(y_0\cos\omega_r t + \frac{v_0+\xi\omega y_0}{\omega_r}\sin\omega_r t\right) + \int_0^t \frac{F_P(\tau)}{m\omega_r}\mathrm{e}^{-\xi\omega(t-\tau)}\sin\omega_r(t-\tau)\mathrm{d}\tau \tag{10-44}$$

下面讨论突加荷载和简谐荷载两种情形。

1．突加荷载 F_{P0}

此时，由式(10-43)可得动力位移如下，当 $t>0$ 时：

$$y(t) = \frac{F_{P0}}{m\omega^2}\left[1-\mathrm{e}^{-\xi\omega(t-\tau)}\left(\cos\omega_r t - \frac{\xi\omega}{\omega_r}\sin\omega_r t\right)\right] \tag{10-45}$$

此式与无阻尼体系的式(10-24)相对应。

根据式(10-45)可作出动力位移图像，如图 10-28 所示，此图与无阻尼体系的图 10-20 相对应。由图 10-28 可以看出，具有阻尼的体系在突加荷载的作用下，最初所引起的最大位移接近静力位移 $y_{st} = F_{P0}/m\omega^2$ 的 2 倍，然后经过衰减振动，最后停留在静力平衡位置。

2．简谐荷载 $F_P(t) = F\sin\omega_0 t$

在式(10-33)中令 $F_P(t) = F\sin\omega_0 t$，即得简谐荷载作用下有阻尼体系的振动微分方程：

$$\ddot{y} + 2\xi\omega\dot{y} + \omega^2 y = \frac{F}{m}\sin\omega_0 t \tag{10-46}$$

首先，求方程的特解。设特解为

$$y = A\sin\omega_0 t + B\cos\omega_0 t \tag{10-47}$$

代入式(10-46)，可得

$$\left.\begin{aligned} A &= \frac{F}{m}\cdot\frac{\omega^2-\omega_0^2}{(\omega^2-\omega_0^2)^2+4\xi^2\omega^2\omega_0^2} \\ B &= \frac{F}{m}\cdot\frac{-2\xi\omega\omega_0}{(\omega^2-\omega_0^2)^2+4\xi^2\omega^2\omega_0^2} \end{aligned}\right\} \tag{10-48}$$

其次，叠加方程的齐次解，即得方程的全解如下：

$$y(t) = \left\{\mathrm{e}^{-\xi\omega t}\left(C_1\cos\omega_r t + C_2\sin\omega_r t\right)\right\} + \left\{A\sin\omega_0 t + B\cos\omega_0 t\right\}$$

式中，两个常数 C_1 和 C_2 由初始条件确定。

上式右边分为两部分(各用大括号标出)，表明体系的振动由两个具有不同频率 ω_r 和 ω_0 的振动所组成。由于阻尼作用，频率为 ω_r 的第一部分含有因子 $\mathrm{e}^{-\xi\omega t}$，因此将逐渐衰减而最后消失。

而频率 ω_0 的第二部分由于受到荷载的周期影响而不衰减，这部分振动称为平稳振动。

下面讨论平稳振动，任一时刻的动力位移由式(10-47)及式(10-48)给出，并改用式(10-49a)来表示：

$$y(t)=y_{\mathrm{P}}\sin(\omega_0 t-\alpha) \tag{10-49a}$$

其中

$$\left.\begin{aligned}y_{\mathrm{P}}&=\sqrt{A^2+B^2}=y_{\mathrm{st}}\left[\left(1-\frac{\omega_0^2}{\omega^2}\right)^2+\frac{4\xi^2\omega_0^2}{\omega^2}\right]^{-1/2}\\ \alpha&=\arctan\left(-\frac{B}{A}\right)=\arctan\frac{2\xi\dfrac{\omega_0}{\omega}}{1-\dfrac{\omega_0}{\omega}}\end{aligned}\right\} \tag{10-49b}$$

这里，用 y_{P} 表示振幅，y_{st} 表示荷载最大值 F 作用下的静力位移。由此可求得动力系数为

$$\beta=\frac{y_{\mathrm{P}}}{y_{\mathrm{st}}}=\left[\left(1-\frac{\omega_0^2}{\omega^2}\right)^2+\frac{4\xi^2\omega_0^2}{\omega^2}\right]^{-1/2} \tag{10-50}$$

式(10-50)表明，动力系数 β 不仅与频率比值 ω_0/ω 有关，而且与阻尼比 ξ 有关。对于不同的 ξ 值，可画出相应的 β 与 ω_0/ω 之间的关系曲线，如图 10-29 所示。

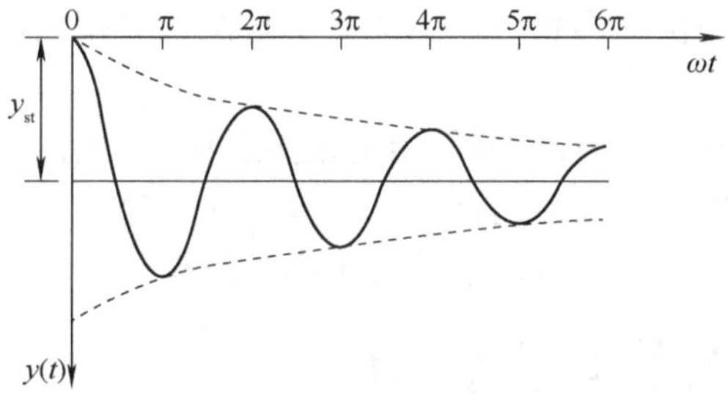

图 10-28

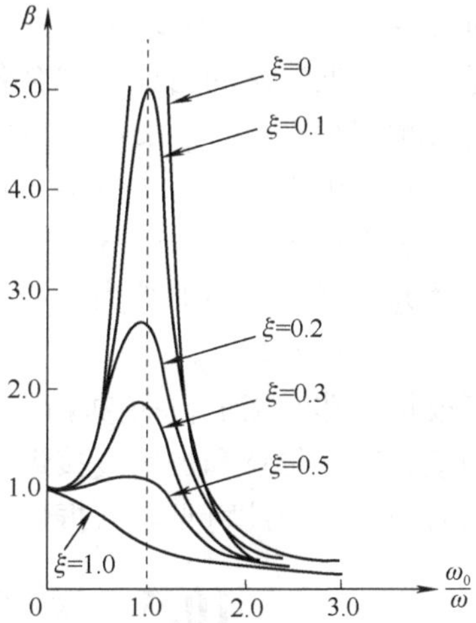

图 10-29

由图 10-29 和以上的讨论，可得以下几点结论。

第一，随着阻尼比 ξ 值的增大(在 $0\leqslant\xi\leqslant1$ 的范围内)，图 10-29 中相应的曲线逐渐平稳，由险峻的高山下降为平缓的小丘，特别是在 $\omega_0/\omega=1$ 附近，β 的峰值下降得最为显著。

第二，在 $\omega_0/\omega=1$ 的共振情况下，动力系数可由式(10-50)求得

$$\beta\Big|_{\frac{\omega_0}{\omega}=1}=\frac{1}{2\xi} \tag{10-51}$$

如果忽略阻尼的影响，在式(10-51)中，令 $\xi\to0$，则得出无阻尼体系共振时动力系数趋于无穷大的结论。但是考虑阻尼的影响，则式(10-51)中的 ξ 不为零，因而得出共振时动力系数总是一个有限值的结论。因此，为了研究共振时的动力响应，阻尼的影响是不容忽略的。

第三，在阻尼体系中，$\omega_0/\omega=1$ 共振时的动力系数并不等于最大的动力系数 $\beta_{\max}$，但两者

的数值比较接近。利用式(10-50)，求 β 对参数 ω_0/ω 的导数，并令导数为零，可求出 β 为峰值时相应的频率比 $(\omega_0/\omega)_{\beta\max}$。对于 $\xi<1/\sqrt{2}$ 的实际结构，可得

$$\left(\frac{\omega_0}{\omega}\right)_{\beta\max}=\sqrt{1-2\xi^2}$$

代入式(10-50)，即得

$$\beta_{\max}=\frac{1}{2\xi\sqrt{1-2\xi^2}}$$

由此可见，对于 $\xi\neq 0$ 的阻尼体系，有

$$\left(\frac{\omega_0}{\omega}\right)_{\beta\max}\neq 1,\quad \beta_{\max}\neq\beta\Big|_{\frac{\omega_0}{\omega}=1}=\frac{1}{2\xi}$$

但是由于通常情况下的 ξ 值很小，因此可近似地认为

$$\left(\frac{\omega_0}{\omega}\right)_{\beta\max}\approx 1,\quad \beta_{\max}\approx\beta\Big|_{\frac{\omega_0}{\omega}=1}=\frac{1}{2\xi}$$

第四，由式(10-49a)看出，阻尼体系的位移比荷载滞后一个相位角 α。α 值可由式(10-49b)求出。下面是三种典型情况的相位角。

当 $\omega_0/\omega\to 0$ 时，即 $\omega_0\ll\omega$，$\alpha\to 0^\circ$，说明 $y(t)$ 与 $F_P(t)$ 同步。

当 $\omega_0/\omega\to 1$ 时，即 $\omega_0\approx\omega$，$\alpha\to 90^\circ$。

当 $\omega_0/\omega\to\infty$ 时，即 $\omega_0\gg\omega$，$\alpha\to 180^\circ$，说明 $y(t)$ 与 $F_P(t)$ 方向相反。

上述三种典型情况的结果可结合各自的受力特点来说明。

当荷载频率很小时($\omega_0\ll\omega$)，体系振动很慢，因此惯性力和阻尼力都很小，动力荷载主要与弹性力平衡。由于弹性力与位移成正比，但方向相反，故荷载与位移基本上同步。

当荷载频率很大时($\omega_0\gg\omega$)，体系振动很快，因此惯性力很大，弹性力和阻尼力相对来说比较小，动力荷载主要与惯性力平衡。由于惯性力与位移同相位，因此荷载与位移的相位角相差180°，即方向彼此相反。

当荷载频率非常接近自振频率时($\omega_0\approx\omega$)，$y(t)$ 与 $F_P(t)$ 相差的相位角接近90°。因此，当荷载值为最大时，位移和加速度接近于零，因而弹性力和惯性力都接近于零，此时动力荷载主要与阻尼力平衡。由此可见，共振情况下，阻尼力起主要作用，它的影响不可忽视。

10.5 双自由度体系的自由振动

在工程实际中，很多问题可以简化成单自由度体系进行计算，但也有一些问题不能这样处理。如多层房屋的侧向振动、不等高排架的振动等都要简化成多自由度体系进行计算。按建立运动方程的方法，多自由度体系自由振动的求解方法有两种：刚度法和柔度法。刚度法是从平衡方程出发建立基本微分方程，柔度法是从位移协调方程出发建立基本微分方程。本节只讨论双自由度体系的自由振动问题。

10.5.1 刚度法

图 10-30(a)为具有两个集中质量的体系，具有两个自由度。现按刚度法推导无阻尼自由振动的微分方程。

取质量 m_1 和 m_2 作为隔离体，如图 10-30(b)所示。隔离体 m_1 和 m_2 所受的力有下列两种。

(1)惯性力 $-m_1\ddot{y}_1$ 和 $-m_2\ddot{y}_2$，分别与加速度 $\ddot{y}_1$ 和 $\ddot{y}_2$ 的方向相反。

(2) 弹性力 r_1 和 r_2，分别与位移 y_1 和 y_2 的方向相反。

根据达朗贝尔原理，列出平衡方程如下：

$$\left.\begin{aligned} m_1\ddot{y}_1 + r_1 = 0 \\ m_2\ddot{y}_2 + r_2 = 0 \end{aligned}\right\} \tag{10-52a}$$

弹性力 r_1、r_2 是质量 m_1、m_2 与结构之间的相互作用力。图 10-30(b) 中的 r_1、r_2 是质点受到的力，图 10-30(c) 中的 r_1、r_2 是结构受到的力，两者的方向彼此相反。在图 10-30(c) 中，结构受到的力 r_1、r_2 与结构的位移 y_1、y_2 之间应满足刚度方程：

$$\left.\begin{aligned} r_1 = k_{11}y_1 + k_{12}y_2 \\ r_2 = k_{21}y_1 + k_{22}y_2 \end{aligned}\right\} \tag{10-52b}$$

式中，k_{ij} 是结构的刚度系数，如图 10-30(d) 所示。与位移法中的意义相同，例如，k_{12} 是使点 2 沿运动方向产生单位位移(点 1 的位移保持为零)时，在 1 点需施加的力。

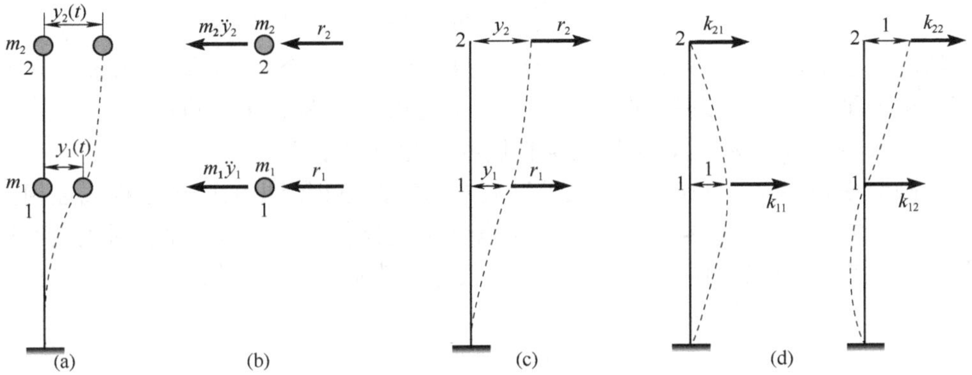

图 10-30

将式 (10-52b) 代入式 (10-52a)，可得

$$\left.\begin{aligned} m_1\ddot{y}_1(t) + k_{11}y_1(t) + k_{12}y_2(t) = 0 \\ m_2\ddot{y}_2(t) + k_{21}y_1(t) + k_{22}y_2(t) = 0 \end{aligned}\right\} \tag{10-53}$$

式 (10-53) 即按刚度法建立的双自由度体系的自由振动微分方程。

与单自由度体系自由振动的微分方程求解类似，假定两个质点为简谐振动，其解的形式为

$$\left.\begin{aligned} y_1(t) = Y_1\sin(\omega t + \alpha) \\ y_2(t) = Y_2\sin(\omega t + \alpha) \end{aligned}\right\} \tag{10-54}$$

式 (10-54) 所表示的运动具有以下两个特点。

(1) 在振动过程中，两个质点具有相同的频率 ω 和相位角 α，Y_1 和 Y_2 是位移幅值。

(2) 在振动过程中，两个质点的位移在数值上随时间而变化，但两者的比值始终保持不变，即

$$\frac{y_1(t)}{y_2(t)} = \frac{Y_1}{Y_2} = 常数$$

这种结构位移形状保持不变的振动形式可称为主振型或振型。

将式 (10-54) 代入式 (10-53)，消去公因子 $\sin(\omega t + \alpha)$ 后，得

$$\left.\begin{aligned} (k_{11} - \omega^2 m_1)Y_1 + k_{12}Y_2 = 0 \\ k_{21}Y_1 + (k_{22} - \omega^2 m_2)Y_2 = 0 \end{aligned}\right\} \tag{10-55}$$

式 (10-55) 为 Y_1、Y_2 的齐次方程，显然 $Y_1 = Y_2 = 0$ 是方程的解，但它对应于没有发生振动的静止

状态。为了得到Y_1、Y_2的不全为零的解答，应使其系数行列式为零，即

$$\begin{vmatrix} k_{11}-\omega^2 m_1 & k_{12} \\ k_{21} & k_{22}-\omega^2 m_2 \end{vmatrix}=0 \tag{10-56a}$$

式(10-56a)称为频率方程或特征方程，用它可以求出频率ω。

将式(10-56a)展开：

$$(k_{11}-\omega^2 m_1)(k_{22}-\omega^2 m_2)-k_{12}k_{21}=0 \tag{10-56b}$$

整理后可得

$$(\omega^2)^2-\left(\frac{k_{11}}{m_1}+\frac{k_{22}}{m_2}\right)\omega^2+\frac{k_{11}k_{22}-k_{12}k_{21}}{m_1 m_2}=0$$

上式是ω^2的二次方程，由此可解出ω^2的两个根：

$$\omega^2=\frac{1}{2}\left(\frac{k_{11}}{m_1}+\frac{k_{22}}{m_2}\right)\pm\sqrt{\left[\frac{1}{2}\left(\frac{k_{11}}{m_1}+\frac{k_{22}}{m_2}\right)\right]^2-\frac{k_{11}k_{22}-k_{12}k_{21}}{m_1 m_2}} \tag{10-57}$$

可以证明这两个根都是正值。由此可见，双自由度体系共有两个自振频率。用ω_1表示其中最小的圆频率，称为第一圆频率或基本圆频率，另一个圆频率ω_2称为第二圆频率。

求出自振圆频率ω_1和ω_2后，可以确定它们各自对应的振型。

将第一圆频率ω_1代入式(10-55)，由于行列式为零，方程组中的两个方程线性相关，实际上只有一个独立方程。由式(10-55)的任一个方程可求得比值Y_1/Y_2，这个比值所确定的振动形式就是与第一圆频率ω_1对应的振型，称为第一主振型或基本振型。例如，由式(10-55)的第一式可得

$$\frac{Y_{11}}{Y_{21}}=-\frac{k_{12}}{k_{11}-\omega_1^2 m_1} \tag{10-58a}$$

式中，Y_{11}和Y_{21}分别表示第一主振型中质点1和2的振幅。

同理，将ω_2代入式(10-55)，可以求出Y_1/Y_2的另外一个比值，这个比值所确定的另一个振动形式称为第二主振型。例如，由式(10-55)的第一式可得

$$\frac{Y_{12}}{Y_{22}}=-\frac{k_{12}}{k_{11}-\omega_2^2 m_1} \tag{10-58b}$$

式中，Y_{12}和Y_{22}分别表示第二主振型中质点1和2的振幅。

上面求出的两个振型分别如图10-31(b)、(c)所示。

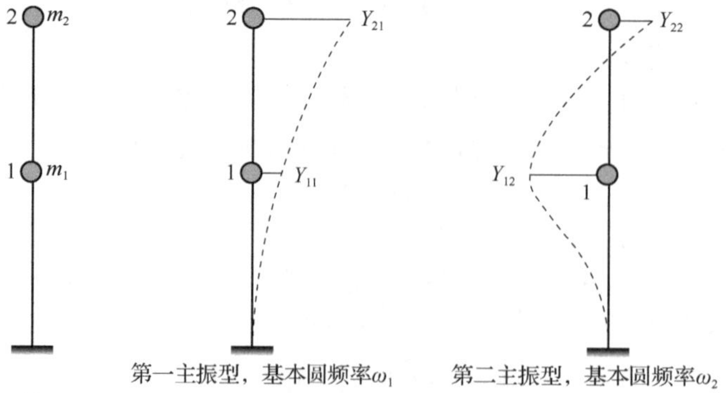

(a)　(b)　(c)

图 10-31

双自由度体系按某个振型自由振动时，由于它的振动形式保持不变，因此双自由度体系实际上就像一个单自由度体系那样振动。双自由度体系能够按照某个主振型自由振动的条件是：初始位移和初始速度应当与此主振型相对应。

一般情形下，双自由度体系的自由振动可看作两种频率及其主振型的组合振动，即

$$\left.\begin{aligned} y_1(t) &= A_1Y_{11}\sin(\omega_1 t+\alpha_1)+A_2Y_{12}\sin(\omega_2 t+\alpha_2) \\ y_2(t) &= A_1Y_{21}\sin(\omega_1 t+\alpha_1)+A_2Y_{22}\sin(\omega_2 t+\alpha_2) \end{aligned}\right\}$$

此即微分方程(10-53)的全解，其中的四个待定常数 A_1、 A_2、 α_1 和 α_2 可由初始条件确定。

关于双(或多)自由度体系自由振动问题可归纳出以下几点。

(1)在双(或多)自由度体系自由振动问题中，主要的问题是确定体系的全部自振频率及其相应的主振型。

(2)双(或多)自由度体系的自振频率不止一个，其个数与自由度的个数相等，自振频率可由特征方程求出。

(3)每个自振频率有自己相应的主振型，主振型就是多自由度体系能够按照单自由度振动时所具有的特定形式。

(4)与单自由度体系相同，多自由度体系的自振频率和主振型也是体系本身的固有性质。由式(10-57)看出，自振频率只与体系本身的刚度系数及其质量的分布情形有关，而与外部荷载无关。

【例 10-4】 图 10-32(a)所示两层刚架，其横梁为无限刚性。设质量集中在楼层上，第一、二层的质量分别为 m_1、 m_2。层间侧移刚度(即层间产生单位相对侧移时所需施加的力，如图 10-32(b)所示)分别为 k_1、 k_2。试求刚架水平振动时的自振频率和主振型。

解： 由图 10-32(c)和(d)可求出结构的刚度系数如下：

$$k_{11}=k_1+k_2,\quad k_{21}=-k_2,\quad k_{12}=-k_2,\quad k_{22}=k_2$$

将刚度系数代入式(10-56b)，得

$$(k_1+k_2-\omega^2 m_1)(k_2-\omega^2 m_2)-k_2^2=0 \tag{10-59}$$

分以下两种情况讨论。

(1)当 $m_1=m_2=m$， $k_1=k_2=k$ 时。

式(10-59)变为

$$(2k-\omega^2 m)(k-\omega^2 m)-k^2=0 \tag{10-60}$$

解此方程得

$$\omega_1^2=\frac{3-\sqrt{5}}{2}\cdot\frac{k}{m}=0.382\frac{k}{m},\quad \omega_2^2=\frac{3+\sqrt{5}}{2}\cdot\frac{k}{m}=2.618\frac{k}{m}$$

两个频率为

$$\omega_1=0.618\sqrt{\frac{k}{m}},\quad \omega_2=1.618\sqrt{\frac{k}{m}}$$

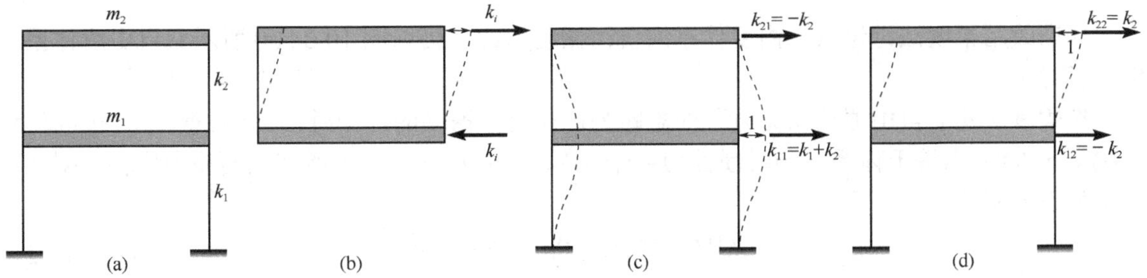

图 10-32

求主振型时，可由式(10-58a)和式(10-58b)求出振幅比值，从而画出振型图。

第一主振型：　$\dfrac{Y_{11}}{Y_{21}}=\dfrac{k}{2k-0.382k}=\dfrac{1}{1.618}$

第二主振型：　$\dfrac{Y_{12}}{Y_{22}}=\dfrac{k}{2k-2.618k}=-\dfrac{1}{0.618}$

两个主振型如图 10-33 所示。

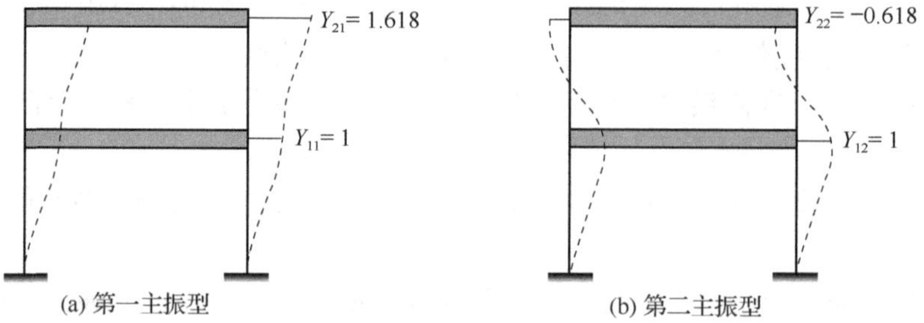

图 10-33

(2) 当 $m_1=nm_2$， $k_1=nk_2$ 时。

式(10-59)变为

$$\left[(n+1)k_2-\omega^2 nm_2\right](k_2-\omega^2 m_2)-k_2^2=0$$

解此方程得

$$\left.\begin{array}{l}\omega_1^2\\ \omega_2^2\end{array}\right\}=\frac{1}{2}\left[\left(2+\frac{1}{n}\right)\mp\sqrt{\frac{4}{n}+\frac{1}{n^2}}\right]\frac{k_2}{m_2}$$

代入式(10-58a)和式(10-58b)求出振幅比值：

$$\frac{Y_2}{Y_1}=\frac{1}{2}\pm\sqrt{n+\frac{1}{4}}$$

例如，当 $n=90$ 时

$$\frac{Y_{21}}{Y_{11}}=\frac{10}{1},\qquad \frac{Y_{22}}{Y_{12}}=-\frac{9}{1}$$

由此可见，当顶部质量和刚度突然变小时，顶部位移比下部位移要大很多。建筑结构中，这种因顶部质量和刚度突然变小，在振动中引起巨大响应的现象，称为鞭梢效应。地震灾害调查中发现，屋顶的小阁楼、女儿墙等附属结构物破坏严重，就是因为顶部质量和刚度的突变，由鞭梢效应引起的结果。

10.5.2　柔度法

现在改用柔度法讨论双自由度体系的自由振动问题，仍以图 10-34(a)所示双自由度体系为例进行讨论。

按柔度法建立自由振动微分方程的思路为：在自由振动的任一时刻 t，质量 m_1、m_2 的位移 $y_1(t)$、$y_2(t)$ 应当等于体系在当时惯性力 $-m_1\ddot{y}_1(t)$、$-m_2\ddot{y}_2(t)$ 作用下所产生的静力位移。据此可列出如下方程：

$$\left.\begin{array}{l}y_1(t)=-m_1\ddot{y}_1(t)\delta_{11}-m_2\ddot{y}_2(t)\delta_{12}\\ y_2(t)=-m_1\ddot{y}_1(t)\delta_{21}-m_2\ddot{y}_2(t)\delta_{22}\end{array}\right\}\tag{10-61}$$

式中，δ_{ij} 为体系的柔度系数，如图 10-34(b)所示。此方程可与按刚度法建立的方程(10-53)加以对比。

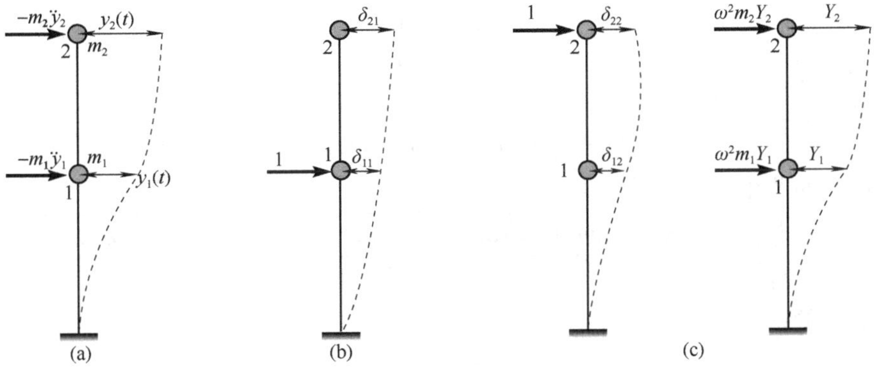

图 10-34

仍设方程(10-61)解的形式为

$$\left.\begin{aligned} y_1(t) = Y_1 \sin(\omega t + \alpha) \\ y_2(t) = Y_2 \sin(\omega t + \alpha) \end{aligned}\right\} \tag{10-62a}$$

假设多自由度体系按某一主振型像单自由度体系那样自由振动，Y_1 和 Y_2 是两质点的振幅，如图 10-34(c)所示。由式(10-62a)可知，两质点的惯性力为

$$\left.\begin{aligned} -m_1\ddot{y}_1(t) = m_1\omega^2 Y_1 \sin(\omega t + \alpha) \\ -m_2\ddot{y}_2(t) = m_2\omega^2 Y_2 \sin(\omega t + \alpha) \end{aligned}\right\} \tag{10-62b}$$

因此两质点惯性力的幅值为

$$\omega^2 m_1 Y_1 , \qquad \omega^2 m_2 Y_2$$

将式(10-62a)和式(10-62b)代入式(10-61)，消去公因子 $\sin(\omega t + \alpha)$ 后，得

$$\left.\begin{aligned} Y_1 = m_1\omega^2 Y_1\delta_{11} + m_2\omega^2 Y_2\delta_{12} \\ Y_2 = m_1\omega^2 Y_1\delta_{21} + m_2\omega^2 Y_2\delta_{22} \end{aligned}\right\} \tag{10-63}$$

式(10-63)表明，主振型的位移幅值 Y_1、Y_2 是体系在此主振型惯性力幅值 $\omega^2 m_1 Y_1$、$\omega^2 m_2 Y_2$ 作用下所引起的静力位移，如图 10-34(c)所示。

式(10-63)还可改写成

$$\left.\begin{aligned} \left(\delta_{11}m_1 - \frac{1}{\omega^2}\right)Y_1 + \delta_{12}m_2 Y_2 = 0 \\ \delta_{21}m_1 Y_1 + \left(\delta_{22}m_2 - \frac{1}{\omega^2}\right)Y_2 = 0 \end{aligned}\right\} \tag{10-64}$$

为了得到 Y_1、Y_2 不全为零的解答，应使系数行列式的值等于零，即

$$\begin{vmatrix} \delta_{11}m_1 - \dfrac{1}{\omega^2} & \delta_{12}m_2 \\ \delta_{21}m_1 & \delta_{22}m_2 - \dfrac{1}{\omega^2} \end{vmatrix} = 0 \tag{10-65}$$

式(10-65)即用柔度系数表示的频率方程或特征方程，由它可以求出两个频率 ω_1 和 ω_2。

将式(10-65)展开可得

$$\left(\delta_{11}m_1-\frac{1}{\omega^2}\right)\left(\delta_{22}m_2-\frac{1}{\omega^2}\right)-m_1m_2\delta_{12}\delta_{21}=0$$

令

$$\lambda=\frac{1}{\omega^2}$$

上式转化为关于 λ 的一元二次方程：

$$\lambda^2-(\delta_{11}m_1+\delta_{22}m_2)\lambda+(\delta_{11}\delta_{22}m_1m_2-\delta_{12}\delta_{21}m_1m_2)=0$$

由此可以解出 λ 的两个根：

$$\left.\begin{matrix}\lambda_1\\ \lambda_2\end{matrix}\right\}=\frac{(\delta_{11}m_1+\delta_{22}m_2)\pm\sqrt{(\delta_{11}m_1+\delta_{22}m_2)^2-4(\delta_{11}\delta_{22}-\delta_{12}\delta_{21})m_1m_2}}{2} \tag{10-66}$$

于是求得圆频率的两个值为

$$\omega_1=\frac{1}{\sqrt{\lambda_1}},\quad \omega_2=\frac{1}{\sqrt{\lambda_2}}$$

将 $\omega=\omega_1$ 回代式(10-64)的任一方程，可得

$$\frac{Y_{11}}{Y_{21}}=-\frac{\delta_{12}m_2\omega_1^2}{\delta_{11}m_1\omega_1^2-1} \tag{10-67a}$$

同理，将 $\omega=\omega_2$ 回代式(10-64)的任一方程，可得

$$\frac{Y_{12}}{Y_{22}}=-\frac{\delta_{12}m_2\omega_2^2}{\delta_{11}m_1\omega_2^2-1} \tag{10-67b}$$

【例 10-5】 试求图 10-35(a)所示等截面简支梁的自振频率和主振型。设在梁上的三等分点 1 和 2 处有两个相等的集中质量 m。

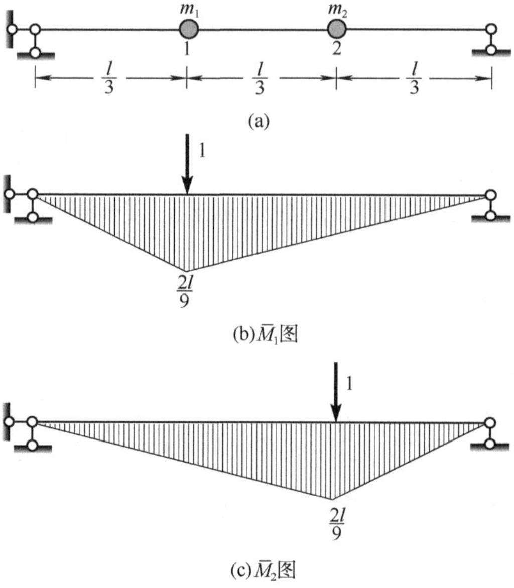

图 10-35

解：先求柔度系数。为此，作 $\bar{M}_1$、$\bar{M}_2$ 图，如图 10-35(b)、(c)所示。由图乘法得

$$\delta_{11}=\delta_{22}=\frac{4l^3}{243EI},\quad \delta_{12}=\delta_{21}=\frac{7l^3}{486EI}$$

然后代入式(10-66)，得

$$\lambda_1=(\delta_{11}+\delta_{12})m=\frac{15}{486}\cdot\frac{ml^3}{EI}$$

$$\lambda_2=(\delta_{11}-\delta_{12})m=\frac{1}{486}\cdot\frac{ml^3}{EI}$$

从而求得两个自振圆频率如下：

$$\omega_1=\frac{1}{\sqrt{\lambda_1}}=5.692\sqrt{\frac{EI}{ml^3}},\quad \omega_2=\frac{1}{\sqrt{\lambda_2}}=22.05\sqrt{\frac{EI}{ml^3}}$$

最后求主振型。由式(10-67a)及式(10-67b)，得

$$\frac{Y_{11}}{Y_{21}}=\frac{1}{1},\quad \frac{Y_{12}}{Y_{22}}=-\frac{1}{1}$$

第一主振型是对称的，第二主振型是反对称的，如图 10-36 所示。主振型具有对称性和反对称性，这是对称体系振动的一般规律。

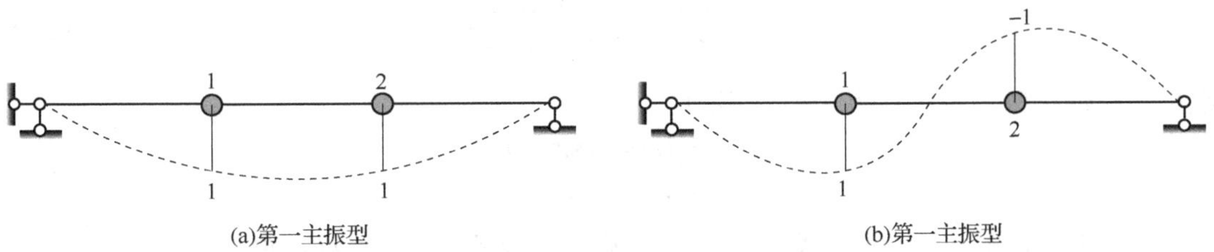

图 10-36

10.5.3　主振型的正交性

体系的主振型具有正交性或正交关系，这种特性在动力分析中非常重要。现以图 10-37 所示体系的两个主振型为例进行说明。

图 10-37(a)为第一主振型，频率为ω_1，振幅为(Y_{11}、Y_{21})，其值正好等于惯性力($\omega_1^2 m_1 Y_{11}$、$\omega_1^2 m_2 Y_{21}$)所产生的静力位移。

图 10-37(b)为第二主振型，频率为ω_2，振幅为(Y_{12}、Y_{22})，其值正好等于惯性力($\omega_2^2 m_1 Y_{12}$、$\omega_2^2 m_2 Y_{22}$)所产生的静力位移。

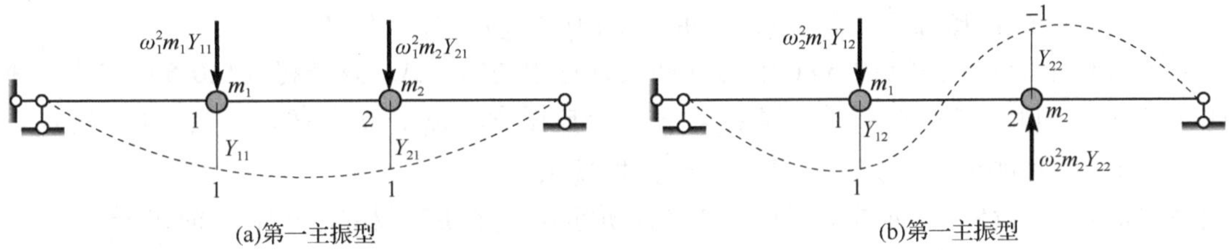

图 10-37

对上述两种静力平衡状态应用功的互等原理，可得

$$\omega_1^2 m_1 Y_{11} Y_{12} + \omega_1^2 m_2 Y_{21} Y_{22} = \omega_2^2 m_1 Y_{11} Y_{12} + \omega_2^2 m_2 Y_{21} Y_{22}$$

移项后可得

$$\left(\omega_1^2 - \omega_2^2\right)\left(m_1 Y_{11} Y_{12} + m_2 Y_{21} Y_{22}\right) = 0$$

若$\omega_1 \neq \omega_2$，则有

$$m_1 Y_{11} Y_{12} + m_2 Y_{21} Y_{22} = 0$$

上式就是两个主振型之间存在的第一个正交关系。

10.6　双自由度体系在简谐荷载下的强迫振动

10.6.1　刚度法

仍以图 10-38 所示双自由度体系为例，在动力荷载作用下的振动方程为

$$\left.\begin{aligned} m_1 \ddot{y}_1(t) + k_{11} y_1(t) + k_{12} y_2(t) = F_{P1}(t) \\ m_2 \ddot{y}_2(t) + k_{21} y_1(t) + k_{22} y_2(t) = F_{P2}(t) \end{aligned}\right\} \tag{10-68}$$

与自由振动的方程(10-53)相比，只多了荷载项$F_{P1}(t)$、$F_{P2}(t)$。

如果荷载项为简谐荷载，即

$$\left.\begin{aligned}F_{P1}(t)=F_{P1}\sin\omega_0 t\\F_{P2}(t)=F_{P2}\sin\omega_0 t\end{aligned}\right\}\tag{10-69a}$$

则在平稳振动阶段，各质点也作简谐振动：

$$\left.\begin{aligned}y_1(t)=Y_1\sin\omega_0 t\\y_2(t)=Y_2\sin\omega_0 t\end{aligned}\right\}\tag{10-69b}$$

将式(10-69a)和式(10-69b)代入式(10-68)后，消去公因子$\sin\omega_0 t$，得

$$\left.\begin{aligned}(k_{11}-\omega_0^2 m_1)Y_1+k_{12}Y_2=F_{P1}(t)\\k_{21}Y_1+(k_{22}-\omega_0^2 m_2)Y_2=F_{P2}(t)\end{aligned}\right\}$$

由此可得位移的幅值为

$$Y_1=\frac{D_1}{D_0}，\quad Y_2=\frac{D_2}{D_0}\tag{10-70}$$

式中

$$\left.\begin{aligned}D_0&=(k_{11}-\omega_0^2 m_1)(k_{22}-\omega_0^2 m_2)-k_{12}k_{21}\\D_1&=(k_{22}-\omega_0^2 m_2)F_{P1}-k_{12}F_{P2}\\D_2&=-k_{21}F_{P1}+(k_{11}-\omega_0^2 m_1)F_{P2}\end{aligned}\right\}\tag{10-71}$$

将式(10-70)的位移幅值代回式(10-69b)，即得任意时刻t的位移。

式(10-71)中的D_0与式(10-56a)中的行列式具有相同的形式，只是将式(10-56a)中的ω换成了D_0中的ω_0。因此，如果荷载项频率ω_0与任一个自振频率ω_1、ω_2相等，则$D_0=0$。当D_1、D_2不全为零时，位移幅值为无穷大，此时出现共振现象。

【例 10-6】 设例 10-4 中的图 10-32(a)所示刚架在底层横梁上作用简谐荷载$F_{P1}(t)=F_P\sin\omega_0 t$，如图 10-39 所示。试画出第一、二层横梁的振幅Y_1、Y_2与荷载频率ω_0之间的关系曲线。设$m_1=m_2=m$，$k_1=k_2=k$。

解： 刚度系数为

$$k_{11}=k_1+k_2，\quad k_{21}=k_{12}=-k_2，\quad k_{22}=k_2$$

荷载幅值为

$$F_{P1}=F_P，\quad F_{P2}=0$$

代入式(10-71)和式(10-70)可得

$$Y_1=\frac{(k_2-\omega_0^2 m_2)F_P}{D_0}，\quad Y_2=\frac{k_2 F_P}{D_0}\tag{10-72a}$$

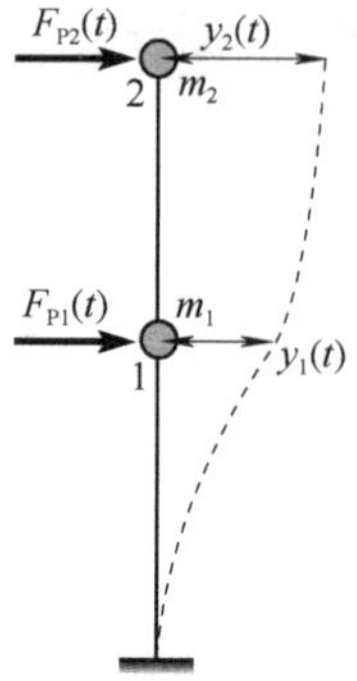

图 10-38

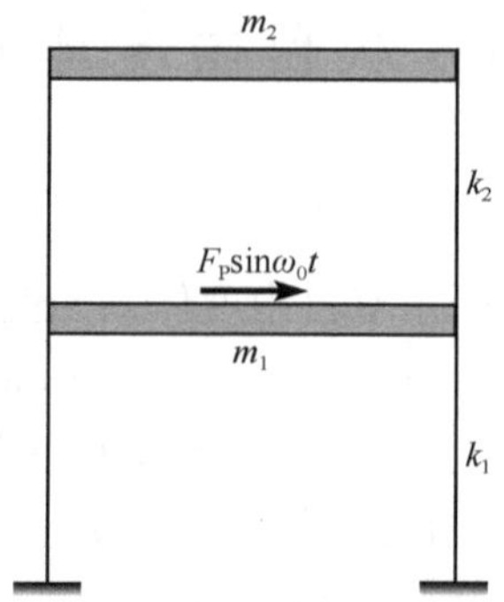

图 10-39

式中

$$D_0=(k_1+k_2-\omega_0^2m_1)(k_2-\omega_0^2m_2)-k_2^2 \tag{10-72b}$$

再令 $m_1=m_2=m$， $k_1=k_2=k$ ，可得

$$Y_1=\frac{(k-\omega_0^2m)F_P}{D_0}, \quad Y_2=\frac{k_2F_P}{D_0} \tag{10-72c}$$

式中

$$D_0=(2k-\omega_0^2m)(k-\omega_0^2m)-k^2 \tag{10-72d}$$

此刚架水平振动时的两个自振频率 ω_1 和 ω_2 已在例 10-4 中求出：

$$\omega_1^2=\frac{3-\sqrt{5}}{2}\cdot\frac{k}{m}, \quad \omega_2^2=\frac{3+\sqrt{5}}{2}\cdot\frac{k}{m}$$

为了便于讨论共振现象与自振频率 ω_1 和 ω_2 的关系，令 $k/m=\omega_\alpha^2$，现将式(10-72d)的 D_0 用 ω_1 和 ω_2 表示如下：

$$D_0=m^2(\omega_0^2-\omega_1^2)(\omega_0^2-\omega_2^2)$$

代入式(10-72c)，得

$$Y_1=\frac{F_P}{k}\cdot\frac{1-\dfrac{\omega_0^2}{\omega_\alpha^2}}{\left(1-\dfrac{\omega_0^2}{\omega_1^2}\right)\left(1-\dfrac{\omega_0^2}{\omega_2^2}\right)}, \quad Y_2=\frac{F_P}{k}\cdot\frac{1}{\left(1-\dfrac{\omega_0^2}{\omega_1^2}\right)\left(1-\dfrac{\omega_0^2}{\omega_2^2}\right)} \tag{10-73}$$

图 10-40 为振幅参数 Y_1k/F_P、 Y_2k/F_P 与荷载频率参数 ω_0/ω_α 之间的关系曲线。

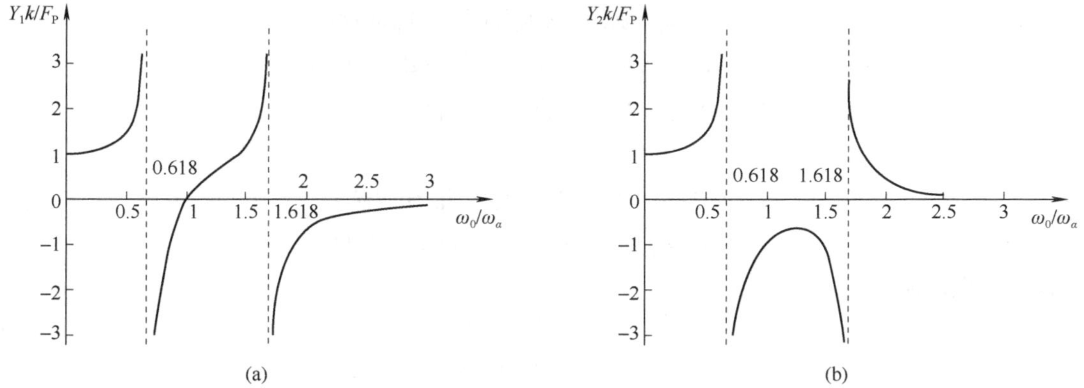

图 10-40

由图 10-40 可以看出，当 $\omega_0=0.618\omega_\alpha=\omega_1$ 和 $\omega_0=1.618\omega_\alpha=\omega_2$ 时，Y_1 和 Y_2 趋于无穷大。可见，在双自由度体系中，两种情况下($\omega_0=\omega_1$ 和 $\omega_0=\omega_2$)可能出现共振。

讨论：当 $k_2=\omega_0^2m_2$ 时，由式(10-72b)可知：

$$D_0=-k_2^2$$

由式(10-72a)可知：

$$Y_1=0, \quad Y_2=-\frac{F_P}{k_2}$$

这说明，如果在图 10-41(a)的下层结构上，再按照 $k_2=\omega_0^2m_2$ 的方式来设计上层结构，如图 10-41(b)所示，则可以消除 m_1 的振动，即 $Y_1=0$，这就是动力吸振器的原理。在设计动力吸

振器时，可先根据 m_2 的许可振幅 $Y_2 = F_P/k_2$ 选定 k_2，再由 $m_2 = k_2/\omega_0^2$ 确定 m_2 的值。

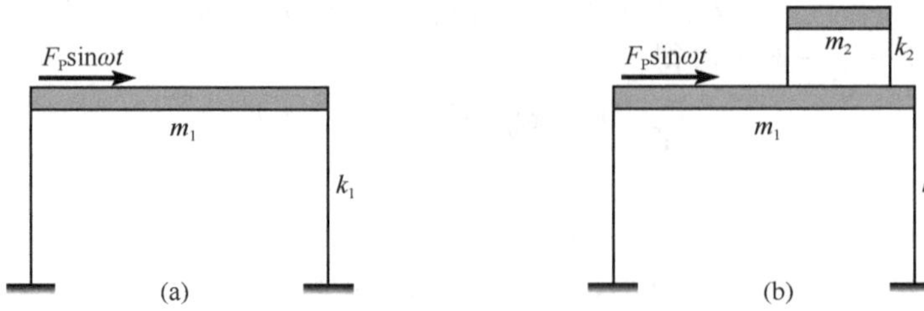

图 10-41

10.6.2　柔度法

图 10-42(a)所示双自由度体系，受简谐荷载作用。在任一时刻 t，质点 1、2 的位移 y_1、y_2 应当等于体系在当时惯性力 $-m_1\ddot{y}_1$、$-m_2\ddot{y}_2$ 和动力荷载共同作用下的位移，如图 10-42(b)所示。

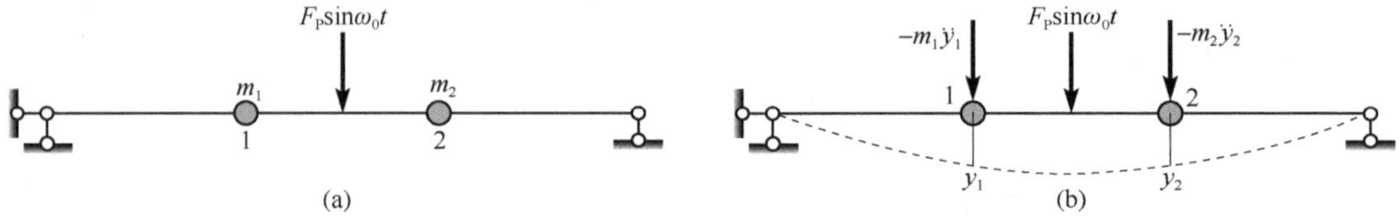

图 10-42

据此，按柔度法建立的振动方程如下：

$$\left.\begin{aligned} y_1 &= (-m_1\ddot{y}_1)\delta_{11} + (-m_2\ddot{y}_2)\delta_{12} + \varDelta_{1P}\sin\omega_0 t \\ y_2 &= (-m_1\ddot{y}_1)\delta_{21} + (-m_2\ddot{y}_2)\delta_{22} + \varDelta_{2P}\sin\omega_0 t \end{aligned}\right\}$$

式中，$\varDelta_{1P}$、$\varDelta_{2P}$ 为荷载幅值在质点 1、2 产生的静力位移。

也可以写为

$$\left.\begin{aligned} m_1\ddot{y}_1\delta_{11} + m_2\ddot{y}_2\delta_{12} + y_1 &= \varDelta_{1P}\sin\omega_0 t \\ m_1\ddot{y}_1\delta_{21} + m_2\ddot{y}_2\delta_{22} + y_2 &= \varDelta_{2P}\sin\omega_0 t \end{aligned}\right\} \tag{10-74}$$

设平稳振动阶段的解为

$$\left.\begin{aligned} y_1(t) &= Y_1\sin\omega_0 t \\ y_2(t) &= Y_2\sin\omega_0 t \end{aligned}\right\} \tag{10-75}$$

将式(10-75)代入式(10-74)，消去公因子 $\sin\omega_0 t$ 后，得

$$\left.\begin{aligned} (m_1\omega_0^2\delta_{11} - 1)Y_1 + m_2\omega_0^2\delta_{12}Y_2 + \varDelta_{1P} &= 0 \\ m_1\omega_0^2\delta_{21}Y_1 + (m_2\omega_0^2\delta_{22} - 1)Y_2 + \varDelta_{2P} &= 0 \end{aligned}\right\} \tag{10-76}$$

由此可求得位移的幅值为

$$Y_1 = \frac{D_1}{D_0}, \quad Y_2 = \frac{D_2}{D_0} \tag{10-77}$$

式中

$$D_0 = \begin{vmatrix} m_1\omega_0^2\delta_{11} - 1 & m_2\omega_0^2\delta_{12} \\ m_1\omega_0^2\delta_{21} & m_2\omega_0^2\delta_{22} - 1 \end{vmatrix} \tag{10-78a}$$

$$D_1 = \begin{vmatrix} -\varDelta_{1P} & m_2\omega_0^2\delta_{12} \\ -\varDelta_{2P} & m_2\omega_0^2\delta_{22} - 1 \end{vmatrix} \tag{10-78b}$$

$$D_2 = \begin{vmatrix} m_1\omega_0^2\delta_{11}-1 & -\Delta_{1P} \\ m_1\omega_0^2\delta_{21} & -\Delta_{2P} \end{vmatrix} \tag{10-78c}$$

式(10-78a)中的 D_0 与自由振动的式(10-65)具有相同的形式，只是将 D 中的 ω 换成了 D_0 中的 ω_0。因此若荷载频率 ω_0 与任一个自振频率 ω_1、ω_2 相等，则 $D_0=0$。当 D_1、D_2 不全为零时，位移幅值为无穷大，此时出现共振现象。

在求得位移幅值 Y_1、Y_2 后，可得到各质点的位移和惯性力。

位移：
$$y_1(t) = Y_1 \sin\omega_0 t$$
$$y_2(t) = Y_2 \sin\omega_0 t$$

惯性力：
$$-m_1\ddot{y}_1(t) = m_1\omega^2 Y_1 \sin\omega_0 t$$
$$-m_2\ddot{y}_2(t) = m_2\omega^2 Y_2 \sin\omega_0 t$$

因为位移、惯性力和动力荷载同时达到幅值，动内力也在振幅位置达到幅值。动内力幅值可以在各质点的惯性力幅值和动力荷载共同作用下按静力分析方法求得。如任一截面的弯矩幅值可由下式求出：

$$M(t)_{\max} = \bar{M}_1 I_1 + \bar{M}_2 I_2 + M_P$$

式中，I_1、I_2 分别为质点 1、2 的惯性力幅值；$\bar{M}_1$、$\bar{M}_2$ 分别为单位惯性力 $I_1=1$、$I_2=1$ 作用时，任一截面的弯矩值；M_P 为动力荷载幅值静力作用下同一截面的弯矩值。

【例 10-7】　试求图 10-43(a)所示体系的动位移和动弯矩的幅值图。已知：$m_1=m_2=m$，$EI=$常数，$\omega=0.6\omega_1$。

解：(1)例 10-5 中已求出柔度系数和基本频率。

$$\delta_{11}=\delta_{22}=\frac{4l^3}{243EI}，\quad \delta_{12}=\delta_{21}=\frac{7l^3}{486EI}，\quad \omega_1 = 5.692\sqrt{\frac{EI}{ml^3}}$$

所以

$$\omega = 0.6\omega_1 = 3.415\sqrt{\frac{EI}{ml^3}}$$

(2)作 M_P 图，与例 10-5 中的 $\bar{M}_1$、$\bar{M}_2$ 图图乘，得

$$\Delta_{1P}=\frac{4F_Pl^3}{243EI}，\quad \Delta_{2P}=\frac{7F_Pl^3}{486EI}$$

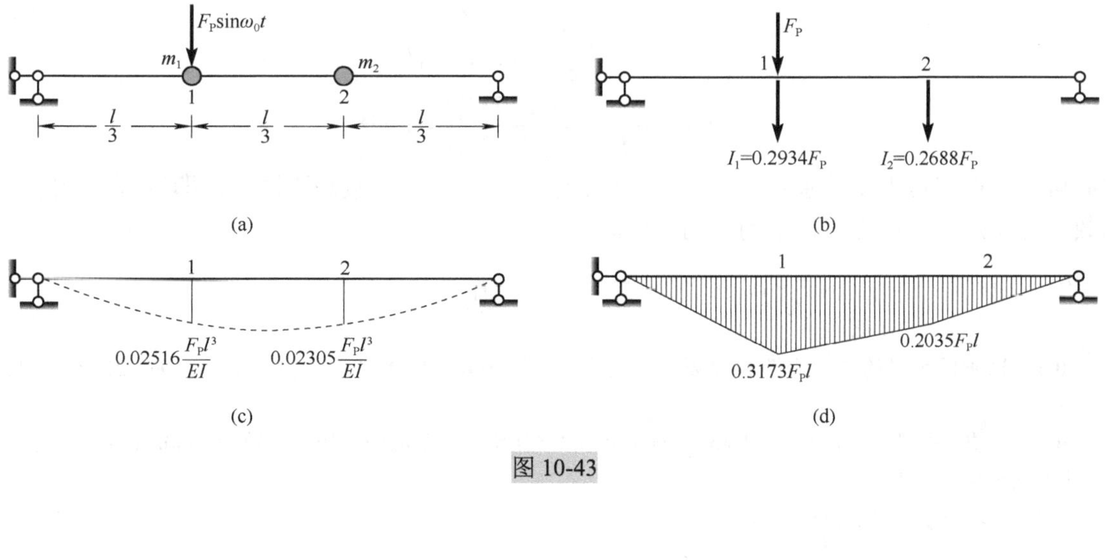

图 10-43

(3) 计算 D_0、D_1 和 D_2。

$$m_1\omega^2 = m_2\omega^2 = 11.66\frac{EI}{l^3}$$

$$D_0 = \begin{vmatrix} m_1\omega_0^2\delta_{11}-1 & m_2\omega_0^2\delta_{12} \\ m_1\omega_0^2\delta_{21} & m_2\omega_0^2\delta_{22}-1 \end{vmatrix} = 0.6247$$

$$D_1 = \begin{vmatrix} -\varDelta_{1P} & m_2\omega_0^2\delta_{12} \\ -\varDelta_{2P} & m_2\omega_0^2\delta_{22}-1 \end{vmatrix} = 0.01572\frac{F_P l^3}{EI}$$

$$D_2 = \begin{vmatrix} m_1\omega_0^2\delta_{11}-1 & -\varDelta_{1P} \\ m_1\omega_0^2\delta_{21} & -\varDelta_{2P} \end{vmatrix} = 0.01440\frac{F_P l^3}{EI}$$

(4) 计算位移幅值。

$$Y_1 = \frac{D_1}{D_0} = \frac{0.01572F_P l^3}{0.6247EI} = 0.02516\frac{F_P l^3}{EI}$$

$$Y_2 = \frac{D_2}{D_0} = \frac{0.01440F_P l^3}{0.6247EI} = 0.02305\frac{F_P l^3}{EI}$$

位移幅值如图 10-43(c) 所示。

(5) 计算惯性力的幅值。

$$I_1 = m_1\omega^2 Y_1 = 11.66\frac{EI}{l^3}\times 0.02516\frac{F_P l^3}{EI} = 0.2934F_P$$

$$I_2 = m_2\omega^2 Y_2 = 11.66\frac{EI}{l^3}\times 0.02305\frac{F_P l^3}{EI} = 0.2688F_P$$

(6) 计算质点 1、2 的动弯矩幅值。

体系所受动力荷载及惯性力的幅值，如图 10-43(b) 所示。据此可求出反力及弯矩幅值。弯矩幅值图如图 10-43(d) 所示。

$$y_{1st} = \varDelta_{1P} = \frac{4F_P l^3}{243EI} = 0.01646\frac{F_P l^3}{EI}$$

$$\beta_{y1} = \frac{Y_1}{y_{1st}} = \frac{0.02516\dfrac{F_P l^3}{EI}}{0.01646\dfrac{F_P l^3}{EI}} = 1.529$$

$$M_{1st} = \frac{2F_P l}{9} = 0.2222F_P l$$

$$\beta_{M1} = \frac{M_{1max}}{M_{1st}} = \frac{0.3173F_P l}{0.2222F_P l} = 1.428$$

由此可见，在双自由度体系中，同一点的位移和弯矩的动力系数是不同的，即没有统一的动力系数，这就是与单自由度体系的不同之处。

习　　题

10-1　试求图示梁的自振周期和圆频率。设梁端有重物 $W = 1.23\text{kN}$；梁自重不计，$E = 21\times 10^4\text{MPa}$，$I = 78\text{cm}^4$。

10-2　一块形基础，底面积 $A = 18\text{m}^2$，重量 $W = 2352\text{kN}$，土壤的弹性压力系数为 3000kN/m^3。试求基础竖向振动时的自振频率。

10-3　试求图示体系的自振频率。

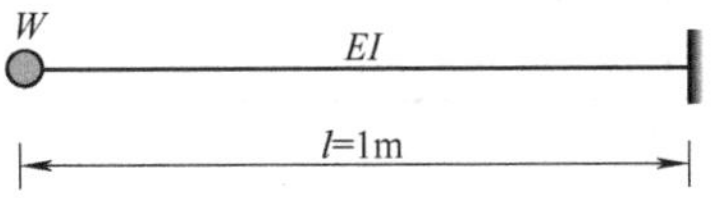

题 10-1 图

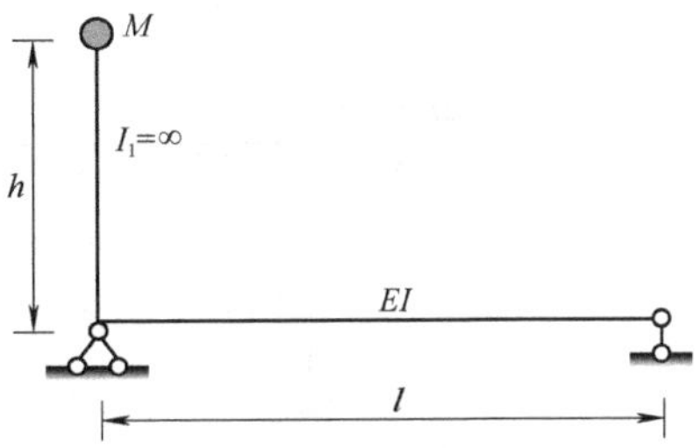

题 10-3 图

10-4　设图示竖杆顶端在振动开始时的初位移为 0.1cm(被拉到位置 B' 后放松引起的振动)。试求顶端 B 的位移振幅、最大速度和加速度。

10-5　试求图示排架的水平自振周期。柱的重量已简化到顶部，与屋盖重合在一起。

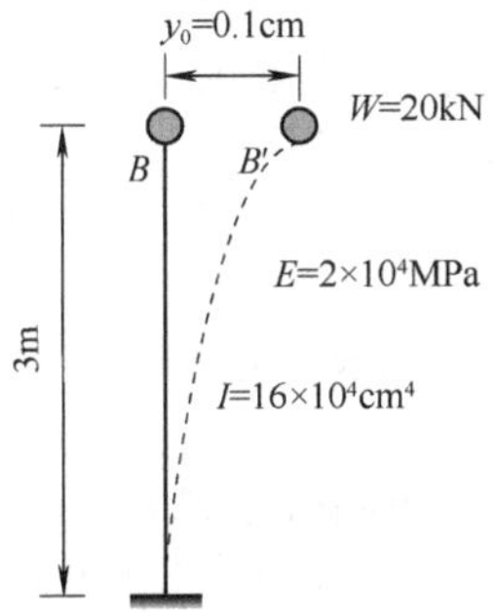

题 10-4 图

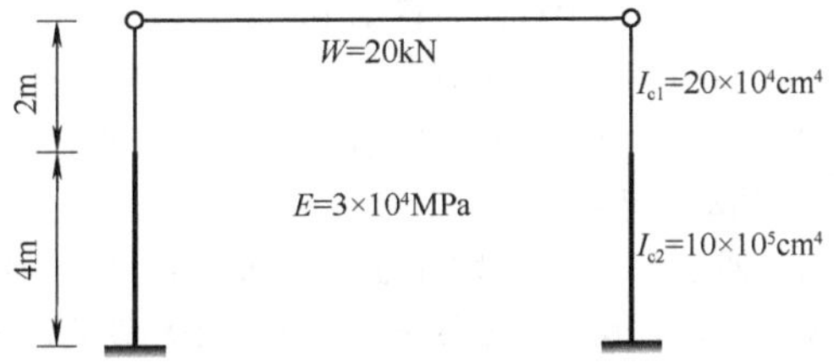

题 10-5 图

10-6　图示刚架中有集中质量 W，刚架自重不计，弹性模量为 E，试求竖向振动以及水平振动时自振频率。

10-7　试求图示梁的最大竖向位移和 A 端弯矩幅值。已知 $W=10\text{kN}$， $F=2.5\text{kN}$， $E=2\times10^5\text{MPa}$， $I=1130\text{cm}^4$， $\omega_0=57.6\text{s}^{-1}$， $l=150\text{cm}$ 。

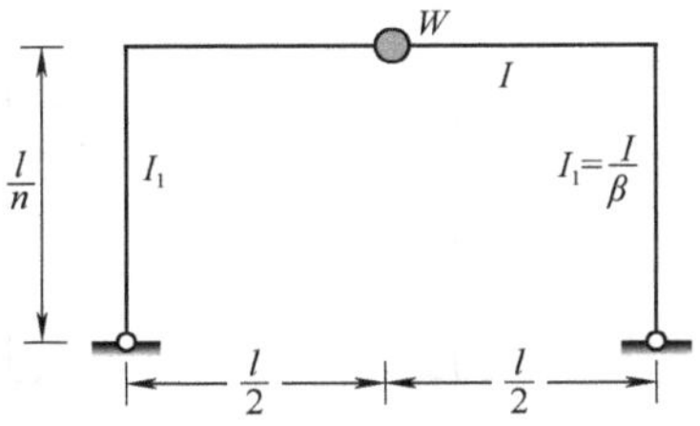

题 10-6 图

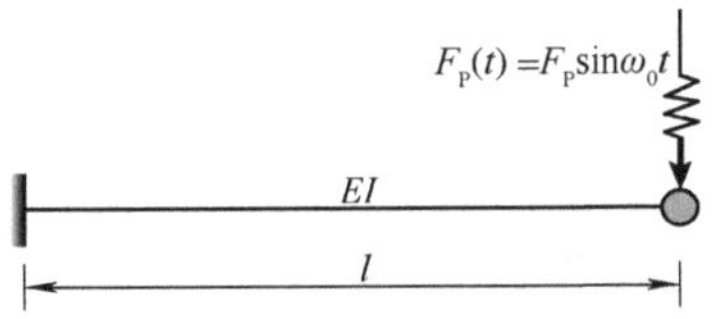

题 10-7 图

10-8　设有一个单自由度体系，其自振周期为 T，所受的荷载为

$$F_P(t)=\begin{cases}F_{P0}\sin\dfrac{\pi t}{T} & (0\leqslant t\leqslant T)\\ 0 & (t>T)\end{cases}$$

试求质点的最大位移及其出现的时间(结果用 F_{P0}、T 以及弹簧的刚度 k 表示)。

10-9　图示结构在柱顶有电动机，试求电动机转动时的最大水平位移和柱端弯矩的幅值。已知电动机和结构的重量集中于柱顶，$W=20\text{kN}$，电动机水平离心力的幅值 $F_{P0}=250\text{N}$，电动机的转速 $n=550\text{r/min}$，柱的线刚度 $i=EI/h=5.88\times10^8\text{N}\cdot\text{cm}$ 。

10-10　设有一个自振周期为 T 的单自由度体系，承受图示线性渐增荷载 $F_P(t)=F_P t/\tau$ 作用。试求:

(1) 求 $t=\tau$ 时的振动位移 $y(\tau)$。

(2) 当 $\tau=0.75T$、$\tau=T$、$\tau=1.25T$、$\tau=4.75T$、$\tau=5T$、$\tau=5.25T$、$\tau=9.75T$、$\tau=10T$、$\tau=10.25T$ 时，分别计算动位移和静位移的比值 $y(\tau)/y_{st}$。静位移 $y_{st}=F_P/k$， k 为体系的刚度系数。

(3) 从以上的计算结果，可以得出何种结论?

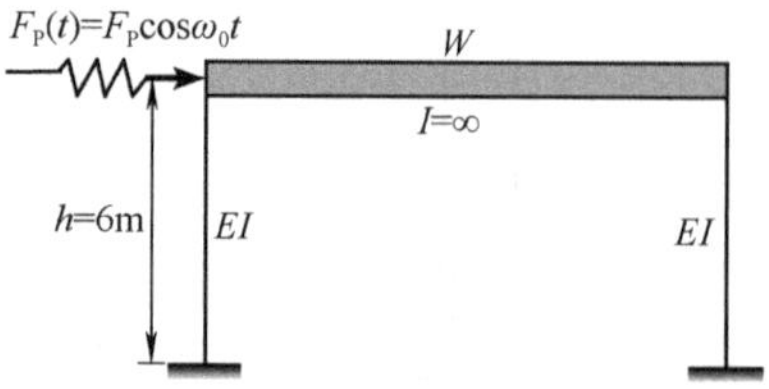

题 10-9 图

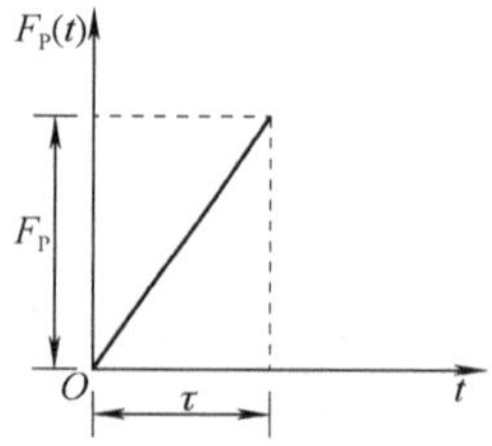

题 10-10 图

10-11 设有一个自振周期为 T 的单自由度体系，承受图示突加荷载作用。试求：

(1) 求任意时刻 t 的位移 $y(t)$ 。

(2) 证明：当 $\tau<0.5T$ 时，最大位移发生在时刻 $t>\tau$ ，即卸载后；当 $\tau>0.5T$ 时，最大位移发生在时刻 $t<\tau$ ，即卸载前。

(3) 当 $\tau=0.1T$ 、 $\tau=0.2T$ 、 $\tau=0.3T$ 、 $\tau=0.5T$ 时，求最大位移 y_{max} 与静位移 $y_{st}=F_P/k$ 的比值。

(4) 证明： y_{max}/y_{st} 的最大值为 2；当 $\tau<0.1T$ 时，可按瞬时冲量计算，误差不大。

10-12 图示结构中柱的质量集中在刚性梁上， $m=5\text{t}$ ， $EI=7.2\times10^4\text{kN}\cdot\text{m}^2$ ，突加荷载 $F_P(t)=10\text{kN}$ 。试求柱顶最大位移及所发生的时间，并画动弯矩图。

10-13 某结构自由振动经过 10 个周期后，振幅下降为原来的 10%。试求结构的阻尼比 ξ 和在简谐荷载作用下共振时的动力系数。

10-14 通过图示结构做自由振动实验。用液压千斤顶使横梁产生侧向位移，当横梁侧移 0.49cm 时，需加 90.698kN 。在此位移下放松横梁，经过一个周期后， $T=1.40\text{s}$ ，横梁的最大位移仅为 0.392cm 。试求：

(1) 结构的重量 W ，假设重量集中在横梁上。

(2) 阻尼比。

(3) 振动 6 个周期后的位移振幅。

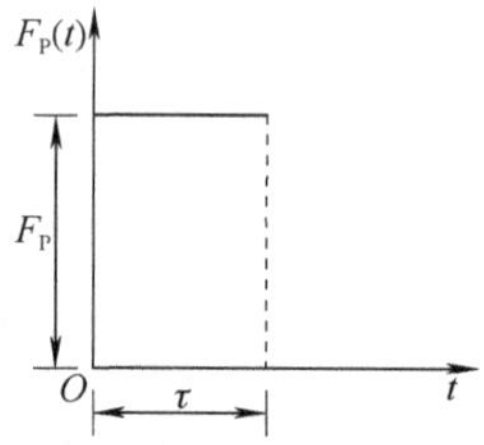

题 10-11 图

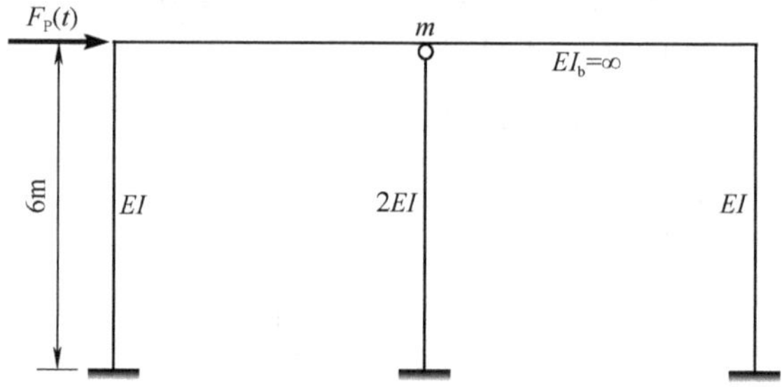

题 10-12 图

10-15 试求图示体系 1 点的位移动力系数和 0 点的弯矩动力系数；它们与动力荷载通过质点作用时的动力系数是否相等？不同在何处？

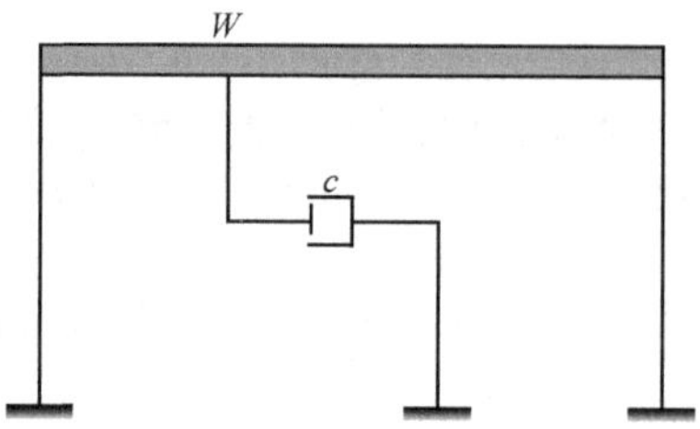

题 10-14 图

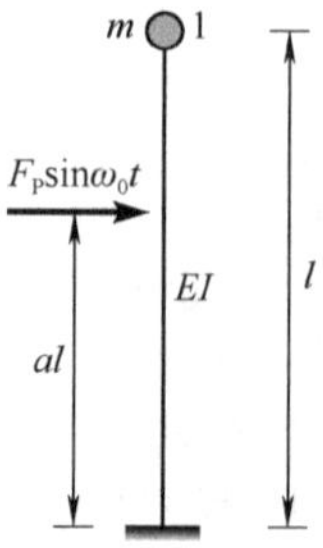

题 10-15 图

10-16　试求图示体系中弹簧支座的最大动反力。已知 q_0、ω_0、m 和弹簧系数 k，且 $\omega_0 \neq \omega$，$EI \to \infty$。

10-17　试求图示梁的自振频率和主振型。

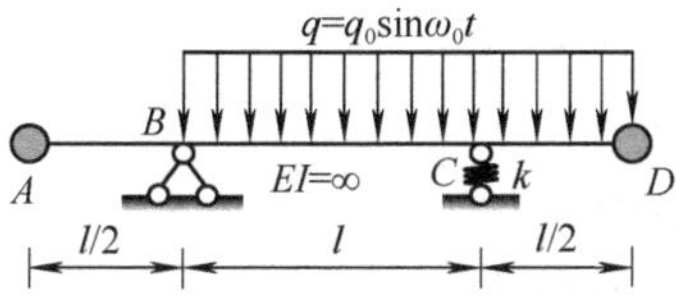

题 10-16 图

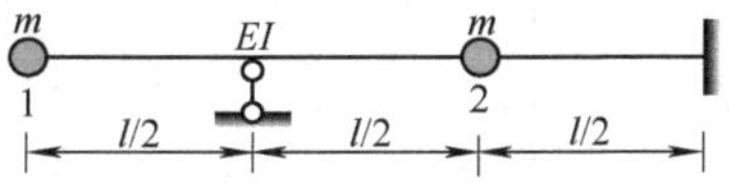

题 10-17 图

10-18　试求图示刚架的自振频率和主振型。

10-19　试求图示两跨梁的自振频率。已知：$l = 50\text{cm}$，$mg = 1\text{kN}$，$E = 2\times10^5\text{MPa}$，$I = 68.82\text{cm}^4$。

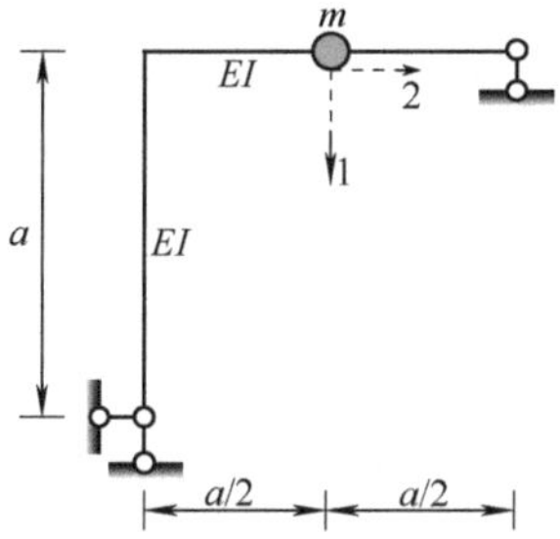

题 10-18 图

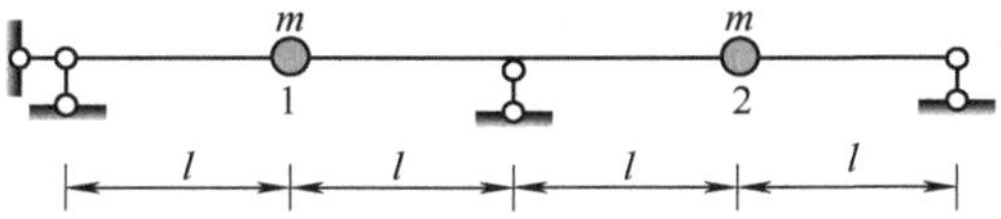

题 10-19 图

10-20　试求图示三跨梁的自振频率和主振型。已知：$l = 50\text{cm}$，$mg = 1\text{kN}$，$E = 2\times10^5\text{MPa}$，$I = 68.82\text{cm}^4$。（提示：利用对称性。）

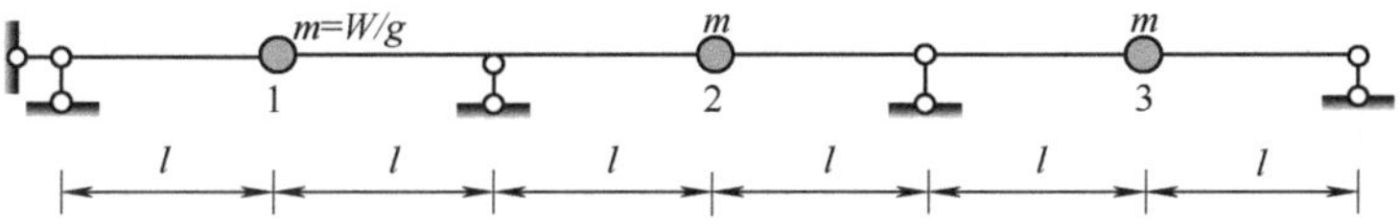

题 10-20 图

10-21　试求图示两层刚架的自振频率和主振型。设楼面质量分别为 $m_1 = 120\text{t}$ 和 $m_2 = 100\text{t}$，柱的质量已集中于楼面，柱的线刚度分别为 $i_1 = 20\text{MN}\cdot\text{m}$ 和 $i_2 = 14\text{MN}\cdot\text{m}$，横梁刚度为无限大。

10-22　设在习题 10-21 的两层刚架的二层楼面沿水平方向作用有一简谐干扰力 $F_P \sin\omega_0 t$，其幅值 $F_P = 5\text{kN}$，机器转速 $n = 150\text{r/min}$。试求图示第一、二层楼面处的振幅值和柱端弯矩的幅值。

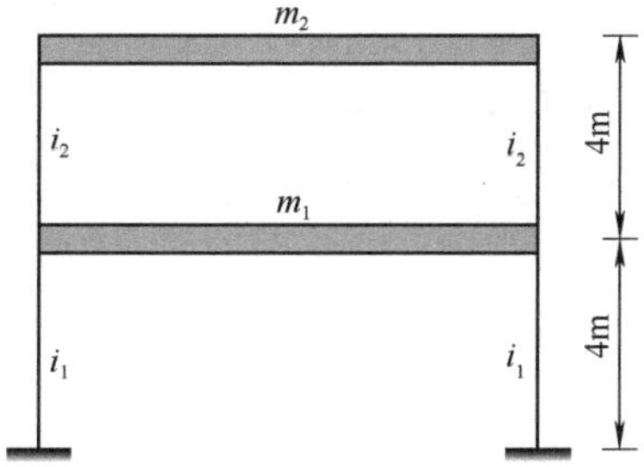

题 10-21 图

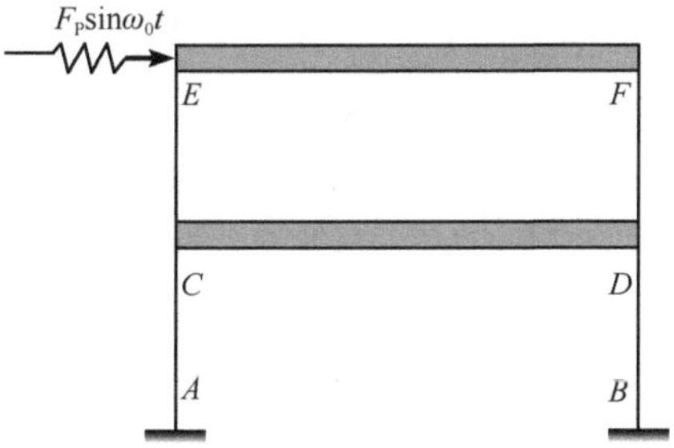

题 10-22 图

参 考 文 献

杜国政，2004．结构力学教程[M]．成都：西南交通大学出版社．

雷钟和，2005．结构力学学习指导[M]．北京：高等教育出版社．

李廉锟，2004．结构力学：上册[M]．4 版．北京：高等教育出版社．

龙驭球，包世华，2000．结构力学教程(I)[M]．北京：高等教育出版社．

龙驭球，包世华，袁驷，2012．结构力学 I：基本教程[M]．3 版．北京：高等教育出版社．

于玲玲，2009．结构力学[M]．北京：中国电力出版社．

赵更新，2001．结构力学辅导[M]．北京：中国水利水电出版社．

索　引

H

J

K

L

N

P

Q

R

S

T

W

X

Y

Z

习 题 答 案

第 2 章

2-1 −1

2-2 0

2-3 0

2-4 0

2-5 几何不变体系，且无多余约束

2-6 几何不变体系，且无多余约束

2-7 瞬变体系

2-8 瞬变体系

2-9 几何不变体系，且无多余约束

2-10 瞬变体系

2-11 几何不变体系，且无多余约束

2-12 几何不变体系，且无多余约束

2-13 几何不变体系，且无多余约束

2-14 几何不变体系，且无多余约束

2-15 几何不变体系，且无多余约束

2-16 常变体系

第 3 章

3-1 (a) $M_C=\dfrac{ql^2}{4}$；(b) $M_C=\dfrac{Fl}{2}$；(c) $M_C=2\text{kN}\cdot\text{m}$；(d) $M_C=10\text{kN}\cdot\text{m}$

3-2 (a)左支座反力 65 kN (↑)；(b)左支座反力 52.5 kN (↑)；(c)左支座反力 70 kN (↑)；(d)梁左端弯矩 20 kN·m

3-3 (a)跨中弯矩 $\dfrac{ql^2}{8}$（下侧受拉）；(b)跨中弯矩 $\dfrac{q_1l^2}{8\sin\alpha}$（下侧受拉）

3-4 $M_B=120\text{kN}\cdot\text{m}$（上侧受拉）

3-5 $M_A=120\text{kN}\cdot\text{m}$（上侧受拉）

3-6 固端弯矩为 $2M$（下侧受拉）

3-7 $M_{BC}=\dfrac{qa^2}{2}$（上侧受拉）

3-8 $M_{CA}=80\text{kN}\cdot\text{m}$（右侧受拉）

3-9 $M_{CB}=120\text{kN}\cdot\text{m}$（下侧受拉）

3-10 $M_{DB}=80\text{kN}\cdot\text{m}$（右侧受拉）

3-11 $M_{DA}=\dfrac{ql^2}{4}$（右侧受拉）

3-12 $M_{DA}=M$（左侧受拉）

3-13 $M_{DA}=12.5\text{kN}\cdot\text{m}$（左侧受拉）

3-14 $M_{DA}=3F$（右侧受拉）

3-15 $M_{ED}=80\text{kN}\cdot\text{m}$（下侧受拉）

3-16 $F_{AV}=77.5\text{kN}$，$F_{BV}=82.5\text{kN}$，$F_{NDE}=262.5\text{kN}$

3-17 (1) $F_{AV}=\dfrac{3}{4}F$，$F_{BV}=\dfrac{1}{4}F$，$F_{H}=\dfrac{1}{2}F$

(2) $M_E=-0.5F$，$F_{SE}=0$，$F_{NE}=-0.588F$

(3) $F_{ND}^{L}=-0.782F$，$F_{SD}^{L}=0.477F$，$F_{ND}^{R}=0.355F$，$F_{SD}^{R}=-0.477F$

3-18 零杆共 2 根

3-19 零杆共 9 根

3-20 跨中竖杆 $F_N=2F$

3-21 $F_{Na}=-\dfrac{1}{3}F$，$F_{Nb}=-\dfrac{2}{3}F$，$F_{Nc}=0$

3-22 $F_{Na}=0$，$F_{Nb}=\dfrac{\sqrt{2}}{3}F$，$F_{Nc}=-\dfrac{\sqrt{5}}{3}F$

3-23 $F_{Na}=-60\text{kN}$，$F_{Nb}=37.3\text{kN}$，$F_{Nc}=37.7\text{kN}$，$F_{Nd}=-66.7\text{kN}$

3-24 $F_{Na}=-1.8F$，$F_{Nb}=2F$

3-25 $F_{Na}=-F$，$F_{Nb}=\sqrt{2}F$

3-26 $F_{Na}=-4F$，$F_{Nb}=\sqrt{2}F$，$F_{Nc}=-\dfrac{\sqrt{2}}{2}F$，$F_{Nd}=-F$

3-27 $F_{NDE}=150\text{kN}$，$M_F=-7.5\text{kN}\cdot\text{m}$

3-28 水平反力 $F_H=60\text{kN}$

第 4 章

4-1 $\Delta_{BH}=\dfrac{3ql^4}{8EI}$ (→)

4-2 (a) $\Delta_{BH}=\dfrac{FR^3}{2EI}$ (←)，(b) $\varphi_B=\dfrac{FR^2(\pi-2)}{4EI}$（逆时针）

4-3 都不正确

4-4 $\Delta_{Cy}=\dfrac{680}{3EI}\text{kN}\cdot\text{m}^3$ (↓)

4-5 $\dfrac{23Fl^3}{648EI}$ (↓)

4-6 $\varphi_B=\dfrac{19qa^3}{24EI}$（逆时针）

4-7 $\Delta_{HCD}=\dfrac{11}{15EI}\text{kN}\cdot\text{m}^3$ (← →)

4-8 (1) $\Delta_H=\dfrac{F_Plh^2}{2EI}$ (→)，$\Delta_V=\dfrac{F_Pl^2(l+3h)}{3EI}$ (↓)，$\varphi=\dfrac{F_Pl(l+2h)}{2EI}$（顺时针）

(2) $\Delta_H=\dfrac{F_Plh^2}{2EI}$ (→)，$\Delta_V=\dfrac{F_Pl^2(l+3h)}{3EI}+\dfrac{F_Ph}{EA}$ (↓)，$\varphi=\dfrac{F_Pl(l+2h)}{2EI}$（顺时针）

4-9 $\Delta_1=0$，$\Delta_2=0.917\dfrac{ql^4}{EI}$ (→←)，$\Delta_3=1.17\dfrac{ql^3}{EI}$（顺时针、逆时针）

4-10 $\Delta_{Cy}=\dfrac{1985}{6EI}\text{kN}\cdot\text{m}^3\ (\downarrow)$

4-11 $\Delta_{Cx}=\dfrac{486}{EI}\text{kN}\cdot\text{m}^3\ (\rightarrow)$，$\Delta_{Cy}=\dfrac{54}{EI}\text{kN}\cdot\text{m}^3\ (\uparrow)$，$\varphi_D=\dfrac{27}{EI}\text{kN}\cdot\text{m}^2$（顺时针）

4-12 (1) $\Delta_{Cy}=\dfrac{680}{3EI}\text{kN}\cdot\text{m}^3\ (\downarrow)$

(2) $\Delta\varphi_{ADC}=5.156\times10^4\text{rad}$（增大）

4-13 $\Delta_{Dy}=8.02\text{mm}\ (\downarrow)$

4-14 $\varphi_B=\dfrac{6\alpha l}{h}$（顺时针）

4-15 $M=\dfrac{2\alpha tEI}{h}$（顺时针）

4-16 $\Delta_{Cy}=180\alpha+\dfrac{1080\alpha}{h}\ (\uparrow)$

4-17 $\Delta_{CH}=\dfrac{Hb}{l}\ (\rightarrow)$

4-18 $\Delta_{CH}=\dfrac{3.828Fa}{EI}-c_1-c_2$

第 5 章

5-1 (a) 2 次，(b) 5 次，(c) 8 次，(d) 7 次，(e) 8 次，(f) 4 次，(g) 24 次，(h) 12 次

5-2 (a) $M_A=150\text{kN}\cdot\text{m}$（上侧受拉），(b) $M_A=30\text{kN}\cdot\text{m}$（下侧受拉），

(c) $M_A=\dfrac{FL}{8}$（上侧受拉），(d) $M_A=25.47\text{kN}\cdot\text{m}$（下侧受拉）

5-3 (a) $M_{CA}=18q$（右侧受拉），(b) $M_{DB}=\dfrac{ql^2}{28}$（右侧受拉），

(c) $M_{CA}=\dfrac{ql^2}{14}$（右侧受拉），(d) $M_{CA}=12\text{kN}\cdot\text{m}$（左侧受拉），

(e) $M_{AC}=97.5\text{kN}\cdot\text{m}$（左侧受拉），(f) $M_{CB}=0.8\text{kN}\cdot\text{m}$（右侧受拉）

5-4 (a) $F_{NCD}=0.896F$，(b) $F_{NDE}=-23.5\text{kN}$

5-5 (a) $M_A=225\text{kN}\cdot\text{m}$（左侧受拉），(b) $F_{NDE}=-17.39\text{kN}$，$F_{NFG}=-8.69\text{kN}$

5-6 $F_{NCD}=10.52\text{kN}$

5-7 (a) $M_{AB}=\dfrac{qa^2}{24}$（上侧受拉），(b) $M_{AB}=\dfrac{qa^2}{6}$（上侧受拉），

(c) $M_{AC}=33.3\text{kN}\cdot\text{m}$（左侧受拉），$M_{CA}=26.7\text{kN}\cdot\text{m}$（右侧受拉），

(d) $M_{EC}=1.8F$（右侧受拉），$M_{CE}=1.2F$（左侧受拉），$M_{CA}=3F$（右侧受拉），$M_{CD}=4.2F$（下侧受拉）

5-8 $M_{AD}=\dfrac{3F_Pa}{28}$（内侧受拉）

5-9 $M_B=175.2\text{kN}\cdot\text{m}$（上侧受拉），$M_C=58.9\text{kN}\cdot\text{m}$（上侧受拉），

$F_{Ax}=0$，$F_{Ay}=58.1\text{kN}\ (\uparrow)$，$F_B=161.6\text{kN}\ (\uparrow)$，$F_C=47.7\text{kN}\ (\uparrow)$，$F_D=7.4\text{kN}\ (\downarrow)$，

$\Delta_{Ky}=\dfrac{747}{EI}\text{kN}\cdot\text{m}^3\ (\downarrow)$，$\phi_C=\dfrac{157}{EI}\text{kN}\cdot\text{m}^2$（逆时针）

5-10 $\sigma_{\max}=31.5\text{MPa}$，加大工字钢号码不能达到降低应力的目的

5-11 (1) $M_{CB}=\dfrac{480\alpha EI}{l}$（上侧受拉）

(2) $\phi_A=60\alpha$（顺时针）

5-12 (a) $M_{AB}=\dfrac{3EI}{l^2}\Delta$（上侧受拉），(b) $M_{AB}=\dfrac{3EI}{l}\varphi$（下侧受拉）

5-13 降低 23.2mm

5-14 水平力 $F_{\mathrm{H}}=0.46F$，$M_A=M_B=0.11FR$

5-15 $F_{NAB}=99.8\mathrm{kN}$，$M_K=125.7\mathrm{kN\cdot m}$，$F_{SK}=0.1\mathrm{kN}$，$F_{NK}=111.7\mathrm{kN}$

5-16 拱顶 $M_C=76.65\mathrm{kN\cdot m}$，拱脚 $M_A=-206.79\mathrm{kN\cdot m}$

第 6 章

6-1 (a) 2；(b) 2；(c) 2；(d) 1；(e) 4；(f) 0；(g) 2；(h) 2；(i) 4；(j) 3

6-2 (a) $M_{AB}=-\dfrac{ql^2}{168}$；

(b) $M_{AB}=27.2\mathrm{kN\cdot m}$，$M_{BC}=-54.3\mathrm{kN\cdot m}$，$M_{CB}=70.3\mathrm{kN\cdot m}$

6-3 (a) $M_{DB}=4i\theta_D$，$M_{DA}=3i\theta_D+\dfrac{3ql^2}{16}$，$M_{DC}=i\theta_D-\dfrac{ql^2}{3}$，$8i\theta_D-\dfrac{7ql^2}{48}=0$；

(b) $M_{DB}=EI\theta_D$，$M_{DA}=\dfrac{3EI\theta_D}{4}+5$，$M_{DC}=-40\mathrm{kN\cdot m}$，$1.75EI\theta_D-35=0$；

(c) $M_{AB}=4i\theta_A+2i\theta_B$，$M_{BA}=4i\theta_B+2i\theta_A$，$M_{BF}=i\theta_B+\dfrac{3ql^2}{8}$，$M_{BE}=3i\theta_B-\dfrac{3ql^2}{16}$，

$8i\theta_A+2i\theta_B+\dfrac{ql^2}{2}=0$，$2i\theta_A+8i\theta_B+\dfrac{3ql^2}{16}=0$；

(d) $M_{AB}=4i\theta_A+2i\theta_B$，$M_{AD}=4i\theta_A$，$M_{AF}=3i\theta_A-\dfrac{3ql^2}{16}$，$M_{BC}=i\theta_B+\dfrac{ql^2}{3}$，

$15i\theta_A+2i\theta_B-\dfrac{3ql^2}{16}=0$，$2i\theta_A+5i\theta_B+\dfrac{ql^2}{3}=0$；

(e) $M_{EA}=\dfrac{3E\theta_E}{l}$，$M_{ED}=\dfrac{24E\theta_E}{l}$，$M_{EC}=\dfrac{2E\theta_E}{l}$，$M_{EB}=0$，$\dfrac{29E\theta_E}{l}-M_0=0$；

(f) $M_{BA}=4i\theta_B+2i\theta_A$，$M_{BC}=3i\theta_B-\dfrac{3i}{l}\Delta_C$，$M_{CD}=0$，$7i\theta_B+2i\theta_A-\dfrac{3i}{l}\Delta_C=0$

6-4 (a) $M_{AD}=8\mathrm{kN\cdot m}$，$M_{CB}=20\mathrm{kN\cdot m}$，$M_{AB}=-14\mathrm{kN\cdot m}$；

(b) $M_{AB}=-\dfrac{41F_{\mathrm{P}}l}{280}$，$M_{BC}=-\dfrac{11F_{\mathrm{P}}l}{280}$

6-5 (a) $M_{AC}=-150\mathrm{kN\cdot m}$，$M_{CA}=-30\mathrm{kN\cdot m}$，$M_{BD}=M_{DB}=-90\mathrm{kN\cdot m}$；

(b) $M_{AC}=-225\mathrm{kN\cdot m}$，$M_{BD}=-135\mathrm{kN\cdot m}$

6-6 (a) $M_{AC}=-8.43\mathrm{kN\cdot m}$，$M_{CD}=2.07\mathrm{kN\cdot m}$，$M_{DC}=3.07\mathrm{kN\cdot m}$；

(b) $M_{AD}=\dfrac{ql^2}{48}$，$M_{DE}=-\dfrac{ql^2}{24}$

6-7 (a) $M_{AB}=-0.25F_{\mathrm{P}}l$，$M_{DB}=0.045F_{\mathrm{P}}l$，$M_{EF}=-0.06F_{\mathrm{P}}l$；

(b) $M_{AD}=-16\mathrm{kN\cdot m}$，$M_{BE}=-48\mathrm{kN\cdot m}$，$M_{CF}=-16\mathrm{kN\cdot m}$

6-8 (a) $M_{AC}=-\dfrac{70F_{\mathrm{P}}l}{792}$，$M_{BD}=-\dfrac{F_{\mathrm{P}}l}{18}$，$M_{CD}=\dfrac{52F_{\mathrm{P}}l}{792}$，$M_{EC}=\dfrac{205F_{\mathrm{P}}l}{792}$，$M_{CE}=\dfrac{25F_{\mathrm{P}}l}{792}$；

(b) $M_{AC}=27.37\mathrm{kN\cdot m}$，$M_{CD}=-50.52\mathrm{kN\cdot m}$，$M_{ED}=-42.18\mathrm{kN\cdot m}$

6-9 (a) $M_{AB}=M_{BA}=-\dfrac{4F_{\mathrm{P}}h}{9}$，$M_{CD}=M_{DC}=-\dfrac{F_{\mathrm{P}}h}{9}$；

(b) $M_{AB}=-298\mathrm{kN\cdot m}$，$M_{CD}=-447\mathrm{kN\cdot m}$，$M_{FG}=-149\mathrm{kN\cdot m}$

6-10 (a) 3；(b) 3；(c) 3；(d) 4；(e) 4

6-11 $M_{AB}=-\dfrac{5F_{\mathrm{P}}l}{18}$，$M_{BA}=-\dfrac{2F_{\mathrm{P}}l}{9}$

6-12 $M_{AB}=16.74\text{kN}\cdot\text{m}$， $M_{BC}=-17.28\text{kN}\cdot\text{m}$

6-13 $M_{CA}=-\dfrac{F_{\text{P}}l}{14}$， $M_{BD}=\dfrac{F_{\text{P}}l}{4}$

6-14 $M_{CB}=-47.37\text{kN}\cdot\text{m}$

6-15 $M_{B}=-93.33\text{kN}\cdot\text{m}$， $M_{C}=140.0\text{kN}\cdot\text{m}$

6-16 $\theta_{C}=\dfrac{3\Delta}{11l}$

6-17 $M_{B}=1866.67\text{kN}\cdot\text{m}$， $M_{C}=-466.67\text{kN}\cdot\text{m}$

6-18 $M_{DA}=-0.08i$， $M_{DB}=-0.02i$， $M_{DC}=0.06i$

6-19 $M_{C}=0.094F_{\text{P}}l$

6-20 $M_{AB}=0$， $M_{BA}=\dfrac{ql^2}{4}$， $M_{BC}=-\dfrac{5ql^2}{12}$

6-21 $M_{AB}=-6.77\text{kN}\cdot\text{m}$， $M_{DA}=-10.87\text{kN}\cdot\text{m}$， $M_{BA}=11.27\text{kN}\cdot\text{m}$， $M_{BE}=-1.40\text{kN}\cdot\text{m}$， $M_{EB}=-1.07\text{kN}\cdot\text{m}$

第 7 章

7-1 $M_{AB}=165\text{kN}\cdot\text{m}$

7-2 $M_{AB}=45\text{kN}\cdot\text{m}$

7-3 $M_{AB}=45.5\text{kN}\cdot\text{m}$， $M_{CD}=-308.3\text{kN}\cdot\text{m}$

7-4 $M_{BC}=86.6\text{kN}\cdot\text{m}$， $M_{CD}=-124.2\text{kN}\cdot\text{m}$

7-5 $M_{BA}=86.6\text{kN}\cdot\text{m}$， $M_{AD}=-65\text{kN}\cdot\text{m}$

7-6 (a) $M_{AB}=-\dfrac{ql^2}{168}$；

(b) $M_{AB}=27.2\text{kN}\cdot\text{m}$， $M_{BC}=-54.3\text{kN}\cdot\text{m}$， $M_{CB}=70.3\text{kN}\cdot\text{m}$

7-7 $M_{AB}=-61.3\text{kN}\cdot\text{m}$

7-8 $M_{BA}=27.3\text{kN}\cdot\text{m}$

7-9 $M_{BC}=-192\text{kN}\cdot\text{m}$

7-10 $M_{CB}=12.75\text{kN}\cdot\text{m}$， $M_{BA}=15.65\text{kN}\cdot\text{m}$

7-11 (a) $M_{BA}=-25.7\text{kN}\cdot\text{m}$， $M_{CB}=20.06\text{kN}\cdot\text{m}$；

(b) $M_{BA}=19.2\text{kN}\cdot\text{m}$， $M_{CB}=16.8\text{kN}\cdot\text{m}$

7-12 $M_{AB}=446\text{kN}\cdot\text{m}$

7-13 (a) $M_{BA}=-25.7\text{kN}\cdot\text{m}$； (b) $M_{BC}=-4\text{kN}\cdot\text{m}$

7-14 (a) $M_{AC}=-56.7\text{kN}\cdot\text{m}$， $M_{CD}=-45.3\text{kN}\cdot\text{m}$；

(b) $M_{DA}=46.4\text{kN}\cdot\text{m}$， $M_{AD}=19.1\text{kN}\cdot\text{m}$

7-15 (a) $M_{BA}=18.94\text{kN}\cdot\text{m}$， $M_{BC}=71.65\text{kN}\cdot\text{m}$， $M_{BD}=-90.59\text{kN}\cdot\text{m}$， $M_{CE}=-107.79\text{kN}\cdot\text{m}$， $M_{EC}=-25.11\text{kN}\cdot\text{m}$；

(b) $M_{BA}=0.056\text{kN}\cdot\text{m}$， $M_{BC}=61.03\text{kN}\cdot\text{m}$， $M_{CB}=121.96\text{kN}\cdot\text{m}$， $M_{CE}=-121.96\text{kN}\cdot\text{m}$， $M_{HE}=37.15\text{kN}\cdot\text{m}$， $M_{BD}=-61.09\text{kN}\cdot\text{m}$

第 8 章

8-1 (a) $F_{Ay}=1$， $M_{A}=-x$ $(0\leqslant x\leqslant l)$，

$$M_C=\begin{cases}0 & (0\leqslant x\leqslant a)\\ -(x-a) & (a\leqslant x\leqslant l)\end{cases},$$

$$F_{SC}=\begin{cases}0 & (0\leqslant x\leqslant a)\\ 1 & (a\leqslant x\leqslant l)\end{cases};$$

(b) $F_{Ay}=F_{Ay}^0$， $M_C=M_C^0$， $F_{SC}=F_{SC}^0\cos\alpha$， $F_{NC}=-F_{SC}^0\sin\alpha$

8-2 (a) $F_{RA}=1$（A 点的值），$F_{RA}=0$（B 点的值），$M_B=-2\ \text{m}$（D 点的值），

$F_{SB}^{L}=-\dfrac{1}{3}$（D 点的值），$F_{SB}^{R}=1$（B 点以右的值），$M_C=\dfrac{4}{3}$（D 点的值），

$F_{SC}=-\dfrac{1}{3}$（C 点以左的值），$F_{SC}=\dfrac{2}{3}$（C 点以右的值）；

(b) $F_{RB}=1$（ABD 段的值），$M_A=a+b$（A 点的值），$M_A=-d$（D 点的值），$M_C=b$（AC 段的值），$M_C=-d$（D 点的值），$F_{SC}=-1$（AC 段的值），$F_{SC}=0$（CBD 段的值）

8-3 $F_{RA}=1$（A 点的值），$F_{SB}=-1$（B 点以左的值），$F_{SB}=0$（B 点以右的值），

$M_E=\dfrac{ab}{l}$（E 点的值），$F_{SE}=-\dfrac{a}{l}$（E 点以左的值），$F_{RC}=\dfrac{l+c}{l}$（B 点的值），

$F_{RD}=-\dfrac{c}{l}$（B 点的值），$M_F=\dfrac{ab}{l}$（B 点的值），$F_{SF}=\dfrac{c}{l}$（B 点的值）

8-4 $M_E=-0.67\text{m}$（C 点的值），$F_{SB}^{L}=-0.67$（C 点的值），$F_{SB}^{R}=1$（C 点的值）

8-5 $M_A=-l$（C 点的值），$F_{Ay}=1$（BC 段），$M_K=-a$（C 点的值），$F_{SK}=1$（C 点的值）

8-6 $F_{RB}=0.75$（B 左侧结点的值），$F_{RB}=0.375$（B 点的值），$M_D=1.5\ \text{m}$（C 点的值），

$F_{SD}=-0.5$（C 点的值），$F_{SB}^{L}=0.5$（C 点的值），$F_{SB}^{R}=-0.5$（C 点的值）

8-7 $F_{RA}=-1$，$F_{RB}=2$，$M_A=2\text{m}$ (均为 F 点的值)

8-8 上承荷载：$F_{N1}=-2$（C 点），$F_{N2}=\dfrac{2\sqrt{2}}{5}$（$D$ 点），$F_{N3}=\dfrac{12}{5}$（C 点）

下承荷载：$F_{N1}=-\dfrac{5}{2}$（I 点），$F_{N2}=\dfrac{\sqrt{2}}{2}$（$I$ 点），$F_{N3}=\dfrac{9}{5}$（H 点）

8-9 $F_{N1}=\dfrac{3}{2}$，$F_{N2}=1$，$F_{N3}=-\dfrac{3}{2}$，$F_{N4}=\sqrt{2}$ (均为 C 点的值)

8-11 $F_{RA}=5\text{kN}$，$F_{RB}=55\text{kN}$，$M_C=0$，$F_{SC}=-5\text{kN}$

8-12 $M_{C\max}=242.5\text{kN}\cdot\text{m}$

8-13 绝对最大弯矩为 $426.7\text{kN}\cdot\text{m}$

8-14 绝对最大弯矩为 $662.83\text{kN}\cdot\text{m}$

第 9 章

9-1 (a) 结点转角：$\begin{bmatrix}\theta_1\\ \theta_2\end{bmatrix}=\begin{bmatrix}\dfrac{50}{7i_1}\\ -\dfrac{25}{7i_1}\end{bmatrix}$，杆端弯矩：$\begin{bmatrix}\overline{M}_1\\ \overline{M}_2\end{bmatrix}^{(1)}=\begin{bmatrix}14.29\\ 28.57\end{bmatrix}\text{kN}\cdot\text{m}$，$\begin{bmatrix}\overline{M}_1\\ \overline{M}_2\end{bmatrix}^{(2)}=\begin{bmatrix}21.43\\ 0\end{bmatrix}\text{kN}\cdot\text{m}$；

(b) 结点转角：$\begin{bmatrix}\theta_1\\ \theta_2\end{bmatrix}=\begin{bmatrix}\dfrac{45}{7i_1}\\ -\dfrac{75}{7i_1}\end{bmatrix}$，杆端弯矩：$\begin{bmatrix}\overline{M}_1\\ \overline{M}_2\end{bmatrix}^{(1)}=\begin{bmatrix}12.86\\ 25.71\end{bmatrix}\text{kN}\cdot\text{m}$，$\begin{bmatrix}\overline{M}_1\\ \overline{M}_2\end{bmatrix}^{(2)}=\begin{bmatrix}-25.71\\ 0\end{bmatrix}\text{kN}\cdot\text{m}$

9-2 $M_{AB}=-8.89\text{kN}\cdot\text{m}$，$M_{BA}=-2.22\text{kN}\cdot\text{m}$

9-3 $M_{AB}=\dfrac{0.845}{l}(10^4\text{kN}\cdot\text{m}^2)$，$M_{BA}=\dfrac{1.690}{l}(10^4\text{kN}\cdot\text{m}^2)$，$M_{CD}=\dfrac{2.161}{l}(10^4\text{kN}\cdot\text{m}^2)$，$M_{DC}=\dfrac{1.914}{l}(10^4\text{kN}\cdot\text{m}^2)$

9-4 (a) $\boldsymbol{K}=\begin{bmatrix}12 & 4 & 0\\ 4 & 24 & 6\\ 0 & 6 & 12\end{bmatrix}$，基本方程 $\begin{bmatrix}12 & 4 & 0\\ 4 & 24 & 6\\ 0 & 6 & 12\end{bmatrix}\begin{bmatrix}\varDelta_1\\ \varDelta_2\\ \varDelta_3\end{bmatrix}=\begin{bmatrix}M_1\\ M_2\\ 0\end{bmatrix}$；

(b) $$\boldsymbol{K}=\begin{bmatrix}\frac{60EI}{l^3} & -\frac{6EI}{l^2} & 0 & -\frac{24EI}{l^3} & \frac{12EI}{l^2} & 0\\ -\frac{6EI}{l^2} & \frac{8EI}{l} & \frac{2EI}{l} & 0 & 0 & 0\\ 0 & \frac{2EI}{l} & \frac{20EI}{l} & -\frac{12EI}{l^2} & \frac{4EI}{l} & 0\\ -\frac{24EI}{l^3} & 0 & -\frac{12EI}{l^2} & \frac{27EI}{l^3} & -\frac{12EI}{l^2} & -\frac{3EI}{l^2}\\ \frac{12EI}{l^2} & 0 & \frac{4EI}{l} & -\frac{12EI}{l^2} & \frac{12EI}{l} & \frac{2EI}{l}\\ 0 & 0 & 0 & -\frac{3EI}{l^2} & \frac{2EI}{l} & \frac{8EI}{l}\end{bmatrix},$$

基本方程 $$\begin{bmatrix}\frac{60EI}{l^3} & -\frac{6EI}{l^2} & 0 & -\frac{24EI}{l^3} & \frac{12EI}{l^2} & 0\\ -\frac{6EI}{l^2} & \frac{8EI}{l} & \frac{2EI}{l} & 0 & 0 & 0\\ 0 & \frac{2EI}{l} & \frac{20EI}{l} & -\frac{12EI}{l^2} & \frac{4EI}{l} & 0\\ -\frac{24EI}{l^3} & 0 & -\frac{12EI}{l^2} & \frac{27EI}{l^3} & -\frac{12EI}{l^2} & -\frac{3EI}{l^2}\\ \frac{12EI}{l^2} & 0 & \frac{4EI}{l} & -\frac{12EI}{l^2} & \frac{12EI}{l} & \frac{2EI}{l}\\ 0 & 0 & 0 & -\frac{3EI}{l^2} & \frac{2EI}{l} & \frac{8EI}{l}\end{bmatrix}\begin{bmatrix}\varDelta_1\\ \varDelta_2\\ \varDelta_3\\ \varDelta_4\\ \varDelta_5\\ \varDelta_6\end{bmatrix}=\begin{bmatrix}F_{1x}\\ M_2\\ M_3\\ F_{4x}\\ M_5\\ M_6\end{bmatrix}$$

9-5 $$\boldsymbol{K}=\frac{2EI}{l}\begin{bmatrix}\frac{6}{l^2} & \frac{3}{l} & 0 & 0\\ \frac{3}{l} & 6 & 2 & 0\\ 0 & 2 & 6 & -\frac{3}{l}\\ 0 & 0 & \frac{-3}{l} & \frac{6}{l^2}\end{bmatrix}$$

9-6 $$\boldsymbol{K}=10^4\times\begin{bmatrix}612 & 0 & -30\\ 0 & 324 & 0\\ -30 & 0 & 300\end{bmatrix}$$

9-7 $$\overline{\boldsymbol{F}}^{(1)}=\begin{bmatrix}0.493\text{kN}\\ -13.45\text{kN}\\ -12.79\text{kN}\cdot\text{m}\\ \vdots\\ -0.493\text{kN}\\ -10.55\text{kN}\\ 5.54\text{kN}\cdot\text{m}\end{bmatrix},\quad \overline{\boldsymbol{F}}^{(2)}=\begin{bmatrix}-0.493\text{kN}\\ -0.560\text{kN}\\ -2.239\text{kN}\cdot\text{m}\\ \vdots\\ 0.493\text{kN}\\ 0.560\text{kN}\\ -0.564\text{kN}\cdot\text{m}\end{bmatrix}$$

9-8 $$\begin{bmatrix}0.977\frac{EA}{l}+0.492\frac{EI}{l^3} & -0.192\frac{EA}{l}+0.369\frac{EI}{l^3} & -0.768\frac{EI}{l^2}\\ -0.192\frac{EA}{l}+0.369\frac{EI}{l^3} & 0.256\frac{EA}{l}+2.221\frac{EI}{l^3} & 0.257\frac{EI}{l^2}\\ -0.768\frac{EI}{l^2} & \frac{0.257EI}{l^2} & 4.933\frac{EI}{l}\end{bmatrix}\begin{bmatrix}u_1\\ v_1\\ \theta_1\end{bmatrix}=\begin{bmatrix}0.107F_{\text{P}}\\ 5.858F_{\text{P}}\\ -\frac{5F_{\text{P}}l}{6}\end{bmatrix}$$

9-9　$M_{21}=-0.149F_{P}l$，$F_{S21}=0.2982F_{P}$，$M_{41}=-0.0527F_{P}l$，$F_{S41}=0.0746F_{P}$

9-10　$M_{12}=-52.18\text{kN}\cdot\text{m}$，$F_{S12}=15\text{kN}$，$M_{21}=-37.82\text{kN}\cdot\text{m}$，$F_{S21}=15\text{kN}$

9-11　按单元顺序：

(a) $\boldsymbol{F}_{N}=[-0.33F_{P}\quad 0.15F_{P}\quad 0.58F_{P}\quad 0.91F_{P}]^{T}$；

(b) $\boldsymbol{F}_{N}=[-0.2357F_{P}\quad 0.0833F_{P}\quad 0.3535F_{P}\quad 0.4167F_{P}\quad 0.2357F_{P}]^{T}$

9-12　按单元顺序：

$\boldsymbol{F}_{N}=[0.327F_{P}\quad 1.327F_{P}\quad 0\quad -0.673F_{P}\quad -0.462F_{P}\quad 0.952F_{P}]^{T}$，

撤去任一水平支杆，刚度矩阵变为奇异矩阵，无法求解

9-13　$\begin{bmatrix} \dfrac{24i}{l^2}+k & 0 & -\dfrac{12i}{l^2} \\ 0 & 8i & -\dfrac{6i}{l} \\ -\dfrac{12i}{l^2} & -\dfrac{6i}{l} & \dfrac{12i}{l^2} \end{bmatrix}$

9-14　(a) $\begin{bmatrix} \dfrac{12i}{l^2} & \dfrac{6i}{l} \\ \dfrac{6i}{l} & 4i \end{bmatrix}$；(b) $\begin{bmatrix} 4i & -\dfrac{6i}{l} \\ -\dfrac{6i}{l} & \dfrac{12i}{l^2} \end{bmatrix}$

第 10 章

10-1　$T=0.1004\text{s}$，$\omega=62.57\text{Hz}$

10-2　$\omega=15\text{Hz}$

10-3　$\omega=\sqrt{\dfrac{3EI}{Mh^2l}}$

10-4　$y_{max}=0.1\text{cm}$，$v_{max}=4.174\text{cm/s}$，$a_{max}=174.2\text{cm/s}^2$

10-5　$T=0.1043\text{s}$

10-6　$\omega=\sqrt{\dfrac{192(2\beta+3n)EIg}{Wl^3(8\beta+3n)}}$，$\omega=\sqrt{\dfrac{12gn^3EI}{Wl^3(2\beta+n)}}$

10-7　$y_{max}=0.679\text{cm}$，$M_A=20.46\text{kN}\cdot\text{m}$

10-8　$y_{max}=\dfrac{F_{P0}}{k}\sqrt{3}$，$t=\dfrac{2}{3}T$

10-9　$y_{max}=-0.0878\text{cm}$，$M_{max}=0.52\text{kN}\cdot\text{m}$

10-10　(1) $y(\tau)=y_{st}\left(1-\dfrac{T\sin\dfrac{2\pi\tau}{T}}{2\pi\tau}\right)$

(2)

τ	$0.75T$	T	$1.25T$	$4.75T$	$5T$	$5.25T$	$9.75T$	$10T$	$10.25T$
$\dfrac{y(\tau)}{y_{st}}$	1.212	1	0.873	1.034	1	0.9697	1.0163	1	0.9845

(3) 计算结果表明：当 τ 为 T 的整数倍时，$\dfrac{y(\tau)}{y_{st}}=1$；当 $\tau>5T$ 后，$\dfrac{y(\tau)}{y_{st}}\approx 1$

10-11　(1) $t\leqslant\tau$ 时，$y(t)=y_{st}(1-\cos\omega t)$

(2) $t>\tau$ 时，$y(t)=2y_{st}\sin\dfrac{\omega\tau}{2}\sin\omega\left(t-\dfrac{\tau}{2}\right)$

(3)

τ	$0.1T$	$0.2T$	$0.3T$	$0.5T$
$\frac{y_{max}}{y_{st}}$	0.618	1.176	1.618	2.00

10-12 $y_{max}=20\text{mm}$，$t=0.099\text{s}$，$M_{max}=240\text{kN}\cdot\text{m}$

10-13 $\xi=0.0366$，$\beta=14$

10-14 (1) $W=8995\text{kN}$

(2) $\xi=0.0355$

(3) $y=0.1285\text{cm}$

10-15 1 点位移动力系数 $\beta_{\Delta 1}=\dfrac{\pi}{1-\dfrac{\omega_0^2}{\omega^2}}$，0 点弯矩动力系数 $\beta_{M0}=1-\dfrac{\delta_{1P}}{a\delta_{11}}\cdot\dfrac{1}{1-\dfrac{\omega_0^2}{\omega^2}}$

10-16 $(F_{RC})_{max}=\dfrac{9q_0 l}{8}\left(\dfrac{1}{1-\dfrac{\omega_0^2}{\omega^2}}\right)$

10-17 $\omega_1=3.0618\sqrt{\dfrac{EI}{ml^3}}$，$\dfrac{Y_{11}}{Y_{21}}=\dfrac{1}{0.1602}$；$\omega_2=12.298\sqrt{\dfrac{EI}{ml^3}}$，$\dfrac{Y_{12}}{Y_{22}}=\dfrac{0.1602}{1}$

10-18 $\omega_1=1.2193\sqrt{\dfrac{EI}{ma^3}}$，$\dfrac{Y_{11}}{Y_{21}}=\dfrac{1}{10.4293}$；$\omega_2=8.209\sqrt{\dfrac{EI}{ma^3}}$，$\dfrac{Y_{12}}{Y_{22}}=\dfrac{10.4211}{1}$

10-19 $\omega_1=254.44\text{s}^{-1}$，$\omega_2=384.67\text{s}^{-1}$

10-20 $\omega_1=254.45\text{s}^{-1}$，$Y_{11}:Y_{21}:Y_{31}=1:-1:1$

$\omega_2=321.86\text{s}^{-1}$，$Y_{12}:Y_{22}:Y_{32}=1:0:-1$

$\omega_3=446.34\text{s}^{-1}$，$Y_{13}:Y_{23}:Y_{33}=1:2:1$

10-21 $\omega_1=9.88\text{s}^{-1}$，$\omega_2=23.18\text{s}^{-1}$

10-22 楼面振幅：$A_1=-0.202\text{mm}$，$A_2=-0.206\text{mm}$

柱端弯矩：$M_A=6.06\text{kN}\cdot\text{m}$